AutoCAD 2014
应用与开发系列

中文版 AutoCAD 2014 电气设计

高淑娟 编著

清华大学出版社
北京

内 容 简 介

本书围绕 AutoCAD 2014 环境下的电气设计进行了详细讲解。全书分为设计基础篇、设计实战篇和附录 3 部分。设计基础篇包括 AutoCAD 基础知识、AutoCAD 绘图与辅助命令、电气设计概述以及电气元件的绘制方法等内容。这一部分介绍了电气设计的基本知识要点，为后面的具体设计奠定了必要的基础知识。设计实战篇包括电力工程图绘制、电路图绘制、机械电气图绘制、控制电气图绘制、工厂电气图绘制和建筑电气图绘制等实例章节。这部分是本书知识的重点，通过实例完整地讲述了各类型电气图的设计方法与技巧。附录部分通过大量的基础、技能和专业测试题帮助读者巩固使用 AutoCAD 绘制电气图纸的技术和方法。

本书内容丰富、结构清晰、语言简练，结合设计工程实例图文并茂地讲解了使用 AutoCAD 2014 绘制各类电气工程图的方法。

本书既可以作为从事各种电气设计的工程技术人员自学的辅导教材和参考工具书，也可以作为大中专院校工科学生和电气设计爱好者的辅导教材。

本书的辅助电子教案可以到 http://www.tupwk.com.cn/autocad/下载。

图书在版编目(CIP)数据

中文版 AutoCAD 2014 电气设计 / 高淑娟 编著. —北京：清华大学出版社，2014 (2024. 2 重印)

(AutoCAD 2014 应用与开发系列)

ISBN 978-7-302-36218-0

Ⅰ. ①中… Ⅱ. ①高… Ⅲ. ①电气设备-宋计算机辅助设计-AutoCAD 软件 Ⅳ. ①TM02-39

中国版本图书馆 CIP 数据核字(2014)第 076273 号

责任编辑： 胡辰浩　袁建华
装帧设计： 牛艳敏
责任校对： 成凤进
责任印制： 宋　林

出版发行： 清华大学出版社
网　　址：https://www.tup.com.cn, https://www.wqxuetang.com
地　　址：北京清华大学学研大厦 A 座　　邮　　编：100084
社 总 机：010-83470000　　邮　　购：010-62786544
投稿与读者服务：010-62776969, c-service@tup.tsinghua.edu.cn
质 量 反 馈：010-62772015, zhiliang@tup.tsinghua.edu.cn
印 装 者： 三河市龙大印装有限公司
经　　销： 全国新华书店
开　　本： 203mm×260mm (附光盘 1 张)　　**插　　页：** 4　　**印　　张：** 20　　**字　　数：** 482 千字
版　　次： 2014 年 5 月第 1 版　　**印　　次：** 2024 年 2 月第 9 次印刷
定　　价： 69.00 元

产品编号：054242-03

光盘使用说明

光盘主要内容

本光盘为《AutoCAD 2014应用与开发系列》丛书的配套多媒体教学光盘，光盘中的内容包括与图书内容同步的视频教学录像、相关素材和源文件以及多款CAD设计软件。

光盘操作方法

将DVD光盘放入DVD光驱，几秒钟后光盘将自动运行。如果光盘没有自动运行，可双击桌面上的【我的电脑】图标，在打开的窗口中双击DVD光驱所在盘符，或者右击该盘符，在弹出的快捷菜单中选择【自动播放】命令，即可启动光盘进入多媒体互动教学光盘主界面。

光盘运行后会自动播放一段片头动画，若您想直接进入主界面，可单击鼠标跳过片头动画。

光盘运行环境

- ★ 赛扬1.0GHz以上CPU
- ★ 512MB以上内存
- ★ 500MB以上硬盘空间
- ★ Windows XP/Vista/7/8操作系统
- ★ 屏幕分辨率1024×768以上
- ★ 8倍速以上的DVD光驱

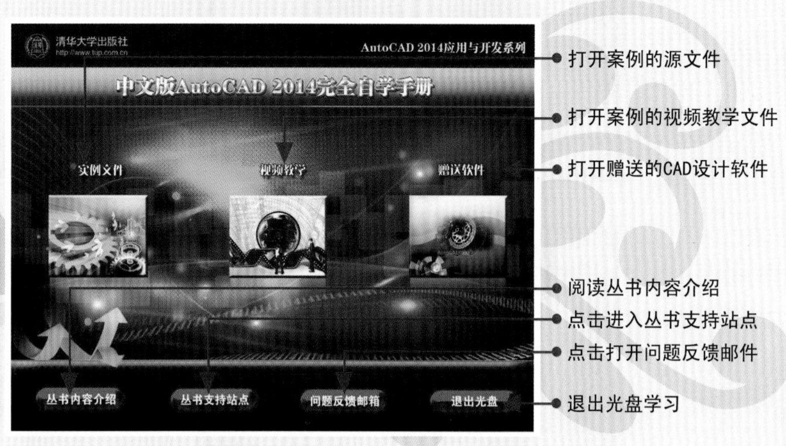

查看案例的源文件

图 - 01

图 - 02

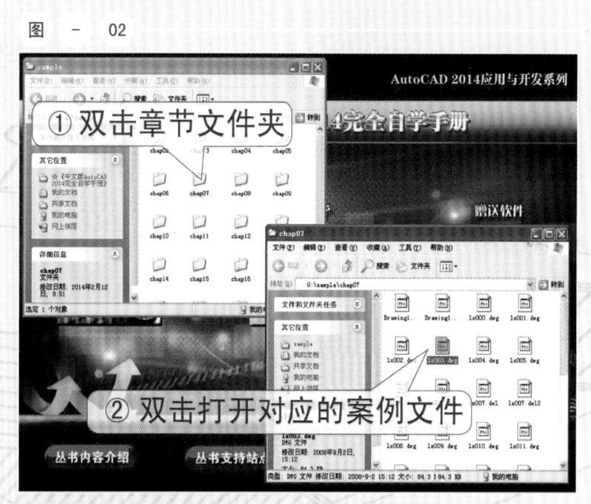

光盘使用说明

sample文件夹包含了全书案例的源程序DWG文件，用户可以使用AutoCAD 2010 ~ 2014版本打开。

video文件夹包含了全书案例的多媒体语音教学视频，以及AutoCAD 2011 ~ 2014版本的教学视频，如果您使用的是AutoCAD 2009或2010版本，也可以使用本教学视频辅助学习。

查看案例的视频教学文件

图 - 01

图 - 02

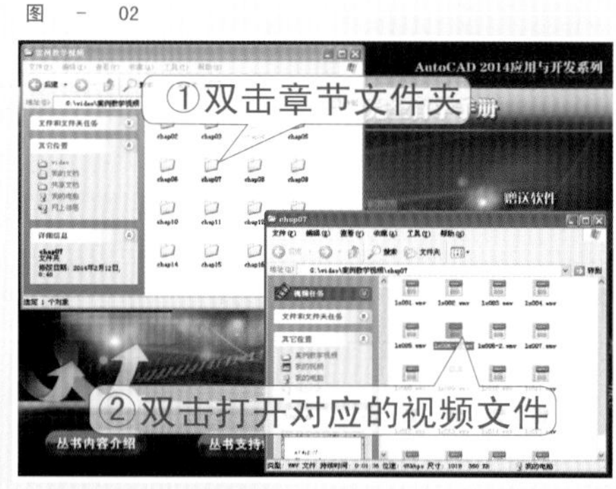

图 - 03

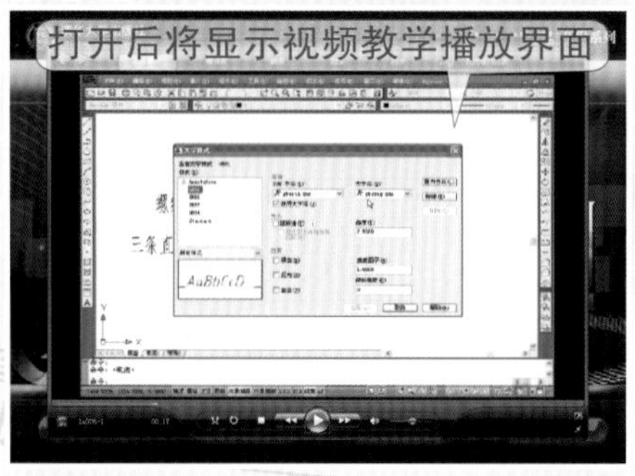

本说明是以Windows Media Player为例，给用户演示视频的播放，在播放界面上单击相应的按钮，可以控制视频的播放进度。此外，用户也可以安装其他视频播放软件打开视频教学文件。

查看赠送的CAD设计软件

图 - 01

图 - 02

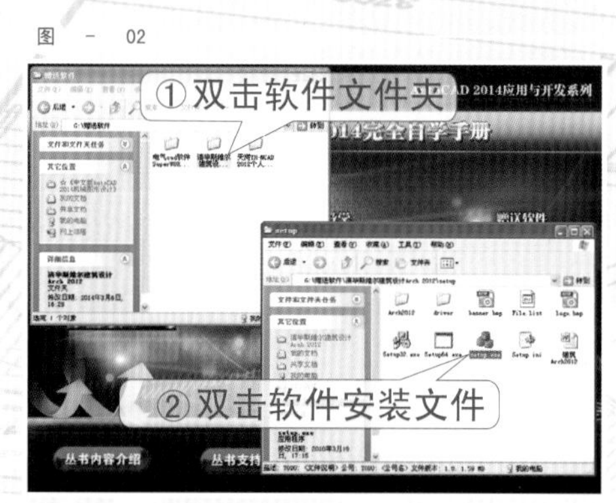

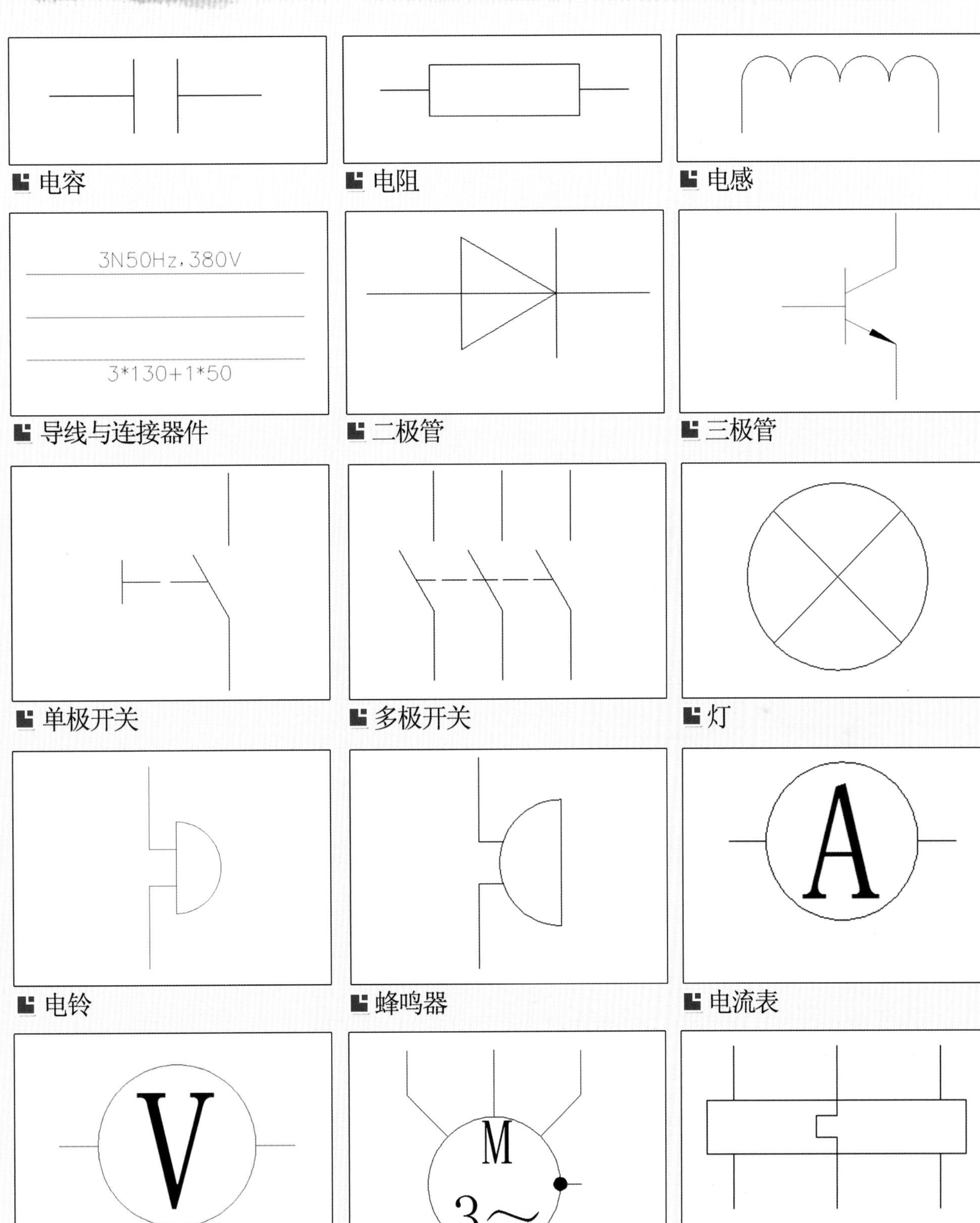

电容 电阻 电感
导线与连接器件 二极管 三极管
单极开关 多极开关 灯
电铃 蜂鸣器 电流表
电压表 电动机 热继电器

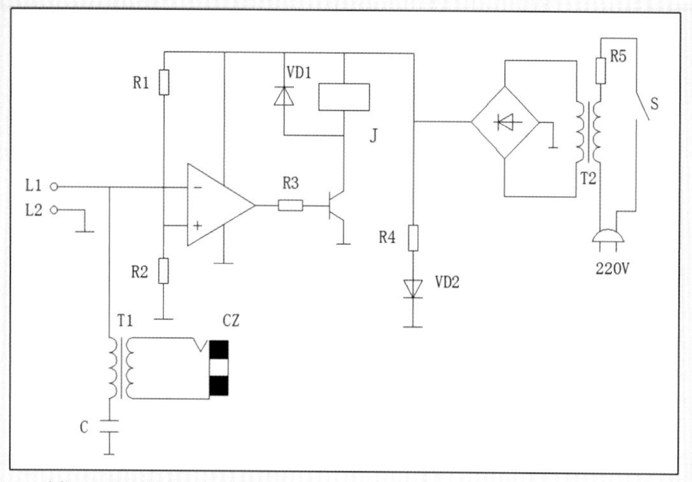

简易录音机电路图

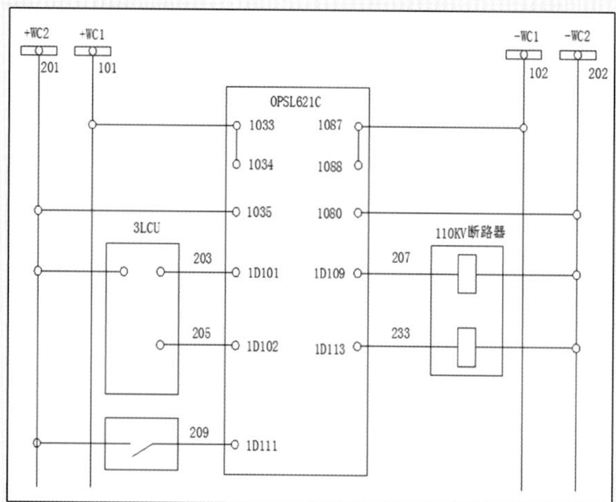

输电工程图

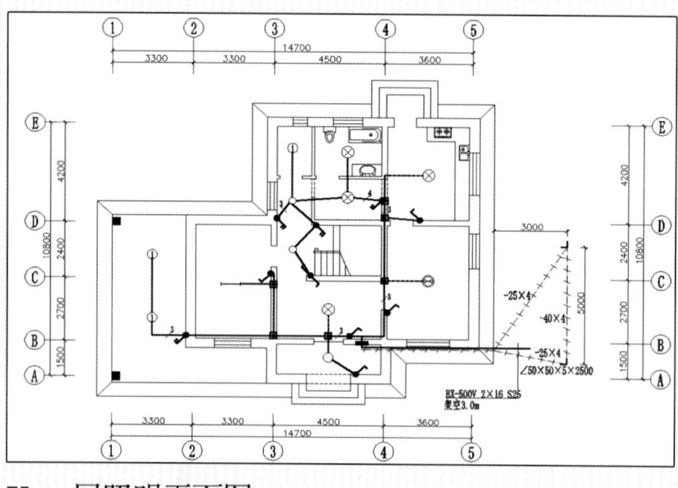

一层照明平面图

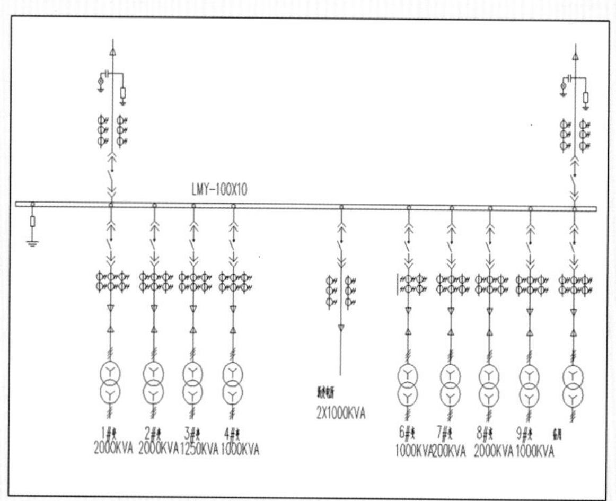

变电工程图

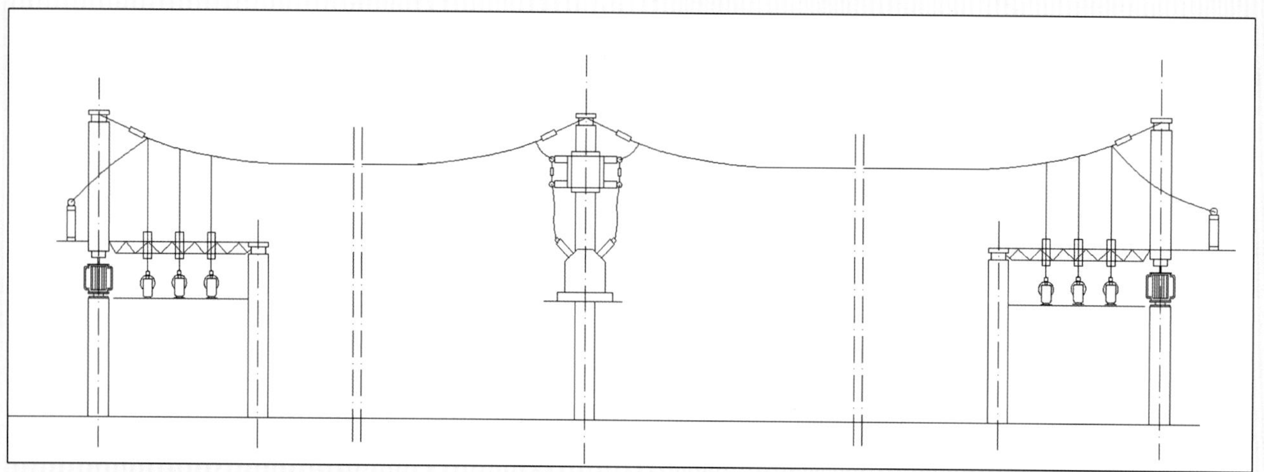

变电所断面图

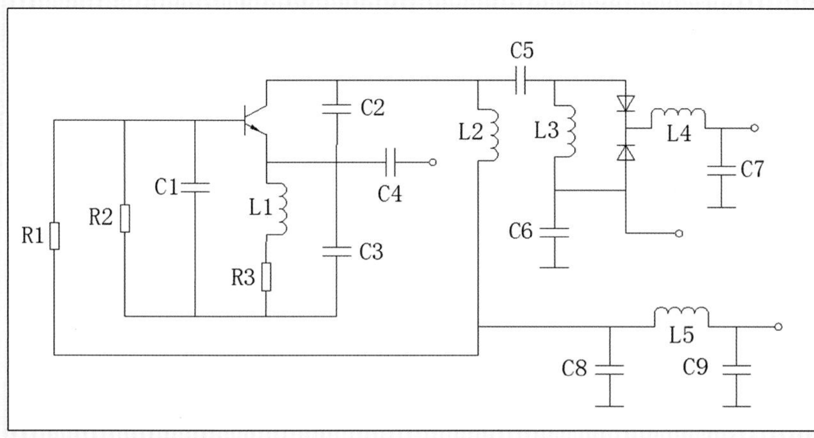

变频器电路图

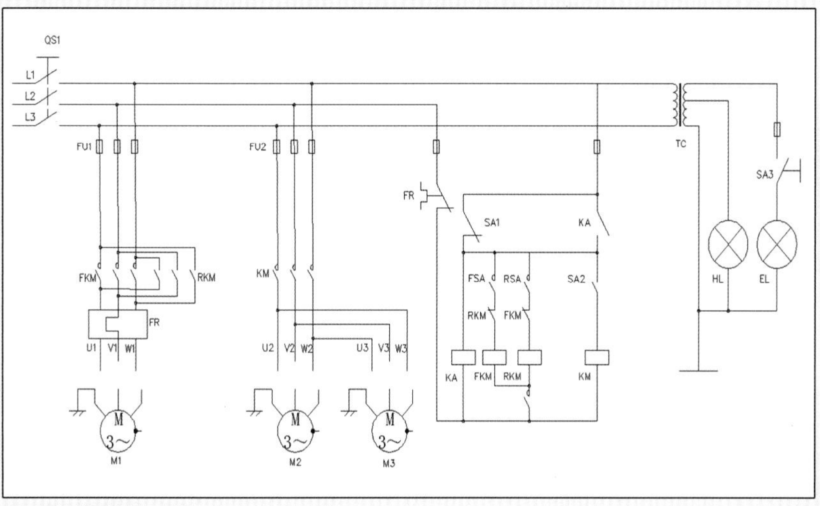

车床电气图

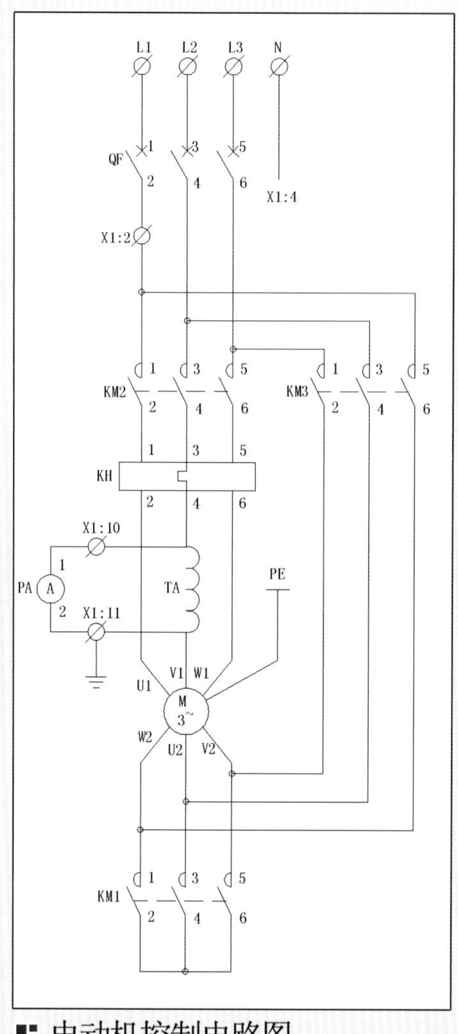

电动机控制电路图

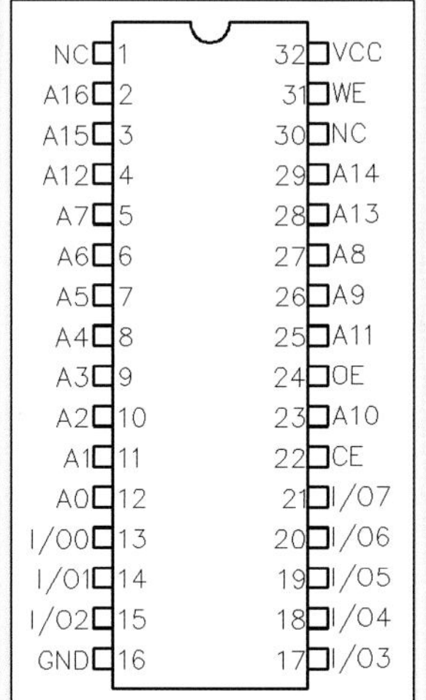

单片机引脚图

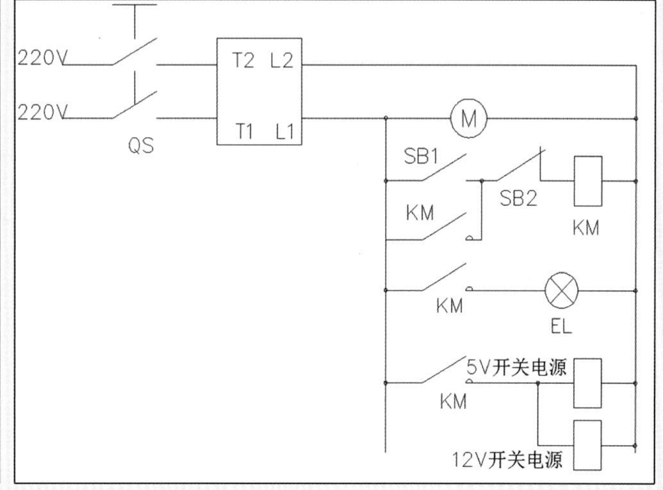

电机驱动控制电路图

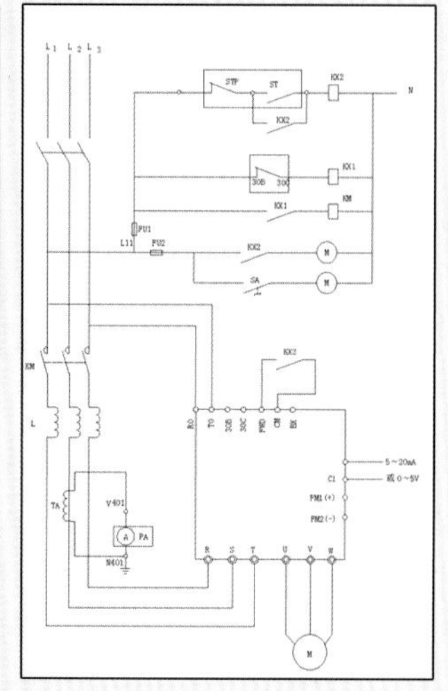

变频控制电路图

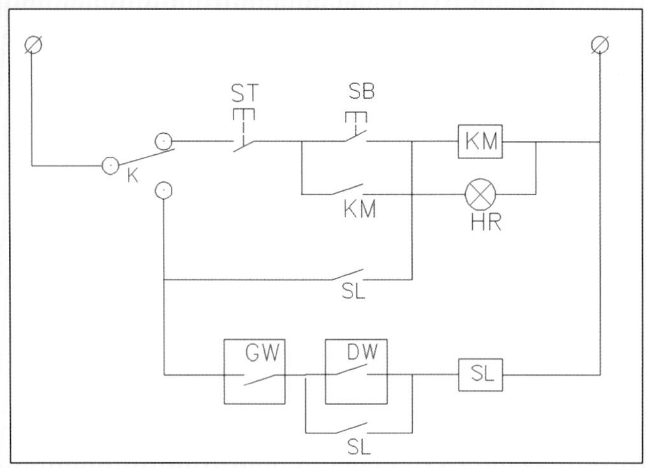

液位控制器电路图

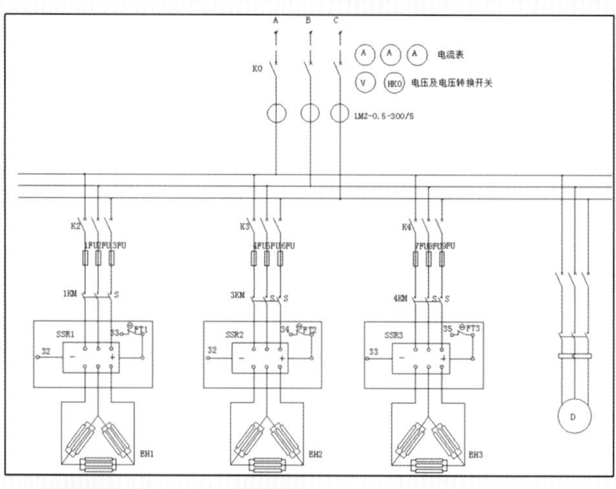

烘烤车间电气控制图

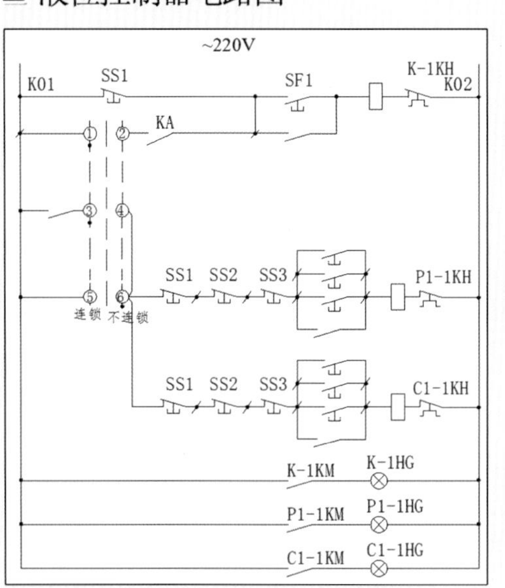

制药车间动力控制系统图

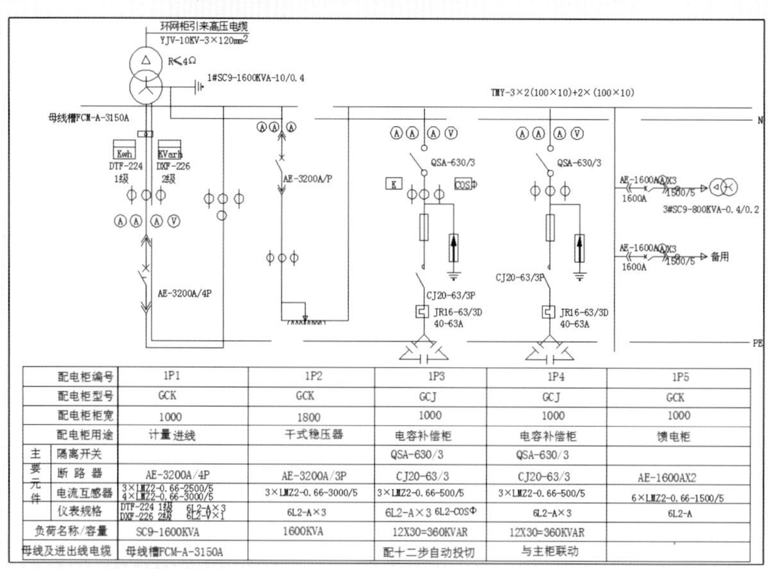

配电柜编号		1P1	1P2	1P3	1P4	1P5
配电柜型号		GCK	GCK	GCJ	GCJ	GCK
配电柜柜宽		1000	1800	1000	1000	1000
配电柜用途		计量进线	干式稳压器	电容补偿柜	电容补偿柜	馈电柜
主要元件	隔离开关			QSA-630/3	QSA-630/3	
	断路器	AE-3200A/4P	AE-3200A/3P	CJ20-63/3	CJ20-63/3	AE-1600AX2
	电流互感器	3×LMZ2-0.66-2500/5 4×LMZ2-0.66-3000/5	3×LMZ2-0.66-3000/5	3×LMZ2-0.66-500/5	3×LMZ2-0.66-500/5	6×LMZ2-0.66-1500/5
	仪表规格	DTF-224 1级 6L2-A×3 DXF-226 2级 6L2-V×1	6L2-A×3	6L2-A×3 6L2-COSΦ	6L2-A×3	6L2-A
负荷名称/容量		SC9-1600KVA	1600KVA	12X30=360KVAR	12X30=360KVAR	
母线及进出线电缆		母线槽FCM-A-3150A		配十二步自动投切	与主柜联动	

工厂低压系统图

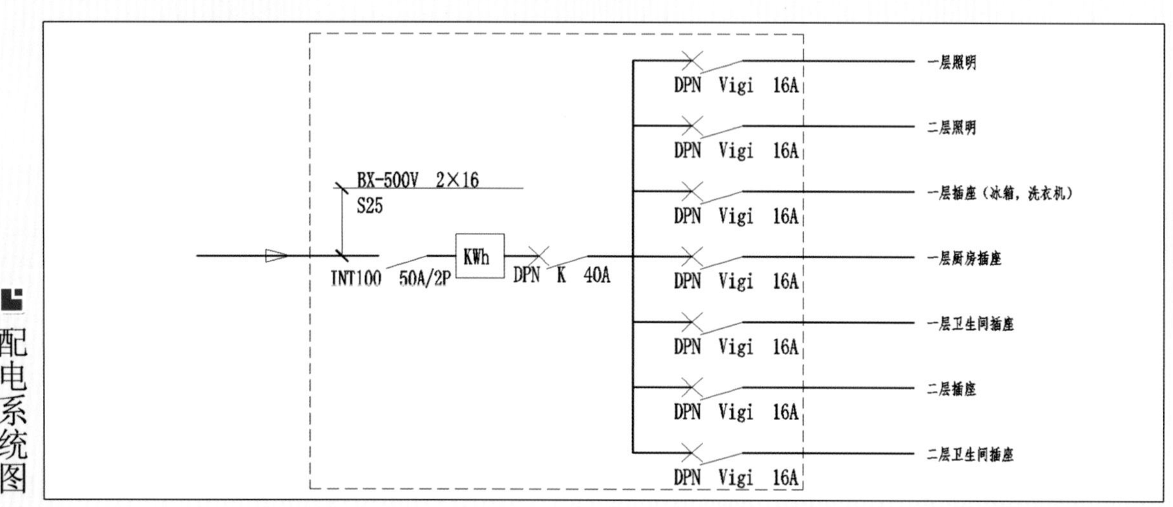

配电系统图

编审委员会

丛 书 序

出版目的

AutoCAD 2014 版的成功推出，标志着 Autodesk 公司顺利实现了又一次战略性转移。同 AutoCAD 以前的版本相比，在功能方面，AutoCAD 2014 对许多原有的绘图命令和工具都做了重要改进，同时保持了与 AutoCAD 2013 及以前版本的完全兼容，功能更加强大，操作更加快捷，界面更加个性化。

为了满足广大用户的需要，我们组织了一批长期从事 AutoCAD 教学、开发和应用的专业人士，潜心测试并研究了 AutoCAD 2014 的新增功能和特点，精心策划并编写了“AutoCAD 2014 应用与开发”系列丛书，具体书目如下：

- 精通 AutoCAD 2014 中文版
- 中文版 AutoCAD 2014 机械图形设计
- 中文版 AutoCAD 2014 建筑图形设计
- 中文版 AutoCAD 2014 室内装潢设计
- 中文版 AutoCAD 2014 电气设计
- AutoCAD 2014 从入门到精通
- 中文版 AutoCAD 2014 完全自学手册

读者定位

本丛书既有引导初学者入门的教程，又有面向不同行业中高级用户的软件功能的全面展示和实际应用。既深入剖析了 AutoCAD 2014 的核心技术，又以实例形式具体介绍了 AutoCAD 2014 在机械、建筑、电气等领域的实际应用。

涵盖领域

整套丛书各分册内容关联，自成体系，为不同层次、不同行业的用户提供了系统完整的 AutoCAD 2014 应用与开发解决方案。

本丛书对每个功能和实例的讲解都从必备的基础知识和基本操作开始，使新用户轻松入门，并以丰富的图示、大量明晰的操作步骤和典型的应用实例向用户介绍实用的软件技术和应用技巧，使用户真正对所学软件融会贯通、熟练在手。

丛书特色

本套丛书实例丰富，体例设计新颖，版式美观，是 AutoCAD 用户不可多得的一套精品丛书。

(1) 内容丰富，知识结构体系完善

本丛书具有完整的知识结构，丰富的内容，信息量大，特色鲜明，对 AutoCAD 2014 进行了全面详细的讲解。此外，丛书编写语言通俗易懂，编排方式图文并茂，使用户可以领悟每一个知识点，轻松地学通软件。

(2) 实用性强，实例具有针对性和专业性

本丛书精心安排了大量的实例讲解，每个实例解决一个问题或是介绍一项技巧，以便使用户在最短的时间内掌握 AutoCAD 2014 的操作方法，解决实际工作中的问题，因此，本丛书有着很强的实用性。

(3) 结构清晰，学习目标明确

对于用户而言，学习 AutoCAD 最重要的是掌握学习方法，树立学习目标，否则很难收到好的学习效果。因此，本丛书特别为用户设计了明确的学习目标，让用户有目的地去学习，同时在每个章节之前对本章要点进行了说明，以便使用户更清晰地了解章节的要点和精髓。

(4) 讲解细致，关键步骤介绍透彻

本丛书在理论讲解的同时结合了大量实例，目的是使用户掌握实际应用，并能够举一反三，解决实际应用中的具体问题。

(5) 版式新颖，美观实用

本丛书的版式美观新颖，图片、文字的占用空间比例合理，通过简洁明快的风格，大大提高了用户的阅读兴趣。

周到体贴的售后服务

如果读者在阅读图书或使用计算机的过程中有疑惑或需要帮助，可以登录本丛书的信息支持网站 http://www.tupwk.com.cn/autocad，也可以在网站的互动论坛上留言，本丛书的作者或技术人员会提供相应的技术支持。本书编辑的信箱：huchenhao@263.net，电话：010-62796045。

前　言

AutoCAD 2014 是当前最新版的 AutoCAD 软件。它运行速度快，安装要求低，还具有众多制图和出图的优点，是适合进行电气设计的工具软件。

AutoCAD 2014 提供的平面绘图功能可以绘制电气工程中使用的各种电气系统图、框图、电路图、接线图、电气平面图、设备布置图、大样图和元器件表格等。本书通过多个实例，详细介绍利用 AutoCAD 2014 绘制电气工程图的方法。

本书分为 3 部分。第一部分为设计基础篇(包括第 1~4 章)，主要介绍电气工程图的相关基础知识，以及在电气设计中常用的 AutoCAD 知识。第 1 章介绍电气工程制图的分类、特点、制图规范和电气符号的相关知识；第 2 章介绍 AutoCAD 的基础知识，包括 AutoCAD 绘图环境的配置、图形文件的管理、基本输入操作、图层和样式的相关操作；第 3 章介绍 AutoCAD 的常用命令，包括二维绘图和编辑命令、图块、绘图辅助工具、样板和设计中心等内容；第 4 章介绍常用电气元件的绘制，包括电阻、电容、直线电感、导线、连接器件、二极管、三极管、各种开关和信号器件等元件的绘制方法。第二部分为设计实战篇(包括第 5~10 章)。第 5 章介绍变电工程图和输电工程图的绘制；第 6 章介绍电路图的绘制；第 7 章介绍机械设备相关电气图的绘制；第 8 章介绍控制电气图的绘制；第 9 章介绍工厂电气图的绘制，包括工厂动力与系统布置，以及相关设备的电气图的绘制；第 10 章介绍建筑电气图的绘制，包括电气平面图和配电系统图等的绘制。第三部分为附录，这部分包括 4 个附录。前 3 个附录提供了 15 道基础测试题、50 道技能测试题以及 11 道专业测试题，帮助读者巩固和练习 AutoCAD 的基本制图技术，掌握电气行业图纸绘制的思路和方法。第 4 个附录为常见电气符号。

本书注重基础知识的讲解，在具体绘制之前详细介绍电气工程图的相关基础知识和 AutoCAD 绘图的基本操作和方法。即使读者以前没有使用过 AutoCAD，只要按照本书的章节认真学习，也能跟上进度。

本书实例典型，内容丰富，涵盖了电气工程的各个领域。每章对绘图过程的介绍非常细致。本书通过各种电气设计实例，非常实用地阐明了各个知识点的内涵、使用方法和使用场合。在演示各种电气设计实例时，灵活地应用 AutoCAD 2014 的各种绘图技巧，充分体现了效率、准确和完备设计要求。读者只需按照书中介绍的步骤进行实际操作，即可完全掌握本书的内容。

为了帮助读者更加直观地学习，本书配置了精美的多媒体教学光盘，其中包括 AutoCAD 的软件教学视频，书中所有案例和所有测试题的教学视频，以及书中实例和测试题的源文件，从而使本书具有很好的可读性。

本书既可以作为电气设计人员的培训教材，也可以作为电气设计人员的参考书。

本书由高淑娟编著，另外，参加本书编写工作的还有高克臻、张玉兰、李爽、尚永珍、田伟、古超、王文婷、郝立强、肖斌、曾媚、张云霞和陈铖颖等。在此，编者对以上人员致以诚挚的谢意！

在编写本书的过程中参考了相关文献，在此向这些文献的作者深表感谢。由于时间紧迫，书中难免有错误和不足之处，恳请专家和广大读者批评指正。我们的邮箱是 huchenhao@263.net，电话是 010-62796045。

编　者

2014 年 3 月

目录

第 1 章 电气工程制图概述 …… 1
1.1 电气工程图的分类与特点 …… 2
1.1.1 电气工程的分类 …… 2
1.1.2 电气工程图的类型 …… 2
1.1.3 电气工程图的组成 …… 4
1.1.4 电气工程图的特点 …… 5
1.2 电气工程 CAD 制图规范 …… 5
1.2.1 图纸格式 …… 6
1.2.2 图线 …… 8
1.2.3 箭头与指引线 …… 9
1.2.4 电气工程的分类 …… 10
1.2.5 比例 …… 10
1.3 电气符号的构成与分类 …… 11
1.3.1 部分常用的电气符号 …… 11
1.3.2 电气符号的分类 …… 12

第 2 章 AutoCAD 2014 制图基础 …… 15
2.1 配置绘图环境 …… 16
2.1.1 启动 AutoCAD 2014 …… 16
2.1.2 绘图界面 …… 16
2.1.3 设置绘图界限 …… 20
2.1.4 设置绘图单位 …… 20
2.2 图形文件管理 …… 21
2.2.1 创建新的 AutoCAD 文件 …… 21
2.2.2 打开 AutoCAD 文件 …… 22
2.2.3 保存 AutoCAD 文件 …… 23
2.3 基本输入操作 …… 23
2.4 使用图层 …… 24
2.4.1 新建图层 …… 24
2.4.2 图层设置 …… 25
2.4.3 图层状态管理 …… 27
2.5 样式 …… 27
2.5.1 设置文字样式 …… 27
2.5.2 设置表格样式 …… 29
2.5.3 设置标注样式 …… 32
2.6 绘图辅助工具 …… 36
2.6.1 设置捕捉、栅格 …… 36
2.6.2 设置正交 …… 37
2.6.3 设置对象捕捉 …… 37
2.6.4 设置极轴追踪 …… 38

第 3 章 AutoCAD 常用命令及辅助功能 …… 40
3.1 二维绘图命令 …… 41
3.1.1 基本二维绘图命令 …… 41
3.1.2 复杂二维绘图命令 …… 49
3.2 选择编辑对象和二维编辑命令 …… 57
3.2.1 选择编辑对象 …… 57
3.2.2 二维编辑命令 …… 58
3.3 图块及其属性 …… 70
3.3.1 图块操作 …… 71
3.3.2 图块属性 …… 72
3.4 参数化建模 …… 74
3.4.1 几何约束 …… 74
3.4.2 自动约束 …… 75
3.4.3 根据坐标绘制直线 …… 75
3.4.4 约束编辑 …… 76
3.5 创建文字 …… 77
3.5.1 创建单行文字 …… 78
3.5.2 创建多行文字 …… 79
3.5.3 编辑文字 …… 81
3.6 创建表格 …… 81
3.7 创建标注 …… 83
3.7.1 创建尺寸标注 …… 84
3.7.2 尺寸标注编辑 …… 90
3.8 幅面与样板 …… 91
3.8.1 绘制 A3 幅面 …… 91
3.8.2 建立样板文件 …… 93

第 4 章 常用电气元件绘制······97
4.1 无源器件······98
4.1.1 电阻绘制······98
4.1.2 电容绘制······100
4.1.3 直线电感绘制······100
4.2 导线与连接器件······101
4.3 半导体器件······103
4.3.1 二极管绘制······103
4.3.2 三极管绘制······104
4.4 开关绘制······106
4.4.1 单极开关绘制······106
4.4.2 多极开关绘制······108
4.5 信号器件绘制······109
4.5.1 信号灯的绘制······109
4.5.2 电铃绘制······110
4.5.3 蜂鸣器的绘制······111
4.6 测量仪表绘制······112
4.6.1 电流表绘制······112
4.6.2 电压表绘制······113
4.7 常用电器符号绘制······113
4.7.1 电动机绘制······114
4.7.2 三相变压器绘制······116
4.7.3 热继电器绘制······118

第 5 章 电力工程图绘制······120
5.1 输电工程图绘制······121
5.1.1 配置绘图环境······121
5.1.2 绘制线路图······121
5.1.3 添加注释文字······127
5.2 变电工程图绘制······128
5.2.1 配置绘图环境······128
5.2.2 绘制线路图······128
5.2.3 组合图形······138
5.2.4 添加注释文字······139
5.3 变电所断面图绘制······139
5.3.1 配置绘图环境······139
5.3.2 绘制轮廓线······140
5.3.3 绘制电气元件······141
5.3.4 组合图形······150
5.3.5 添加导线······151

第 6 章 电路图绘制······152
6.1 简易录音机电路图绘制······153
6.1.1 配置绘图环境······153
6.1.2 绘制电气元件······153
6.1.3 组合图形······160
6.1.4 添加文字注释······163
6.2 变频器电路图绘制······163
6.2.1 配置绘图环境······164
6.2.2 线路图绘制······164
6.2.3 添加注释文字······165
6.3 单片机引脚图绘制······165
6.3.1 配置绘图环境······166
6.3.2 绘制线路图······166

第 7 章 机械电气图绘制······169
7.1 电动机控制电路图绘制······170
7.1.1 配置绘图环境······170
7.1.2 绘制基准线······170
7.1.3 绘制电气元件······171
7.1.4 组合图形······177
7.1.5 添加注释文字······179
7.2 车床电气图绘制······179
7.2.1 配置绘图环境······180
7.2.2 绘制主连接线······180
7.2.3 绘制主回路······181
7.2.4 绘制控制回路······184
7.2.5 绘制照明指示回路······188
7.2.6 组合图形······190
7.2.7 添加注释文字······190

第 8 章 控制电气图绘制······191
8.1 变频控制电路图的绘制······192

8.1.1 配置绘图环境……192
8.1.2 绘制电气符号……193
8.1.3 绘制各个模块……195
8.1.4 组合图形……198
8.1.5 添加注释文字……198

8.2 电机驱动控制电路图绘制……199
8.2.1 配置绘图环境……199
8.2.2 绘制电气元件……200
8.2.3 组合图形……202
8.2.4 添加注释文字……203

8.3 液位控制器电路图绘制……204
8.3.1 配置绘图环境……204
8.3.2 绘制电气元件……205
8.3.3 组合图形……210
8.3.4 添加注释文字……211

第 9 章 工厂电气图……212

9.1 制药车间动力控制系统图绘制……213
9.1.1 配置绘图环境……213
9.1.2 绘制直线……214
9.1.3 根据坐标绘制直线……214
9.1.4 插入电气符号……216
9.1.5 添加注释文字……217

9.2 烘烤车间电气控制图的绘制……218
9.2.1 配置绘图环境……218
9.2.2 绘制主要连接线……219
9.2.3 绘制电气元件……220
9.2.4 绘制各个模块……225
9.2.5 组合图形……228
9.2.6 添加文字注释……229

9.3 工厂低压系统图的绘制……229
9.3.1 配置绘图环境……230
9.3.2 绘制电气元件……230
9.3.3 绘制模块……235
9.3.4 绘制直线……238
9.3.5 绘制表格……238
9.3.6 添加文字……239

第 10 章 建筑电气平面图……241

10.1 设置绘图范围与绘图单位……242
10.1.1 绘制电气平面图……242
10.1.2 绘制配电系统图……248

10.2 高层建筑可视对讲系统图绘制……249
10.2.1 配置绘图环境……250
10.2.2 绘制图纸布局……250
10.2.3 绘制用户终端……251
10.2.4 绘制联网控制器……254
10.2.5 绘制大门主机……255
10.2.6 绘制楼宇分配器……256
10.2.7 组合图形……257
10.2.8 添加文字注释……258

10.3 居民楼抄表系统图绘制……258
10.3.1 配置绘图环境……258
10.3.2 绘制图纸布局……259
10.3.3 绘制电气元件……259
10.3.4 组合图形……264
10.3.5 添加文字注释……266

附录 01 基本测试题……267

附录 02 技能测试题……272

附录 03 专业测试题……282

附录 04 常见电气符号……292

参考文献……309

第1章 电气工程制图概述

电气工程图是一种示意性图纸。它主要用来描述电气设备或系统的工作原理，以及有关组成部分的连接关系。在国家颁布的工程制图标准中，对电气工程图的制图规则做了详细的规定。本章将介绍电气工程图的基础知识及绘图的一般规则。通过对本章的学习，读者将对电气工程和电气工程图有一个初步的认识。

通过本章的学习，读者应了解和掌握以下内容：

- 了解电气工程图的分类与特点
- 熟悉电气工程 CAD 制图规范
- 了解电气符号的构成与分类

1.1 电气工程图的分类与特点

电气工程图的使用非常广泛，几乎遍布了工业生产和日常生活的各个环节。本节将根据电气工程的应用范围，介绍电气工程的大致分类及其应用特点。

1.1.1 电气工程的分类

电气工程的分类方法有很多种。电气工程图主要用来表现电气工程的构成和功能、描述各种电气设备的工作原理，以及提供安装接线和维护的依据。从这个角度来看，电气工程主要可以分为以下几类。

1. 电力工程

电力工程又分为发电工程、变电工程和输电工程 3 类，分别介绍如下。

01 发电工程。根据不同电源性质，发电工程主要分为火电、水电和核电 3 类。发电工程中的电气工程指的是发电厂电气设备的布置、接线、控制及其他附属项目。

02 变电工程。升压变电站将发电站发出的电能进行升压，以减少远距离输电的电能损失。降压变电站将电网中的高电压降为各级用户能使用的低电压。

03 输电工程。用于连接发电厂、变电站和各级电力用户的输电线路，包括内线工程和外线工程。内线工程指室内动力、照明电气线路及其他线路。外线工程指室外电源供电线路，包括架空电力线路和电缆电力线路等。

2. 电子工程

电子工程主要是指应用于家用电器、广播通信和计算机等众多领域的弱电信号设备和线路。

3. 工业电气

工业电气主要是指应用于机械、工业生产及其他控制领域的电气设备，包括机床电气、工厂电气、汽车电气和其他控制电气。

4. 建筑电气

建筑电气工程主要是指应用于工业和民用建筑领域的动力照明、电气设备和防雷接地等，包括各种动力设备、照明灯具、电器以及各种电气装置的保护接地、工作接地和防静电接地等。

1.1.2 电气工程图的类型

根据《电气制图国家标准 GB/T 6988》，电气图实际上是 GB6988 规定中的一种简图，按照功能布局法绘制，采用图形符号、线框或简化外形详细地表示实际的电路、设备或成套装置的有关组成部分和连接关系。

电气图的种类很多，规模不同的电气工程，图纸的种类和数量也会有所不同。GB6988《电气制图》根据表达形式和用途的不同，经过综合，统一将电气图分为以下 15 类。这 15 类电气图并不是每个电气工程人员所必须掌握的，而是为了能尽量用较少的电气工程图明确清晰地表达出电气工程。

01 系统图或框图(system diagram/block diagram)。它们主要用符号或带注释的框简略地表示系统、分系统、成套装置或设备等的基本组成、相互关系及其主要特征。系统图和框图是绘制层次更低的其他各种电气图的主要依据。

02 功能图(function diagram)。它是用规定的图形符号和文字叙述相结合的方法，表示控制系统的作用和状态的一种简图。功能图多见于电气领域的功能系统说明书等技术文件中，比较适合电气专业与非本专业人员的技术交流。

03 逻辑图(logic diagram)。它主要用二进制逻辑单元图形符号绘制，来表达可以实现一定目的的功能件的逻辑功能。这种功能件可以是一种组件，也可以是几种组件的组合。只表示功能不涉及实现方法的逻辑图，又可以称为纯逻辑图。逻辑图作为电气设计中一个主要的设计文件，不仅可以体现设计者的设计意图、表达产品的逻辑功能和工作原理，而且是编制接线图等其他文件的依据。

04 功能表图(function chart)。它是表示控制系统的作用和状态的一种简图。这种图往往采用图形符号和文字说明相结合的绘制方法，用来全面描述系统的控制过程、功能及特性，而不考虑具体的执行过程。

05 电路图(circuit diagram)。它是用图形符号按工作顺序排列，详细地表示电路、设备或成套装置的全部基本组成和链接关系，而不考虑实际位置的一种简图。因为它的目的是便于详细理解其作用原理并分析和计算电路特性，所以习惯上称这种图为电气原理图或原理接线图。

06 等效电路图(equivalent circuit diagram)。它是表示理论或理想的元件及其连接关系的一种功能图，供分析计算电路特性和状态之用。

07 端子功能图(terminate function diagram)。它是表示功能单元全部外接端子，并用功能图、功能表图或文字表示其内部功能的一种简图。端子功能图主要用于电路图中。当电路比较复杂时，其中的功能元件可以用端子功能图(也可以用方框符号)来代替，并在其中加注标记或说明，以便查找该功能单元的电路图。

08 程序图(program diagram)。它用于详细表示程序单元和程序片及其互连关系。这种图主要便于理解程序的运行。

09 设备元件表(parts list)。设备元件表是把成套装置、设备和装置中各组成部分和相应数据列成的表格，其用途是表示各组成部分的名称、型号、规格和数量等。

10 接线图或接线表(connection diagram/table)。它们是表示成套装置、设备或装置的连接关系，用于进行接线和检查的一种简图或表格。接线图或接线表也可以再进行具体划分：单元接线图或单元接线表、互连接线图或互连接线表、端子接线图或端子接线表以及电缆配置图或电缆配置表。

11 数据单(data sheet)。它对特定项目给出详细的信息资料。

12 位置简图或位置图(location diagram/drawing)。位置图是指表示成套装置、设备或装置中各个项目的位置的一种图，用于项目的安装就位。从本质上讲位置图是属于机械制图范围中的一个图种。

13 单元接线图或单元接线表(unit connection diagram/table)。它们是表示成套装置或设备中一个结构单元内的连接关系的一种接线图或接线表。结构单元一般是指在各种情况下可以独立运用的组件或由零件、部件和组件构成的组合体。

14 互连接线图或互连接线表(inter connection diagram/table)。它们是表示成套装置或设备的不同结构单元之间连接关系的一种接线图或接线表。

15 电缆配制图或电缆配置表(cable allocation diagram/table)。它们是提供电缆两端位置，必要时还包括电缆功能、特性和路径等信息的一种接线图或接线表。

1.1.3 电气工程图的组成

一般而言，一项电气工程的电气图通常由以下几部分组成，而不同的组成部分可能是由不同类型的电气图纸来表现。

01 目录和前言

目录是对某个电气工程的所有图纸编出目录，以便检索或查阅图纸。其内容包括序号、图名、图纸编号、张数和备注等。前言包括设计说明、图例、设备材料明细表和工程经费概算等。

02 电气系统图和框图

电气系统图和框图主要表示整个工程或者其中某一项目的供电方式和电能输送的关系，也可表示某一装置各主要组成部分的关系。如电气一次主接线图、建筑供配电系统图和控制原理框图等。

03 电路图

电路图主要表示某一系统或者装置的工作原理。如机床电气原理图、电动机控制回路图和继电保护原理图等。

04 安装接线图

安装接线图主要表示电气装置内部各元件之间以及其他装置之间的连接关系，以便于对设备进行安装、调试及维护。

05 电气平面图

电气平面图主要表示某一电气工程中的电气设备、装置和线路的平面布置，一般在建筑平面的基础上绘制。常见的电气平面图主要有线路平面图、变电所平面图、弱电系统平面图、照明平面图、防雷和接地平面图等。

06 设备布置图

设备布置图主要表示各种设备的布置方式、安装方式及相互间的尺寸关系，主要包括平面布置图、立面布置图、断面图和纵横剖面图等。

07 设备元件和材料表

设备元件和材料表是把某一电气工程中用到的设备、元件和材料列成表格，表示其名称、符号、型号、规格和数量等。

08 大样图

大样图主要表示电气工程某一部件的结构，用于指导、加工与安装，其中一部分大样图为国家标准图。

09 产品使用说明书电气图

它是电气工程中选用的设备和装置，其生产厂家往往会随产品使用说明书附上电气图，这种电气图也属于电气工程图。

10 其他电气图

在电气工程图中，电气系统图、电路图、安装接线图和设备布置图是最主要的图。在一些较复杂的电气工程中，为了补充和详细说明某一方面，还需要一些特殊的电气图。例如，逻辑图、功能图、曲线图和表格等。

1.1.4　电气工程图的特点

电气工程图与平时经常看到的机械图纸和建筑图纸，在描述对象、表达方式以及绘制方法上都有所不同。电气工程图有自己的特点，其特点如下。

01 简图是电气工程图的主要表现形式。简图是采用标准的图形符号和带注释的框或者简化外形，来表示系统或设备中各组成部分之间相互关系的一种图。电气工程图中绝大部分采用简图的形式。

02 元件和连接线是电气工程图描述的主要内容。一种电气设备主要由电气元件和连接线组成。因此，无论电路图、系统图、接线图或平面图都是以电气元件和连接线作为描述的主要内容。也正因为对电气元件和连接线有多种不同的描述方式，从而构成了电气工程图的多样性。

03 图形、文字和项目代号是电气工程图的基本要素。一个电气系统或装置通常由许多部件、组件构成，这些部件、组件或者功能模块就称为项目。项目一般由简单的符号表示，这些符号就是图形符号。通常每个图形符号都有相应的文字符号。在同一个图中，为了区别相同的设备，需要设备编号。设备编号和文字符号一起构成项目代号。

04 电气工程图在绘制过程中主要采用功能布局法和位置布局法两种方法。功能布局法指在绘图时，图中各元件的位置只考虑元件之间的功能关系，而不考虑元件的实际位置的一种布局方法。电气工程图中的系统图和电路图都采用这种方法。位置布局法是指电气工程图中的元件位置对应于元件的实际位置的一种方法。电气工程中的接线图和设备布置图采用的就是这种方法。

05 电气工程图具有多样性。不同的描述方法，如能量流、逻辑流、信息流和功能流等，形成了不同的电气工程图。系统图、电路图、框图和接线图是描述能量流和信息流的电气工程图；逻辑图是描述逻辑流的电气工程图；功能表图和程序框图是描述功能流的电气工程图。

1.2　电气工程 CAD 制图规范

我国的电气制图规范，从 20 世纪 90 年代逐渐修订完善到现在的新国标，其中包括了《电气制图国家标准 GB/T 6988》、《电气简图用图形符号国家标准》和《电气设备用图形符号国家标准》等标准。另外，还有 13 项与电气制图相关的国家标准也被制定。读者可以参考中国标准出版社出版的《电气制图国家标准汇编》一书，书中集中了目前我国所有的电气制图标准。

1.2.1 图纸格式

图幅是指图纸幅面的大小，所有绘制的图形都必须在图纸幅面以内。GB/18135-2000《电气工程 CAD 制图规则》和单项标准 GB6988.1-1997《电气技术用文件的编制一般要求》中有电气工程制图图纸幅面及格式的相关规定，绘制电气工程图纸时必须遵照此标准。

1. 图纸幅面

图幅分为横式幅面和立式幅面，国标规定的机械图纸的幅面有 A0~A4 五种。绘制机械图纸应该优先采用如表 1-1 中所规定的图纸基本幅面。

表 1-1 图纸幅面及图框格式尺寸

幅面代号	A0	A1	A2	A3	A4
B×L	841×1189	594×841	420×594	297×420	210×297
E	20		10		
C	10			5	
A	25				

必要时，可以使用加长幅面。加长幅面的尺寸，按选用的基本幅面再大一号的幅面尺寸来确定。例如，A2×3 的幅面，按 A1 的幅面尺寸确定，即 E 为 20(或 C 为 10)。具体选择时可以参考图 1-1。

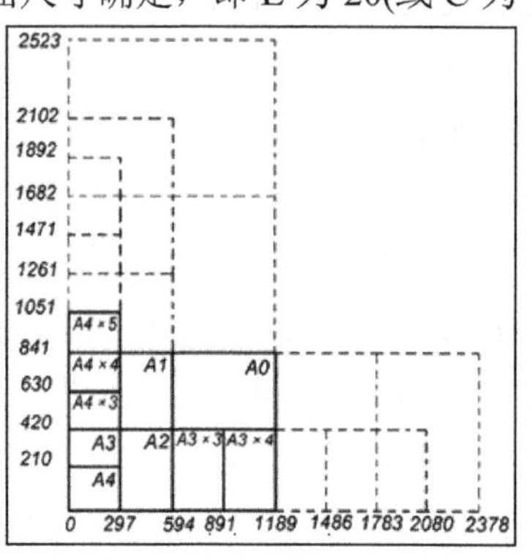

图 1-1 图纸幅面尺寸

2. 图框

根据布图需要，图纸可以横放，也可以竖放。图纸四周要画出图框，以留出周边。图框可分为需要留装订边的图框和不留装订边的图框，这两种图框的尺寸如表 1-1 所示。图 1-2 和图 1-3 分别为这两种图框的图样示例。

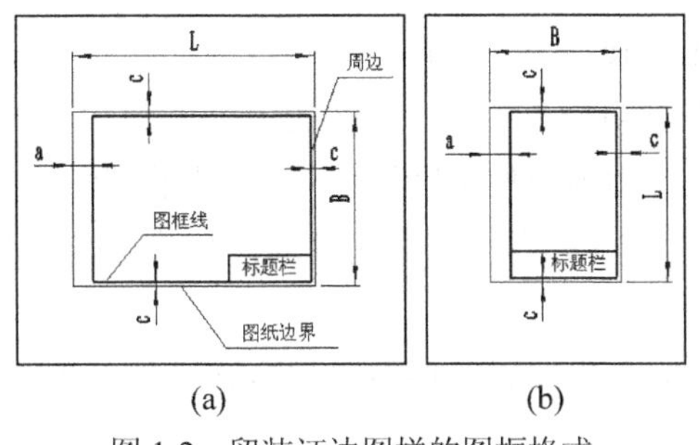

图 1-2　留装订边图样的图框格式

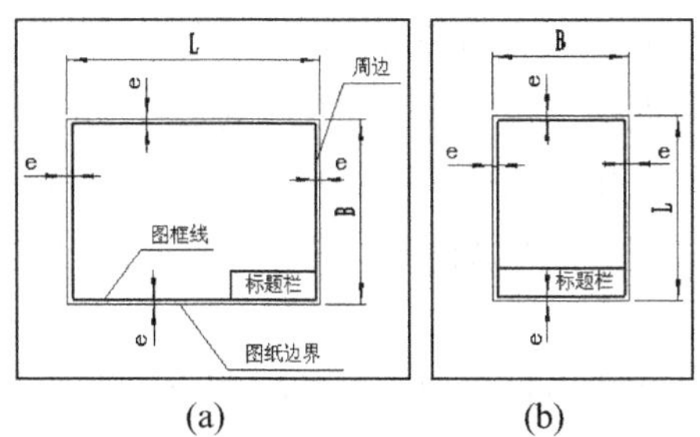

图 1-3　不留装订边图样的图框格式

3. 标题栏

标题栏一般由名称及代号区、签字区、更改区及其他区组成，用于说明图的名称、编号、责任者的签名和图中局部内容的修改记录等。各区的布置形式有多种，不同的单位，其标题栏也有各自的特色。本书根据幅面的大小推荐两种比较通用的标题栏，如图 1-4 和图 1-5 所示。

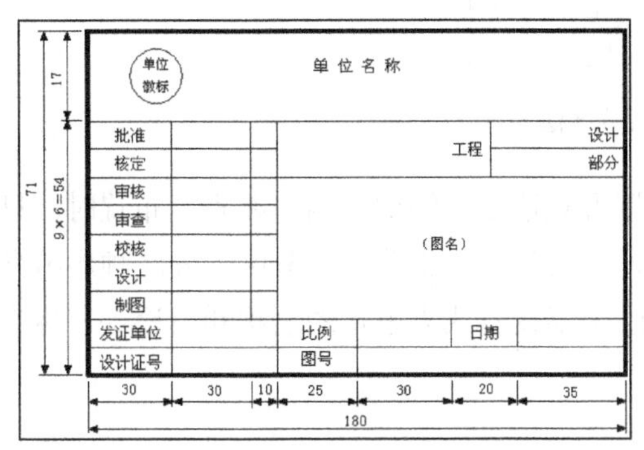

图 1-4　设计通用标题栏(A0 和 A1 幅面)

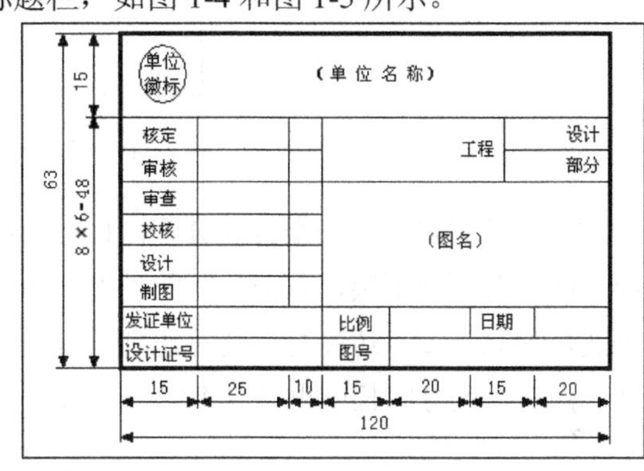

图 1-5　设计通用标题栏(A2、A3 和 A4 幅面)

4. 图幅分区

在图纸很小的情况下，读图较容易。在图纸图幅很大且内容很复杂的情况下，读图就会变得相对困难。为了更容易地读图和检索，需要一种确定图上位置的方法，因此把幅面做成分区，以便检索。理论上，各种图幅都可以分区，图 1-6 所示为有分区和无分区的图纸的基本样式。

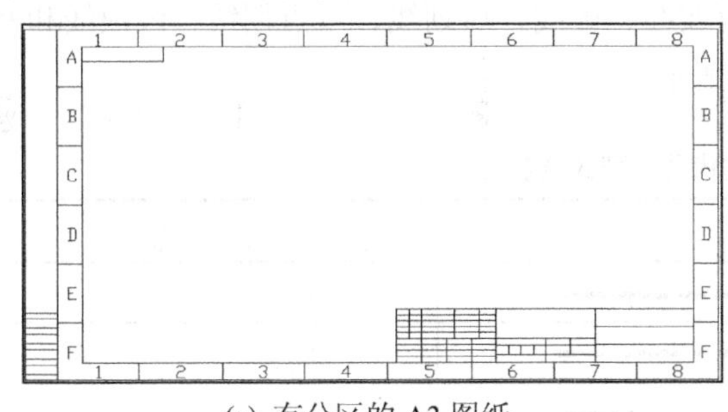

(a) 有分区的 A3 图纸

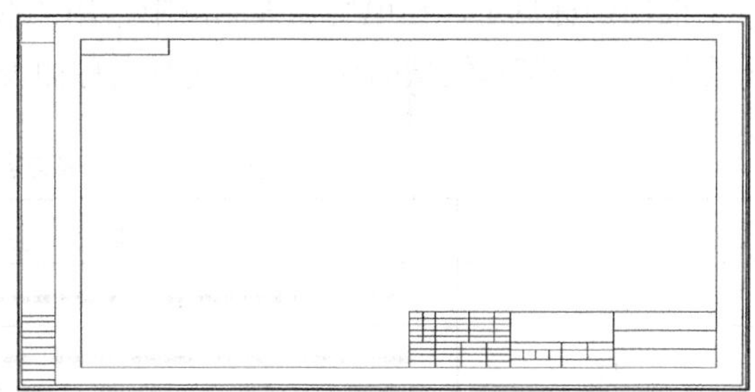

(b) 无分区的 A3 图纸

图 1-6　有分区的 A3 图纸基本样式和无分区的 A3 图纸基本样式

图幅分区有两种方法。第一种图幅分区的方法如图 1-6(a)所示，在图的周边内划定分区，分区数必须是偶数，每一分区的长度为 25~75mm，横竖两个方向可以不统一，分区线用细实线。竖边分为“行”，用大写的拉丁字母作为代号，横边分为“列”，用阿拉伯数字做代号。都从图的左上角开始顺序编号，两边注写。分区的代号用分区所在的“行”与“列”的两个代号组合表示，如“A2”、“C3”等。

如果电气图中要表示的控制电路内的支路较多，并且各支路元器件布置与功能不同，可采用另一种分区方法，如图 1-7 所示。

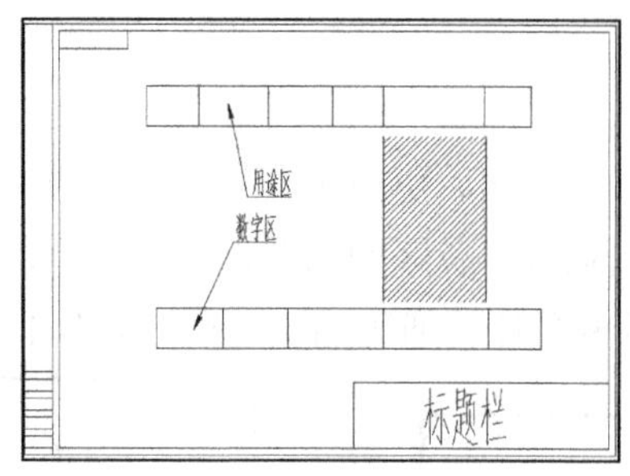

图 1-7　另一种图幅分区法

这种方法只对图的一个方向分区，根据电路的布置方式选定。例如，当电路垂直布置时，只作横向分区。分区数不限，各个分区的长度也可以不等，一般是一个支路一个分区。分区顺序编号方式不变，但只需要单边注写。其对边则另行划区，标注主要设备或支电路的名称和用途等，称为用途区。两对边的分区长度也可以不统一。

1.2.2 图　线

不同的机械图纸，对图线、字体和比例有不同的要求。国标对电气工程图纸的图线、字体和比例做出了相应的规定。

1. 基本图线

根据国标规定，在电气工程制图中常用的线型有实线、虚线、点划线、双点划线、波浪线和双折线等，部分基本线型的代号、型式及名称如表 1-2 所示。

表 1-2　15 种基本线型的代号、型式及名称

代号 No.	基 本 线 型	名　称
01	————————————	实线
02	— — — — — — — — —	虚线
03	——　　——　　——　　——	间隔划线
04	——— · ——— · ——— · ———	点划线
05	——— · · ——— · · ———	双点划线

(续表)

代号 No.	基本线型	名　称
06		三点划线
07		点线
08		长划短划线
09		长划双短划线
10		划点线
11		双划单点线
12		划双点线
13		双划双点线
14		划三点线
15		双划三点线

2. 图线的宽度

图线的宽度应根据图形的大小和复杂程度来确定，在下列系数中选择：0.18 mm、0.25 mm、0.35 mm、0.5 mm、0.7 mm、1 mm、1.4 mm 和 2 mm。

在电气工程图样上，图线一般只有两种宽度，分别是粗线和细线，其宽度之比为 2:1。在通常情况下，粗线的宽度采用 0.5 mm 或 0.7 mm；细线的宽度采用 0.25 mm 或 0.35 mm。

在同一图样中，同类图线的宽度应基本保持一致。虚线、点划线及双点划线的划长和间隔长度也分别应大致相等。

1.2.3　箭头与指引线

电气图中使用的箭头有两种画法，一种是开口箭头，如图 1-8(a)所示，用来表示能量或信号的传播方向。另一种是实心箭头，如图 1-8(b)所示，用作指向连接线等对象的指引线。

(a) 开口箭头　　(b) 实心箭头

图 1-8　两种形状箭头

另外在图中的箭头也可以表示可调节性(如 GB/T 4728 中 02-03-01 所示)、力或运动方向(如 GB/T 4728 中 02-04-01 所示)等信息。

指引线用于指示电气图中的注释对象。指引线一般为细实线，指向被注释处，并在其末端加注不同的标记。

- 如果末端在轮廓线内，则添加一个黑点，如图 1-9(a)所示。
- 如果末端在轮廓线上，则添加一个实心箭头，如图 1-9(b)所示。
- 如果末端在连接线上，则添加一个短斜线，如图 1-9(c)所示。

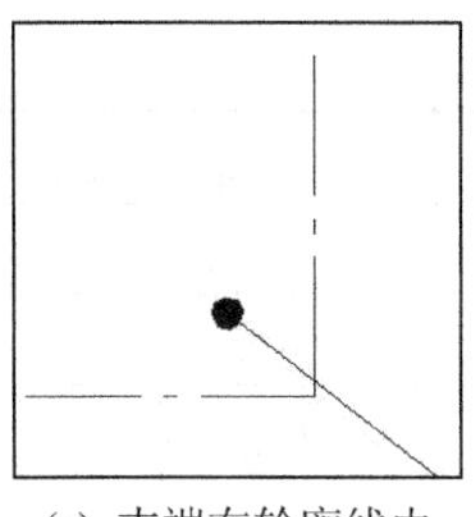

(a) 末端在轮廓线内

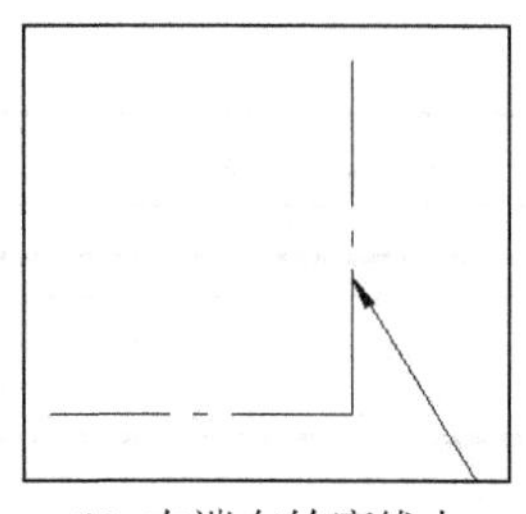

(b) 末端在轮廓线上

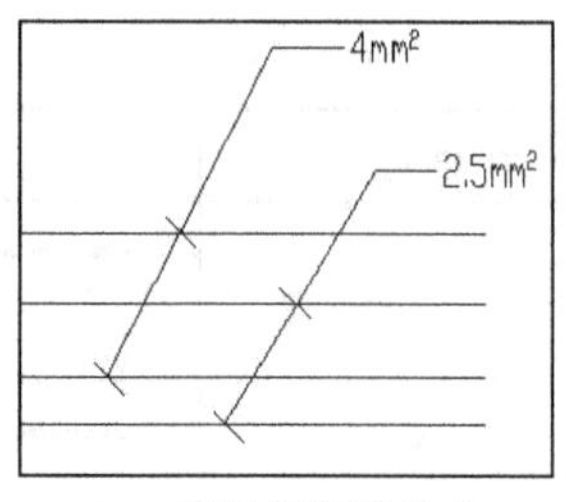

(c) 末端在连接线上

图 1-9 指引线末端标记

1.2.4 电气工程的分类

国标中对电气工程图中字体的规定可归纳为如下几条。

01 书写字体必须做到：字体工整、笔画清楚、间隔均匀、排列整齐。

02 字体的号数，即字体高度 h，其公称尺寸系列为：1.8 mm、2.5 mm、3.5 mm、5 mm、7 mm、10 mm、14 mm 和 20 mm。

03 汉字应为长仿宋体字，并采用国家正式公布推行的简化字。汉字的高度 h 不应小于 3.5 mm，其字宽一般为 $h/\sqrt{2}$(约 0.7h)。

04 汉字书写的要点在于横平竖直、注意起落、结构均匀、填满方格。

05 字母和数字分为 A 型和 B 型。A 型字体的笔画宽度为字高(h)的 1/14，B 型字体笔画宽度为字高的 1/10。在同一图样上，只允许选用一种形式的字体。字母和数字可以为斜体或直体，但全图要统一。斜体字字头向右倾斜，与水平基准线形成 75° 角。

1.2.5 比　　例

电气工程图中图形与其实物相应要素的线性尺寸的比称为比例。需要按比例绘制图样时，应从表 1-3 所示的规定中选取适当的比例。

表 1-3 常用比例

原值比例	1:1
缩小比例	(1:1.5)　1:2　(1:2.5)　(1:3)　(1:4)　1:5　1:10 1:2×10n　(1:2.5×10n)　(1:3×10n)　(1:4×10n)　1:5×10n　(1:6×10n)
放大比例	2:1　(2.5:1)　(4:1)　5:1 1×10n:1　2×10n:1　(2.5×10n:1)　(4×10n:1)　5×10n:1

为了能从图样上得到实物大小的真实概念，应尽量采用原值比例绘图。绘制大而简单的机件可以采用缩小比例。绘制小而复杂的电气元件可以采用放大比例。不论采用缩小比例绘图还是放大比

例绘图，图样中所标注的尺寸，均为电气元件的实际尺寸。

对于同一张图样上的各个图形，原则上应采用相同的比例绘制，并在标题栏内的“比例”一栏中进行填写。比例符号用“:”表示，如 1:1 或 1:2 等。当某个图形需采用不同比例绘制时，可以在视图名称的下方以分数形式标注出该图形所采用的比例。

1.3 电气符号的构成与分类

图形符号是用于电气图或其他文件中表示项目或概念的一种图形、记号或符号。电气工程图中，各元件、设备、线路及其安装方法都是以图形符号、文字符号和项目符号的形式出现。要绘制电气工程图，首先要了解这些符号的形式、内容、含义以及它们之间的相互关系。

1.3.1 部分常用的电气符号

下面列出了在电气工程图中最常见的一些电气图形符号，请读者仔细阅读，熟悉这些电气元件的表达形式。

1. 电阻器、电容器、电感器和变压器

电阻器、电容器、电感器和变压器的图形符号如表 1-4 所示。

表 1-4 电阻器、电容器、电感器和变压器的图形符号

图 形 符 号	名称与说明	图 形 符 号	名称与说明
	电阻器一般符号		电感器、线圈、绕组或扼流图
	可变电阻器或可调电阻器		带磁芯、铁芯的电感器
	滑动触点电阻器		带磁芯连续可调的电感器
+	极性电容器		双绕组变压器
	可变电容器或可调电容器		在一个绕组上有抽头的变压器

2. 半导体管

常用半导体管的图形符号如表 1-5 所示。

表 1-5 常用半导体管的图形符号

图 形 符 号	名称与说明	图 形 符 号	名称与说明
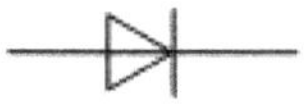	二极管的符号	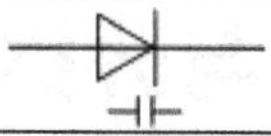	变容二极管
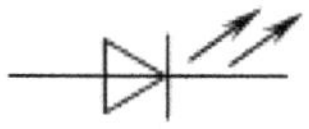	可发光二极管	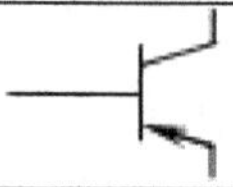	PNP 型晶体三极管
	光电二极管	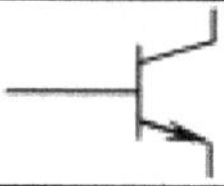	NPN 型晶体三极管
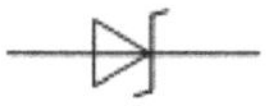	稳压二极管	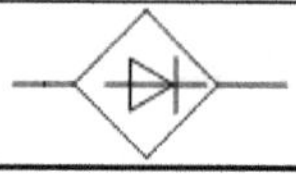	全波桥式整流器

3. 其他电气图形符号

其他常用电气图形符号如表 1-6 所示。

表 1-6 其他常用电气图形符号

图 形 符 号	名称与说明	图 形 符 号	名称与说明
	熔断器	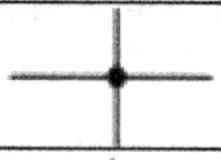	导线的连接
	指示灯及信号灯	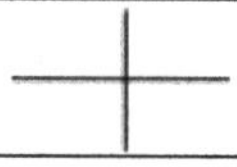	导线的不连接
	扬声器		动合(常开)触点开关
	蜂鸣器		动断(常闭)触点开关
	接地	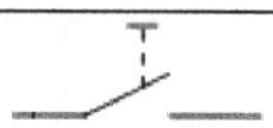	手动开关

1.3.2 电气符号的分类

最新的《电气图形符号总则》国家标准代号为 GB/T4728.1-1985，对各种电气符号的绘制做了详细的规定。按照这个规定，电气图形符号主要由以下 13 个部分组成。本书最后的附录里摘取了其中一些常见的电气符号，供读者日常阅读和识别使用，希望对读者有所帮助。

1. 总则

内容包括《电气图形符号总则》的内容提要、名词术语、符号的绘制、编号的使用及其他规定。

2. 符号要素、限定符号和其他常用符号

内容包括轮廓和外壳、电流和电压种类、可变性、力运动和流动的方向、机械控制、接地和接地壳及理想电路元件等。

3. 导线和连接器件

例如，电线、柔软和屏蔽或绞合导线以及同轴导线；端子，导线连接；插头和插座；电缆密封终端头等。

4. 无源元件

例如，电阻、电容和电感器；铁氧体磁芯、磁存储器矩阵；压电晶体、驻极体和延迟线等。

5. 半导体和电子管

例如，二极管、三极管和晶体闸流管；电子管；辐射探测器件等。

6. 电能的发生和转换

例如，绕组；发电机、发动机；变压器；变流器等。

7. 开关、控制和保护装置

例如，触点；开关、热敏开关、接触开关；开关装置和控制装置；启动器；有或无继电器；测量继电器；熔断器、间隙和避雷器等。

8. 测量仪表、灯和信号器件

例如，指示、计算和记录仪表；热电偶；遥测装置；电钟；位置和压力传感器；灯；喇叭、铃等。

9. 电信：传输和外围设备

例如，交换系统和选择器；电话机；电报和数据处理设备；传真机、换能器、记录和播放机等。

10. 电信：传输

例如，通信电路；天线、无线电台；单端口、双端口或多端口波导管器件、微波激射器、激光器；信号发生器、调制器、解调器和光纤传输线路等。

11. 建筑安装平面布置图

内容包括发电站、变电所、网络、音响和电视的分配系统、建筑用设备、露天设备和防雷设备等。

12．二元逻辑器件

内容包括计算器和存储器等。

13．模拟器件

内容包括放大器、函数器和电子开关等。

第2章 AutoCAD 2014制图基础

AutoCAD 是由美国 Autodesk 公司于 20 世纪 80 年代初为在计算机上应用 CAD 技术而开发的绘图程序软件包，是国际上最流行的绘图工具之一。AutoCAD 2014 版本是 Autodesk 公司推出的最新版本，在界面设计、图形绘制和三维建模等方面进行了加强，以帮助用户更好地从事图形设计。

本章将给读者介绍 AutoCAD 2014 版的一些基础知识。通过本章的学习，希望用户可以掌握 AutoCAD 2014 最常用、最基本的操作方法，为在后面章节学习其他知识打下坚实的基础。

通过本章的学习，读者应了解和掌握以下内容：

- 配置绘图环境
- 图形文件管理
- 基本输入操作
- 图层操作
- 绘图辅助工具

2.1 配置绘图环境

无论是电气制图还是机械制图，在绘图之前，用户都要对绘图单位和绘图区域进行设置，以便用户确定绘制的图纸与实际尺寸的关系。

2.1.1 启动 AutoCAD 2014

选择“开始”|“程序”|Autodesk|AutoCAD 2014-Simplified Chinese|AutoCAD 2014 命令，或双击桌面上的快捷图标，都可以启动 AutoCAD 软件。如果是第一次启动 AutoCAD 2014，系统将对初始化界面进行初始化，这可能需要一段时间，用户需耐心等待。初始化完毕后，弹出“欢迎”对话框，通过此对话框用户可以获得新功能学习视频、AutoCAD 的教学视频和各种应用程序等。通过该对话框，还可以直接创建新文件，打开已经创建的文件和最近使用过的文件。

关闭“欢迎”对话框，展现在用户眼前的是如图 2-1 所示的 AutoCAD 2014“草图与注释”工作空间的绘图工作界面。

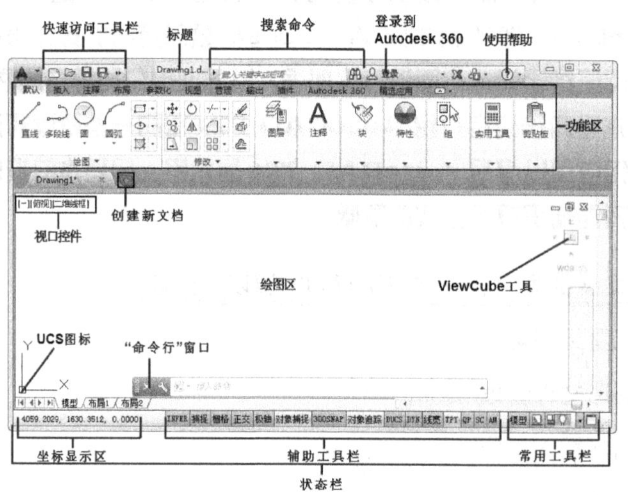

图 2-1 “草图与注释”工作空间的绘图工作界面

2.1.2 绘图界面

AutoCAD 2014 系统给用户提供了“草图与注释”、“AutoCAD 经典”、“三维基础”和“三维建模”4 种工作空间，图 2-1 显示的是“草图与注释”工作空间的界面。对于新用户来说，可以直接从这个界面学习 AutoCAD。对于常用该软件的用户来说，如果习惯以往版本的界面，可以单击状态栏中的“切换工作空间”按钮，在弹出的快捷菜单中选择“AutoCAD 经典”命令，切换到如图 2-2 所示的“AutoCAD 经典”工作空间的工作界面。

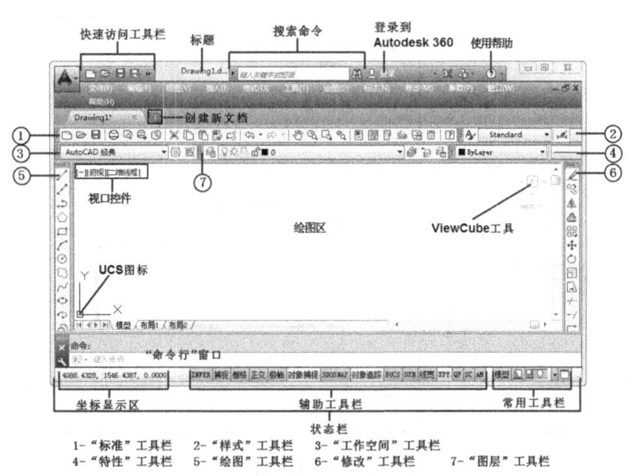

图 2-2　“AutoCAD 经典”工作空间的工作界面

与“AutoCAD 经典”工作空间相比，“草图与注释”工作空间的界面增加了功能区，缺少了菜单栏。下面将给读者介绍两个工作空间的常见界面元素。

1. 标题栏

AutoCAD 2014 版本丰富了标题栏的内容。除了在标题栏中可以看到当前图形文件的标题，可以看到最小化、最大化(还原)和关闭按钮之外，还增加了菜单浏览器、快速访问工具栏以及信息中心的内容。

菜单浏览器将所有可用的菜单命令都显示在一个位置，用户可以在其中选择需要的菜单命令，也可以标记常用命令以便日后查找，功能类似于菜单栏。

快速访问工具栏定义了一系列常用的工具，单击相应的按钮即可执行相应的操作。用户可以自定义快速访问工具，系统默认提供工作空间、新建、打开、保存、另存为、打印、放弃和重做这 8 个快速访问工具。用户将光标移动到相应按钮上，会弹出功能提示。在快速访问工具栏上右击，然后单击“自定义快速访问工具栏”按钮，打开“自定义用户界面”对话框，用户可以自定义访问工具栏上的命令。

信息中心可以帮助用户同时搜索多个源(例如，帮助、新功能专题研习、网址和指定的文件)，也可以搜索单个文件或位置。

在把光标移动到命令按钮上时，会显示如图 2-3 所示的提示信息。光标最初悬停在命令或控件上时，可以得到基本内容提示，其中包含了对该命令或控件的概括说明、命令名、快捷键和命令标记。当光标在命令或控件上的悬停时间累积超过一特定数值时，将显示更详细的补充工具提示。这个方面功能的加强对于新用户学习该软件有很大的帮助。

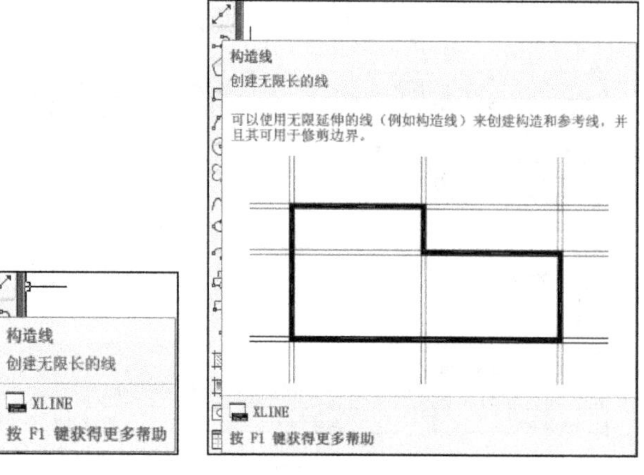

图 2-3　工具提示

2. 菜单栏

菜单栏仅在“AutoCAD 经典”工作空间的工作界面中存在，位于标题栏之下。传统的 AutoCAD 包含 12 个主菜单项，用户可以根据需要加入自定义菜单。如果选装了 Express Tools，则会出现一个 Express 菜单。用户选择任意一个菜单命令，则会弹出一个下拉菜单，可以从中选择相应的命令进行操作。

3. 工具栏

工具栏是一个由一些图标组成的工具按钮的长条，单击工具栏上的相应按钮就能执行其所代表的命令。

默认状态下，“草图与注释”空间中并不包含任何菜单栏和工具栏。用户单击“快速访问工具栏”中的▼按钮，弹出下拉菜单，选择“显示菜单栏”命令，则显示传统的菜单栏。

用户选择菜单栏中的“工具”|“工具栏”|AutoCAD 命令，系统会弹出 AutoCAD 工具栏的子菜单。在子菜单中，用户可以选择相应的工具栏使其显示在界面上。

在“AutoCAD 经典”工作空间的界面上，系统提供了“工作空间”工具栏、“标准”工具栏、“绘图”工具栏和“修改”工具栏等几个常用工具栏。用户要打开其他工具栏时，可以采用“二维绘图与注释”空间打开工具栏的方法，也可以在任意工具栏上右击，在弹出的快捷菜单中选择相应的命令调出该工具栏。

4. 绘图窗口

绘图窗口是用户的工作窗口，用户所做的一切工作(如绘制图形、输入文本及标注尺寸等)均要在该窗口中得到体现。该窗口内的选项卡，用于图形输出时模型空间和图纸空间的切换。

绘图窗口的左下方可见一个“L”形箭头轮廓，这就是坐标系(UCS)图标，它指示了绘图的方位。三维绘图会在很大程度上依赖这个图标。图标上的 X 和 Y 指出了图形的 X 轴和 Y 轴方向，字母 W

说明用户正在使用的是世界坐标系(World Coordinate System)。

5. 命令行提示区

命令行提示区是提供用户通过键盘输入命令的地方，位于绘图窗口的底部。滚动鼠标滑轮放大或缩小该窗口。

通常命令窗口最底下显示的信息为“命令:”，表示 AutoCAD 正在等待用户输入指令。命令窗口显示的信息是 AutoCAD 与用户的对话，记录了用户的操作历史，可以通过其右边的滚动条查看用户的操作历史。

6. 状态栏

状态栏位于 AutoCAD 2014 工作界面的底部，坐标显示区显示十字光标当前的坐标位置。鼠标单击一次，则呈灰度显示，固定当前坐标值，数值不再随光标的移动而改变，再次单击则恢复。辅助工具区集成了用于辅助制图的一些工具；常用工具区集成了一些在制图过程中经常会用到的工具。

7. 十字光标

十字光标用于定位点，选择和绘制对象，由定点设备如鼠标和光笔等控制。当移动定点设备时，十字光标的位置会作出相应的移动，就像手工绘图中用笔一样方便。

8. 功能区

功能区为与当前工作空间相关的操作提供了一个单一的放置区域。使用功能区时无须显示多个工具栏，这使得应用程序窗口变得简洁有序。可以通俗地将功能区理解为集成的工具栏。它由选项卡组成，不同的选项卡下又集成了多个面板，不同的面板上又放置了大量的某一类工具，效果如图 2-4 所示。

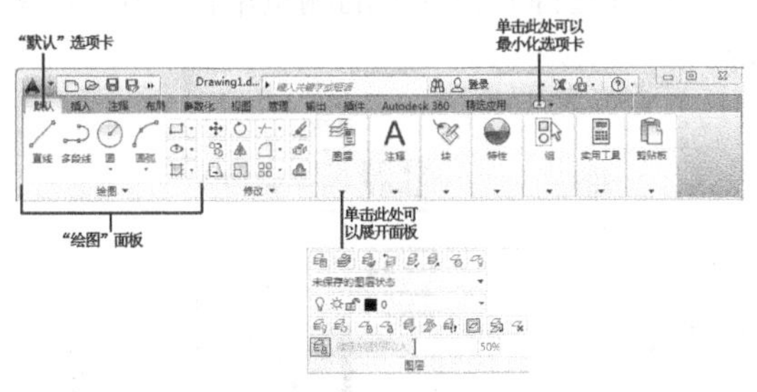

图 2-4　功能区

9. 视口控件

视口控件显示在每个视口的左上角，提供更改视图、视觉样式和其他设置的便捷方式。

10. ViewCube 工具

ViewCube 是一种方便的工具，用来控制三维视图的方向。

2.1.3 设置绘图界限

一般来说，如果用户不做任何设置，AutoCAD 系统对作图范围没有限制。用户可以将绘图区看作是一幅无穷大的图纸，但所绘图形的大小是有限的。因此，为了更好地绘图，需要设定作图的有效区域。

选择“格式”|“图形界限”命令，或在命令行中输入 LIMITS，命令行提示如下。

```
命令:LIMITS                                              //执行命令
重新设置模型空间界限:                                     //系统提示信息
指定左下角点或 [开(ON)/关(OFF)] <0.0000,0.0000>:          //用鼠标或者输入坐标值定位左下角点
指定右上角点 <420.0000,297.0000>:                         //用鼠标或者输入坐标值定位右上角点
```

LIMITS 命令中的“开”参数表示打开绘图界限检查，如果所绘图形超出了图限，则系统不绘制出此图形并给出相应的提示信息，从而保证了绘图的正确性。“关”参数表示关闭绘图界限检查。

2.1.4 设置绘图单位

选择“格式”|“单位”命令，或在命令行中输入 DDUNITS，系统将弹出如图 2-5 所示的“图形单位”对话框，在该对话框中可以对图形单位进行设置。

“图形单位”对话框中“长度”选项组中的“类型”下拉列表框用于设置长度单位的格式类型，其“精度”下拉列表框用于设置长度单位的显示精度；“角度”选项组中的“类型”下拉列表框用于设置角度单位的格式类型，其“精度”下拉列表框用于设置角度单位的显示精度；选中“顺时针”复选框，表明角度测量方向是顺时针方向，不选中此复选框则角度测量方向为逆时针方向；“光源”选项组用于设置当前图形中的光度并选择光源强度的测量单位，其下拉列表中提供了“国际”、“美国”和“常规”3 种测量单位。

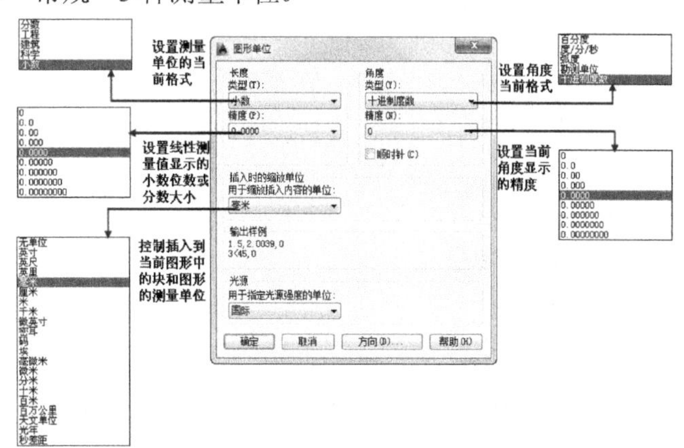

图 2-5 “图形单位”对话框

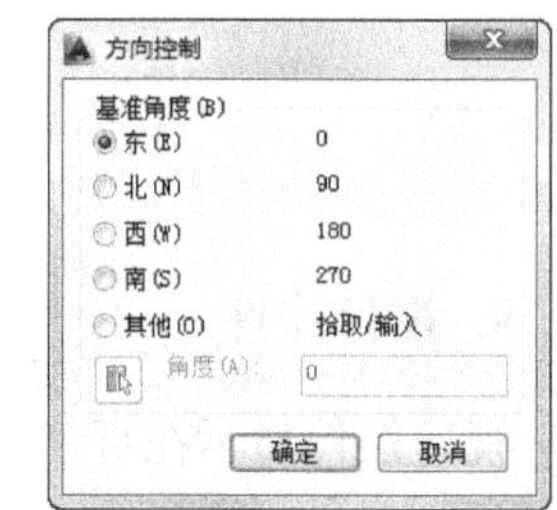

图 2-6 “方向控制”对话框

单击“方向”按钮，系统将弹出如图 2-6 所示的“方向控制”对话框，在该对话框中可以设置起

始角度(0B)的方向。在 AutoCAD 的默认设置中，0B 方向是指向右(亦即正东)的方向，逆时针方向为角度增加的正方向。在该对话框中，可以选中 5 个单选按钮中的任意一个来改变角度测量的起始位置，也可以通过选中“其他”单选按钮，并单击“拾取”按钮，在图形窗口中拾取两个点来确定所绘图形在 AutoCAD 中 0B 的方向。

2.2 图形文件管理

与其他软件一样，在 AutoCAD 中也提供了各种文件操作的命令，来帮助用户快速方便地创建、保存和关闭文件。

2.2.1 创建新的 AutoCAD 文件

第一次打开 AutoCAD 时系统会自动创建一个新文件。如果在 AutoCAD 已打开的状态下创建新文件，则要通过以下几种方式来实现：选择“文件”|“新建”命令或者单击“标准”工具栏中的“新建”按钮□。

对于新建文件来说，创建的方式由 STARTUP 系统变量确定。当 STARTUP 变量值为 0 时，弹出如图 2-7 所示的“选择样板”对话框。打开对话框后，系统自动定位到 AutoCAD 安装目录的样板文件夹中，用户可以选择使用样板和选择不使用样板创建新图形。

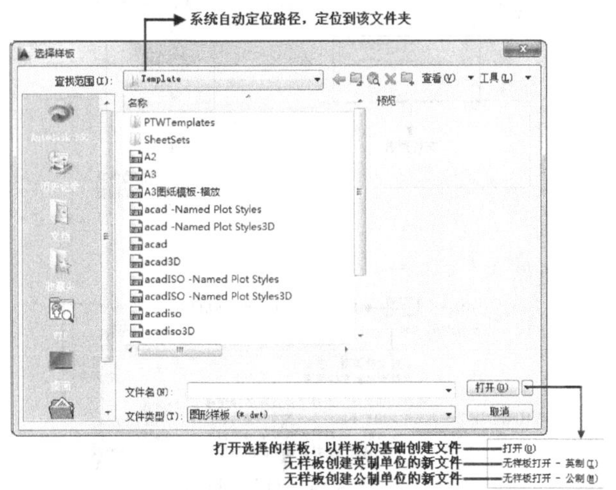

图 2-7 “选择样板”对话框

当 STARTUP 为 1 时，新建文件会弹出如图 2-8 所示的“创建新图形”对话框。系统提供了从草图开始创建、使用样板创建和使用向导创建 3 种方式创建新图形。使用样板创建与“选择样板”对话框的样板“打开”类似。

从草图开始创建，提供了如图 2-8 所示的英制和公制两种创建方式，这与“选择样板”对话框的“无样板打开-公制”和“无样板打开-英制”类似。

使用向导提供了如图 2-9 所示的“高级设置”和“快速设置”两种创建方式，用户可以对单位的格式和精度、角度的格式和精度、零角度的方向、正角度的方向和绘图区域进行设置。

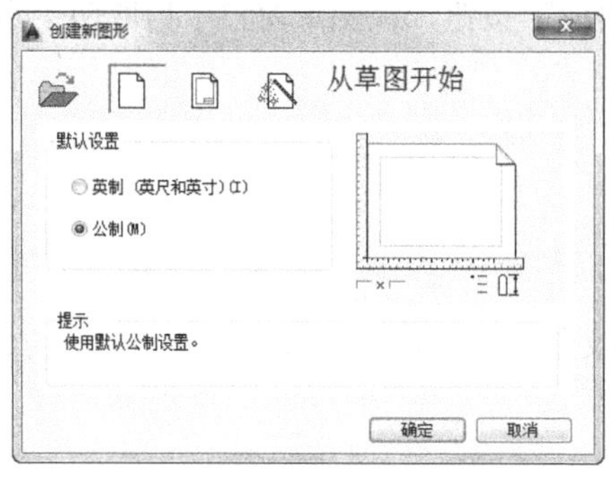

图 2-8 “创建新图形”对话框

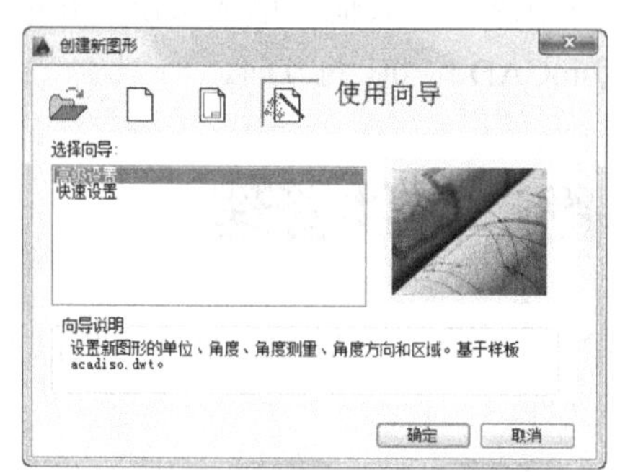

图 2-9 使用向导创建文件

2.2.2 打开 AutoCAD 文件

选择“文件”|“打开”命令，或单击“快速访问”工具栏中的“打开”按钮，又或在命令行中输入 OPEN，都可以打开如图 2-10 所示的“选择文件”对话框。该对话框用于打开已经存在的 AutoCAD 图形文件。

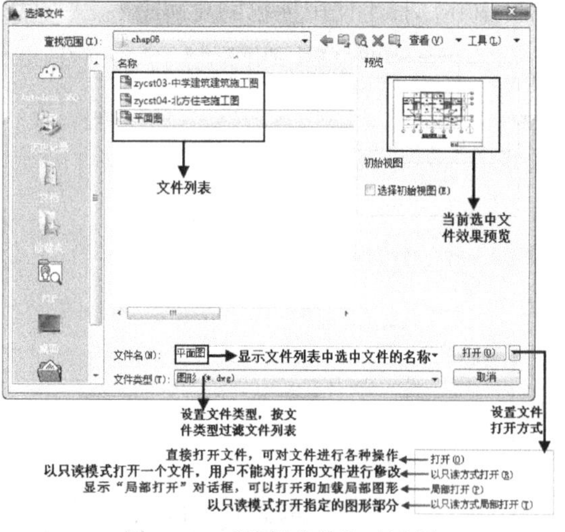

图 2-10 “选择文件”对话框

在该对话框中，用户可以在“查找范围”下拉列表框中选择文件所在的位置，然后在文件列表中选择文件，单击“打开”按钮，即可打开文件。

2.2.3　保存 AutoCAD 文件

选择“文件”|“保存”命令，或单击“快速访问”工具栏中的“保存”按钮，又或在命令行中输入 SAVE，都可以对图形文件进行保存。若当前的图形文件已经命名，则按此名称保存文件；如果当前图形文件尚未命名，则弹出如图 2-11 所示的“图形另存为”对话框，该对话框用于保存已经创建但尚未命名的图形文件。

图 2-11　“图形另存为”对话框

在“图形另存为”对话框中，“保存于”下拉列表框用于设置图形文件保存的路径；“文件名”文本框用于输入图形文件的名称；“文件类型”下拉列表框用于选择文件保存的格式。DWG 是最常见的文件保存形式，是 AutoCAD 的图形文件；DWT 是 AutoCAD 的样板文件；DXF 是 AutoCAD 绘图交换文件，用于 AutoCAD 与其他软件之间进行 CAD 数据交换的 CAD 数据文件格式。如果用户需要把 AutoCAD 软件导入到其他 CAD 中，则可以保存为这种格式。

如果要保存为样板文件，则选择“AutoCAD 图形样板”。选择后，保存路径自动定位到 AutoCAD 自带的样板文件夹中，输入样板的名称，单击“保存”按钮。弹出“样板选项”对话框，输入样板的说明，单击“确定”按钮，完成样板的创建。

2.3　基本输入操作

在 AutoCAD 2014 中，用户通常结合键盘和鼠标来进行命令的输入和执行，主要利用键盘输入命令和参数，利用鼠标执行工具栏中的命令、选择对象、捕捉关键点以及拾取点等功能。

在 AutoCAD 中，用户可以通过按钮命令、菜单命令和命令行执行命令 3 种形式来执行 AutoCAD 命令，3 种命令的功能如下。

- 按钮命令绘图：是指用户通过单击工具栏中相应的按钮来执行命令。
- 菜单命令绘图：是指选择菜单栏中的下拉菜单命令执行操作。
- 命令行执行命令：是指 AutoCAD 中大部分命令都具有别名，用户可以直接在命令行中输入别名并按下 Enter 键来执行命令。

以 AutoCAD 中常用的“直线”命令为例。单击“标准”工具栏中的“直线”按钮，或者选择“绘图”|“直线”命令，或者在命令行里输入 LINE，都可以执行该命令。

2.4 使用图层

图层相当于是由多层“透明纸”重叠而成。先在上面绘制图形，然后将纸一层层重叠起来，构成最终的图形。在 AutoCAD 中，图层的功能要比“透明纸”强大得多。用户可以根据需要创建很多图层，然后将相关的图形对象放在同一层上，以此来管理图形对象。

AutoCAD 中的各图层具有相同的坐标系、绘图界限和显示时的缩放倍数。用户可以对位于不同图层上的对象同时进行编辑操作。每个图层都有一定的属性和状态，包括图层名、开关状态、冻结状态、锁定状态、颜色、线型、线宽、打印样式和是否打印等。

选择“格式”|“图层”命令，或者在命令行中输入 LAYER，或者单击功能区“图层”面板中的“图层特性”按钮，则弹出如图 2-12 所示的“图层特性管理器”对话框。对图层的基本操作和管理都可以在该对话框中完成。

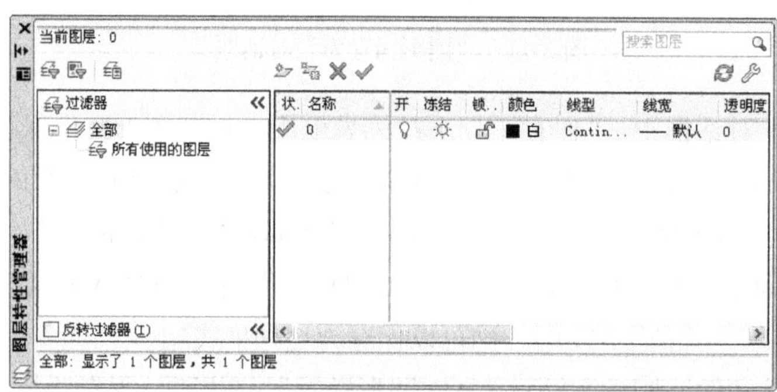

图 2-12 “图层特性管理器”对话框

2.4.1 新建图层

单击“图层特性管理器”对话框中的“新建图层”按钮后，图层列表中将显示新创建的图层。第一次新建，列表中将显示名为“图层 1”的图层，随后名称依次为“图层 2”、“图层 3”……，当该名称处于选中状态时，用户可以直接输入一个新图层名。如图 2-13 所示时，用户可以直接输入新的名称。

对于已经创建的图层，如果需要修改图层的名称，用鼠标单击该图层的名称，使图层名处于可编辑状态，直接输入新的名称即可，如图 2-14 所示。

图 2-13　新建图层名称输入

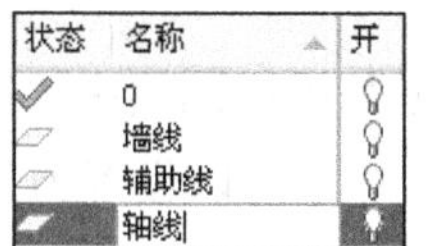

图 2-14　修改图层名称

单击“删除图层”按钮✖，可以删除用户当前选定的图层。单击“置为当前”按钮✔，可将选定的图层设置为当前图层，用户创建的对象将被放置到当前图层中。

2.4.2 图层设置

在 AutoCAD 中，用户可以对已有图层的各个属性进行设置，来满足用户不同的绘图需求。

1. 设置图层颜色

每个图层都具有一定的颜色。所谓图层的颜色，是指该图层上面的实体颜色。在建立图层时，图层的颜色承接上一个图层的颜色。对于图层 0，系统默认为 7 号颜色。该颜色相对黑色的背景显示白色，相对白色的背景显示黑色(仅该色例外，其他色不论背景为何种颜色，自身颜色不变)。

在绘图过程中，需要对各个层的对象进行区分，改变该层的颜色，默认状态下该层的所有对象的颜色将随之改变。单击“颜色”列表下的颜色特性图标■白色，弹出如图 2-15 所示的“选择颜色”对话框，用户可以对图层颜色进行设置。

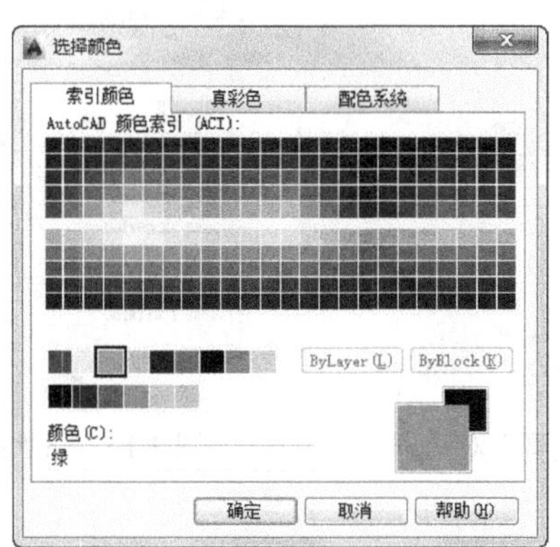

图 2-15　“选择颜色”对话框

在“索引颜色”选项卡中，用户可以直接单击需要的颜色，也可以在“颜色”文本框中输入颜色号。在“真彩色”选项卡中，用户可以通过 RGB 或 HSL 两种模式选择颜色。使用这两种模式确定颜色都需要 3 个参数，具体参数的含义请参考有关图像设计的书籍。在“配色系统”选项卡中，用户可以从系统提供的颜色表中选择一个标准表，然后从色带滑块中选择需要的颜色。

2. 绘制直线段设置图层线型

图层的线型是指在图层中绘图时所用的线型，每一层都应有一个相应线型。不同的图层可以设置为不同的线型，也可以设置为相同的线型。AutoCAD 提供了标准的线型库，在一个或多个扩展名为.lin 的线型定义文件中定义了线型。线型名称及其定义决定了特定的点划线序列、划线和空移的相对长度以及所包含的任何文字或形的特征。用户可以使用 AutoCAD 提供的任意标准线型，也可以使用自定义线型。

一个 LIN 文件可以包含多个简单线型和复杂线型的定义。用户可以将新线型添加到现有的 LIN 文件中，也可以创建自己的 LIN 文件。要创建或修改线型定义，可以使用文本编辑器或字处理器编辑 LIN 文件，或者在命令提示下使用 LINETYPE 命令编辑 LIN 文件。用户创建自定义线型后，必须先加载该线型，然后才能使用它。

AutoCAD 中包含的 LIN 文件为 acad.lin 和 acadiso.lin。

在 AutoCAD 中，系统默认的线型是 Continuous，线宽采用默认值 0 单位，该线型是连续的。在绘图过程中，如果用户需要绘制点划线或虚线等其他种类的线，就要设置图层的线型和线宽。

单击“线型”列表下的线型特性图标 Continuous ，弹出如图 2-16 所示的“选择线型”对话框。默认状态下，“选择线型”对话框中只有 Continuous 一种线型。

单击“加载”按钮，弹出如图 2-17 所示的“加载或重载线型”对话框。用户可以在“可用线型”列表框中选择所需要的线型，单击“确定”按钮返回“选择线型”对话框，完成线型加载，然后选择需要的线型，单击“确定”按钮回到“图层特性管理器”对话框，完成线型的设定。

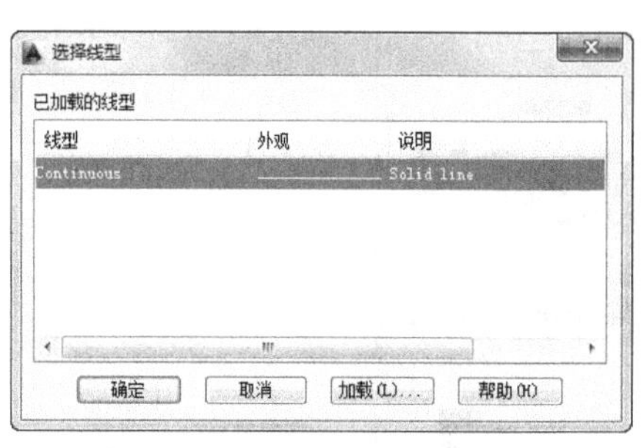

图 2-16 “选择线型”对话框

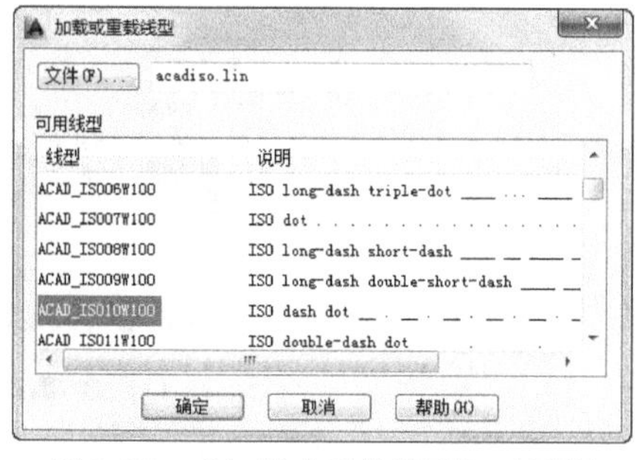

图 2-17 “加载或重载线型”对话框

3. 设置图层线宽

使用线宽特性可以创建粗细(宽度)不一的线，分别用于不同的地方，以便图形化地表示对象和信息。

单击“线宽”列表下的线宽特性图标 —— 默认，弹出如图 2-18 所示的“线宽”对话框。在“线宽”列表框中选择需要的线宽，单击“确定”按钮，完成设置线宽操作。

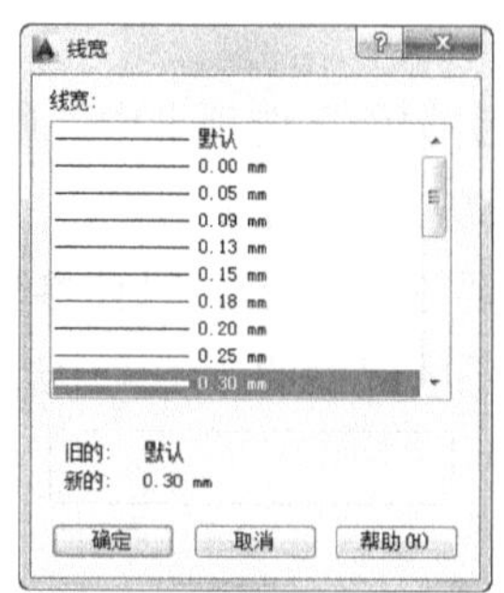

图 2-18 “线宽”对话框

2.4.3　图层状态管理

用户可以通过单击相应的图标，控制图层的相应状态，表2-1展示了不同图标控制的图层状态，用户可以通过单击鼠标在左右两个状态间切换。

表2-1　图层状态的控制

图标	图层处于打开状态	图标	图层处于关闭状态
当图层打开时，它在屏幕上可见，并且可以打印；当图层关闭时，它不可见，并且不能打印			
图标	图层处于解冻状态	图标	图层处于冻结状态
冻结图层可以加快ZOOM、PAN和许多其他操作的运行速度，增强对象选择的性能并减少复杂图形的重生成时间。当图层被冻结以后，该图层上的图形将不能显示在屏幕上，不能被编辑，不能被打印输出			
图标	图层处于解锁状态	图标	图层处于锁定状态
锁定图层后，选定图层上的对象将不能被编辑修改，但仍然显示在屏幕上，能被打印输出			
图标	图层图形可打印	图标	图层图形不可打印

2.5　样　　式

在AutoCAD绘制的图纸中，除了图形对象之外，文字、表格和标注也是非常重要的一部分。文字除了对实际工程进行必要的说明之外，还为图形对象提供了必要的说明和注释。而表格常用于工程制图中的各类需要以表的形式来表达的文字内容。

2.5.1　设置文字样式

在AutoCAD中，用户要创建文字，首先要设置文字样式，这样可以避免在输入文字时还要设置文字的字体、字高和角度等参数。用户设置好文字样式，然后使创建的文字内容套用当前的文字样式即可创建文字。AutoCAD 2014为用户提供了如图2-19所示的“文字”面板和工具栏，以便用户进行各种与文字相关的操作。

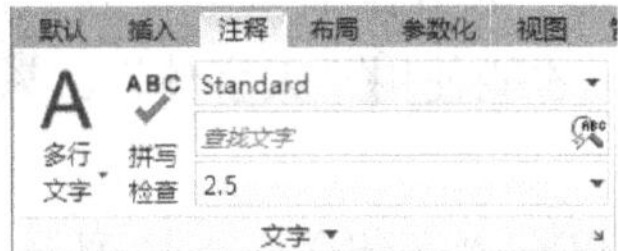

图2-19　“文字”面板和工具栏

选择“格式”|“文字样式”命令，或者选择“文字”面板中“文字样式”下拉列表中的“管理文字样式”命令，又或者在命令行中输入STYLE，都可以弹出如图2-20所示的“文字样式”对话框。在该对话框中可以设置字体样式、字体大小和宽度系数等参数。用户可以设置最常用的几种字体样

式，需要时只需从这些字体样式中进行选择，而不需要每次都重新设置。

“文字样式”对话框由“样式”、“字体”、“大小”、“效果”和“预览”5 个选项组组成。

01 “样式”列表

在“样式列表过滤器”下拉列表框[所有样式]中，提供了“所有样式”和“当前使用的样式”两个选项。当选择“所有样式”时，列表包括已定义的样式名并默认显示选择的当前样式。要更改当前样式，就要从列表中选择另一种样式或选择“新建”以创建新样式，再单击“置为当前”按钮[置为当前(C)]即可。默认情况下，“样式”列表中存在 Annotative 和 Standard 两种文字样式，图标 ▲ 表示创建的是注释性文字的文字样式。

单击“新建”按钮，弹出如图 2-21 所示的“新建文字样式”对话框。在该对话框的“样式名”文本框中输入样式名称，单击“确定”按钮，即可创建一种新的文字样式。

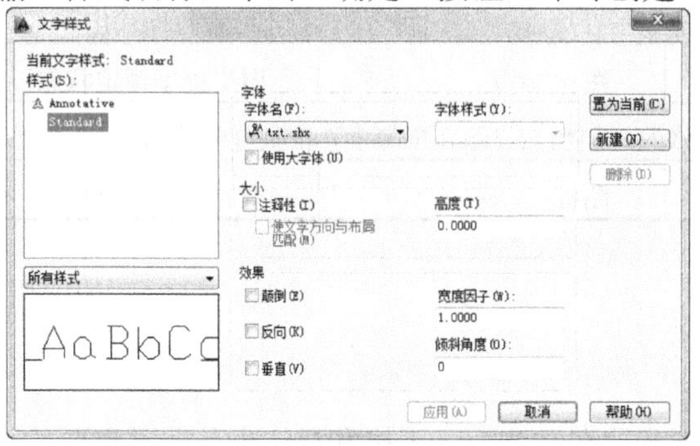

图 2-20 “文字样式”对话框

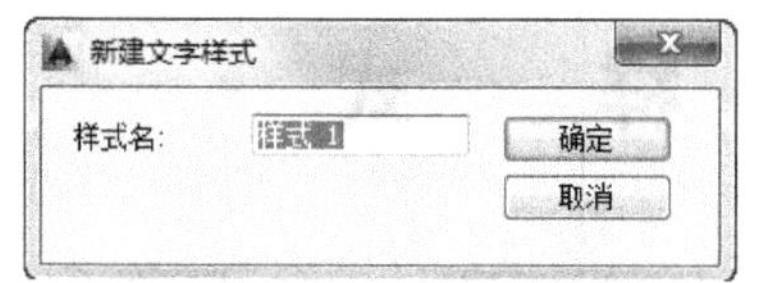

图 2-21 “新建文字样式”对话框

在“文字样式”对话框的“样式”列表中选择需要重命名的样式，选择右键快捷菜单中的“重命名”命令。样式名称处于可编辑状态，用户可以对文字样式名称进行修改。单击“删除”按钮，可以删除所选择的除 Standard 以外的非当前文字样式。

02 “字体”选项组

该选项组用于设置字体文件。字体文件分为两种：一种是普通字体文件，即 Windows 系列应用软件所提供的字体文件，为 TrueType 类型的字体；另一种是 AutoCAD 特有的字体文件，称为大字体文件。

当选择“使用大字体”复选框时，“字体”选项组存在“SHX 字体”和“大字体”两个下拉列表，如图 2-22 所示。只有在“字体名”中指定 SHX 文件，才能使用“大字体”。只有 SHX 文件可以创建“大字体”。

当不选择“使用大字体”复选框时，“字体”选项组仅有“字体名”下拉列表。下拉列表框包含用户 Windows 系统中所有的字体文件，如图 2-23 所示。

图 2-22 使用大字体

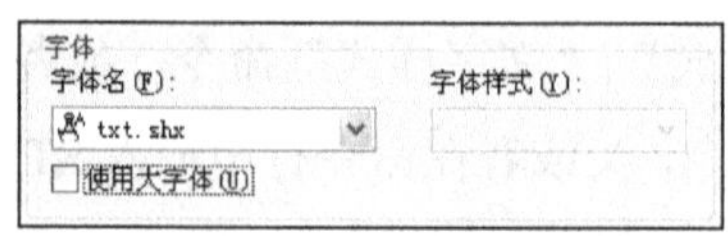

图 2-23 不使用大字体

03 “大小”选项组

该选项组用于设置文字的大小。如果选择“注释性”选项，则将设置要在图纸空间中显示的文字的高度，如图 2-24 所示。选择“注释性”复选框后，表示创建的文字为注释性文字。此时“使文字方向与布局匹配”复选框可选，该复选框指定图纸空间中的文字方向与布局方向匹配。“图纸文字高度”文本框用于设置标注文字的高度，默认值为 0。如果输入 0.0，则每次用该样式输入文字时，文字高度为默认值 0.2。输入大于 0.0 的高度值，则为该样式设置固定的文字高度。在相同的高度设置下，TrueType 字体显示的高度要小于 SHX 字体。

如果取消“注释性”复选框的选择，则显示“高度”文本框，同样可设置文字的高度，如图 2-25 所示。高度设置后，在绘图过程中如果需要其他高度同类型的字体，则在使用 DTEXT 或其他标注命令进行标注时，将要重新进行设置。

图 2-24　选择“注释性”复选框

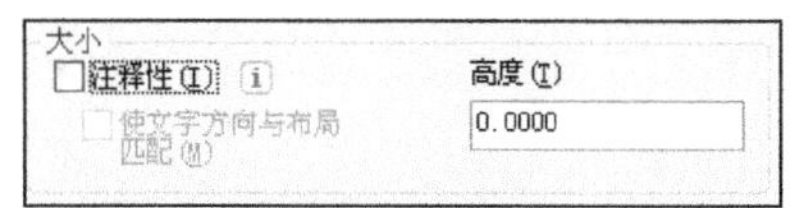

图 2-25　取消“注释性”复选框选择

04 “效果”选项组

该选项组方便用户设置字体的具体特征。“颠倒”复选框确定是否将文字旋转 180°；“反向”复选框确定是否将文字以镜像方式标注；“垂直”复选框确定文字是水平标注还是垂直标注；“宽度因子”文本框用来设定文字的宽度系数；“倾斜角度”文本框用来确定文字的倾斜角度。

05 “预览”框

该区域用来预览用户所设置的字体样式，用户可通过预览窗口观察所设置的字体样式是否满足自己的需要。

2.5.2　设置表格样式

表格功能是 AutoCAD 2006 才开始推出的，表格功能的出现很大地满足了用户在实际工程制图中的需要。在实际工程制图中，如工程制图中的明细表及电气图中的图例表，都需要表格功能来完成。如果没有表格功能，使用单行文字和直线来绘制表格会很繁琐。在 AutoCAD 2014 中，表格的一些操作都可以通过功能区上的“表格”面板来实现，如图 2-26 所示。

表格的外观由表格样式控制，表格样式可以指定标题、表头和数据行的格式。选择“格式”|“表格样式”命令，或者单击“表格”面板中的“表格样式”按钮，都可以弹出如图 2-27 所示的“表格样式”对话框。在该对话框中的“样式”列表中显示了已创建的表格样式。

AutoCAD 在表格样式中预设 Standard 样式。该样式的第一行是标题行，由文字居中的合并单元行组成。第二行是表头，其他行都是数据行。用户创建自己的表格样式时，就是设定标题、表头和数据行的格式。单击“新建”按钮，弹出如图 2-28 所示的“创建新的表格样式”对话框。在该对话框中的“新样式名”文本框中可以输入表格样式名称，在“基础样式”下拉列表框中选择一个表格样式，为新的表格样式提供默认设置，单击“继续”按钮，弹出如图 2-29 所示的“新建表格样式”

对话框，可以对样式进行具体设置。

图 2-26 “表格”面板

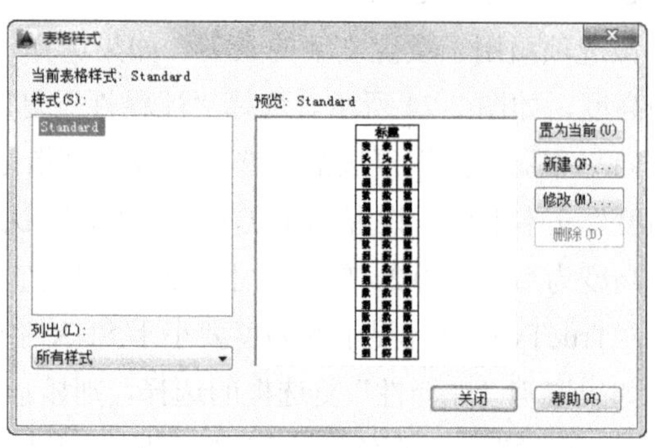

图 2-27 “表格样式”对话框

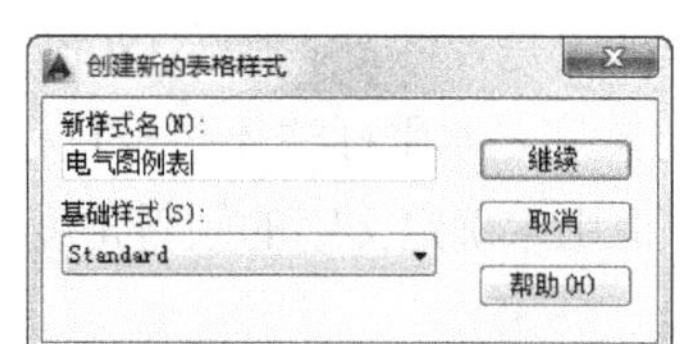

图 2-28 “创建新的表格样式”对话框

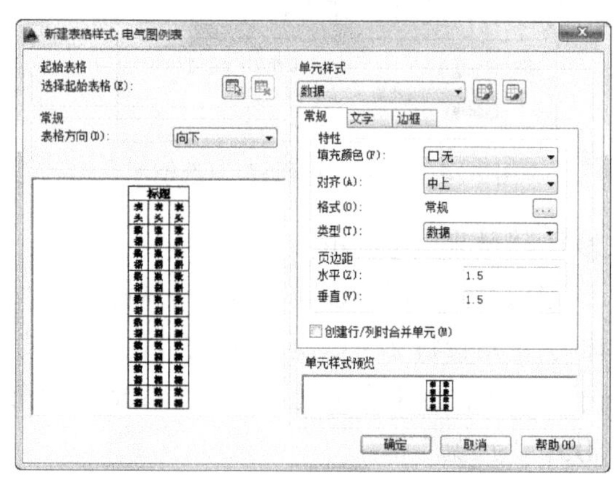

图 2-29 “新建表格样式”对话框

“新建表格样式”对话框由“起始表格”、“常规”、“单元样式”和“单元样式预览”4 个选项组组成，各选项组的含义如下。

01 “起始表格”选项组

该选项组允许用户在图形中指定一个表格用作样例来设置此表格样式的格式。单击“选择表格”按钮，返回绘图区选择表格后，可以指定要从该表格复制到表格样式的结构和内容。单击“删除表格”按钮，可以将表格从当前指定的表格样式中删除。

02 “常规”选项组

该选项组用于更改表格方向。通过在“表格方向”下拉列表中选择“向下”或“向上”命令来设置表格方向，“向上”创建由下而上读取的表格，标题行和列标题行都在表格的底部。“预览”框显示当前表格样式设置效果的样例。

03 “单元样式”选项组

该选项组用于定义新的单元样式或修改现有单元样式，可以创建任意数量的单元样式。“单元样式”菜单列表 数据 显示表格中的单元样式，系统默认提供了数据、标题和表头 3 种单元样式。用户若需要创建新的单元样式，可以单击“创建新单元样式”按钮，弹出“创建新单元样式”对话框，在“新样式名”文本框中输入单元样式名称，在“基础样式”下拉列表中选择现有的样式作为参考单元样式。单击“管理单元样式”按钮，弹出“管理单元格式”对话框，在该对话框中用户可以对单元格式进行添加、删除和重命名。

“单元样式”选项组中提供的“常规”选项卡、“文字”选项卡或“边框”选项卡用于设置用户创建的单元样式的单元、单元文字和单元边界的外观，各选项卡的含义如下。

“常规”选项卡包含“特性”和“页边距”两个选项组。其中“特性”选项组用于设置表格单元的填充样式、表格内容的对齐方式及表格内容的格式和类型。“页边距”选项组用于设置单元边框和单元内容之间的水平和垂直间距。“水平”文本框设置单元中的文字或块与左右单元边界之间的距离。“垂直”文本框设置单元中的文字或块与上下单元边界之间的距离。

“文字”选项卡如图2-30所示，用来设置表格中文字的样式、高度、颜色和对齐方式等。“文字样式”下拉列表框用于设置表格中文字的样式。单击[...]按钮将显示“文字样式”对话框，从中可以创建新的文字样式；“文字高度”文本框用于设置文字高度；“文字颜色”下拉列表框用于指定文字颜色；“文字角度”文本框用于设置文字角度。

“边框”选项卡如图2-31所示，用于设置表格边框的线宽、线型、颜色和对齐方式。选择“双线”复选框表示将表格边界显示为双线，此时“间距”文本框可输入，该文本框用于输入双线边界的间距。边界按钮用于控制单元边界的外观，具体用法如下。

图2-30 “文字”选项卡

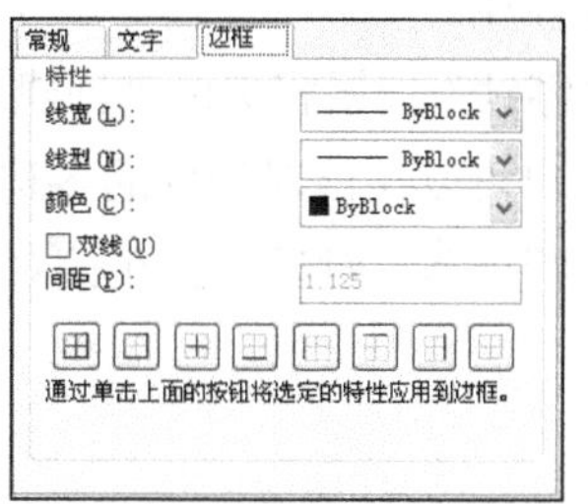

图2-31 “边框”选项卡

- “所有边框”按钮：单击该按钮，将边界特性设置应用于所有数据单元、表头单元或标题单元的所有边界。
- “外边框”按钮：单击该按钮，将边界特性设置应用于所有数据单元、表头单元或标题单元的外部边界。
- “内边框”按钮：单击该按钮，将边界特性设置应用于所有数据单元或表头单元的内部边界。此选项不适用于标题单元。
- “无边框”按钮：单击该按钮，将隐藏数据单元、表头单元或标题单元的边界。
- “底部边框”按钮：单击该按钮，将边界特性设置应用于所有数据单元、表头单元或标题单元的底边界。
- 同样，“左边框”、“上边框”和“右边框”3个按钮表示设置其他3个方向的边界。

2.5.3 设置标注样式

对于工程制图来讲，精确的尺寸是工程技术人员照图施工的关键。因此，在工程图纸中，尺寸标注是非常重要的一个环节。AutoCAD 根据工程实际情况，为用户提供了各种类型的尺寸标注方法，并提供了多种编辑尺寸标注的方法。

选择主菜单“格式”|“标注样式”命令，或者单击“标注”面板上的“标注样式”按钮，弹出如图 2-32 所示的“标注样式管理器”对话框。用户可以在该对话框中创建新的尺寸标注样式和管理已有的尺寸标注样式。

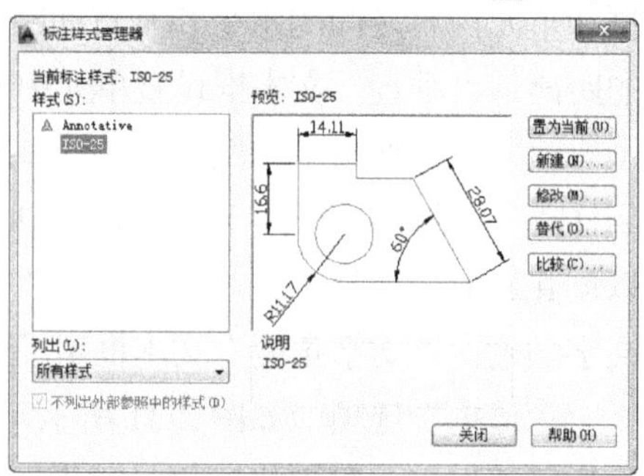

图 2-32 “标注样式管理器”对话框

单击“标注样式管理器”对话框中的“新建”按钮，弹出如图 2-33 所示的“创建新标注样式”对话框。

在“新样式名”文本框中，可以设置新创建的尺寸标注样式的名称；在“基础样式”下拉列表框中，可以选择新创建的尺寸标注样式将以哪个已有的样式为模板；在“用于”下拉列表框中，可以指定新创建的尺寸标注样式将用于哪些类型的尺寸标注。

单击“继续”按钮将关闭“创建新标注样式”对话框，并弹出如图 2-34 所示的“新建标注样式”对话框。用户可以在该对话框的各选项卡中设置相应的参数，设置完成后单击“确定”按钮，返回“标注样式管理器”对话框。在该对话框中的“样式”列表框中可以看到新建的标注样式。

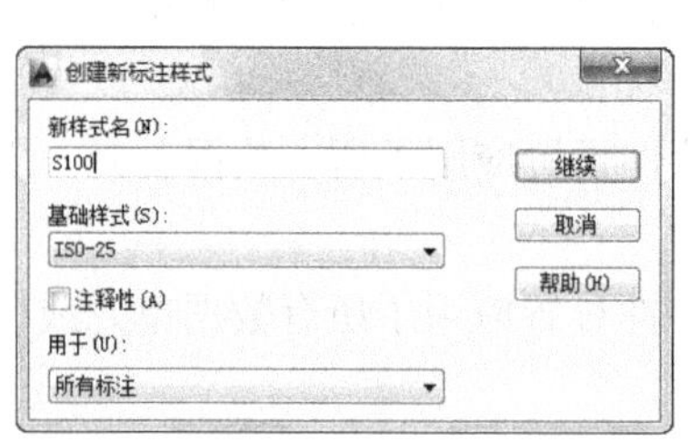

图 2-33 “创建新标注样式”对话框

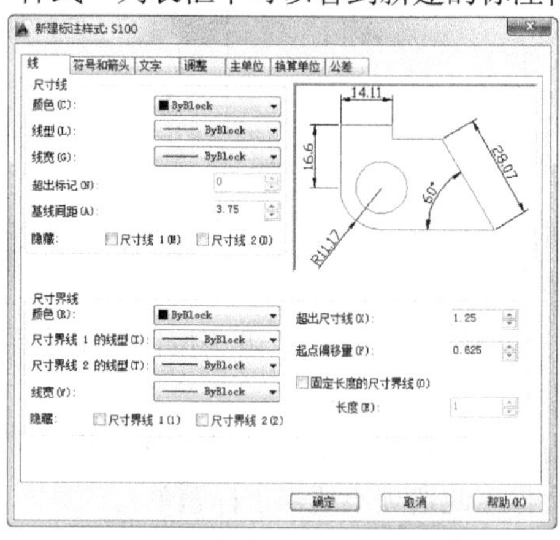

图 2-34 “新建标注样式”对话框

在“新建标注样式”对话框中有“线”、“符号和箭头”、“文字”、“调整”、“主单位”、“换算单位”和“公差”7 个选项卡。下面分别介绍在电气工程图中最常用的前 5 个选项卡。

1. “线”选项卡

“线”选项卡由“尺寸线”和“尺寸界线”两个选项组组成。

01 “尺寸线”选项组

“颜色”下拉列表框用于设置尺寸线的颜色；“线型”下拉列表框用于设置尺寸线的线型；“线宽”下拉列表框用于设定尺寸线的宽度；“超出标记”文本框用于设置尺寸线超过尺寸界线的距离；“基线间距”文本框用于设置使用基线标注时各尺寸线的距离；“隐藏”及其复选框用于控制尺寸线的显示。“尺寸线 1”复选框用于控制第 1 条尺寸线的显示，“尺寸线 2”复选框用于控制第 2 条尺寸线的显示。

02 “尺寸界线”选项组

“超出尺寸线”文本框用于设置尺寸界线超过尺寸线的距离；“起点偏移量”文本框用于设置尺寸界线相对于尺寸线起点的偏移距离；“隐藏”及其复选框用于设置尺寸界线的显示。“尺寸界线 1”用于控制第 1 条尺寸界线的显示，“尺寸界线 2”用于控制第 2 条尺寸界线的显示。

“固定长度的尺寸界线”复选框及其“长度”文本框用于设置尺寸界线从尺寸线开始到标注原点的总长度。

2. “符号和箭头”选项卡

“符号和箭头”选项卡用于设置尺寸线端点的箭头以及各种符号的外观形式，如图 2-35 所示。

“符号和箭头”选项卡包括“箭头”、“圆心标记”、“折断标注”、“弧长符号”、“半径标注折弯”和“线性折弯标注”6 个选项组。

01 “箭头”选项组

“箭头”选项组用于选定表示尺寸线端点的箭头的外观形式。“第一个”、“第二个”下拉列表框用于设置标注的箭头形式；“引线”下拉列表框用于设置尺寸线引线部分的形式；“箭头大小”文本框用于设置箭头相对其他尺寸标注元素的大小。

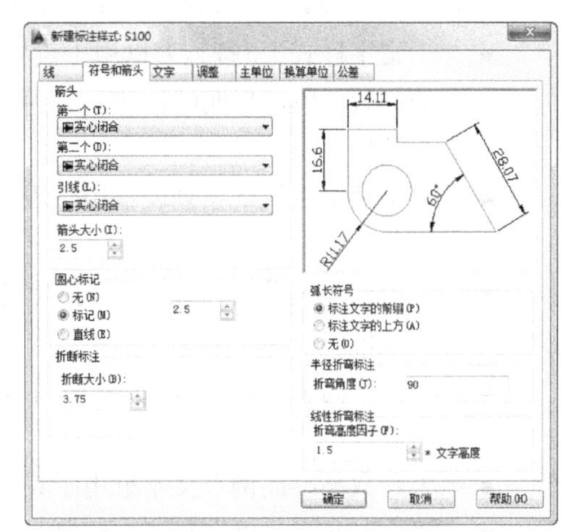

图 2-35 “符号和箭头”选项卡

02 “圆心标记”选项组

“圆心标记”选项组用于控制，当标注圆的半径和直径尺寸时，中心线和中心标记的外观。

“无”单选按钮设置在圆心处不放置中心线和圆心标记；“标记”单选按钮设置在圆心处放置一个与“大小”文本框中的值相同的圆心标记；“直线”单选按钮设置在圆心处放置一个与“大小”文本框中的值相同的中心线标记；“大小”文本框用于设置圆心标记或中心线的大小。

03 “折断标注”选项组

“折断标注”选项组用来确定交点处打断的大小。

04 “弧长符号”选项组

“弧长符号”选项组控制弧长标注中圆弧符号的显示。“标注文字的前缀”单选按钮表示将弧长符号放在标注文字的前面；“标注文字的上方”单选按钮表示将弧长符号放在标注文字的上方；“无”单选按钮表示不显示弧长符号。

05 “半径标注折弯”选项组

“半径标注折弯”选项组控制折弯(Z 字形)半径标注的显示。折弯半径标注通常在中心点位于页面外部时创建。

“折弯角度”文本框确定用于连接半径标注的尺寸界线和尺寸线的横向直线的角度。

06 “线性折弯标注”选项组

“线性折弯标注”选项组用于设置折弯高度因子。在选择“折弯线性”命令时，折弯高度因子×文字高度，形成折弯角度的两个顶点之间的距离，这就是折弯高度。

3. “文字”选项卡

“文字”选项卡由“文字外观”、“文字位置”和“文字对齐”3 个选项组组成，如图 2-36 所示。

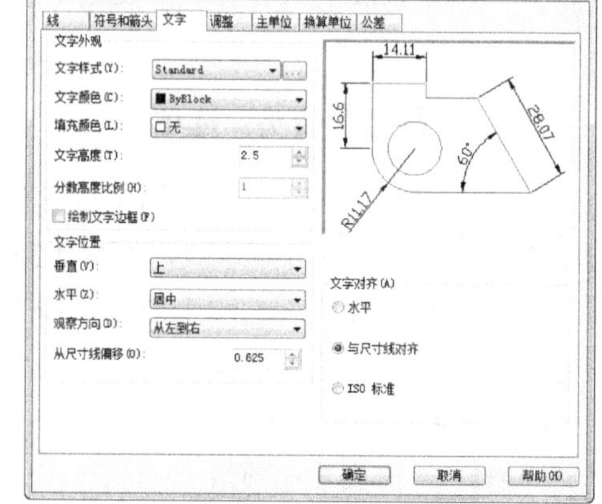

图 2-36 “文字”选项卡

01 “文字外观”选项组

“文字外观”选项组可设置标注文字的格式和大小。

- “文字样式”下拉列表框用于设置标注文字所用的样式，单击后面的按钮[...]，弹出“文字样式”对话框。
- “文字颜色”下拉列表框用于设置标注文字的颜色。
- “填充颜色”下拉列表框用于设置标注文字的背景颜色。
- “文字高度”文本框用于设置当前标注文字样式的高度。
- “分数高度比例”文本框用于设置分数尺寸文本的相对字高度系数。
- “绘制文字边框”复选框控制是否在标注文字四周画一个框。

02 “文字位置”选项组

“文字位置”选项组用于设置标注文字的位置。

- “垂直”下拉列表框设置标注文字沿尺寸线在垂直方向上的对齐方式。
- “水平”下拉列表框设置标注文字沿尺寸线和尺寸界线在水平方向上的对齐方式。
- “从尺寸线偏移”文本框设置文字与尺寸线的间距。

03 “文字对齐”选项组

“文字对齐”选项组用于设置标注文字的方向。

- “水平”单选按钮表示标注文字沿水平线放置。
- “与尺寸线对齐”单选按钮表示标注文字沿尺寸线方向放置。
- “ISO 标准”单选按钮表示，当标注文字在尺寸界线之间时，沿尺寸线的方向放置；当标注文字在尺寸界线外侧时，则水平放置标注文字。

4. “调整”选项卡

“调整”选项卡用于控制标注文字、箭头、引线和尺寸线的放置，如图 2-37 所示。

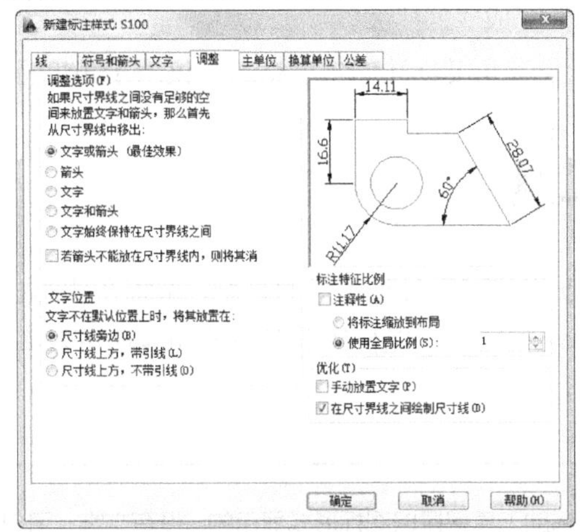

图 2-37　“调整”选项卡

“调整选项”选项组用于控制基于尺寸界线之间可用空间的文字和箭头的位置；“文字位置”选项组用于设置标注文字从默认位置(由标注样式定义的位置)移动时标注文字的位置；“标注特征比例”选项组用于设置全局标注比例值或图纸空间比例；“优化”选项组提供用于放置标注文字的其他选项。

5. “主单位”选项卡

“主单位”选项卡用于设置主单位的格式及精度，同时还用于设置标注文字的前缀和后缀，如图 2-38 所示。

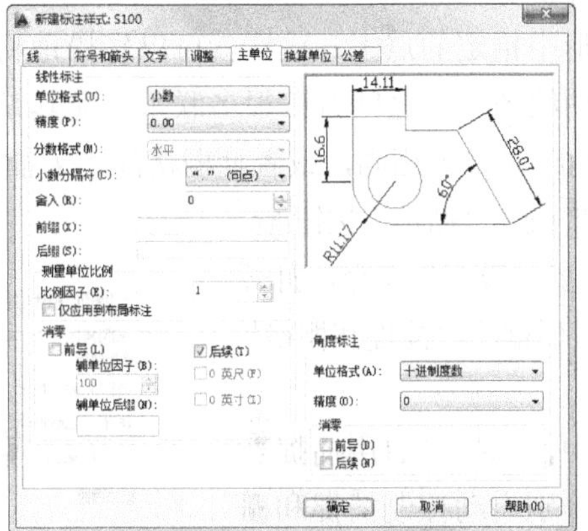

图 2-38　“主单位”选项卡

“线性标注”选项组中可设置线性标注单位的格式及精度。

“测量单位比例”选项组用于确定测量时的缩放系数。“比例因子”文本框设置线性标注测量值的比例因子。如果输入 10，则 1 mm 直线的尺寸将显示为 10 mm。该选项经常用于设置建筑制图的绘图比例。例如，绘制 1:100 的图形比例因子为 1，绘制 1:50 的图形比例因子为 0.5。

“消零”选项组控制是否显示前导 0 或尾数 0。“前导”复选框用于控制是否输出所有十进制标注中的前导零，例如，“0.100”变成“.100”；“后续”复选框用于控制是否输出所有十进制标注中的后续零，例如，“2.2000”变成“2.2”。

“角度标注”选项组用于设置角度标注的角度格式，仅用于角度标注命令。

2.6 绘图辅助工具

在 AutoCAD 中，为了方便用户进行各种图形的绘制，系统在状态栏提供了多种辅助工具以帮助用户能够快速准确地绘图。单击相应的功能按钮，对应的功能便可发挥作用。

注意

在图 2-2 中可以看到，辅助工具都是以图标形式显示的，没有文字。用户可以将光标置于任意的辅助工具按钮上，执行右键快捷菜单“使用图标”命令，使之处于未选状态，则按钮均为文字显示，而不是图标显示了。

2.6.1 设置捕捉、栅格

在使用 AutoCAD 绘图的过程中，使用栅格和捕捉功能有助于创建和对齐图形中的对象。栅格是按照设置的间距显示在图形区域中的点。它能提供直观的距离和位置的参照，类似于坐标纸中方格的作用。栅格只在图形界限以内显示。

捕捉使光标只能停留在图形中指定的点上，这样就可以轻松地将图形放置在特殊点上，以便以后编辑。栅格和捕捉这两个辅助绘图工具之间有着很多联系，尤其是两者间距的设置。有时为了方便绘图，可将栅格间距与捕捉间距设置为相同，或者使栅格间距为捕捉间距的倍数。

在状态栏的“捕捉”按钮捕捉或者“栅格”按钮栅格上右击，在弹出的快捷菜单中选择“设置”命令，打开如图 2-39 所示的“草图设置”对话框的“捕捉和栅格”选项卡。

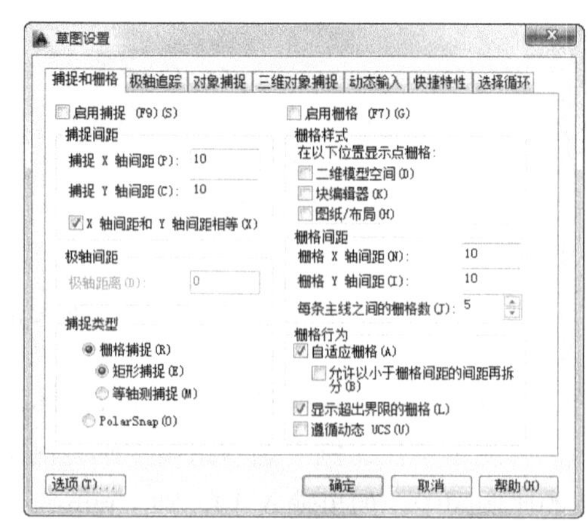

图 2-39 “捕捉和栅格”选项卡

在“捕捉和栅格”选项卡中，选择“启用捕捉”和“启用栅格”复选框，则可分别启动控制捕捉和栅格功能，用户也可以通过单击状态栏上的相应按钮来控制开启。

在“捕捉类型”选项组中，提供了“栅格捕捉”和“极轴捕捉”(PolarSnap)两种类型供用户选择。“栅格捕捉”模式中包含了“矩形捕捉”和“等轴测捕捉”两种样式。在二维图形绘制中，通常使用矩形捕捉。

“极轴捕捉”(PolarSnap)模式是一种相对捕捉，也就是相对于上一点的捕捉。如果当前未执行绘图命令，光标就能够在图形中自由移动。当执行某一种绘图命令后，光标就只能在特定的极轴角度上移动，并且定位在距离为间距的倍数的点上。

系统默认模式为“栅格捕捉”中的“矩形捕捉”，这是最常用的一种捕捉模式。

“捕捉间距”选项组和“栅格间距”选项组中，用户可以设置捕捉和栅格的距离。“捕捉间距”选项组中的“捕捉 X 轴间距”和“捕捉 Y 轴间距”文本框可以分别设置捕捉在 X 方向和 Y 方向的单位间距；“X 轴间距和 Y 轴间距相等”复选框可以设置 X 和 Y 方向的间距是否相等；“栅格间距”选项组中的“栅格 X 轴间距”和“栅格 Y 轴间距”文本框可以分别设置栅格在 X 方向和 Y 方向的单位间距。

2.6.2 设置正交

正交辅助工具可以帮助用户绘制平行于 X 轴或 Y 轴的直线。当绘制多条正交直线时，通常要打开“正交”辅助工具。在状态工具栏中，单击“正交”按钮正交，即可打开“正交”辅助工具。

在打开“正交”辅助工具后，就只能在平面内平行于两个正交坐标轴的方向上绘制直线，并指定点的位置，而不用考虑屏幕上光标的位置。绘图的方向由当前光标在平行于其中一条坐标轴(如 X 轴)方向上的距离值与在平行于另一条坐标轴(如 Y 轴)方向的距离值相比来确定的。如果沿 X 轴方向的距离大于沿 Y 轴方向的距离，AutoCAD 将绘制水平线。相反，如果沿 Y 轴方向的距离大于沿 X 轴方向的距离，那么只能绘制竖直线。同时，“正交”辅助工具并不影响从键盘上输入点。

2.6.3 设置对象捕捉

对象捕捉，就是利用已经绘制的图形上的几何特征点定位新的点。在绘图区任意工具栏上右击，在弹出的快捷菜单中选择“对象捕捉”命令，打开如图 2-40 所示的“对象捕捉”工具栏。用户可以在该工具栏中单击相应的按钮，以选择需要的对象捕捉模式。

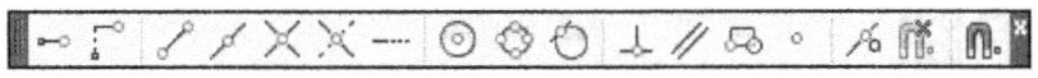

图 2-40　“对象捕捉”工具栏

右击状态栏上的“对象捕捉”按钮对象捕捉，在弹出的快捷菜单中选择“设置”命令。打开“草图设置”对话框，选择“对象捕捉”选项卡，如图 2-41 所示，也可以设置相关的对象捕捉模式。在“对象捕捉”选项卡中，“启用对象捕捉”复选框用于控制对象捕捉功能的开启。当对象捕捉打开时，在“对象捕捉模式”选项组中选定的对象捕捉处于活动状态。“启用对象捕捉追踪”复选框用于控制对象捕捉追踪的开启。

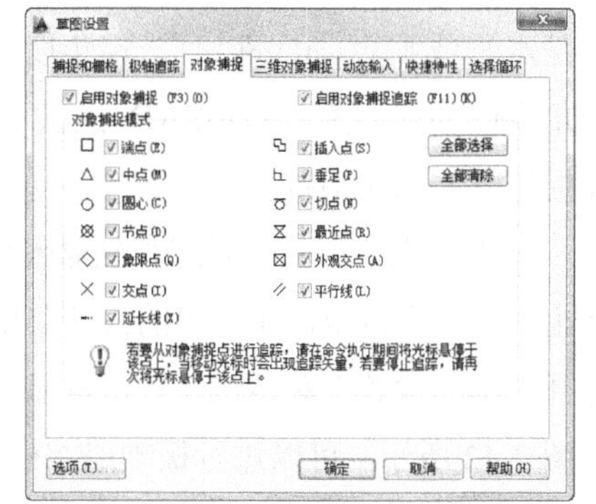

图 2-41　“对象捕捉”选项卡

在“对象捕捉模式”选项组中，提供了 13 种捕捉模式，其中各捕捉模式及其意义如下。

- 端点：捕捉直线、圆弧、椭圆弧、多线和多段线线段的最近的端点，以及捕捉填充直线、图形或三维面域最近的封闭角点。
- 中点：捕捉直线、圆弧、椭圆弧、多线、多段线线段、参照线、图形或样条曲线的中点。
- 圆心：捕捉圆弧、圆、椭圆或椭圆弧的圆心。
- 节点：捕捉点对象。
- 象限点：捕捉圆、圆弧、椭圆或椭圆弧的象限点。象限点分别位于从圆或圆弧的圆心到 0°、90°、180°、270° 圆上的点。象限点的零度方向是由当前坐标系的 0° 方向确定的。
- 交点：捕捉两个对象的交点，包括圆弧、圆、椭圆、椭圆弧、直线、多线、多段线、射线、样条曲线或参照线。
- 延长线：在光标从一个对象的端点移出时，系统将显示并捕捉沿对象轨迹延伸出来的虚拟点。
- 插入点：捕捉插入图形文件中的块、文本、属性及图形的插入点，即它们插入时的原点。
- 垂足：捕捉直线、圆弧、圆、椭圆弧、多线、多段线、射线、图形、样条曲线或参照线上的一点，而该点与用户指定的上一点形成一条直线，此直线与用户当前选择的对象正交(垂直)。但该点不一定在对象上，而有可能在对象的延长线上。
- 切点：捕捉圆弧、圆、椭圆或椭圆弧的切点。此切点与用户所指定的上一点形成一条直线，这条直线将与用户当前所选择的圆弧、圆、椭圆或椭圆弧相切。
- 最近点：捕捉对象上最近的一点，一般是端点、垂足或交点。
- 外观交点：捕捉 3D 空间中两个对象的视图交点(这两个对象实际上不一定相交，但看上去相交)。在 2D 空间中，外观交点捕捉模式与交点捕捉模式是等效的。
- 平行线：绘制平行于另一对象的直线。首先是在指定了直线的第一点后，用光标选定一个对象(此时不用单击鼠标指定，AutoCAD 将自动帮助用户指定，并且可以选取多个对象)，然后再移动光标，这时经过第一点且与选定的对象平行的方向上将出现一条参照线，这条参照线是可见的。在此方向上指定一点，那么该直线将平行于选定的对象。

2.6.4 设置极轴追踪

当自动追踪打开时，在绘图区将出现追踪线(追踪线可以是水平或垂直，也可以有一定角度)帮助用户精确确定位置和角度以创建对象。AutoCAD 提供了“极轴追踪”和“对象捕捉追踪”两种追踪模式。

单击状态栏上的“极轴”按钮极轴可以打开极轴追踪功能，右击“极轴”按钮，在弹出的快捷菜单中选择“设置”命令，打开“草图设置”对话框。对话框显示“极轴追踪”选项卡，如图 2-42 所示，可以进行极轴追踪模式参数的设置，追踪线

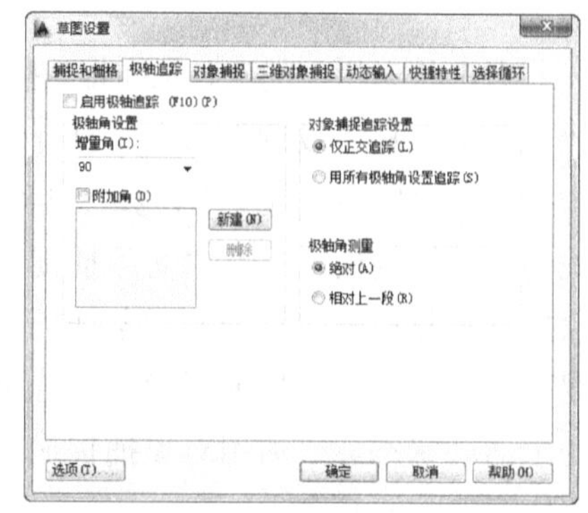

图 2-42 “极轴追踪”选项卡

由相对于起点和端点的极轴角定义。

“极轴追踪”选项卡各选项及其含义如下。

- 增量角：设置极轴角度增量的模数，在绘图过程中所追踪到的极轴角度将为此模数的倍数。
- 附加角：在设置角度增量后，仍有一些角度不等于增量值的倍数。对于这些特定的角度值，用户可以单击“新建”按钮，添加新的角度，使追踪的极轴角度更加全面(最多只能添加 10 个附加角度)。
- 绝对：极轴角度绝对测量模式。选择此模式后，系统将以当前坐标系下的 X 轴为起始轴计算出所追踪到的角度。
- 相对上一段：极轴角度相对测量模式。选择此模式后，系统将以上一个创建的对象为起始轴，计算出所追踪到的相对于此对象的角度。

单击状态栏中的“对象追踪”按钮对象追踪，可以打开对象追踪功能。通过使用对象捕捉追踪，可以使对象的某些特征点成为追踪的基准点，并根据此基准点沿正交方向或极轴方向形成追踪线，进行追踪。

在“草图设置”对话框中选择“极轴追踪”选项卡，在“对象捕捉追踪设置”选项组中，可以对对象捕捉追踪进行设置。各参数及其含义如下。

- 仅正交追踪：表示仅在水平和垂直方向(即 X 轴和 Y 轴方向)对捕捉点进行追踪(但切线追踪、延长线追踪等不受影响)。
- 用所有极轴角设置追踪：表示可以按极轴设置的角度进行追踪。

第3章 AutoCAD常用命令及辅助功能

AutoCAD 为用户提供了如直线、圆、圆弧和矩形等常见基本图形的绘制方法。运用这些方法，用户可以快速方便地绘制出基本图形和比较简单的组合图形。AutoCAD 还为用户提供了移动、旋转、复制和删除等基本的二维图形编辑方法，对绘制的图形进行编辑操作，以完成复杂的图形绘制。

本章将讲解基本二维图形的绘制和编辑方法。通过本章的学习，读者可以掌握各种基本图形的绘制和编辑方法，并能够熟悉基本图形的使用场合和相应的绘图方式。

通过本章的学习，读者应了解和掌握以下内容：

- 二维绘图命令
- 二维编辑命令
- 图块及其属性
- 幅面与样板
- 创建文字、表格和标注

3.1 二维绘图命令

AutoCAD 提供的基本图形绘制命令包括直线、圆、圆弧和矩形等的绘制方法。运用这些方法，用户可以快速方便地绘制出基本图形和比较简单的组合图形。

3.1.1 基本二维绘图命令

1. 绘制点

作为图形对象最基本的组成元素，点是需要掌握的第一个基本图形。在 AutoCAD 中，用户可以绘制各种不同形式的点，并可以利用点来精确定位。在介绍点的绘制之前，首先要熟悉“二维绘图”基本工具栏和面板。AutoCAD 提供了如图 3-1 所示的“绘图”和“修改”工具栏以方便用户绘图，工具栏中包含了基本二维制图命令按钮和二维编辑命令按钮，在“草图与注释”工作空间里还提供了如图 3-2 所示的“绘图”和“修改”面板，其功能与两个工具栏的功能类似。

图 3-1　“绘图”和“修改”工具栏

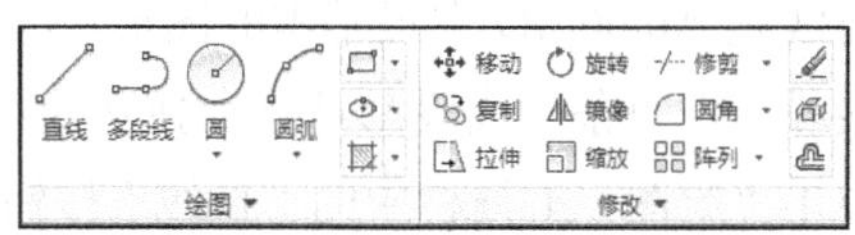

图 3-2　“绘图”和“修改”面板

选择“绘图”|“点”|“单点”命令，或者在命令行中输入 POINT，或者单击“绘图”工具栏中的“点”按钮，都可以执行点绘制命令。选择“绘图”|“点”|“多点”命令，可以同时绘制多个点。

默认情况下，用户在 AutoCAD 绘图区绘制的点都是不可见的。为了使图形中的点有很好的可见性，在绘制点之前，用户可以相对于屏幕或使用绝对单位设置点的样式和大小。

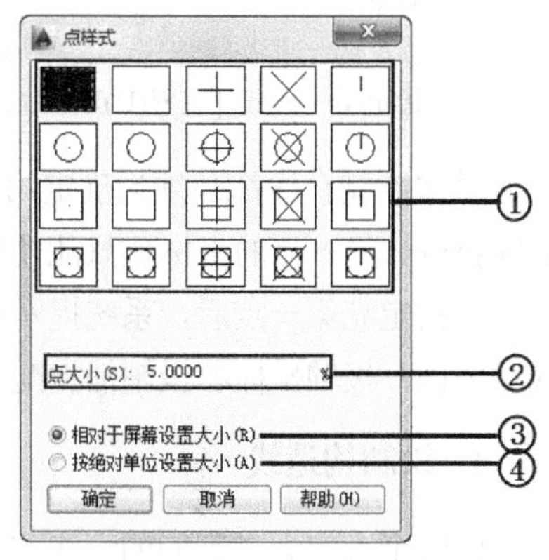

图 3-3　“点样式”对话框

选择“格式”|“点样式”命令，弹出如图 3-3 所示的“点样式”对话框，在该对话框中可以设置点的表现形状和大小，系统提供了 20 种点样式(①)供用户选择。在该对话框中，“相对于屏幕设置大小”单选按钮(③)用于按屏幕尺寸的百分比设置点的显示大小。当进行缩放时，点的显示大小并不改变，“点大小”文本框(②)变成点大小(S): 5.0000 %，可以在该文本框中输入百分比。“按绝对单位设置大小”单选按钮(④)用于按指定的实际单位设置点显示的大小。当进行缩放时，AutoCAD 显示的点大小随之改变，“点大小”文本框(②)变成点大小(S): 5.0000 单位，可以在该文本框中输入点大小的实际值。

执行“点”命令后，命令行提示如下。

```
命令: _point
当前点模式:  PDMODE=0  PDSIZE=0.0000 //系统提示信息
指定点:                          //要求用户输入点的坐标
```

在输入第一个点的坐标时，必须输入绝对坐标，以后的点可以使用相对坐标输入。

用户输入点时，通常会遇到这样一种情况，即知道 B 点相对于 A 点(已存在的点或者知道绝对坐标的点)的位置距离关系，却不知道 B 点的具体绝对坐标，这就没有办法通过绝对坐标或者说是“点”命令来直接绘制 B 点，此时，B 点可以通过相对坐标法来进行绘制。这种方法在绘制二维平面图形时经常使用，以点命令为例，命令行提示如下。

```
命令: _point
当前点模式:  PDMODE=0  PDSIZE=0.0000
指定点: from //通过相对坐标法确定点，都需要先输入 from，按 Enter 键
基点: //输入作为参考点的绝对坐标或者捕捉参考点，即 A 点
 <偏移>: //输入目标点相对于参考点的相对位置关系，即相对坐标，即 B 相对于 A 的坐标
```

2. 绘制直线

直线是 AutoCAD 中最基本的图形，也是绘图过程中用得最多的图形。用户可以绘制一系列连续的直线段，但每条直线段都是一个独立的对象。

单击“绘图”工具栏中的“直线”按钮，或者在命令行中输入 LINE，都可以执行该命令。单击“直线”按钮，命令行提示如下。

```
命令: _line
指定第一点:               //通过坐标方式或者光标拾取方式确定直线第一点
指定下一点或 [放弃(U)]:   //通过其他方式确定直线第二点
```

通常绘制直线都必须先确定第一点，第一点可以通过输入坐标值或者在绘图区中使用光标直接拾取获得。第一点的坐标值只能使用绝对坐标表示，不能使用相对坐标表示。

当指定完第一点后，系统提示用户指定下一点。此时用户可以采用绘图区光标拾取、相对坐标、绝对坐标、极轴坐标和极轴捕捉配合距离等多种方式输入下一点。

3. 绘制构造线

向两个方向无限延伸的直线称为构造线，它可用作创建其他对象的参照。在 AutoCAD 制图中，通常使用构造线配合其他编辑命令来进行辅助绘图。

选择“绘图”|“构造线”命令，或者单击“绘图”工具栏中的“构造线”按钮，或者在命令行中输入 XLINE，都可以执行该命令。

单击“构造线”按钮，命令行提示如下。

```
命令: _xline
指定点或 [水平(H)/垂直(V)/角度(A)/二等分(B)/偏移(O)]:
```

命令行提供了 5 种绘制构造线的方法。“水平(H)”和“垂直(V)”方式可以创建一条经过指定点并且与当前 UCS 的 X 轴或 Y 轴平行的构造线；“角度(A)”方式可以创建一条与参照线或水平轴成指定角度，并经过指定一点的构造线；“二等分(B)”方式可以创建一条等分某一角度的构造线；“偏移(O)”方式可以创建平行于一条基线且距一定距离的构造线。

4. 绘制圆

选择“绘图”|“圆”菜单下的级联菜单命令，如图 3-4 所示，或者单击“圆”按钮，又或者在命令行输入 CIRCLE，都可以执行圆命令。

单击“圆”按钮，命令行提示如下。

```
命令: _circle  指定圆的圆心或 [三点(3P)/两点(2P)/ 切点、切点、半径(T)]:
```

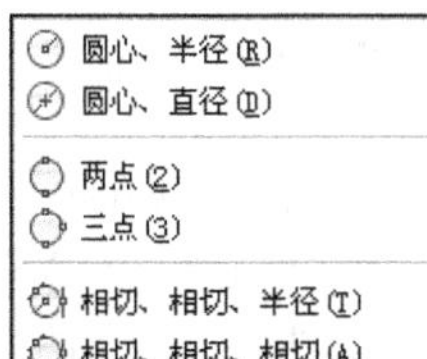

图 3-4　“圆”级联菜单

系统提供了指定圆心和半径、指定圆心和直径、两点定义直径、三点定义圆周、两个切点加一个半径以及三个切点 6 种绘制圆的方法，如图 3-5 所示。

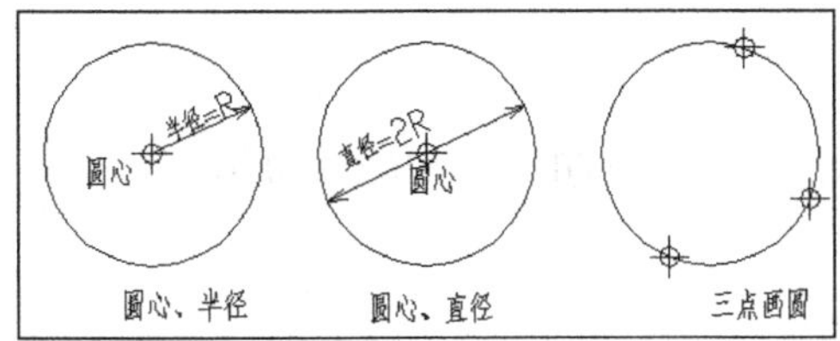

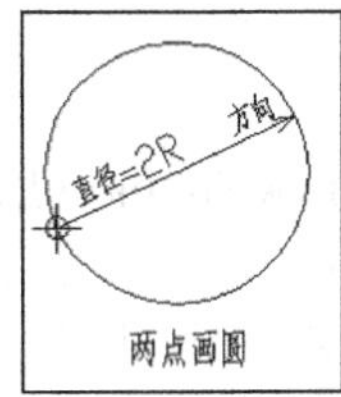

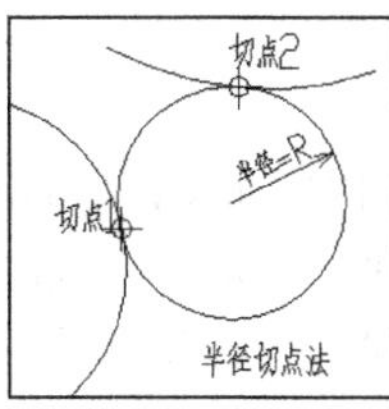

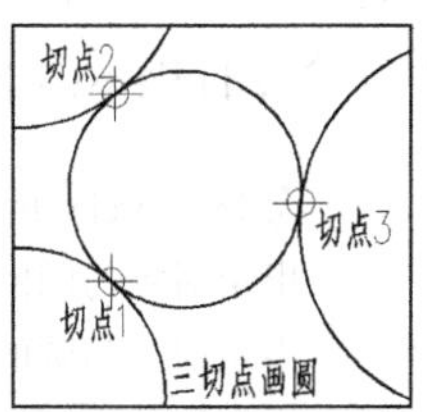

图 3-5　绘制圆的各种方法

下面分别介绍 6 种方法以及其命令行提示。

01 圆心半径

在知道所要绘制的目标圆的圆心和半径时采用该方法。该方法为系统默认方法，执行“圆”命令后，命令行提示如下。

```
命令: _circle
指定圆的圆心或 [三点(3P)/两点(2P)/ 切点、切点、半径(T)]: //指定圆的圆心坐标
指定圆的半径或 [直径(D)] <93>: //输入圆的半径
```

02 圆心直径

该方法与圆心半径法大同小异。执行“圆”命令后，命令行提示如下。

```
命令: _circle
指定圆的圆心或 [三点(3P)/两点(2P)/ 切点、切点、半径(T)]: //指定圆的圆心坐标
指定圆的半径或 [直径(D)] <187>: d //输入 d，要求输入直径
指定圆的直径 <374>: //输入圆的直径
```

03 三点画圆

不在同一条直线上的三点确定一个圆。使用该方法绘制圆时，命令行提示如下。

```
命令: _circle
指定圆的圆心或 [三点(3P)/两点(2P)/切点、切点、半径(T)]:3p //选择三点画圆
指定圆上的第一个点:  //拾取第一点或输入坐标
指定圆上的第二个点:  //拾取第二点或输入坐标
指定圆上的第三个点:  //拾取第三点或输入坐标
```

04 两点画圆

选择两点，即为圆直径的两端点，圆心落在两点连线的中点上，这样便完成圆的绘制。使用该方法绘制圆时，命令行提示如下。

```
命令: _circle
指定圆的圆心或 [三点(3P)/两点(2P)/切点、切点、半径(T)]:  2p//选择两点画圆
指定圆直径的第一个端点:   //拾取圆直径的第一个端点或输入坐标
指定圆直径的第二个端点:   //拾取圆直径的第二个端点或输入坐标
```

05 半径切点法画圆

选择两个圆、直线或圆弧的切点，输入要绘制圆的半径，这样便完成圆的绘制。使用该方法绘制圆时，命令行提示如下。

```
命令: _circle 指定圆的圆心或 [三点(3P)/两点(2P)/切点、切点、半径(T)]: t  //选择半径切点法
指定对象与圆的第一个切点:   //拾取第一个切点
指定对象与圆的第二个切点:   //拾取第二个切点
指定圆的半径 <134.3005>: 200 //输入圆半径
```

06 三切点画圆

该方法只能通过菜单命令执行，是三点画圆的一种特殊情况。选择“绘图”|“圆”|“相切、相切、相切”命令，命令行提示如下。

```
命令: _circle
指定圆的圆心或 [三点(3P)/两点(2P)/切点、切点、半径(T)]: _3p //系统提示
指定圆上的第一个点: _tan 到 //捕捉第一个切点
指定圆上的第二个点: _tan 到 //捕捉第二个切点
指定圆上的第三个点: _tan 到 //捕捉第三个切点
```

5. 绘制圆弧

选择如图 3-6 所示的“绘图”|“圆弧”菜单下的级联菜单命令，或者单击“圆弧”按钮，又或者在命令行中输入 ARC，都可以执行绘制圆弧命令。单击“圆弧”按钮后，命令行提示如下。

```
命令: _arc 指定圆弧的起点或 [圆心(C)]:
```

系统为用户提供了多种绘制圆弧的方法，下面分别介绍几种绘制方式。

01 指定三点方式

指定三点方式是 ARC 命令的默认方式，依次指定 3 个不共线的点，绘制的圆弧为通过这 3 个点且起于第一个点止于第三个点的圆弧。单击“圆弧”按钮，命令行提示如下。

```
命令: _arc 指定圆弧的起点或 [圆心(C)]:  //拾取点 1
指定圆弧的第二个点或 [圆心(C)/端点(E)]:  //拾取点 2
指定圆弧的端点:  //拾取点 3，效果如图 3-7 所示
```

三点(P)
起点、圆心、端点(S)
起点、圆心、角度(T)
起点、圆心、长度(A)
起点、端点、角度(N)
起点、端点、方向(D)
起点、端点、半径(R)
圆心、起点、端点(C)
圆心、起点、角度(E)
圆心、起点、长度(L)
继续(O)

图 3-6　“圆弧”级联菜单

02 指定起点、圆心以及另一参数方式

圆弧的起点和圆心决定了圆弧所在的圆。第 3 个参数可以是圆弧的端点(中止点)、角度(起点到终点的圆弧角度)和长度(圆弧的弦长)，各参数的含义如图 3-8 所示。

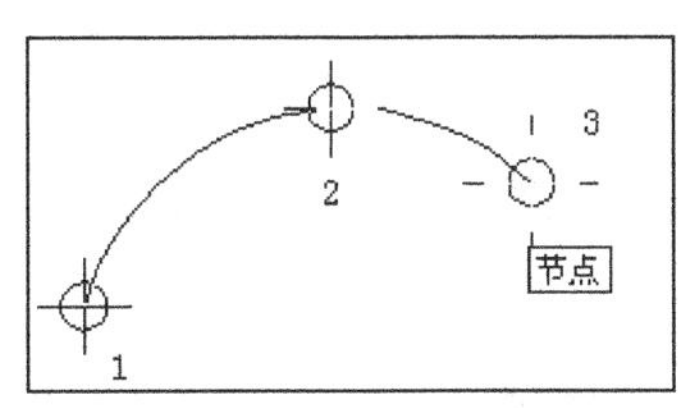

图 3-7　三点确定一段圆弧

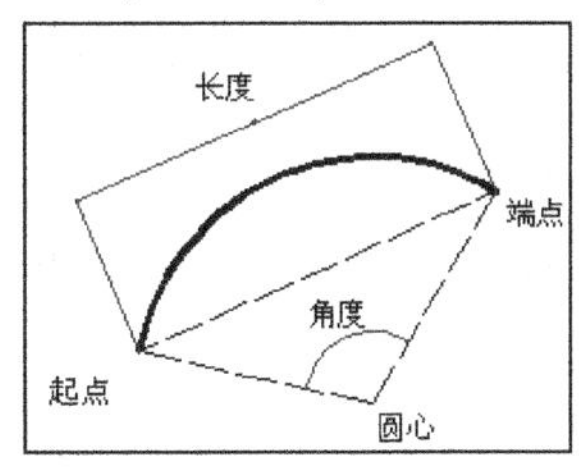

图 3-8　圆弧各参数

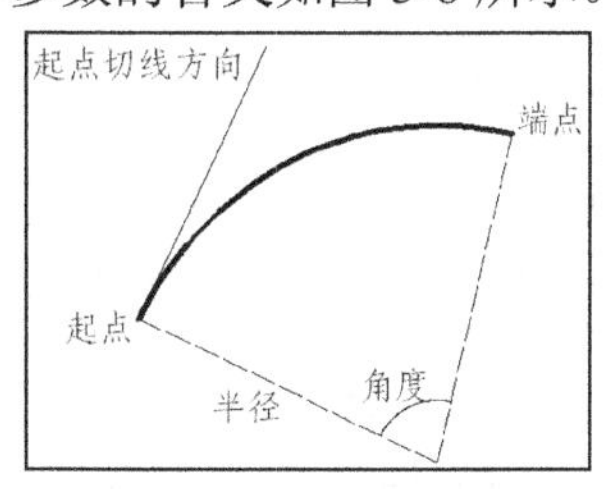

图 3-9　起点端点法各参数

03 指定起点、端点以及另一参数方式

圆弧的起点和端点决定了圆弧圆心所在的直线。第 3 个参数可以是圆弧的角度、圆弧在起点处的切线方向和圆弧的半径，各参数的含义如图 3-9 所示。

04 指定圆心、起点以及另一参数方式

该方式与第 2 种绘制方式没有太大的区别，这里不再赘述。

05 继续

该方式绘制的弧线将从上一次绘制的圆弧或直线的端点处开始绘制，同时新的圆弧与上一次绘制的直线或圆弧相切。在执行 ARC 命令后的第一个提示下直接按 Enter 键，系统便采用该方式绘制圆弧。

6. 绘制椭圆

选择“绘图”|“椭圆”命令，或者单击“椭圆”按钮，又或者在命令行中输入 ELLIPSE，都可以执行椭圆命令。

系统提供了 3 种方式用于绘制精确的椭圆。下面分别介绍 3 种方式及命令行提示。

01 一条轴的两个端点和另一条轴半径

单击“椭圆”按钮，按照默认的顺序可以依次指定长轴的两个端点和另一条半轴的长度，其中长轴通过两个端点来确定，已经限定了两个自由度，只需要给出另外一个轴的长度即可确定椭圆。命令行提示如下。

```
命令: _ellipse
指定椭圆的轴端点或 [圆弧(A)/中心点(C)]:    //拾取点或输入坐标确定椭圆一条轴端点
指定轴的另一个端点:                        //拾取点或输入坐标确定椭圆一条轴另一端点
指定另一条半轴长度或 [旋转(R)]:            //输入长度或者用光标选择另一条半轴长度
```

02 一条轴的两个端点和旋转角度

这种方式实际上相当于将一个圆在空间上绕长轴转动一个角度以后投影在二维平面上。命令行提示如下。

```
命令: _ellipse
指定椭圆的轴端点或 [圆弧(A)/中心点(C)]:    //拾取点或输入坐标确定椭圆一条轴端点
指定轴的另一个端点:                        //拾取点或输入坐标确定椭圆一条轴另一端点
指定另一条半轴长度或 [旋转(R)]: r          //输入 r，表示采用旋转方式绘制
指定绕长轴旋转的角度: 60                   //输入旋转角度
```

03 中心点、一条轴端点和另一条轴半径

这种方式需要依次指定椭圆的中心点、一条轴的端点和另一条轴的半径。命令行提示如下。

```
命令: _ellipse
指定椭圆的轴端点或 [圆弧(A)/中心点(C)]: c    //采用中心点方式绘制椭圆
指定椭圆的中心点:                            //拾取点或输入坐标确定椭圆中心点
指定轴的端点:                                //拾取点或输入坐标确定椭圆一条轴端点
指定另一条半轴长度或 [旋转(R)]:              //输入椭圆另一条轴的半径，或者旋转的角度
```

7. 绘制椭圆弧

单击“椭圆弧”按钮，可以执行椭圆弧命令。椭圆弧的绘制方法比较简单，与椭圆的绘制方法相比，只需指定椭圆弧的起始角度和终止角度即可。

8. 绘制矩形

选择“绘图”|“矩形”命令，或者单击“矩形”按钮，又或者在命令行中输入 RECTANGLE (RECTANG)，都可以执行矩形命令。

单击“矩形”按钮，命令行提示如下。

```
命令: _rectang
指定第一个角点或 [倒角(C)/标高(E)/圆角(F)/厚度(T)/宽度(W)]: //指定矩形的第一个角点坐标
指定另一个角点或 [面积(A)/尺寸(D)/旋转(R)]: //指定矩形的第二个角点坐标
```

命令行提示中的“标高”选项和“厚度”选项使用较少；“倒角”选项用于设置矩形倒角的值，即从两个边上分别切去的长度，用于绘制如图 3-10 所示的倒角矩形；“圆角”选项用于设置矩形 4 个圆角的半径，用于绘制如图 3-11 所示的圆角矩形；“宽度”选项用于设置矩形的线宽。

系统为用户提供了 3 种绘制矩形的方法：一种方法是通过两个角点绘制矩形，这是系统默认的方法；一种方法是通过角点和边长确定矩形；另一种方法是通过面积来确定矩形。在命令行中，系

统提供的“旋转”选项用于绘制带一定角度的矩形。下面对各种方法进行介绍。

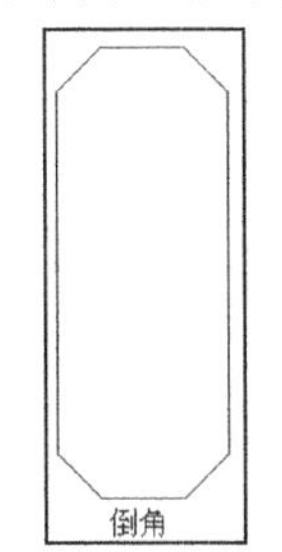

图 3-10　倒角矩形

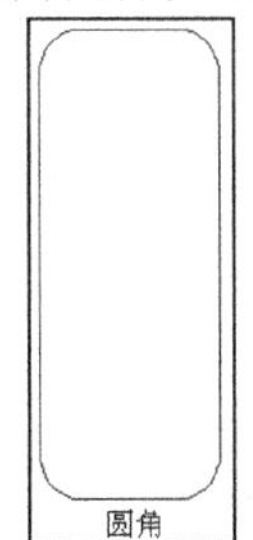

图 3-11　圆角矩形

根据命令行提示指定第一角点后，除了可以采用默认的指定第二个角点的坐标确定矩形之外，命令行提示还提供了面积(A)、尺寸(D)和旋转(R)3 种创建矩形的方式。

01 “面积(A)”表示使用面积和长度或宽度二者之一创建矩形。如要创建一个面积为 400 的矩形(采用图形单位)，其命令行提示如下。

```
命令: _rectang
指定第一个角点或 [倒角(C)/标高(E)/圆角(F)/厚度(T)/宽度(W)]: //指定矩形第一个角点
指定另一个角点或 [面积(A)/尺寸(D)/旋转(R)]:A   //选择以面积的方式
输入以当前单位计算的矩形面积 <100.0000>: 400   //输入要绘制的矩形的面积，输入一个正值
计算矩形标注时依据 [长度(L)/宽度(W)] <长度>:L   //再选择长度或宽度
输入矩形长度 <10.0000>:  40   //输入一个非零值
```

02 “尺寸(D)”表示使用长度和宽度来创建矩形。如要创建一个面积为 40×10=400 的矩形(采用图形单位)，其命令行提示如下。

```
……
指定另一个角点或 [面积(A)/尺寸(D)/旋转(R)]:D   //选择以矩形尺寸的方式绘制
输入矩形的长度 <0.0000>:  40   //输入一个非零值
输入矩形的宽度 <0.0000>:  10   //输入一个非零值
```

03 “旋转(R)”表示按照指定的旋转角度创建矩形。如要创建一个面积为 400(采用图形单位)，与 X 轴成 30° 夹角的矩形，其命令行提示如下。

```
……
指定另一个角点或 [面积(A)/尺寸(D)/旋转(R)]:R   //选择以旋转角的方式绘制矩形
指定旋转角度或 [拾取点(P)] <0>:  30   //输入旋转角 30 度，或在绘图区上拾取合适的点
指定另一个角点或 [面积(A)/尺寸(D)/旋转(R)]: D   //可以继续使用尺寸或面积方式完成矩形的绘制
输入矩形的长度 <0.0000>:  40   //输入一个非零值
输入矩形的宽度 <0.0000>: 10   //输入一个非零值
```

9. 绘制正多边形

创建正多边形是绘制正方形、等边三角形和八边形等图形的简单方法。用户通过选择“绘图”|

“正多边形”命令，或者单击“正多边形”按钮，又或者在命令行输入 POLYGON，都可以执行正多边形命令。

单击“正多边形”按钮，命令行提示如下。

```
命令: _polygon 输入侧面数 <4>: //指定正多边形的边数
指定正多边形的中心点或 [边(E)]: //指定正多边形的中心点
输入选项 [内接于圆(I)/外切于圆(C)] <I>: //确认绘制多边形的方式
指定圆的半径:  //输入圆半径
```

系统提供了 3 种绘制正多边形的方式，3 种方式绘制的效果如图 3-12 所示。

01 内接圆法：多边形的顶点均位于假设圆的弧上。该方式需要指定边数和半径。

02 外切圆法：多边形的各边与假设圆相切。该方式需要指定边数和半径。

03 边长方式：上面两种方式是以假设圆的大小确定多边形的边长，而边长方式则直接给出多边形边长的大小和方向。

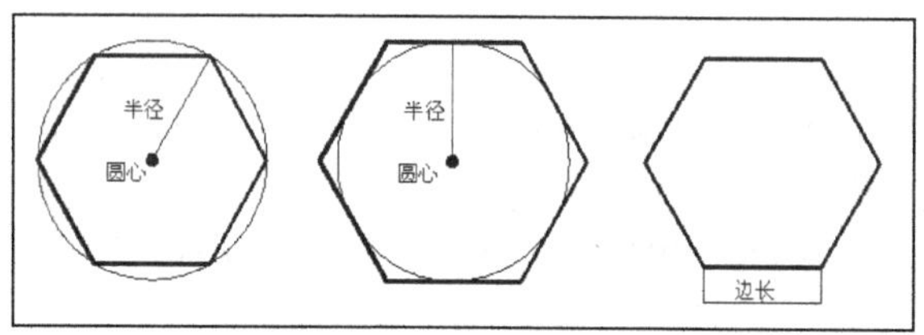

图 3-12　多边形绘制方式示例

10. 绘制修订云线

REVCLOUD 命令用于创建由连续圆弧组成的多段线，以构成修订云线对象。在检查或审阅图形时，可以使用修订云线功能亮显标记以提高工作效率。选择“绘图”|“修订云线”命令，或者单击“修订云线”按钮，都可以执行该命令。单击“修订云线”按钮，命令行提示如下。

```
命令: _revcloud                                //单击按钮执行修订云线命令
最小弧长: 15    最大弧长: 15    样式: 普通       //系统提示信息
指定起点或 [弧长(A)/对象(O)/样式(S)] <对象>:     //指定一个起点
沿云线路径引导十字光标...                        //沿着需要检查的图形移动光标形成路径
修订云线完成。                                  //当光标移动到起点附近时，修订云线自动闭合
```

11. 徒手画线

AutoCAD 提供了徒手画线的命令，用户可以通过徒手画线命令随意勾画所需要的图案。

在命令行输入 SKETCH，可以启动徒手画线命令，命令行提示如下。

```
命令: sketch
记录增量 <1.0000>:    //设置记录增量
徒手画. 画笔(P)/退出(X)/结束(Q)/记录(R)/删除(E)/连接(C)。   //绘制图形及选择选项
```

```
已记录 261 条直线。    //提示记录
```

图 3-13 所示为用徒手画线绘制出来的二维图形。

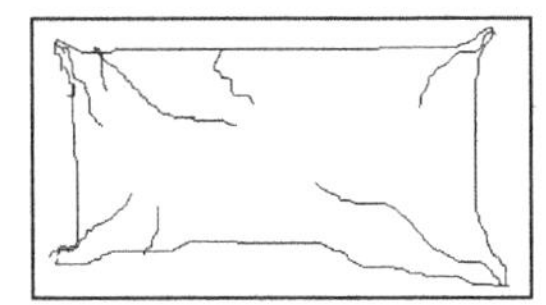

图 3-13　徒手画线绘制的二维图形

3.1.2　复杂二维绘图命令

在工程制图中还会经常遇到一些比较复杂的图形元素的绘制。这些图形元素可以通过绘制简单的图形元素再将它们组合而成，也可以使用 AutoCAD 为用户提供的复杂图形命令来进行绘制。下面介绍在工程制图中经常用到的多段线、多线、样条曲线、填充图案和面域等内容。

1. 绘制多段线

选择“绘图”|“多段线”命令，或者单击“多段线”按钮，又或者在命令行中输入 PLINE，都可以执行该命令。单击“多段线”按钮，命令行提示如下。

```
命令: _pline
指定起点:          //通过坐标方式或者光标拾取方式确定多段线第一点
当前线宽为 0.0000 //系统提示当前线宽，第 1 次使用显示默认线宽 0，多次使用显示上一次线宽
指定下一个点或 [圆弧(A)/半宽(H)/长度(L)/放弃(U)/宽度(W)]:
指定下一点或 [圆弧(A)/闭合(C)/半宽(H)/长度(L)/放弃(U)/宽度(W)]:
```

在命令行提示中，系统默认多段线由直线组成，要求用户输入直线的下一点，其他几个选项参数的使用如下。

01 “圆弧(A)”：该选项用于将弧线段添加到多段线中。

用户在命令行提示后输入 A，命令行提示如下。

```
指定圆弧的端点或
[角度(A)/圆心(CE)/方向(D)/半宽(H)/直线(L)/半径(R)/第二个点(S)/放弃(U)/宽度(W)]:a
```

圆弧的绘制方法已讲述，这里不再赘述。其中的“直线(L)”选项用于将直线添加到多段线中，以实现弧线到直线的绘制切换。

02 “半宽(H)”：该选项用于指定从多段线的中心到其一边的宽度。起点半宽将成为默认的端点半宽。端点半宽在再次修改半宽之前将作为所有后续线段的统一半宽。宽线线段的起点和端点位于宽线的中心。用户在命令行提示中输入 H，命令行提示如下。

```
指定下一点或 [圆弧(A)/闭合(C)/半宽(H)/长度(L)/放弃(U)/宽度(W)]: h
```

```
指定起点半宽 <0.0000>:
指定端点半宽 <0.0000>:
```

03 "长度(L)"：该选项用于在与前一线段相同的角度方向上绘制指定长度的直线段。如果前一线段是圆弧，系统将绘制与该弧线段相切的新直线段。用户在命令行提示中输入 L，命令行提示如下。

```
指定下一点或 [圆弧(A)/闭合(C)/半宽(H)/长度(L)/放弃(U)/宽度(W)]: l
指定直线的长度:        //输入沿前一直线方向或前一圆弧相切直线方向的距离
```

04 "宽度(W)"：该选项用于设置指定下一条直线段或者弧线的宽度。用户在命令行提示中输入 W，命令行提示如下。

```
指定起点宽度 <0.0000>: //设置即将绘制的多段线的起点的宽度
指定端点宽度 <0.0000>: //设置即将绘制的多段线的末端点的宽度
```

05 "闭合(C)"：该选项从指定的最后一点到起点绘制直线段或者弧线，以创建闭合的多段线，必须至少指定两个点才能使用该选项。

06 "放弃(U)"：该选项用于删除最近一次添加到多段线上的直线段或者弧线。

对于"半宽(H)"和"宽度(W)"两个选项而言，设置的是弧线还是直线的线宽，由下一步所要绘制的是弧线还是直线来决定。对于"闭合(C)"和"放弃(U)"两个选项而言，如果上一步绘制的是弧线，则以弧线闭合多段线，或者放弃弧线的绘制；如果上一步绘制的是直线，则以直线段闭合多段线，或者放弃直线的绘制。

对于多段线而言，用户可以使用 PEDIT 命令对多段线进行编辑。该命令可以通过选择"修改"|"对象"|"多段线"命令执行，命令执行后，命令行提示如下。

```
命令: pedit
选择多段线或 [多条(M)]: //选择一条多段线或输入 m 选择其他类型的图线
输入选项 [闭合(C)/合并(J)/宽度(W)/编辑顶点(E)/拟合(F)/样条曲线(S)/非曲线化(D)/线型生成(L)/放弃(U)]:
//输入各种选项，对图线进行编辑
```

该功能常用来将其他类型的图线转换为多段线，或者将多条图线合并为一条多段线。

"合并(J)"选项，用于将与非闭合的多段线的任意一端相连的线段、弧线以及其他多段线，加到该多段线上，构成一个新的多段线。要连接到指定多段线上的对象必须与当前多段线有共同的端点。

当选择的多段线不是多段线，或者选择了多条图线，并且这些图线不全是多段线时，使用 PEDIT 命令，将这些图线全部转换为多段线，以便读者进行其他的操作。这种用法在创建面域和创建三维图形时十分有用。

2. 绘制多线

多线由 1~16 条平行线组成，这些平行线称为元素或者图元。通过指定每个元素距多线原点的偏移量可以确定元素的位置。

01 创建多线样式

选择“格式”|“多线样式”命令，弹出如图 3-14 所示的“多线样式”对话框，在该对话框中用户可以设置多线样式。

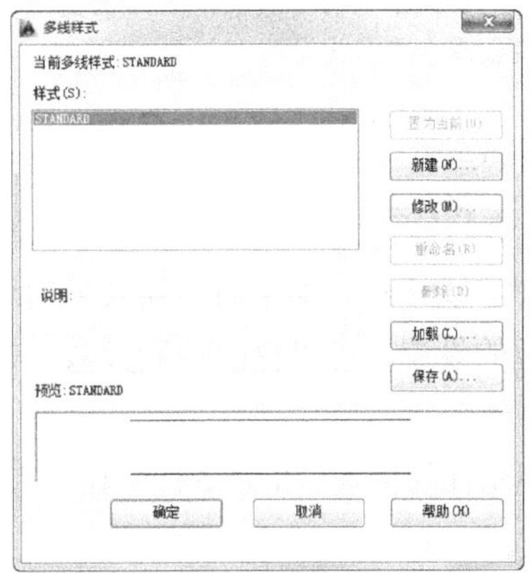

图 3-14　“多线样式”对话框

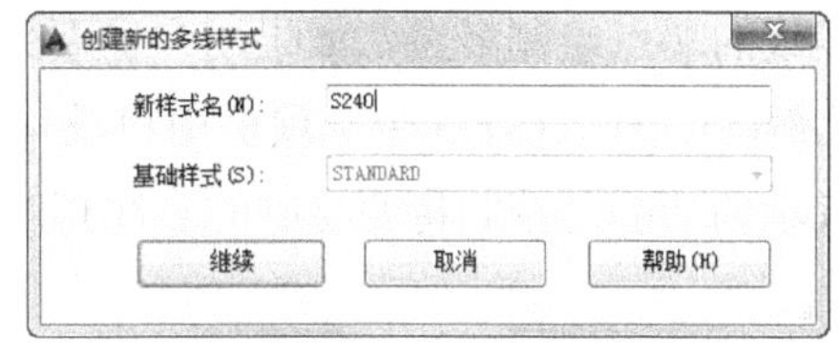

图 3-15　“创建新的多线样式”对话框

单击“多线样式”对话框中的“新建”按钮，弹出如图 3-15 所示的“创建新的多线样式”对话框。该对话框中的“新样式名”文本框用于设置多线新样式名称，“基础样式”下拉列表用于设置参考样式，新创建的多线样式继承基础样式的参数设置。设置完成后，单击“继续”按钮，弹出如图 3-16 所示的“新建多线样式”对话框。

图 3-16　“新建多线样式”对话框

“封口”选项组用于设置多线起点和终点的封闭形式。

“显示连接”复选框用于设置多线每个部分的端点上连接线的显示。

“图元”选项组可以设置多线图元的特性。图元特性包括每条直线元素的偏移量、颜色和线型。单击“添加”按钮可以将新的多线元素添加到多线样式中。单击按钮后，在图元列表中会自动出现偏移为 0 的图元。在“偏移”文本框中可以设置该图元的偏移量，输入值会即时地反映在图元列表中。偏移量可以是正值，也可以是负值。单击“删除”按钮可以从当前的多线样式中删除选定的图元。

02 绘制多线

选择“绘图”|“多线”命令，或者在命令行输入 MLINE，都可以执行绘制多线命令，命令行提示

如下。

```
命令: mline
当前设置: 对正 = 上，比例 = 20.00，样式 = STANDARD  //提示当前多线设置
指定起点或 [对正(J)/比例(S)/样式(ST)]:   //指定多线起始点或修改多线设置
指定下一点:
指定下一点或 [放弃(U)]:                  //指定下一点或取消
指定下一点或 [闭合(C)/放弃(U)]:          //指定下一点、闭合或取消
```

在命令行提示中，显示当前多线的对齐样式、比例和多线样式。如果用户需要采用这些设置，则可以指定多线的端点绘制多线。如果用户需要采用其他的设置，可以修改绘制参数。命令行提供了对正(J)、比例(S)、样式(ST)3 个选项供用户设置。

对正(J)选项的功能是控制将要绘制的多线相对于十字光标的位置。在命令行中输入 J，命令行提示如下。

```
命令: mline
当前设置: 对正 = 上，比例 = 20.00，样式 = STANDARD
指定起点或 [对正(J)/比例(S)/样式(ST)]:  j      //输入 j，设置对正方式
输入对正类型 [上(T)/无(Z)/下(B)] <上>:         //选择对正方式
```

MLINE 命令有 3 种对正方式：上(T)、无(Z)和下(B)。默认选项为“上”，使用该选项绘制多线时，多线在光标下方绘制，因此在指定点处将会出现具有最大正偏移值的直线；使用选项“无”绘制多线时，多线以光标为中心绘制，拾取的点在偏移量为 0 的元素上，即多线的中心线与选取的点重合；使用选项“下”绘制多线时，多线在光标上面绘制，拾取点在多线负偏移量最大的元素上，使用 3 种对正方式绘图的效果如图 3-17 所示。

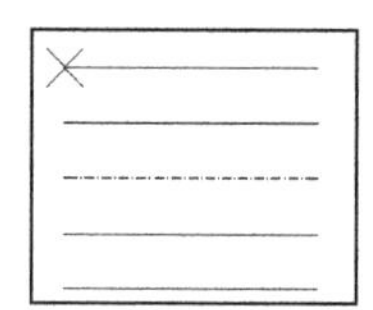
上：最上方元素端点为对齐点

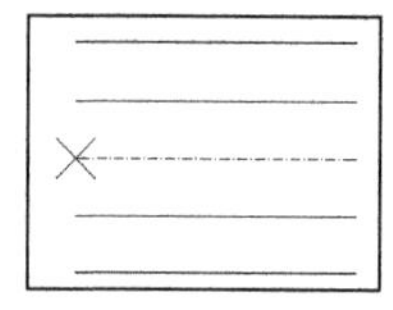
无：多线中心点为对齐点

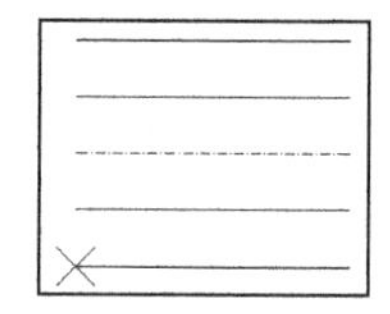
下：最下方元素端点为对齐点

图 3-17 对正样式示意图

比例(S)选项的功能决定了多线的宽度是在样式中设置宽度的多少倍。在命令行中输入 S，命令行提示如下。

```
命令: mline
当前设置: 对正 = 上，比例 = 20.00，样式 = STANDARD
指定起点或 [对正(J)/比例(S)/样式(ST)]: s    //输入 s，设置比例大小
输入多线比例 <20.00>:                      //输入多线的比例值
```

如比例输入 0.5，则宽度是设置宽度的一半，即各元素的偏移距离为设置值的一半。因为多线中

偏移距离最大的线排在最上面，越小越往下。为负值偏移量的在多线原点下面，所以当比例为负值时，多线的元素顺序颠倒过来。当比例为 0 时，则将多线当作单线绘制。如图 3-18 所示，以不同比例绘制的多线：上面的多线比例为 40；中间的多线比例为 20；下面的多线比例为 0。

样式(ST)选项的功能是为将要绘制的多线指定样式。在命令行中输入 ST，命令行提示如下。

```
命令: mline
当前设置: 对正 = 上，比例 = 20.00，样式 = STANDARD
指定起点或 [对正(J)/比例(S)/样式(ST)]: st              //输入 st，设置多线样式
输入多线样式名或 "?":                                   //输入存在并加载的样式名，或输入"?"
```

输入“?”后，文本窗口中将显示出当前图形文件加载的多线样式，系统默认的样式为 Standard。

03 编辑多线

选择“修改”|“对象”|“多线”命令，或在命令行中输入 MLEDIT，将弹出如图 3-19 所示的“多线编辑工具”对话框。在该对话框中，可以对十字形、T 字形及有拐角和顶点的多线进行编辑，还可以截断和连接多线，其中系统提供了 16 个编辑工具。

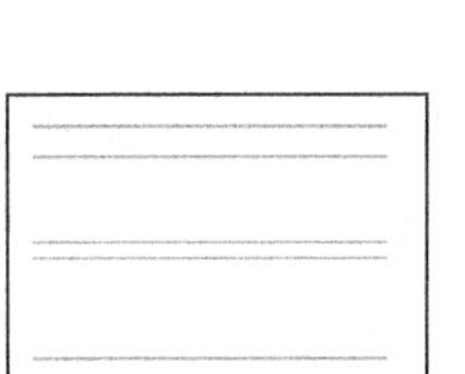

图 3-18　不同比例绘制的多线

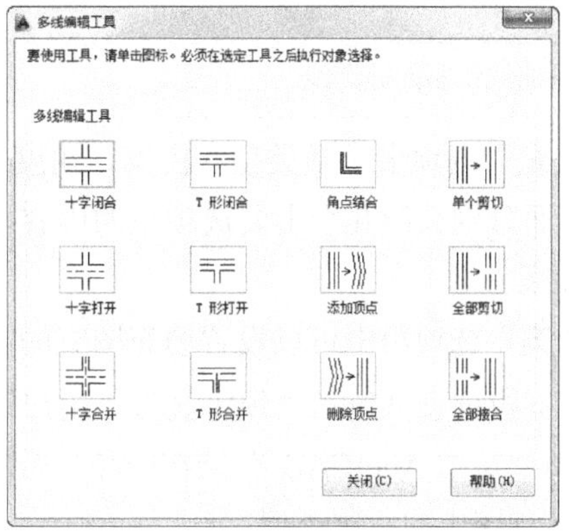

图 3-19　“多线编辑工具”对话框

3. 绘制样条曲线

选择“绘图”|“样条曲线”命令，或者单击“样条曲线”按钮，又或者在命令行中输入 SPLINE，都可以执行该命令。单击“样条曲线”按钮，命令行提示如下。

```
命令: _spline
当前设置: 方式=拟合    节点=弦
指定第一个点或 [方式(M)/节点(K)/对象(O)]: //指定样条曲线的起点
输入下一个点或 [起点切向(T)/公差(L)]: //指定样条曲线的第二个控制点
输入下一个点或 [端点相切(T)/公差(L)/放弃(U)/闭合(C)]: //指定样条曲线的其他控制点
…
输入下一个点或 [端点相切(T)/公差(L)/放弃(U)/闭合(C)]: //指定样条曲线最后一个控制点
输入下一个点或 [端点相切(T)/公差(L)/放弃(U)/闭合(C)]: t//输入 t，指定端点切向
指定端点切向: //指定切点方向
```

如图 3-20 所示，是采用样条曲线绘制的等高线。

4. 创建填充图案

在命令行中输入 HATCH，或者单击“绘图”工具栏中的“填充图案”按钮，又或者选择“绘图”|“填充图案”命令，都可以打开如图 3-21 所示的“图案填充和渐变色”对话框。用户可以在该对话框中的各选项卡中设置相应的参数，为相应的图形创建图案填充。

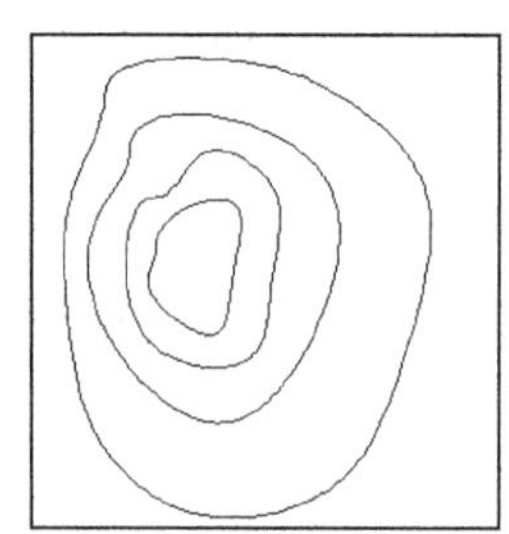

图 3-20　采用样条曲线绘制的等高线

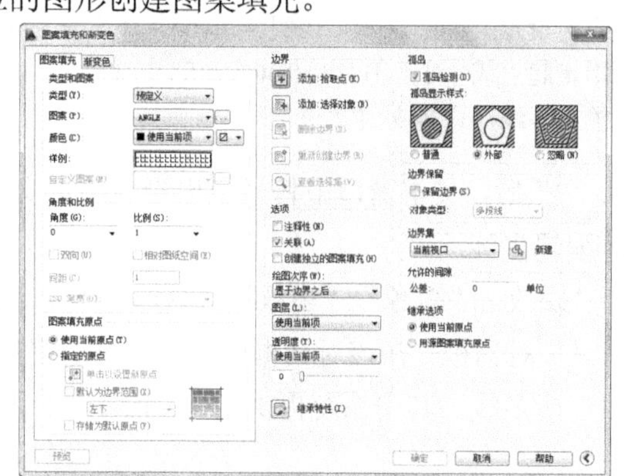

图 3-21　“图案填充和渐变色”对话框

其中“图案填充”选项卡包括类型和图案、角度和比例、边界、图案填充原点、选项和继承特性 6 个选项组。下面分别介绍几个主要选项组的内容。

01 类型和图案

在“类型和图案”选项组中可以设置填充图案的类型。该选项组中的各选项含义如下。

- “类型”下拉列表框包括“预定义”、“用户定义”和“自定义”3 种图案类型。其中“预定义”类型是指 AutoCAD 存储在产品附带的 acad.pat 或 acadiso.pat 文件中的预先定义的图案，是制图中的常用类型。
- “图案”下拉列表框控制对填充图案的选择。该下拉列表显示填充图案的名称，并且最近使用的 6 个用户预定义图案将出现在列表顶部。单击[...]按钮，弹出如图 3-22 所示的“填充图案选项板”对话框。在该对话框中选择合适的填充图案类型。
- “样例”列表框显示选定图案的预览。
- “自定义图案”下拉列表框在选择“自定义”图案类型时可用，其中列出可用的自定义图案，6 个最近使用的自定义图案将出现在列表顶部。

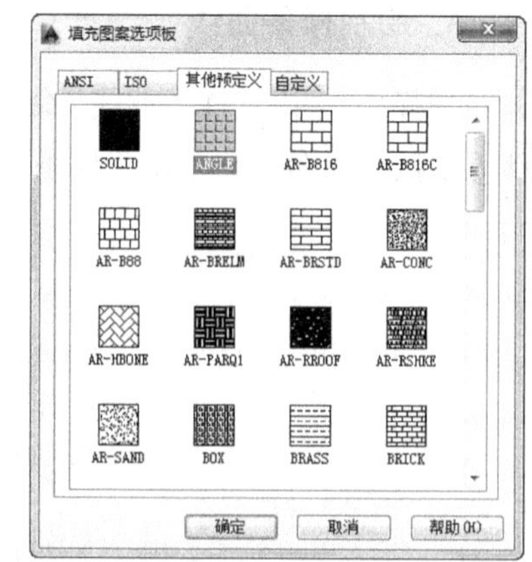

图 3-22　“填充图案选项板”对话框

02 角度和比例

“角度和比例”选项组包含“角度”、“比例”、“间距”和“ISO 笔宽”4 部分内容。该选项组主要控制填充的疏密程度和倾斜程度。

- “角度”下拉列表框可以设置填充图案的角度。“双向”复选框用于设置当填充图案选择“用户定义”时采用的当前线型的线条布置是单向还是双向。
- “比例”下拉列表框用于设置填充图案的比例值。如图 3-23 所示为使用 AR-BRSTD 填充图案进行不同角度和比例值填充的效果。

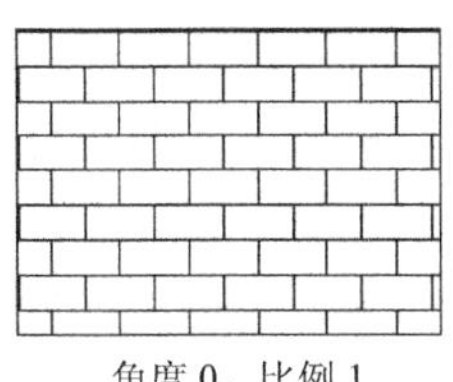
角度 0，比例 1

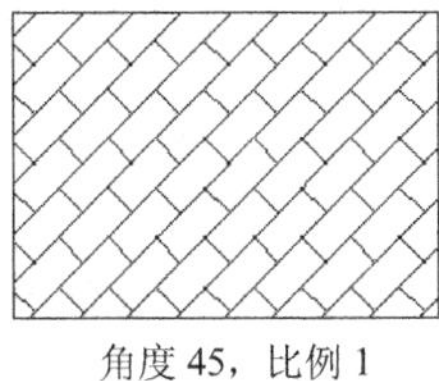
角度 45，比例 1

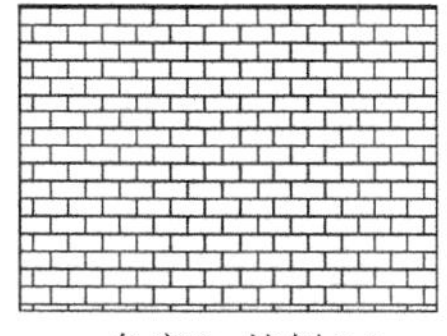
角度 0，比例 0.5

图 3-23　不同角度和比例的填充效果

- “间距”文本框用于设置当用户选择“用户定义”填充图案类型时采用的当前线型的线条的间距。输入不同的间距值将得到不同的效果，如图 3-24 所示。

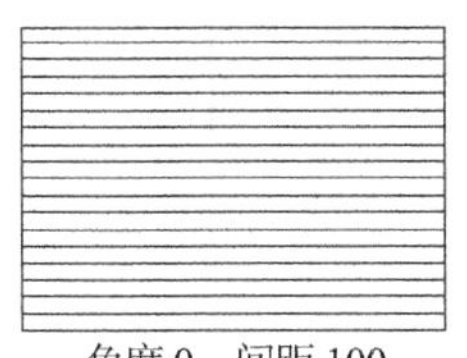
角度 0，间距 100

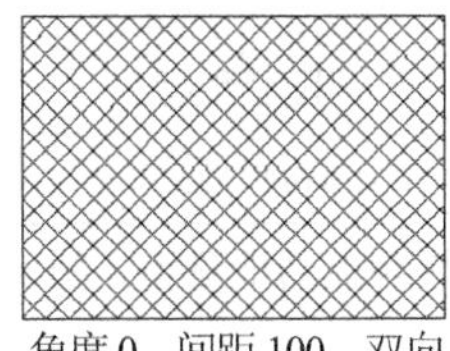
角度 0，间距 100，双向

角度 0，间距 50

图 3-24　角度、间距和双向的控制效果

- “ISO 笔宽”下拉列表框主要针对用户选择“预定义”填充图案类型。当选择了 ISO 预定义图案时，可以通过改变笔宽值来改变填充效果。

03 边界

“边界”选项组主要用于用户指定图案填充的边界。用户可以通过指定对象封闭区域中的点或者封闭区域的对象的方法来确定填充边界，通常使用的是“添加：拾取点”按钮和“添加：选择对象”按钮。

“添加：拾取点”按钮根据围绕指定点构成封闭区域的现有对象确定边界。单击该按钮，对话框将暂时关闭，系统将提示用户拾取一个点，命令行提示如下。

```
命令: _bhatch
拾取内部点或 [选择对象(S)/删除边界(B)]:   正在选择所有对象...
```

“添加：选择对象”按钮根据构成封闭区域的选定对象确定边界。单击该按钮，对话框将暂时关闭，系统将提示用户选择对象，命令行提示如下。

```
命令: _bhatch
选择对象或 [拾取内部点(K)/删除边界(B)]:   //选择对象边界
```

用户单击“图案填充和渐变色”对话框的展开按钮，展开该对话框。在使用“添加：拾取点”按钮确定边界时，不同的孤岛设置，产生不同的填充效果。

在“孤岛”选项组里，选择“孤岛检测”复选框，则在进行填充时，系统将根据选择的孤岛显示模式，检测孤岛来填充图案。所谓“孤岛检测”是指最外层边界内的封闭区域对象将被检测为孤岛，系统提供了“普通”孤岛检测、“外部”孤岛检测和“忽略”孤岛检测 3 种检测模式。

- “普通”检测模式从最外层边界向内部填充，对第一个内部岛形区域进行填充，间隔一个图形区域，转向下一个检测到的区域进行填充，如此反复交替进行。
- “外部”检测模式从最外层边界向内部填充，只对第一个检测到的区域进行填充，填充后就终止该操作。
- “忽略”检测模式从最外层边界开始，不再进行内部边界检测，对整个区域进行填充，忽略其中存在的孤岛。

系统默认的检测模式是普通检测模式。3 种不同检测模式效果的对比如图 3-25 所示。

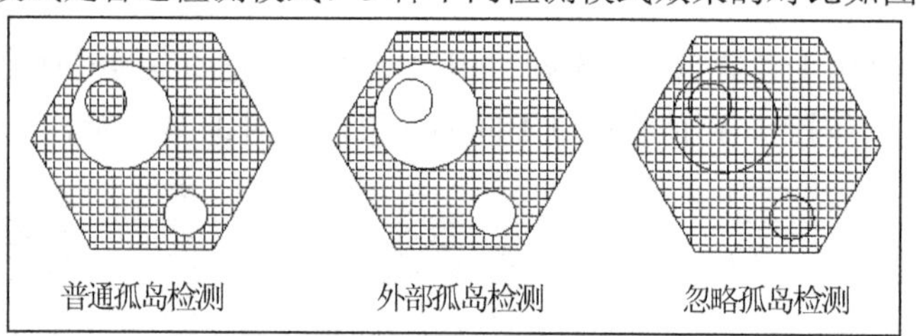

图 3-25　3 种孤岛检测模式的不同效果

04 图案填充原点

默认情况下，填充图案始终相互对齐。但是，有时用户需要移动图案填充的起点(称为原点)。在这种情况下，需要在“图案填充原点”选项组中重新设置图案填充原点。选择“指定的原点”单选按钮后，单击按钮，在绘图区用光标拾取新原点，或者选择“默认为边界范围”复选框，并在下拉列表中选择所需点作为填充原点即可实现图案填充圆点。

以砖形图案填充建筑立面图为例，要求在填充区域的左下角以完整的砖块开始填充图案。重新指定原点，设置如图 3-26 所示。使用默认填充原点和新的指定原点的对比效果如图 3-27 所示。

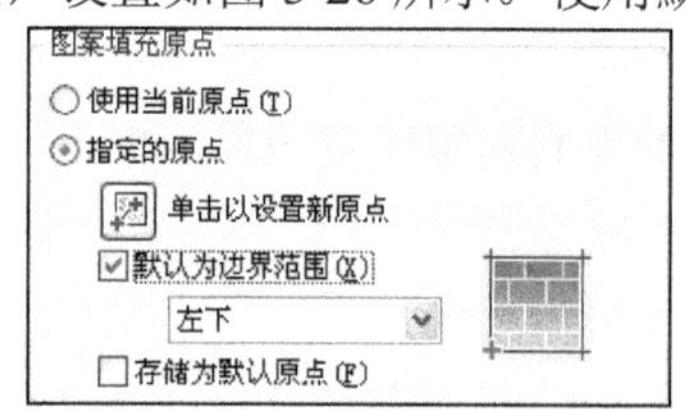

图 3-26　设置“图案填充原点”选项组

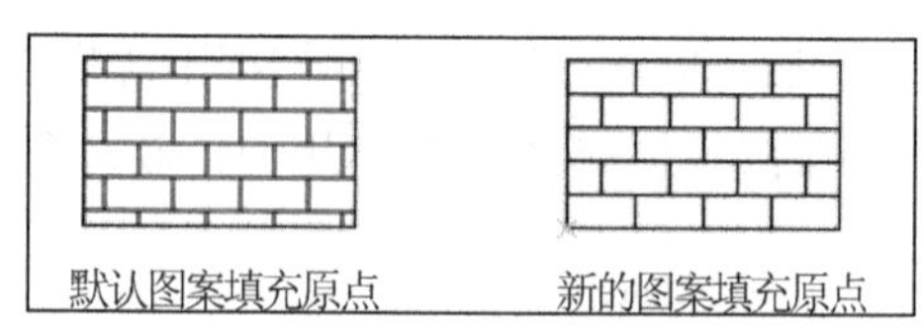

图 3-27　改变图案填充原点效果

选择如图 3-21 所示的“图案填充和渐变色”对话框中的“渐变色”选项卡，或者单击“绘图”工具栏上的“渐变色”按钮，都可以打开“渐变色”选项卡。

“单色”和“双色”单选按钮用来选择填充颜色是单色还是双色。在“颜色”选项组里可以设置颜色，单击按钮弹出“选择颜色”对话框。在该对话框中可以选择所需颜色，选项卡中有 9 种渐变的方式可供选择。“居中”复选框控制颜色渐变居中；“角度”下拉文本框控制颜色渐变的方向。其他选项的功能和操作与图案填充一样。

3.2 选择编辑对象和二维编辑命令

在 AutoCAD 中，简单的图形用户可以通过基本的二维绘图命令进行绘制。而比较复杂的图形，或者重复性、继承性的图形，用户就需要使用各种编辑命令对基本图形进行编辑或者对编辑后的图形进行再编辑。本节将给读者讲解移动、旋转、复制和删除等基本的二维图形编辑方法。

3.2.1　选择编辑对象

在 AutoCAD 中，用户可以先输入命令，然后选择要编辑的对象。也可以先选择对象，然后再进行编辑。这两种方法用户可以结合自己的习惯和命令的要求灵活使用。

为了方便编辑，将一些对象组成一组。这些对象可以是一个，也可以是多个，称之为选择集。用户在进行复制、粘贴等编辑操作时，都需要选择对象，也就是构造选择集。建立了一个选择集以后，可以将这一组对象作为一个整体进行操作。

需要选择对象时，有命令行提示，比如“选择对象:”。根据命令的要求，用户选取线段和圆弧等对象，以进行后面的操作。

用户可以通过单击对象直接选择、窗口选择(左选)和交叉窗口选择(右选) 3 种方式构造选择集。

01 单击对象直接选择

当命令行提示“选择对象:”时，绘图区出现拾取框光标，将光标移动到某个图形对象上，单击，就可以选择与光标有公共点的图形对象，被选中的对象呈高亮显示。

单击对象直接选择方式，适合构造选择集的对象较少的情况，对于构造选择集的对象较多的情况，就需要使用另外两种选择方式了。

02 窗口选择(左选)

当需要选择的对象较多时，可以使用窗口选择方式。这种选择方式与 Windows 的窗口选择方式类似。首先单击鼠标，将光标沿右下方拖动，再次单击形成选择框，选择框呈实线显示。被选择框完全包容的对象将被选中。

03 交叉窗口选择(右选)

交叉窗口选择(右选)与窗口选择(左选)选择方式类似。不同的是光标往左上移动形成选择框，选择框呈虚线，只要与交叉窗口相交或者被交叉窗口包容的对象，都将被选中。

选择对象的方法有很多种，当对象处于被选择状态时，该对象呈高亮显示。如果是先选择后编辑，则被选择的对象上还将出现控制点。

在选择完图形对象后，用户可能还需要在选择集中添加或删除对象。

需要添加图形对象时，可以采用如下方法。

- 按 Shift 键，单击要添加的图形对象。

- 使用直接单击对象选择方式选取要添加的图形对象。
- 在命令行中输入 A 命令，然后选择要添加的对象。

需要删除图形对象时，可以采用如下方法。

- 按 Shift 键，单击要删除的图形对象。
- 在命令行中输入 R 命令，然后选择要删除的对象。

3.2.2 二维编辑命令

1. 复制

选择“修改”|“复制”命令，或者在“修改”工具栏中单击“复制”按钮，又或者在命令行中输入 COPY，都可以执行复制命令。“复制”命令中提供了“模式”选项来控制将对象复制一次还是多次，下面分别进行讲解。

01 单个复制

执行“复制”命令，命令行提示如下。

```
命令: _copy
选择对象: 找到 1 个 //在绘图区选择需要复制的对象
选择对象: //按 Enter 键，完成对象选择
当前设置: 复制模式 = 多个
指定基点或 [位移(D)/模式(O)] <位移>: o //输入 o，表示选择复制模式
输入复制模式选项 [单个(S)/多个(M)] <多个>: s //输入 s，表示复制一个对象
指定基点或 [位移(D)/模式(O)/多个(M)] <位移>: //在绘图区拾取或输入坐标确认复制对象的基点
指定第二个点或 [阵列(A)] <使用第一个点作为位移>: //在绘图区拾取或输入坐标确定位移点
```

如图 3-28 所示为单个复制圆的过程。

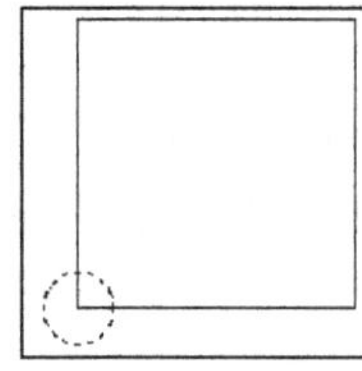
选择复制对象

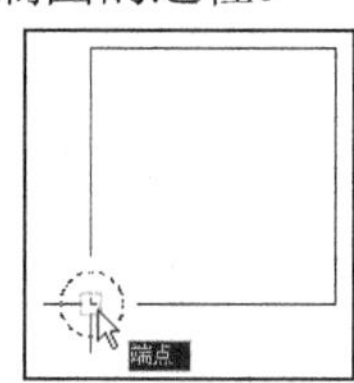

捕捉对象基点

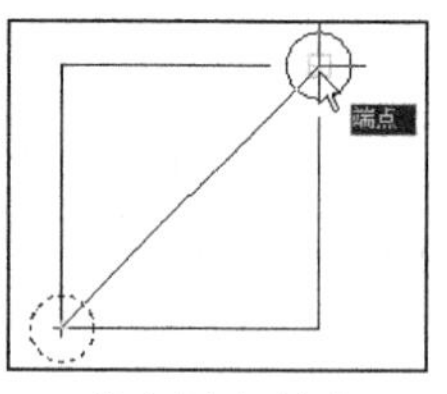

指定插入基点

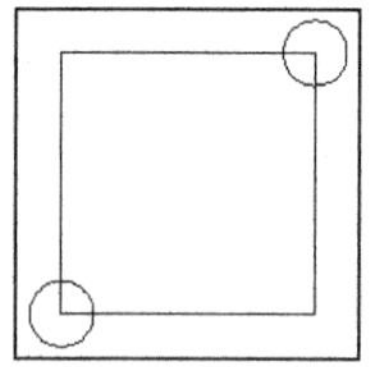
完成复制效果

图 3-28 复制对象过程演示

02 多个复制

执行“复制”命令，命令行提示如下。

```
命令: _copy
选择对象: 找到 1 个 //在绘图区选择需要复制的对象
选择对象: //按 Enter 键，完成对象选择
当前设置: 复制模式 = 单个
```

```
指定基点或 [位移(D)/模式(O)/多个(M)] <位移>:  m //输入 m，表示选择多个复制模式
指定基点或 [位移(D)/模式(O)/多个(M)] <位移>:  //在绘图区拾取或输入坐标确认复制对象基点
指定第二个点或 [阵列(A)] <使用第一个点作为位移>: //在绘图区拾取或输入坐标确定位移点
指定第二个点或 [阵列(A)/退出(E)/放弃(U)] <退出>: //在绘图区拾取或输入坐标确定位移点
指定第二个点或 [阵列(A)/退出(E)/放弃(U)] <退出>:
```

复制效果与单个复制类似，这里不再演示。

2. 镜像

当绘制的图形对象相对于某一对称轴对称时，就可以使用 MIRROR 命令来绘制图形。镜像命令是将选定的对象沿一条指定的直线对称复制。复制完成后可以删除源对象，也可以不删除源对象。

选择“修改”|“镜像”命令，或者单击“镜像”按钮，又或者在命令行中输入 MIRROR，都可以执行该命令，命令行提示如下。

```
命令: _mirror
选择对象: 找到 1 个 //在绘图区选择需要镜像的对象
选择对象: // 按 Enter 键，完成对象选择
指定镜像线的第一点: //在绘图区拾取或者输入坐标确定镜像线第一点
指定镜像线的第二点: // 在绘图区拾取或者输入坐标确定镜像线第二点
要删除源对象吗? [是(Y)/否(N)] <N>: //输入 N 则不删除源对象，输入 Y 则删除源对象
```

如图 3-29 所示为镜像操作过程。

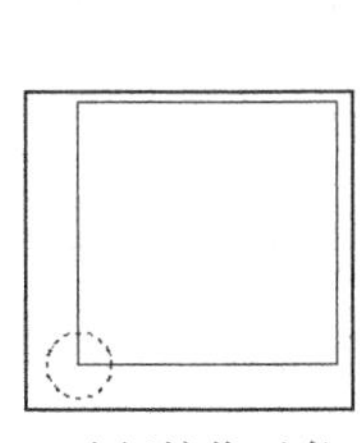
选择镜像对象

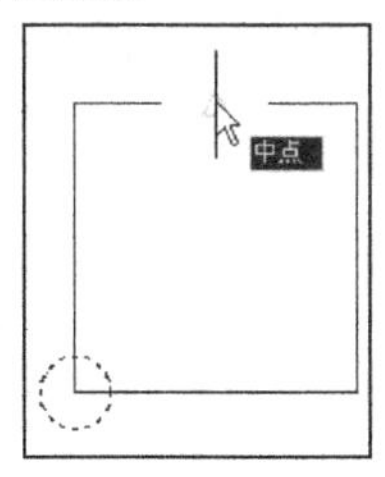

指定镜像线第一点

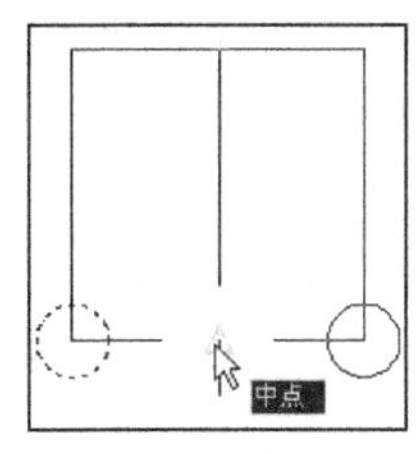

指定镜像线第二点

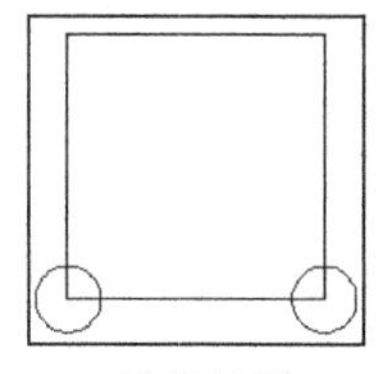
镜像效果

图 3-29　镜像操作过程

3. 修剪

修剪命令可以将选定的对象在指定边界一侧的部分剪切掉。可以修剪的对象包括直线、射线、圆弧、椭圆弧、二维或三维多段线、构造线和样条曲线等。有效的边界包括直线、射线、圆弧、椭圆弧、二维或三维多段线以及构造线和填充区域等。

选择“修改”|“修剪”命令，或者单击“修剪”按钮，又或者在命令行中输入 TRIM，都可以执行该命令。单击“修剪”按钮，命令行提示如下。

```
命令: _trim
当前设置:投影=UCS，边=无
选择剪切边...
```

```
选择对象或 <全部选择>: 找到 1 个    //选择第一个剪切边
选择对象: 找到 1 个，总计 2 个  //选择第二个剪切边
选择对象:                    //按 Enter 键，完成选择
选择要修剪的对象，或按住 Shift 键选择要延伸的对象，或
[栏选(F)/窗交(C)/投影(P)/边(E)/删除(R)/放弃(U)]://选择第一个要修剪的对象，光标指定部分被修剪
选择要修剪的对象，或按住 Shift 键选择要延伸的对象，或
[栏选(F)/窗交(C)/投影(P)/边(E)/删除(R)/放弃(U)]://按 Enter 键，完成修剪
```

“修剪”命令的命令行提示中的“栏选”和“窗交”选项，其含义与“延伸”命令中的类似，请参看后文讲解。另外，“删除”选项用于删除选定的对象。该选项提供了一种无须退出 TRIM 命令就可以删除不需要的对象的简便方法。

如图 3-30 所示完整演示了修剪命令的操作过程。

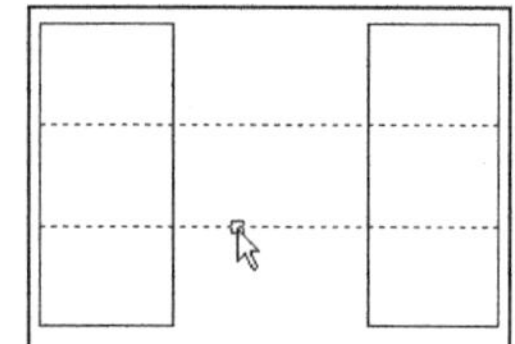
选择两条剪切边

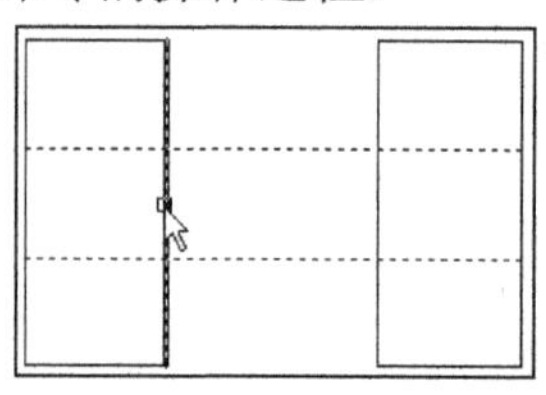
选择要修剪的对象

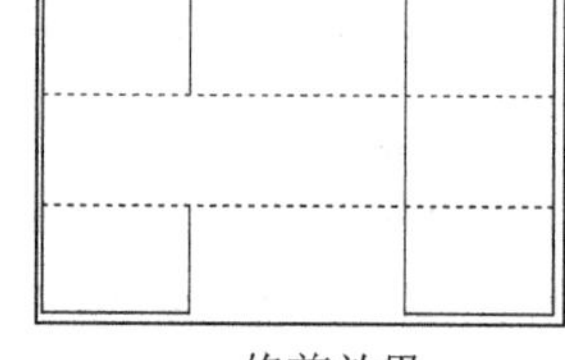
修剪效果

图 3-30 修剪示意图

4. 阵列

绘制多个在 X 轴或在 Y 轴上等间距分布或围绕一个中心旋转或沿着路径均匀分布的图形时，可以使用阵列命令，下面分别讲解。

01 矩形阵列

所谓矩形阵列，是指在 X 轴、在 Y 轴或者在 Z 方向上等间距绘制多个相同的图形。选择“修改”|“阵列”|“矩形阵列”命令，或单击“修改”工具栏中的“矩形阵列”按钮，又或在命令行中输入 ARRAYRECT，可执行“矩形阵列”命令，命令行提示如下。

```
命令: _arrayrect
选择对象: 找到 1 个//如图 3-31 所示，选择需要阵列的对象
选择对象: //按 Enter 键，完成选中
类型 = 矩形  关联 = 是
选择夹点以编辑阵列或 [关联(AS)/基点(B)/计数(COU)/间距(S)/列数(COL)/行数(R)/层数(L)/退出(X)] <退出>: col//输入 col 表示设置列数和列间距
输入列数数或 [表达式(E)] <4>: 4//设置列数为 4
指定 列数 之间的距离或 [总计(T)/表达式(E)] <32.6283>: 20//设置列间距为 20
选择夹点以编辑阵列或 [关联(AS)/基点(B)/计数(COU)/间距(S)/列数(COL)/行数(R)/层数(L)/退出(X)] <退出>: r//输入 r，表示设置行数和行间距
输入行数数或 [表达式(E)] <3>: 3//设置行数为 3
指定 行数 之间的距离或 [总计(T)/表达式(E)] <32.6283>: 15//设置行间距为 15
指定 行数 之间的标高增量或 [表达式(E)] <0>://按回车键，设置标高为 0
```

选择夹点以编辑阵列或 [关联(AS)/基点(B)/计数(COU)/间距(S)/列数(COL)/行数(R)/层数(L)/退出(X)] <退出>: x//输入 X，退出。

完成阵列，效果如图 3-31 所示。

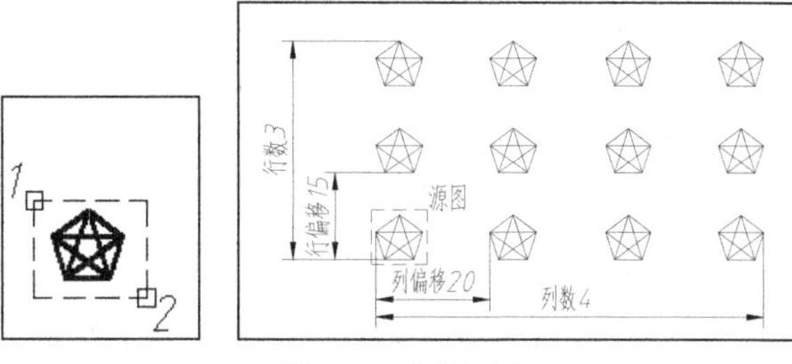

图 3-31　矩形阵列

除通过指定行数、行间距、列数和列间距方式创建矩形阵列外，还可以通过“选择夹点以编辑阵列”的方式，在绘图区通过选择阵列的夹点移动光标设置阵列的行间距、列间距、行数和列数，矩形阵列的夹点功能如图 3-32 所示。

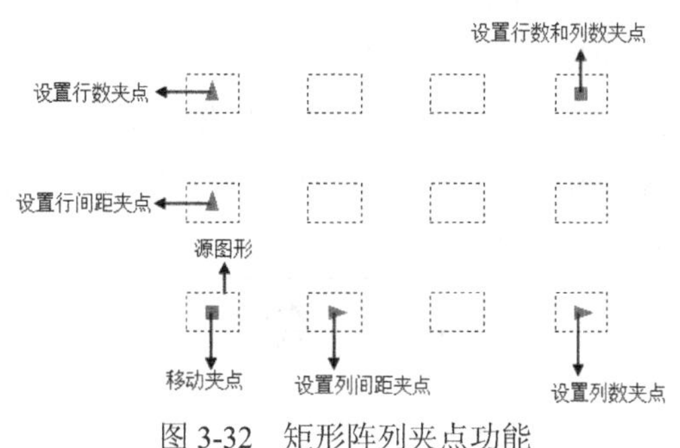

图 3-32　矩形阵列夹点功能

表 3-1 列出了主要参数的含义。

表 3-1　矩形阵列参数含义

参　数	含　义
基点(B)	表示指定阵列的基点
计数(COU)	输入 COU，命令行要求以分别指定行数和列数的方式产生矩形阵列
间距(S)	输入 S，命令行要求分别指定行间距和列间距
关联(AS)	输入 AS，用于指定创建的阵列项目是否作为关联阵列对象，或是作为多个独立对象
行数(R)	输入 R，命令行要求编辑行数和行间距
列数(COL)	输入 COL，命令行要求编辑列数和列间距
层数(L)	输入 L，命令行要求指定在 Z 轴方向上的层数和层间距

02 环形阵列

所谓环形阵列，是指围绕一个中心创建多个相同的图形。选择“修改”|“阵列”|“环形阵列”命令，或单击“修改”工具栏中的“环形阵列”按钮，又或在命令行中输入 ARRAYPOLAR，可

执行“环形阵列”命令，命令行提示如下。

```
命令: _arraypolar
选择对象: 指定对角点: 找到 3 个//如图 3-32 所示，选择需要阵列的对象
选择对象: //按 Enter 键，完成选择
类型 = 极轴  关联 = 是
指定阵列的中心点或 [基点(B)/旋转轴(A)]: //拾取如图 3-32 所示的点 3 为阵列中心点
选择夹点以编辑阵列或 [关联(AS)/基点(B)/项目(I)/项目间角度(A)/填充角度(F)/行(ROW)/层(L)/旋转项目(ROT)/退出(X)] <退出>: i//输入 I，设置项目数
输入阵列中的项目数或 [表达式(E)] <6>: 6//设置项目数为 6
选择夹点以编辑阵列或 [关联(AS)/基点(B)/项目(I)/项目间角度(A)/填充角度(F)/行(ROW)/层(L)/旋转项目(ROT)/退出(X)] <退出>: f//输入 f，设置填充角度
指定填充角度(+=逆时针、-=顺时针)或 [表达式(EX)] <360>://按回车键，默认填充角度为 360
选择夹点以编辑阵列或 [关联(AS)/基点(B)/项目(I)/项目间角度(A)/填充角度(F)/行(ROW)/层(L)/旋转项目(ROT)/退出(X)] <退出>://按回车键
```

完成环形阵列，效果如图 3-33(b)所示。

当然，用户也可以指定填充角度，图 3-33(c)显示了设置填充角度为 170° 的效果。在 2014 版本中，“旋转轴”表示指定由两个指定点定义的自定义旋转轴，对象绕旋转轴阵列。“基点”选项用于指定阵列的基点。“行数”选项用于编辑阵列中的行数和行间距，以及它们之间的增量标高，“旋转项目”选项用于控制在排列项目时是否旋转项目。

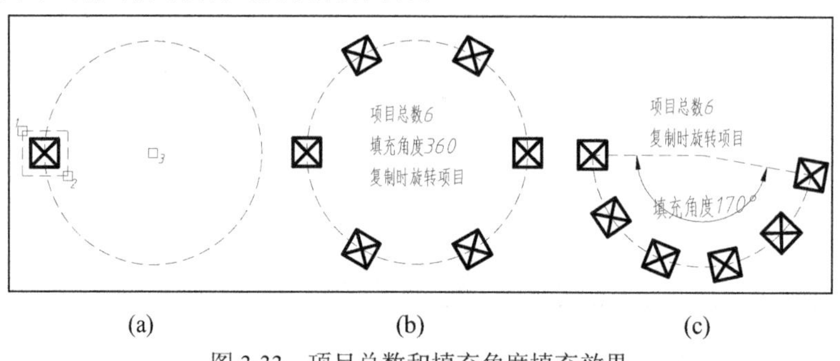

图 3-33 项目总数和填充角度填充效果

03 路径阵列

所谓路径阵列，是指沿路径或部分路径均匀分布对象副本。路径可以是直线、多段线、三维多段线、样条曲线、螺旋、圆弧、圆或椭圆。选择“修改”|“阵列”|“路径阵列”命令，或单击“修改”工具栏中的“路径阵列”按钮，又或在命令行中输入 ARRAYPATH，可执行“路径阵列”命令，命令行提示如下。

```
命令: _arraypath
选择对象: 找到 1 个//选择图 3-34(a)所示的树图块
选择对象: //按 Enter 键，完成选择
类型 = 路径  关联 = 是
```

```
选择路径曲线: //选择如图 3-34(a)所示的样条曲线作为路径曲线
选择夹点以编辑阵列或 [关联(AS)/方法(M)/基点(B)/切向(T)/项目(I)/行(R)/层(L)/对齐项目(A)/Z 方向(Z)/退出(X)] <退出>: b
指定基点或 [关键点(K)] <路径曲线的终点>://如图 3-33(a)拾取块的基点为基点，阵列时，基点将与路径曲线的起点重合
选择夹点以编辑阵列或 [关联(AS)/方法(M)/基点(B)/切向(T)/项目(I)/行(R)/层(L)/对齐项目(A)/Z 方向(Z)/退出(X)] <退出>: m//输入 m，设置路径阵列的方法
输入路径方法 [定数等分(D)/定距等分(M)] <定距等分>: d//输入 d，表示在路径上按照定数等分的方式阵列
选择夹点以编辑阵列或 [关联(AS)/方法(M)/基点(B)/切向(T)/项目(I)/行(R)/层(L)/对齐项目(A)/Z 方向(Z)/退出(X)] <退出>: i//输入 i，设置定数等分的项目数
输入沿路径的项目数或 [表达式(E)] <255>: 8//输入 8，表示沿路径阵列 8 个项目
选择夹点以编辑阵列或 [关联(AS)/方法(M)/基点(B)/切向(T)/项目(I)/行(R)/层(L)/对齐项目(A)/Z 方向(Z)/退出(X)] <退出>://按回车键
```

完成阵列，效果如图 3-34(b)所示。

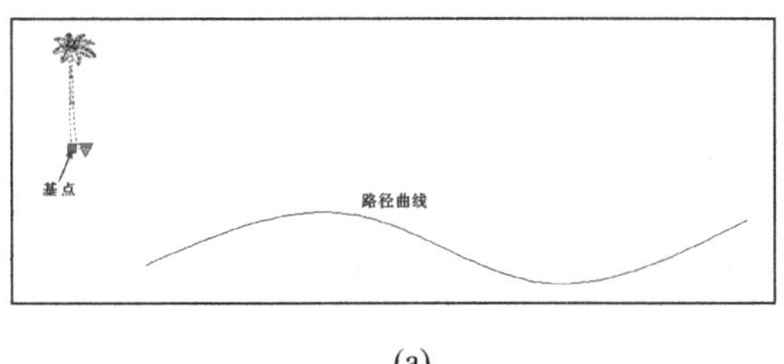

(a)

(b)

图 3-34　选择阵列对象和路径曲线

用户还可以直接在命令行里输入 ARRAY。这个命令把以上介绍的 3 个命令都囊括了，命令行提示如下。

```
命令: array
选择对象: 找到 1 个
选择对象:
输入阵列类型 [矩形(R)/路径(PA)/极轴(PO)] <极轴>:
```

5. 移动

选择“修改”|“移动”命令，或者单击“移动”按钮✣，又或者在命令行中输入 MOVE，都可以执行移动命令。单击“移动”按钮✣，命令行提示如下。

```
命令: _move
选择对象: 指定对角点: 找到 31 个 //选择需要移动的对象
选择对象:  //按 Enter 键，完成选择
指定基点或 [位移(D)] <位移>:  //输入绝对坐标或者绘图区拾取点作为基点
指定第二个点或 <使用第一个点作为位移>: //输入相对或绝对坐标，或者拾取点，确定移动的目标位置点
```

如图 3-35 所示为移动对象的过程。

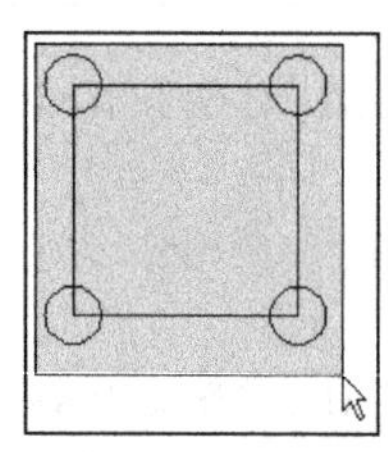
选择移动对象

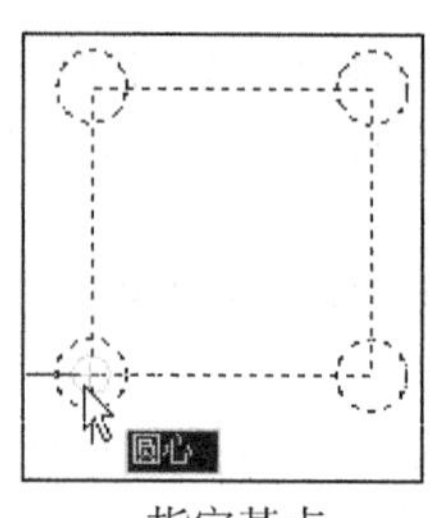

指定基点

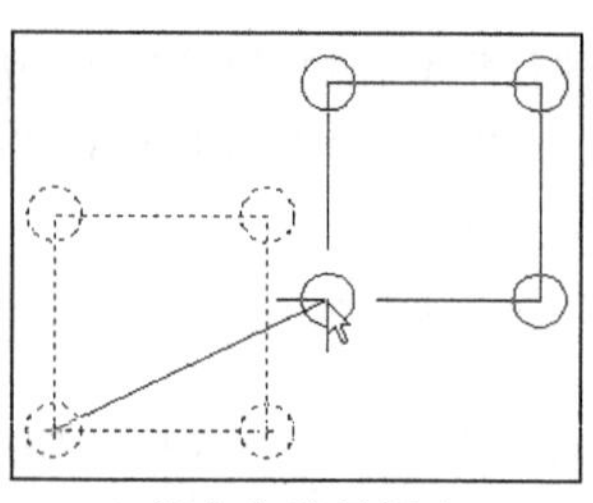
指定位移目标点

图 3-35　移动对象过程

6. 偏移

偏移图形命令可以根据指定距离或通过点，创建一个与原有图形对象平行或具有同心结构的形体。偏移的对象可以是直线段、射线、圆弧、圆、椭圆弧、椭圆、二维多段线和平面上的样条曲线等。

选择“修改”|“偏移”命令，或者在“修改”工具栏中单击“偏移”按钮，又或者在命令行中输入 OFFSET，都可以执行该命令。单击“偏移”按钮，命令行提示如下。

```
命令: _offset
当前设置: 删除源=否　图层=源　OFFSETGAPTYPE=0
指定偏移距离或 [通过(T)/删除(E)/图层(L)] <1.0000>: 100//设置需要偏移的距离
选择要偏移的对象，或 [退出(E)/放弃(U)] <退出>: //在绘图区选择要偏移的对象
指定要偏移的那一侧上的点，或 [退出(E)/多个(M)/放弃(U)] <退出>: //以偏移对象为基准，选择偏移的方向
选择要偏移的对象，或 [退出(E)/放弃(U)] <退出>: //按回车键，完成偏移操作或者重新选择偏移对象，
继续进行偏移操作
```

如图 3-36 所示，为将圆向内偏移 2000 的效果；如图 3-37 所示，为将多段线向右侧偏移 1000 的效果。

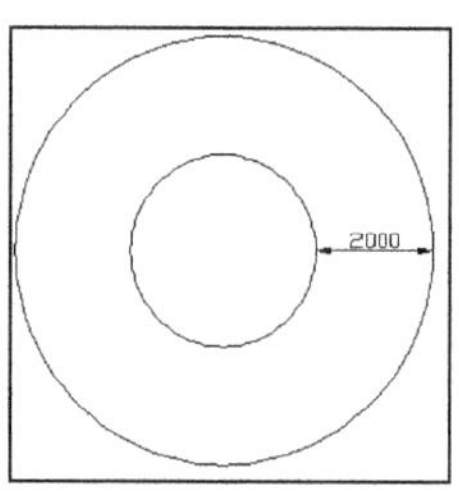

图 3-36　圆向内侧偏移 2000 效果

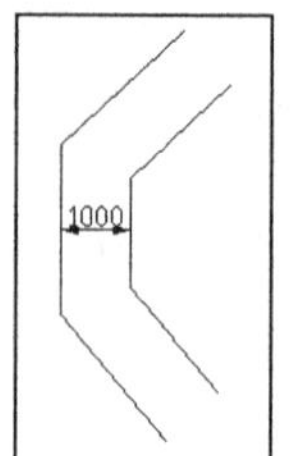

图 3-37　多段线向右侧偏移 1000 效果

7. 打断

打断命令用于打断所选的对象，即将所选的对象分成两部分，或删除对象上的某一部分。打断的对象可以是直线、射线、圆弧、椭圆弧、二维或三维多段线和构造线等。

打断命令将会删除对象上位于第一点和第二点之间的部分。第一点是选取该对象时的拾取点或用户重新指定的点，第二点即为选定的点。如果选定的第二点不在对象上，系统将选择对象上离该点最近的一个点。

选择“修改”|“打断”命令，或者单击“打断”按钮，又或者在命令行中输入 BREAK，都可以执行该命令。单击“打断”按钮，命令行提示如下。

```
命令: _break
选择对象:
指定第二个打断点或 [第一点(F)]: f
指定第一个打断点:
指定第二个打断点 :
```

用户选择对象时，如果选择方式使用的是一般默认的定点选取图形，那么用户在选定图形的同时也把选择点定为图形上的第一断点。如果用户在命令行提示“指定第二个打断点或 [第一点(F)]:”下输入 F 选择“第一点”选项，那么就可以重新指定点来代替以前指定的第一断点。

如果用户要将一个图形一分为二而不删除其中的任何部分，可以将图形上的同一点指定为第一断点和第二断点(在指定第二断点时利用相对坐标只输入“@”即可)，也可以单击“修改”工具栏中的“打断于点”按钮进行单点打断。用户可以将直线、圆弧、圆、多段线、椭圆、样条曲线、圆环以及其他几种图形拆分为两个图形或将其中的一端删除。在圆上删除一部分弧线时，打断命令会按逆时针方向删除第一断点到第二断点之间的部分，将圆转换成圆弧。

如图 3-38 所示为打断命令的操作过程。

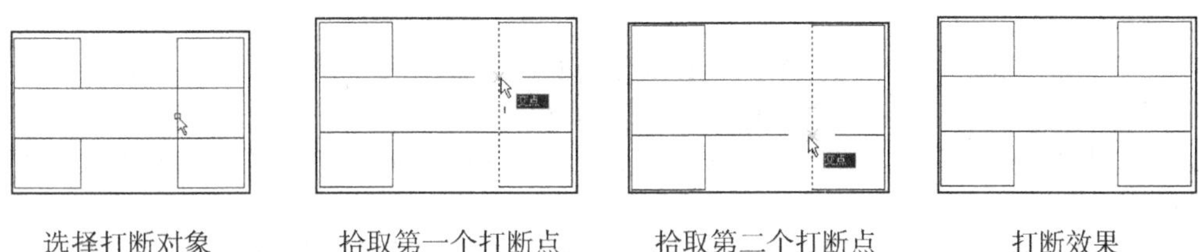

选择打断对象　　拾取第一个打断点　　拾取第二个打断点　　打断效果

图 3-38　打断命令操作过程

8. 合并

合并命令是使打断的对象，或者相似的对象合并为一个对象。合并的对象包括圆弧、椭圆弧、直线、多段线和样条曲线。

选择“修改”|“合并”命令，或者单击“合并”按钮，又或者在命令行输入 JOINT，都可以执行该命令。单击“合并”按钮，命令行提示如下。

```
命令: _join
选择源对象或要一次合并的多个对象: 找到 1 个//选择第一个合并对象
选择要合并的对象: 找到 1 个，总计 2 个//选择第二个合并对象
选择要合并的对象: //按 Enter 键，完成选择，合并完成
2 条直线已合并为 1 条直线//系统提示信息
```

使用合并命令时要注意，该命令在命令行的提示信息，会因选择合并的源对象不同而不同，要求也不一样。

如图 3-39 所示为直线合并的基本操作过程。

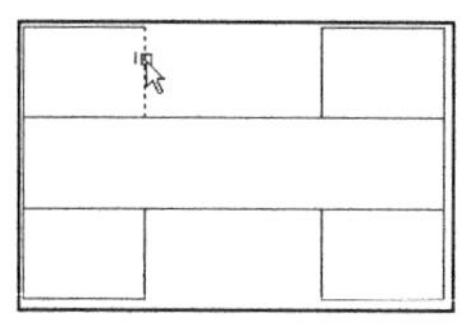

选择源对象

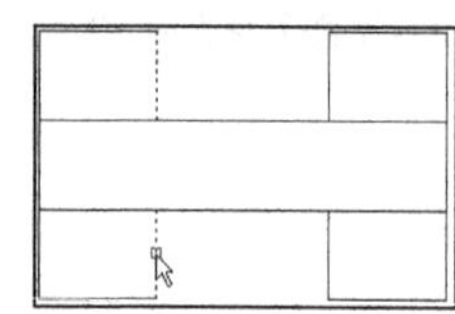
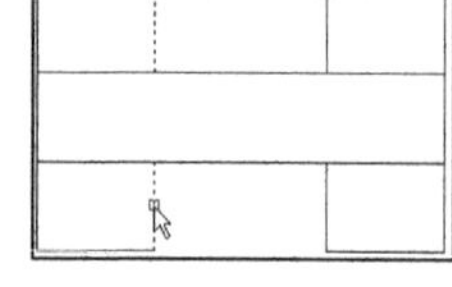

选择合并到源的对象

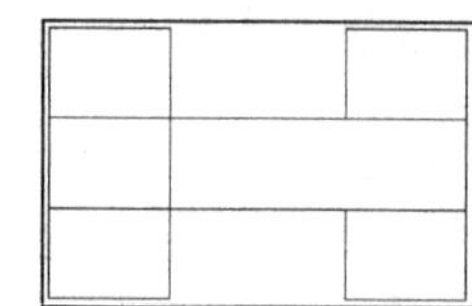

合并效果

图 3-39　直线合并操作过程

9. 延伸

延伸命令可以将选定的对象延伸至指定的边界上。用户可以将所选的直线、射线、圆弧、椭圆弧和非封闭的二维或三维多段线延伸到指定的直线、射线、圆弧、椭圆弧、圆、椭圆、二维或三维多段线、构造线和区域等的边界上。

选择“修改”|“延伸”命令，或者单击“延伸”按钮--/，又或者在命令行中输入 EXTEND，都可以执行该命令。单击“延伸”按钮--/，命令行提示如下。

```
命令: _extend
当前设置:投影=UCS，边=无
选择边界的边...
选择对象或 <全部选择>:找到 1 个　//选择指定的边界
选择对象:　　　　　　　　　　　　//按 Enter 键，完成选择
选择要延伸的对象，或按住 Shift 键选择要修剪的对象，或[栏选(F)/窗交(C)/投影(P)/边(E)/放弃(U)]: //选择需要延伸的对象
选择要延伸的对象，或按住 Shift 键选择要修剪的对象，或[栏选(F)/窗交(C)/投影(P)/边(E)/放弃(U)]: //按 Enter 键，完成选择
```

对于延伸对象比较多的情况，用户通常还会用到“栏选”和“窗交”两个选项。其中“栏选”表示选择与选择栏相交的所有要延伸的对象。选择栏是一系列临时线段，由两个或多个栏选点指定。“窗交”表示通过交叉窗口选择矩形区域(由两点确定)内部或与之相交的需要延伸的对象。

如图 3-40 所示为延伸命令的操作过程。

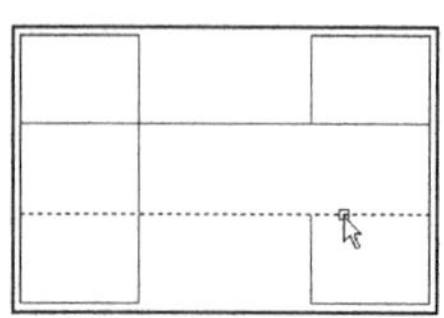

选择延伸边界

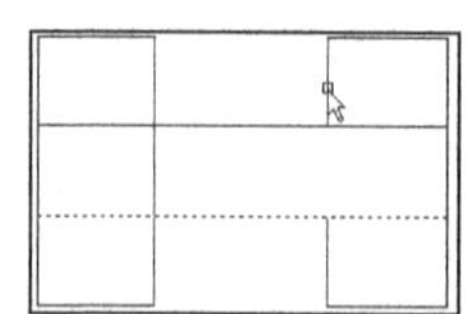
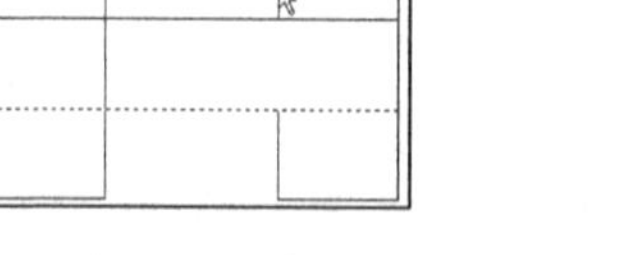

选择要延伸的对象

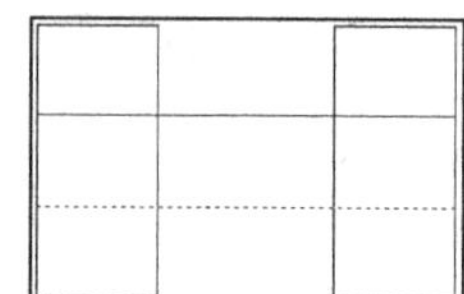

延伸效果

图 3-40　延伸命令操作过程

10. 缩放

缩放命令是指将选择的图形对象按比例均匀地放大或缩小。可以通过指定基点和长度(被用作基

于当前图形单位的比例因子)或输入比例因子来缩放对象，也可以为对象指定当前长度和新长度。大于 1 的比例因子使对象放大，介于 0~1 之间的比例因子使对象缩小。

选择“修改”|“缩放”命令，或者单击“缩放”按钮，又或者在命令行中输入 SCALE，都可以执行该命令。单击“缩放”按钮，命令行提示如下。

```
命令: _scale
选择对象: 指定对角点: 找到 13 个//选择缩放对象
选择对象: //按 Enter 键，完成选择
指定基点: //指定缩放的基点
指定比例因子或 [复制(C)/参照(R)] <1.0000>:   0.5 //输入缩放比例
```

如图 3-41 所示为缩放命令的基本操作过程。

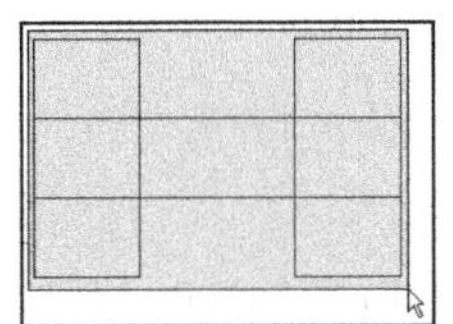

选择缩放对象

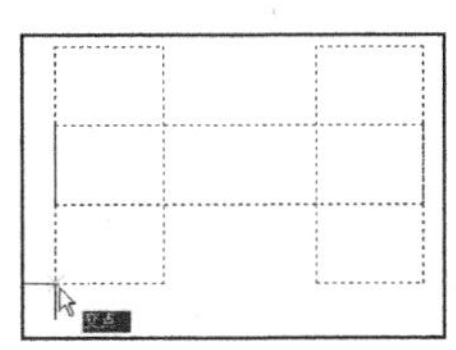

指定基点

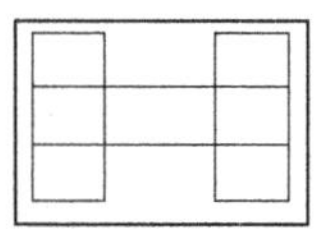

比例 0.5 缩放效果

图 3-41　缩放命令操作过程

11. 旋转

旋转命令可以改变对象的方向，并可以按指定的基点和角度定位新的方向。用户通过选择“修改”|“旋转”命令，或者单击“旋转”按钮，又或者在命令行中输入 ROTATE，都可以执行该命令。单击“旋转”按钮，命令行提示如下。

```
命令: _rotate
UCS 当前的正角方向:   ANGDIR=逆时针   ANGBASE=0
选择对象: 找到 13 个                    //选择需要旋转的对象
选择对象:                              //按 Enter 键，完成选择
指定基点:                              //输入绝对坐标或者绘图区拾取点作为基点
指定旋转角度，或 [复制(C)/参照(R)] <0>:-60 //输入需要旋转的角度，按回车键完成旋转
```

如图 3-42 所示为旋转对象的操作过程。

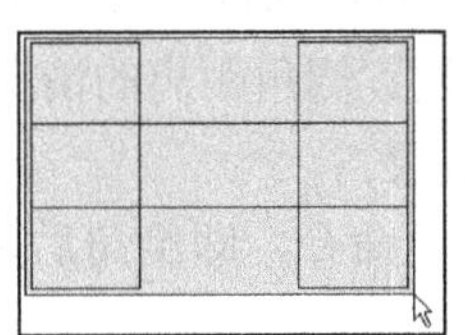

选择旋转对象

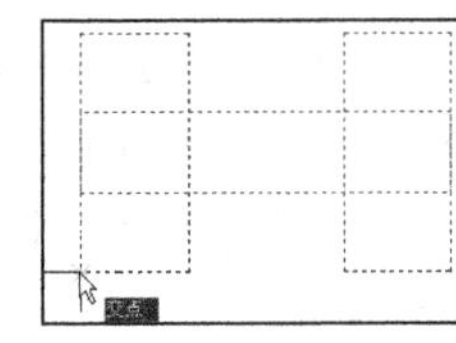

指定旋转基点

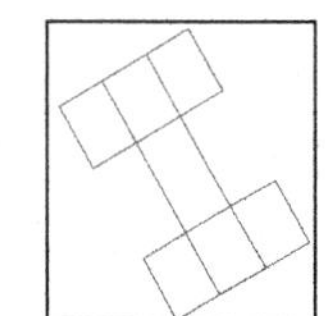

输入旋转角度，旋转完成

图 3-42　旋转对象操作过程

在命令行中，“复制”和“参照”选项不常用，含义分别如下。

- “复制”：创建要旋转的选定对象的副本。
- “参照”：将对象从指定的角度旋转到新的绝对角度。执行“参照(R)”选项后，命令行提示如下。

```
指定参照角度 <上一个参照角度>:  //通过输入值或指定两点来指定角度
指定新角度或 [点(P)] <上一个新角度>:  //通过输入值或指定两点来指定新的绝对角度
```

12. 倒角

选择“修改”|“倒角”命令，或者单击“倒角”按钮，又或者在命令行中输入 CHAMFER，都可以执行倒角命令。执行倒角命令后，需要依次指定角的两边和设定倒角在两条边上的距离。倒角的尺寸由这两个距离来决定。执行“倒角”命令后，命令行提示如下。

```
命令: _chamfer
(“修剪”模式) 当前倒角距离 1 = 5.0000，距离 2 = 5.0000
选择第一条直线或 [放弃(U)/多段线(P)/距离(D)/角度(A)/修剪(T)/方式(E)/多个(M)]:  d //输入 d，设置倒角距离
指定第一个倒角距离 <5.0000>: 5 //设置第一个倒角距离
指定第二个倒角距离 <5.0000>: 5 //设置第二个倒角距离
选择第一条直线或 [放弃(U)/多段线(P)/距离(D)/角度(A)/修剪(T)/方式(E)/多个(M)]: //选择第一条倒角直线
选择第二条直线，或按住 Shift 键选择要应用角点的直线: //选择第二条倒角直线
```

在命令行提示中，提供了“多段线(P)”、“距离(D)”、“角度(A)”、“修剪(T)”、“方式(E)”和“多个(M)”等选项供用户选择，下面分别介绍各选项的含义。

01 “多段线(P)”选项用于对整个二维多段线倒角。相交多段线线段在每个多段线顶点被倒角，倒角成为多段线的新线段。如果多段线包含的线段过短以至于无法容纳倒角距离，系统将不对这些线段倒角，如图 3-43 所示为多段线倒角示意图。

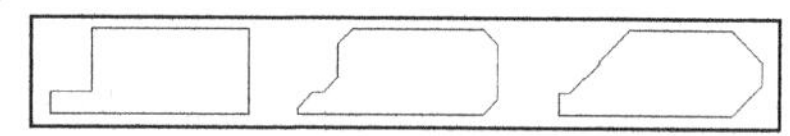

图 3-43　多段线不同距离大小的倒角

02 “距离(D)”选项用于设置倒角至选定边端点的距离。如果将两个距离都设置为零，CHAMFER 命令将延伸或修剪两条直线，使它们终止于同一点。该命令有时可以替代修剪和延伸命令。

03 “角度(A)”选项用于用第一条线的倒角距离和角度设置倒角距离的情况。如图 3-44 所示的是第一条直线的倒角距离是 20、角度分别是 45° 和 30° 的效果。

04 “修剪(T)”选项用于设置是否采用修剪模式执行倒角命令，即倒角后是否还保留原来的边线，采用和不采用修剪模式的效果如图 3-45 所示。

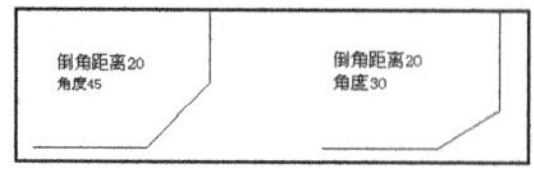

图 3-44　角度选项的效果

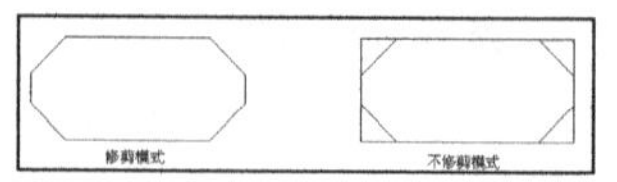

图 3-45　修剪和不修剪模式倒角

05 “多个(M)”选项用于设置连续操作倒角，不必重新启动命令。

如图 3-46 所示为倒角命令的基本操作过程。

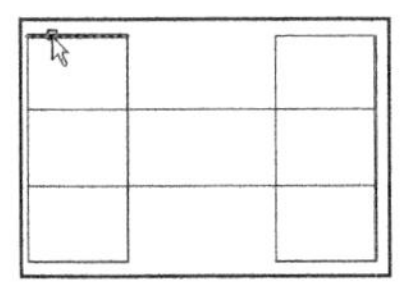
选择第一条倒角边

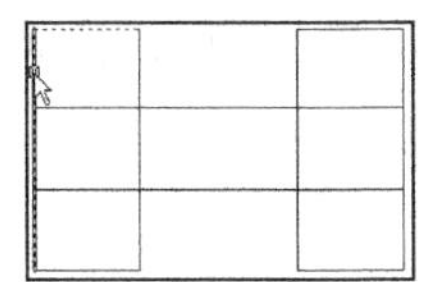
选择第二条倒角边

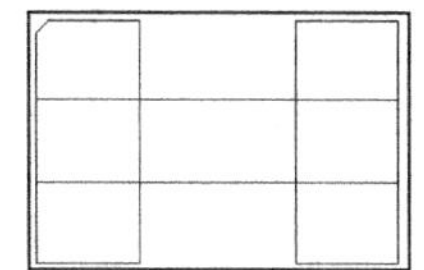
倒角效果

图 3-46　倒角命令操作过程

13. 圆角

选择“修改”|“圆角”命令，或者单击“圆角”按钮，又或者在命令行中输入 FILLET，都可以执行圆角命令。激活圆角命令后，设定半径参数和指定角的两条边，就可以完成对这个角的圆角操作。执行“圆角”命令，命令行提示如下。

```
命令: _fillet
当前设置: 模式 = 修剪，半径 = 0.0000
选择第一个对象或 [放弃(U)/多段线(P)/半径(R)/修剪(T)/多个(M)]: r //输入 r 设置圆角半径
指定圆角半径 <0.0000>: 5 //输入圆角半径
选择第一个对象或 [放弃(U)/多段线(P)/半径(R)/修剪(T)/多个(M)]: //选择第一个圆角对象
选择第二个对象，或按住 Shift 键选择要应用角点的对象: //选择第二个圆角对象
```

圆角命令中除了“半径(R)”选项之外(“半径”选项主要控制圆角的半径)，其他选项的含义均与倒角相同。

如图 3-47 所示为圆角命令的基本操作过程。

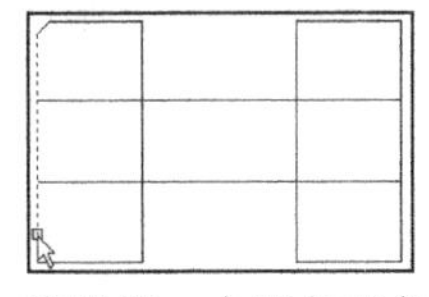
选择第一个圆角对象

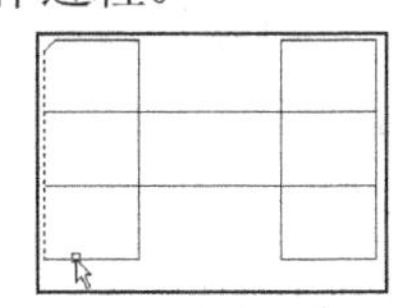
选择第二个圆角对象

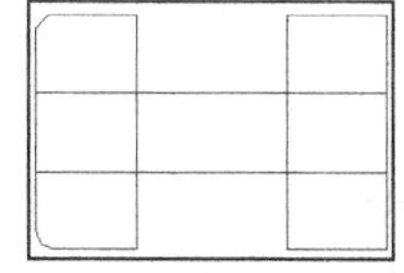
圆角效果

图 3-47　圆角命令操作过程

14. 拉伸

拉伸图形命令可以拉伸对象中选定的部分，没有选定的部分保持不变。在使用拉伸图形命令时，图形选择窗口外的部分不会有任何改变；图形选择窗口内的部分会随图形选择窗口的移动而移动，但不会有形状的改变；只有与图形选择窗口相交的部分会被拉伸。

选择“修改”|“拉伸”命令，或者单击“拉伸”按钮，又或者在命令行中输入 STRETCH，都可以执行该命令。单击“拉伸”按钮，命令行提示如下。

```
命令: _stretch
以交叉窗口或交叉多边形选择要拉伸的对象...
选择对象: 指定对角点: 找到 8 个              //选择需要拉伸的对象，要使用交叉窗口选择
选择对象:                                    //按 Enter 键，完成对象选择
```

```
指定基点或 [位移(D)] <位移>:              //输入绝对坐标或者在绘图区拾取点作为基点
指定第二个点或 <使用第一个点作为位移>: //输入相对或绝对坐标或者拾取点确定第二点
```

在用交叉窗口方式选择完需要拉伸的对象后，指定拉伸的基点和第二点就可以拉伸选中的对象，如图 3-48 所示为一个拉伸右侧图形对象的示意图。

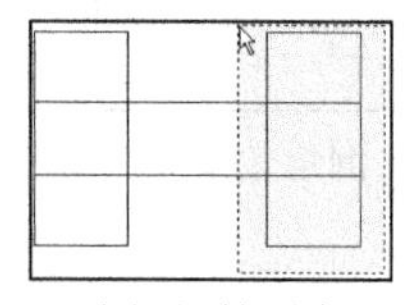

选择拉伸对象

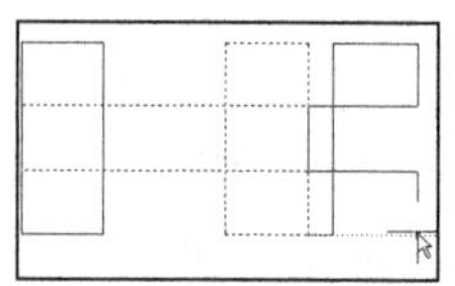

指定基点和第二点

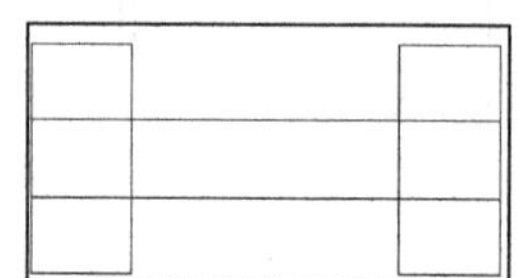

拉伸效果

图 3-48　拉伸右侧图形对象示意图

15. 分解

分解命令主要用于将一个对象分解为多个单一的对象，主要应用于对整体图形、图块、文字和尺寸标注等对象的分解。

选择“修改”|“分解”命令，或者单击“分解”按钮，又或者在命令行中输入 EXPLODE，都可以执行分解命令。单击“分解”按钮，命令行提示如下。

```
命令: _explode   //单击按钮执行命令
选择对象:   //选择需要分解的图形
```

在绘图区选择需要分解的对象，按 Enter 键，即可将选择的图形对象分解。

16. 删除

选择“修改”|“删除”命令，或者单击“删除”按钮，又或者在命令行中输入 ERASE，都可以执行删除命令。单击“删除”按钮，命令行提示如下。

```
命令: _erase
选择对象:      //在绘图区选择需要删除的对象(构造删除对象集)
选择对象:      //按 Enter 键完成对象，并同时完成对象删除
```

3.3 图块及其属性

在工程制图中，很多图形都会重复多次使用。为了提高用户绘图的速度和效率，AutoCAD 提供了图块功能。该功能不但可以非常方便地创建经常重复使用的图形，并将其保存为图块，以便多次使用，而且也可以将有连续变化规律特征的图形创建为图块，以便重复使用。

3.3.1 图块操作

1. 创建内部图块

选择“绘图”|“块”|“创建”命令，或者在命令行里输入 BLOCK，弹出如图 3-49 所示的“块定义”对话框。用户可以在该对话框中的各个选项组中，设置相应的参数，以创建一个内部图块。

在“块定义”对话框中，“名称”下拉列表框用于输入当前要创建的内部图块的名称。

“基点”选项组用于确定要插入点的位置。此处定义的插入点是该块将来插入的基准点，也是块在插入过程中旋转或缩放的基点。用户可以通过在 X 文本框、Y 文本框和 Z 文本框中直接输入坐标值，或者单击“拾取点”按钮，切换到绘图区在图形中直接指定。

“对象”选项组用于指定包括在新块中的对象。选中“保留”单选按钮，表示定义图块后，构成图块的图形实体将保留在绘图区，不转换为块；选中“转换为块”单选按钮，表示定义图块后，构成图块的图形实体也转换为块；选中“删除”单选按钮，表示定义图块后，构成图块的图形实体将被删除。用户可以通过单击“选择对象”按钮，切换到绘图区选择要创建为块的图形实体。

“设置”选项组中的“块单位”下拉列表用于设置创建块的单位。以块单位选择毫米为例，“块单位”的含义表示一个图形单位代表一个毫米。如果选择厘米，则表示一个图形单位代表一个厘米。

“方式”选项组用于设置创建块的一些属性；“注释性”复选框设置创建的块是否为注释性；“按统一比例缩放”复选框设置块在插入时是否只能按统一比例缩放；“允许分解”复选框设置块在以后的绘图中是否可以分解。

“说明”选项组用于设置对块的说明。

“在块编辑器中打开”复选框表示在关闭“块定义”对话框后是否打开动态块编辑器。

2. 创建外部图块

在命令行里输入 WBLOCK，弹出如图 3-50 所示的“写块”对话框。该对话框将对象保存到文件或将块转换为文件，从而创建一个外部图块，以便绘制其他图纸时调用。

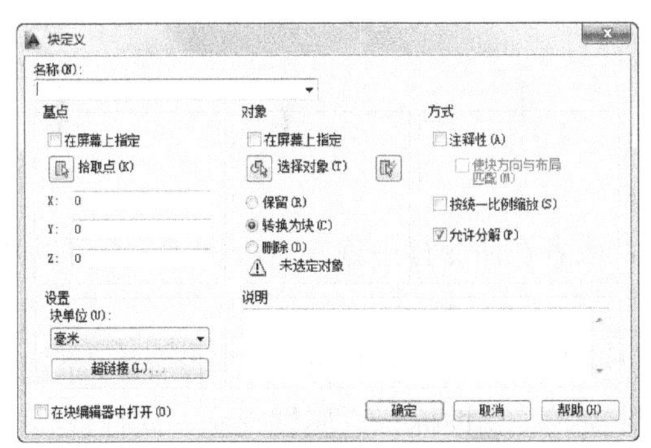

图 3-49　“块定义”对话框

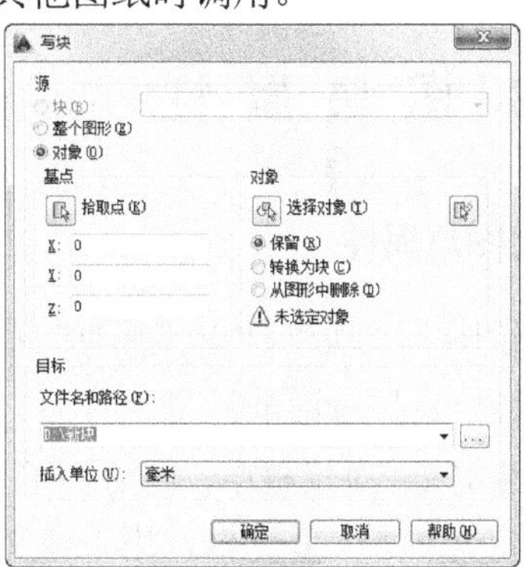

图 3-50　“写块”对话框

3. 插入块

完成块的定义后，就可以将块插入到图形中。插入块或图形文件时，用户一般需要确定插入的块名、插入点的位置、插入的比例系数和块的旋转角度这4组特征参数。

选择“插入”|“块”命令，或者单击“绘图”工具栏中的“插入块”按钮，又或者在命令行中输入 INSERT，都可以弹出如图 3-51 所示的“插入”对话框。在该对话框中设置相应的参数，单击“确定”按钮，即可插入内部图块或者外部图块。

在“名称”下拉列表框中选择已定义的需要插入到图形中的内部图块，或者单击“浏览”按钮，弹出“选择图形文件”对话框。找到要插入的外部图块所在的位置，单击“打开”按钮，返回“插入”对话框进行其他参数设置。

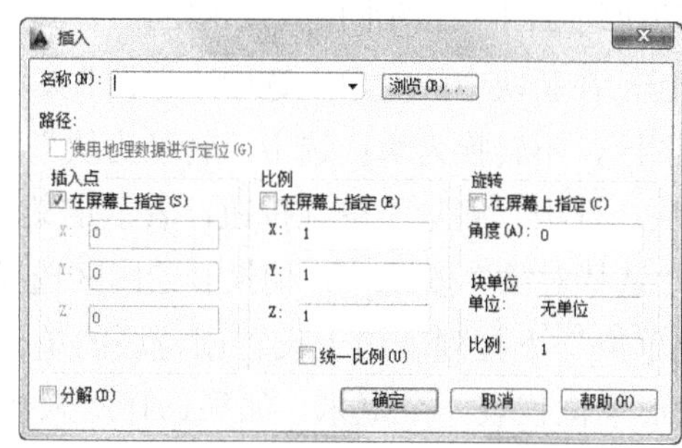

图 3-51 “插入”对话框

在“插入”对话框中，“插入点”选项组用于指定图块的插入位置。通常选中“在屏幕上指定”复选框，在绘图区以拾取点方式配合“对象捕捉”功能指定。

“比例”选项组用于设置图块插入后的比例。选中“在屏幕上指定”复选框，可以在命令行中指定缩放比例。用户也可以直接在 X 文本框、Y 文本框和 Z 文本框中输入数值，以指定各个方向上的缩放比例。“统一比例”复选框用于设定图块在 X、Y 和 Z 方向上的缩放是否一致。

“旋转”选项组用于设定图块插入后的角度。选择“在屏幕上指定”复选框，可以在命令行中指定旋转角度。不选中该复选框就可以直接在“角度”文本框中输入数值来指定旋转角度。

“分解”复选框用于控制插入后图块是否自动分解为基本的图元。

3.3.2 图 块 属 性

1. 定义图块属性

选择“绘图”|“块”|“定义属性”命令，或者在命令行中输入 ATTDEF，都可以弹出如图 3-52 所示的“属性定义”对话框。

在“属性定义”对话框中，包括“模式”、“属性”、“插入点”和“文字设置”4 个选项组以及“在上一个属性定义对齐”复选框，用于定义属性模式、属性标记、属性提示、属性值、插入点以及属性的文字选项。

在“属性定义”对话框中，用户只能定义一个属性，但是并不能指定该属性属于哪个图块。因此用户必须通过“块定义”对话框，将图块和定义的属性重新定义为一个新的图块。

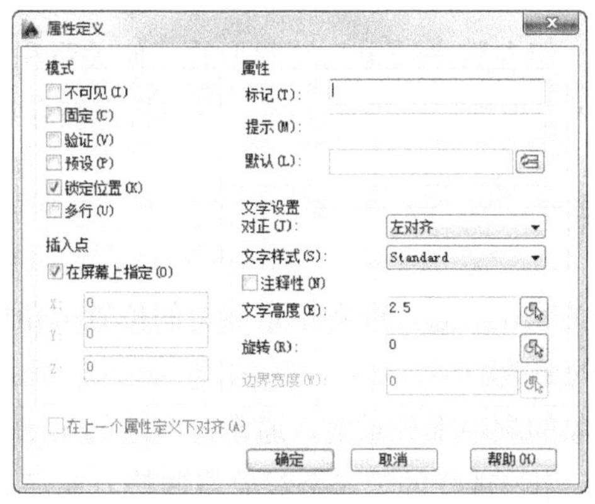

图 3-52　“属性定义”对话框

2. 编辑图块属性

在命令行中输入 ATTEDIT，命令行提示如下。

```
命令: ATTEDIT
选择块参照:          //要求指定需要编辑属性值的图块
```

在绘图区选择需要编辑属性值的图块后，系统将弹出“编辑属性”对话框如图 3-53 所示。用户可以在定义的提示信息文本框中输入新的属性值，单击“确定”按钮完成修改。

用户选择相应的图块后，选择“修改”|“对象”|“属性”|“单个”命令，弹出如 3-54 所示的“增强属性编辑器”对话框。在该对话框中的“属性”选项卡中，用户可以在“值”文本框中修改属性的值；在“文字选项”选项卡中，可以修改文字属性，包括文字样式、对正和高度等属性，其中“反向”和“颠倒”主要用于镜像后进行的修改；在“特性”选项卡中，可以对属性所在图层、线型、颜色和线宽等进行设置。

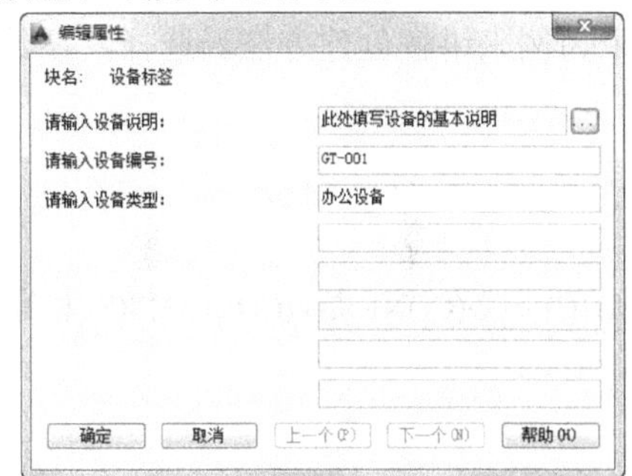

图 3-53　“编辑属性”对话框

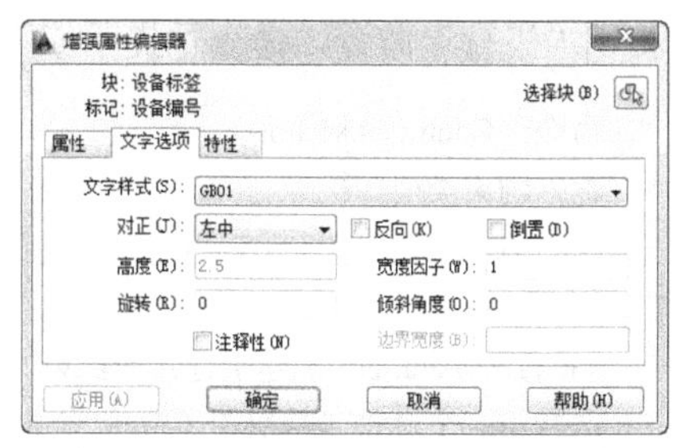

图 3-54　“增强属性编辑器”对话框

3.4 参数化建模

所谓参数化建模就是通过一组参数来约定几何图形的几何关系和尺寸关系。参数化设计的优点在于可以通过变更参数的方法来方便地修改设计意图，下面将详细介绍参数化建模。

3.4.1 几何约束

几何约束可以将几何对象关联在一起，或者指定固定的位置或角度。应用约束后，只允许对该几何图形进行不违反此类约束的更改。

应用约束时，选择两个对象的顺序十分重要。通常，所选的第二个对象会根据第一个对象进行调整。例如，应用垂直约束时，用户选择的第二个对象将调整为垂直于第一个对象。

用户可以通过如图 3-55 所示的“参数”|“几何约束”的子菜单命令，或者“几何约束”工具栏上的按钮命令来创建各种几何约束。

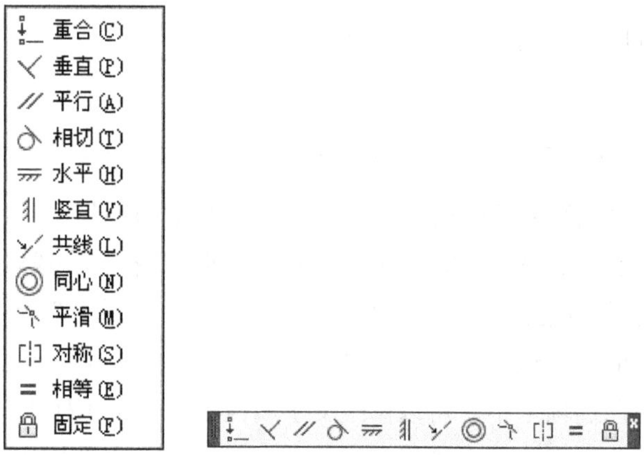

重合(C)
垂直(P)
平行(A)
相切(T)
水平(H)
竖直(V)
共线(L)
同心(N)
平滑(M)
对称(S)
相等(E)
固定(F)

图 3-55 “参数”|“几何约束”的子菜单命令和“几何约束”工具栏

创建不同几何约束的步骤都相似，现以创建平行约束为例来讲解创建方法。选择“参数”|“几何约束”|“平行”命令，命令行提示如下。

```
命令: _GeomConstraint
输入约束类型
[水平(H)/竖直(V)/垂直(P)/平行(PA)/相切(T)/平滑(SM)/重合(C)/同心(CON)/共线(COL)/对称(S)/相等(E)/固定(F)]
<垂直>:_Parallel //创建平行几何约束
选择第一个对象: //拾取图 3-56 所示的直线 1
选择第二个对象: //拾取图 3-56 所示的直线 2，完成约束
```

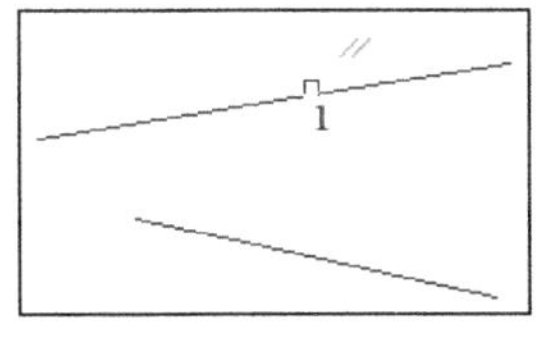

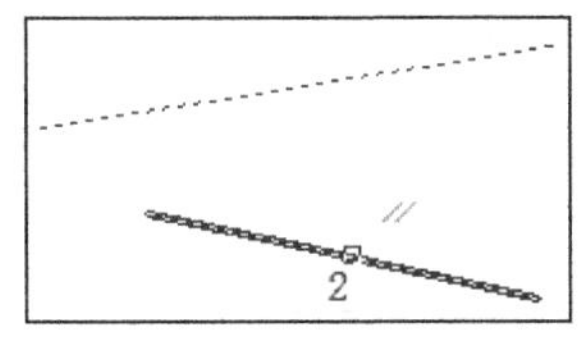

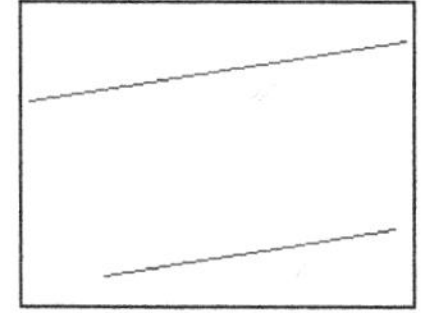

图 3-56　创建平行几何约束

3.4.2 自 动 约 束

自动约束就是根据对象相对于彼此的方向将几何约束应用于对象的选择集。选择“参数”|“自动约束”命令，命令行提示如下。

命令: _AutoConstrain

选择对象或 [设置(S)]:s //输入 s，按回车键，弹出如图 3-57 所示的“约束设置”对话框，用于设置产生自动约束的几何约束类型

选择对象或 [设置(S)]:指定对角点: 找到 4 个 //选择如图 3-58 所示的所有直线

选择对象或 [设置(S)]: //按回车键，创建完成 4 个重合几何约束

已将 4 个约束应用于 4 个对象

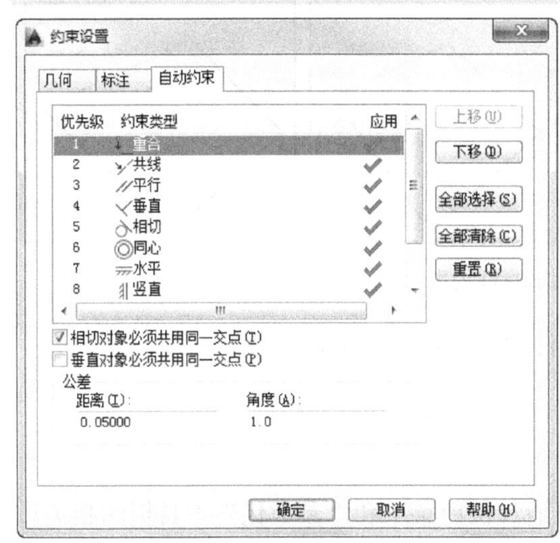

图 3-57　“约束设置”对话框

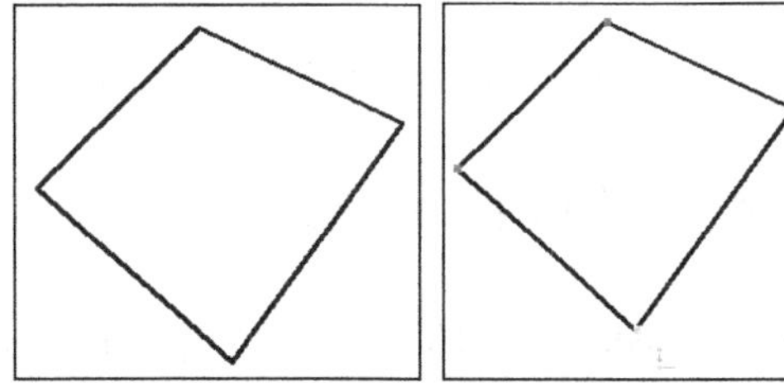

图 3-58　为 4 条直线创建自动约束

3.4.3 根据坐标绘制直线

所谓标注约束，实际上就是指尺寸约束，使几何对象之间或对象上的点之间保持指定的距离和角度。将标注约束应用于对象时，系统会自动创建一个约束变量，以保留约束值。默认情况下，这些名称为指定的名称，例如，DL 或 DIAL。另外，用户可以在参数管理器中对其进行重命名。

用户可以通过如图 3-59 所示的“参数”|“标注约束”的子菜单命令，或者“标注约束”工具栏上的按钮命令来创建各种标注约束。

图 3-59 “参数”|“标注约束”的子菜单命令和“标注约束”工具栏

创建不同标注约束的步骤都相似，现以创建对齐约束为例来讲解创建方法。选择“参数”|“标注约束”|“对齐”命令，命令行提示如下。

```
命令: _DimConstraint
当前设置: 约束形式 = 动态
选择要转换的关联标注或 [线性(LI)/水平(H)/竖直(V)/对齐(A)/角度(AN)/半径(R)/直径(D)/形式(F)] <对齐>:_Aligned //以 3.4.2 节创建的自动约束的直线为例创建对齐标注约束
指定第一个约束点或 [对象(O)/点和直线(P)/两条直线(2L)] <对象>: //拾取图 3-60 点 1
指定第二个约束点: // 拾取图 3-60 所示的点 2
指定尺寸线位置: // 指定图 3-60 所示的尺寸线位置
标注文字 = 55.83 // 显示直线的实际长度，用户此时可以输入目标长度，如图 3-60 所示
```

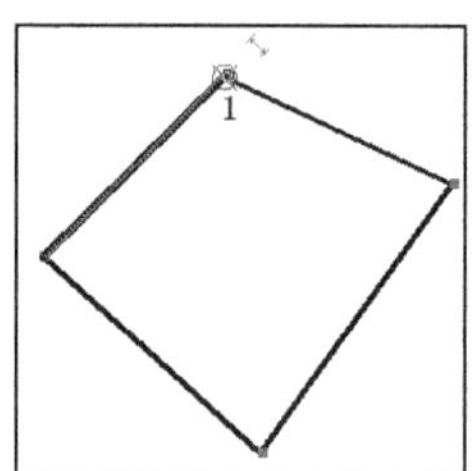

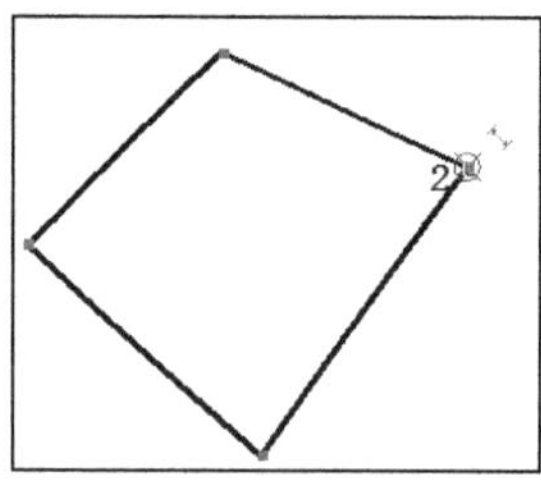

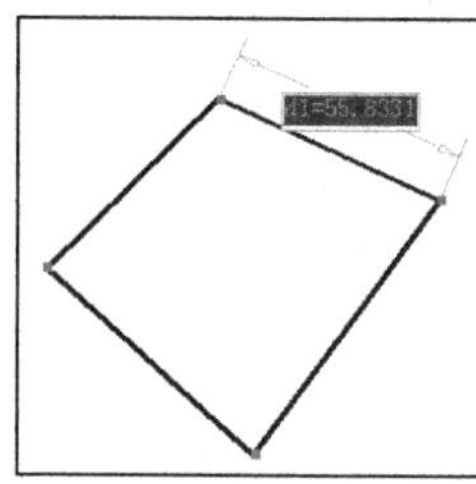

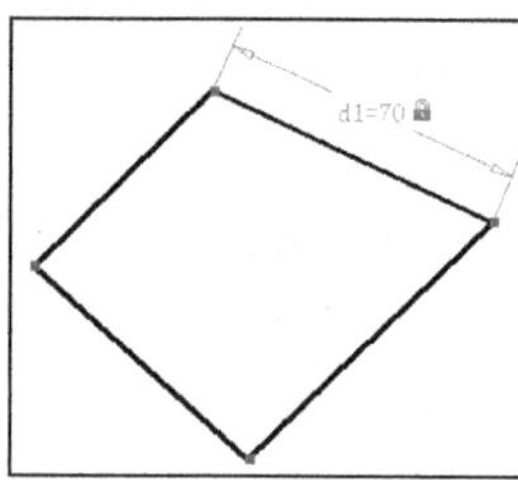

图 3-60 创建对齐标注约束

用户需要更改尺寸时，直接双击标注值，使标注值处于可编辑状态，输入新的数值即可。

3.4.4 约束编辑

用户在创建了几何约束和标注约束之后，可以通过快捷菜单和“参数化”工具栏的相关按钮对创建的约束进行编辑。

01 几何约束编辑

创建几何约束后，系统会显示几何约束图标，选择图标并右击，弹出如图 3-61 所示的几何约束编辑快捷菜单，通过快捷菜单可以删除已经创建的约束。

02 “参数化”工具栏的使用

用户可以通过如图 3-62 所示的“参数化”工具栏创建各种约束，并对约束进行相关的操作。表 3-2 所示为该工具栏中各按钮的功能。

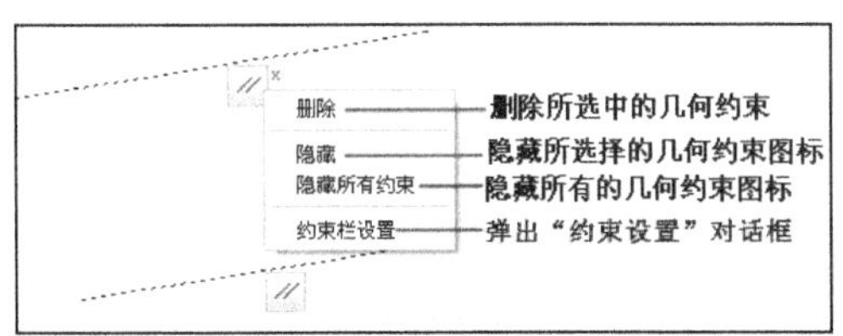

图 3-61　几何约束编辑快捷菜单

图 3-62　“参数化”工具栏

表 3-2　“参数化”工具栏按钮功能

按　钮	功　能
	创建几何约束
	创建自动约束
	显示选定对象相关的几何约束
	显示应用于图形对象的所有几何约束
	隐藏图形对象中的所有几何约束
	创建标注约束
	显示图形对象中的所有标注约束
	隐藏图形对象中的所有标注约束
	删除选定对象上的所有约束
	打开“约束设置”对话框
fx	打开参数管理器

3.5 创建文字

在 AutoCAD 2014 中，单行文字、多行文字的创建，可以使用“文字”工具栏中的按钮执行，也可以执行如图 3-63 所示的“绘图”|“文字”子菜单。编辑文字可以执行如图 3-64 所示的“修改”|“对象”|“文字”子菜单。

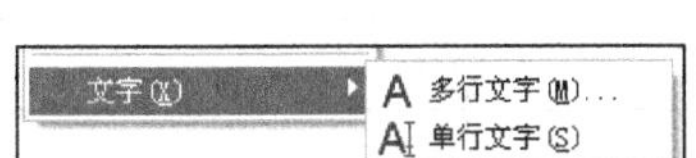

图 3-63　“绘图”|“文字”子菜单

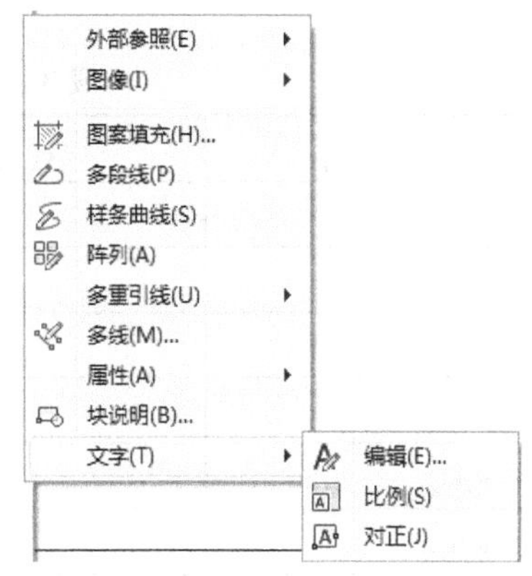

图 3-64　“修改”|“对象”|“文字”子菜单

3.5.1 创建单行文字

单行文字通俗地讲，就是一行文字。创建单行文字功能仅可以创建一行文字。选择“绘图”|“文字”|“单行文字”命令，或者单击“文字”工具栏中的“单行文字”按钮，都可以执行该功能。执行“单行文字”命令，命令行提示如下。

```
命令: _dtext
当前文字样式: "Standard" 文字高度: 90.0000 注释性: 否 //该行为系统的提示行，告诉读者当前使用的文字样式，当前的文字高度，当前文字是否有注释性，如果在下面的命令行里不对文字样式，文字高度进行设置，则创建的文字使用系统提示行里显示的参数
指定文字的起点或 [对正(J)/样式(S)]: //指定文字的起点或设置其他的选项参数
指定高度 <2.5000>: //输入文字的高度
指定文字的旋转角度 <0>: //输入文字的旋转角度
```

在命令行提示下，指定文字的起点、设置文字高度和旋转角度后，将在绘图区出现如图 3-65 所示的单行文字动态输入框，其中包含一个高度为文字高度的边框。该边框随用户的输入而展开，输入后按下两次回车键，即可完成单行文字的输入。

单行文字的命令行提示包括“指定文字的起点”、“对正”和“样式”3 个选项，其中“对正”选项用来设置文字插入点与文字的相对位置。“样式(S)”选项表示设置将要输入的文字要采用的文字样式。

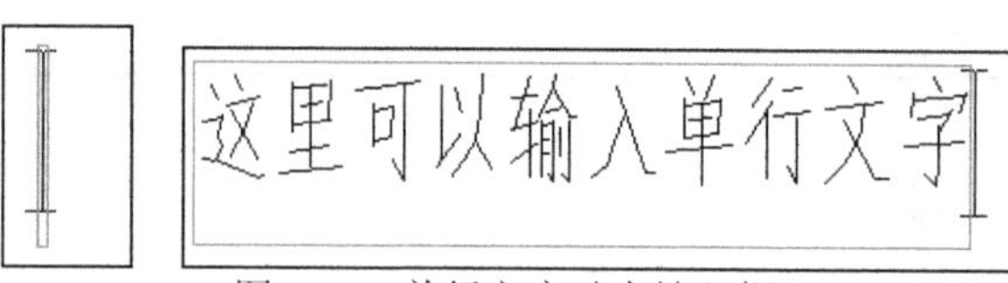

图 3-65 单行文字动态输入框

在使用单行文字功能进行文字输入时，经常会碰到使用键盘不能输入特殊符号的情况，此时有两种方式可以帮助用户实现输入。

一种方式是使用表 3-3 所示的特殊字符来代替输入。

表 3-3 特殊符号的代码及含义

字符输入	代表字符	说明
%%%	%	百分号
%%c	Φ	直径符号
%%p	±	正负公差符号
%%d	°	度
%%o	¯	上划线
%%u	_	下划线

另外一种方式是使用输入法的软键盘来实现输入。以紫光拼音法为例，单击按钮，在弹出的菜单中选择“软键盘”命令，打开如图 3-66 所示的软键盘子菜单。不同的子菜单对应相应的软键盘，用户想要输入哪种符号就打开相应的软键盘。例如，要输入数字符号，可以打开“数字序号”软键盘，效果如图 3-67 所示，单击软键盘上相应的符号即可实现输入。

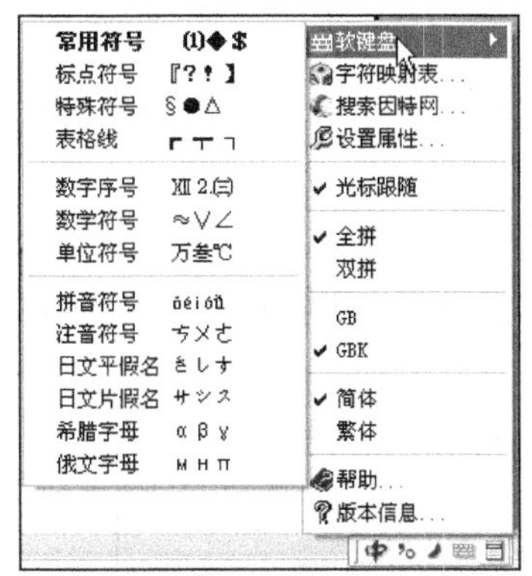

图 3-66　软键盘子菜单

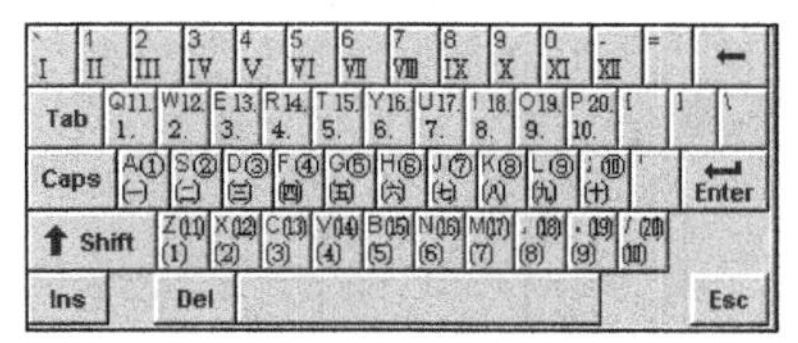

图 3-67　“数字序号”软键盘

3.5.2　创建多行文字

多行文字功能可以帮助用户像使用 Word 那样创建多行，或者一段一段的文字。选择“绘图”|“文字”|“多行文字”命令，或者单击“文字”工具栏中的“多行文字”按钮 A，都可以执行该命令。执行“多行文字”命令，命令行提示如下。

```
命令: _mtext
当前文字样式: "Standard"  文字高度: 90 注释性:  否 //该行为系统的提示行，告诉读者当前使用的文字样式，当前的文字高度，当前文字是否有注释性，如果在下面的命令行里不对文字样式，文字高度进行设置，则创建的文字使用系统提示行里显示的参数
指定第一角点:  //指定多行文字输入区的第一个角点
指定对角点或 [高度(H)/对正(J)/行距(L)/旋转(R)/样式(S)/宽度(W)/栏(C)]: //系统给出 8 个选项
```

命令行提示中有“指定对角点”、“高度”、“对正”、“行距”、“旋转”、“样式”、“宽度”和“栏”8 个选项。具体使用方法与将要讲解的“文字格式”工具栏上的功能类似，这里不再赘述。

设置好以上选项后，系统将提示“指定对角点:”。该选项用来确定标注文字框的另一个对角点。用户可以在两个对角点形成的矩形区域中创建多行文字，矩形区域的宽度就是所标注文字的宽度。

指定完对角点后，系统将弹出如图 3-68 所示的多行文字编辑器。在其中，可以输入文字，并可以对输入的多行文字的大小、字体、颜色、对齐样式、项目符号、缩进、字旋转角度、字间距、缩进和制表位等进行设置。

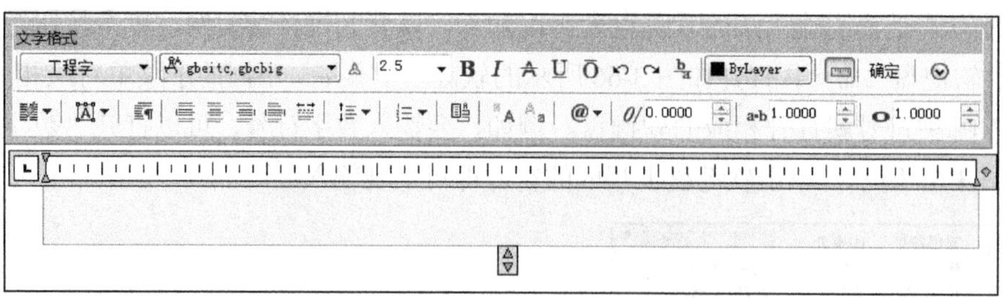

图 3-68　多行文字的在位文字编辑器

多行文字编辑器由“文字格式”工具栏和多行文字编辑框组成。“文字格式”工具栏中提供了一系列对文字、段落等进行编辑和修改的功能，并提供了帮助用户进行特殊输入的功能。各功能区如图 3-69 所示。

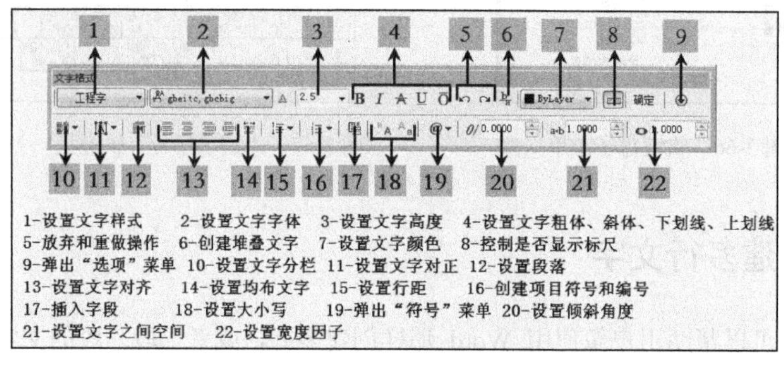

图 3-69　“文字格式”工具栏

在编辑框中右击，弹出如图 3-70 所示的编辑框快捷菜单。在该菜单中选择某个命令可以对多行文字进行相应的设置。在多行文字中，系统提供了如图 3-71 所示的“符号”级联菜单@▾，以方便用户选择特殊符号的输入。

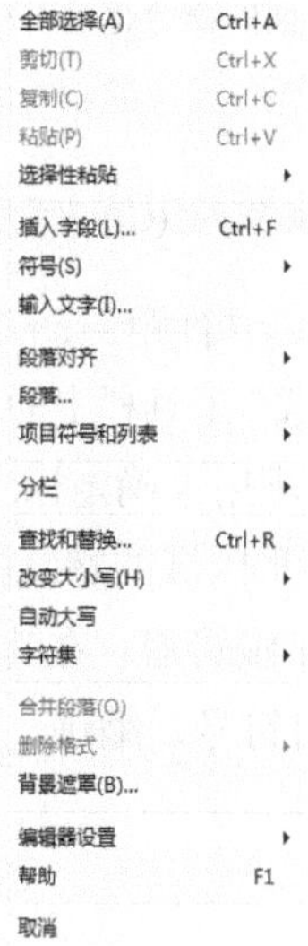

全部选择(A)　Ctrl+A
剪切(T)　Ctrl+X
复制(C)　Ctrl+C
粘贴(P)　Ctrl+V
选择性粘贴 ▸
插入字段(L)...　Ctrl+F
符号(S) ▸
输入文字(I)...
段落对齐 ▸
段落...
项目符号和列表 ▸
分栏 ▸
查找和替换...　Ctrl+R
改变大小写(H) ▸
自动大写
字符集 ▸
合并段落(O)
删除格式 ▸
背景遮罩(B)...
编辑器设置 ▸
帮助　F1
取消

图 3-70　编辑框快捷菜单

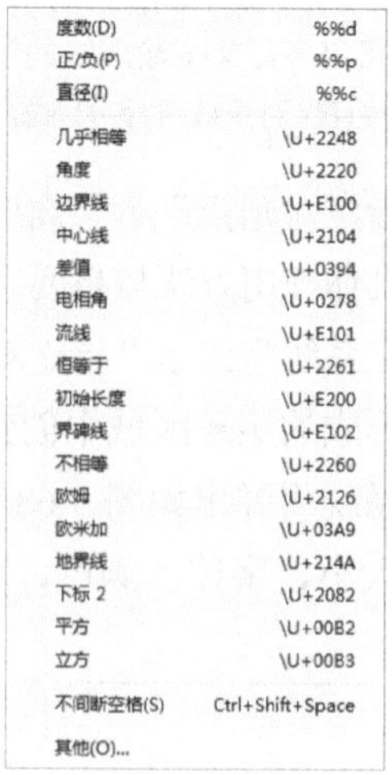

度数(D)　%%d
正/负(P)　%%p
直径(I)　%%c
几乎相等　\U+2248
角度　\U+2220
边界线　\U+E100
中心线　\U+2104
差值　\U+0394
电相角　\U+0278
流线　\U+E101
恒等于　\U+2261
初始长度　\U+E200
界碑线　\U+E102
不相等　\U+2260
欧姆　\U+2126
欧米加　\U+03A9
地界线　\U+214A
下标 2　\U+2082
平方　\U+00B2
立方　\U+00B3
不间断空格(S)　Ctrl+Shift+Space
其他(O)...

图 3-71　符号级联菜单

3.5.3 编 辑 文 字

对文字进行编辑的最简单方法就是双击需要编辑的文字。双击单行文字之后，变成如图 3-72 所示的图形，此时可以直接对单行文字进行编辑；双击多行文字之后，弹出多行文字编辑器，用户可以在多行文字编辑器中对文字进行编辑。

也可以选择“修改”|“对象”|“文字”|“编辑”命令，对单行和多行文字进行类似双击情况下的编辑。

选择单行或多行文字之后右击，在弹出的快捷菜单中选择“特性”命令，打开如图 3-73 所示的“特性”浮动窗口，可以在“文字”卷展栏的“内容”文本框中修改文字内容。

门窗表

图 3-72　编辑单行文字

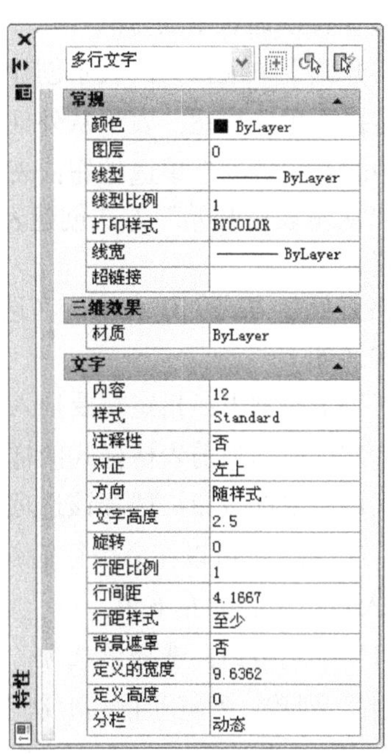

图 3-73　“特性”浮动窗口

3.6 创 建 表 格

本书在第 2 章中，介绍了表格样式的创建。在电气制图中，通常会出现图纸目录表和电气图例表等各种各样的表。本节将讲解各种表格创建和编辑的方法。

选择“绘图”|“表格”命令，弹出“插入表格”对话框，如图 3-74 所示。

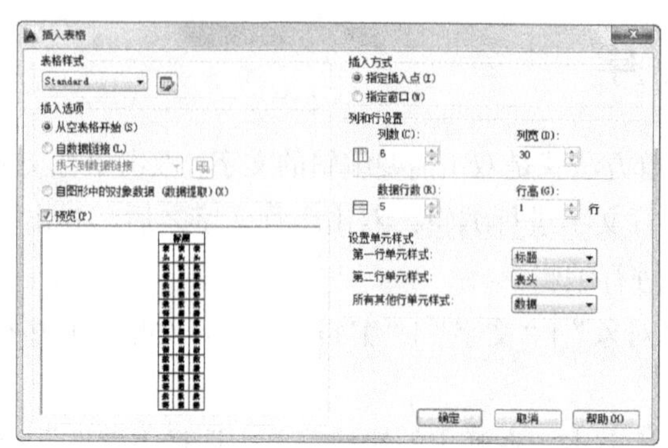

图 3-74 “插入表格”对话框

系统提供了如下 3 种创建表格的方式。

- “从空表格开始”单选按钮：表示创建可以手动填充数据的空表格。
- “自数据链接”单选按钮：表示从外部电子表格中获得数据创建表格。
- “自图形中的对象数据”单选按钮：表示启动“数据提取”向导来创建表格。

系统默认设置“从空表格开始”方式创建表格。当选择“自数据链接”方式时，右侧参数变成灰色，表示不可设置。

使用“从空表格开始”方式创建表格，在选择“指定插入点”单选按钮时，需要指定表左上角的位置。其他参数含义如下。

- “表格样式”下拉列表：指定将要插入的表格采用的表格样式，默认样式为 Standard。
- “预览窗口”：显示当前表格样式的样例。
- “指定插入点”单选按钮：选择该选项，则插入表时，需要指定表左上角的位置。用户可以使用定点设备，也可以在命令行输入坐标值。如果表样式将表的方向设置为由下而上读取，则插入点位于表的左下角。
- “指定窗口”单选按钮：选择该选项，则插入表时，需要指定表的大小和位置。选定该选项时，行数、列数、列宽和行高取决于窗口的大小以及列和行的设置。
- “列数”文本框：指定列数。选定“指定窗口”选项并指定列宽时，则选定了“自动”选项，且列数由表的宽度控制。
- “列宽”文本框：指定列的宽度。选定“指定窗口”选项并指定列数时，则选定了“自动”选项，且列宽由表的宽度控制。最小列宽为一个字符。
- “数据行数”文本框：指定行数。选定“指定窗口”选项并指定行高时，则选定了“自动”选项，且行数由表的高度控制。带有标题行和表头行的表样式最少应有 3 行。最小行高为 1 行。
- “行高”文本框：按照文字行高指定表的行高。文字行高基于文字高度和单元边距，这两项均在表样式中设置。选定“指定窗口”选项并指定行数时，则选定了“自动”选项，且行高由表的高度控制。
- “设置单元样式”选项组用于设置表格各行采用的单元样式。

参数设置完成后，单击“确定”按钮，即可插入表格。选择表格，表格的边框线将会出现很多

夹点，如图 3-75 所示，用户可以通过这些夹点对表格进行调整。

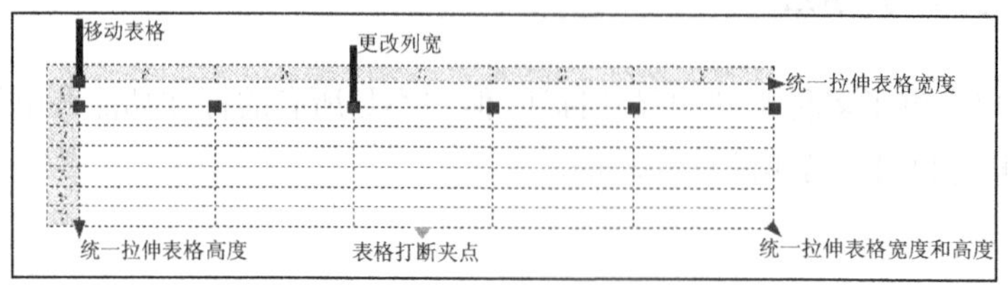

图 3-75　表格的夹点编辑模式

AutoCAD 2014 提供了最新的单元格编辑功能。当用户选择一个或者多个单元格时，系统将弹出如图 3-76 所示的“表格”工具栏。“表格”工具栏中提供了对单元格进行处理的各种工具。

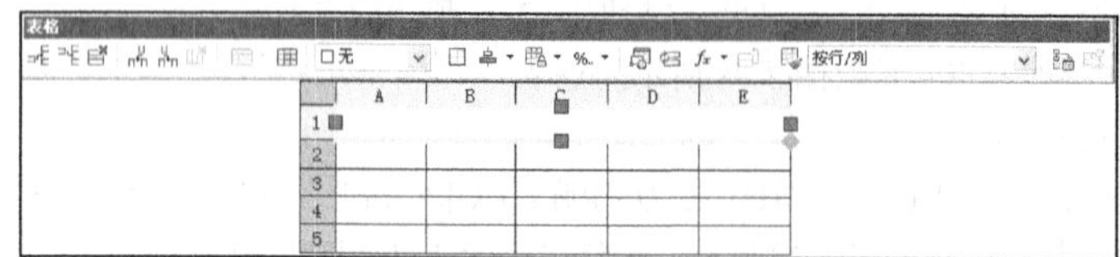

图 3-76　“表格”工具栏

对于单个单元格，直接选择即可进入单元格编辑状态。对于多单元格，必须取最左上单元格的一点，按住鼠标不放，拖动到最右下单元格中，才能选中多个连续单元格。

创建完表格后，用户除了可以使用多行文字编辑器、“表格”工具栏和夹点功能对表格及表格单元进行编辑之外，还可以使用“特性”选项板对表格和表格单元进行编辑。在“特性”选项板中几乎可以设置表格和表格单元格的所有参数。

3.7 创建标注

尺寸标注是工程制图中重要的表达方式之一。利用 AutoCAD 的尺寸标注命令，可以方便快速地标注图纸中各种方向、形式的尺寸。建筑工程图中的尺寸标注反映了规范的符合情况。

标注含有标注文字、尺寸线、箭头和延伸线等元素，对于圆标注还有圆心标记和中心线。

- 标注文字是用于指示测量值的字符串。文字可以包含前缀、后缀和公差。
- 尺寸线用于指示标注的方向和范围。对于角度标注，尺寸线是一段圆弧。
- 箭头也称为终止符号，显示在尺寸线的两端。可以为箭头或标记指定不同的尺寸和形状。
- 延伸线也称为投影线或尺寸界线，从部件延伸到尺寸线。
- 中心标记是标记圆或圆弧中心的小十字标记。
- 中心线是标记圆或圆弧中心的虚线。

在“标注”菜单中选择合适的命令，或者单击如图 3-77 所示的“标注”工具栏中的某个按钮，可以进行相应的尺寸标注。

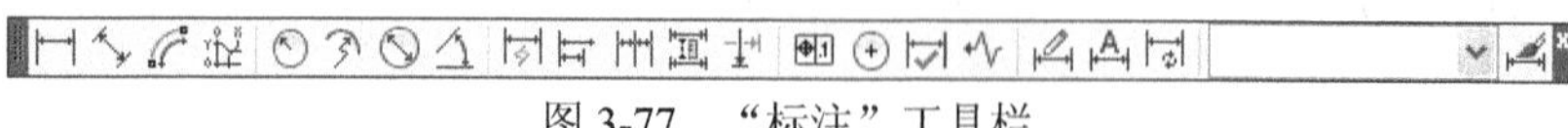

图 3-77　“标注”工具栏

3.7.1 创建尺寸标注

AutoCAD 为用户提供了多种类型的尺寸标注，但并不是所有的标注功能在电气制图中都会用到。下面将详细介绍在电气制图中常用的标注功能。

1. 线性标注

线性标注可以标注水平尺寸、垂直尺寸和旋转尺寸。选择“标注”菜单中的“线性”命令，或单击“标注”工具栏中的“线性”按钮，都可以执行该命令。执行“线性”命令，命令行提示如下。

```
命令: _dimlinear
指定第一个尺寸界线原点或 <选择对象>: //拾取图 3-78 所示的点 1
指定第二条尺寸界线原点: //拾取图 3-78 所示的点 2
指定尺寸线位置或
[多行文字(M)/文字(T)/角度(A)/水平(H)/垂直(V)/旋转(R)]:// 拾取图 3-78 所示的点 3
标注文字 =20 // 标注效果如图 3-78 所示，同样可以创建尺寸标注 30
```

“水平(H)/垂直(V)/旋转(R)”选项是线性标注特有的选项。“水平(H)”选项创建水平线性标注；“垂直(V)”选项创建垂直线性标注。这两个选项不常用。一般情况下，用户可以通过移动光标来快速地确定是创建水平还是创建垂直标注。如图 3-79 所示，点 1、2 分别为延伸线原点，拾取点 3 创建垂直标注，拾取点 4 创建水平标注。“旋转(R)”选项用于创建旋转线性标注。以边长为 20 的正六边形为例，直接使用线性标注，是无法标注非水平或者垂直的边长度的，但是已知正六边形的斜边与水平线成 60° 角，这就可以用“旋转(R)”选项来标注，命令行提示如下。

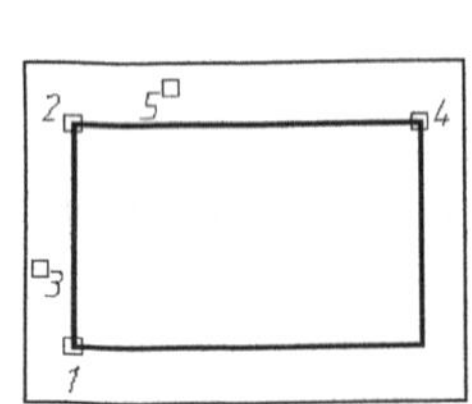

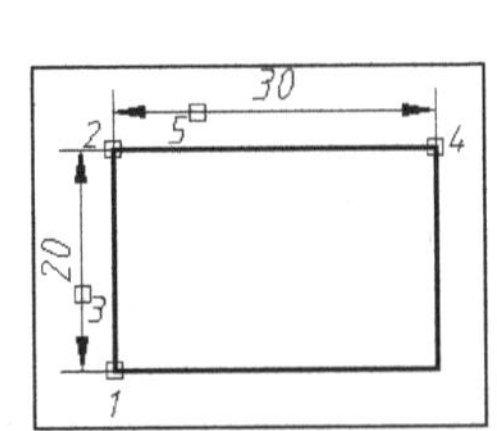

图 3-78 拾取延伸线原点创建线性标注

图 3-79 创建垂直水平标注

```
...//捕捉点 1、2 为延伸线的原点
指定尺寸线位置或
[多行文字(M)/文字(T)/角度(A)/水平(H)/垂直(V)/旋转(R)]: r //输入 r，标注旋转线性尺寸
指定尺寸线的角度 <0>: 60 //输入旋转角度为 60
... //指定尺寸线位置，效果如图 3-80 所示
```

在线性标注命令行中，“多行文字(M)/文字(T)/角度(A)”是标注常见的 3 个选项。下面进行详细讲解，其他标注的使用方式与此相同，后文将不再赘述。

01 “文字”选项表示在命令行自定义标注文字。若包括生成的测量值，则可以用尖括号(<>)表示生成的测量值；若不包括，则直接输入文字即可。该选项的命令行提示如下。

```
命令: _dimlinear
指定第一个尺寸界线原点或 <选择对象>: //拾取图 3-81 左图所示的点 1
指定第二条尺寸界线原点: // 拾取图 3-81 左图所示的点 2
指定尺寸线位置或
[多行文字(M)/文字(T)/角度(A)/水平(H)/垂直(V)/旋转(R)]: t //输入 t，使用文字选项
输入标注文字 <30>: 矩形长度为<> // 输入要标注的文字，添加<>表示保留测量值
指定尺寸线位置或
[多行文字(M)/文字(T)/角度(A)/水平(H)/垂直(V)/旋转(R)]: //拾取图 3-81 左图所示的点 3
标注文字 =30 //完成标注，标注效果如图 3-81 右图所示
```

02 多行文字(M)选项表示当多行文字在文字编辑器里输入和编辑标注文字时，可以通过文字编辑器为测量值添加前缀或后缀。输入特殊字符或符号，也可以重新输入标注文字，完成后单击“确定”按钮即可，命令行提示如下。

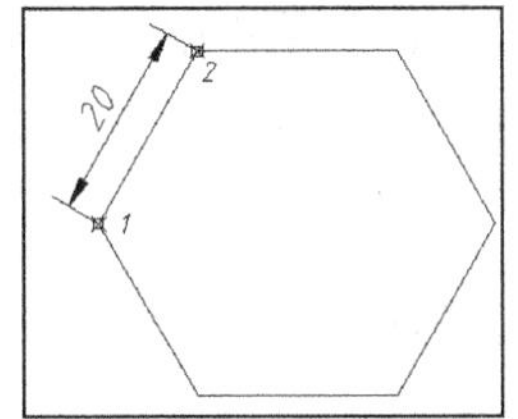

图 3-80　创建旋转线性标注

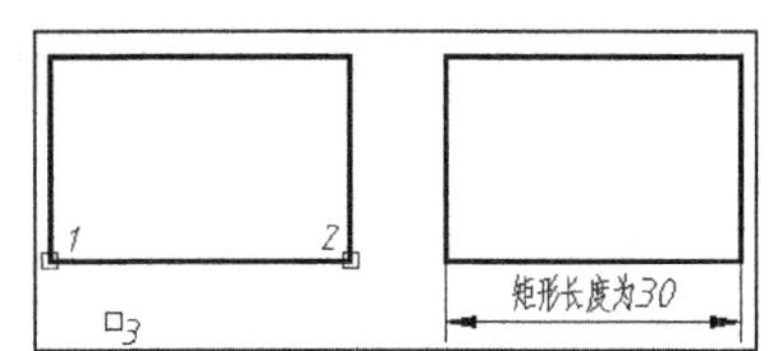

图 3-81　使用“文字”选项创建线性标注

```
命令: _dimlinear
指定第一个尺寸界线原点或 <选择对象>: //拾取图 3-82 所示的点 1
指定第二条尺寸界线原点: //拾取图 3-82 所示的点 2
指定尺寸线位置或
[多行文字(M)/文字(T)/角度(A)/水平(H)/垂直(V)/旋转(R)]: m //输入 m，弹出在位文字编辑器，按照图 3-83 所示输入文字，单击“确定”按钮
指定尺寸线位置或
[多行文字(M)/文字(T)/角度(A)/水平(H)/垂直(V)/旋转(R)]: //拾取图 3-82 所示的点 3
标注文字 =30 //完成标注，标注效果如图 3-84 所示
```

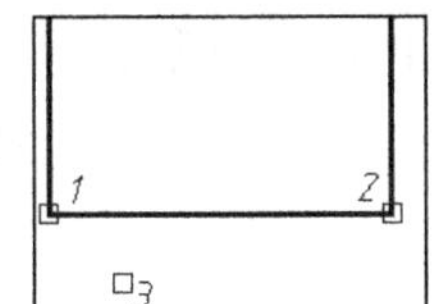

图 3-82　确定延伸线原点

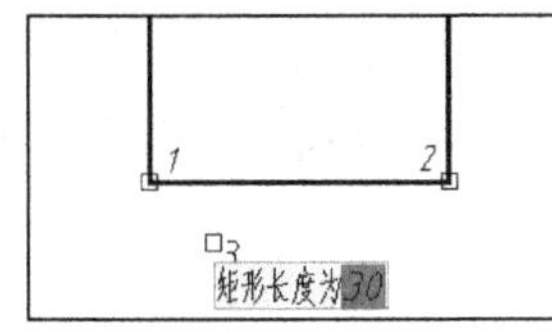

图 3-83　输入文字

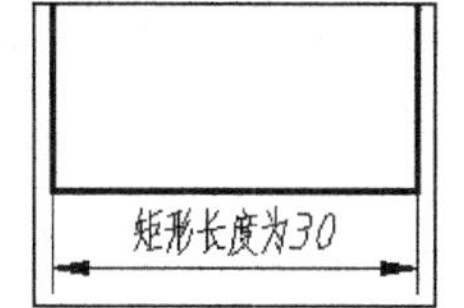

图 3-84　多行文字创建线性标注效果

03 “角度”选项用于修改标注文字的角度，命令行提示如下。

```
命令: _dimlinear
指定第一个尺寸界线原点或 <选择对象>: //拾取图 3-85 左图所示的点 1
指定第二条尺寸界线原点: //拾取图 3-85 左图所示的点 2
指定尺寸线位置或
[多行文字(M)/文字(T)/角度(A)/水平(H)/垂直(V)/旋转(R)]: a //输入 a，设置文字角度
指定标注文字的角度: -15 //输入标注文字角度
指定尺寸线位置或
[多行文字(M)/文字(T)/角度(A)/水平(H)/垂直(V)/旋转(R)]: //拾取图 3-85 左图所示的点 3
标注文字 =30 //完成标注，标注效果如图 3-85 右图所示
```

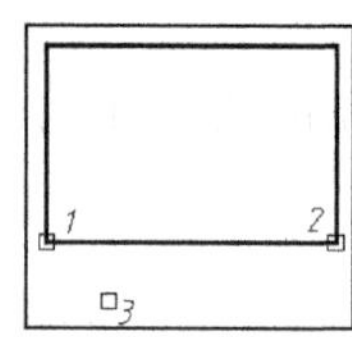

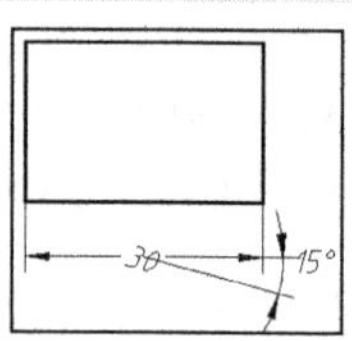

图 3-85　使用“角度”选项创建线性标注

2. 对齐标注

对齐尺寸标注可以标注某一条倾斜线段的实际长度。选择“标注”菜单中的“对齐”命令，或单击“标注”工具栏中的“对齐”按钮，都可以执行该命令。执行“对齐”命令，命令行提示如下。

```
命令: _dimaligned
指定第一个尺寸界线原点或 <选择对象>: //拾取图 3-86 左图所示的点 1
指定第二条尺寸界线原点: //拾取图 3-86 左图所示的点 2
指定尺寸线位置或
[多行文字(M)/文字(T)/角度(A)]: //拾取图 3-86 左图所示的点 3
标注文字 =20 //完成标注，标注效果如图 3-86 右图所示
```

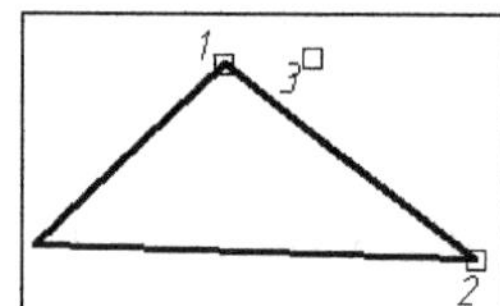

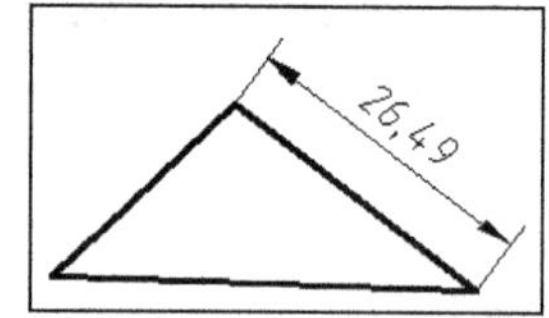

图 3-86　创建对齐标注

3. 弧长标注

弧长标注用于测量圆弧或多段线弧线段上的距离。选择“标注”菜单中的“弧长”命令，或者单击“标注”工具栏中的“弧长”按钮，都可以执行该命令。执行“弧长”命令，命令行提示如下。

```
命令: _dimarc
选择弧线段或多段线弧线段: //拾取图 3-87 左图所示的点 1，选择圆弧
指定弧长标注位置或 [多行文字(M)/文字(T)/角度(A)/部分(P)/]: //拾取图 3-87 左图所示的点 2
标注文字 =28.52 //完成标注，标注效果如图 3-87 右图所示
```

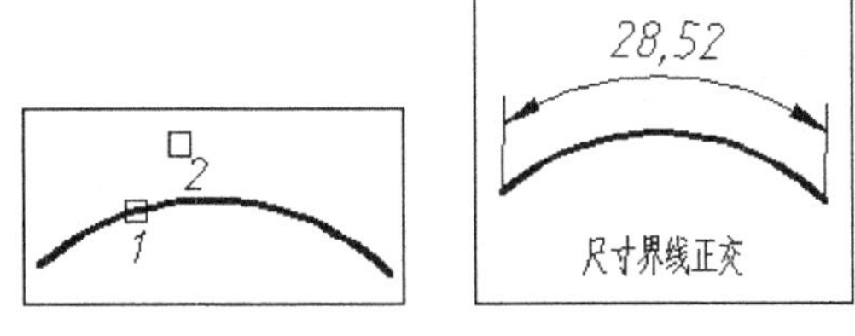

图 3-87 创建弧长标注

4. 坐标标注

坐标标注用于测量原点(称为基准)到标注特征(如部件上的一个孔)的垂直距离。该标注保持特征点与基准点的精确偏移量，从而避免出现较大误差。选择“标注”菜单中的“坐标”命令，或者单击“标注”工具栏中的“坐标”按钮，都可以执行该命令。执行“坐标”命令，命令行提示如下。

```
命令: _dimordinate
指定点坐标: //拾取图 3-88(a)所示的点 1
指定引线端点或 [X 基准(X)/Y 基准(Y)/多行文字(M)/文字(T)/角度(A)]: x //输入 x，表示创建沿 x 轴测量距离
指定引线端点或 [X 基准(X)/Y 基准(Y)/多行文字(M)/文字(T)/角度(A)]: //指定引线端点
标注文字 =2191.41 //完成标注，标注效果如图 3-88(b)所示，按照同样的方法，可以创建 y 轴基准坐标，标注效果如图 3-88(c)所示
```

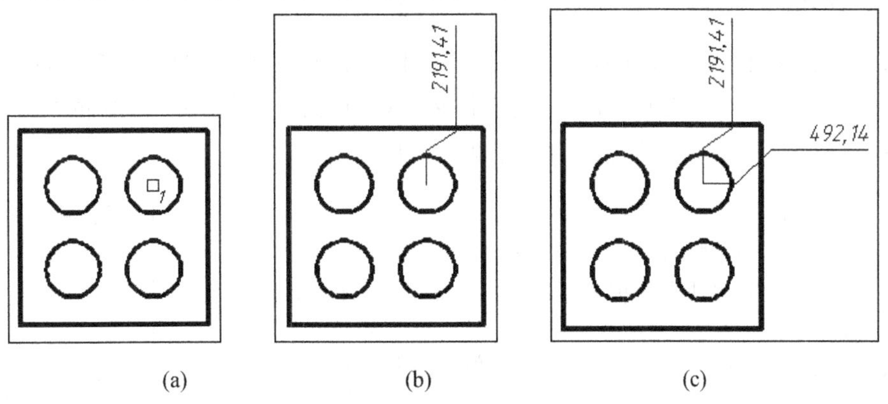

图 3-88 创建坐标标注

5. 半径直径标注

半径和直径标注用于测量圆弧或圆的半径和直径。半径标注用于测量圆弧或圆的半径，并显示前面带有字母 R 的标注文字；直径标注用于测量圆弧或圆的直径，并显示前面带有直径符号的标注文字。

选择“标注”|“半径”命令，或者单击“标注”工具栏中的“半径标注”按钮，都可以执行半径命令。在标注样式中，“优化”选项组会影响延伸线，其对比效果如图 3-89 所示。

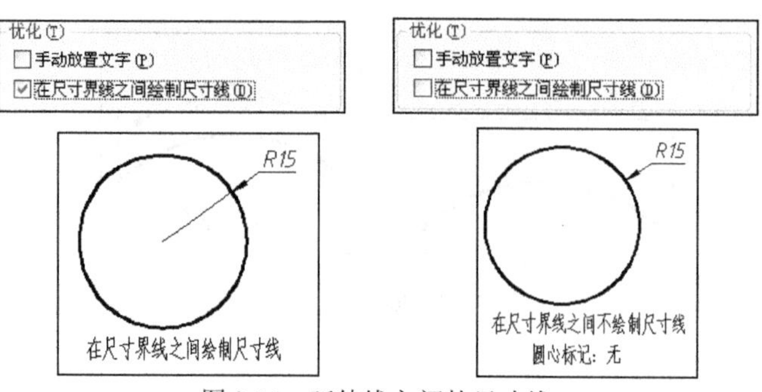

图 3-89　延伸线之间的尺寸线

半径和直径标注的圆心标记，由如图 3-90 所示的标注样式中的“符号和箭头”选项卡中的“圆心标记”选项组设置，如图 3-91 所示为使用标记和直线的效果。

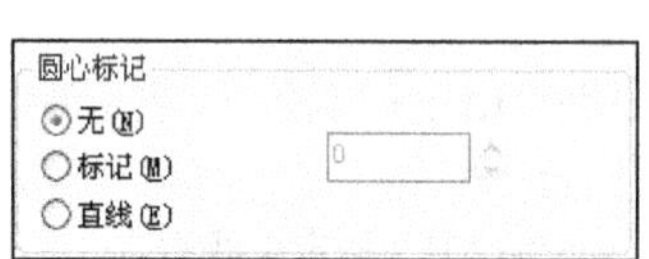

图 3-90　“圆心标记”选项组

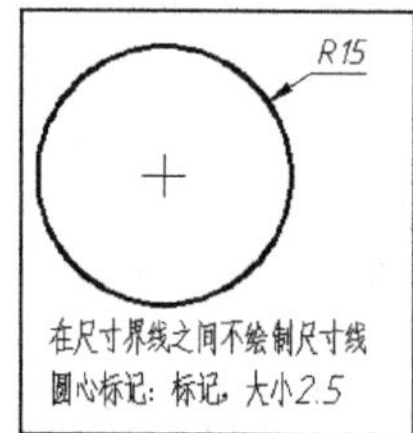

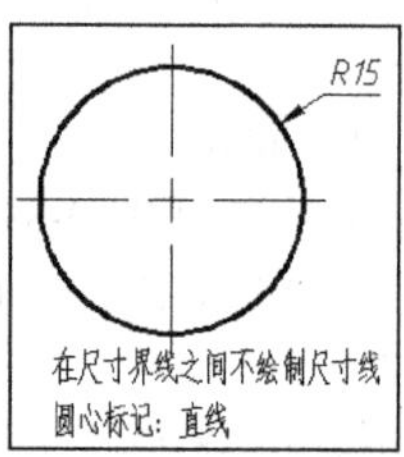

图 3-91　圆心标记使用标记和直线效果

6. 折弯半径标注

当圆弧或圆的中心位于布局外并且无法在其实际位置显示时，使用 DIMJOGGED 命令可以创建折弯半径标注。选择“标注”菜单中的“折弯”命令，或者单击“标注”工具栏中的“折弯”按钮，都可以执行折弯命令。执行折弯命令，命令行提示如下。

```
命令: _dimjogged
选择圆弧或圆: //拾取圆弧上任意点，选择圆弧
指定图示中心位置: //拾取图 3-92 所示的点 1 为标注的中心位置，即原点
标注文字 = 50
指定尺寸线位置或 [多行文字(M)/文字(T)/角度(A)]: //拾取图 3-92 所示的点 2
指定折弯位置: //拾取图 3-92 所示的点 3 确定折弯位置
```

图 3-92　创建折弯半径标注

7. 角度标注

角度标注用来测量两条直线、三个点之间或者圆弧的角度。选择“标注”菜单中的“角度”命令，或者单击“标注”工具栏中的“角度”按钮，都可以执行“角度”命令。执行“角度”命令，命令行提示如下。

```
命令: _dimangular
选择圆弧、圆、直线或 <指定顶点>: //拾取图 3-93 左图所示的点 1
选择第二条直线: //拾取图 3-93 左图所示的点 2
```

```
指定标注弧线位置或 [多行文字(M)/文字(T)/角度(A)/象限点(Q)]: //拾取图 3-93 左图所示的点 3
标注文字 = 55 //完成标注，标注效果如图 3-93 右图所示
```

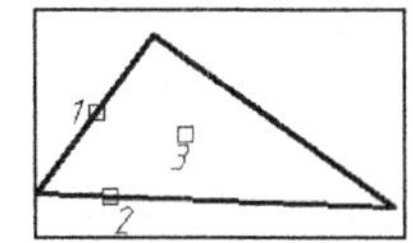

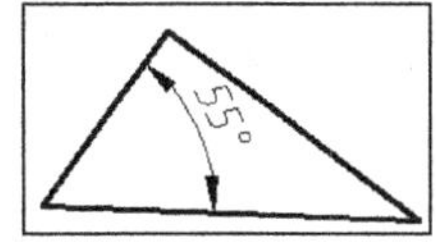

图 3-93　创建两条直线的角度标注

8. 基线标注

基线标注是在同一基线处测量的多个标注。在创建基线标注之前，必须先创建线性、对齐或角度标注，可以在当前任务最近创建的标注中以增量方式创建基线标注。

选择"标注"菜单中的"基线"命令，或者单击"标注"工具栏中的"基线"按钮，都可以执行基线命令。执行基线命令，命令行提示如下。

```
命令: _dimbaseline
指定第二条尺寸界线原点或 [放弃(U)/选择(S)] <选择>: s //输入 s，要求选择基准标注
选择基准标注: //拾取图 3-94 左图所示的点 1，选择基准标注
指定第二条尺寸界线原点或 [放弃(U)/选择(S)] <选择>: //拾取图 3-94 左图所示的点 2
标注文字 = 37.69
指定第二条尺寸界线原点或 [放弃(U)/选择(S)] <选择>: //拾取图 3-94 左图所示的点 3
标注文字 = 63.97
指定第二条尺寸界线原点或 [放弃(U)/选择(S)] <选择>: //按回车键，完成标注，标注效果如图 3-94 右图所示
```

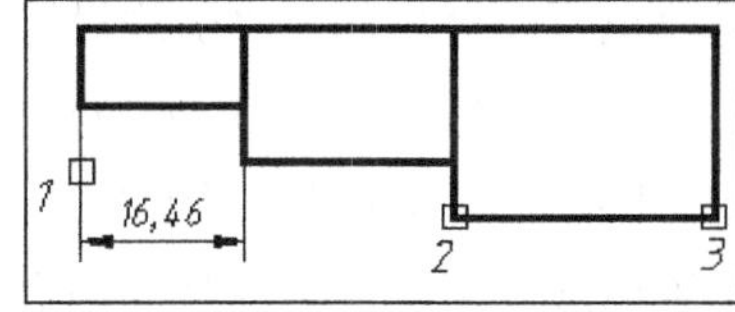

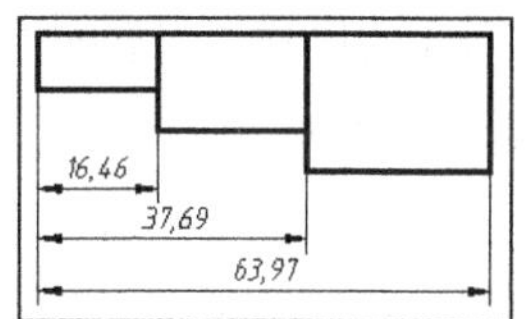

图 3-94　创建基线标注

9. 连续标注

连续标注是首尾相连的多个标注。在创建连续标注之前，必须先创建线性、对齐或角度标注，可以在当前任务最近创建的标注中以增量方式创建连续标注。

选择"标注"菜单中的"连续"命令，或者单击"标注"工具栏中的"连续"按钮，都可以执行连续命令。执行连续命令，命令行提示如下。

```
命令: _dimcontinue
选择连续标注: //拾取图 3-95 左图所示的点 1，选择连续标注
指定第二条尺寸界线原点或 [放弃(U)/选择(S)] <选择>: //拾取图 3-95 左图所示的点 2
标注文字 = 21.23
指定第二条尺寸界线原点或 [放弃(U)/选择(S)] <选择>: //拾取图 3-95 左图所示的点 3
标注文字 = 26.28
```

```
指定第二条尺寸界线原点或 [放弃(U)/选择(S)] <选择>: //按回车键，完成标注，标注效果如图 3-95 右图所示
```

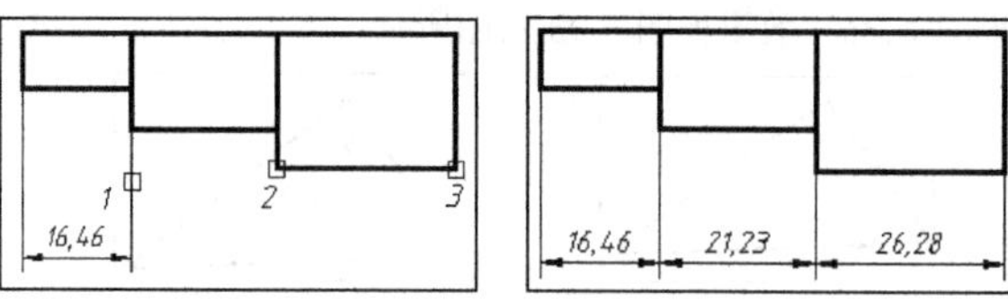

图 3-95　创建连续标注

10. 快速引线标注

引线对象是一条线或样条曲线。其一端带有箭头，另一端带有多行文字或其他对象。在某些情况下，有一条短水平线(又称为钩线、折线或着陆线)将文字和特征控制框连接到引线上。在命令行输入 QLEADER，命令行提示如下。

```
命令: qleader
指定第一个引线点或 [设置(S)] <设置>: //拾取点 1
指定下一点: //拾取点 2
指定下一点: //拾取点 3
指定文字宽度 <0>: //按回车键
输入注释文字的第一行 <多行文字(M)>: 引线标注 //输入注释文字
输入注释文字的下一行: //按回车键，完成注释文字的输入
```

快速引线标注效果如图 3-96 所示。在命令行中输入 S，弹出如图 3-97 所示的“引线设置”对话框。不同的引线设置，引线的操作以及创建的对象也不完全相同。“引线设置”对话框有“注释”、“引线和箭头”及“附着”3 个选项卡。“注释”选项卡设置引线注释类型和指定多行文字选项，并指明是否需要重复使用注释；“引线和箭头”选项卡用于设置引线和箭头的形式；当引线注释为“多行文字”时，才会出现“附着”选项卡，用于设置引线和多行文字注释的附着位置。

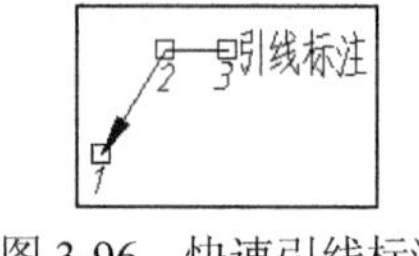

图 3-96　快速引线标注

图 3-97　“引线设置”对话框

3.7.2　尺寸标注编辑

AutoCAD 提供了 DIMEDIT 和 DIMTEDIT 两个命令对尺寸标注进行编辑。下面将详细讲解这两

种命令。

01 DIMEDIT

选择“标注”|“倾斜”命令，或者单击“编辑标注”按钮，都可以执行该命令。执行 DIMEDIT 命令，命令行提示如下。

```
命令: _dimedit
输入标注编辑类型 [默认(H)/新建(N)/旋转(R)/倾斜(O)] <默认>:
```

该命令行提示中有默认(H)、新建(N)、旋转(R)和倾斜(O) 4 个选项，各选项的含义如下。

- 默认：此选项将尺寸文本按 DDIM 所定义的默认位置和方向重新置放。
- 新建：此选项是更新所选择的尺寸标注的尺寸文本。
- 旋转：此选项是旋转所选择的尺寸文本。
- 倾斜：此选项实行倾斜标注，即编辑线性尺寸标注，使其延伸线倾斜一个角度，不再与尺寸线相垂直，常用于标注锥形图形。

02 DIMTEDIT

选择“标注”菜单中“对齐文字”级联菜单下的相应命令，或者单击“编辑标注文字”按钮，都可以执行该命令。执行 DIMTEDIT 命令，命令行提示如下。

```
命令: _dimtedit
选择标注:  //选择需要编辑标注文字的尺寸标注
指定标注文字的新位置或 [左(L)/右(R)/中心(C)/默认(H)/角度(A)]://
```

该命令行提示有左(L)、右(R)、中心(C)、默认(H)和角度(A)5 个选项，各选项的含义如下。

- 左：此选项的功能是更改尺寸文本沿尺寸线左对齐。
- 右：此选项的功能是更改尺寸文本沿尺寸线右对齐。
- 中心：此选项的功能是更改尺寸文本沿尺寸线中间对齐。
- 默认：此选项的功能是将尺寸文本按 DDIM 所定义的默认位置和方向重新置放。
- 角度：此选项的功能是旋转所选择的尺寸文本。

3.8 幅面与样板

样板图形是 AutoCAD 中一个很重要的概念，用户可以通过样板文件提高绘制图形的效率。特别是当绘制批量类似的图纸时，样板图形的作用将得到很好的体现。

3.8.1 绘制 A3 幅面

利用 AutoCAD 2014 绘制一个 A3 幅面的框线，具体绘制步骤如下。

01 打开 AutoCAD 2014 应用程序，单击“新建”按钮，弹出“选择样板”对话框，系统默认的文件名为“acadiso.dwt”。单击“打开”按钮，出现空白绘图区，即可开始图形绘制。

02 调用“矩形”命令，在屏幕上绘制完成一个长为 420、宽为 297 的矩形，绘制效果如图 3-98 所示。

03 调用“分解”命令，命令行提示如下。

```
命令: _explode      //执行分解命令
选择对象: 找到 1 个 //拾取上一步绘制的矩形
```

则矩形分解为直线 1~4，如图 3-98 所示。

注意

分解前后，虽然矩形看上去是一样的，但分解后矩形的 4 条边已经各自成为独立的图形对象。分解前，单击矩形的任意一条边，得到如图 3-99 所示的效果，说明整个矩形是一个对象。分解后，单击矩形的任意一条边，则为图 3-100 所示的效果，即只将被单击的对象选中。

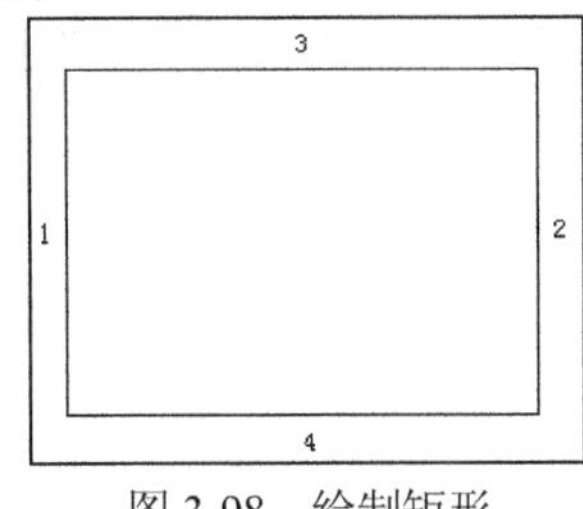

图 3-98 绘制矩形

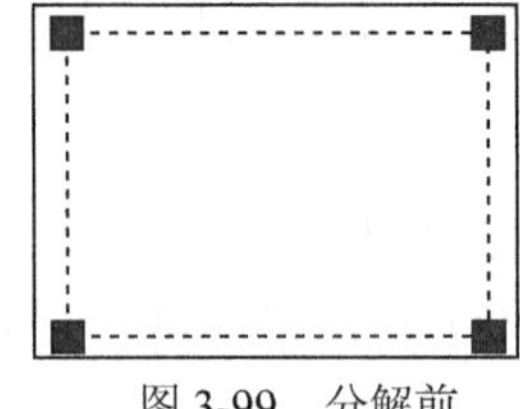

图 3-99 分解前

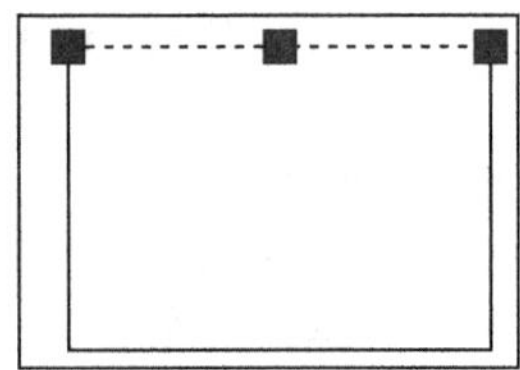

图 3-100 分解后

04 调用“偏移”命令，命令行提示如下。

```
命令: _offset      //执行偏移命令
当前设置: 删除源=否  图层=源  OFFSETGAPTYPE=0
指定偏移距离或 [通过(T)/删除(E)/图层(L)] <通过>:  25  //指定偏移距离为 25
选择要偏移的对象，或 [退出(E)/放弃(U)] <退出>:  //选中直线 1
指定要偏移的那一侧上的点，或 [退出(E)/多个(M)/放弃(U)]  //在直线 1 的右侧单击
```

该命令执行完毕后，直线 1 被向右偏移 25。继续调用“偏移”命令，将直线 2 向左偏移 10，直线 3 向下偏移 10，直线 4 向上偏移 10，最终偏移效果如图 3-101 所示。

05 调用“修剪”命令，命令行提示如下。

```
命令: _trim  //执行修剪命令
当前设置:投影=UCS，边=无
选择剪切边...
选择对象或 <全部选择>:  找到 1 个  //拾取直线 5
选择对象: 找到 1 个，总计 2 个  //拾取直线 7
选择对象:      //按回车键结束拾取
```

```
选择要修剪的对象，或按住 Shift 键选择要延伸的对象，或
[栏选(F)/窗交(C)/投影(P)/边(E)/删除(R)/放弃(U)]:  //在图 3-101 中的点 P1 处拾取直线 5
选择要修剪的对象，或按住 Shift 键选择要延伸的对象，或
[栏选(F)/窗交(C)/投影(P)/边(E)/删除(R)/放弃(U)]:  //在图 3-101 中的点 P2 处拾取直线 7
选择要修剪的对象，或按住 Shift 键选择要延伸的对象，或
[栏选(F)/窗交(C)/投影(P)/边(E)/删除(R)/放弃(U)]:  //按 Enter 键结束修剪，修剪效果如图 3-102 所示
```

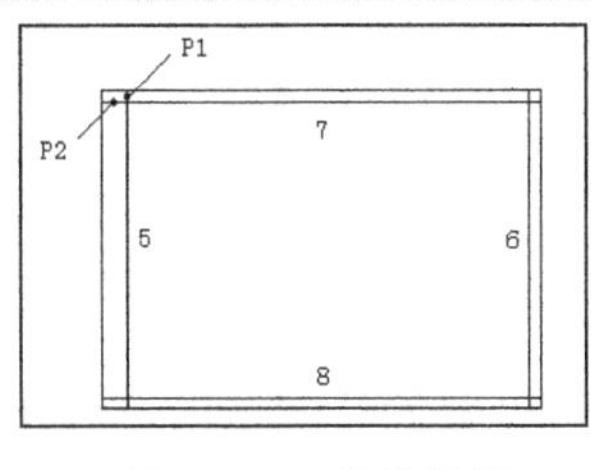

图 3-101　偏移结果

图 3-102　修剪直线

图 3-103　修剪结果

06 继续调用“修剪”命令，依次修剪直线 6 和 7、直线 6 和 8、直线 5 和 8 的相交部分，最终修剪效果如图 3-103 所示。

07 在命令行中输入 BLOCK，弹出“块定义”对话框。

08 在“名称”下拉列表框中输入块名称“A3 幅面”。在“基点”选项组中，单击“拾取点”按钮，暂时返回绘图屏幕。用鼠标捕捉 A3 幅面的左下角点并单击，重新返回“块定义”对话框。在“对象”选项组中，单击“选择对象”按钮，暂时返回绘图屏幕。用鼠标框选 A3 幅面的所有图线，并按 Enter 键，重新返回“块定义”对话框。在对话框下部的“说明”文本框中输入文字说明，如“A3 幅面：宽 420，长 297”，然后单击“确定”按钮，即可将打开的文件保存成名称为“A3 幅面”的图块。

3.8.2　建立样板文件

1. 设置单位类型和精度

选择菜单栏中的“格式”|“单位”命令，或者在命令行输入 UNITS，弹出如图 3-104 所示的“图形单位”对话框。

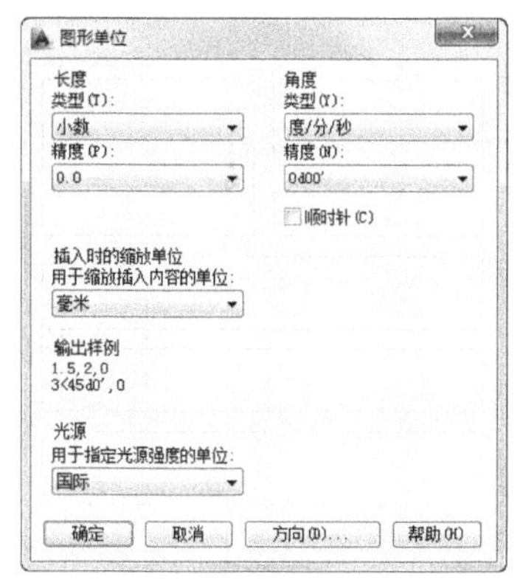

图 3-104　“图形单位”对话框

在该对话框“长度”选项组中的“类型”下拉列表中将长度单位的格式设为“小数”；在“精度(P)”下拉列表中将长度单位的精度设为 0.0；在“角度”选项组中的“类型”下拉列表中将角度尺寸的单位格式设为“度/分/秒”；在“精度(N)”下拉列表中将角度单位的精度设为 0d00；在“插入时的缩放单位”选项组中的“用于缩放插入内容的单位”下拉列表中，将插入比例的单位设为“毫

米”，如图 3-104 所示。

2. 设置图形界限

选择菜单栏中的“格式”|“图形界限”命令，或者在命令行输入 LIMITS，都可以执行该命令。执行图形界限命令，命令行提示如下。

```
命令: '_limits    // 执行图形界限命令
重新设置模型空间界限:
指定左下角点或 [开(ON)/关(OFF)] <0.0,0.0>:   //按 Enter 键
指定右上角点 <420.0,297.0>:   //按 Enter 键
```

执行完毕，则完成了 A3 幅面图纸绘图范围的设置。为了使所设置的绘图范围有效，还需要对 LIMITS 命令的“[开(ON)/关(OFF)”选项进行设置，设置过程如下。

选择菜单栏“格式”|“图形界限”命令，或者在命令行输入 LIMITS，命令行提示如下。

```
命令: limits      // 执行图形界限命令
重新设置模型空间界限:
指定左下角点或 [开(ON)/关(OFF)] <0.0,0.0>: ON   // 选择“开(ON)”
```

执行完毕后，就可以使所设置的绘图范围有效，即用户只能在已设置的坐标范围内绘图。如果在超出设置的范围中绘图，将会被 AutoCAD 拒绝并给出提示。例如，绘制直线时，如果直线第一点不在设置的范围内，则命令行提示如下。

```
命令: _line 指定第一点:
**超出图形界限
```

3. 创建文字样式

选择“文字”|“文字样式”命令，弹出“文字样式”对话框，创建文字样式“注释文字”，参数设置如图 3-105 所示。

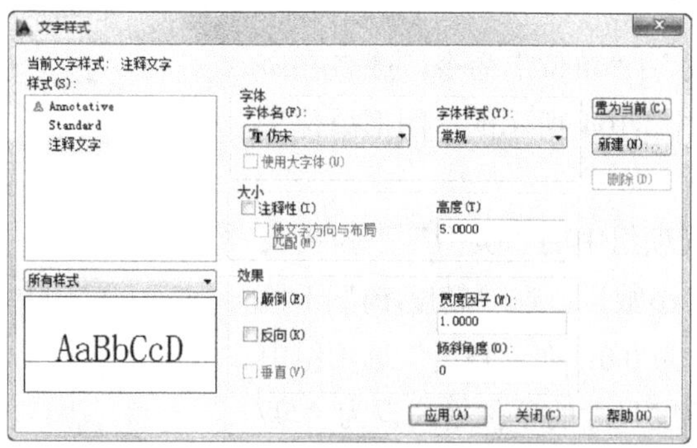

图 3-105　“文字样式”对话框

4. 标注样式规定与创建

01 选择菜单栏中的“标注”|“标注样式”命令，弹出“标注样式管理器”对话框。单击“新建”按钮，弹出“创建新标注样式”对话框。设置样式名称为“A3 制图标注”、基础样式为“ISO-25”，用于“所有标注”。

02 单击“继续”按钮，打开“新建标注样式”对话框。其中“线”选项卡设置如图 3-106 所示。“基线间距”设置为 13，“超出尺寸线”设置为 2.5。选择“符号和箭头”选项卡，“箭头大小”设置为 5。

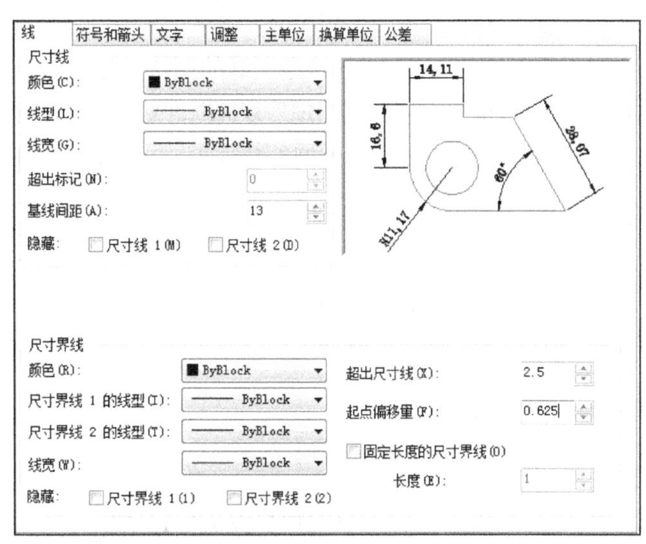

图 3-106　“线”选项卡设置

03 在“文字”选项卡中，“文字高度”设置为 7，“从尺寸线偏移”设置为 0.5，“文字对齐”采用 ISO 标准。

04 在“调整”选项卡中的“文字位置”选项组选择“尺寸线上方，带引线”。

05 在“主单位”选项卡中，“舍入”设置为 0，小数分隔符为“句点”。

06 “换算单位”选项卡不进行设置。

07 “公差”选项卡暂不设置，后面用到时再进行设置。

08 设置完毕后，返回“标注样式管理器”对话框。单击“置为当前”按钮，将新建的“A3 制图标注”样式设置为当前使用的标注样式。

5. 插入 A3 幅面图块

01 执行“插入”|“块”命令，弹出如图 3-107 所示的“插入”对话框。

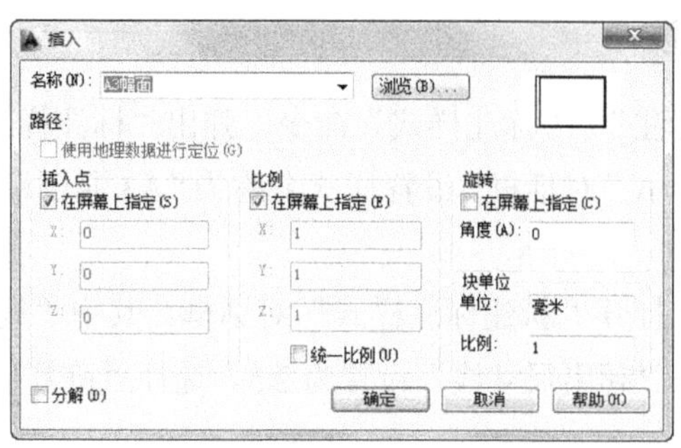

图 3-107 “插入”对话框

02 在“名称”下拉列表框中选择 3.8.1 节已经定义好的图块“A3 幅面”。

03 在“插入点”选项组中，取消“在屏幕上指定”复选框，X、Y 和 Z 按照系统默认，全部取 0。

04 在“缩放比例”选项组中，选择“统一比例”复选框，X 方向的比例为 1。

05 单击“确定”按钮，返回绘图区，命令行提示如下。

```
命令: _insert        //执行插入块命令
指定插入点或 [基点(B)/比例(S)/X/Y/Z/旋转(R)]: B   //选择插入基点
指定基点:0,0                              //输入基点坐标
```

则“A3 幅面”图块被插入到当前图形中。

6. 样板的保存

01 选择“文件”|“另存为”命令，弹出“图形另存为”对话框。

02 在“文件类型”下拉列表中选择“AutoCAD 图形样板(*.dwt)”，并在文件名文本框中输入样板文件名“A3.dwt”。

03 单击“保存”按钮，弹出“样板说明”对话框。

04 在“样板说明”文本框中输入有关该样板文件的说明，“测量单位”选择“公制”。然后单击“确定”按钮，则在指定文件夹中建立了 A3 幅面的样板文件。

第4章　常用电气元件绘制

绘制电气图时，一些电气元件经常被用到，这些电气元件又被称为典型电气元件。本章将介绍使用 AutoCAD 绘制典型电气元件的方法。通过本章的学习，读者不仅可以熟悉 AutoCAD 2014 的常用绘图功能，了解常见电气元件的标准绘制方法，而且可以将所学的知识举一反三，使用 AutoCAD 的基本绘图和修改工具绘制其他电气元件符号。

通过本章的学习，读者应了解和掌握以下内容：

- 无源器件的绘制
- 导线与连接器件的绘制
- 半导体器件的绘制
- 开关的绘制
- 信号器件的绘制
- 测量仪表的绘制
- 常用电器符号的绘制

4.1 无源器件

最常见的无源器件有电阻、电容和电感。分别如图 4-1、图 4-2 和图 4-3 所示。

图 4-1　电阻　　图 4-2　电容　　图 4-3　电感

4.1.1 电阻绘制

电阻符号由一个矩形和两段直线组成，如图 4-1 所示，其绘制步骤如下。

01 调用“矩形”命令，命令行提示如下。

```
命令: _rectang    //执行矩形绘制命令
指定第一个角点或 [倒角(C)/标高(E)/圆角(F)/厚度(T)/宽度(W)]:  //用鼠标在屏幕上指定一点作为矩形的第一个角点
指定另一个角点或 [面积(A)/尺寸(D)/旋转(R)]: D   //选择“尺寸”模式
指定矩形的长度 <10.0000>: 30   //指定矩形长度
指定矩形的宽度 <10.0000>: 10   //指定矩形宽度
```

执行完毕后，效果如图 4-4 所示。

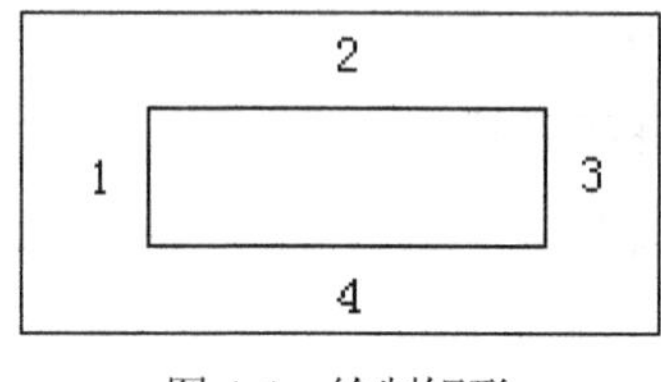

图 4-4　绘制矩形

02 调用“分解”命令，命令行提示如下。

```
命令: _explode    //调用分解命令
选择对象: 找到 1 个   //拾取上一步绘制的矩形
选择对象:   //按 Enter 键
```

执行完毕后，图形看起来和图 4-4 一样，但实际上矩形已经被分解为 1~4 四条直线。

03 执行主菜单中的“工具”|“草图设置”命令，弹出“草图设置”对话框。选择“对象捕捉”选项卡，如图 4-5 所示。选中“中点”模式，并单击“确定”按钮结束设置，设置完成后在绘图时系统会自动捕捉直线的中点。

04 单击状态栏上的“正交”按钮，切换到“正交”状态。调用“直线”命令，用鼠标捕捉图 4-4 中直线 1 的中点，如图 4-6 所示。向左绘制一条长度为 10 的直线，效果如图 4-7 所示。

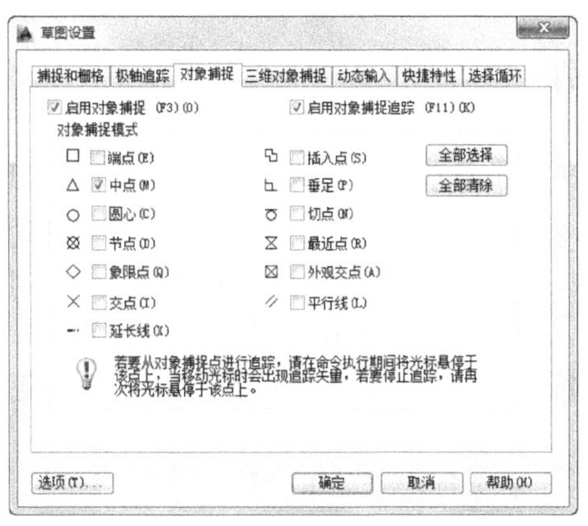

图 4-5　“草图设置”对话框

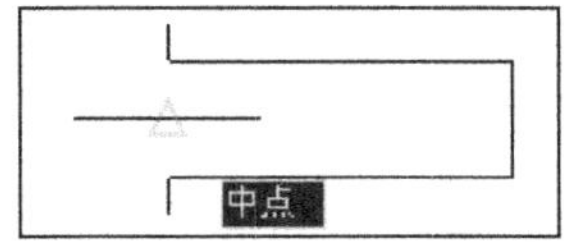

图 4-6　捕捉中点

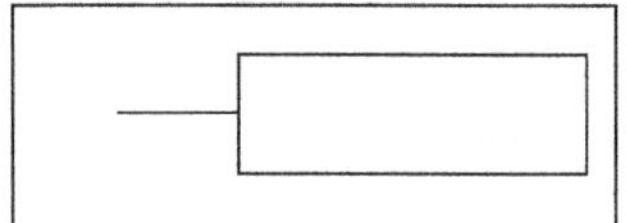

图 4-7　绘制水平直线

05 继续调用“直线”命令，用和步骤**04**类似的方法，以图 4-4 中直线 3 的中点为起点，向右绘制一条长度为 10 的直线，效果如图 4-8 所示，即完成电阻符号的绘制。

06 执行主菜单中的“绘图”|“块”|“创建”命令，或者在命令行输入 BLOCK，都可以弹出如图 4-9 所示的“块定义”对话框。

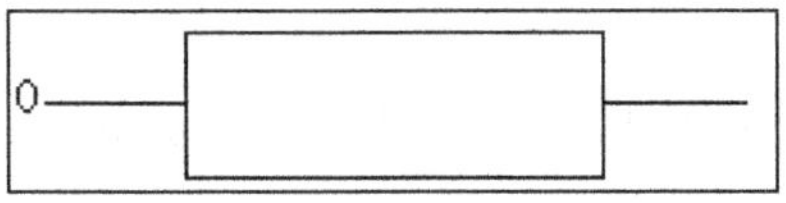

图 4-8　完成绘制

图 4-9　“块定义”对话框

07 在“名称”文本框输入“电阻”。在“基点”选项组中单击按钮，暂时返回绘图屏幕。用鼠标捕捉图 4-8 中的 O 点作为基点并单击鼠标，返回“块定义”对话框。在“对象”选项组中单击按钮，暂时返回绘图屏幕。选择整个电阻为块对象，并按 Enter 键，返回“块定义”对话框。设置“块单位”为毫米，其他选项按照系统默认即可。单击“确定”按钮，则前面绘制的电阻符号被存储为图块。

4.1.2 电 容 绘 制

电容符号由两段水平直线和两段竖直直线组成，如图 4-2 所示，其绘制步骤如下。

01 调用“矩形”命令，绘制一个长度为 9、宽度为 15 的矩形，完成效果如图 4-10 所示。

02 调用“分解”命令，将上一步绘制的矩形分解为直线 1~4。

03 调用“直线”命令，分别捕捉图 4-10 中直线 1 的中点，以其为起点向左绘制长度为 17.5 的水平直线；捕捉图 4-10 中直线 3 的中点，以其为起点向右绘制长度为 17.5 的水平直线，完成效果如图 4-11 所示。

04 调用“删除”命令，命令行提示如下。

```
命令: _erase  //调用删除命令
选择对象: 找到 1 个  //拾取图 4-11 中的直线 2
选择对象: 找到 1 个，总计 2 个 //拾取图 4-11 中的直线 4
选择对象:   //按 Enter 键结束拾取
```

执行完毕后，效果如图 4-12 所示，即完成电容符号的绘制。

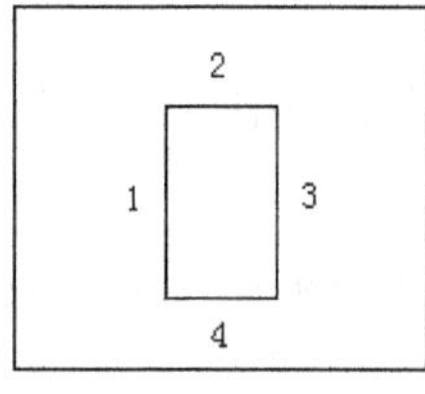

图 4-10 绘制矩形

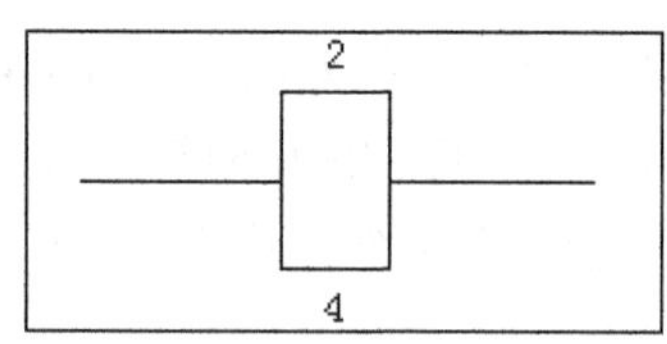

图 4-11 绘制水平直线

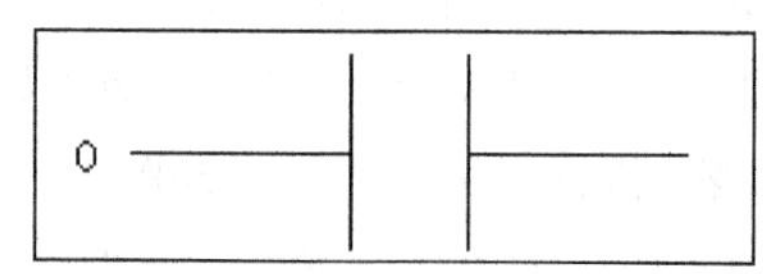

图 4-12 完成电容绘制

05 执行主菜单中的“绘图”|“块”|“创建”命令，或者在命令行输入 BLOCK，弹出 “块定义”对话框。在该对话框中的“名称文本框”中输入块名称“电容”，指定图 4-12 中的 O 点为基点，选择整个电容符号为块定义对象，设置“块单位”为毫米，则会将前面绘制的电容符号存储为图块。

4.1.3 直线电感绘制

电感符号由几段首尾连接的半圆弧和两段水平直线组成，如图 4-3 所示，其绘制步骤如下。

01 调用“圆弧”命令，命令行提示如下。

```
命令: _arc     //执行圆弧命令
指定圆弧的起点或 [圆心(C)]: 100,100     //指定圆弧起点
指定圆弧的第二个点或 [圆心(C)/端点(E)]: C   //选择“圆心”方式
指定圆弧的圆心: 94,100     //指定圆心
指定圆弧的端点或 [角度(A)/弦长(L)]: A   //选择“角度”方式
指定包含角: 180   //指定圆心角
```

执行完毕后，绘制得到一段圆弧，效果如图 4-13 所示。

02 调用“阵列”命令⊞，命令行提示如下。

```
命令: _arrayrect
选择对象: 找到 1 个//选择图 4-13 所示的圆弧对象
选择对象: //按回车键，完成选择
类型 = 矩形  关联 = 是
选择夹点以编辑阵列或 [关联(AS)/基点(B)/计数(COU)/间距(S)/列数(COL)/行数(R)/层数(L)/退出(X)] <退出>: cou//使用计数方式阵列
输入列数数或 [表达式(E)] <4>: 4 //输入列数
输入行数数或 [表达式(E)] <3>: 1 //输入行数
选择夹点以编辑阵列或 [关联(AS)/基点(B)/计数(COU)/间距(S)/列数(COL)/行数(R)/层数(L)/退出(X)] <退出>: s//输入 s，要求设置间距
指定列之间的距离或 [单位单元(U)] <383.9402>: 12//输入列间距
指定行之间的距离 <154.3349>://不设置行间距
选择夹点以编辑阵列或 [关联(AS)/基点(B)/计数(COU)/间距(S)/列数(COL)/行数(R)/层数(L)/退出(X)] <退出>:
```

按回车键，完成阵列，效果如图 4-14 所示。

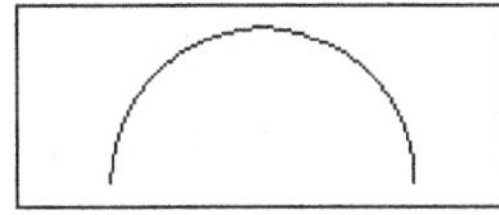

图 4-13　绘制圆弧

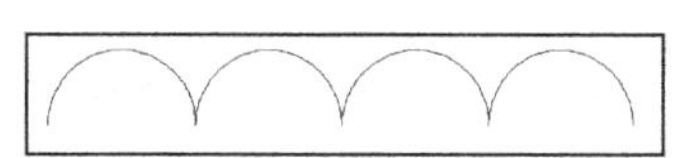

图 4-14　阵列图形效果

03 调用“直线”命令⁄，在“正交”方式下，以图 4-15 中的 A 点为起点，向下绘制长度为 12 的竖直直线。然后以图 4-15 中的 B 点为起点向下绘制长度也为 12 的另外一条竖直直线，即完成电感符号的绘制，完成效果如图 4-16 所示。

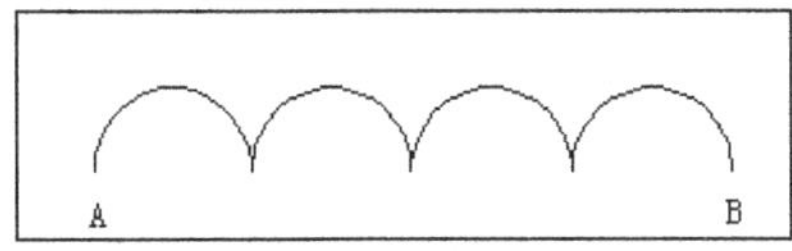

图 4-15　直线起点

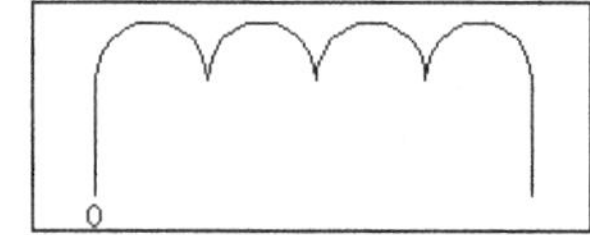

图 4-16　完成电感绘制

04 执行主菜单中的“绘图”|“块”|“创建”命令，或者在命令行中输入 BLOCK，弹出 “块定义”对话框。在该对话框中的“名称”文本框中输入块名称“电感”，指定图 4-16 中的 O 点为基点。选择整个电感符号为块定义对象，设置“块单位”为毫米，则会将前面绘制的电感符号存储为图块。

4.2 导线与连接器件

如图 4-17 所示，为三相交流电路中的三相导线符号。由 3 根导线截面积为 130 mm^2、中性截面为 50 mm^2 的导线组成，其绘制步骤如下。

01 调用“直线”命令⁄，在“正交”方式下，绘制一条长度为 100 的水平直线，绘制效果如图 4-18 所示。

02 调用“偏移”命令，命令行提示如下。

```
命令: _offset    //执行偏移命令
当前设置: 删除源=否  图层=源  OFFSETGAPTYPE=0
指定偏移距离或 [通过(T)/删除(E)/图层(L)] <10.0000>:  15  //指定偏移距离
选择要偏移的对象，或 [退出(E)/放弃(U)] <退出>:  //拾取图 4-18 中的直线 1
指定要偏移的那一侧上的点，或[退出(E)/多个(M)/放弃(U)] <退出>:  //在直线 1 下方单击鼠标，得到直线 2
选择要偏移的对象，或 [退出(E)/放弃(U)] <退出>:  //拾取直线 2
指定要偏移的那一侧上的点，或[退出(E)/多个(M)/放弃(U)] <退出>:  //在直线 1 下方单击鼠标，得到直线 3
```

执行完毕后，偏移效果如图 4-19 所示。

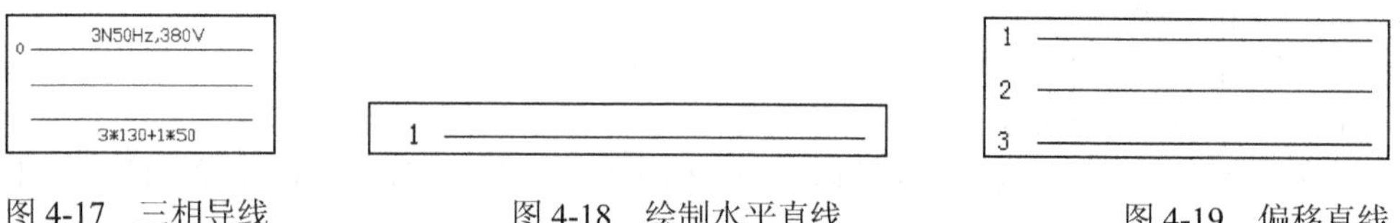

图 4-17　三相导线　　图 4-18　绘制水平直线　　图 4-19　偏移直线

03 调用“多行文字”命令**A**，将光标移动至直线 1 左端点上方，如图 4-20 所示，并单击鼠标，指定第一个角点。然后向右下方移动光标至直线 1 的右端点的上方，如图 4-21 所示，并单击鼠标指定第二个角点。

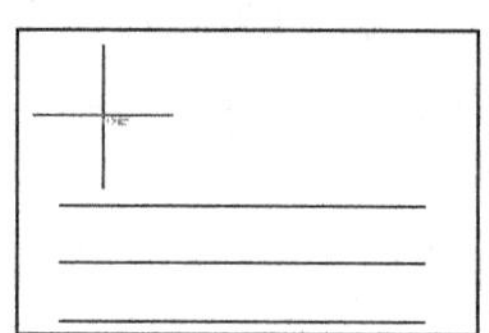

图 4-20　指定第一角点

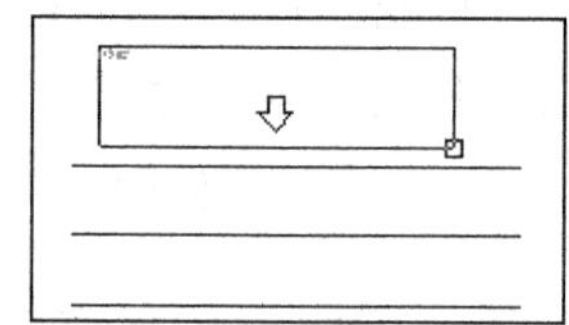

图 4-21　指定第二角点

04 指定绘制文字区域后，弹出如图 4-22 所示的“文字格式”对话框。选择字体为“仿宋_GB2312”，文字大小为 5，居中对齐，其他按照默认设置。并在对话框下方如图 4-23 所示的文字输入框中输入要求的文字“3N50Hz，380V”，然后单击“文字格式”对话框中的“确定”按钮，第一行文字编辑完成，效果如图 4-24 所示。

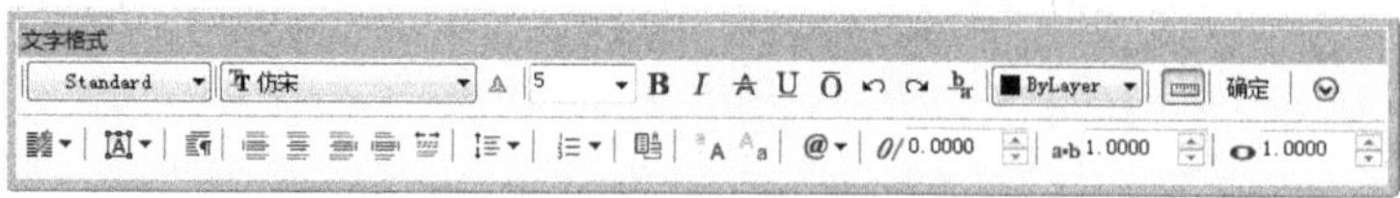

图 4-22　“文字格式”对话框

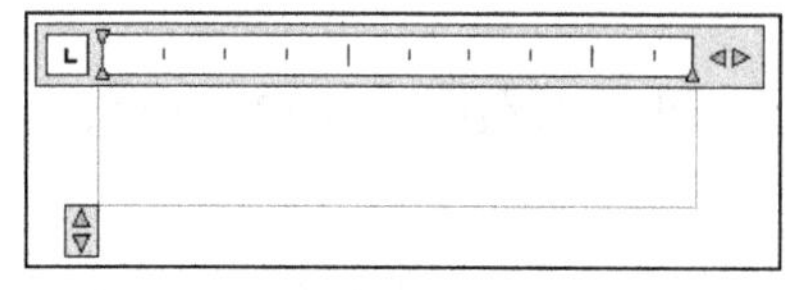

图 4-23　文字输入框

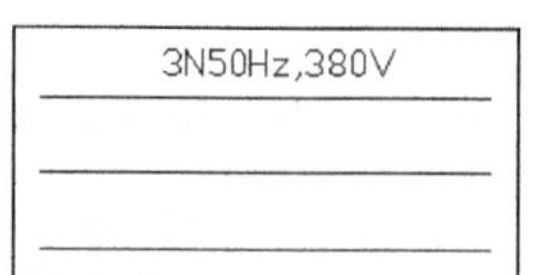

图 4-24　输入多行文字

05 继续调用“多行文字”命令**A**，按照步骤**03**和步骤**04**的方法在 3 条水平直线的下方输入文字“3*130+1*50”，即完成导线的绘制，完成效果如图 4-17 所示。

06 执行主菜单中的“绘图”|“块”|“创建”命令，或者在命令行输入 BLOCK，弹出“块定义”对话框。在该对话框中的“名称”文本框中输入块名称“三相导线”，指定图 4-17 中的 O 点为基点。选择 3 根导线以及字符为块定义对象，设置“块单位”为毫米，则会将前面绘制的三相导线存储为图块。

4.3 半导体器件

最常见的无源器件有二极管和三极管(三极管分为 PNP 和 NPN 两种)，分别如图 4-25、图 4-26 和图 4-27 所示。

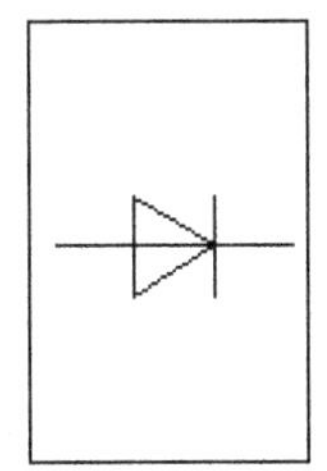
图 4-25　二极管

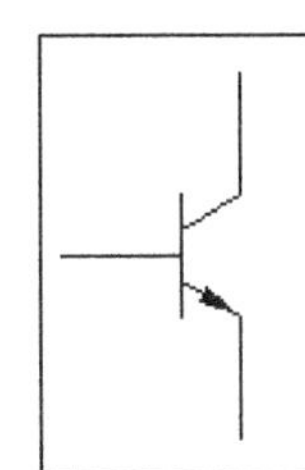
图 4-26　PNP 三极管

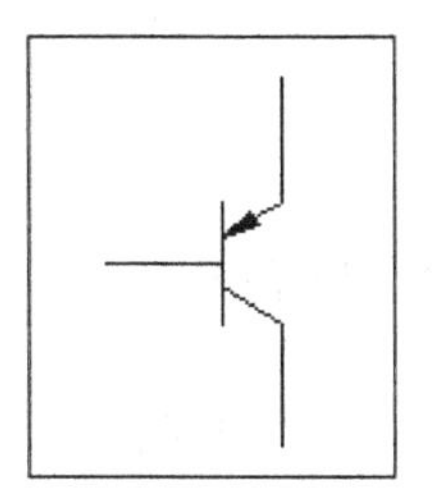
图 4-27　NPN 三极管

4.3.1 二极管绘制

二极管由一个正三角形和两段直线组成，其绘制步骤如下。

01 调用“正多边形”命令⬠，命令行提示如下。

```
命令: _polygon  //执行正多边形命令
输入侧面数 <4>: 3  //指定边数为 3
指定正多边形的中心点或 [边(E)]:  //在屏幕上指定一点为中心点
输入选项 [内接于圆(I)/外切于圆(C)] <I>: I  //选择“内接于圆”方式
指定圆的半径: 20  //指定半径为 20
```

执行完毕后，绘制效果如图 4-28 所示。

02 调用“旋转”命令，命令行提示如下。

```
命令: _rotate            //执行旋转命令
UCS 当前的正角方向:  ANGDIR=逆时针   ANGBASE=0
选择对象: 找到 1 个  //拾取图 4-28 中的正三角形
选择对象:      //按 Enter 键结束拾取
指定基点:       //捕捉图 4-28 中的 O 点为基点
指定旋转角度，或 [复制(C)/参照(R)] <0>:  30  //指定旋转角度
```

执行完毕后，旋转效果如图 4-29 所示。

03 调用“直线”命令，在“正交”方式下，用鼠标捕捉图 4-29 中的 O 点，以其为起点向左绘制长度为 60 的水平直线，向右绘制长度为 30 的水平直线，并分别向上和向下绘制长度为 20 的竖直直线。绘制效果如图 4-30 所示，即完成二极管符号的绘制。

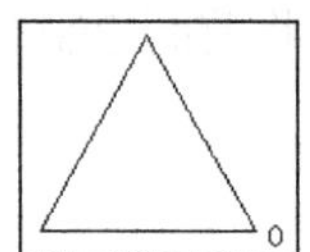

图 4-28 绘制正三角形

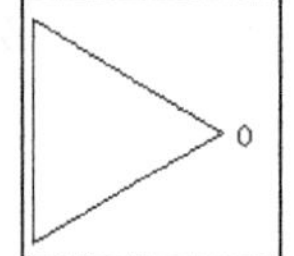

图 4-29 旋转图形

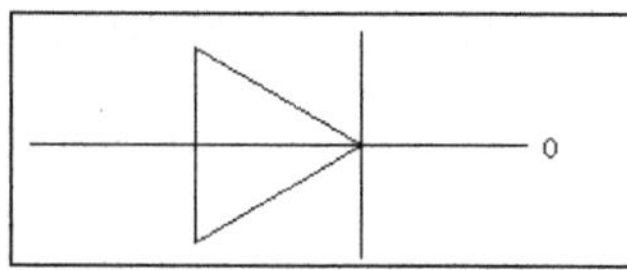

图 4-30 完成绘制

04 执行主菜单中的“绘图”|“块”|“创建”命令，或在命令行中输入 BLOCK，弹出“块定义”对话框。在该对话框中的“名称”文本框中输入块名称“二极管”，指定图 4-30 中的 O 点为基点。选择如图 4-30 所示的二极管图形符号为块定义对象，设置“块单位”为毫米，则会将前面绘制的二极管存储为图块。

4.3.2 三极管绘制

三极管分为 PNP 和 NPN 两种。其符号大致相同，绘制过程基本一样，具体步骤如下。

01 调用“正多边形”命令，选择“内接于圆”方式，指定半径为 20，绘制一个正三角形，绘制效果如图 4-31 所示。

02 调用“旋转”命令，指定图 4-31 中的 O 点为基点，将正三角形旋转 60°，旋转效果如图 4-32 所示。

03 调用“分解”命令，将正三角形分解为直线 1~3，如图 4-32 所示。

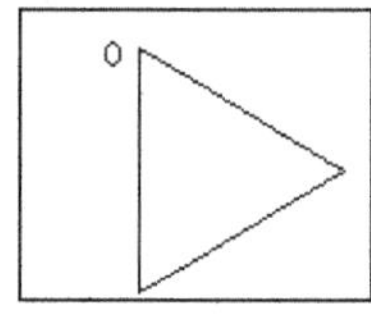

图 4-31 绘制正三角形

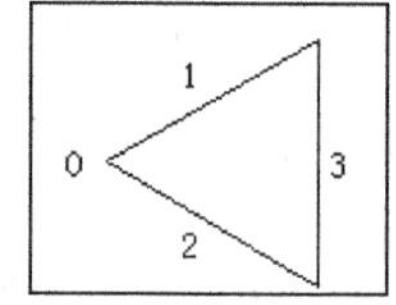

图 4-32 旋转图形

04 调用“偏移”命令，将图 4-32 中的直线 3 向左偏移 20，得到直线 4，偏移效果如图 4-33 所示。

05 调用“修剪”命令，命令行提示如下。

```
命令: _trim  //执行修剪命令
当前设置:投影=UCS，边=无
选择剪切边...
选择对象或 <全部选择>:  找到 1 个  //依次拾取图 4-33 中的直线 1、2 和 4
选择对象: 找到 1 个，总计 2 个
选择对象: 找到 1 个，总计 3 个
```

```
选择对象:    //按 Enter 键结束拾取
选择要修剪的对象，或按住 Shift 键选择要延伸的对象，或
[栏选(F)/窗交(C)/投影(P)/边(E)/删除(R)/放弃(U)]:  //在直线 4 的左侧单击直线 1 上的点，如图 4-34 所示
选择要修剪的对象，或按住 Shift 键选择要延伸的对象，或
[栏选(F)/窗交(C)/投影(P)/边(E)/删除(R)/放弃(U)]:  //在直线 4 的左侧单击直线 2 上的点
选择要修剪的对象，或按住 Shift 键选择要延伸的对象，或
[栏选(F)/窗交(C)/投影(P)/边(E)/删除(R)/放弃(U)]: //按 Enter 键结束操作
```

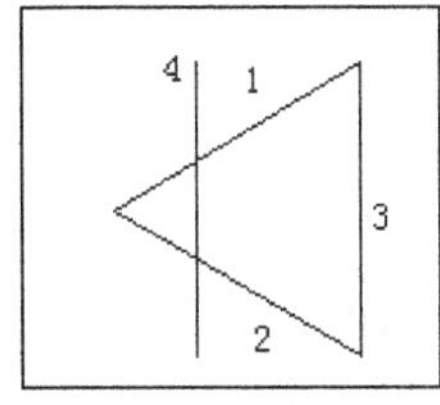

图 4-33　偏移直线

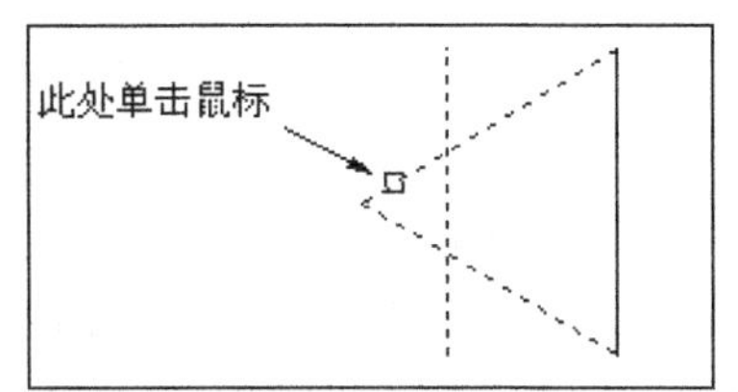

图 4-34　拾取剪切直线

执行完毕后，修剪效果如图 4-35 所示。

06 调用“删除”命令，删除图 4-35 中的直线 3，完成效果如图 4-36 所示。

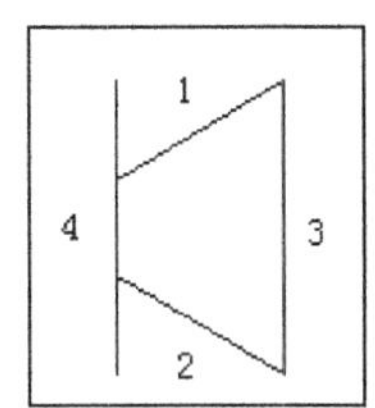

图 4-35　修剪结果

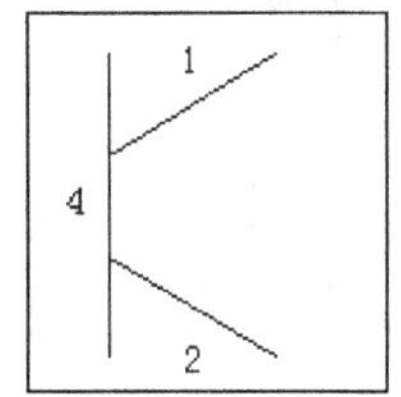

图 4-36　删除直线

07 调用“直线”命令，在“正交”方式下，用鼠标捕捉图 4-36 中的直线 4 的中点，向左绘制长度为 25 的水平直线；用鼠标捕捉图 4-36 中直线 1 的右端点，向上绘制长度为 25 的竖直直线；用鼠标捕捉图 4-36 中直线 2 的右端点，向下绘制长度为 25 的竖直直线，完成效果如图 4-37 所示。

08 调用“多线段”命令，命令行提示如下。

```
命令: _pline  //执行多线段命令
指定起点:    //捕捉图 4-37 中的 A 点
当前线宽为 0.0000
指定下一个点或 [圆弧(A)/半宽(H)/长度(L)/放弃(U)/宽度(W)]: W  //选择“宽度”方式
指定起点宽度 <0.0000>:   //按 Enter 键，接受起点宽度为 0
指定端点宽度 <0.0000>: 3 //指定端点宽度为 3
指定下一个点或 [圆弧(A)/半宽(H)/长度(L)/放弃(U)/宽度(W)]:  //捕捉图 4-37 中直线 1 的中点
指定下一点或 [圆弧(A)/闭合(C)/半宽(H)/长度(L)/放弃(U)/宽度(W)]:  //按 Enter 键结束操作
```

执行完毕后，最终完成效果如图 4-38 所示，即完成了 PNP 三极管的绘制。

09 如果要绘制 NPN 三极管，则可从图 4-37 开始，调用“多线段”命令。用鼠标捕捉直线 2 的中点为起点，然后选择“宽度”方式，设置起点宽度为 3，终点宽度为 0，并捕捉直线 2 的右端

点为下一个点，绘制一段多线段，完成效果如图 4-39 所示。

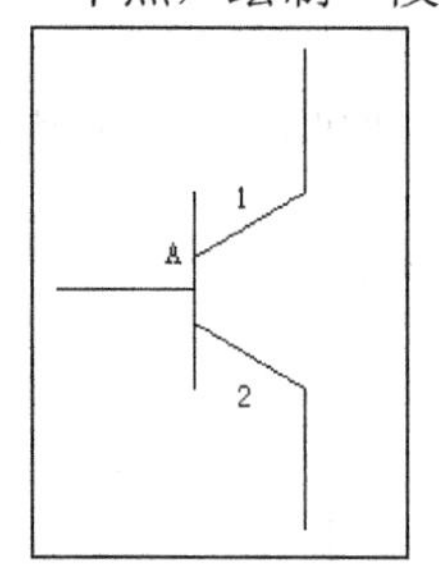

图 4-37 绘制直线

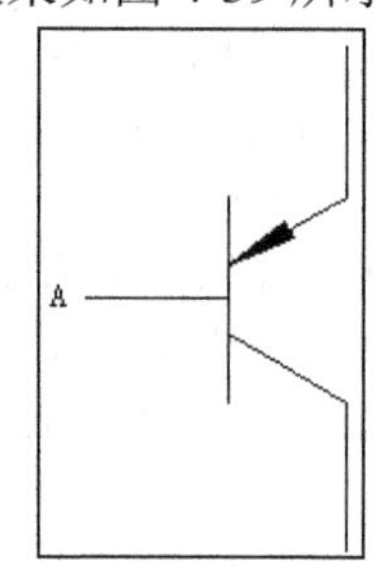

图 4-38 完成 PNP 三极管绘制

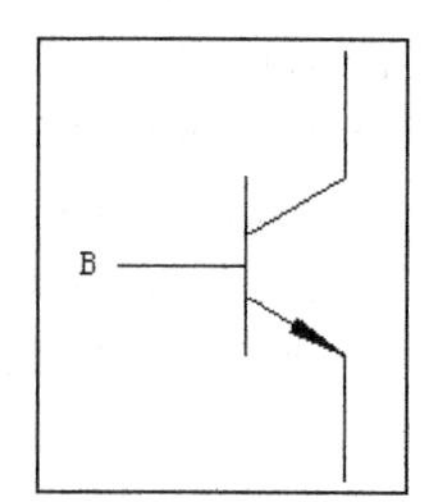

图 4-39 绘制 NPN 三极管

10 执行主菜单中的“绘图”|“块”|“创建”命令，或在命令行中输入 BLOCK，弹出“块定义”对话框。在该对话框中的“名称”文本框中输入块名称“PNP 三极管”，指定图 4-38 中的 A 点为基点。选择图 4-38 所示的三极管图形符号为块定义对象，设置“块单位”为毫米，则会将前面绘制的 PNP 三极管存储为图块。用同样的方法，以图 4-39 中的 B 点为基点，则会将如图 4-39 所示的符号存储为 NPN 三极管图块。

4.4 开关绘制

开关一般分为单极开关和多极开关两种，分别如图 4-40 和图 4-41 所示。

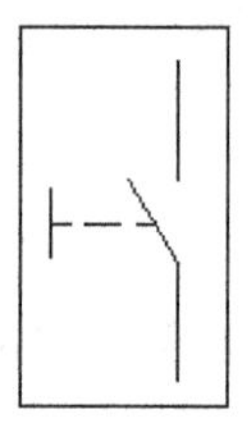
图 4-40 单极开关

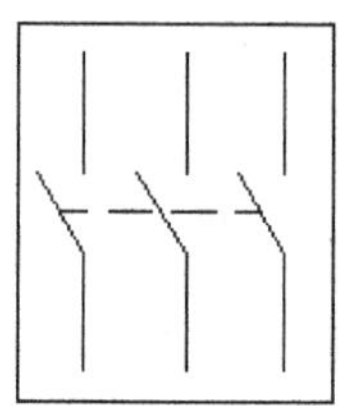
图 4-41 多极开关

4.4.1 单极开关绘制

单极开关如图 4-40 所示，其绘制步骤如下。

01 调用“直线”命令，在“正交”方式下，绘制 3 条长度均为 10 且首尾相连的竖直直线，效果如图 4-42 所示。

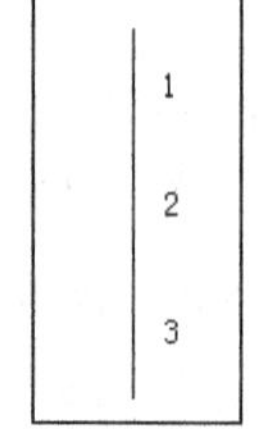

图 4-42 绘制竖直直线

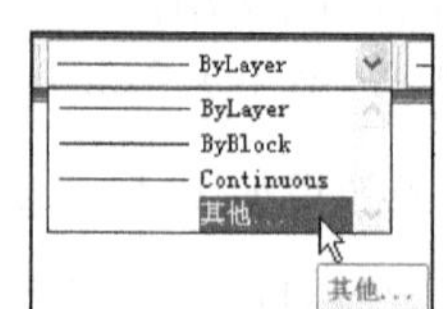

图 4-43 线型下拉列表

02 在“特性”工具栏上单击线型框右侧的按钮，弹出如图 4-43 所示的线型下拉列表。在列表中单击“其他”选项，弹出如图 4-44 所示的“线型管理器”对话框。

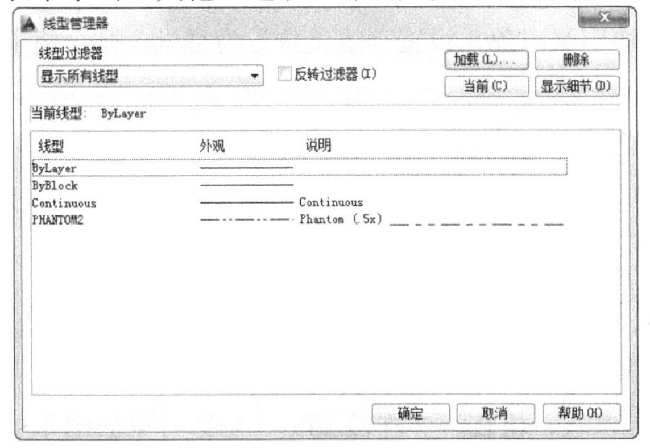

图 4-44　“线型管理器”对话框

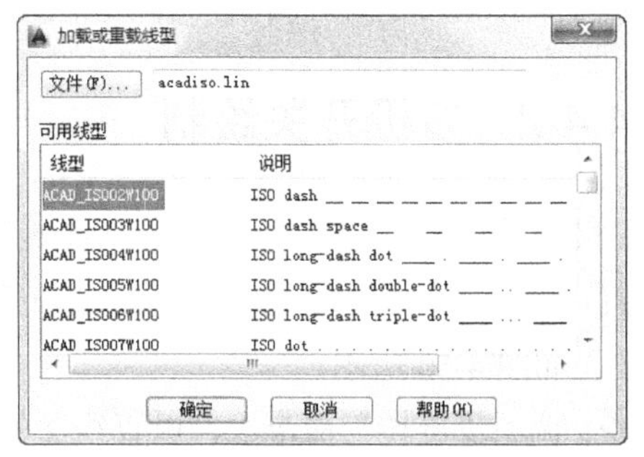

图 4-45　“加载或重载线型”对话框

03 单击“加载”按钮，弹出如图 4-45 所示的“加载或重载线型”对话框。在线型下拉列表中选中“ACAD_IS002W100”，单击“确定”按钮，返回“线型管理器”对话框。继续单击“确定”按钮，将虚线加载到当前绘图环境中。

04 在线型下拉列表中选中“ACAD_IS002W100”，将其设置为当前线型。

05 调用“直线”命令，在“正交”方式下，用鼠标捕捉图 4-42 中直线 2 的中点，以其为起点，向左绘制长度为 15 的水平直线 4，完成效果如图 4-46 所示。

06 将 CONTINUOUS 切换为当前线型。调用“直线”命令，在“正交”方式下，捕捉图 4-46 中直线 4 的左端点为起点，分别向上和向下绘制长度为 3 的直线，绘制效果如图 4-47 所示。

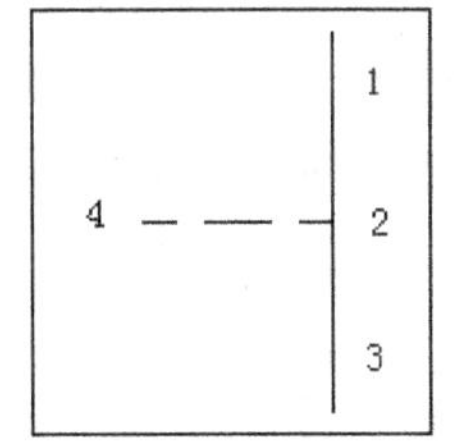

图 4-46　绘制水平直线

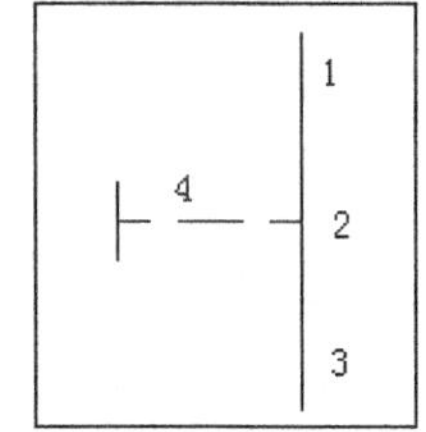

图 4-47　绘制竖直直线

07 调用“旋转”命令，以直线 2 的下端点为基点，将直线 2 旋转 30°，旋转效果如图 4-48 所示。

08 调用“修剪”命令，以直线 2 为剪切边，对直线 4 进行修剪，修剪结果如图 4-49 所示。

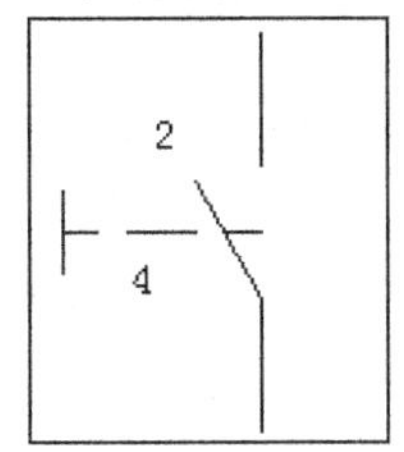

图 4-48　旋转图形

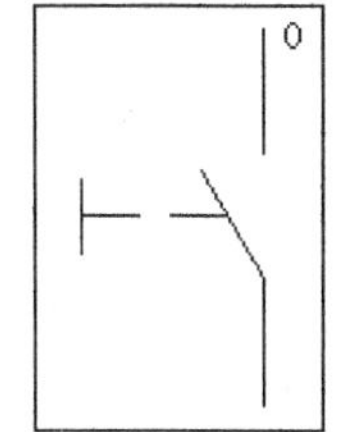

图 4-49　修剪结果

09 执行主菜单中的“绘图”|“块”|“创建”命令，或者在命令行中输入 BLOCK，弹出 “块定义”对话框。在该对话框中的“名称”文本框中输入块名称“单极开关”，指定图 4-49 中的 O 点为基点。选择如图 4-49 所示的单极开关图形符号为块定义对象，设置“块单位”为毫米，则会将前面绘制的单极开关存储为图块。

4.4.2 多极开关绘制

多极开关如图 4-41 所示，其绘制步骤如下。

01 调用“直线”命令，在“正交”方式下，绘制 3 条长度均为 10 且首尾相连的竖直直线，绘制效果如图 4-50 所示。

02 调用“旋转”命令，以直线 2 的下端点为基点，将直线 2 旋转 30°，旋转效果如图 4-51 所示。

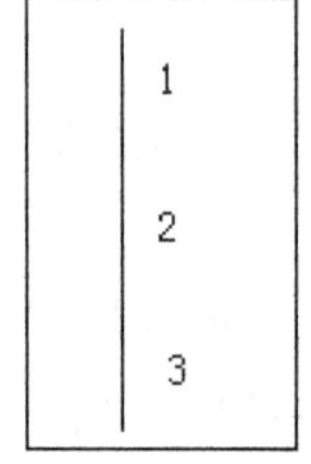

图 4-50 绘制直线

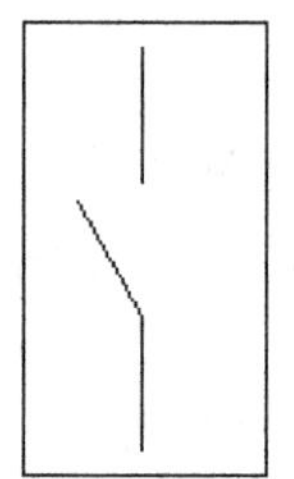
图 4-51 旋转直线

03 调用“矩形阵列”命令，使用“计数”阵列方式，设置行为 1，列为 3，列偏移为 10，其他参数按照系统默认值即可。拾取如图 4-51 所示的图形为阵列对象，阵列效果如图 4-52 所示。

04 参考 4.4.1 节中的方法，向当前绘图系统加载虚线线型，并将其设置为当前线型。

05 调用“直线”命令，在“正交”方式下，用鼠标依次捕捉图 4-52 中直线 2 和 4 的中点作为端点绘制一条直线。完成效果如图 4-53 所示，即完成多极开关符号的绘制。

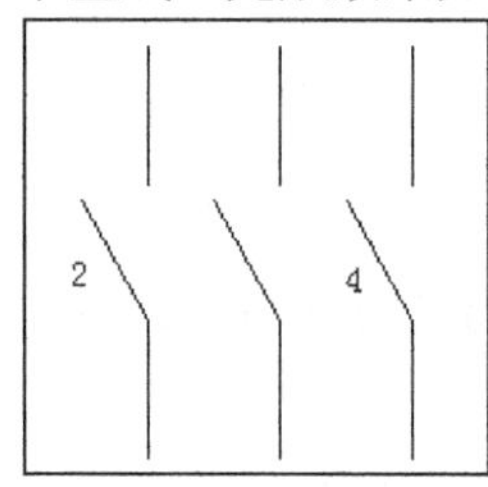

图 4-52 阵列图形

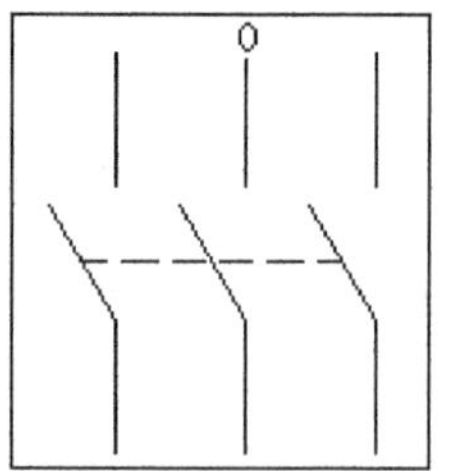

图 4-53 绘制直线

06 执行主菜单中的“绘图”|“块”|“创建”命令，或者在命令行中输入 BLOCK，弹出 “块定义”对话框。在该对话框中的“名称”文本框中输入块名称“多极开关”，指定图 4-53 中的 O 点为基点。选择如图 4-53 所示的多极开关图形符号为块定义对象，设置“块单位”为毫米，则会将前面绘制的多极开关存储为图块。

4.5 信号器件绘制

常用的信号器件有信号灯、电铃和蜂鸣器等，分别如图 4-54、图 4-55 和图 4-56 所示。

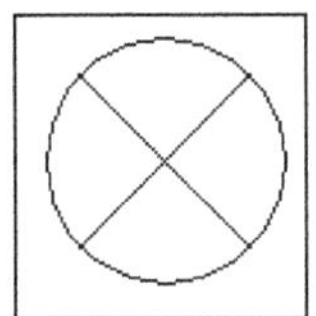
图 4-54　信号灯

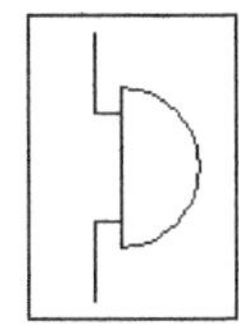
图 4-55　电铃

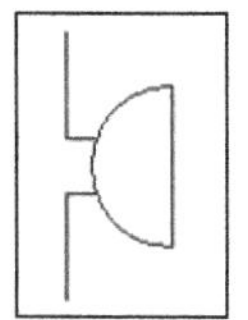
图 4-56　蜂鸣器

4.5.1 信号灯的绘制

信号灯的绘制步骤如下。

01 调用“圆”命令⊙，命令行提示如下。

```
命令: _circle　//执行圆绘制命令
指定圆的圆心或 [三点(3P)/两点(2P)/ 切点、切点、半径(T)]:　//在屏幕上指定一点作为圆心
指定圆的半径或 [直径(D)]: 20　//指定半径
```

执行完毕后，绘制效果如图 4-57 所示。

02 在状态栏单击“正交”和 DYN 按钮，然后调用“直线”命令。捕捉步骤**01**绘制得到的圆的圆心，以其为起点，向上绘制一条长度为 20 的直线。绘制时在出现的长度文本框输入要绘制的直线长度 20，如图 4-58 所示。绘制完毕后，效果如图 4-59 所示。

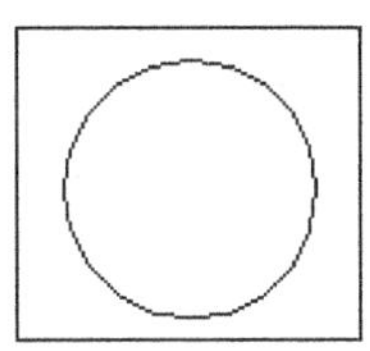
图 4-57　绘制圆

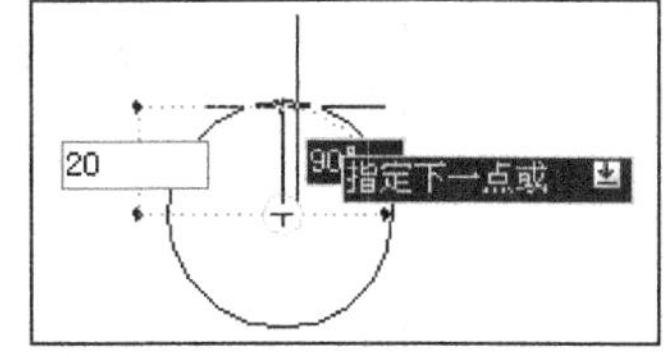

图 4-58　输入长度

03 调用“旋转”命令，以圆心为基点，将步骤**02**绘制的竖直直线旋转 45°，旋转效果如图 4-60 所示。

04 调用“环形阵列”命令，设置项目总数为 4，拾取图 4-60 中的直线为阵列对象，捕捉圆心点为阵列中心点。最终完成效果如图 4-61 所示。

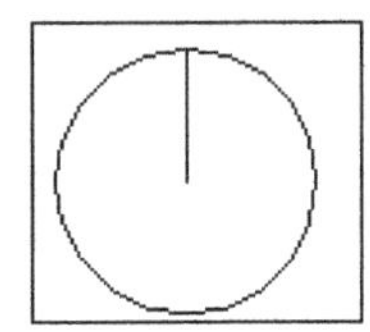
图 4-59　绘制竖直直线

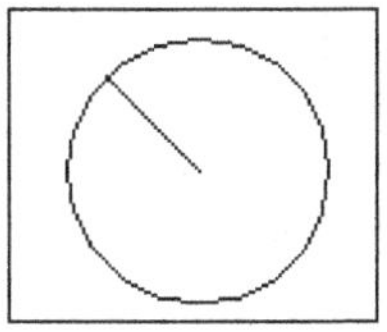
图 4-60　旋转直线

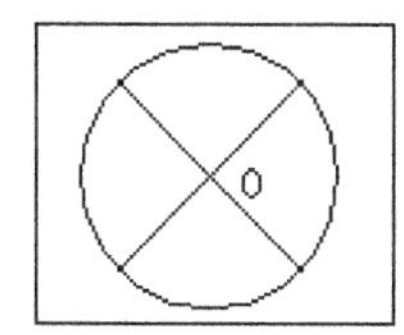

图 4-61　完成绘制

05 执行主菜单中的“绘图”|“块”|“创建”命令，或者在命令行中输入 BLOCK，弹出“块定义”对话框。在该对话框中的“名称”文本框中输入块名称“信号灯”，指定图 4-61 中的 O 点为基点。选择如图 4-61 所示的信号灯符号为块定义对象，设置“块单位”为毫米，则会将前面绘制的信号灯存储为图块。

4.5.2 电铃绘制

电铃的绘制步骤如下。

01 调用“圆弧”命令，命令行提示如下。

```
命令: _arc  //执行圆弧命令
指定圆弧的起点或 [圆心(C)]: C  //选择“圆心”方式
指定圆弧的圆心: 0,0  //指定圆心坐标
指定圆弧的起点: -10,0  //指定圆弧起点
指定圆弧的端点或 [角度(A)/弦长(L)]: A  //选择“角度”方式
指定包含角: 180  //指定圆心角
```

执行完毕后，绘制效果如图 4-62 所示。

02 调用“直线”命令，分别捕捉图 4-62 中圆弧的端点作为第一点和第二点绘制竖直直线，绘制效果如图 4-63 所示。

03 继续调用“直线”命令，按表 4-1 所示点坐标分别绘制若干条直线，绘制效果如图 4-64 所示，即完成电铃符号的绘制。

表 4-1 各直线的起始点和结束点坐标

编号	起始点	结束点
1	(0,4)	(6,4)
2	(6,4)	(6,22)
3	(0,-4)	(6,-4)
4	(6,-4)	(6,-22)

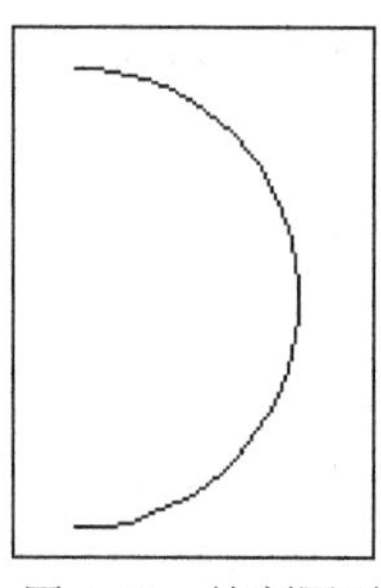

图 4-62 绘制圆弧

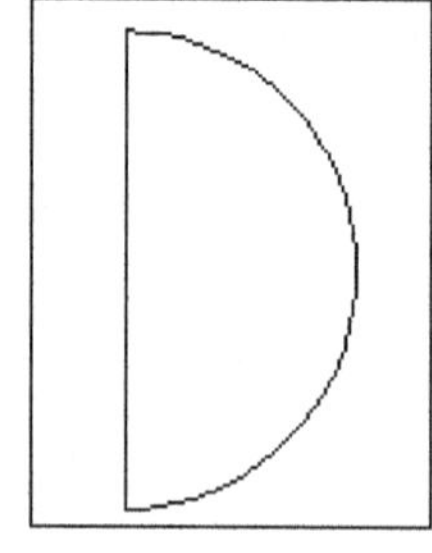

图 4-63 绘制直线

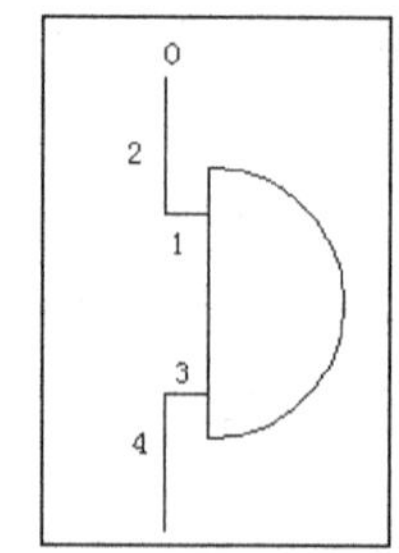

图 4-64 完成绘制

04 执行主菜单中的“绘图”|“块”|“创建”命令，或者在命令行中输入 BLOCK，弹出“块

定义”对话框。在该对话框中的“名称”文本框中输入块名称“电铃”，指定图 4-64 中的 O 点为基点。选择如图 4-64 所示的电铃符号为块定义对象，设置“块单位”为毫米，则会将前面绘制的电铃存储为图块。

4.5.3　蜂鸣器的绘制

蜂鸣器的绘制步骤如下。

01 调用“圆弧”命令，命令行提示如下。

```
命令: _arc  //执行圆弧命令
指定圆弧的起点或 [圆心(C)]: C  //选择“圆心”方式
指定圆弧的圆心: 0,0  //指定圆心坐标
指定圆弧的起点: 10,0  //指定圆弧起点
指定圆弧的端点或 [角度(A)/弦长(L)]: A  //选择“角度”方式
指定包含角: 180  //指定圆心角
```

执行完毕后，绘制效果如图 4-65 所示。

02 调用“直线”命令，分别捕捉图 4-65 中圆弧的端点作为第一点和第二点绘制竖直直线，绘制效果如图 4-66 所示。

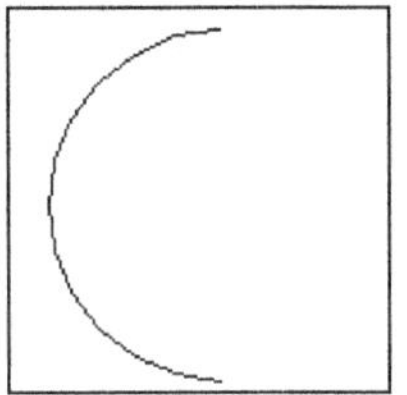

图 4-65　绘制圆弧

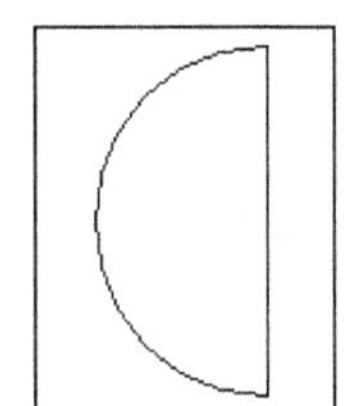

图 4-66　绘制直线

03 单击状态栏中的“正交”按钮。调用“直线”命令，捕捉图 4-66 中圆弧的圆心，以其为起点，向左绘制长度为 24 的水平直线 1，绘制效果如图 4-67 所示。

04 调用“偏移”命令，将图 4-67 中的直线 1 分别向上和向下偏移 4，偏移效果如图 4-68 所示。

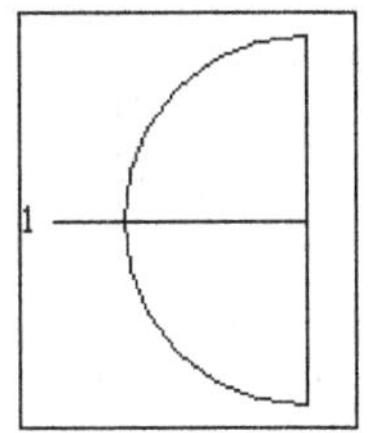

图 4-67　绘制水平直线

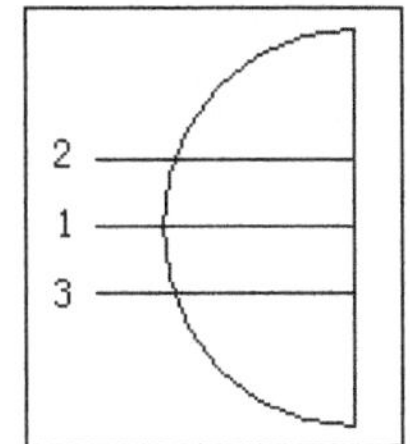

图 4-68　偏移直线

05 调用“修剪”命令，以圆弧为剪切边，对直线 2 和 3 进行修剪操作，然后删除直线 1，修剪结果如图 4-69 所示。

06 调用“直线”命令，捕捉图 4-69 中直线 2 的左端点，以其为起点，向上绘制长度为 18

的竖直直线。捕捉图 4-69 中直线 3 的左端点，以其为起点，向下绘制长度为 18 的竖直直线。最终完成效果如图 4-70 所示。

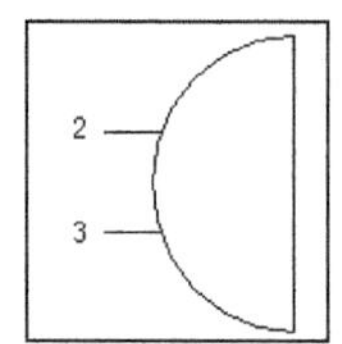

图 4-69　修剪结果

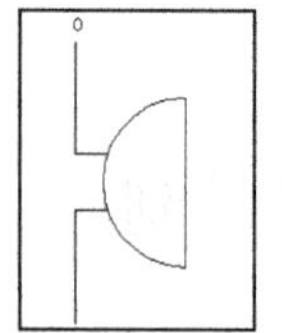

图 4-70　完成绘制

07 执行主菜单中的“绘图”|“块”|“创建”命令，或者在命令行中输入 BLOCK，弹出“块定义”对话框。在该对话框中的“名称”文本框中输入块名称“蜂鸣器”，指定图 4-70 中的 O 点为基点。选择如图 4-70 所示的蜂鸣器符号为块定义对象，设置“块单位”为毫米，则会将前面绘制的蜂鸣器存储为图块。

4.6 测量仪表绘制

常用的信号器件有电流表和电压表，分别如图 4-71 和图 4-72 所示。

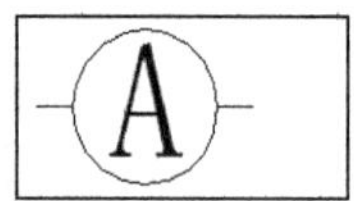

图 4-71　电流表

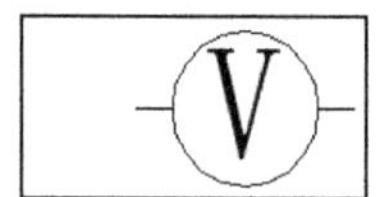

图 4-72　电压表

4.6.1 电流表绘制

电流表的绘制步骤如下。

01 调用“圆”命令，绘制一个半径为 10 的圆，效果如图 4-73 所示。

02 单击状态栏中的“正交”按钮，进入“正交”模式。调用“直线”命令，捕捉图 4-73 中圆的圆心，以其为起点，向右绘制一条长度为 15 的水平直线，效果如图 4-74 所示。

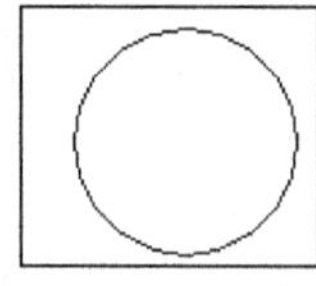

图 4-73　绘制圆

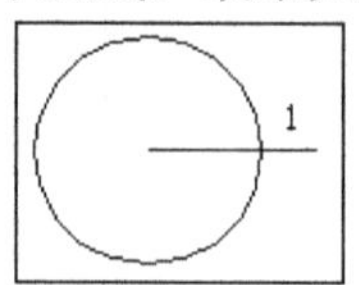

图 4-74　绘制直线

03 调用“拉长”命令，命令行提示如下。

```
命令: _lengthen      //执行拉长命令
选择对象或 [增量(DE)/百分数(P)/全部(T)/动态(DY)]: DE   //选择“增量”方式
输入长度增量或 [角度(A)] <0.0000>: 15     //指定拉长方式
```

选择要修改的对象或 [放弃(U)]:　//在图 4-74 中直线 1 上靠近左端点处单击鼠标

执行完毕后，拉长效果如图 4-75 所示。

04 调用“修剪”命令-/--，以圆弧为剪切边，对直线 1 进行修剪，修剪效果如图 4-76 所示。

05 执行主菜单中的“格式”|“文字样式”命令，弹出“文字样式”对话框。

06 单击对话框右上角的“新建”按钮，弹出“新建文字样式”对话框。设置文字样式名为“样式 1”，单击“确定”按钮，返回“文字样式”对话框。

07 在对话框中设置文字字体为宋体，高度为 15，并在左侧样式列表框选中“样式 1”，然后依次单击“置为当前”和“确定”按钮。

08 调用“多行文字”命令A，在如图 4-76 所示的圆的内部依次指定两个点，然后输入“A”。

09 调用“平移”命令✥，将步骤08输入的字调整至圆的中心位置，完成后效果如图 4-77 所示，即完成电流表的符号绘制。

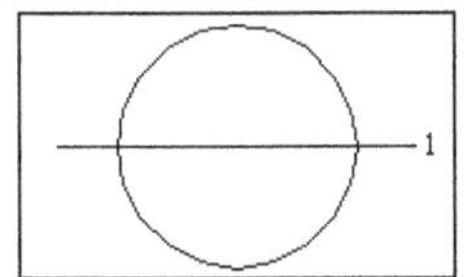

图 4-75　拉长直线

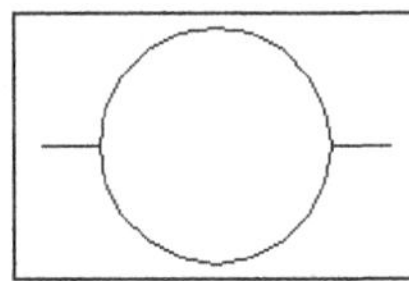
图 4-76　修剪直线

图 4-77　完成绘制

10 执行主菜单中的“绘图”|“块”|“创建”命令，或者在命令行中输入 BLOCK，弹出“块定义”对话框。在该对话框中的“名称”文本框中输入块名称“电流表”，指定图 4-77 中的 O 点为基点。选择如图 4-77 所示的电流表符号为块定义对象，设置“块单位”为毫米，则会将前面绘制的电流表存储为图块。

4.6.2　电压表绘制

电压表的绘制方法与电流表基本相同。只是最后在圆的中心位置输入的文字是字母“V”而不是“A”，请读者参考 4.6.1 节的内容自己练习。

4.7　常用电器符号绘制

本章将依次介绍电动机、三相变压器和热继电器的绘制。其符号分别如图 4-78、图 4-79 和图 4-80 所示。

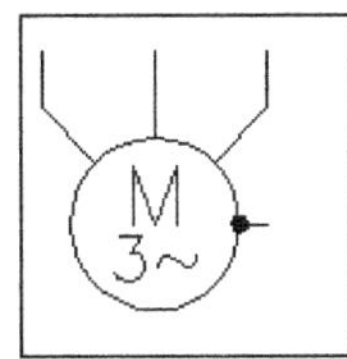

图 4-78　电动机

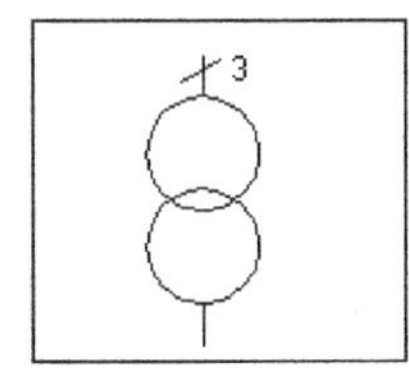

图 4-79　三相变压器

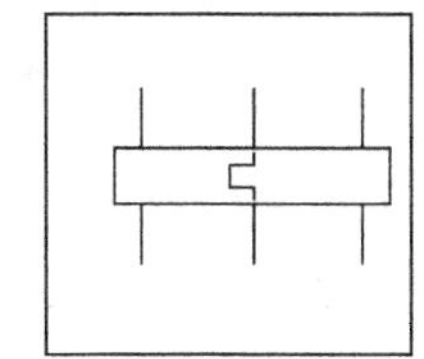
图 4-80　热继电器

4.7.1 电动机绘制

电动机的绘制步骤如下。

01 调用“圆”命令⊙，在屏幕上指定一点为圆心，绘制一个半径为 15 的圆，绘制效果如图 4-81 所示。

02 调用“直线”命令，单击状态栏中的“正交”按钮进入“正交”状态。用鼠标捕捉圆心，以其为起点向上绘制一条长度为 30 的竖直直线 1，效果如图 4-82 所示。

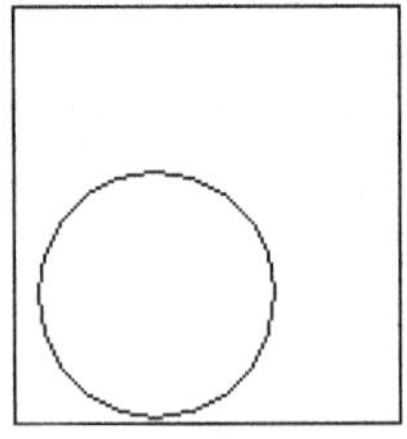

图 4-81 绘制圆

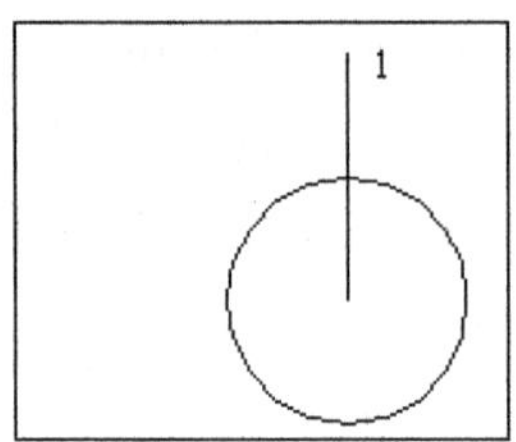

图 4-82 绘制竖直直线

03 单击状态栏中的“极轴”按钮和 DYN 按钮，调用“直线”命令。用鼠标捕捉圆心，以其为起点，向右上方与 X 轴成 45°角的方向上绘制直线。在出现的长度文本框中输入长度 28，如图 4-83 所示。绘制完毕后，效果如图 4-84 所示。

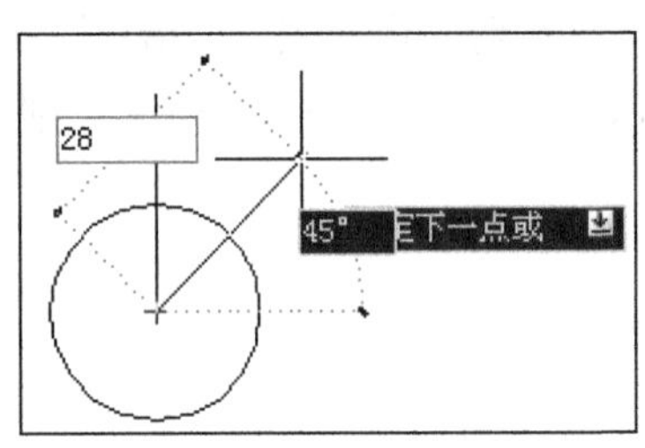

图 4-83 输入长度

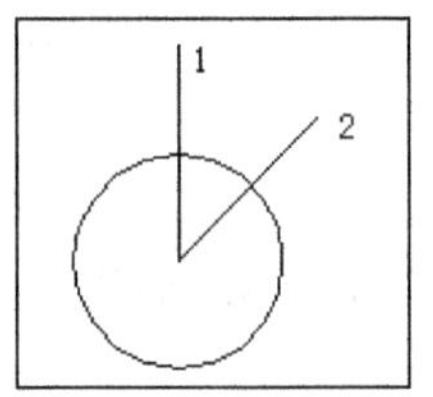

图 4-84 绘制直线

04 调用“镜像”命令，命令行提示如下。

```
命令: _mirror  //执行镜像命令
选择对象: 找到 1 个 //拾取图 4-84 中的直线 2
选择对象:     //按 Enter 键结束选择
指定镜像线的第一点:  //依次捕捉图 4-84 中直线 1 的上、下两个端点并单击鼠标
指定镜像线的第二点:
要删除源对象吗? [是(Y)/否(N)] <N>:  //按 Enter 键，不删除源对象
```

执行完毕后，镜像效果如图 4-85 所示。

05 单击状态栏中的“正交”按钮进入正交状态。调用“直线”命令，用鼠标捕捉直线 2 的右上端点，以其为起点向上绘制长度为 10 的直线。用鼠标捕捉直线 3 的左上端点，以其为起点向上绘制长度为 10 的直线，效果如图 4-86 所示。

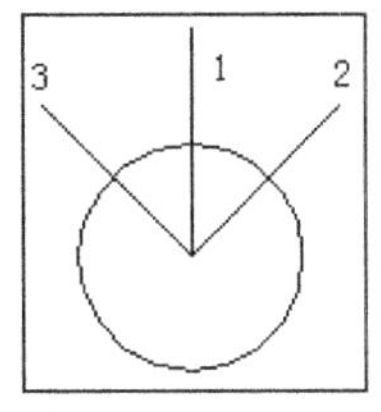

图 4-85　镜像结果

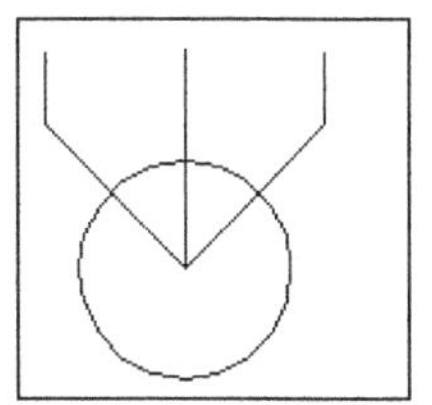

图 4-86　绘制直线

06 调用“直线”命令，用鼠标捕捉圆心，以其为起点向右绘制长度为 20 的直线，效果如图 4-87 所示。

07 调用“修剪”命令，以圆为剪切边，对步骤**06**绘制的水平直线进行修剪。裁剪掉圆以内的部分，修剪结果如图 4-88 所示。

08 调用“圆”命令，捕捉图 4-88 中的 A 点为圆心，绘制一个半径为 1.5 的圆，效果如图 4-89 所示。

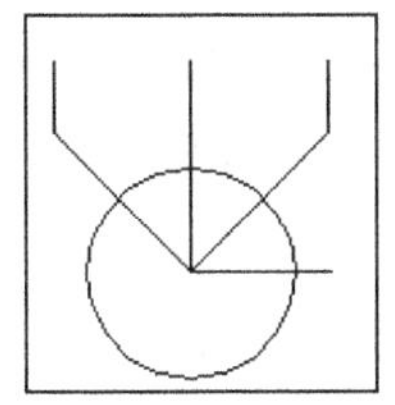

图 4-87　绘制水平直线

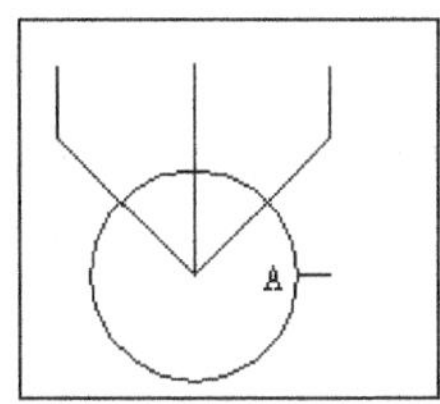

图 4-88　修剪结果

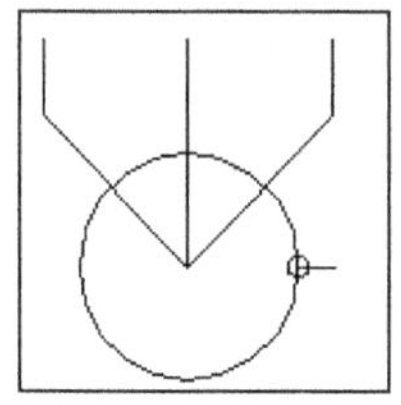

图 4-89　绘制圆

09 选择主菜单栏中的“绘图”|“图案填充”命令，或者单击“绘图”工具栏中的按钮，或者在命令行中输入 BHATCH 后按 Enter 键，都可以弹出如图 4-90 所示的“图案填充和渐变色”对话框。

10 单击“图案”选项右侧的按钮，弹出如图 4-91 所示的“填充图案选项板”对话框。在“其他预定义”选项卡中选择“SOLID”图案，单击“确定”按钮，返回“图案填充和渐变色”对话框。

图 4-90　“图案填充和渐变色”对话框

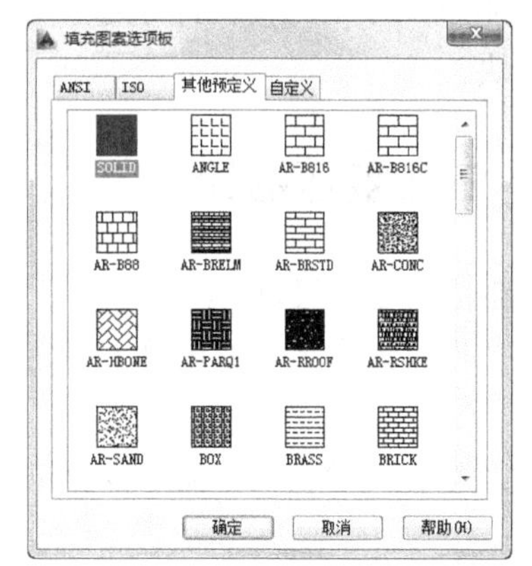

图 4-91　“填充图案选项板”对话框

11 单击“添加：选择对象”按钮，暂时返回绘图窗口中进行选择。选择步骤**08**绘制的圆，如图 4-92 所示。按 Enter 键再次返回“图案填充和渐变色”对话框，单击“确定”按钮，完成圆的填充，填充效果如图 4-93 所示。

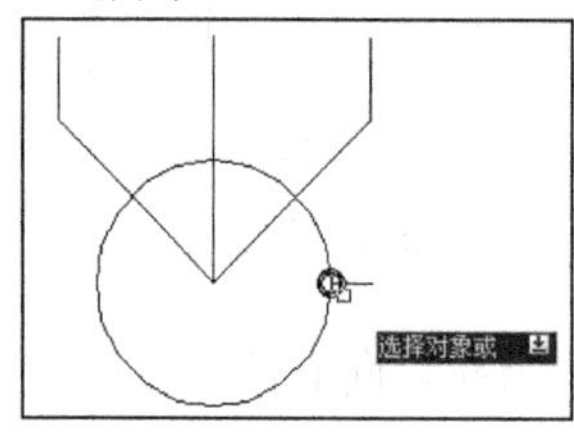

图 4-92　拾取圆

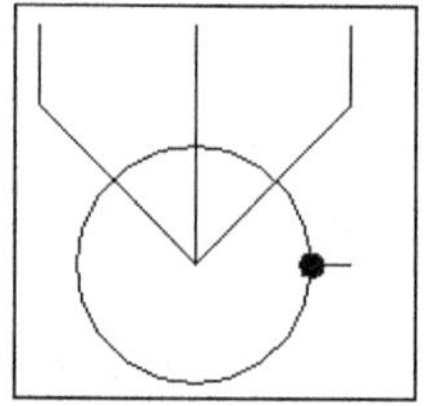
图 4-93　完成填充

12 调用“修剪”命令，以圆弧为剪切边，对图 4-93 中的直线进行修剪，裁剪掉圆以内部分的直线段。修剪结果如图 4-94 所示。

13 调用“文字样式”命令，新建一个文字样式，样式名为“样式 1”，字体为“宋体”，高度为 10，并将“样式 1”设置为当前样式。

14 调用“多行文字”命令**A**，输入两行文字，第一行为“M”，第二行为“3~”。然后调用“平移”命令，将这两行文字调整至圆的中心位置，完成后最终效果如图 4-95 所示。

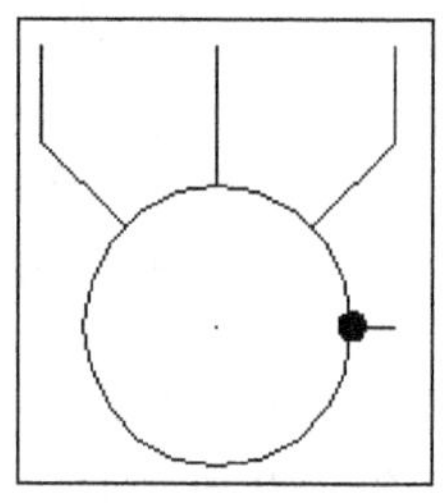
图 4-94　修剪结果

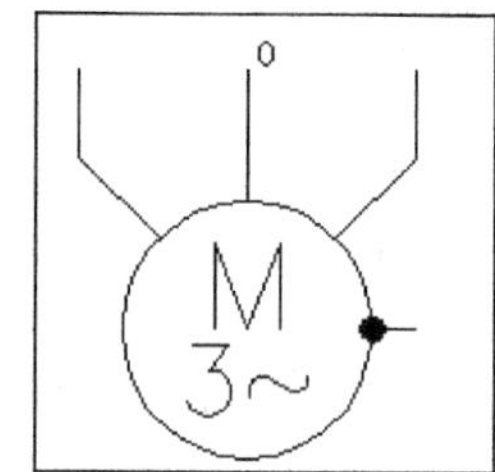

图 4-95　输入文字

15 执行主菜单中的“绘图”|“块”|“创建”命令，或者在命令行输入 BLOCK，弹出“块定义”对话框。在该对话框中的“名称”文本框中输入块名称“电动机”，指定图 4-95 中的 O 点为基点。选择如图 4-95 所示的电动机符号为块定义对象，设置“块单位”为毫米，则会将前面绘制的电动机存储为图块。

4.7.2　三相变压器绘制

三相变压器的绘制步骤如下。

01 调用“圆”命令，在屏幕上指定一点为圆心，绘制一个半径为 10 的圆，效果如图 4-96 所示。

02 调用“复制”命令，命令行提示如下。

```
命令: _copy  //执行复制命令
选择对象: 找到 1 个    //拾取步骤01绘制的圆
```

```
选择对象:        //按 Enter 键结束拾取
当前设置:  复制模式 = 多个
指定基点或 [位移(D)/模式(O)/多个(M)] <位移>: D   //选择“位移”模式
指定位移 <0.0000, 0.0000, 0.0000>:   0,-16,0   //指定位移
```

执行完毕后，复制效果如图 4-97 所示。

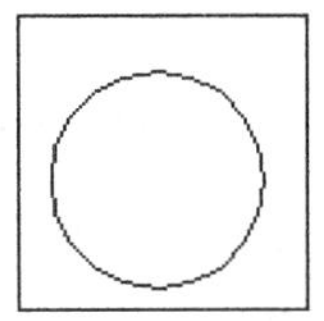
图 4-96　绘制圆

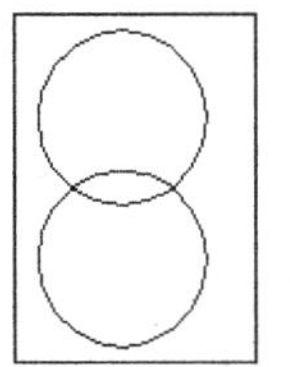
图 4-97　复制圆

03 调用“直线”命令，分别捕捉图 4-97 中两个圆的圆心作为第一点和第二点绘制直线 1，绘制效果如图 4-98 所示。

04 调用“拉长”命令，将步骤**03**绘制的直线向两端分别拉长 17，拉长效果如图 4-99 所示。

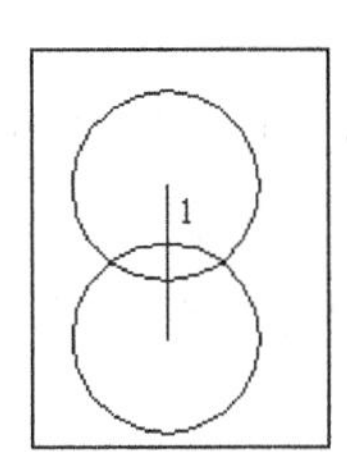

图 4-98　绘制直线

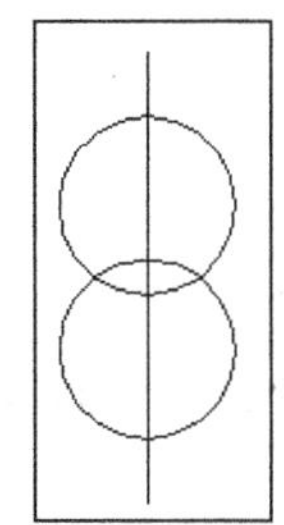
图 4-99　拉长直线

05 调用“修剪”命令，以两段圆弧为剪切边，对竖直直线进行修剪，修剪效果如图 4-100 所示。

06 单击状态栏中的“极轴”按钮。调用“直线”命令，用鼠标捕捉图 4-100 中直线 1 的中点。以其为起点，绘制一条与 X 轴成 30° 角长度为 4 的直线，效果如图 4-101 所示。

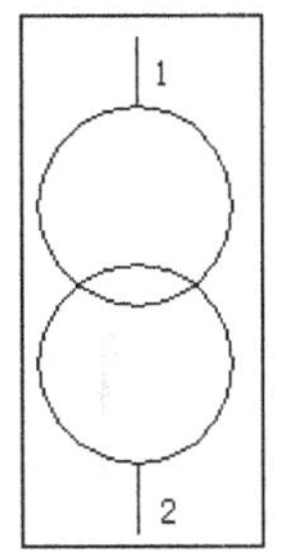

图 4-100　修剪结果

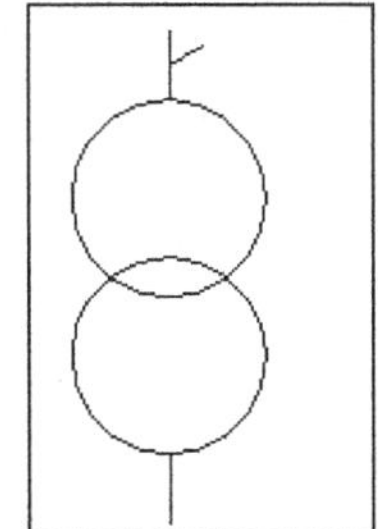
图 4-101　绘制直线

07 调用“拉长”命令，将步骤**06**绘制的直线向左下方拉长 4，拉长效果如图 4-102 所示。

08 调用“文字样式”命令，新建一个文字样式，样式名为“样式 1”，字体为“宋体”，高度为 4，并将“样式 1”设置为当前样式。

09 调用“多行文字”命令，输入 “3”，然后调用“平移”命令将文字调整至倾斜直线

的右侧，完成后最终效果如图 4-103 所示。

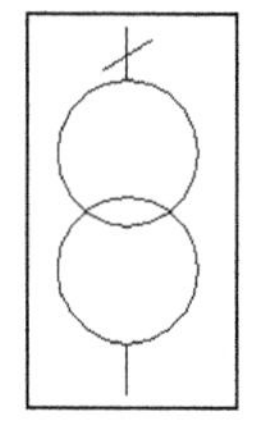

图 4-102　拉长直线

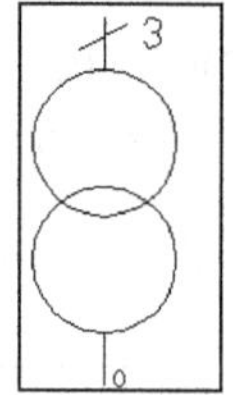

图 4-103　添加文字

10 执行主菜单中的“绘图”|“块”|“创建”命令，或者在命令行中输入 BLOCK，弹出“块定义”对话框。在该对话框中的“名称”文本框中输入块名称“三相变压器”，指定图 4-103 中的 O 点为基点。选择如图 4-103 所示的变压器符号为块定义对象，设置“块单位”为毫米，则会将前面绘制的三相变压器存储为图块。

4.7.3　热继电器绘制

热继电器的绘制步骤如下。

01 调用“矩形”命令，绘制一个长为 50，宽为 10 的矩形，效果如图 4-104 所示。

02 调用“分解”命令，将步骤**01**绘制的矩形分解为直线 1~4。

03 调用“偏移”命令，将直线 1 向右偏移 5，得到直线 5，偏移效果如图 4-105 所示。

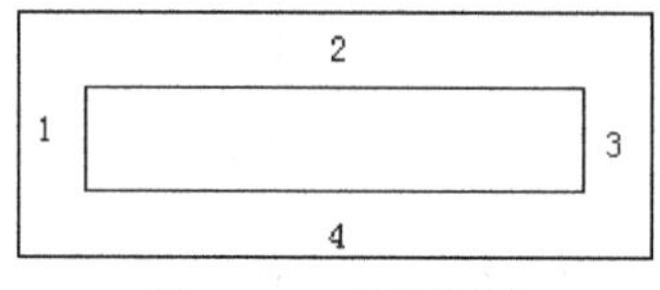

图 4-104　绘制矩形

图 4-105　偏移直线

04 调用“拉长”命令，将直线 5 分别向上和向下拉长 10，拉长效果如图 4-106 所示。

05 调用“矩形阵列”命令，选择“计数”阵列方式，设置行为 1，列为 3，列偏移为 20，拾取图 4-106 中的直线 5 为阵列对象，阵列结果如图 4-107 所示。

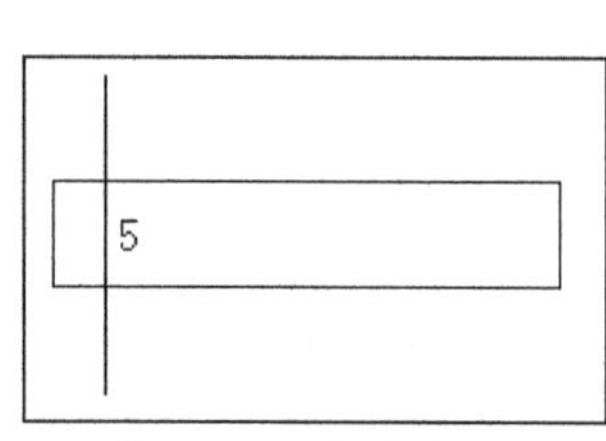

图 4-106　拉长直线

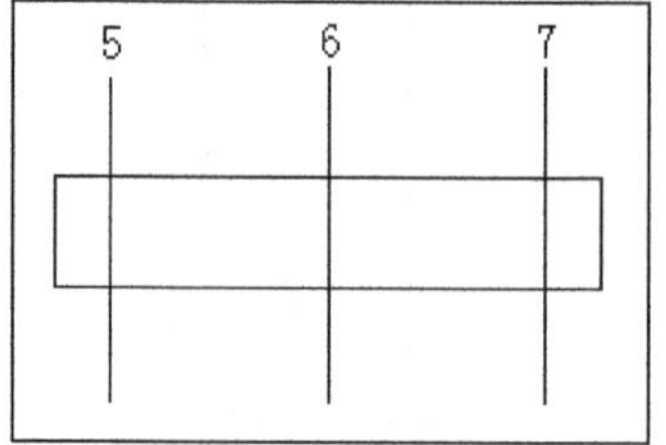

图 4-107　阵列结果

06 调用“修剪”命令，以矩形的上下两边为剪切边，对图 4-107 中的直线 5、6 和 7 进行修剪，修剪结果如图 4-108 所示。

07 单击状态栏中的“正交”按钮。调用“直线”命令，以图 4-108 中的 A 点为起点，依次绘制直线 1~5，长度和方向分别如下。

直线 1：竖直，长度为 3

直线 2：水平，长度为 4

直线 3：竖直，长度为 4

直线 4：水平，长度为 4

直线 5：竖直，长度为 3

绘制完毕后，效果如图 4-109 所示。

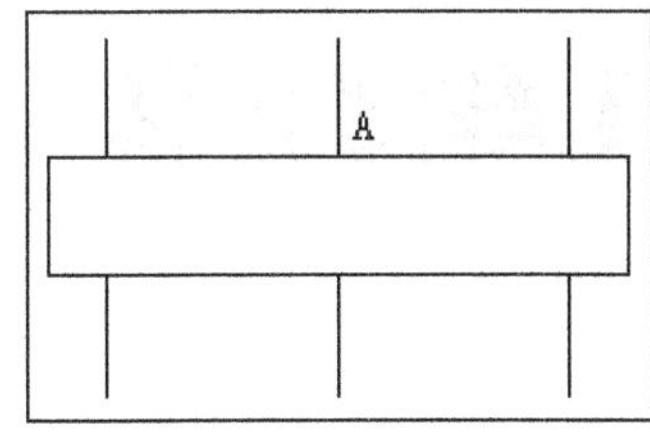

图 4-108　修剪结果

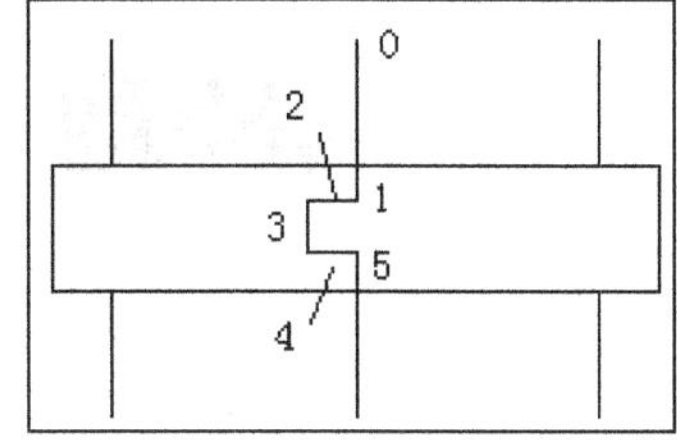

图 4-109　绘制直线

08 执行主菜单中的“绘图”|“块”|“创建”命令，或者在命令行中输入 BLOCK，弹出“块定义”对话框。在该对话框中的“名称”文本框中输入块名称“热继电器”，指定图 4-109 中的 O 点为基点。选择如图 4-109 所示的热继电器符号为块定义对象，设置“块单位”为毫米，则会将前面绘制的热继电器存储为图块。

第5章 电力工程图绘制

电力工程图是一类重要的电气工程图，主要包括输电工程图和变电工程图。输电工程图主要是指连接发电厂、变电站和各级电力用户的输电线路，包括内线工程图和外线工程图。内线工程图指室内动力、照明电气线路及其他线路。外线工程图指室外电源供电线路，包括架空电力线路和电缆电力线路等。变电工程图包括升压变电和降压变电。升压变电站将发电站发出的电能进行升压，以减少远距离输电的电能损失。降压变电站将电网中的高电压降为各级用户能使用的低电压。本章将通过几个实例来详细介绍电力工程图的一般绘制方法。

通过本章的学习，读者应了解和掌握以下内容：

- 输电工程图的绘制
- 变电工程图的绘制
- 变电所断面图的绘制

5.1 输电工程图绘制

要将发电厂发出的电能(电力和电功率)送到用户端，必须要有电力输送线路。输电工程图就是用来描述输送线路的电气工程图，如图 5-1 所示为 110kV 输电线路保护图。本节将详细介绍其绘制步骤。

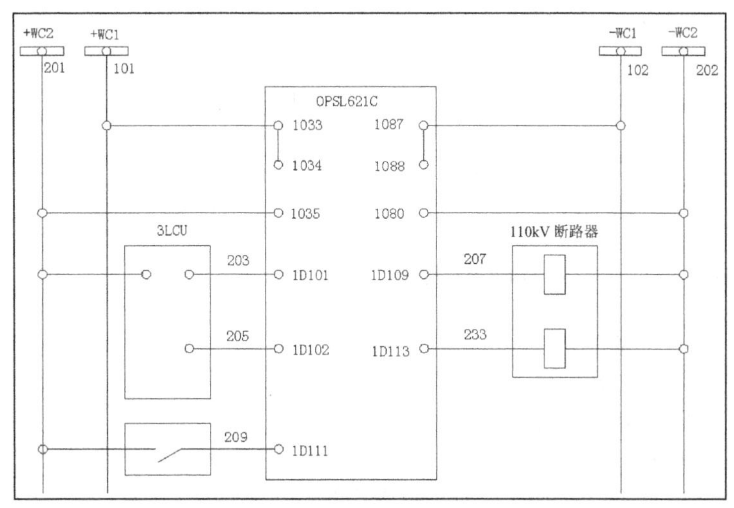

图 5-1　110kV 输电线路保护图

5.1.1　配置绘图环境

开始进行图形绘制之前，需要配置绘图环境，具体操作步骤如下。

01 打开 AutoCAD 2014 应用程序，以“A3.dwt”样板文件为模板，建立新文件。

02 将新文件命名为“110kV 输电线路保护图.dwg”并保存。

03 在任意工具栏处右击，从打开的快捷菜单中选择“标准”、“图层”、“对象特性”、“绘图”、“修改”和“标注”6 个选项。调出这些选项的工具栏，并将它们移动到绘图窗口中的适当位置。

5.1.2　绘制线路图

01 调用“矩形”命令□，命令行提示如下。

```
命令: _rectang  //执行矩形绘制命令
指定第一个角点或 [倒角(C)/标高(E)/圆角(F)/厚度(T)/宽度(W)]:  //在屏幕上一点单击鼠标指定第一个角点
指定另一个角点或 [面积(A)/尺寸(D)/旋转(R)]: D  //选择“尺寸”方式
指定矩形的长度 <10.0000>: 10  //指定长度
指定矩形的宽度 <10.0000>: 2   //指定宽度
指定另一个角点或 [面积(A)/尺寸(D)/旋转(R)]: ///在屏幕上一点单击鼠标指定另一个角点
```

执行完毕后，绘制效果如图 5-2 所示。

02 调用“圆”命令，命令行提示如下。

```
命令: _circle  //执行圆绘制命令
指定圆的圆心或 [三点(3P)/两点(2P)/ 切点、切点、半径(T)]:  //用鼠标捕捉图 5-2 中的 A 点为圆心
指定圆的半径或 [直径(D)]: 1  //指定圆半径为 1
```

执行完毕后，绘制效果如图 5-3 所示。

图 5-2　绘制矩形

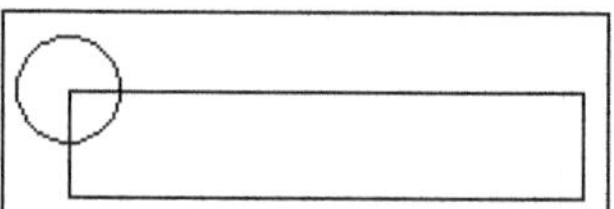

图 5-3　绘制圆

03 调用“平移”命令，命令行提示如下。

```
命令: _move  //执行平移命令
选择对象: 找到 1 个 //拾取图 5-3 中的圆
选择对象:  //按 Enter 键结束拾取
指定基点或 [位移(D)] <位移>:  D  //选择“位移”方式
指定位移 <0.0000, 0.0000, 0.0000>:  5,-1,0  //指定位移
```

执行完毕后，平移结果如图 5-4 所示。

04 执行主菜单中的“工具”|“草图设置”命令，弹出“草图设置”对话框，切换到“对象捕捉”选项卡，如图 5-5 所示。选中“中点”模式，并单击“确定”按钮结束设置，这样在绘图时系统会自动捕捉直线的中点。

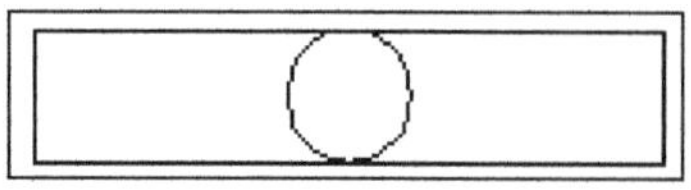

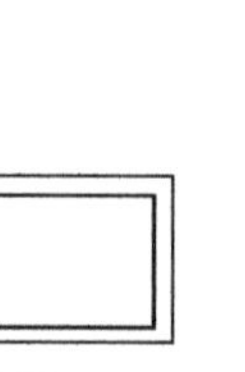

图 5-4　平移结果

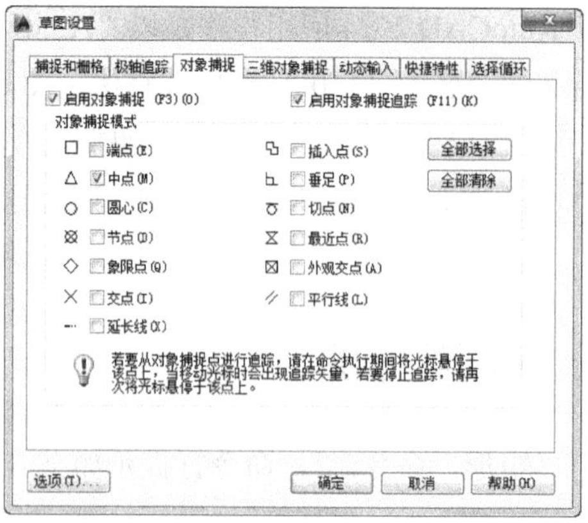

图 5-5　“草图设置”对话框

05 单击状态栏中的“正交”和 DYN 按钮。调用“直线”命令，用鼠标捕捉图 5-4 中最下面一条直线的中点。以其为起点，向下绘制一条长度为 100 的竖直直线，效果如图 5-6 所示。

06 调用“复制”命令，命令行提示如下。

```
命令: _copy  //执行“复制”命令
选择对象: 指定对角点: 找到 2 个 //框选如图 5-6 所示的图形
选择对象: //按 Enter 键结束拾取
当前设置: 复制模式 = 多个
指定基点或 [位移(D)/模式(O)] <位移>: D  //选择“位移”模式
指定位移 <0.0000, 0.0000, 0.0000>:  15,0,0  //指定位移
```

执行完毕后，复制结果如图 5-7 所示。

图 5-6　绘制直线　　　　图 5-7　复制结果

07 继续调用“复制”命令，采用和步骤**06**类似的操作方法，依次将如图 5-6 所示的图形复制并向右平移 135 和 150，复制结果如图 5-8 所示。

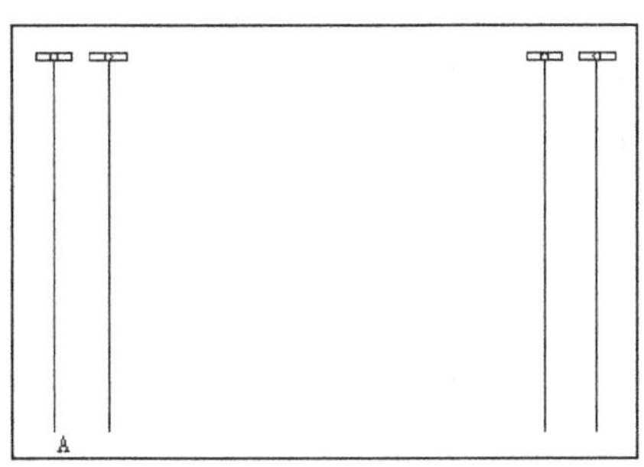

图 5-8　复制结果

08 调用“矩形”命令，绘制一个长度为 20，宽度为 35 的矩形，效果如图 5-9 所示。

09 调用“圆”命令，用鼠标捕捉图 5-9 中的 A 点，以其为圆心绘制一个半径为 1 的圆，效果如图 5-10 所示。

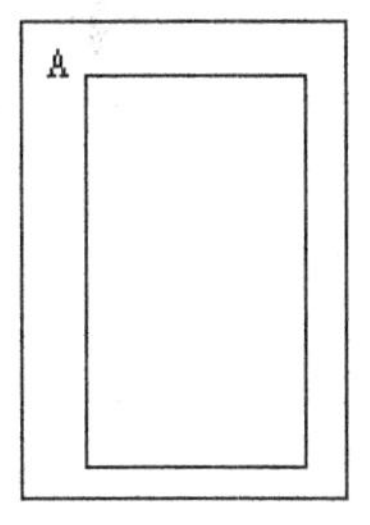

图 5-9　绘制矩形

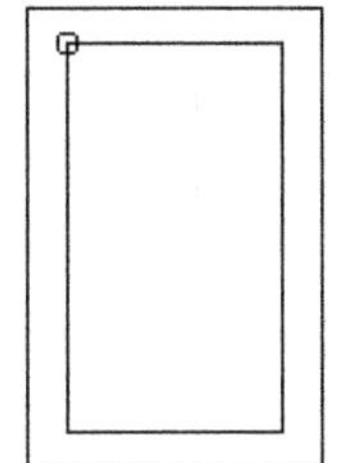

图 5-10　绘制圆

10 调用“平移”命令，平移相对距离为(@5,-6.5,0)，对图 5-10 中的圆进行平移，平移结果如图 5-11 所示。

11 调用“复制”命令，将图 5-11 中的圆复制一份并向右平移 10。然后将复制得到的圆再复制一份并向下平移 17，完成效果如图 5-12 所示。

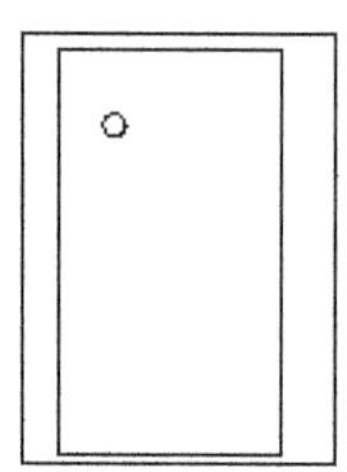

图 5-11　平移结果

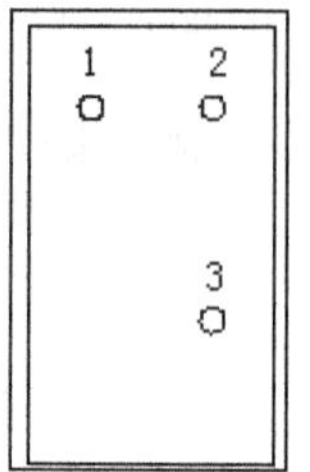

图 5-12　复制结果

12 调用“直线”命令，在“正交”方式下，用鼠标捕捉图 5-12 中的圆 1 的圆心，以其为起点向左绘制一条长度为 24 的水平直线。然后依次用鼠标捕捉图 5-12 中的圆 2 和圆 3 的圆心，分别以其为起点向右绘制长度为 21 的水平直线，绘制效果如图 5-13 所示。

13 调用“圆”命令，依次捕捉图 5-13 中 3 条水平直线的另一端点，以 1 为半径绘制 3 个圆，绘制效果如图 5-14 所示。

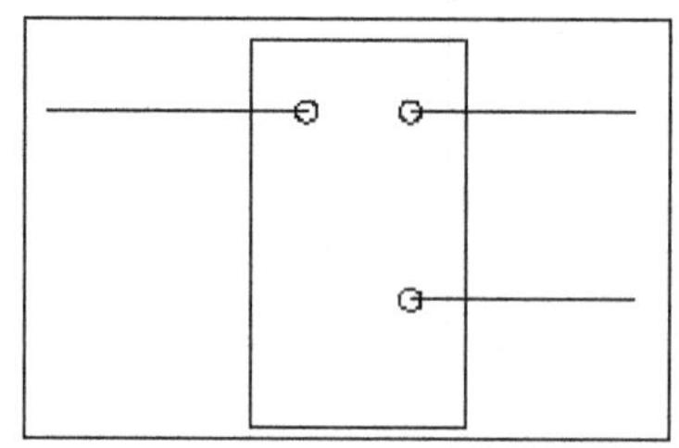

图 5-13　绘制水平直线

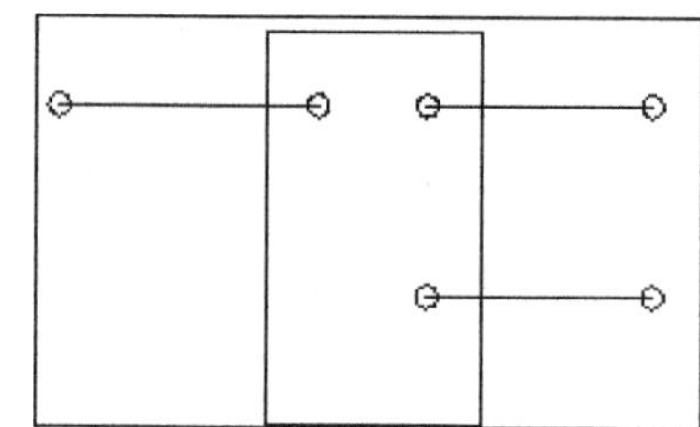

图 5-14　绘制圆

14 调用“修剪”命令，以各个圆为剪切边，对 3 条水平直线进行修剪，修剪结果如图 5-15 所示。

15 调用“平移”命令，将如图 5-15 所示的图形平移到图 5-8 中，尺寸如图 5-16 所示。具体可以采用如下方法：先选中图 5-15 中的图形，选择 B 点为基点，图 5-8 中的 A 点为第二点对图形进行平移。然后再将图形向上平移 50，即可得到如图 5-16 所示的图形。

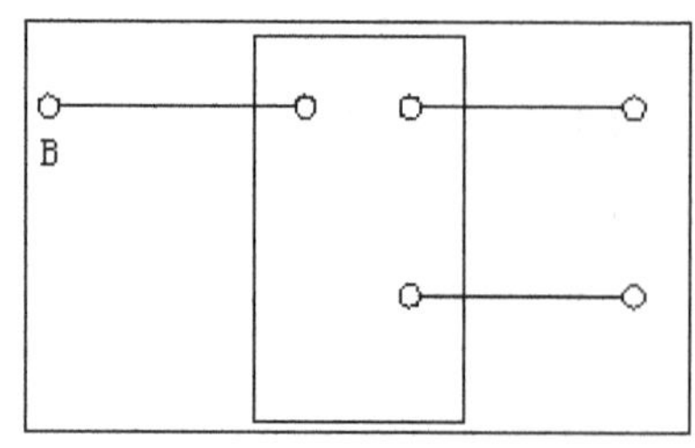

图 5-15　修剪结果

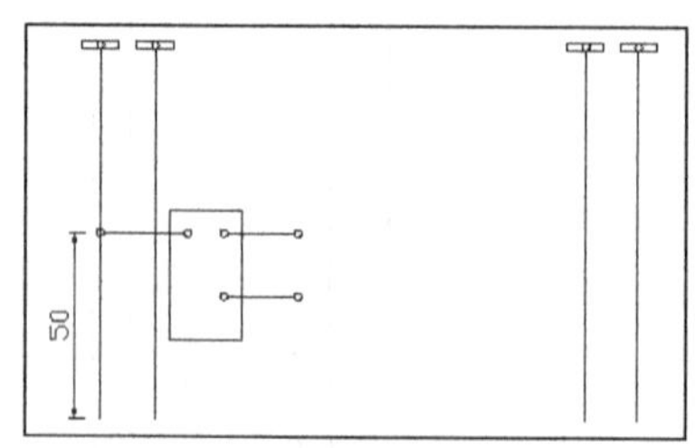

图 5-16　平移图形

16 调用“矩形”命令▭，绘制一个长为20、宽为12的矩形，效果如图5-17所示。

17 调用“直线”命令╱，在“正交”方式下，以图5-17中左侧竖直直线中点为起点，向右依次绘制水平直线1~3，长度依次为7、6和7，绘制效果如图5-18所示。

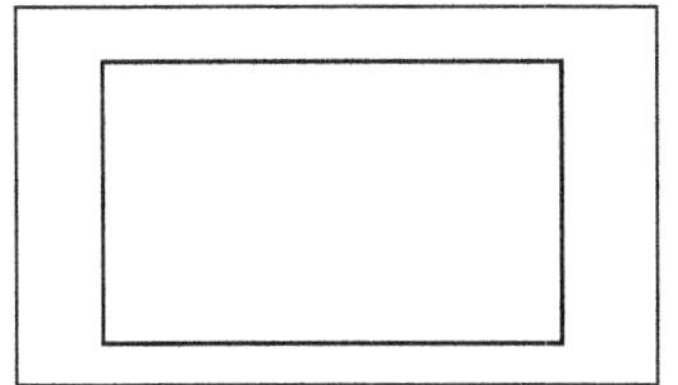

图5-17 绘制矩形

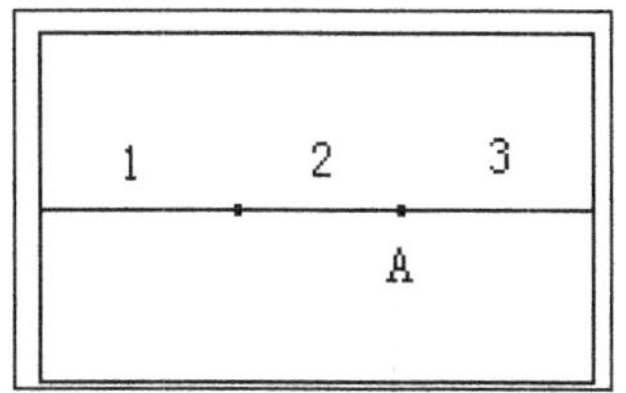

图5-18 绘制直线

18 调用“旋转”命令↻，命令行提示如下。

```
命令: _rotate  //执行旋转命令
UCS 当前的正角方向:  ANGDIR=逆时针   ANGBASE=0
选择对象: 找到 1 个 //拾取图5-18中的直线2
选择对象:  //按Enter键结束拾取
指定基点:   //捕捉图5-18中的A点
指定旋转角度，或 [复制(C)/参照(R)] <0>:  30  //指定旋转角度
```

执行完毕后，旋转结果如图5-19所示。

19 调用“拉长”命令⟋，命令行提示如下。

```
命令: _lengthen  //执行拉长命令
选择对象或 [增量(DE)/百分数(P)/全部(T)/动态(DY)]: DE  //选择“增量”方式
输入长度增量或 [角度(A)] <0.0000>: 19  //输入长度增量
选择要修改的对象或 [放弃(U)]:  //在图5-19中靠近左端点处单击直线1
```

执行完毕后，直线1即被向左拉长19。运用类似的方法将直线3向右拉长16，完成效果如图5-20所示。

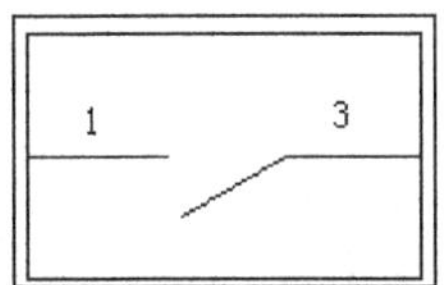

图5-19 旋转结果

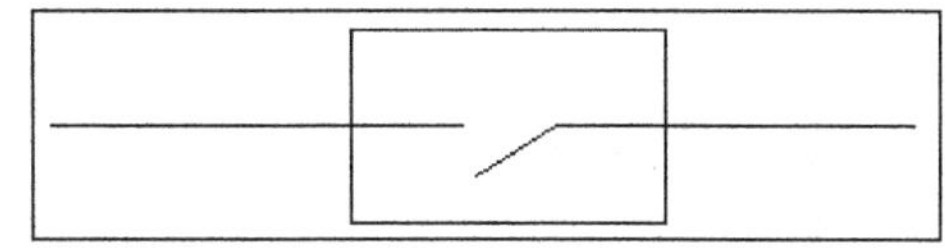

图5-20 拉长直线

20 调用“圆”命令⊙，分别以图5-20中图形的左右端点为圆心绘制半径为1的圆。然后调用“修剪”命令-/--，以圆为剪切边对水平直线进行修剪，完成效果如图5-21所示。

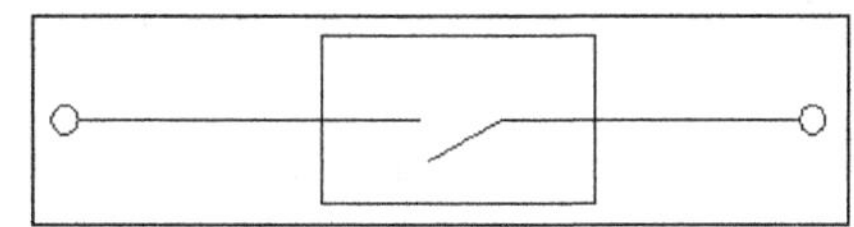

图5-21 绘制圆并修剪

21 调用“平移”命令，将如图 5-21 所示的图形平移到图 5-16 中，尺寸如图 5-22 所示，具体操作方法参考步骤**15**。

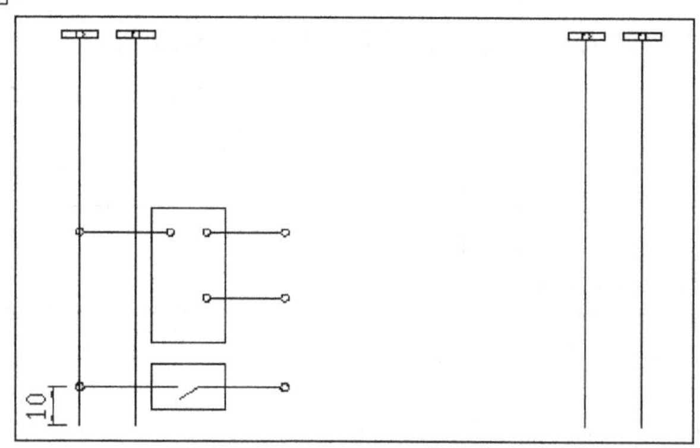

图 5-22 平移结果

22 调用“矩形”命令，依次绘制 3 个矩形，尺寸和位置如图 5-23 所示。

23 调用“直线”命令，分别以图 5-23 中尺寸较小的矩形的竖直边的中点为起点绘制水平直线，并以直线的端点为圆心绘制圆。然后调用“修剪”命令，对图形进行修剪，尺寸和效果如图 5-24 所示。

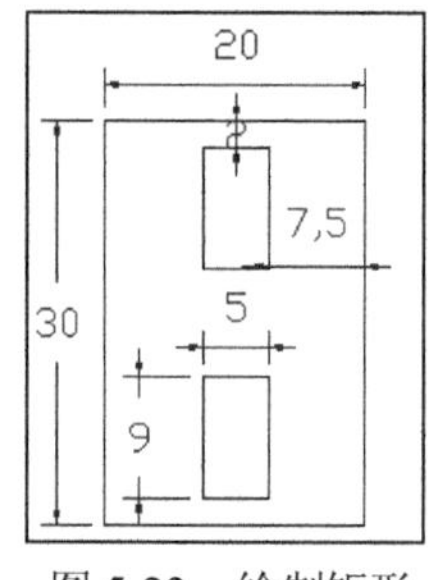

图 5-23 绘制矩形

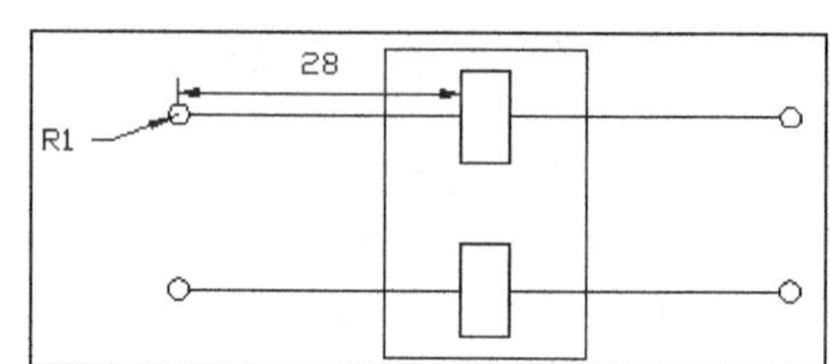

图 5-24 绘制直线、圆并修剪

24 调用“平移”命令，将如图 5-24 所示的图形平移到图 5-22 中，尺寸和效果如图 5-25 所示，具体操作方法参考步骤**15**。

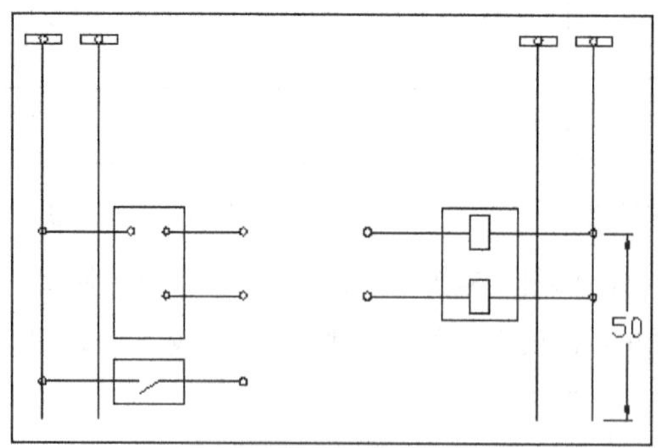

图 5-25 平移结果

25 调用“矩形”命令，绘制一个长为 40、宽为 90 的矩形，并平移到图 5-25 中，尺寸和效果如图 5-26 所示。

26 调用“直线”命令，在图 5-26 中添加几条连接线。在连接线的交点处调用“圆”命令，绘制半径为 1 的圆。然后调用“修剪”命令修剪掉圆内部的直线段，尺寸和效果如图 5-27 所示。至此，线路图就绘制完成了。

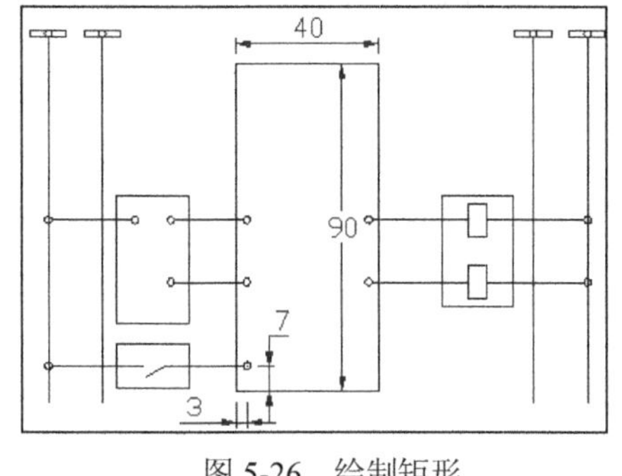

图 5-26　绘制矩形

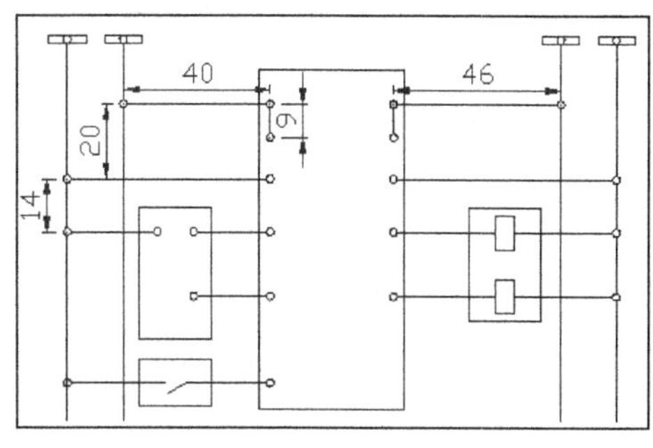

图 5-27　添加连接线

5.1.3　添加注释文字

01 执行主菜单中的“格式”|“文字样式”命令，弹出如图 5-28 所示的“文字样式”对话框。

02 单击对话框右上角的“新建”按钮，弹出如图 5-29 所示的“新建文字样式”对话框。单击“确定”按钮，返回“文字样式”对话框。

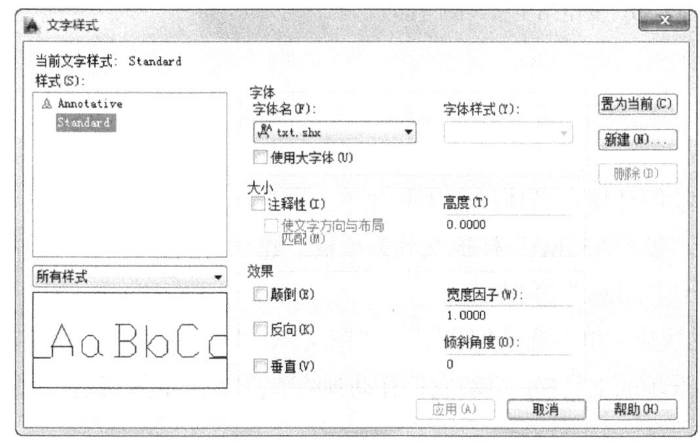

图 5-28　“文字样式”对话框

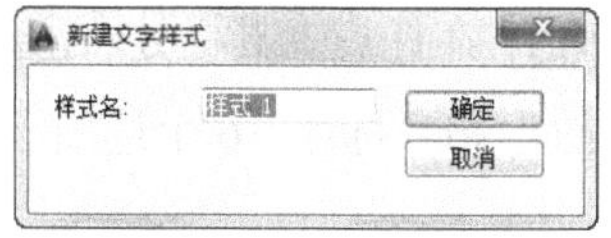

图 5-29　“新建文字样式”对话框

03 在对话框中设置文字字体为宋体，高度为 2.5，并在左侧样式列表框选中“样式 1”，然后依次单击“置为当前”和“确定”按钮。

04 调用“多行文字”命令，在图 5-27 中的各个位置添加相应的文字，并调用“平移”命令，将文字平移到如图 5-1 所示的位置，即完成整张图纸的绘制。

5.2 变电工程图绘制

变电站是连接发电厂和用户的中间环节，起着变换和分配电能的作用。变电站和输电线路作为电力系统的变电部分，都是电力系统重要的组成部分。如图 5-30 所示为某变电站的主接线图，本节将详细介绍其绘制步骤。

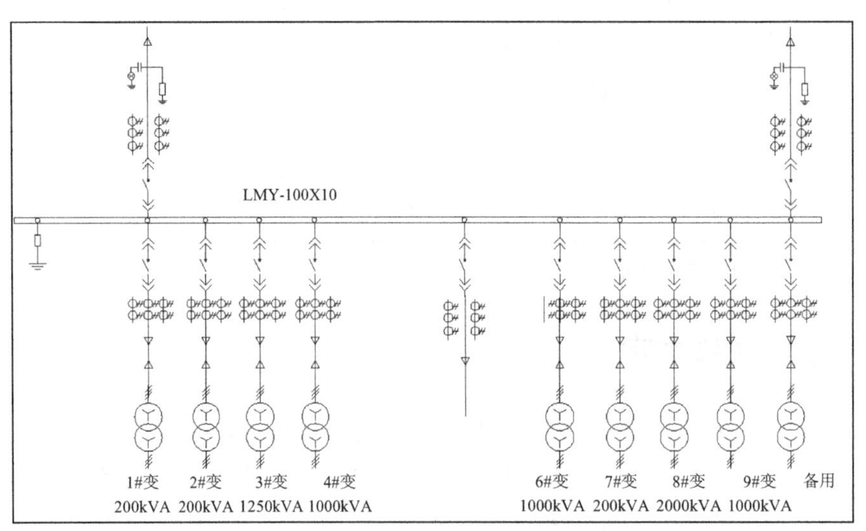

图 5-30　变电站主接线图

5.2.1　配置绘图环境

开始进行图形绘制之前，需要配置绘图环境，具体操作步骤如下。

01 打开 AutoCAD 2014 应用程序，以“A3.dwt”样板文件为模板，建立新文件。

02 将新文件命名为“变电站主接线图.dwg”并保存。

03 在任意工具栏处右击，从打开的快捷菜单中选择“标准”、“图层”、“对象特性”、“绘图”、“修改”和“标注”6 个选项，调出这些选项的工具栏，并将它们移动到绘图窗口中的适当位置。

5.2.2　绘制线路图

分析可知，该线路图主要由母线、主变支路、变电所支路、接地线路和供电部分组成。下面依次介绍各部分的绘制方法。

1. 绘制母线

母线部分可以看作为一个矩形。调用“矩形”命令▭，绘制一个长为 350、宽为 3 的矩形，效果如图 5-31 所示。

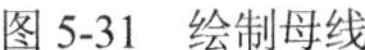

图 5-31　绘制母线

2. 绘制主变支路

图中一共有 9 个主变支路，其中包括 8 个工作主变支路和 1 个备用支路。每个主变支路的图形符号完全相同，其绘制步骤如下。

01 单击状态栏中的“正交”按钮进入正交状态。调用“直线”命令，依次绘制长度分别为 7、3、7、5 和 6 的竖直直线 1~5，绘制效果如图 5-32 所示。

02 调用“圆”命令，用鼠标捕捉图 5-32 中直线 1 的上端点。以其为圆心，绘制半径为 1 的圆，效果如图 5-33 所示。

03 调用“修剪”命令，以步骤**02**绘制的圆为剪切边，对直线 1 进行修剪。裁剪掉直线 1 在圆内的部分，修剪结果如图 5-34 所示。

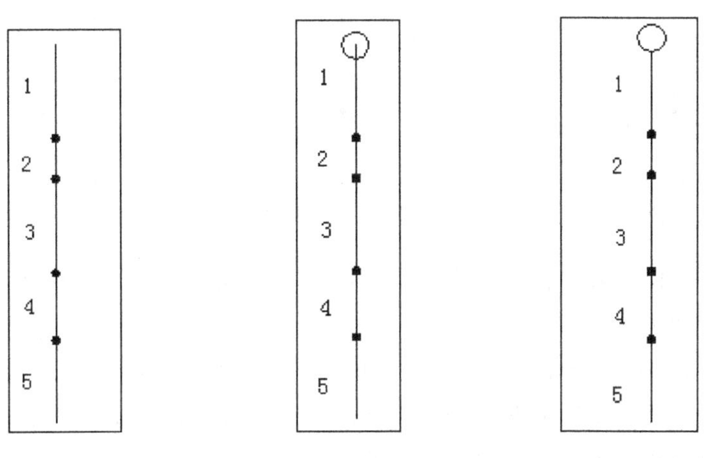

图 5-32　绘制直线　　图 5-33　绘制圆　　图 5-34　修剪结果

04 单击状态栏中的“极轴”按钮进入极轴状态。调用“直线”命令，分别捕捉直线 2 的上、下两个端点。以其为起点，依次绘制两条与 X 轴成 45° 角、长度都为 3.5 的直线，绘制效果如图 5-35 所示。

05 调用“镜像”命令，命令行提示如下。

```
命令: _mirror  //执行镜像操作
选择对象: 找到 1 个  //依次拾取步骤04绘制的两条直线
选择对象: 找到 1 个，总计 2 个
选择对象:  //按 Enter 键结束拾取
指定镜像线的第一点:  //依次捕捉直线 2 的上下端点并单击鼠标
指定镜像线的第二点:
要删除源对象吗? [是(Y)/否(N)] <N>:  //按 Enter 键
```

执行完毕后，镜像结果如图 5-36 所示。

06 调用“旋转”命令，命令行提示如下。

```
命令: _rotate    //执行旋转命令
UCS 当前的正角方向:  ANGDIR=逆时针    ANGBASE=0.0
选择对象: 找到 1 个   //拾取图 5-36 中的直线 4
选择对象:     //按 Enter 键结束拾取
指定基点:     //捕捉直线 4 的下端点并单击鼠标
指定旋转角度，或 [复制(C)/参照(R)] <0.0>:  30 //指定旋转角度
```

执行完毕后，旋转结果如图 5-37 所示。

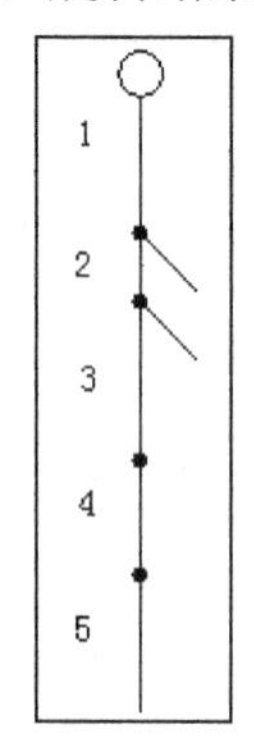

图 5-35 绘制直线

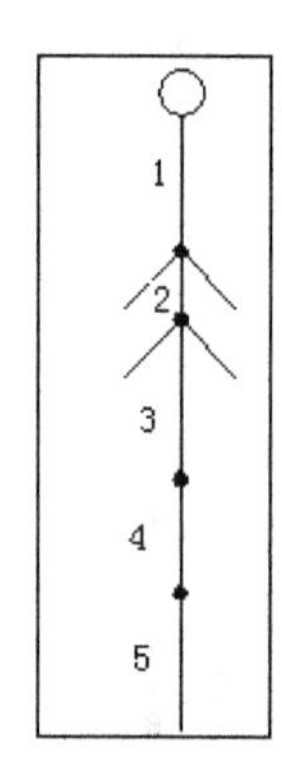

图 5-36 镜像结果图

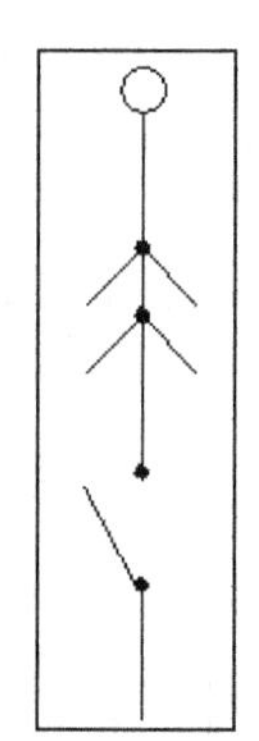

图 5-37 旋转结果

07 用步骤**04**和步骤**05**类似的方法在直线 5 的下方绘制两组与竖直方向成 45° 角、长度为 3.5 的直线，绘制效果如图 5-38 所示。

08 调用“圆”命令，绘制一个半径为 2 的圆，效果如图 5-39 所示。

09 在状态栏单击“正交”按钮。调用“直线”命令，用鼠标捕捉圆心。以其为起点，依次绘制长度为 3 的竖直直线 1 和长度为 4.5 的水平直线 2，完成效果如图 5-40 所示。

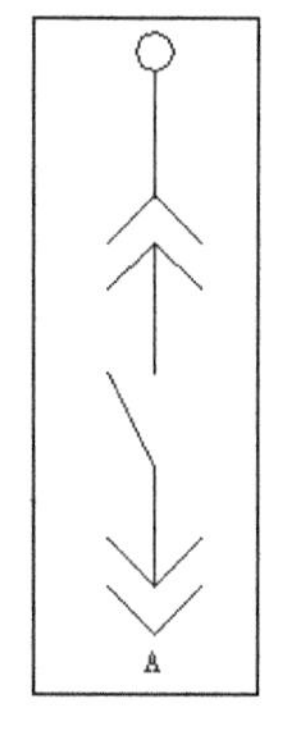

图 5-38 绘制直线

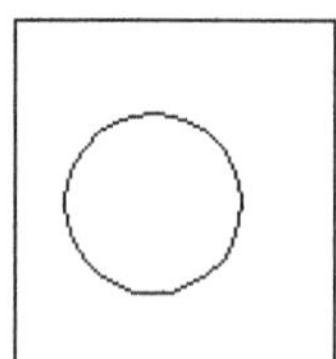

图 5-39 绘制圆

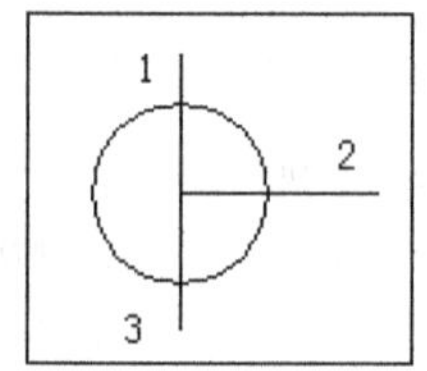

图 5-40 绘制直线

10 调用“修剪”命令，以圆弧为剪切边，对图 5-40 中的直线 2 进行修剪。裁剪掉直线 2 在圆以内的部分，修剪结果如图 5-41 所示。

11 单击状态栏中的“极轴”按钮进入极轴状态。调用“直线”命令，捕捉直线 2 的右端点。

以其为起点绘制一条与 X 轴成 60° 角、长度都为 1.5 的直线，完成效果如图 5-42 所示。

12 调用“拉长”命令，将直线 1 向左下方拉长 1.5，拉长效果如图 5-43 所示。

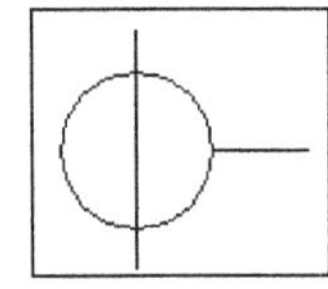

图 5-41　修剪结果

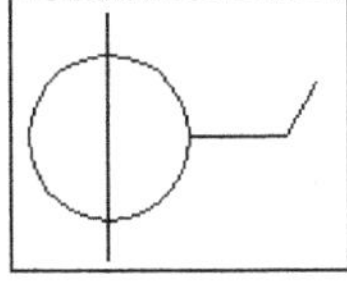

图 5-42　绘制直线

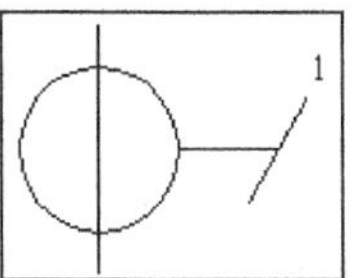

图 5-43　拉长直线

13 调用“复制”命令，将图 5-43 中的直线 1 复制两份并分别向左平移 0.6 和 1.8，完成效果如图 5-44 所示。

14 调用“删除”命令，将图 5-44 中的直线 1 删除，删除效果如图 5-45 所示。

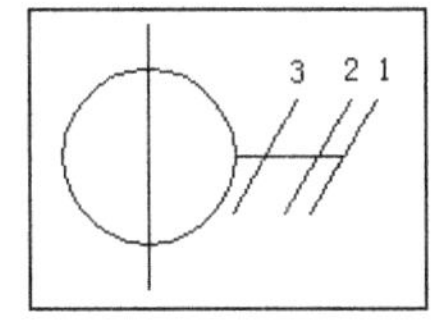

图 5-44　复制并平移直线

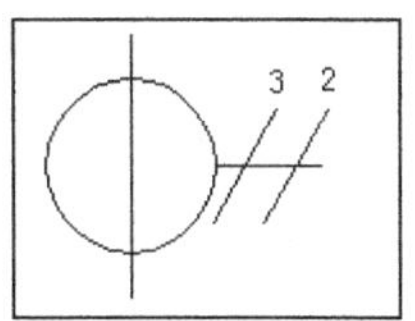

图 5-45　删除直线

15 调用“矩形阵列”命令，使用“计数”阵列方式，设置行数为 2，列数为 3，行偏移为 5，列偏移为 7，拾取图 5-45 中的图形为阵列对象，阵列结果如图 5-46 所示。

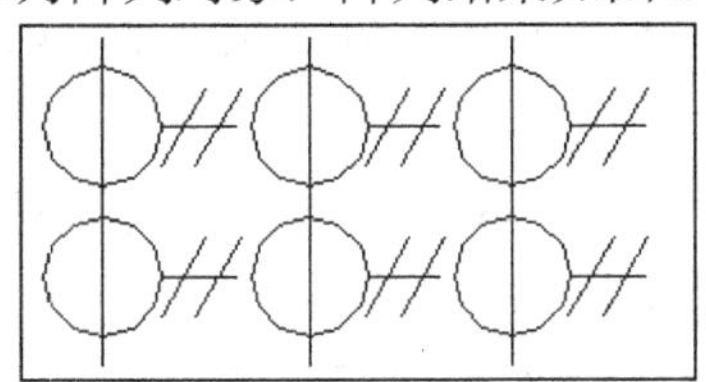

图 5-46　阵列结果

16 调用“正多边形”命令，命令行提示如下。

```
命令: _polygon　　//执行正多边形命令
输入边的数目 <4>: 3　　//指定边数
指定正多边形的中心点或 [边(E)]:　//在屏幕上一点单击鼠标
输入选项 [内接于圆(I)/外切于圆(C)] <I>: I　//选择“内接于圆”方式
指定圆的半径: 2　　//指定圆半径
```

执行完毕后，绘制效果如图 5-47 所示。

17 调用“直线”命令，用鼠标捕捉图 5-47 中的 A 点。以其为起点，向下绘制长度为 8 的直线，效果如图 5-48 所示。

18 调用“拉长”命令，将直线 1 向上拉长 4，拉长效果如图 5-49 所示。

19 调用“旋转”命令，命令行提示如下。

```
命令: _rotate    //执行旋转命令
UCS 当前的正角方向: ANGDIR=逆时针  ANGBASE=0.0
选择对象: 指定对角点: 找到 2 个   //用鼠标框选图 5-49 中的图形
选择对象:  //按 Enter 键结束拾取
指定基点:  //捕捉图 5-49 中的 O 点并单击鼠标
指定旋转角度，或 [复制(C)/参照(R)] <30.0>:  C  //选择“复制”方式
旋转一组选定对象。
指定旋转角度，或 [复制(C)/参照(R)] <30.0>:  180  //指定旋转角度
```

执行完毕后，旋转结果如图 5-50 所示。

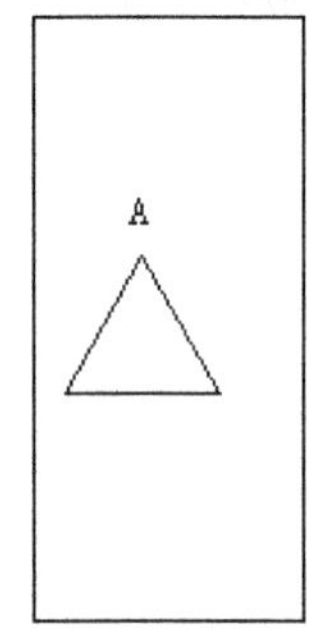

图 5-47 绘制正三角形

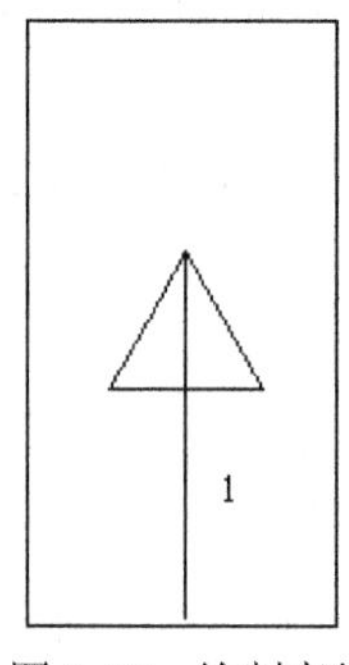

图 5-48 绘制直线

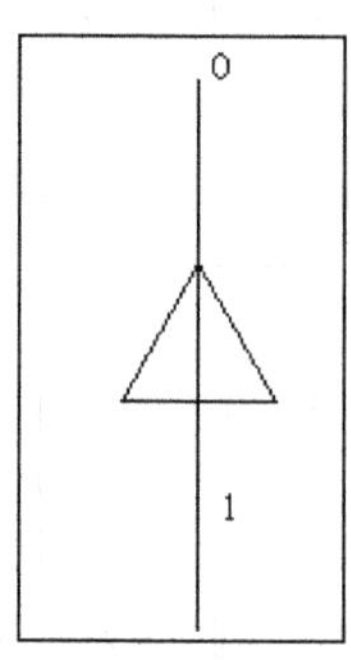

图 5-49 拉长直线

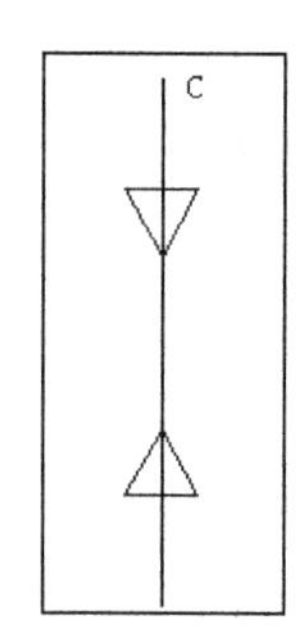

图 5-50 旋转结果

20 调用“圆”命令，绘制一个半径为 6 的圆，效果如图 5-51 所示。

21 调用“直线”命令，用鼠标捕捉图 5-51 中的圆心。以其为起点，向下绘制长度为 3 的直线 1，效果如图 5-52 所示。

22 调用“环形阵列”命令，拾取图 5-52 中的直线为阵列对象，捕捉圆心点为阵列中心点，设置阵列项目总数为 3，阵列结果如图 5-53 所示。

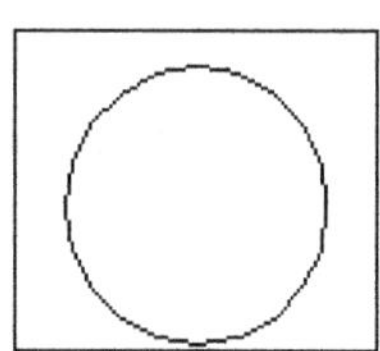
图 5-51 绘制圆

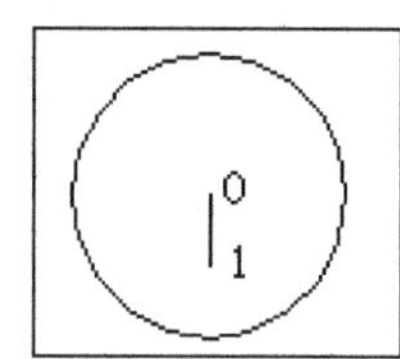

图 5-52 绘制直线

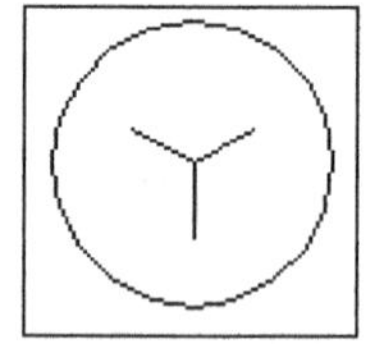
图 5-53 阵列结果

23 调用“复制”命令，将图 5-53 中的图形复制一份并向下平移 9，完成效果如图 5-54 所示。

24 调用“直线”命令，用鼠标捕捉图 5-54 中上面圆的圆心。以其为起点，向上绘制一条长度为 13.5 的直线，效果如图 5-55 所示。

25 调用“修剪”命令，以圆为剪切边，对直线 1 进行修剪，裁剪掉直线 1 在圆内的部分，修剪结果如图 5-56 所示。

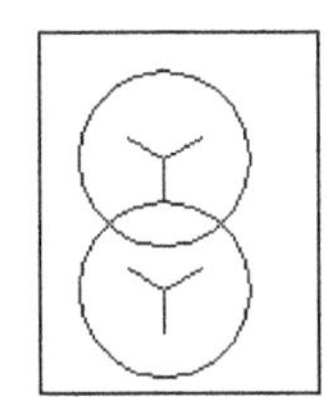

图 5-54　复制并平移图形

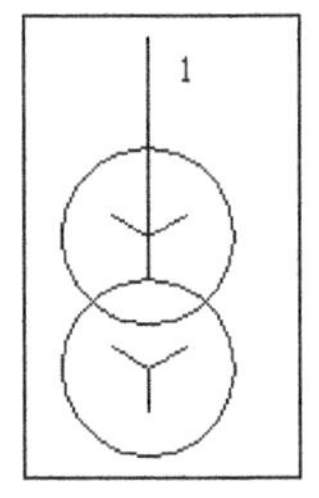

图 5-55　绘制直线

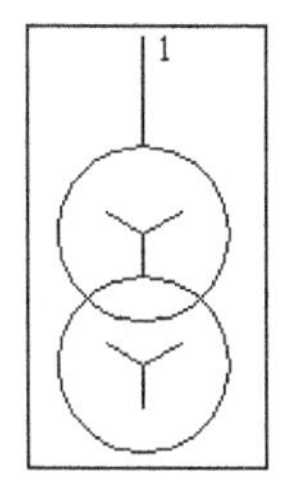

图 5-56　修剪结果

26 单击状态栏中的“极轴”按钮。调用“直线”命令，用鼠标捕捉图 5-56 中直线 1 的上端点。以其为起点，绘制一条与 X 轴成 45° 角、长度为 2 的直线 2。然后调用“拉长”命令，将直线 2 向左下方拉长 2，完成效果如图 5-57 所示。

27 调用“复制”命令，将直线 2 复制 3 份，并依次向下平移 1.5、3 和 4.5，得到直线 3~5，然后删除直线 2，完成效果如图 5-58 所示。

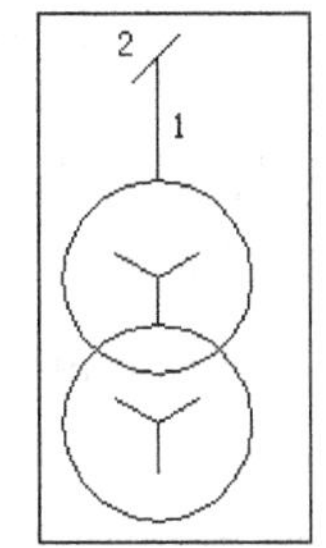

图 5-57　绘制、拉长直线

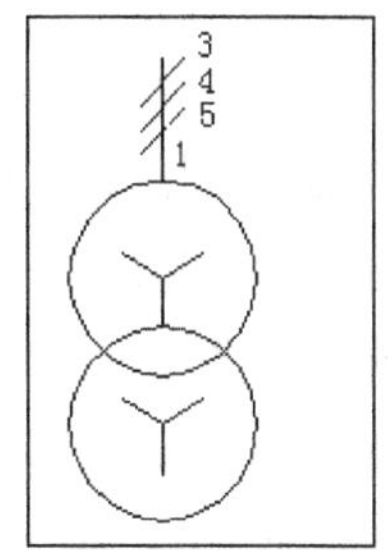

图 5-58　复制直线

28 调用“复制”命令，将图 5-58 中的直线 1、3、4 和 5 分别复制一份，并向下平移 28.5，完成效果如图 5-59 所示。

29 多次调用“平移”命令，将如图 5-38、图 5-46、图 5-50 和图 5-59 所示的图形按照从上到下的顺序组合起来。效果如图 5-60 所示，即完成主变支路的绘制。

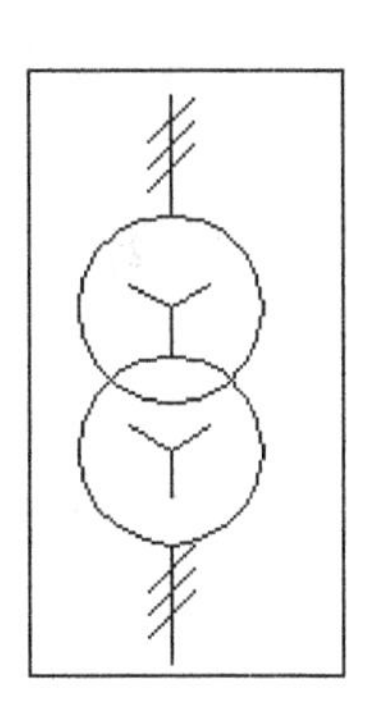

图 5-59　复制结果

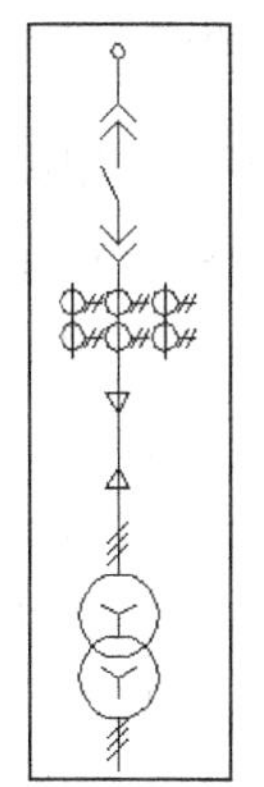

图 5-60　主变支路

3. 绘制变电所支路

01 将如图 5-38、图 5-45 和图 5-50 所示的图形分别复制一份，复制结果如图 5-61、图 5-62 和图 5-63 所示。

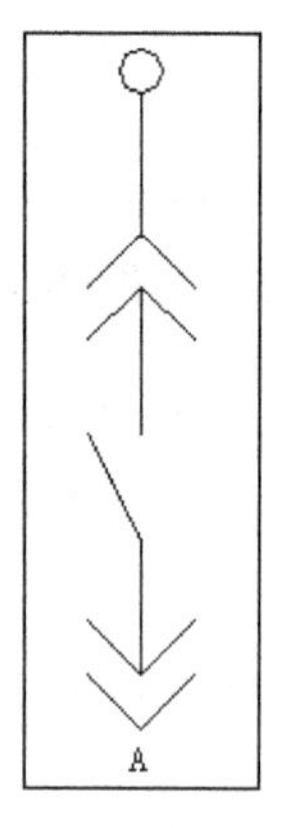

图 5-61　复制结果

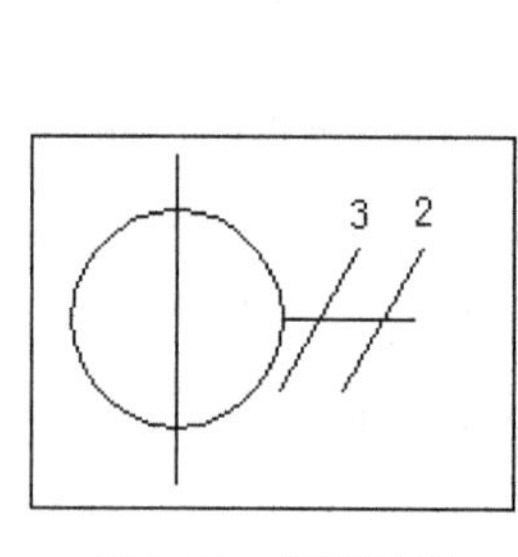

图 5-62　复制结果

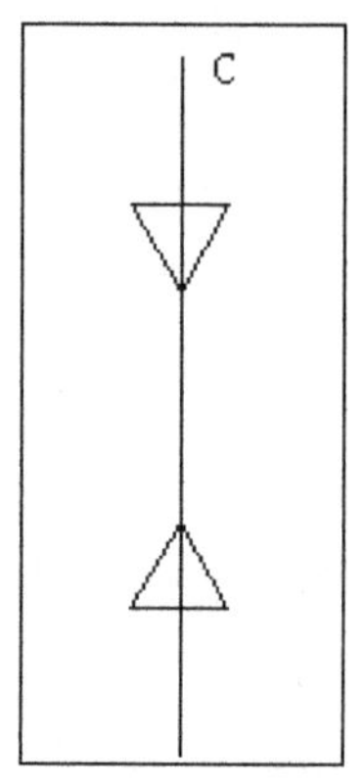

图 5-63　复制结果

02 调用“矩形阵列”命令，选择“计数”阵列方式，设置行数为 3，列数为 2，行偏移为 5，列偏移为 12。拾取图 5-62 中的图形为阵列对象，阵列结果如图 5-64 所示。

03 调用“偏移”命令，将图 5-64 中最左边的一条竖直直线向右偏移 7.5，偏移效果如图 5-65 所示。

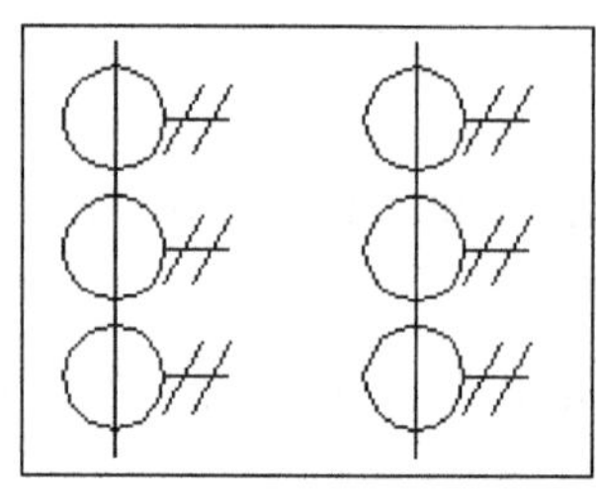

图 5-64　阵列结果

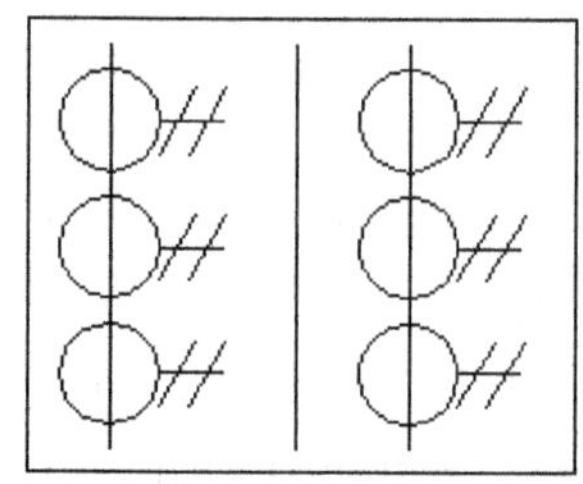

图 5-65　偏移直线

04 调用“直线”命令，用鼠标捕捉图 5-63 中竖直直线的中点。以其为起点，向右绘制长度为 5 的水平直线 1，效果如图 5-66 所示。

05 调用“修剪”命令，以步骤**04**绘制的水平直线为剪切边，对如图 5-66 所示的图形进行修剪，裁剪掉水平直线以下的部分，修剪结果如图 5-67 所示。

06 调用“拉长”命令，将图 5-67 中的竖直直线向下拉长 18，拉长效果如图 5-68 所示。

07 调用“平移”命令，将如图 5-61、图 5-65 和图 5-68 所示的图形按照由上到下的顺序组合起来，效果如图 5-69 所示，即完成变电所支路的绘制。

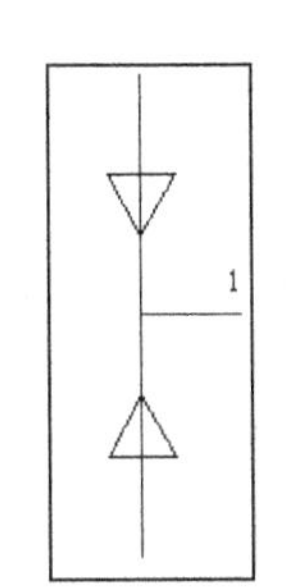

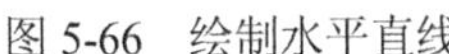
图 5-66　绘制水平直线

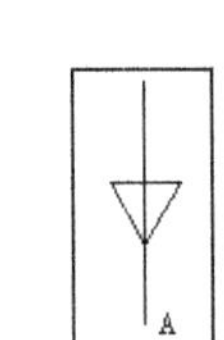

图 5-67　修剪结果

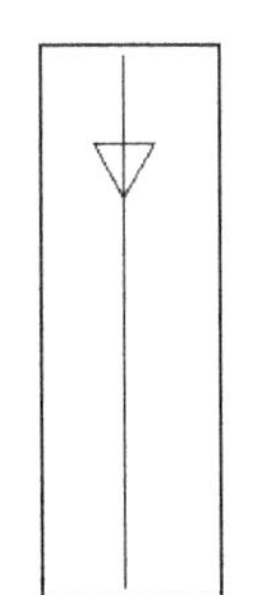
图 5-68　拉长效果

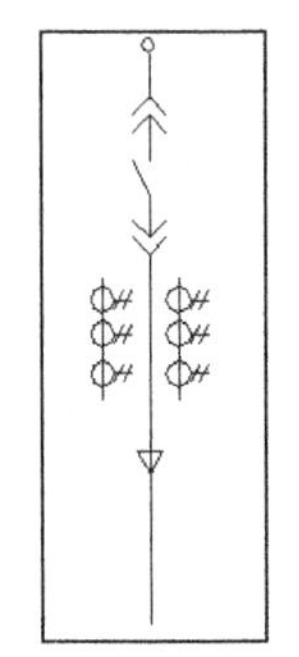
图 5-69　变电所支路

4. 绘制接地线路

01 调用“圆”命令，绘制一个半径为 1 的圆，效果如图 5-70 所示。

02 调用“直线”命令，用鼠标捕捉图 5-70 中的圆心。以其为起点，向下绘制长度为 4 的竖直直线，效果如图 5-71 所示。

03 调用“修剪”命令，以圆为剪切边，对直线进行修剪。裁剪掉直线在圆以内的部分，修剪效果如图 5-72 所示。

04 在本书 4.1.1 节中讲解了电阻的绘制和将其存储为图块的操作，在本步将用到此图块。调用主菜单中的“插入”|“块”命令，弹出如图 5-73 所示的“插入”对话框。

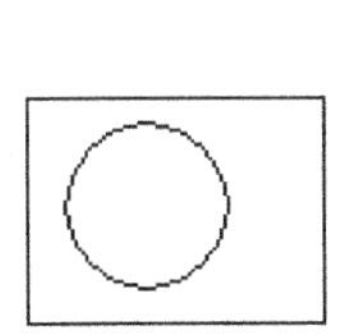
图 5-70　绘制圆

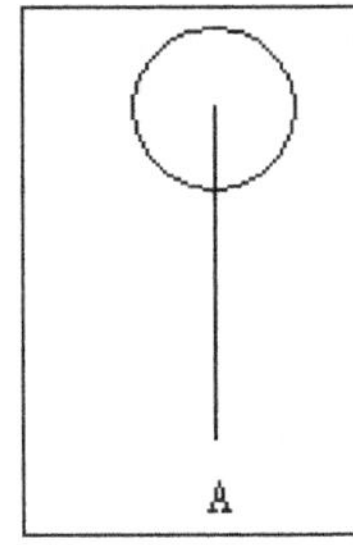

图 5-71　绘制直线

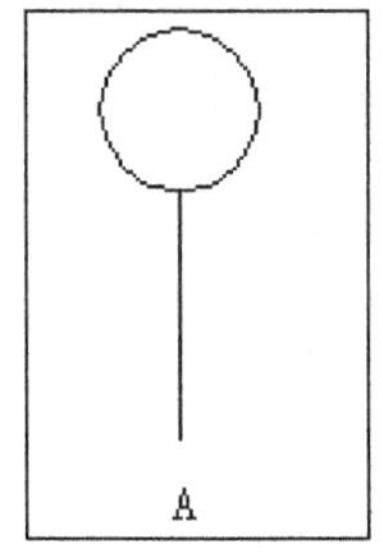

图 5-72　修剪直线

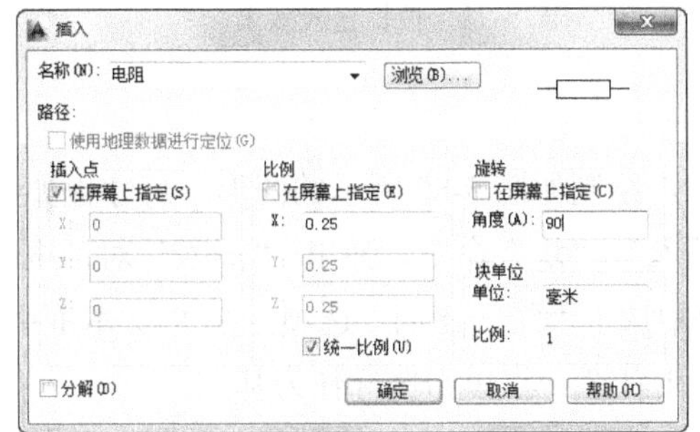

图 5-73　“插入”对话框

05 在“名称”列表中选择“电阻”图块；在“比例”选项组中选中“统一比例”复选框，在 X 文本框中输入 0.25；在“旋转”选项组中的“角度”文本框中输入 90，单击“确定”按钮。然后根据系统提示，选择插入点为图 5-72 中的 A 点，并单击鼠标，完成效果如图 5-74 所示。

06 调用“直线”命令，以图 5-74 中的 A 点为起点，向下绘制长度为 5 的竖直直线，效果如图 5-75 所示。

07 调用“直线”命令，以图 5-75 中直线 1 的下端点为起点，向右绘制长度为 1.2 的水平直线 2，效果如图 5-76 所示。

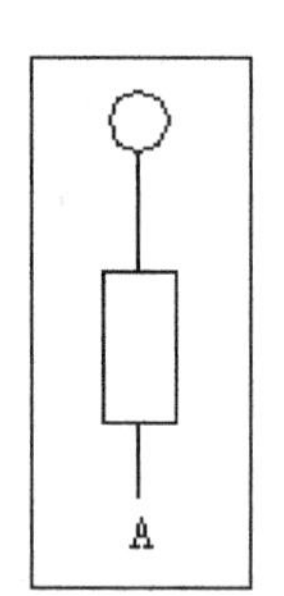

图 5-74 插入图块

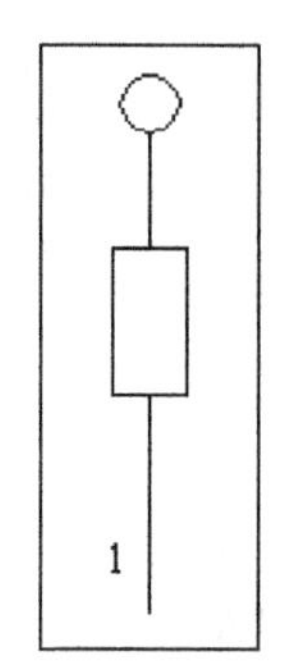

图 5-75 绘制竖直直线

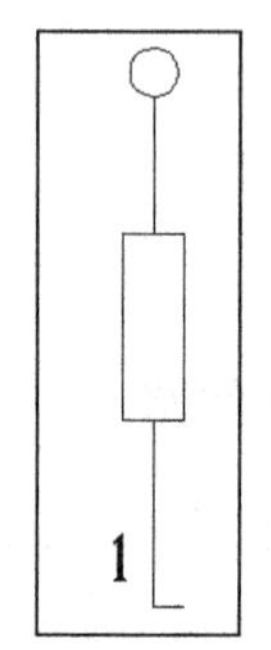

图 5-76 绘制水平直线

08 调用“偏移”命令，将直线 2 依次向下偏移 1.2 和 2.4，得到直线 3 和 4，效果如图 5-77 所示。

09 调用“拉长”命令，将直线 2 和 3 分别向右拉长 2.4 和 1.2，拉长效果如图 5-78 所示。

10 调用“镜像”命令，选择直线 1 为镜像线，直线 2、3 和 4 为镜像对象做镜像操作。最终效果如图 5-79 所示，即完成接地线路的绘制。

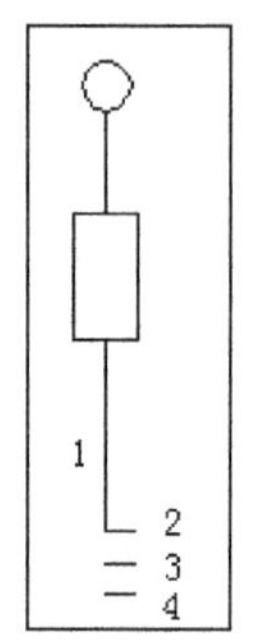

图 5-77 偏移直线

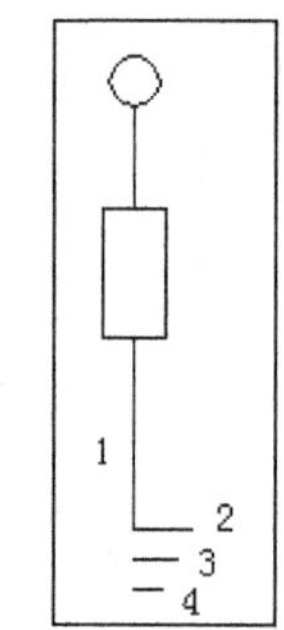

图 5-78 拉长直线效果

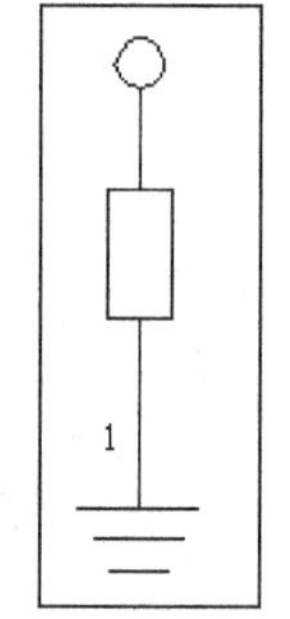

图 5-79 镜像结果

5. 绘制供电线路

01 参考本节前面的步骤，绘制如图 5-80 所示的图形，尺寸也如图 5-80 所示。

02 选择主菜单中的“插入”|“块”命令，弹出 “插入”对话框。在“名称”列表中选择“电容”图块，在“比例”选项组中选中“统一比例”选项，在 X 文本框中输入 0.25，然后单击“确定”按钮。根据系统提示，在屏幕上任意一点单击鼠标作为基点。

03 调用“平移”命令，平移电容图块，使得电容右侧水平直线的右端点和图 5-80 中的 O 点重合，效果如图 5-81 所示。

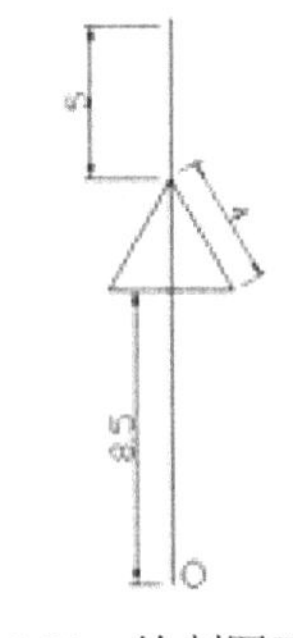

图 5-80　绘制图形

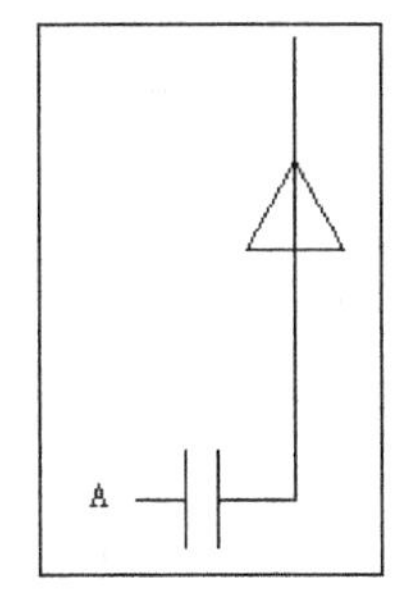

图 5-81　插入电容

04 选择主菜单中的“插入”|“块”命令，弹出 “插入”对话框。在“名称”列表中选择第4章绘制的“信号灯”图块，在“比例”选项组中选中“统一比例”选项，在X文本框中输入0.1，然后单击“确定”按钮。根据系统提示，在屏幕上指定图5-81中的A点为插入基点。执行完毕后，效果如图5-82所示。

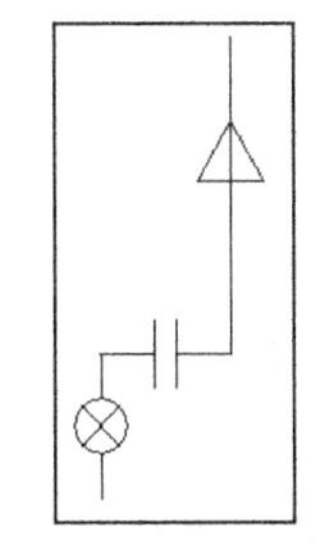

图 5-82　插入信号灯

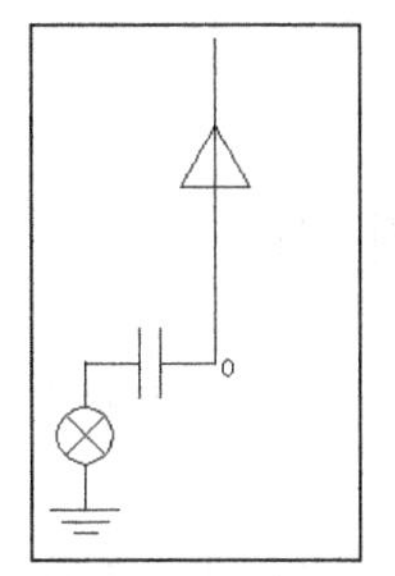

图 5-83　绘制接地线

05 绘制3条直线作为接地线，3条水平直线从上往下长度依次为3.8、2.5和1.2，间距均为0.6，绘制效果如图5-83所示。

06 调用“直线”命令，在“正交”方式下，用鼠标捕捉图5-83中的O点。并以其为起点，依次绘制水平直线1和竖直直线2，长度分别为6和2，绘制效果如图5-84所示。

07 选择主菜单中的“插入”|“块”命令，弹出 “插入”对话框。在“名称”列表中选择第4章绘制的“电阻”图块，在“比例”选项组中选中“统一比例”选项，在X文本框中输入0.25，然后单击“确定”按钮。根据系统提示，在屏幕上指定图5-84中直线2的下端点为插入基点。执行完毕后，效果如图5-85所示。

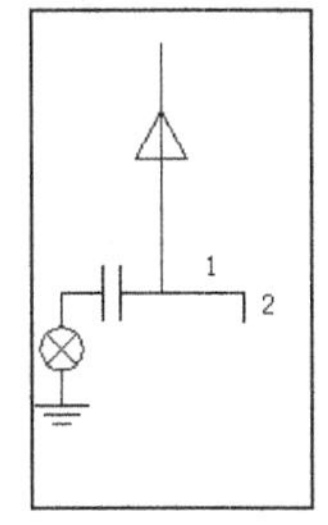

图 5-84　绘制直线

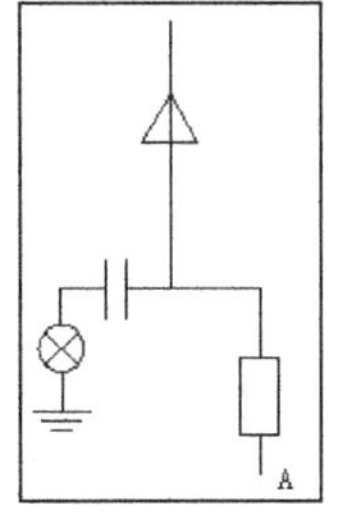

图 5-85　插入电阻

08 在图 5-85 中 A 点下方依次绘制 3 条水平直线作为接地线。3 条水平直线从上往下长度依次为 3.8、2.5 和 1.2，间距为 0.6，绘制效果如图 5-86 所示。至此，供电线路绘制完成。

09 调用“复制”命令，将图 5-65 和图 5-38 所示的图形分别复制一份。然后调用“平移”命令，按照从上到下的顺序平移到图 5-86 中。然后将这 3 个图形按照如图 5-87 所示的顺序组合起来，即完成供电线路的绘制。

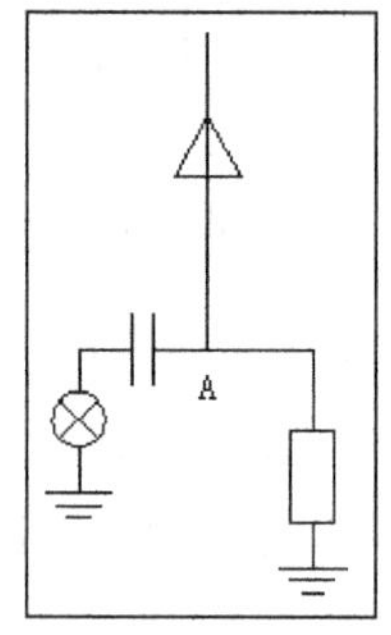

图 5-86　绘制接地线

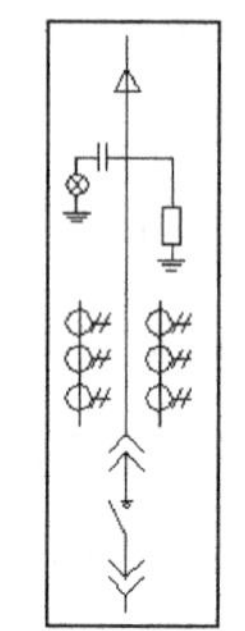

图 5-87　供电线路

5.2.3 组合图形

前面 5.2.2 节已经分别介绍了各条分支线路的绘制，下面将各支路分别安装到母线上去，具体操作步骤如下。

01 调用“圆”命令，绘制一个半径为 1 的圆。然后调用“复制”命令，将圆复制多份并分别平移到母线水平中线的位置，尺寸与效果如图 5-88 所示。

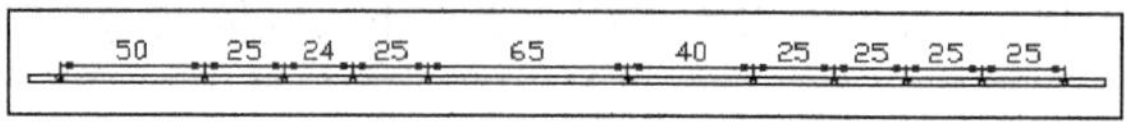

50 25 24 25 65 40 25 25 25 25

图 5-88　绘制、复制圆

02 调用“复制”命令，将 5.2.2 节绘制的各个支路复制过来并依次平移到图 5-88 中。效果如图 5-89 所示，即完成图形的组合。

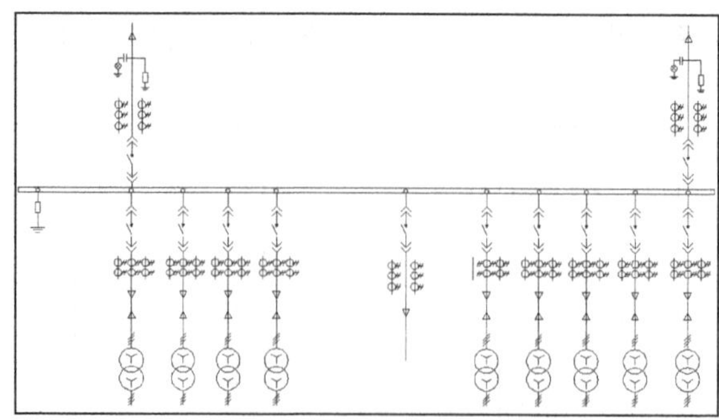

图 5-89　组合图形

5.2.4　添加注释文字

01 执行主菜单中的“格式”|“文字样式”命令，弹出“文字样式”对话框。

02 单击对话框右上角的“新建”按钮，弹出“新建文字样式”对话框。在“样式名”文本框中输入“注释文字”，单击“确定”按钮，返回“文字样式”对话框。

03 在对话框设置文字字体为“仿宋_GB2312”，高度为 6，其他选项按照系统默认设置即可。然后在左侧样式列表框中选中“注释文字”，并依次单击“置为当前”和“确定”按钮。

04 调用“多行文字”命令A，在图 5-89 中的各个位置添加相应的文字，并调用“平移”命令✥。将文字平移到如图 5-30 所示的位置，即完成整张图纸的绘制。

5.3　变电所断面图绘制

变电所断面图是从断面的角度来表达变电所整体结构的图纸，如图 5-90 所示为某变电所断面图。它主要由变压器、断路器、高压隔离开关、高压熔断器、电压互感器、避雷器和绝缘子等构成。本节将详细介绍此图纸的绘制步骤。

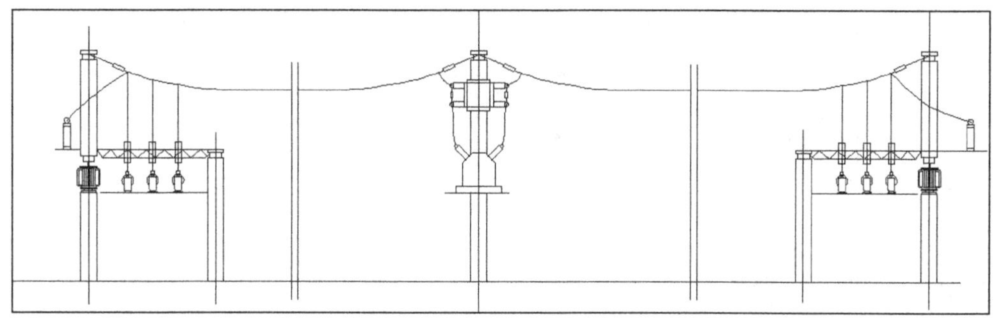

图 5-90　变电所断面图

5.3.1　配置绘图环境

开始进行图形绘制之前，需要配置绘图环境，具体操作步骤如下。

01 打开 AutoCAD 2014 应用程序，以“A3.dwt”样板文件为模板，建立新文件。

02 将新文件命名为“变电所断面图. dwg”并保存。

03 在任意工具栏处右击，从打开的快捷菜单中选择“标准”、“图层”、“对象特性”、“绘图”、“修改”和“标注”6 个选项。调出这些选项的工具栏，并将它们移动到绘图窗口中的适当位置。

04 调用主菜单中的“格式”|“比例缩放列表”命令，弹出如图 5-91 所示的“编辑比例列表”对话框。

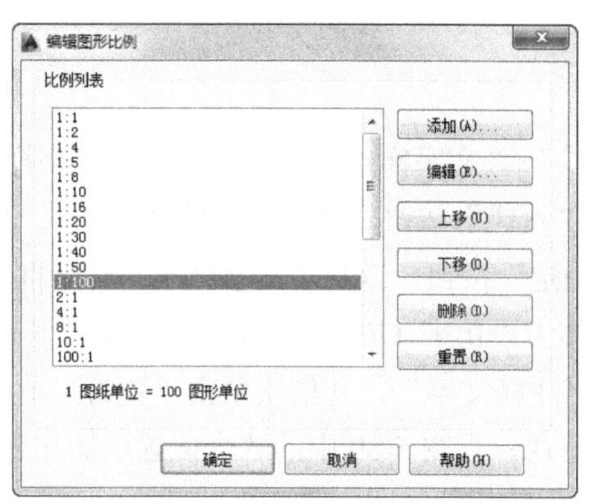

图 5-91　“编辑比例列表”对话框

05 在左侧“比例列表”列表框中选中“1:100”，然后单击“确定”按钮。这样在绘制图形时，1 图纸单位=100 图形单位，可以保证在 A3 的图纸上能够打印出绘制的图形。

06 选择主菜单中的“格式”|“图层”命令，新建 4 个图层，分别命名为“轮廓线层”、“实体符号层”、“连接导线层”和“中心线层”。各图层的颜色、线型和线宽等属性如图 5-92 所示。然后选中“轮廓线层”，将其设置为当前图层。

状.	名称	开	冻结	锁..	颜色	线型	线宽	打印...	打.
	0				白	Continuous	—— 默认	Color_7	
	Defpoints				白	Continuous	—— 默认	Color_7	
	连接导线层				250	Continuous	—— 默认	Colo...	
	轮廓线层				绿	Continuous	—— 默认	Color_3	
✓	实体符号层				250	Continuous	—— 默认	Colo...	
	中心线层				50	Continuous	—— 默认	Colo...	

图 5-92　建立图层

5.3.2　绘制轮廓线

01 单击状态栏中的“正交”按钮进入正交状态。调用“直线”命令，绘制一条长度为 300 的水平直线 1，效果如图 5-93 所示。

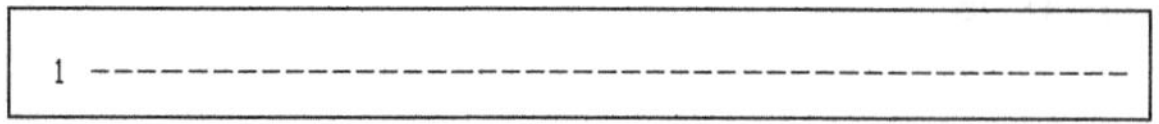

图 5-93　绘制水平直线

02 调用“偏移”命令，以直线 1 为起始，依次向下绘制直线 2、3 和 4，偏移量分别为 30、13 和 27，偏移效果如图 5-94 所示。

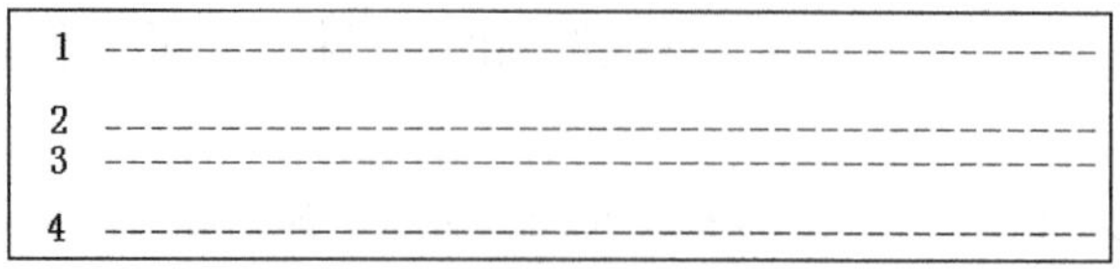

图 5-94　水平轮廓线

03 调用“直线”命令，用鼠标分别捕捉直线 1 和 4 的左端点作为第一点和第二点，绘制得到直线 5。

04 调用“偏移”命令，以直线 5 为起始，依次向右绘制直线 6、7、8 和 9，偏移量分别为 40、160、160 和 40。效果如图 5-95 所示，即完成图纸轮廓线的绘制。

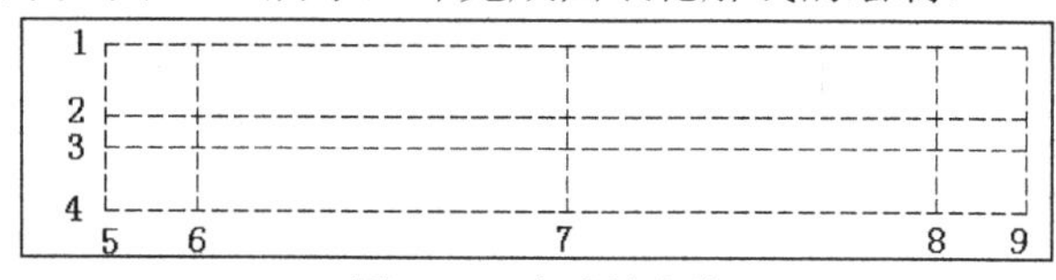

图 5-95　完成轮廓线

5.3.3　绘制电气元件

在变电所断面图中，有杆塔、变压器、断路器、高压隔离开关、高压熔断器、电压互感器、避雷器和绝缘子等多个电气元件。本节将依次讲解绘制各个元件的步骤。

1. 绘制杆塔

01 将“实体符号层”设置为当前图层。选择主菜单中的“绘图”|“多线”命令，命令行提示如下。

```
命令: _mline  //执行多线命令
当前设置: 对正 = 上，比例 =20.00，样式 =STANDARD
指定起点或 [对正(J)/比例(S)/样式(ST)]:  S  //选择“比例”方式
输入多线比例 <20.00>:  5  //指定比例
当前设置: 对正 = 上，比例 =5.00，样式 =STANDARD
指定起点或 [对正(J)/比例(S)/样式(ST)]:  J  //选择“对正”方式
输入对正类型 [上(T)/无(Z)/下(B)] <上>:  Z  //选择“无”
当前设置: 对正 = 无，比例 =5.00，样式 =STANDARD
指定起点或 [对正(J)/比例(S)/样式(ST)]:
```

执行完毕后，用鼠标在图 5-95 中直线 4 和 5 的交点的左侧获得多线的起点。移动鼠标使直线保持竖直，在屏幕上出现如图 5-96 所示的情形。跟随鼠标的提示在“指定下一点”右面的方格中输入下一点到起点的距离 27，然后按 Enter 键，绘制结果如图 5-97 所示。

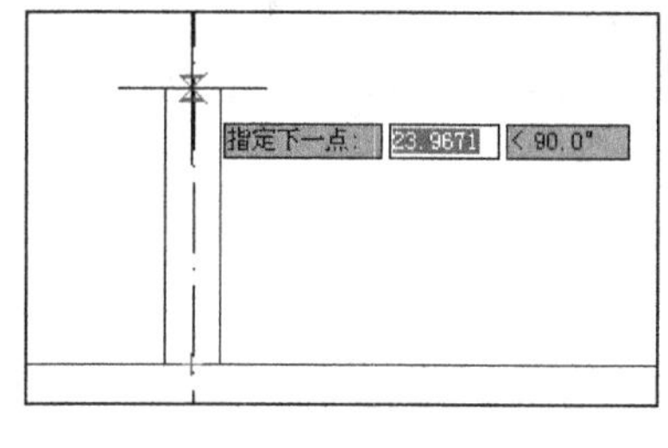

图 5-96　多线绘制

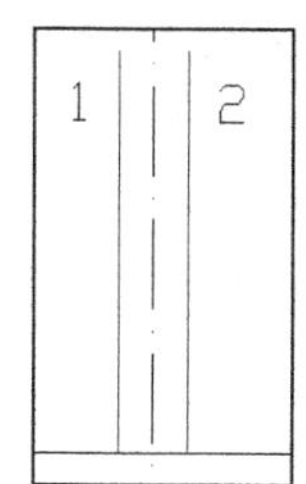

图 5-97　多线绘制结果

02 调用“直线”命令，用鼠标分别捕捉直线 1 和 2 的上端点绘制一条水平线，效果如图 5-98 所示。

03 调用“偏移”命令，以直线 3 为起始并向上绘制 3 条水平直线，偏移量分别为 0.4、0.7 和 0.35，偏移效果如图 5-99 所示。

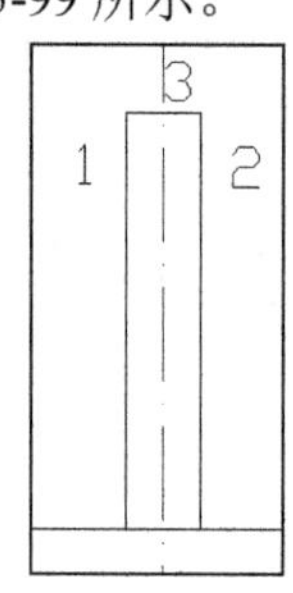

图 5-98　绘制水平直线

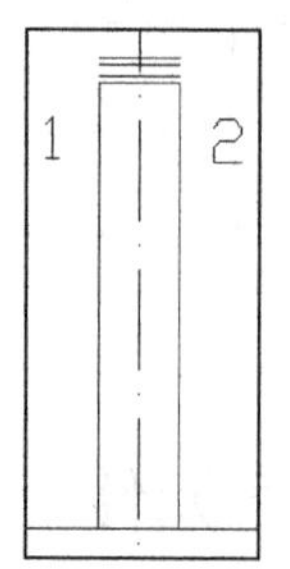

图 5-99　偏移直线

04 调用“偏移”命令，将中心线分别向左、右偏移 1.2，得到两条竖直直线，效果如图 5-100 所示。

05 调用“修剪”和“删除”命令，对图形进行修剪并删除多余线段。然后调用“直线”命令，将对应直线的端点连接起来，效果如图 5-101 所示，完成杆塔 1 的绘制。

06 参考步骤**01**~步骤**05**绘制杆塔 2。除了选择图 5-95 中直线 4 和 6 的交点作为多线的起点，设置多线的终点到起点的距离是 37 之外，其他步骤同绘制杆塔 1 完全相同，在此不再复述。绘制完毕后，效果如图 5-102 所示。

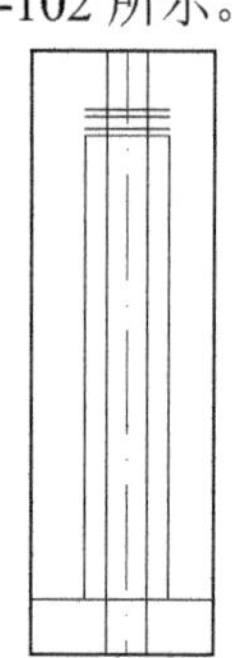

图 5-100　偏移直线

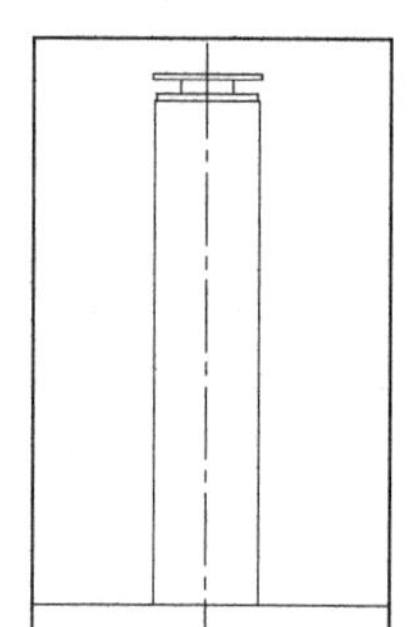

图 5-101　修剪并删除直线

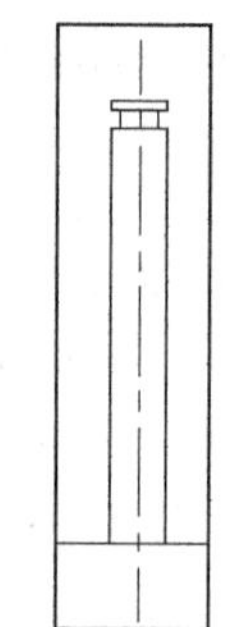

图 5-102　绘制杆塔 2

07 调用“直线”命令，用鼠标捕捉图 5-95 中直线 4 和 7 的交点。以其为起点，向左绘制一条长度为 10 的水平直线 1，绘制效果如图 5-103 所示。

08 调用“偏移”命令，以直线 1 为起始，向上绘制直线 2 和 3，偏移量分别为 27 和 29，偏移效果如图 5-104 所示。

09 调用“偏移”命令，以中心线为起始，向左绘制直线 4 和 5，偏移量分别为 2.5 和 4.5，偏移效果如图 5-105 所示。

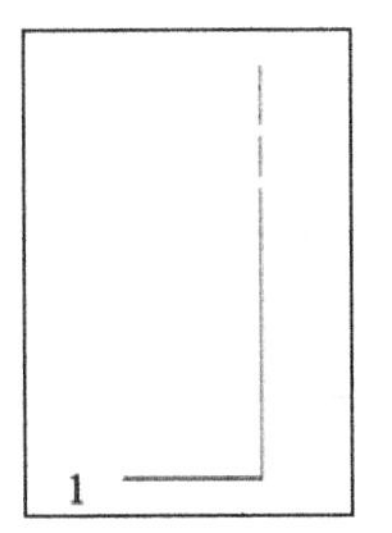

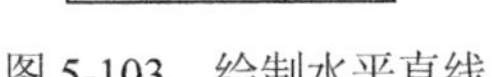
图 5-103 绘制水平直线

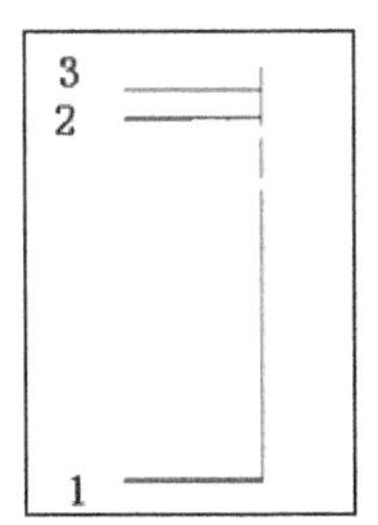

图 5-104 偏移水平直线

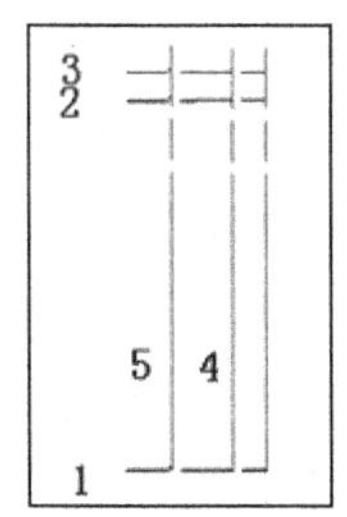

图 5-105 偏移竖直直线

10 选中直线 4 和 5，单击“图层”工具栏中的下拉按钮。弹出下拉菜单，单击鼠标选择“实体符号层”，将图层属性设置为“实体符号层”。

11 调用“修剪”和“删除”命令，对图形进行修剪，并删除多余直线，完成效果如图 5-106 所示。

12 调用“镜像”命令，选择图 5-106 中中心线左侧的所有图形，以中心线为镜像线做镜像操作，镜像结果如图 5-107 所示，即为绘制完成的杆塔 3 的图形符号。此时，整张图纸的效果如图 5-108 所示。

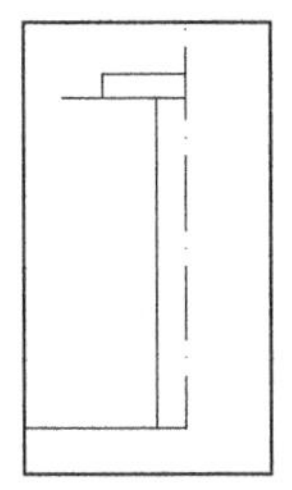
图 5-106 修剪并删除的效果

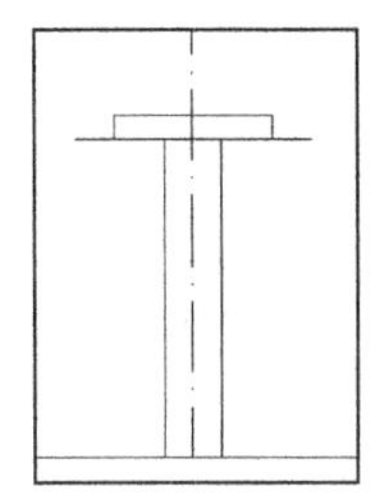
图 5-107 镜像结果

图 5-108 整张图纸效果

13 调用“镜像”命令，以杆塔 1 和 2 为镜像对象，以杆塔 3 的中心线为镜像线，做镜像操作，得到杆塔 4 和 5，最终完成效果如图 5-109 所示。

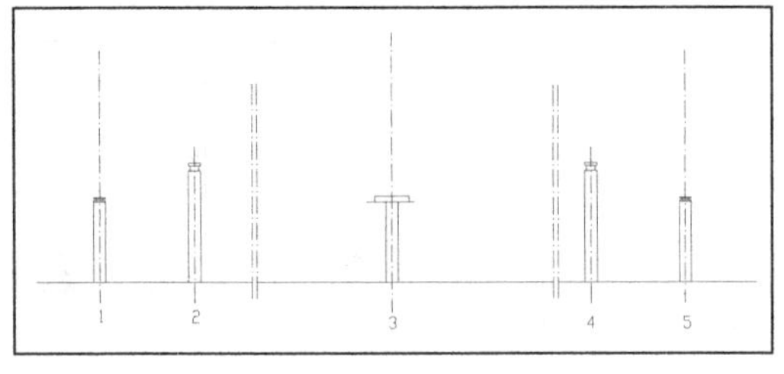

图 5-109 镜像结果

2. 绘制变压器

01 调用“矩形”命令，绘制一个长为 6.30、宽为 4.55 的矩形，效果如图 5-110 所示。

02 调用“分解”命令，将步骤**01**绘制的矩形分解为直线 1~4。

03 调用“偏移”命令，将直线 1 向下偏移 2.275，将直线 3 向右偏移 3.15，得到两条中心线。并选定偏移得到的两条中心线，单击“图层”工具栏中的下拉按钮。弹出下拉菜单，单击鼠标选择“中心线层”，将图层属性设置为“中心线层”。然后调用“拉长”命令，将两条中心线分别向端点方向拉长 0.5，完成效果如图 5-111 所示。

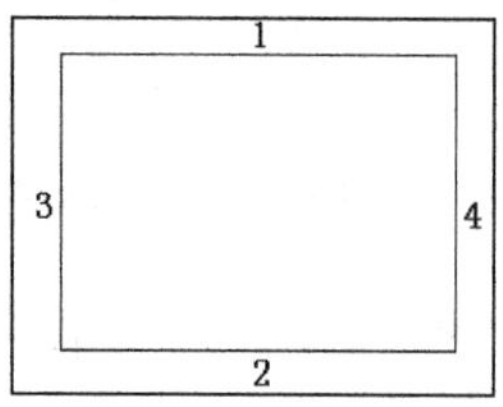

图 5-110　绘制矩形

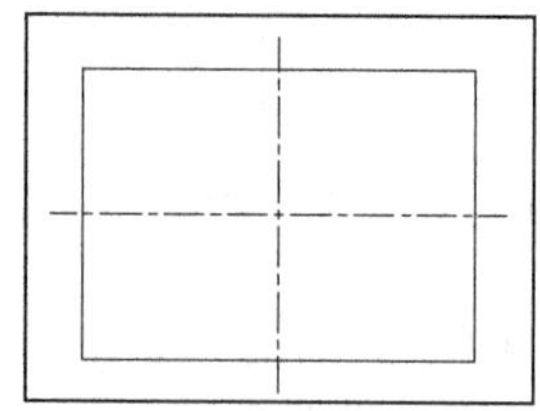

图 5-111　绘制中心线

04 调用“偏移”命令，将直线 1 向下偏移 0.35，直线 2 向上偏移 0.35，直线 3 向右偏移 0.35，直线 4 向左偏移 0.35。然后调用“修剪”命令，修剪掉多余的直线，完成效果如图 5-112 所示。

05 调用“圆角”命令，采用修剪、角度和距离模式，命令行提示如下。

```
命令: _fillet
当前设置: 模式 = 修剪，半径 = 0.6000
选择第一个对象或 [放弃(U)/多段线(P)/半径(R)/修剪(T)/多个(M)]: r //设置圆角半径
指定圆角半径 <0.6000>: 0.35 //设置圆角半径为 0.35
选择第一个对象或 [放弃(U)/多段线(P)/半径(R)/修剪(T)/多个(M)]: //在靠近上端点处单击图 5-112 中最左侧的竖直直线
选择第二个对象或按住 Shift 键选择要应用角点的对象: //在靠近左端点处单击图 5-112 中最上侧的水平直线
```

用上述方法对大矩形各个角点进行圆角，然后对小矩形各角点进行圆角。小矩形圆角半径为 0.175，圆角结果如图 5-113 所示。

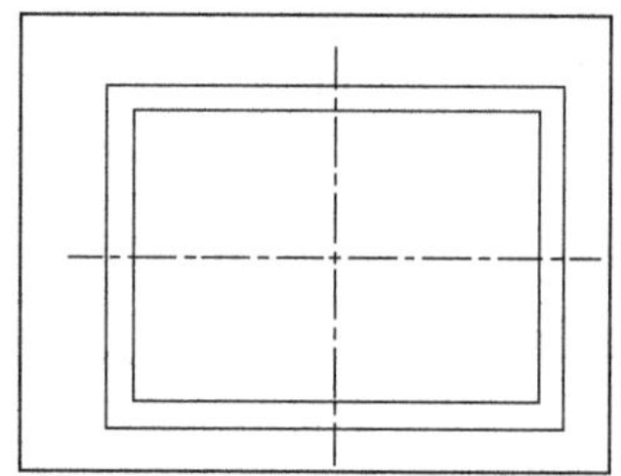

图 5-112　偏移、修剪直线

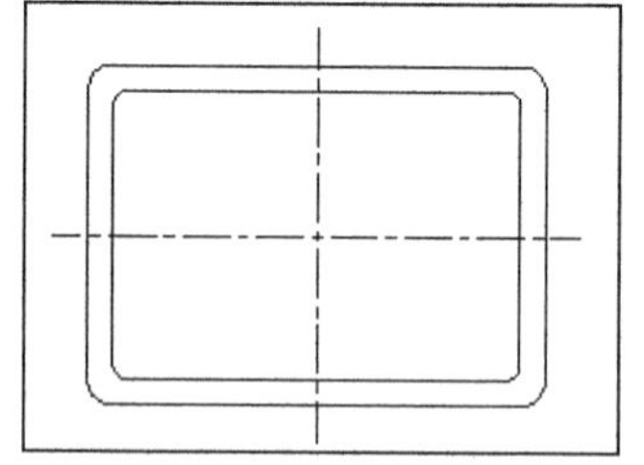

图 5-113　圆角结果

06 调用“偏移”命令，将竖直中心线分别向左和向右偏移 2.3。然后将偏移得到的两条竖直线的图层属性设置为“实体符号层”，完成效果如图 5-114 所示。

07 调用“直线”命令，分别捕捉直线 1 和 2 的上端点为第一点和第二点绘制水平直线。然后调用“拉长”命令，将水平直线向两端分别拉长 0.35，完成效果如图 5-115 所示。

08 调用“偏移”命令，将图 5-115 中的水平直线 1 向上偏移 0.2，得到直线 2。然后调用“直线”命令，分别连接直线 1 和 2 的左右端点，完成效果如图 5-116 所示。

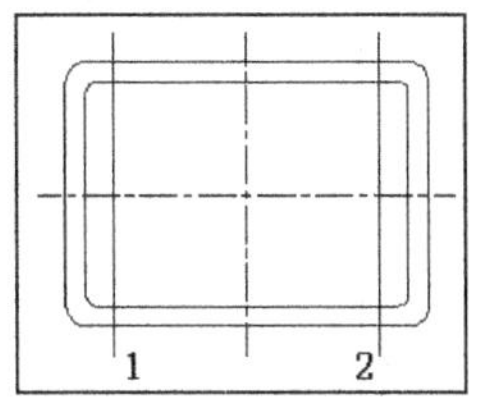

图 5-114　偏移直线

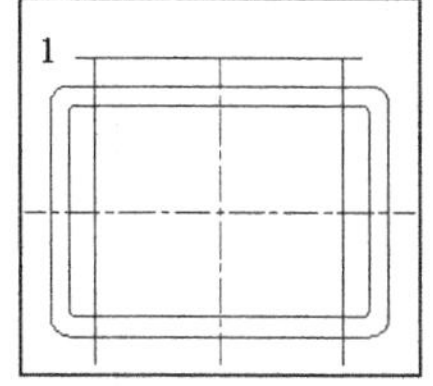

图 5-115　绘制水平直线

09 用步骤**07**和步骤**08**类似的方法绘制图形的下半部分。不同之处在于绘制下半部分时两条水平直线的距离是 0.35，其他操作与绘制上半部分完全相同。完成后调用“修剪”和“删除”命令对图形进行修剪，并删除多余的直线，完成效果如图 5-117 所示。

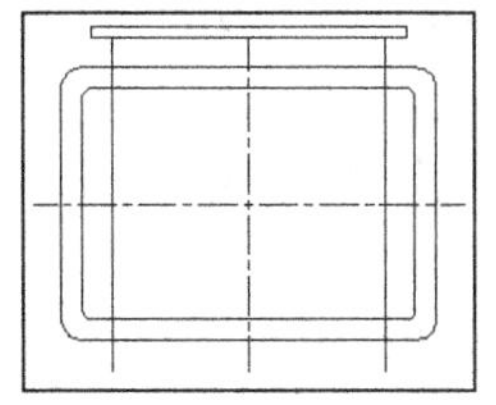

图 5-116　偏移结果

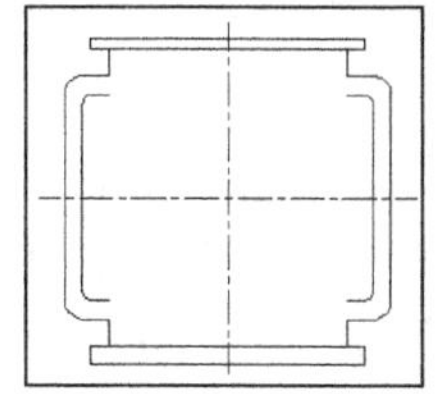

图 5-117　完成下半部分

10 以两中心线交点为中心绘制一个带圆角的矩形，设置矩形的长为 3.8、宽为 4.6、圆角的半径为 0.35。带圆角矩形的绘制方法和本节前面绘制圆角矩形的方法类似，在此不再复述。绘制完成后，效果如图 5-118 所示。

11 以竖直中心线为对称轴，依次绘制 6 条竖直直线，长度均为 4.2，直线间的距离为 0.55，绘制效果如图 5-119 所示。至此，变压器图形绘制完成。

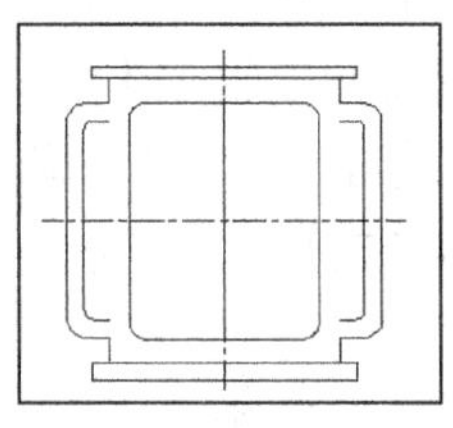

图 5-118　绘制矩形

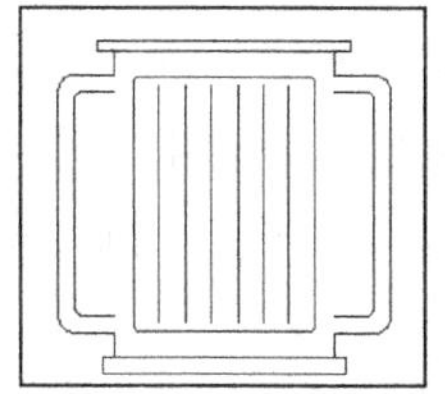

图 5-119　绘制竖直直线

3．绘制隔离开关

01 调用“矩形”命令，绘制一个长为 0.6、宽为 1.6 的矩形，效果如图 5-120 所示。

02 调用“分解”命令，将步骤**01**绘制的矩形分解为直线 1~4。

03 调用“偏移”命令，将直线 2 向右偏移 0.3，得到直线 L。

04 调用“拉长”命令，将直线 L 向上拉长 0.3，拉长效果如图 5-121 所示。

05 调用“圆”命令，用鼠标捕捉图 5-121 中的 O 点。以其为圆心绘制一个半径为 0.3 的圆，效果如图 5-122 所示。

06 调用“修剪”和“删除”命令，删除直线 L，完成效果如图 5-123 所示。

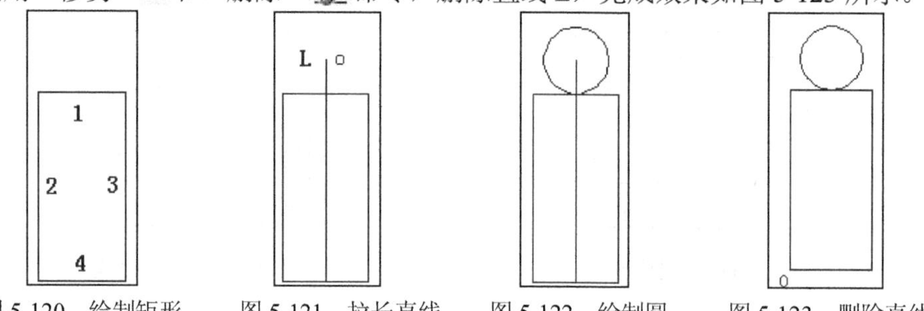

图 5-120 绘制矩形　图 5-121 拉长直线　图 5-122 绘制圆　图 5-123 删除直线

07 选择主菜单中的“绘图”|“块”|“创建”命令，或者在命令行中输入 BLOCK，弹出“块定义”对话框。在该对话框中的“名称”文本框中输入块名称“绝缘子”，指定图 5-123 中的 O 点为基点。选择如图 5-123 所示的图形为块定义对象，设置“块单位”为毫米，则会将前面绘制的绝缘子存储为图块。

08 调用“矩形”命令，绘制一个长为 9、宽为 7.3 的矩形。然后调用“分解”命令，将绘制的矩形分解为直线 1~4，完成效果如图 5-124 所示。

09 调用“偏移”命令，将直线 1 向右偏移 0.95，得到直线 5。将直线 2 向左偏移 0.95，得到直线 6，偏移效果如图 5-125 所示。

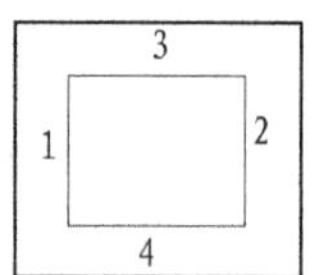

图 5-124 绘制并分解矩形

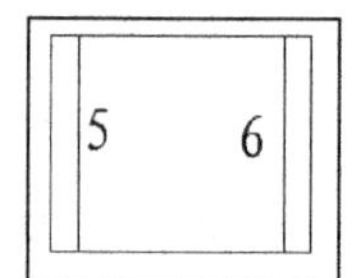

图 5-125 偏移直线

10 选择主菜单中的“插入”|“块”命令，弹出如图 5-126 所示的“插入”对话框。在“名称”下拉列表中选择“绝缘子”；在“插入点”选项组中选择“在屏幕上指定”复选框；在“比例”选项组中选择“在屏幕上指定”和“统一比例”复选框。旋转角度根据不同情况输入不同的值。一共要插入 4 次，分别选择矩形的 4 个角点作为插入点。对于绝缘子 1 和 3，旋转角度为 270°；对于绝缘子 2 和 4，旋转角度为 90°。执行完毕后，效果如图 5-127 所示，即完成隔离开关的绘制。

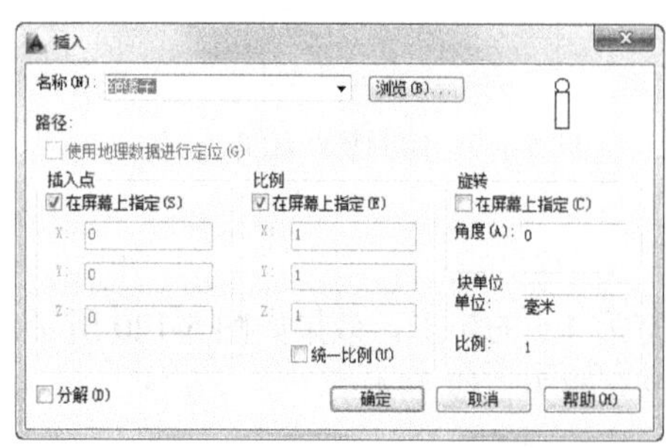

图 5-126 “插入”对话框

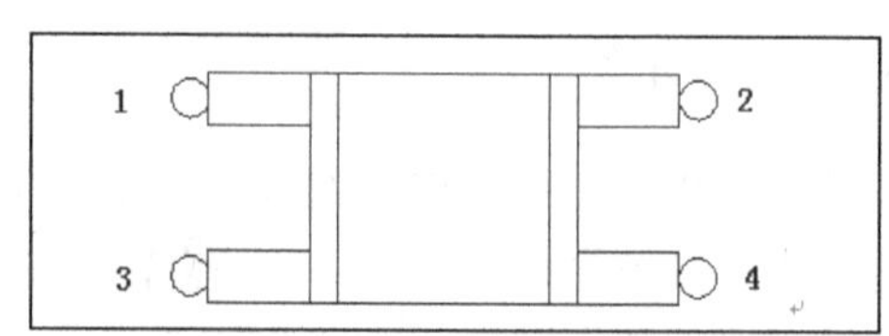

图 5-127 插入绝缘子

4. 绘制高压互感器

01 调用“矩形”命令，绘制一个长为 2.36、宽为 4.1 的矩形，效果如图 5-128 所示。

02 调用“分解”命令，将绘制的矩形分解为直线 1~4。

03 调用“偏移”命令，将直线 1 向右偏移 1.18，得到竖直直线 5。然后选定直线 5，单击“图层”工具栏中的下拉按钮，弹出下拉菜单。单击鼠标选择“中心线层”，将图层属性设置为“中心线层”，完成效果如图 5-129 所示。

04 调用“拉长”命令，将直线 5 向上拉长 2、向下拉长 1，拉长结果如图 5-130 所示。

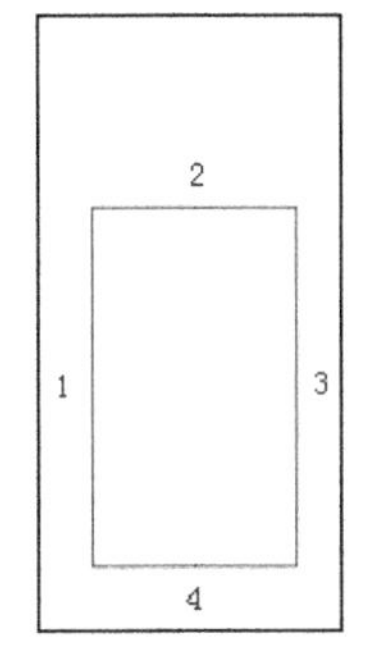

图 5-128　绘制矩形

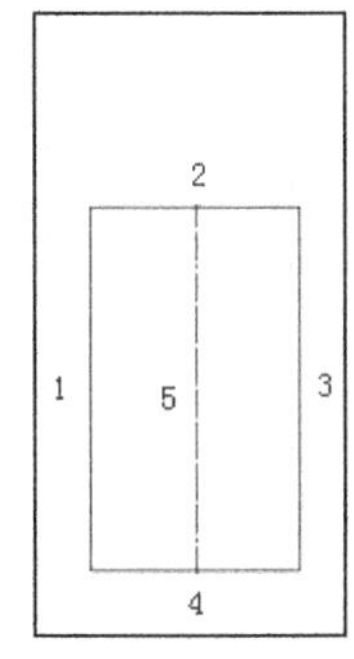

图 5-129　偏移结果

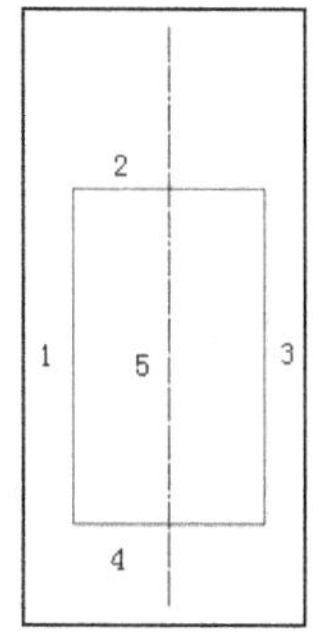

图 5-130　拉长结果

05 调用“圆角”命令，采用修剪、角度和距离模式，对矩形的 4 个角进行圆角。上面两个圆角的半径为 0.18、下面两个圆角的半径为 0.6，圆角结果如图 5-131 所示。

06 调用“偏移”命令，将直线 AC 向下偏移 0.4。然后调用“拉长”命令，将偏移得到的直线向两端分别拉长 0.75，完成效果如图 5-132 所示。

07 选择主菜单中的“绘图”|“圆弧”|“起点、端点、半径”命令绘制两段圆弧，用鼠标捕捉图 5-132 中的 A 点和 B 点分别作为起点和端点，0.8 为半径绘制第一段圆弧。用鼠标捕捉图 5-132 中的 D 点和 C 点分别作为起点和端点，0.8 为半径绘制第二段圆弧，完成效果如图 5-133 所示。

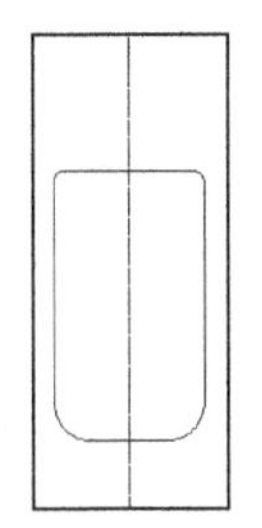
图 5-131　圆角结果

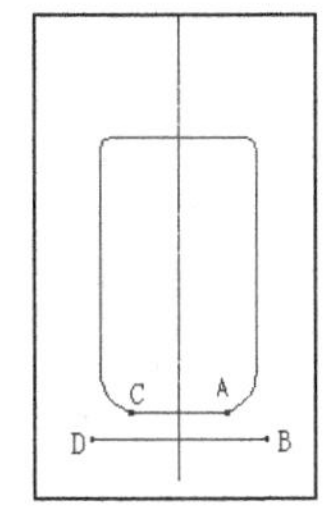

图 5-132　偏移、拉长结果

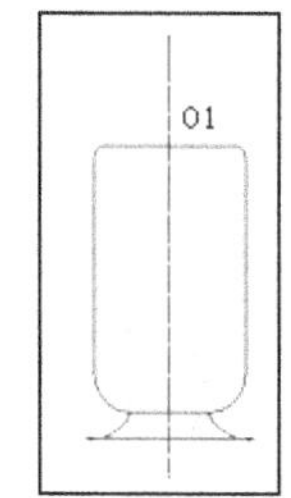

图 5-133　绘制圆弧

08 调用“直线”命令，绘制一条长为 2 的竖直直线。以此直线为中心线，调用“矩形”命令，分别绘制 3 个矩形。矩形 A 长为 0.22、宽为 0.2；矩形 B 长为 0.9、宽为 1；矩形 C 长为 0.64、宽为 0.64。可以先在屏幕任意位置绘制矩形，然后调用“平移”命令，将矩形平移到如图 5-134 所示的位置，具体方法参考本书前面的章节，在此不再复述。

09 调用“平移”命令，捕捉图 5-134 中的 O2 点为基点，捕捉图 5-133 中的 O1 点作为平移的第二点进行平移操作，平移效果如图 5-135 所示。

10 调用“偏移”命令，将图 5-135 中最下面的一条水平直线向上偏移 2.1，删除直线 5，完成效果如图 5-136 所示。

11 选择主菜单中的“绘图”|“圆弧”|“起点、端点、半径”命令，分别捕捉图 5-136 中的点 B 和点 A 为起点和端点。以-1.8 为半径绘制圆弧，然后删除直线 AB。效果如图 5-137 所示，即为绘制完成的高压互感器的图形符号。

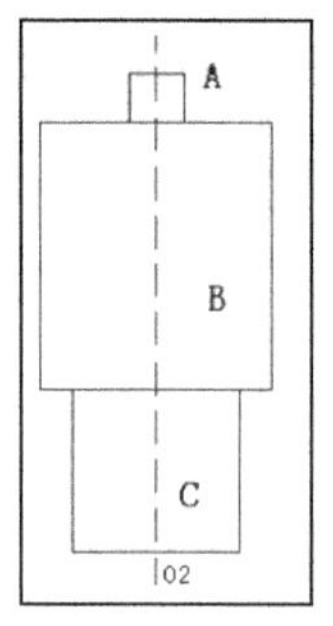

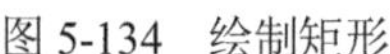
图 5-134　绘制矩形

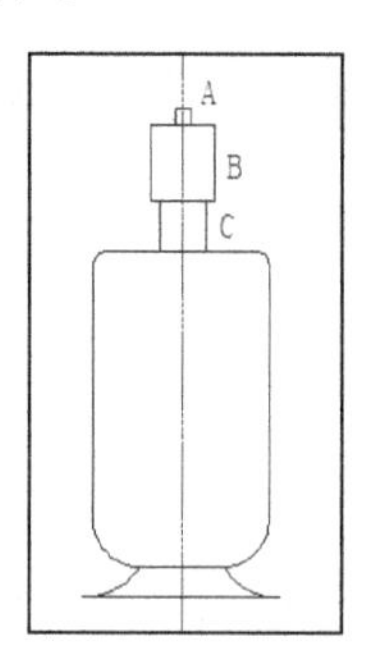

图 5-135　平移结果

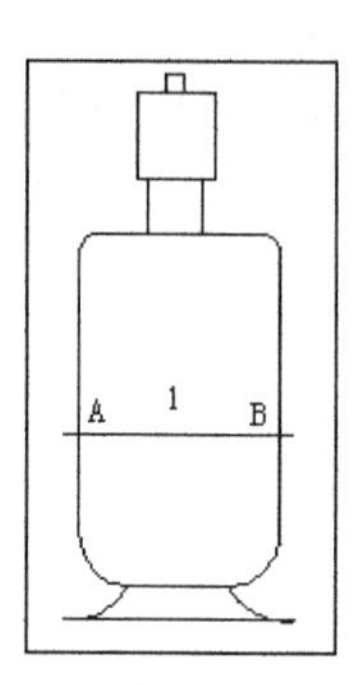

图 5-136　偏移并删除直线

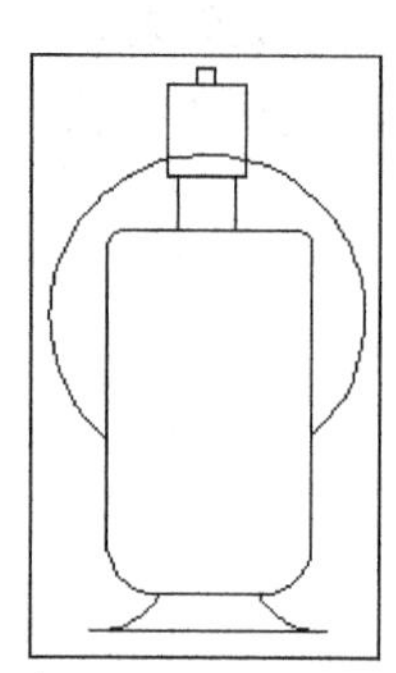
图 5-137　绘制圆弧

5. 绘制真空断路器

01 将“中心线层”设置为当前图层。调用“直线”命令绘制直线 1，长度为 10。

02 将当前图层由“中心线层”切换为“实体符号层”，并单击状态栏中的“正交”和“对象捕捉”按钮。然后调用“直线”命令，分别绘制直线 2~4，长度分别为 2、7 和 5，完成效果如图 5-138 所示。

03 单击状态栏中的“正交”按钮关闭正交绘图方式，然后调用“直线”命令。用鼠标分别捕捉直线 2 的右端点和直线 3 的上端点，绘制直线 5，绘制效果如图 5-139 所示。

04 调用“镜像”命令，选择直线 2~5 为镜像对象，选择直线 1 为镜像线做镜像操作，镜像结果如图 5-140 所示。

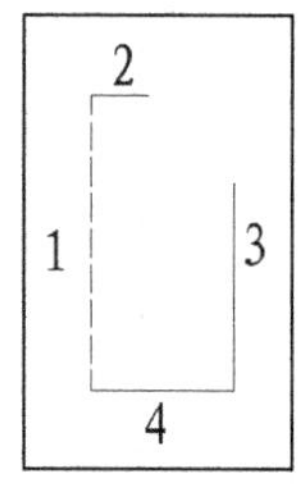

图 5-138　绘制直线

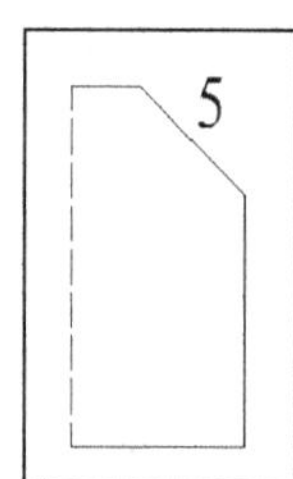

图 5-139　绘制直线

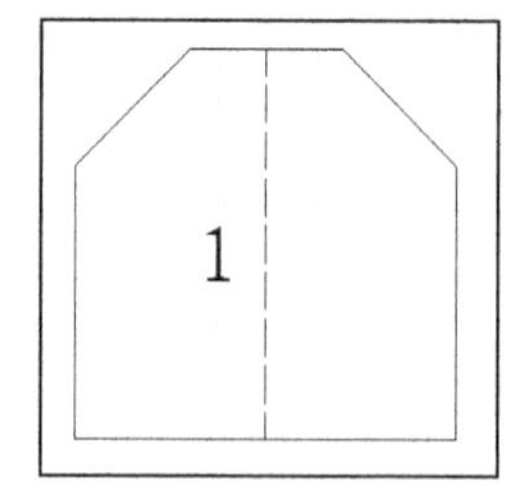

图 5-140　镜像结果

05 调用“拉长”命令，将图 5-140 中的直线 1 分别向上和向下拉长 2，拉长效果如图 5-141 所示。

06 调用“直线”命令，绘制一条竖直直线，长度为 8，并将此直线图层属性设置为“中心线层”。然后调用“矩形”命令▭，绘制两个关于中心线对称的矩形 A 和 B。A 的长为 0.90、宽为 0.95；B 的长为 1.6、宽为 4.5，绘制效果如图 5-142 所示。具体绘制步骤参考本书前面的章节，此处不再复述。

07 调用“平移”命令✥，选择图 5-142 中的图形为平移对象。捕捉图 5-142 中的 M 点为平移基点，捕捉图 5-141 中直线 5 的中点为平移第二点做平移操作，平移结果如图 5-143 所示。

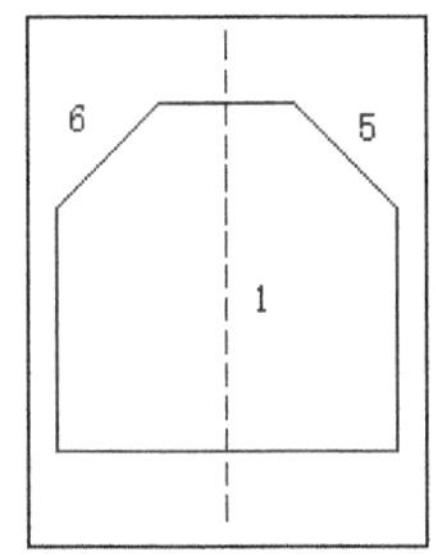

图 5-141　拉长直线

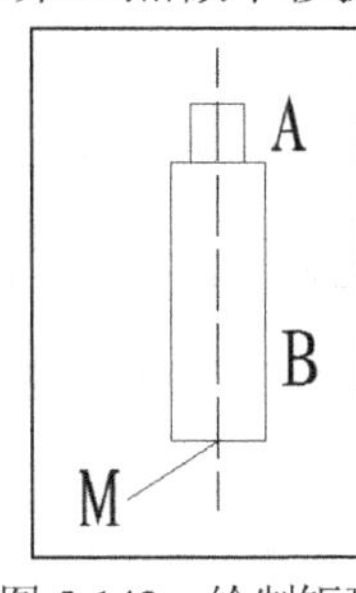

图 5-142　绘制矩形

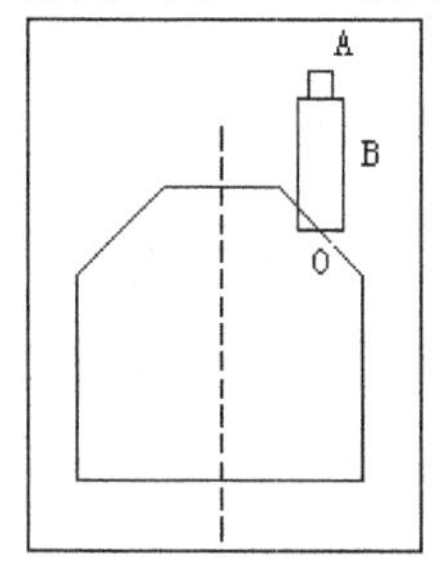

图 5-143　平移结果

08 调用“旋转”命令↻，选择图 5-143 中的矩形 A 和 B 为旋转对象。捕捉图 5-143 中的点 O 为基点，-45°为旋转角做旋转操作，旋转结果如图 5-144 所示。

09 调用“镜像”⊿⊾命令，选择图 5-144 中的矩形 A 和 B 为对象，直线 1 为镜像线做镜像操作，最终完成效果如图 5-145 所示，即为绘制完成的真空断路器。

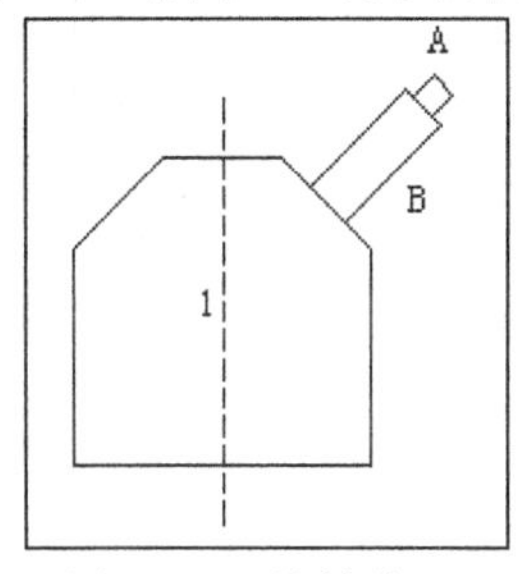

图 5-144　旋转结果

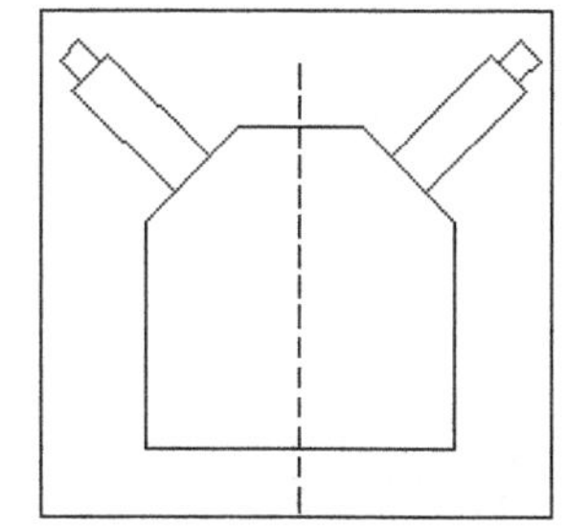
图 5-145　镜像结果

6. 绘制避雷器

01 调用“矩形”命令▭，绘制一个长为 2.2、宽为 8 的矩形，效果如图 5-146 所示。

02 调用“分解”命令，将步骤**01**绘制的矩形分解为直线 1~4。

03 调用“偏移”命令，将图 5-146 中的直线 2 向下偏移 0.9 得到直线 5，直线 4 向上偏移 0.9 得到直线 6，偏移效果如图 5-147 所示。

04 调用“直线”命令╱，用鼠标捕捉图 5-147 中直线 2 和 4 的中点作为第一点和第二点绘制直线 7，效果如图 5-148 所示。

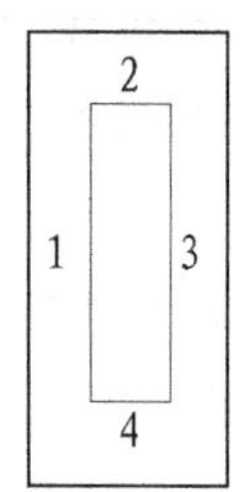

图 5-146　绘制矩形

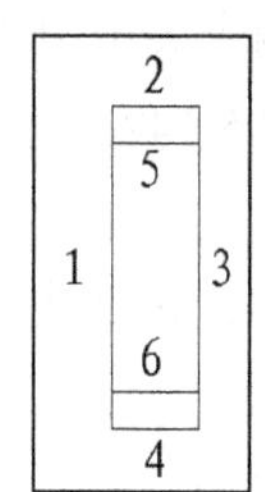

图 5-147　偏移直线

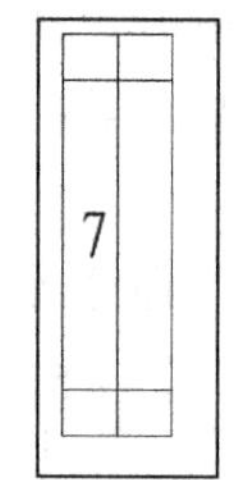

图 5-148　绘制直线

05 调用“拉长”命令，将图 5-148 中的直线 7 向上拉长 0.85，拉长效果如图 5-149 所示。

06 调用“圆”命令，用鼠标捕捉图 5-149 中竖直中心线的上端点。以其为圆心，绘制一个半径为 0.85 的圆，效果如图 5-150 所示。

07 调用“删除”命令，删除直线 7，最终完成效果如图 5-151 所示，即为绘制完成的避雷器的图形符号。

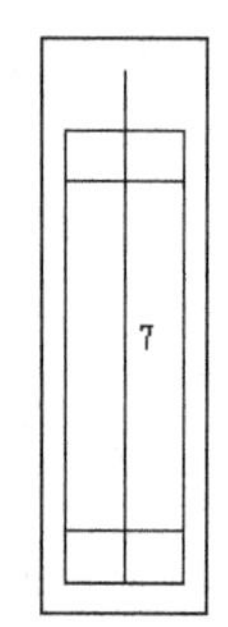

图 5-149　拉长直线

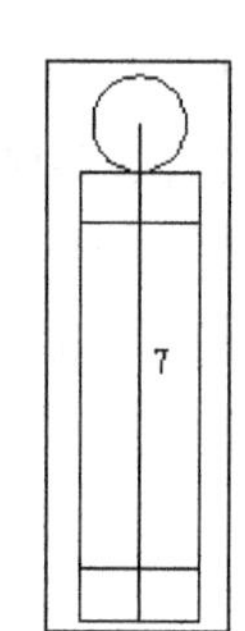

图 5-150　绘制圆

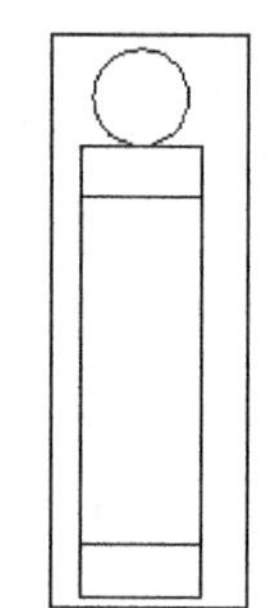

图 5-151　删除直线

5.3.4 组合图形

前面 5.3.1~5.3.3 节已经分别完成了图纸的架构图和各主要电气设备的符号图，本节将学习把绘制完成的各主要电气设备的符号插入到架构图的相应位置，完成基本草图的绘制。操作过程中，多次调用“平移”命令，在选择平移基点和第二点时尽量使用“对象捕捉”，以便电气符号能够准确定位到合适的位置。插入电气符号的过程中，可以适当使用“缩放”命令，调整各图形符号到合适的尺寸，保证整张图的整齐和美观。插入完毕后，效果如图 5-152 所示。

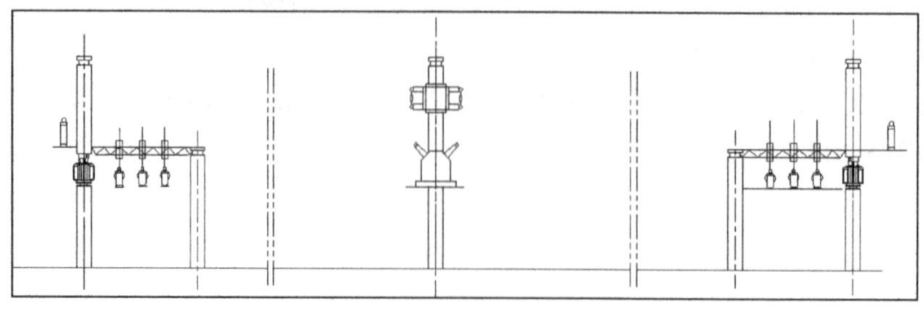

图 5-152　插入电气符号

5.3.5 添加导线

本节将在各电气符号之间插入导线，具体操作步骤如下。

01 将当前图层从“实体符号层”切换为“连接导线层”。

02 调用“直线”、“圆弧”和“样条”命令，绘制连接导线。绘制过程中，可以使用“对象捕捉”，捕捉导线的连接点。

注意

在绘制连接导线的过程中，可以使用夹点编辑命令调整圆弧的方向和半径，直到导线的方向和角度达到最佳的程度。

添加完导线后，效果如图 5-153 所示，即完成变电所断面图的绘制。

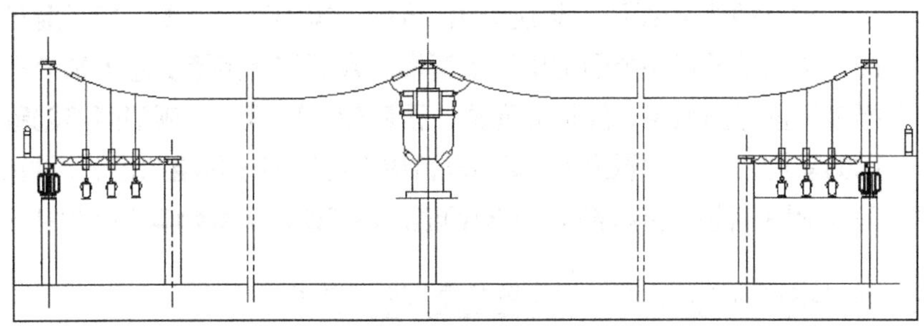

图 5-153　添加导线

第6章 电路图绘制

电路图是最常见、应用最为广泛的一类电气线路图。在工业领域和日常生活中，电路图是最为重要的电气工程图。人们日常生活的每个环节都和各种电路有着或多或少的联系，比如收音机、录音机、电话、电视机和冰箱等都是电路图应用的实例。本章将通过几个实例来介绍电路图的一般绘制方法。读者在学习完本章内容之后将能掌握电路图的绘制方法，并能使用 AutoCAD 绘制一般的电路图。

通过本章的学习，读者应了解和掌握以下内容：

- 简易录音机电路图的绘制
- 变频器电路图的绘制
- 单片机引脚图的绘制

6.1 简易录音机电路图绘制

录音机是一种常见的家用电器，如图 6-1 所示为某简易录音机的电路原理图。该电路图中包含了电阻、电容、电感、电压比较器以及电源插座等多种电气元件，各元件之间的位置关系错综复杂。本节将详细介绍此电路图的绘制步骤。

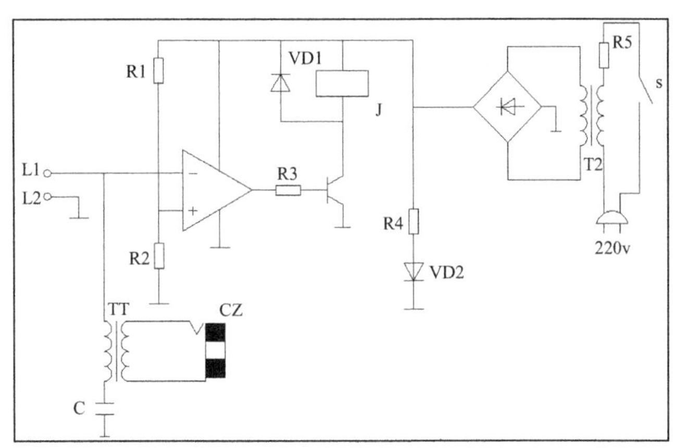

图 6-1　简易录音机的电路原理图

6.1.1　配置绘图环境

01 打开 AutoCAD 2014 应用程序。以“A3.dwt”样板文件为模板，建立新文件。

02 将新文件命名为“简易录音机的电路图.dwg”并保存。

03 在任意工具栏处右击，从打开的快捷菜单中选择“标准”、“图层”、“对象特性”、“绘图”、“修改”和“标注”6 个选项。调出这些选项的工具栏，并将它们移动到绘图窗口中的适当位置。

6.1.2　绘制电气元件

在简易录音机的电路原理图中，有电阻、电容、电感、电压比较器以及电源插座等多种电气元件。其中电阻、电容和电感在第 4 章中已经绘制完成并存储为图块，因此只需直接插入并调用即可。本节将依次绘制其他几个元件。

1. 绘制电压比较器

01 调用“正多边形”命令⬠，命令行提示如下。

```
命令: _polygon  //执行正多边形命令
输入侧面数 <4>:3  //指定边数为 3
指定正多边形的中心点或 [边(E)]:  //在屏幕上指定一点为中心点
```

```
输入选项 [内接于圆(I)/外切于圆(C)] <I>: I  //选择“内接于圆”方式
指定圆的半径: 20  //指定半径为 20
```

执行完毕后，绘制效果如图 6-2 所示。

02 调用“旋转”命令，命令行提示如下：

```
命令: _rotate              //执行旋转命令
UCS 当前的正角方向:  ANGDIR=逆时针    ANGBASE=0
选择对象: 找到 1 个  //拾取图 6-2 中的正三角形
选择对象:      //按 Enter 键结束拾取
指定基点:        //捕捉图 6-2 中的 O 点为基点
指定旋转角度，或 [复制(C)/参照(R)] <0>:  30   //指定旋转角度
```

执行完毕后，旋转效果如图 6-3 所示。

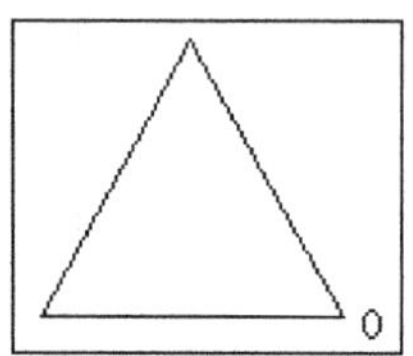

图 6-2　绘制正三角形

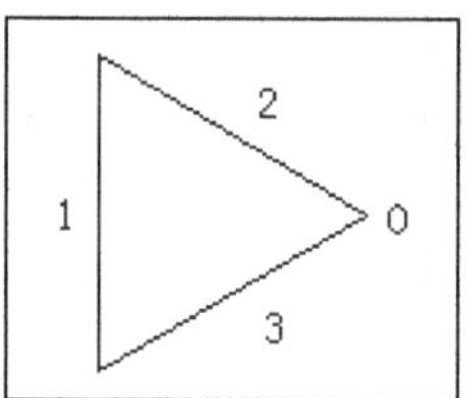

图 6-3　旋转图形

03 调用“分解”命令，将图 6-3 中的正三角形分解为直线 1~3。

04 调用“偏移”命令，以直线 1 为起始，向右绘制直线 4，偏移量为 15。直线 4 与直线 2 和 3 的交点分别为点 A 和点 B，偏移结果如图 6-4 所示。

05 单击状态栏中的“对象捕捉”和“正交”按钮。调用“直线”命令，用鼠标捕捉图 6-4 中的 A 点，向左绘制长度为 30 的水平直线 5。然后用鼠标捕捉图 6-4 中的 B 点，向左绘制长度也为 30 的水平直线 6，完成效果如图 6-5 所示。

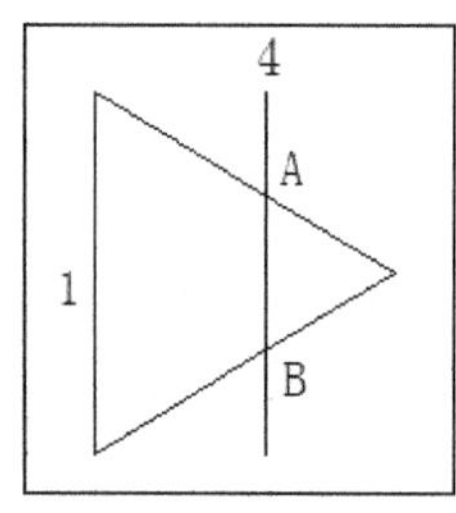

图 6-4　偏移结果

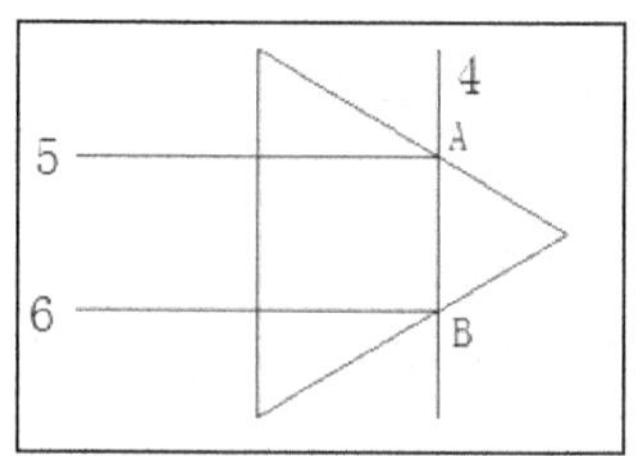

图 6-5　绘制直线

06 调用“修剪”命令，以正三角形的三条边为剪切边，对直线 4~6 进行修剪，修剪结果如图 6-6 所示。

07 调用“直线”命令，用鼠标捕捉图 6-6 中的 O 点。以其为起点，向右绘制一条长度为 10 的水平直线，效果如图 6-7 所示。

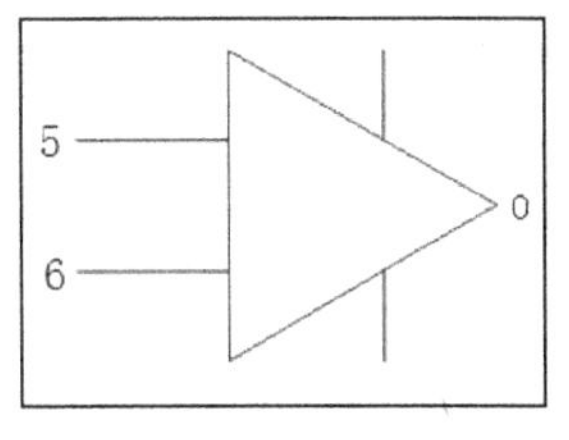

图 6-6　修剪结果

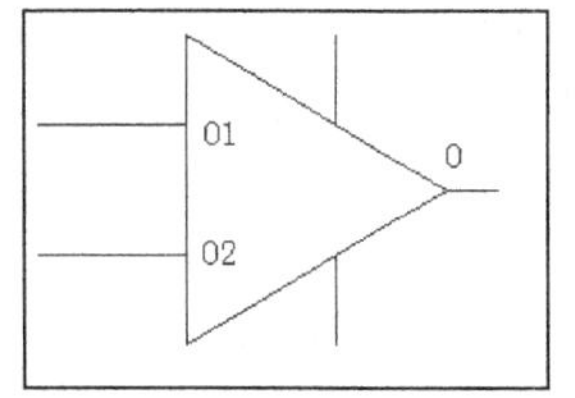

图 6-7　绘制水平直线

08 选择主菜单中的“格式”|“文字样式”命令，弹出“文字样式”对话框。

09 单击对话框右上角的“新建”按钮，弹出“新建文字样式”对话框。在文本框中输入“注释样式”，然后单击“确定”按钮，返回“文字样式”对话框。

10 在对话框中设置文字字体为“宋体”，高度为 5，并在左侧样式列表框中选中“注释样式”，然后依次单击“置为当前”和“确定”按钮。

11 调用“多行文字”命令A，在图中任意位置分别绘制文字“-”和“+”。然后调用“平移”命令，将文字分别平移动到图 6-7 中 O1 和 O2 所在的位置。完成效果如图 6-8 所示，即完成电压比较器的绘制。

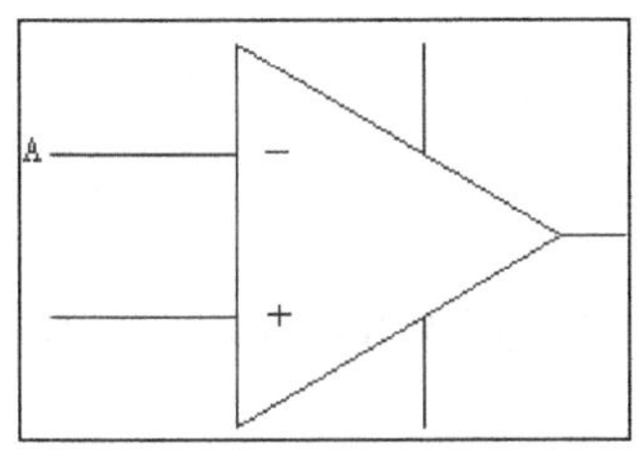

图 6-8　绘制电压比较器

2. 绘制信号输出装置

录音机进行声音录制后，需要将录制的信息输出，因此录音机电路原理图中有信号输出装置。本节将介绍其绘制步骤。

01 调用“正多边形”命令，选择“内接于圆”方式，绘制一个正三角形，圆的半径为 3，绘制效果如图 6-9 所示。

02 调用“删除”命令，删除直线 1，删除效果如图 6-10 所示。

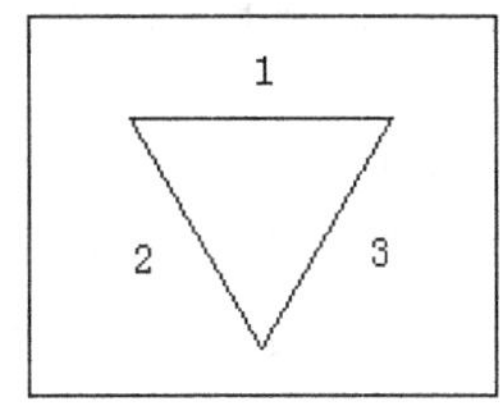

图 6-9　绘制正三角形

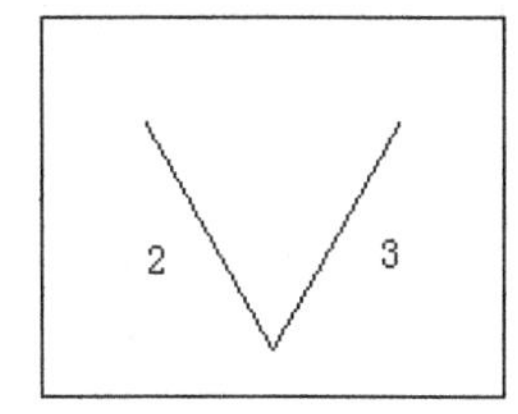

图 6-10　删除直线

03 调用“直线”命令，在“正交”方式下，用鼠标捕捉直线 2 的左端点，以其为起始点向左绘制一条长度为 10 的水平直线 4。用鼠标捕捉直线 3 的右端点，以其为起始点，向右绘制一条长度为 8 的水平直线 5，绘制效果如图 6-11 所示。

04 调用“偏移”命令，命令行提示如下。

```
命令: _offset    //执行偏移命令
当前设置: 删除源=否   图层=源   OFFSETGAPTYPE=0
指定偏移距离或 [通过(T)/删除(E)/图层(L)] <10.0000>:   8   //指定偏移距离
选择要偏移的对象，或 [退出(E)/放弃(U)] <退出>:   //拾取图 6-11 中的直线 5
指定要偏移的那一侧上的点，或 [退出(E)/多个(M)/放弃(U)] <退出>:  //在直线 5 下方单击鼠标，得到直线 6
```

用同样的方法，以上一条直线为起始线，向下偏移绘制直线 7 和 8。执行完毕后，效果如图 6-12 所示。

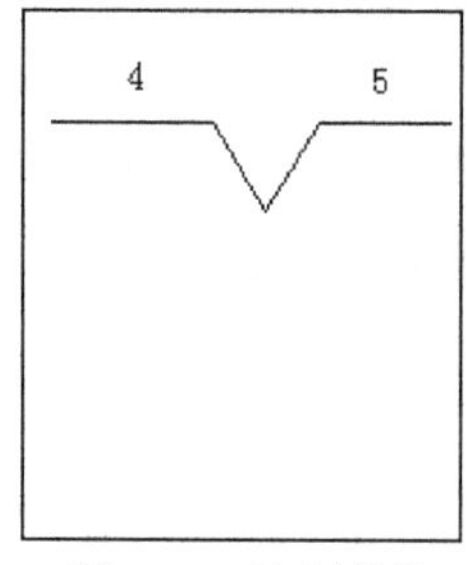

图 6-11　绘制直线

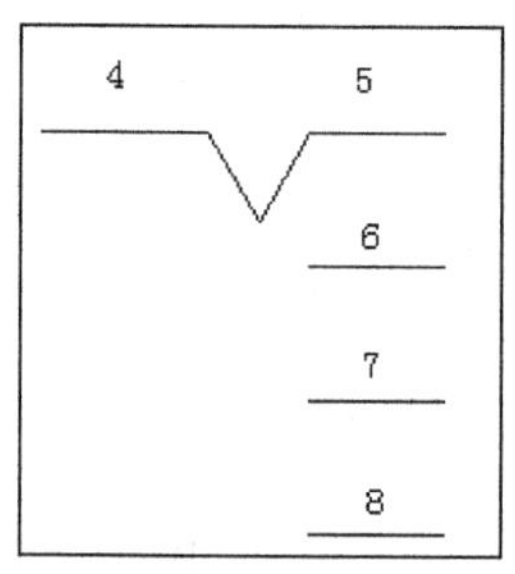

图 6-12　偏移结果

05 调用“直线”命令，分别以直线 5~8 的左端点和右端点为第一点和第二点绘制一系列竖直直线，绘制效果如图 6-13 所示。

06 调用“直线”命令，用鼠标捕捉图 6-13 中的 O 点。以其为起点，向左绘制一条长度为 10 的水平直线，效果如图 6-14 所示。

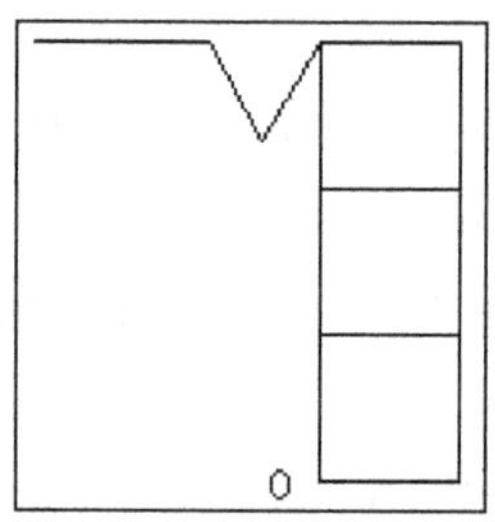

图 6-13　绘制竖直直线图

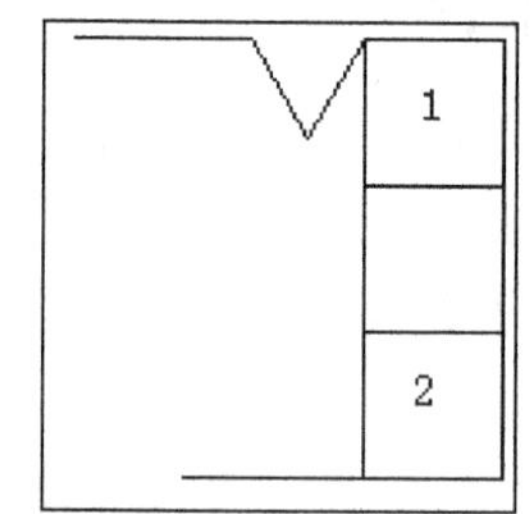

图 6-14　绘制水平直线

07 选择主菜单栏中的“绘图”|“图案填充”命令，弹出“图案填充和渐变色”对话框。

08 单击“图案”选项右侧的按钮，弹出如图 6-15 所示的“填充图案选项板”对话框。在“其他预定义”选项卡中选择“SOLID”图案，单击“确定”按钮，返回“图案填充和渐变色”对话框。

09 单击“选择对象”按钮，暂时返回绘图窗口中进行选择。在图 6-14 中的 1、2 两处单击选择填充边界，如图 6-16 所示。然后按 Enter 键再次返回“图案填充和渐变色”对话框，单击“确定”

按钮完成填充，效果如图 6-17 所示，即完成信号输出装置的绘制。

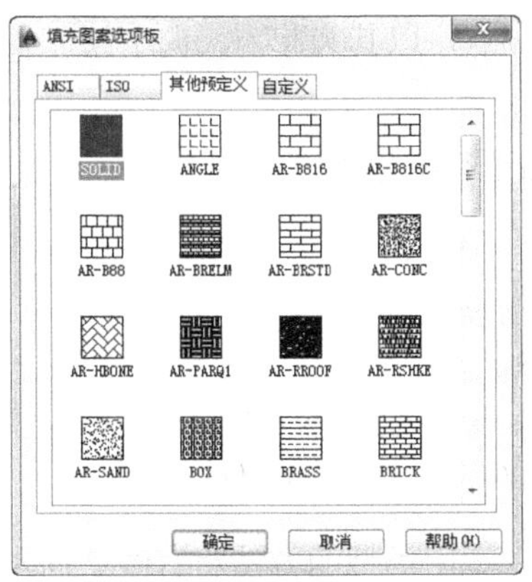

图 6-15　“填充图案选项板”对话框

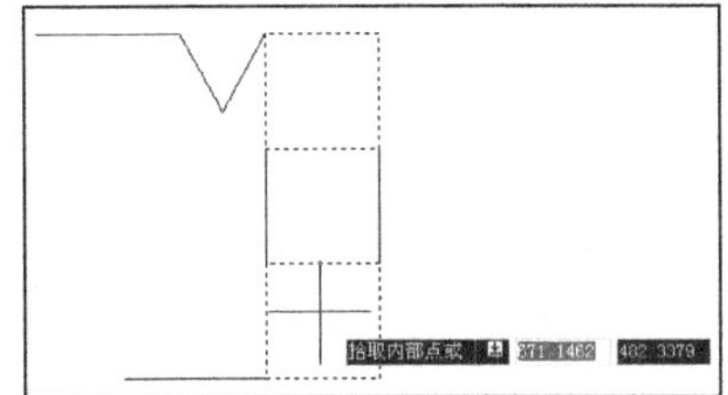

图 6-16　选择填充边界

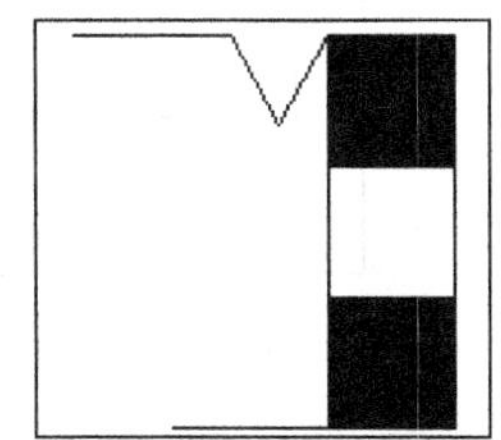

图 6-17　完成填充

3．绘制插座

01 调用“圆弧”命令，命令列提示如下。

```
命令: _arc  //执行圆弧命令
指定圆弧的起点或 [圆心(C)]: 140，200  //指定圆弧起点
指定圆弧的第二个点或 [圆心(C)/端点(E)]: E  //选择“端点”方式
指定圆弧的端点: 140，200  //指定圆弧端点
指定圆弧的圆心或 [角度(A)/方向(D)/半径(R)]:R  //选择“半径”方式
指定圆弧的半径: 7  //指定圆弧半径
```

执行完毕后，绘制效果如图 6-18 所示。

02 调用“直线”命令，用鼠标分别捕捉圆弧的起点和终点，绘制一条水平直线，效果如图 6-19 所示。

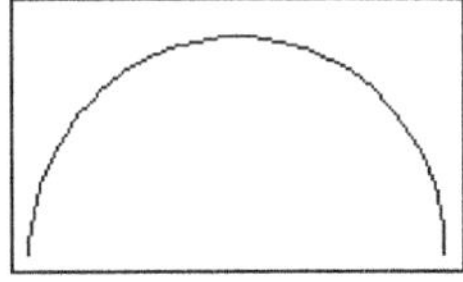

图 6-18　绘制圆弧

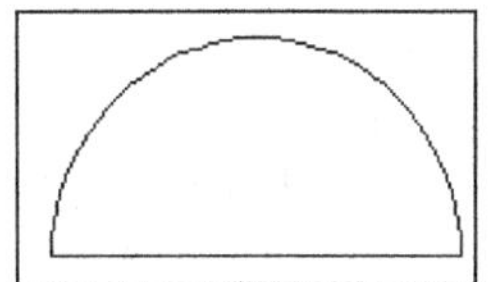

图 6-19　绘制直线

03 调用“直线”命令，用鼠标捕捉圆弧的左端点。以其为起点，向下绘制长度为 4 的竖直直线 1。然后用鼠标捕捉圆弧的右端点，以其为起点，向下绘制长度为 4 的竖直直线 2，绘制效果如图 6-20 所示。

04 调用“平移”命令，命令行提示如下。

```
命令: _move   // 执行平移命令
选择对象: 找到 1 个 //拾取图 6-20 中的直线 1
选择对象:  //按 Enter 键结束拾取
指定基点或 [位移(D)] <位移>:  D  //选择“位移”方式
指定位移 <0.0000, 0.0000, 0.0000>:  3,0,0  //指定位移
```

执行完毕后，直线 1 向右平移 3。用类似的方法将直线 2 向左平移 3，平移效果如图 6-21 所示。

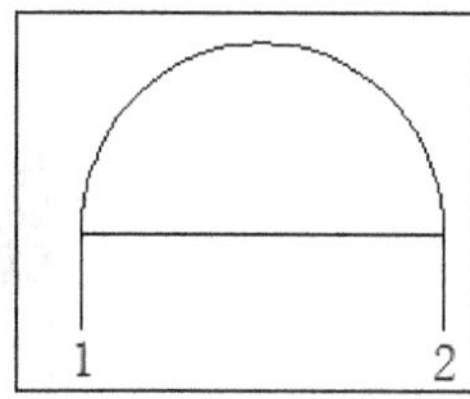

图 6-20　绘制直线

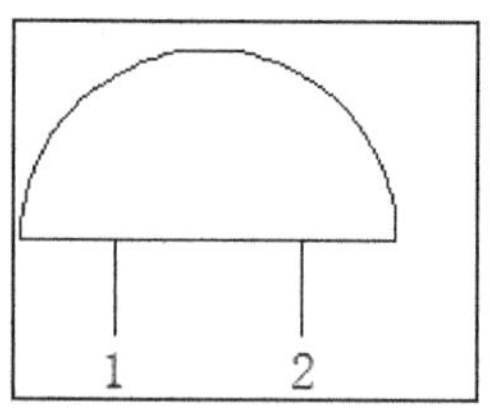

图 6-21　平移直线

05 调用“拉长”命令，将直线 1 和 2 分别向上拉长 40，拉长效果如图 6-22 所示。

06 调用“修剪”命令，以水平直线和圆弧为剪切边，对竖直直线 1 和 2 进行修剪，修剪结果如图 6-23 所示，即完成插座图形符号的绘制。

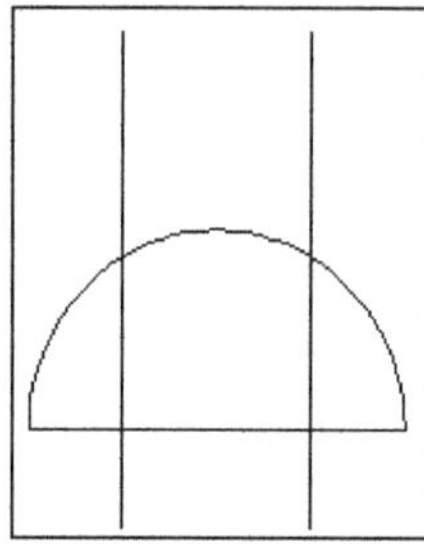
图 6-22　拉长直线

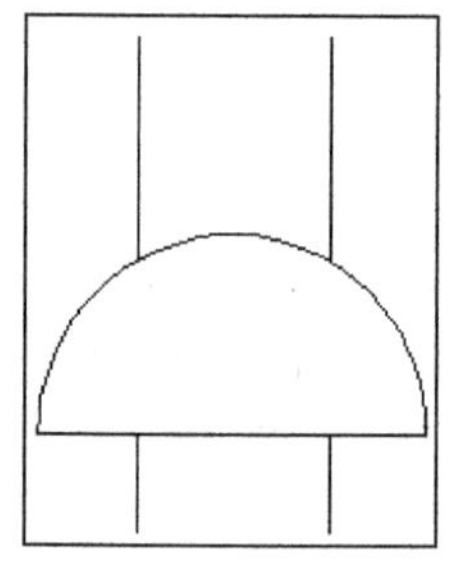
图 6-23　修剪结果

4. 绘制电感器

01 调用“圆弧”命令，命令行提示如下。

```
命令: _arc      //执行圆弧命令
指定圆弧的起点或 [圆心(C)]: 100,100     //指定圆弧起点
指定圆弧的第二个点或 [圆心(C)/端点(E)]: C  //选择“圆心”方式
指定圆弧的圆心:  103,100  //指定圆心
指定圆弧的端点或 [角度(A)/弦长(L)]: A  //选择“角度”方式
指定包含角: 180  //指定圆心角
```

执行完毕后，绘制得到一段圆弧，效果如图 6-24 所示。

02 调用“矩形阵列”命令，命令行提示如下。

命令: _arrayrect
选择对象: 找到 1 个//拾取如图 6-24 所示的圆弧
选择对象: //按回车键，完成选择
类型 = 矩形　关联 = 是
选择夹点以编辑阵列或 [关联(AS)/基点(B)/计数(COU)/间距(S)/列数(COL)/行数(R)/层数(L)/退出(X)] <退出>: cou//输入 cou，表示使用计数方式进行阵列
输入列数数或 [表达式(E)] <4>: 1//输入列数
输入行数数或 [表达式(E)] <3>: 4 //输入行数
选择夹点以编辑阵列或 [关联(AS)/基点(B)/计数(COU)/间距(S)/列数(COL)/行数(R)/层数(L)/退出(X)] <退出>: s//输入 s，设置间距
指定列之间的距离或 [单位单元(U)] <3.9626>://按回车键，不对列间距进行设置
指定行之间的距离 <3.9626>:6//设置行间距为 6
选择夹点以编辑阵列或 [关联(AS)/基点(B)/计数(COU)/间距(S)/列数(COL)/行数(R)/层数(L)/退出(X)] <退出>://回车

完成阵列，效果如图 6-25 所示。

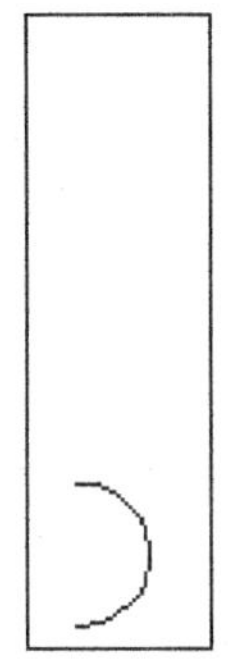

图 6-24　绘制圆弧

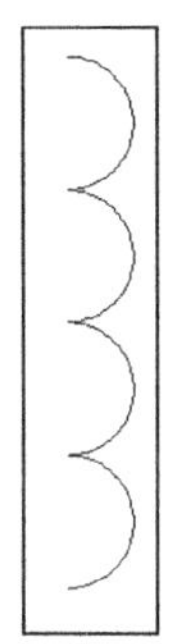

图 6-25　阵列效果

03 调用“直线”命令，捕捉图 6-26 中的 A、B 两点绘制竖直直线 1，效果如图 6-27 所示。

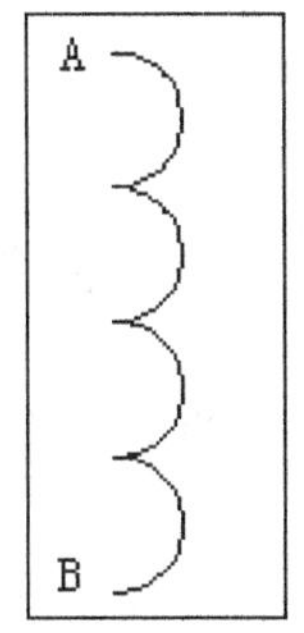

图 6-26　直线端点

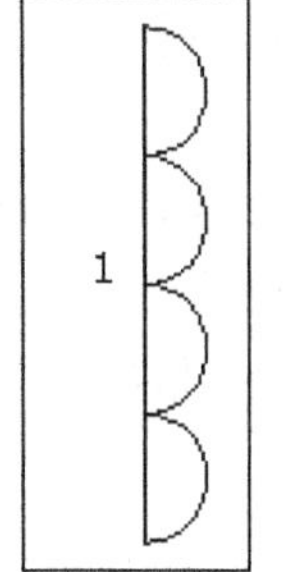

图 6-27　绘制直线

04 调用“平移”命令，命令行提示如下。

```
命令: _move    //执行平移命令
选择对象: 找到 1 个 //捕捉图 6-27 中的直线 1
选择对象:  //按 Enter 键结束拾取
指定基点或 [位移(D)] <位移>:   D   //选择“位移”方式
指定位移 <0.0000, 0.0000, 0.0000>:   5,0,0   //指定位移
```

执行完毕后，平移结果如图 6-28 所示。

05 调用“镜像”命令，命令行提示如下。

```
命令: _mirror   //执行镜像命令
选择对象: 指定对角点: 找到 4 个 //用鼠标框选图 6-28 中的 4 段圆弧
选择对象:  //按 Enter 键结束拾取
指定镜像线的第一点:  //依次捕捉图 6-28 中直线 1 的上、下两个端点
指定镜像线的第二点:
要删除源对象吗? [是(Y)/否(N)] <N>:   //按 Enter 键
```

执行完毕后，镜像效果如图 6-29 所示。

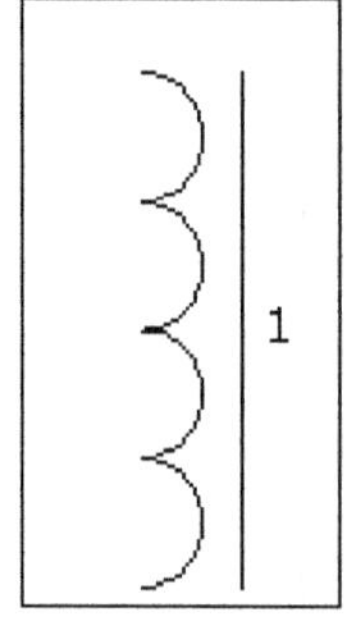

图 6-28　平移结果

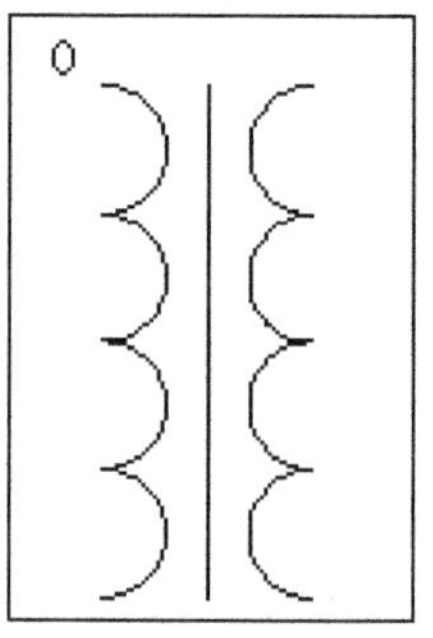

图 6-29　镜像结果

06 选择主菜单中的“绘图”|“块”|“创建”命令，或者在命令行中输入 BLOCK，弹出“块定义”对话框。在该对话框中的“名称”文本框中输入块名称“电感器”，指定图 6-29 中的 O 点为基点，选择整个电感器符号为块定义对象，设置“块单位”为毫米，将其存储为图块。

6.1.3 组合图形

前面 6.1.2 节已经分别完成各电气元件的绘制，本节将依次绘制导线，并将各电气元件组合起来以完成图形，具体操作步骤如下。

01 调用“圆”命令，依次绘制两个半径为 1.5 的圆。两个圆竖直排列，圆心距离为 10，绘制效果如图 6-30 所示。

02 调用“直线”命令，在“正交”方式下，依次绘制 6 条直线。各直线的位置和尺寸如图 6-31 所示。

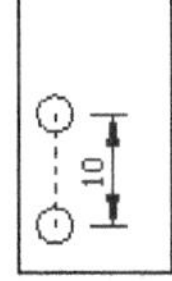

图 6-30　绘制圆

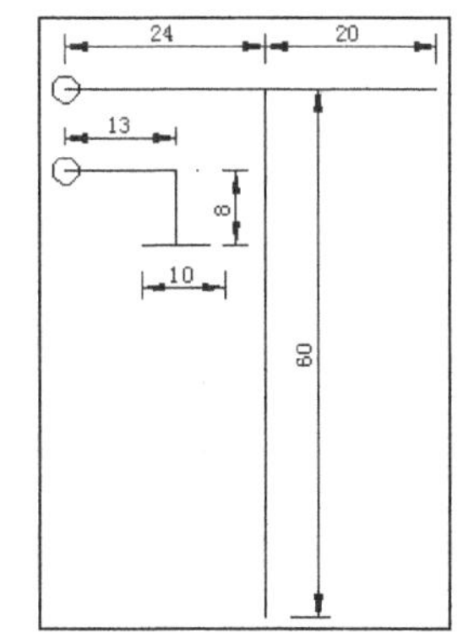

图 6-31　绘制直线

03 调用“修剪”命令，对图 6-31 中上面的两条水平直线进行修剪，裁剪掉直线在圆弧以内的部分，修剪结果如图 6-32 所示。

04 调用“平移”命令，选择图 6-8 所示的图形为平移对象，拾取图中的 A 点为平移基点，捕捉图 6-32 中的 B 点为第二点做平移操作，平移结果如图 6-33 所示。

05 选择主菜单中的“插入”|“块”命令，弹出如图 6-34 所示的“插入”对话框。在“名称”列表中选择“电感器”图块，单击“确定”按钮。然后根据系统提示，捕捉图 6-33 中的 O 点为基点，插入电感器图块，完成效果如图 6-35 所示。

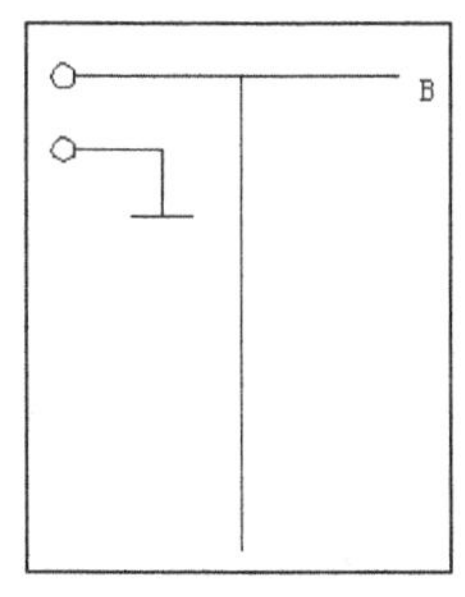

图 6-32　修剪结果

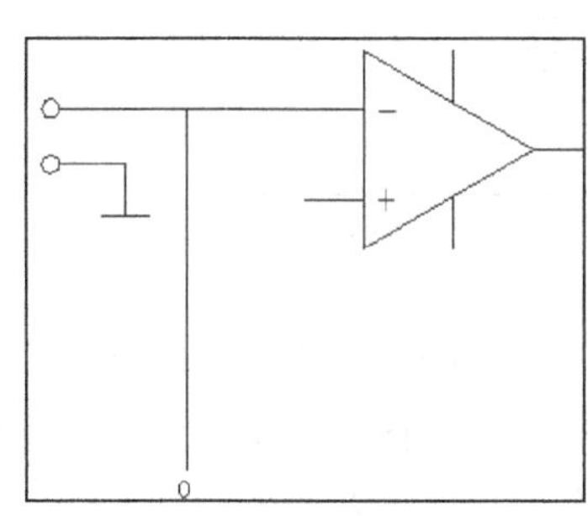

图 6-33　平移结果

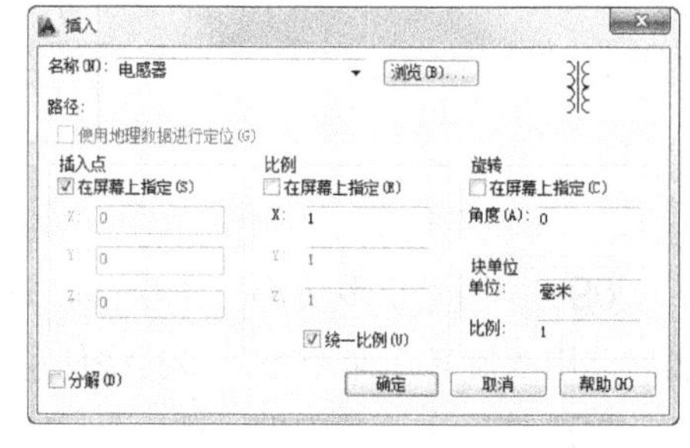

图 6-34　“插入”对话框

06 调用“直线”命令，捕捉图 6-35 中的 A 点，以其为起点向右绘制一条长度为 15 的水平直线。捕捉图 6-35 中的 B 点，以其为起点，向右绘制一条长度为 20 的水平直线。然后调用“平移”命令，将前面 6.1.2 节绘制的信号输出装置平移过来。

07 选择主菜单中的“插入”|“块”命令，弹出 “插入”对话框。在“名称”列表中选择第 4 章绘制的“电容”图块；在“比例”选项组中选中“统一比例”复选框，在 X 文本框中输入 0.5，并单击“确定”按钮；在“旋转”选项组的“角度”文本框输入 90。然后根据系统提示，在屏幕上捕捉图 6-35 中的 C 点作为基点，将电容符号插入到图形中。最后绘制两段长度都为 3 的水平直线作为

接地线，完成效果如图 6-36 所示。

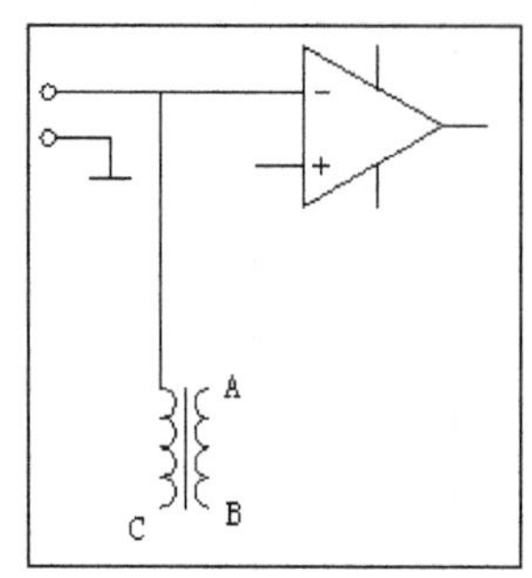

图 6-35　插入电感器

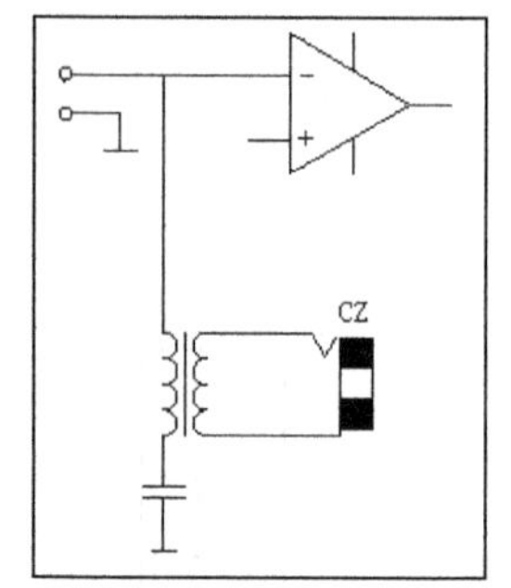

图 6-36　插入信号输出装置、电容

08 用和步骤**02**~步骤**07**类似的方法依次向图中插入二极管、三极管和电阻等电气元件，插入比例均为 0.25。插入过程中根据需要绘制导线，完成效果如图 6-37 所示。

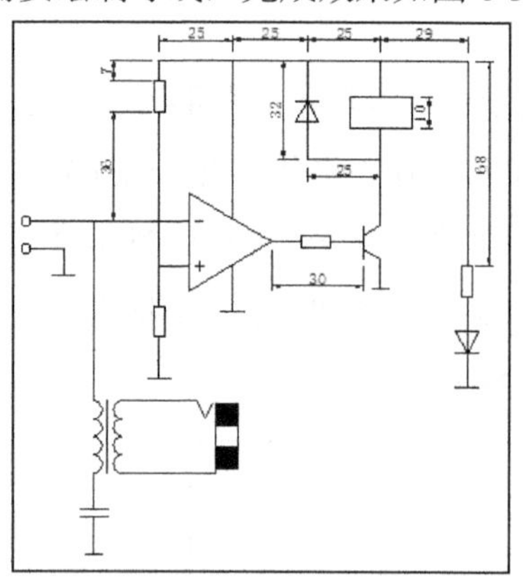

图 6-37　插入电气符号

09 调用“正多边形”命令，选择“外切于圆”方式。指定圆半径为 10，绘制一个正方形。然后调用“旋转”命令，将其绕任意一个角点旋转 45°，绘制效果如图 6-38 所示。

10 选择主菜单中的“插入”|“块”命令，将第 4 章绘制的二极管插入正方形的中心位置。插入比例为 0.4，插入效果如图 6-39 所示。

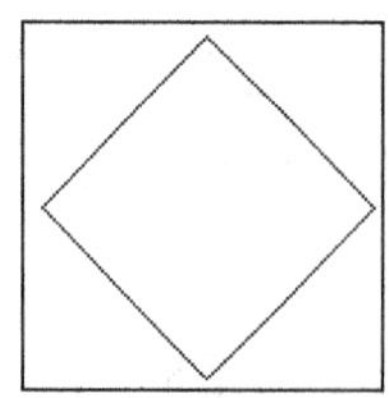
图 6-38　绘制正多边形

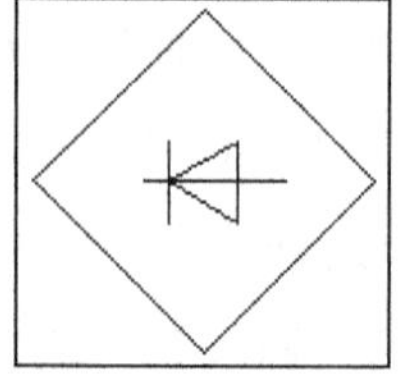
图 6-39　插入二极管

11 调用“直线”命令，依次绘制若干条水平和竖直直线，尺寸和位置如图 6-40 所示。

12 选择主菜单中的“插入”|“块”命令，将前面 6.1.2 节绘制的电感器图块插入到图形中，插

入效果如图 6-41 所示。

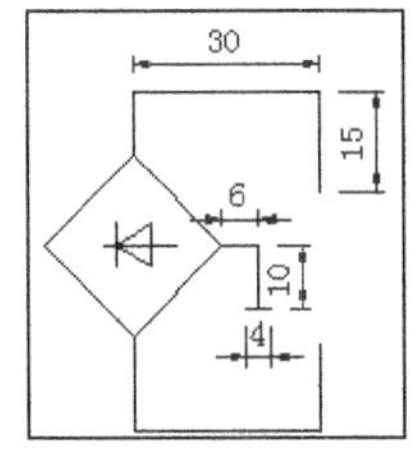

图 6-40　绘制直线

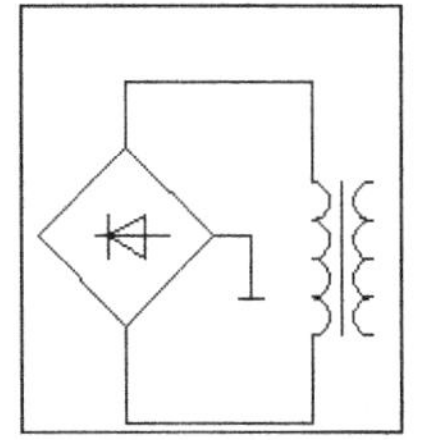
图 6-41　插入电感器

13 用和前面类似的方法依次向图中插入电阻、开关和插座等电气元件。插入过程中根据需要绘制导线，完成效果如图 6-42 所示。

14 调用“直线”命令，用鼠标捕捉图 6-42 中的 O 点。以其为起点，向左绘制一条长度为 24 的水平直线。然后调用“平移”命令，将图 6-42 中的图形平移到图 6-37 中，位置关系见图 6-43 所示。至此，完成图形符号及线路的绘制。

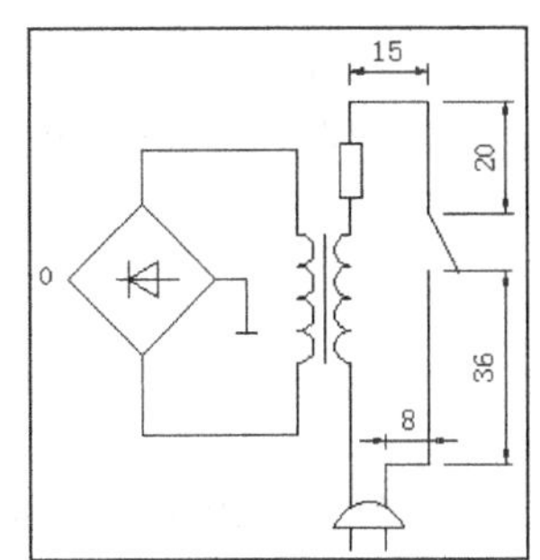

图 6-42　插入电气元件

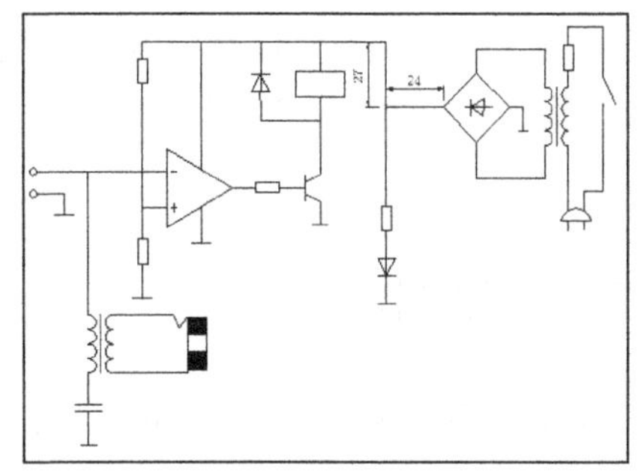

图 6-43　平移结果

6.1.4　添加文字注释

将前面新建的“注释样式”设置为当前文字样式。调用“多行文字”A 命令，在图 6-43 中的各个位置添加相应的文字，并调用“平移”命令将文字平移到如图 6-1 所示的位置，即完成整张图纸的绘制。

6.2　变频器电路图绘制

变频器是一类应用十分广泛的电子设备，如图 6-44 所示为某调频器的电路原理图。观察可知，这个电路图本身的元器件并不复杂，但各个元器件的相对位置关系较为复杂。如何把众多的电气元件安装在一个电路图中是绘制此图的关键所在。本节将详细介绍此图的绘制步骤。

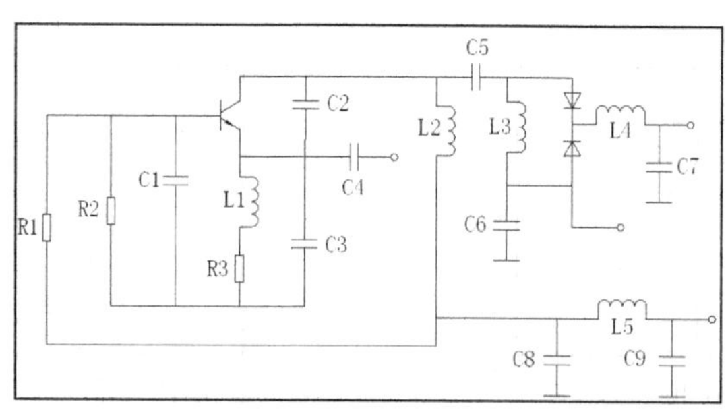

图 6-44　调频器的电路原理图

6.2.1　配置绘图环境

01 打开 AutoCAD 2014 应用程序。以“A2.dwt”样板文件为模板，建立新文件。

02 将新文件命名为“变频器电路图.dwg”并保存。

03 在任意工具栏处右击，从打开的快捷菜单中选择“标准”、“图层”、“对象特性”、“绘图”、“修改”和“标注”6 个选项。调出这些选项的工具栏，并将它们移动到绘图窗口中的适当位置。

6.2.2　线路图绘制

01 单击状态栏中的“正交”按钮进入正交状态。调用“直线”命令，依次绘制 34 条直线，效果如图 6-45 所示。各直线的长度如下：直线 1 长为 135；直线 2、3、4、6、8、9、14、23、35、36、37 长均为 40；直线 7 长为 80；直线 5 长为 24；直线 10、11 长为 115；直线 12 长为 25；直线 13、17 长为 90；直线 15 长为 49；直线 16 长为 53；直线 18 长为 240；直线 19 长为 145；直线 20 长为 14；直线 21 长为 65；直线 22 长为 45；直线 24 长为 54；直线 25 长为 17；直线 26 长为 37；直线 27 长为 25；直线 28 长为 28；直线 29 长为 47；直线 30、31 长为 75；直线 32 长为 22；直线 33、34 长为 35。

02 选择主菜单中的“插入”|“块”命令，将第 4 章绘制的电阻、电容、电感、二极管和三极管等图块依次插入到图形中，插入比例视情况设置为 0.25 或者 0.5，旋转角度视具体情况设置为 0°或者 90°，插入点均为如图 6-45 所示对应直线的中点处。插入完毕后，效果如图 6-46 所示。

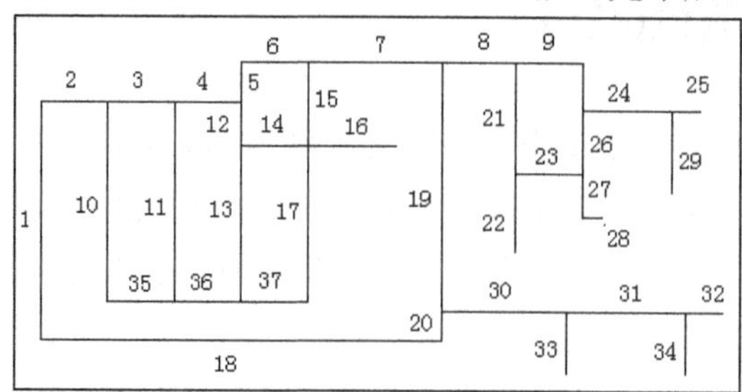

图 6-45　绘制直线

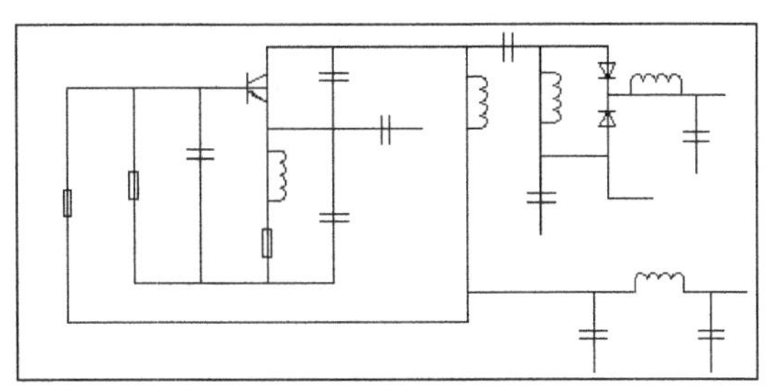

图 6-46　插入图块

03 调用“修剪”命令，以插入的图块符号的图线为剪切边，对步骤**01**中绘制的相应直线进行修剪，修剪结果如图 6-47 所示。

04 调用“圆”命令，依次以图 6-47 中的 1~4 这 4 个点为圆心绘制半径为 2 的圆。调用“修剪”命令，修剪掉直线在圆弧以内的部分。然后分别以图 6-47 中的 A、B、C、D 这 4 个点为起点，绘制长度均为 8 的直线段作为接地线，完成效果如图 6-48 所示。

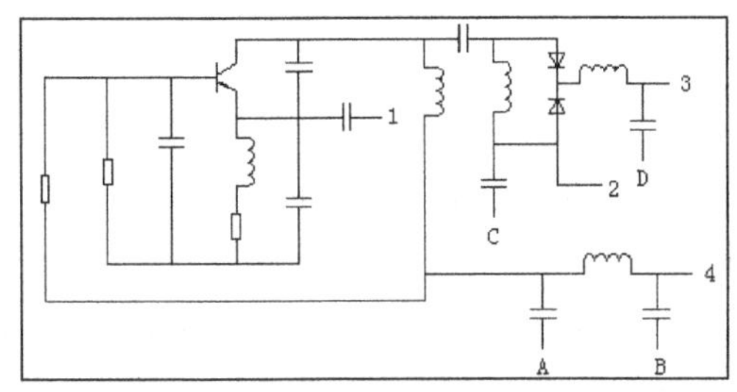

图 6-47　修剪结果

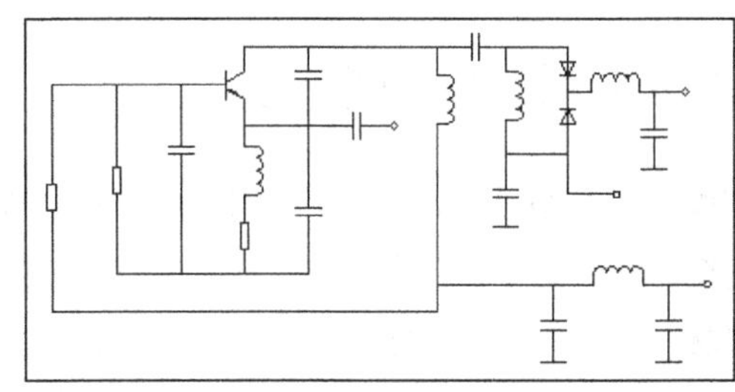

图 6-48　绘制圆、直线

6.2.3　添加注释文字

01 选择主菜单中的“格式”|“文字样式”命令，弹出“文字样式”对话框。

02 单击对话框右上角的“新建”按钮，弹出“新建文字样式”对话框。在“样式名”文本框输入样式名“注释文字”，然后单击“确定”按钮，返回“文字样式”对话框。

03 在对话框中设置文字字体为“宋体”，高度为 10，其他选项按照系统默认设置即可。然后在左侧样式列表框中选中“注释文字”，并依次单击“置为当前”和“确定”按钮。

04 调用“多行文字”命令A，在图 6-48 中的各个位置添加相应的文字，并调用“平移”命令，将文字平移到如图 6-44 所示的位置，即完成整张图纸的绘制。

6.3　单片机引脚图绘制

随着信息化社会和知识经济的发展，单片机的应用已经渗透到各行各业。如今单片机控制着当今大多数的电子设备、家用电器与机器设备，因此越来越多地引起人们的重视。如图 6-49 所示为某型号的 16 位单片机的引脚图。本节将通过介绍其绘制方法，让读者基本掌握单片机线路图的绘制步骤。

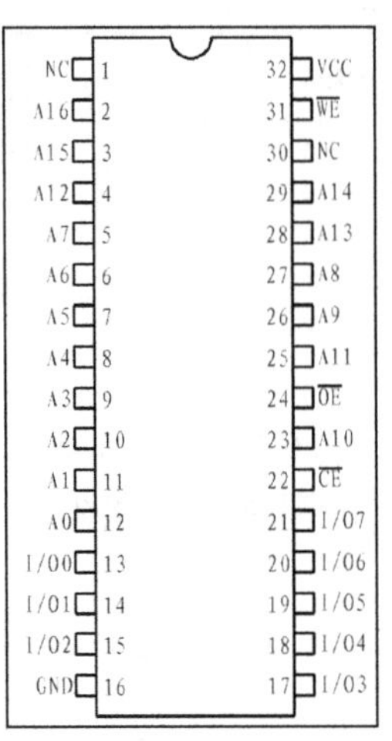

图 6-49 单片机引脚图

6.3.1 配置绘图环境

01 打开 AutoCAD 2014 应用程序。以“A3.dwt”样板文件为模板，建立新文件。

02 将新文件命名为“单片机线路图.dwg”并保存。

03 在任意工具栏处右击，从打开的快捷菜单中选择“标准”、“图层”、“对象特性”、“绘图”、“修改”和“标注”6 个选项。调出这些选项的工具栏，并将它们移动到绘图窗口中的适当位置。

6.3.2 绘制线路图

01 调用“矩形”命令，绘制 50×165 的矩形，效果如图 6-50 所示。

02 调用“圆”命令，以矩形的上边中心为圆心，绘制半径为 5 的圆，效果如图 6-51 所示。

03 调用“修剪”命令，对圆和矩形进行修剪，效果如图 6-52 所示。

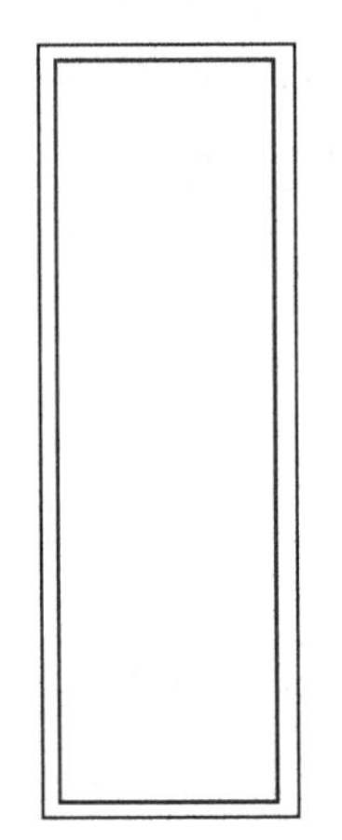

图 6-50 绘制矩形

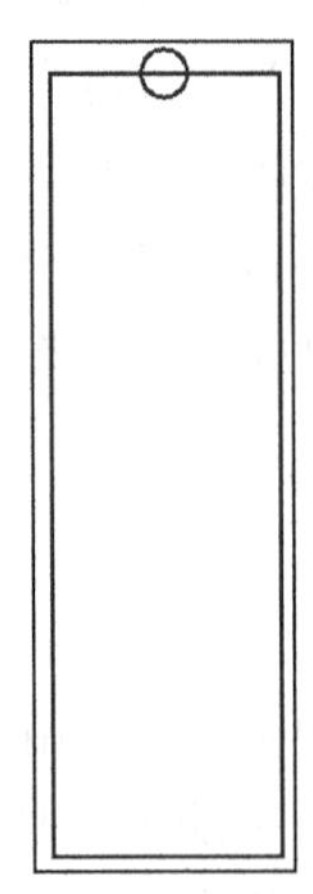

图 6-51 绘制圆

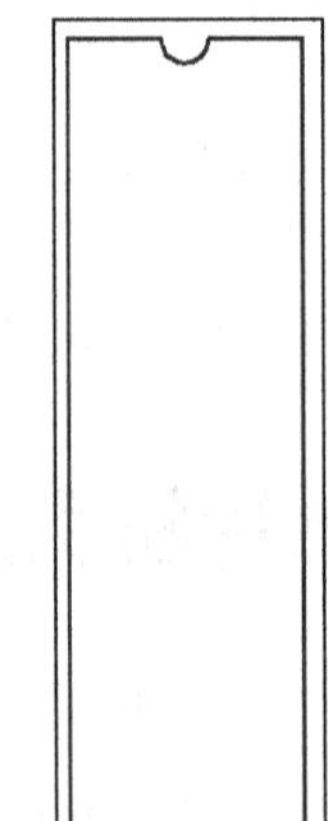

图 6-52 修剪矩形和圆

04 调用“矩形”命令，绘制 5×5 的两个正方形，效果如图 6-53 所示。

05 选择步骤04绘制的两个正方形，调用“移动”命令，将两个正方形分别向下移动 5，移动效果如图 6-54 所示。

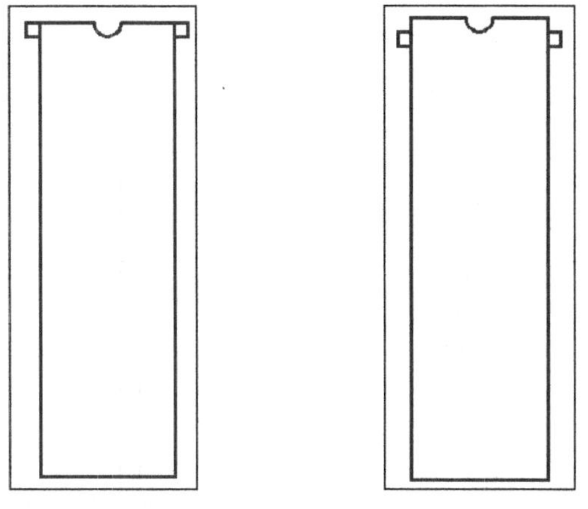

图 6-53　绘制正方形　　图 6-54　移动正方形

06 执行“文字样式”命令，创建文字样式“样式 1”，设置字体为仿宋 GB_2312，文字高度为 3.5。

07 将“样式 1”置为当前样式，调用“单行文字”命令，创建如图 6-55 所示的文字。其中“NC”、“32”使用“右中”对齐，“1”和“VCC”使用“左中”对齐。

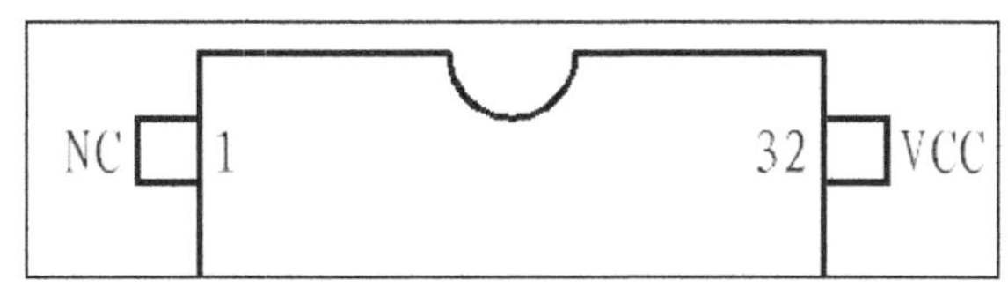

图 6-55　创建文字

08 调用“移动”命令，移动步骤07创建的单行文字，移动距离和效果如图 6-56 所示。

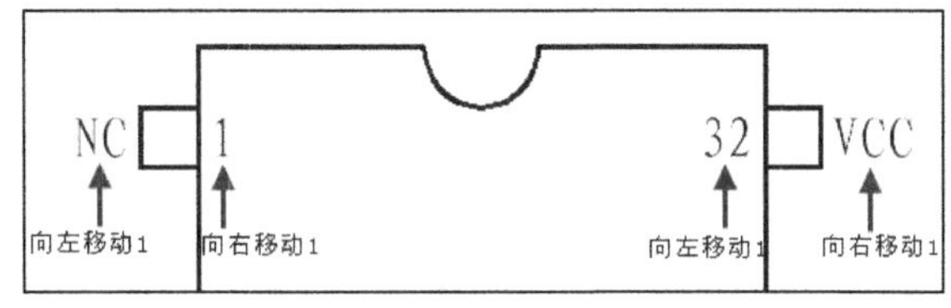

图 6-56　移动单行文字

09 执行“矩形阵列”命令，选择步骤05移动完成的正方形和步骤08移动完成的文字为阵列对象。设置行数为 16，列数为 1，行间距为-10 进行矩形阵列，阵列效果如图 6-57 所示。

10 双击单行文字，对文字内容进行逐一修改，修改效果如图 6-58 所示。

NC 1 32 VCC
NC 1 32 VCC
NC 1 32 VCC
NC 1 32 VCC
NC 1 32 VCC
NC 1 32 VCC
NC 1 32 VCC
NC 1 32 VCC
NC 1 32 VCC
NC 1 32 VCC
NC 1 32 VCC
NC 1 32 VCC
NC 1 32 VCC
NC 1 32 VCC
NC 1 32 VCC
NC 1 32 VCC

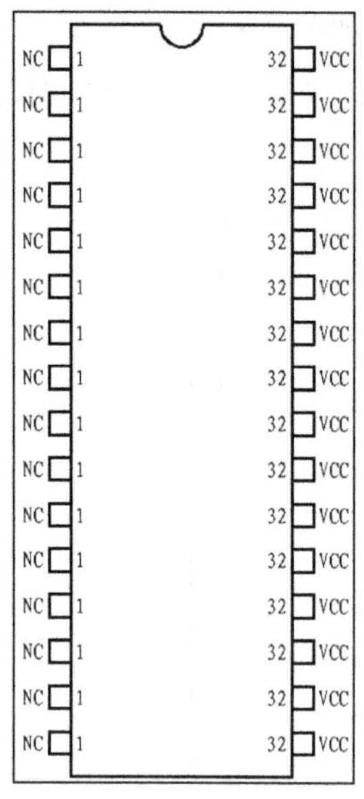

图 6-57　阵列效果

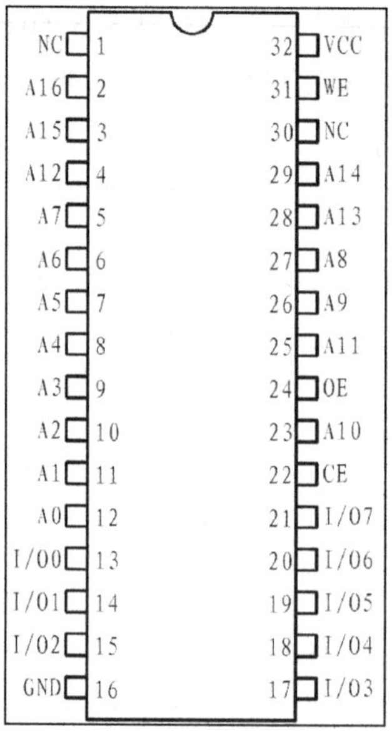

NC 1 32 VCC
A16 2 31 WE
A15 3 30 NC
A12 4 29 A14
A7 5 28 A13
A6 6 27 A8
A5 7 26 A9
A4 8 25 A11
A3 9 24 OE
A2 10 23 A10
A1 11 22 CE
A0 12 21 I/07
I/00 13 20 I/06
I/01 14 19 I/05
I/02 15 18 I/04
GND 16 17 I/03

图 6-58　修改单行文字内容

11 执行“多段线”命令，设置线宽为 0.5，绘制多段线，最终完成效果如图 6-49 所示。

第7章　机械电气图绘制

机械电气是指应用在机床上的电气系统，因此也可称为机床电气。主要包括应用在车床、磨床、钻床、铣床以及镗床上的电气，还包括机床的电气控制系统、伺服驱动系统和计算机控制系统等。随着数控系统的发展，机床电气也成为电气工程的一个重要组成部分。本章将通过几个具体实例来介绍机械电气图的绘制方法。

通过本章的学习，读者应了解和掌握以下内容：

- 电动机控制电路图的绘制
- 车床电气图的绘制

7.1 电动机控制电路图绘制

如图 7-1 所示为电动机控制电路图，它由 L1、L2 和 L3 3 个回路组成。图中包含了接触器、断路器、热继电器和电动机等电气元件。本节将详细介绍绘制电动机控制电路图的步骤。

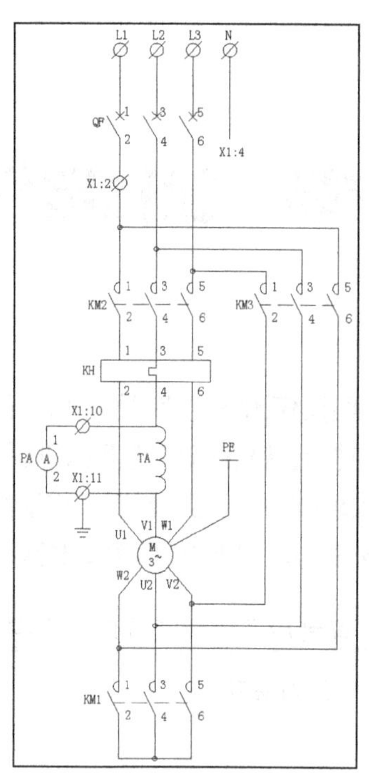

图 7-1 电动机控制电路图

7.1.1 配置绘图环境

01 打开 AutoCAD 2014 应用程序。以“A3.dwt”样板文件为模板，建立新文件。

02 将新文件命名为“电动机控制电路图.dwg”并保存。

03 在任意工具栏处右击，从打开的快捷菜单中选择“标准”、“图层”、“对象特性”、“绘图”、“修改”和“标注”6 个选项。调出这些选项的工具栏，并将它们移动到绘图窗口中的适当位置。

7.1.2 绘制基准线

为了便于确定各电气元件在图纸中的位置，需要绘制一组基准线，后面的绘制都将在这些基准线的上下、左右进行。绘制基准线的步骤如下。

01 调用“直线”命令，分别以(20,250)和(140,250)为第一点和第二点绘制一条水平直线 1，效果如图 7-2 所示。

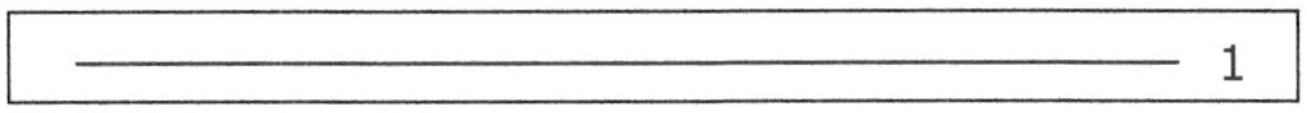

1

图 7-2　绘制水平直线

02 调用“偏移”命令，以直线 1 为起始，分别向下绘制水平直线 2~6，偏移量分别为 30、35、25、120 和 40，偏移结果如图 7-3 所示。在下面的绘图过程中，将大致按照这个结构来安排各个电气元件的位置。

图 7-3　偏移结果

7.1.3　绘制电气元件

电动机控制图中共有 3 个回路，组成每个回路的电气元件基本相同。先分别绘制各回路，然后组合起来就构成了整个电动机控制图。本节将分别介绍各回路中各电气元件的绘制方法。

1. 绘制接触器

01 单击状态栏中的“正交”按钮，然后调用“直线”命令。以(100，10)为起点，向上绘制一条长度为 40 的竖直直线 1，效果如图 7-4 所示。

02 单击状态栏中的“极轴”按钮，然后调用“直线”命令，用鼠标捕捉直线 1 的下端点。以其为起点，绘制一条与 X 轴方向成 120° 角、长度为 9 的直线 2，效果如图 7-5 所示。

03 调用“平移”命令，命令行提示如下。

```
命令: _move  //执行平移命令
选择对象: 找到 1 个 //拾取图 7-5 中的直线 2
选择对象:  //按 Enter 键结束拾取
指定基点或 [位移(D)] <位移>:  D  //选择“位移”方式
指定位移 <0.0000, 0.0000, 0.0000>: 0,12,0  //指定位移
```

执行完毕后，平移效果如图 7-6 所示。

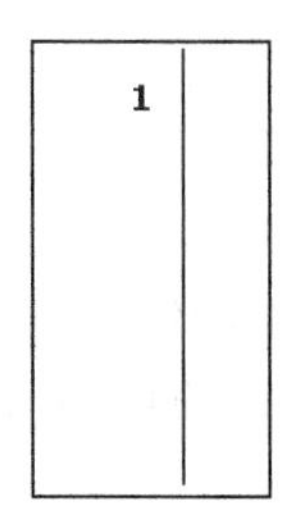

图 7-4 绘制竖直直线

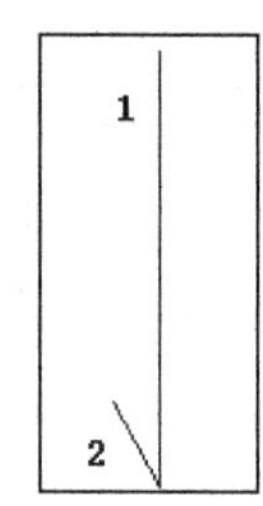

图 7-5 绘制倾斜直线

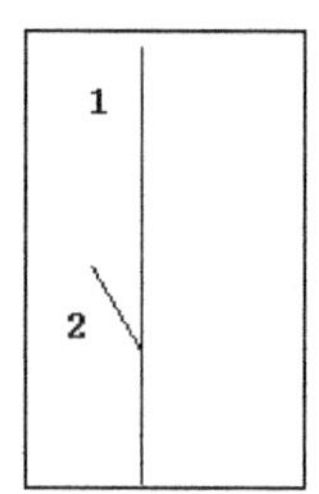

图 7-6 平移直线

04 调用“圆”命令，用鼠标捕捉图 7-6 中直线 1 的上端点，以其为圆心，绘制一个半径为 2 的圆，效果如图 7-7 所示。

05 调用“平移”命令，将步骤**04**绘制的圆向下平移 18，平移效果如图 7-8 所示。

06 调用“修剪”命令，命令行提示如下。

```
命令: _trim  //执行修剪命令
当前设置:投影=UCS，边=无
选择剪切边...
选择对象或 <全部选择>:  找到 1 个  //依次拾取图 7-8 中的直线 1 和圆
选择对象: 找到 1 个，总计 2 个
选择对象:   //按 Enter 键结束拾取
选择要修剪的对象，或按住 Shift 键选择要延伸的对象，或
[栏选(F)/窗交(C)/投影(P)/边(E)/删除(R)/放弃(U)]:  //单击圆上在直线 1 右侧的点
```

执行完毕后，调用“删除”命令，删除中间位置的竖直直线，效果如图 7-9 所示，即完成接触器图形符号的绘制。

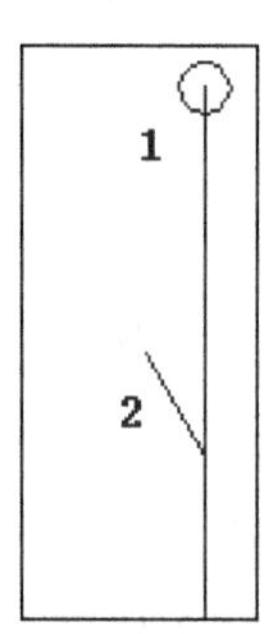

图 7-7 绘制圆

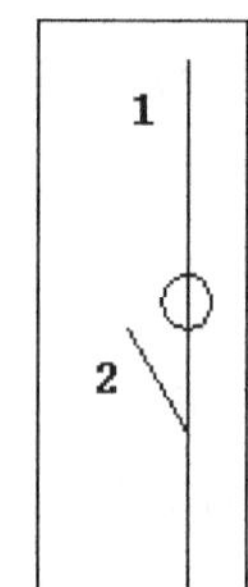

图 7-8 平移圆

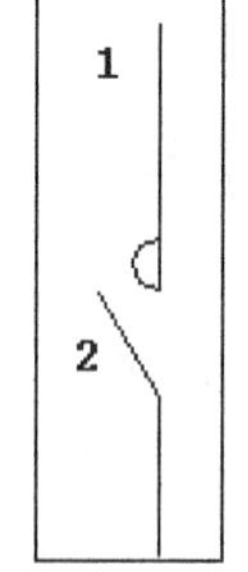

图 7-9 修剪图形

2. 绘制断路器

01 单击状态栏中的“正交”按钮。调用“直线”命令，绘制一条长度为 45 的竖直直线 1，效果如图 7-10 所示。

02 单击状态栏中的“极轴”按钮。然后调用“直线”命令，用鼠标捕捉直线 1 的下端点。以其为起点，绘制一条与 X 轴方向成 120° 角、长度为 9 的直线 2，效果如图 7-11 所示。

03 调用“平移”命令，将直线 2 向上平移 12，平移结果如图 7-12 所示。

04 单击状态栏中的“正交”按钮。调用“直线”命令，用鼠标捕捉直线 2 的上端点，以其为起点，向右绘制一条长度为 8 的水平直线 3，效果如图 7-13 所示。

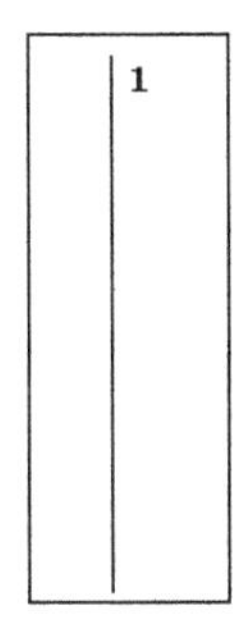

图 7-10　绘制直线

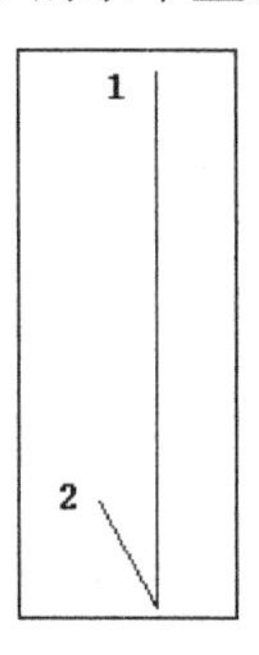

图 7-11　绘制直线

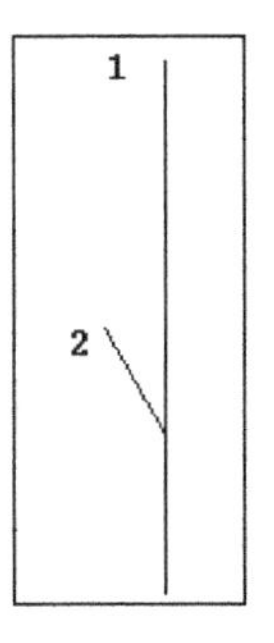

图 7-12　平移结果

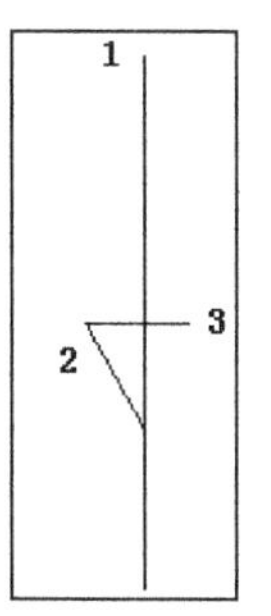

图 7-13　绘制直线

05 调用“修剪”命令，以直线 2 和 3 为剪切边，对直线 1 进行修剪，并删除直线 3，修剪效果如图 7-14 所示。

06 单击状态栏中的“极轴”按钮。调用“直线”命令，用鼠标捕捉直线 1 的下端点，以其为起点，绘制一条与水平方向成 45° 角、长度为 2 的直线 4，效果如图 7-15 所示。

07 调用“环形阵列”命令，选择直线 4 为阵列对象，捕捉图 7-15 中直线 1 的下端点为阵列中心点，“项目总数”设置为 4，填充角度设置为 360°，阵列效果如图 7-16 所示，即完成断路器图形符号的绘制。

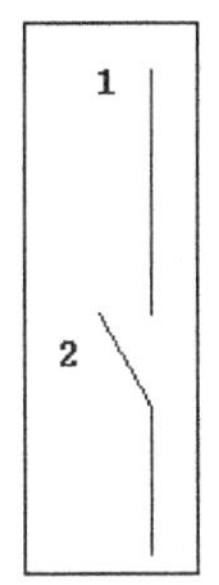

图 7-14　修剪效果

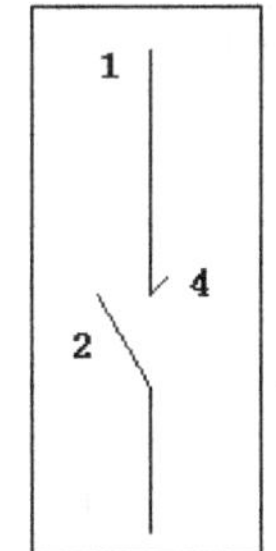

图 7-15　绘制直线

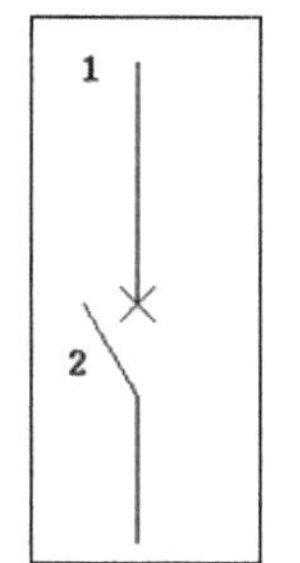

图 7-16　阵列效果

3．绘制三相四线图

01 在“正交”方式下，调用“直线”命令，绘制一条长度为 15 的水平直线 1，效果如图 7-17 所示。

1

图 7-17　绘制水平直线

02 调用“偏移”命令，以直线 1 为起始，向下依次绘制直线 2、3 和 4，偏移量依次为 5、18 和 20，偏移结果如图 7-18 所示。

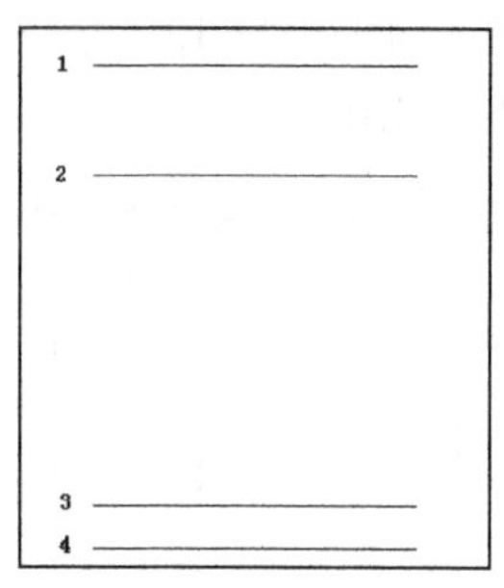

图 7-18　偏移结果

03 调用“复制”命令，将前面绘制的如图 7-16 所示的断路器符号复制一份到直线 1 的附近，效果如图 7-19 所示。

04 调用“缩放”命令，命令行提示如下。

```
命令: _scale  //执行缩放命令
选择对象: 指定对角点: 找到 7 个 //用鼠标框选图 7-16 中的断路器符号
选择对象:  //按 Enter 键结束拾取
指定基点:  //捕捉图 7-16 中直线 1 的上端点并按 Enter 键
指定比例因子或 [复制(C)/参照(R)] <0.5000>:  0.25  //指定比例因子
```

执行完毕后，将断路器符号缩小到原来的 1/4，缩小效果如图 7-20 所示。

05 调用“平移”命令，拾取图 7-20 中的图形为平移对象，并捕捉 O 点作为平移基点。捕捉图 7-18 中直线 2 的左端点作为第二点，将断路器符号平移到连接导线上，平移结果如图 7-21 所示。

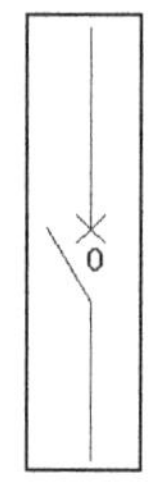

图 7-19　复制图形

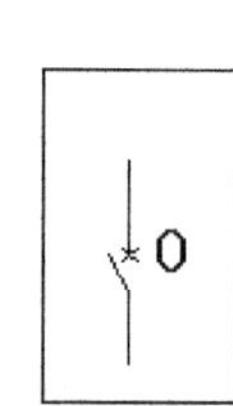

图 7-20　缩放图形

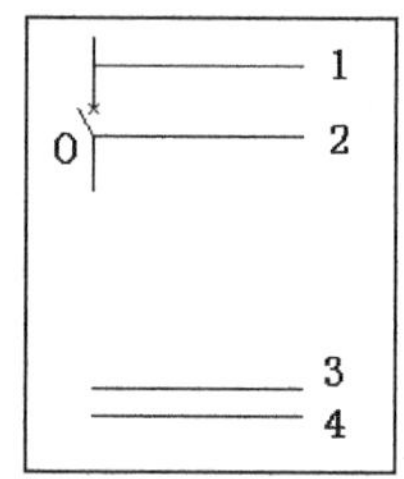

图 7-21　平移结果

06 调用“平移”命令，选择断路器符号，将其向右平移 3.5，平移结果如图 7-22 所示。

07 调用“修剪”命令，以直线 1 为剪切边，对断路器符号上端的连接线进行修剪，修剪结果如图 7-23 所示。

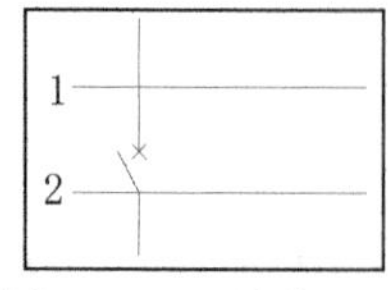

图 7-22　平移结果

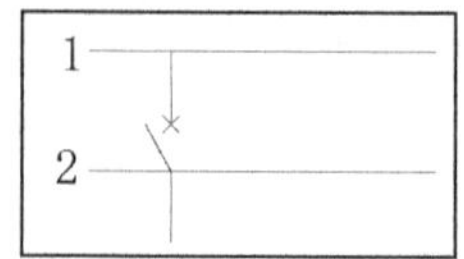

图 7-23　修剪结果

08 调用“复制”命令，将图 7-23 中的断路器复制 2 份，并分别向右平移 2 和 4，完成效果如图 7-24 所示。

09 用和上述类似的方法向图形中插入如图 7-9 所示的接触器符号，效果如图 7-25 所示。

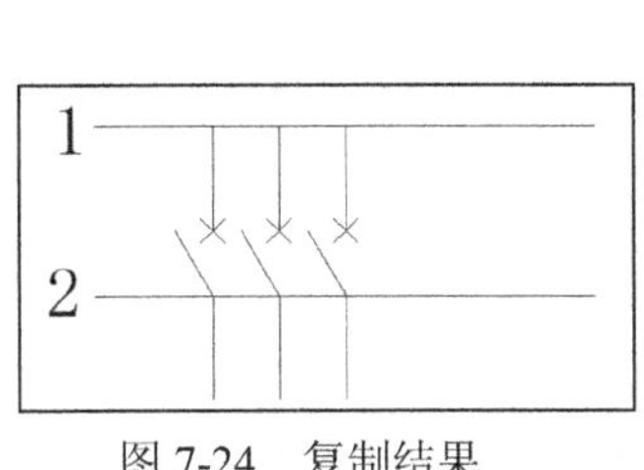

图 7-24 复制结果

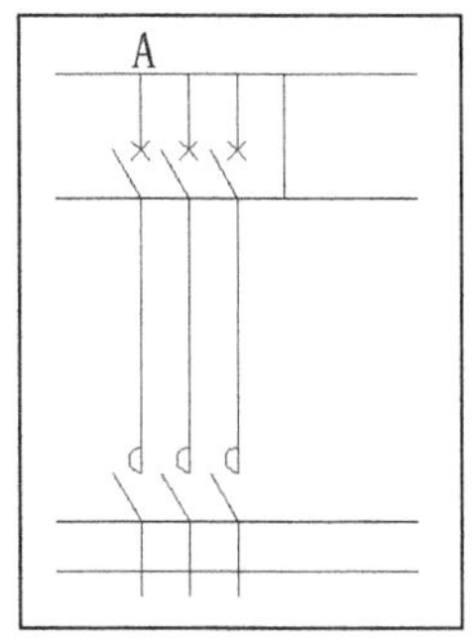

图 7-25 插入接触器

10 调用“圆”命令，用鼠标捕捉图 7-25 中的 A 点，以其为圆心，绘制一个半径为 0.25 的圆。

11 调用“直线”命令，用鼠标捕捉 A 点，以其为起点，绘制与水平方向成 45° 角、长度为 0.5 的直线 L。

12 调用“拉长”命令，将步骤**11**绘制的直线向下拉长 0.5。

13 调用“复制”命令，将步骤**10**至步骤**12**绘制的圆和直线复制 4 份，分别向右平移 2、4 和 6 以及向下平移 8，完成效果如图 7-26 所示。

14 调用“修剪”和“删除”命令，修剪掉多余的直线段，效果如图 7-27 所示，即完成三相四线图的绘制。

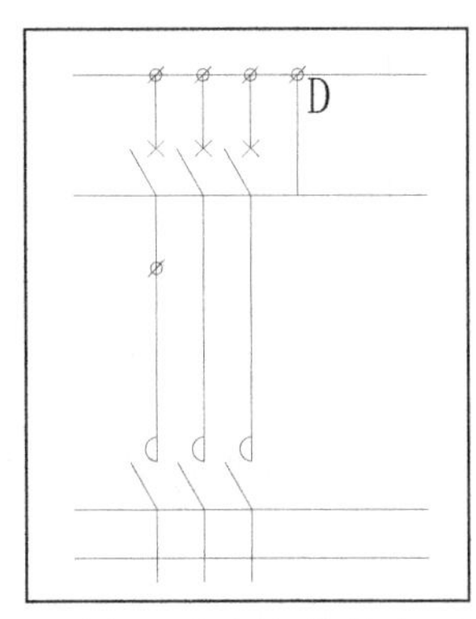

图 7-26 添加接线头

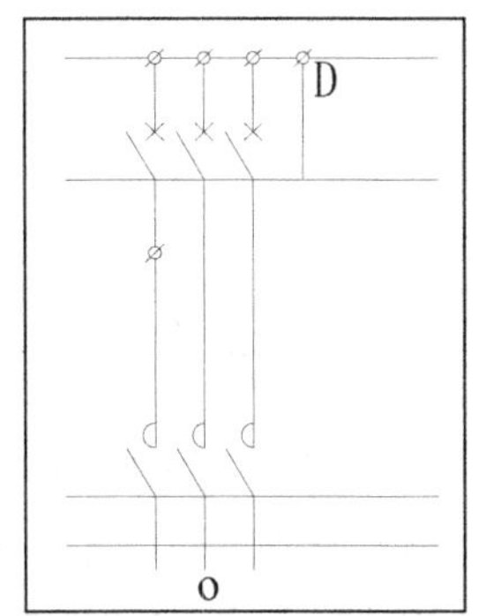

图 7-27 整理图形

4. 绘制保护测量部分

01 选择主菜单中的“插入”|“块”命令，弹出如图 7-28 所示的“插入”对话框。在“名称”

列表中选择“电感”图块，然后单击“确定”按钮。在屏幕空白处指定一点为基点，插入电感图块，完成效果如图 7-29 所示。

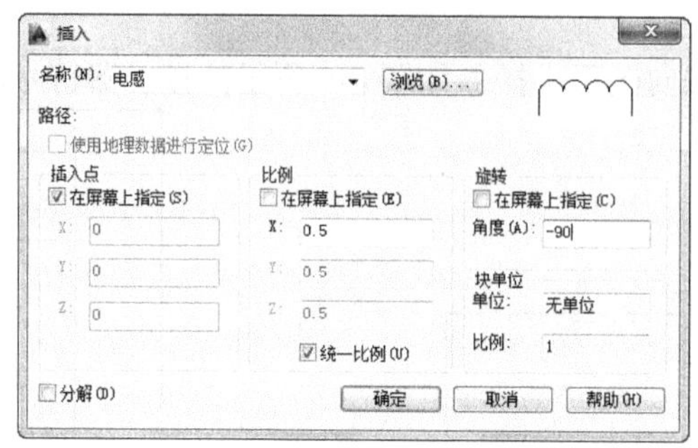

图 7-28　“插入”对话框

02 调用“直线”命令，分别用鼠标捕捉图 7-29 中的 A、B 两点，以其为起点，向左绘制长度为 40 的直线 1 和 2。然后分别用鼠标捕捉直线 1 和 2 的左端点，绘制直线 3，效果如图 7-30 所示。

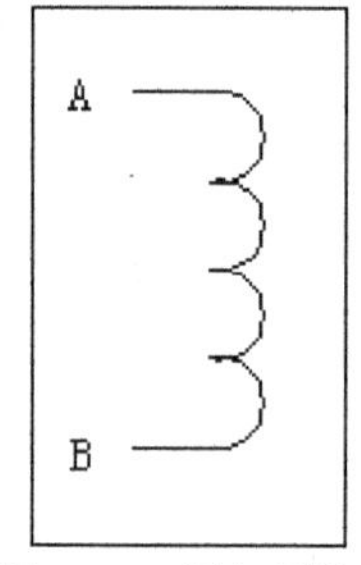

图 7-29　插入图块

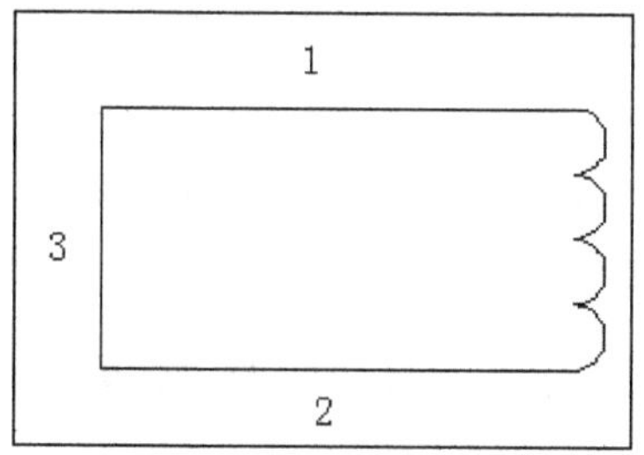

图 7-30　绘制直线

03 调用“圆”命令，分别用鼠标捕捉直线 1 和 2 的中点，并以其为圆心，绘制半径为 2.25 的两个圆。然后捕捉直线 3 的中点，以其为圆心，绘制半径为 3.5 的圆。绘制效果如图 7-31 所示。

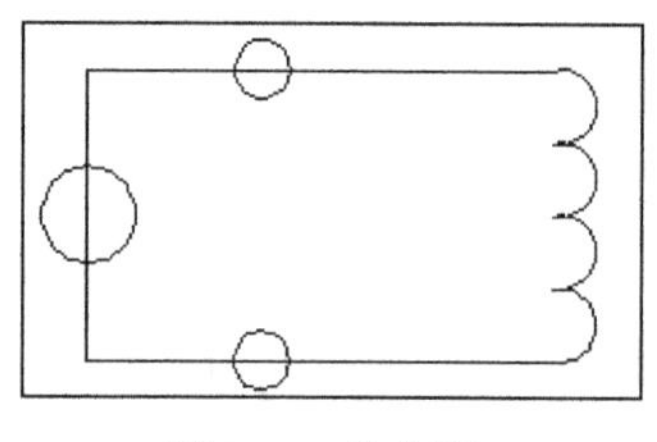

图 7-31　绘制圆

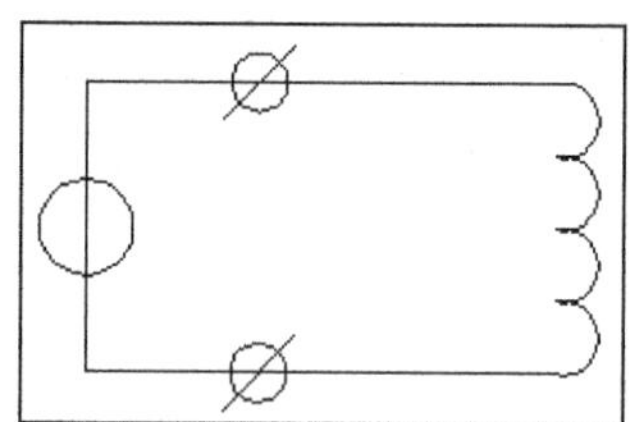

图 7-32　绘制、拉长直线

04 单击状态栏中的“极轴”按钮。调用“直线”命令，用鼠标捕捉图 7-31 中最上面的圆的圆心，以其为起点，绘制与水平方向成 45° 角、长度为 3.5 的直线。

05 调用“拉长”命令，选择步骤**04**绘制的直线，将其向下拉长 3.5。用同样的方法在另外一个半径为 2.25 的圆心处绘制直线并拉长，完成效果如图 7-32 所示。

06 调用“修剪”命令，以圆弧为剪切边对直线 1~3 进行修剪，修剪结果如图 7-33 所示。

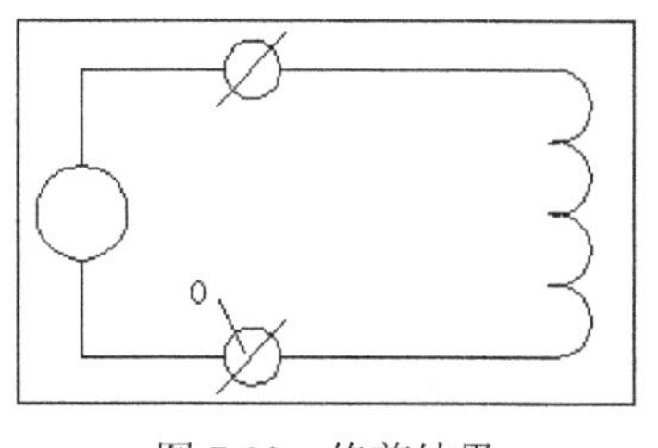

图 7-33 修剪结果

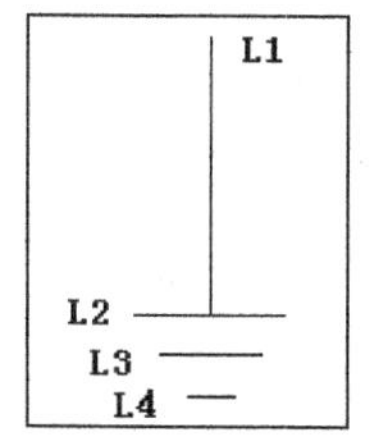

图 7-34 绘制地线

07 使用“直线”命令绘制接地线，方法在前面的章节中已经介绍过，此处不再复述，效果如图 7-34 所示。其中直线 L1 长为 10，直线 L2 长度为 5.5，直线 L3 长度为 3.5，直线 L4 长度为 1.5。

08 调用“平移”命令，选择步骤**07**绘制的直线 L1 的上端点为平移的基点，点 O 为第二点，将接地线插入图中，完成效果如图 7-35 所示。

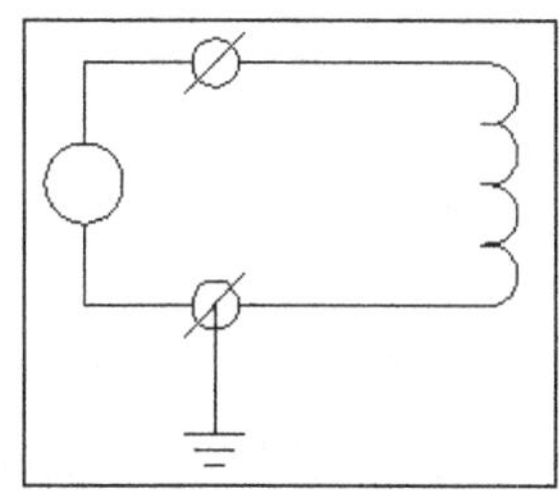

图 7-35 平移结果

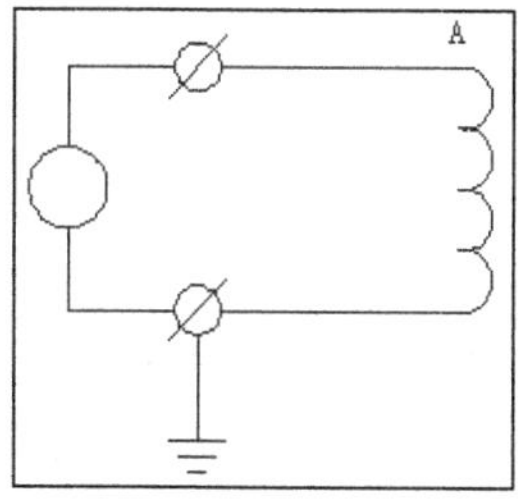

图 7-36 整理结果

09 修剪图形，调用“修剪”和“删除”命令，对图形进行修剪，并删除多余的直线，完成效果如图 7-36 所示，即完成保护测量部分的绘制。

7.1.4 组合图形

01 调用“缩放”命令，将三相四线图放大 4 倍。选择主菜单中的“插入”|“块”命令，弹出如图 7-37 所示的“插入”对话框。在“名称”列表中选择“热继电器”图块，在“比例”选项组的 X 文本框中输入 0.25，单击“确定”按钮。然后根据系统提示，捕捉图 7-27 中的 O 点为基点，插入热继电器图块，完成效果如图 7-38 所示。

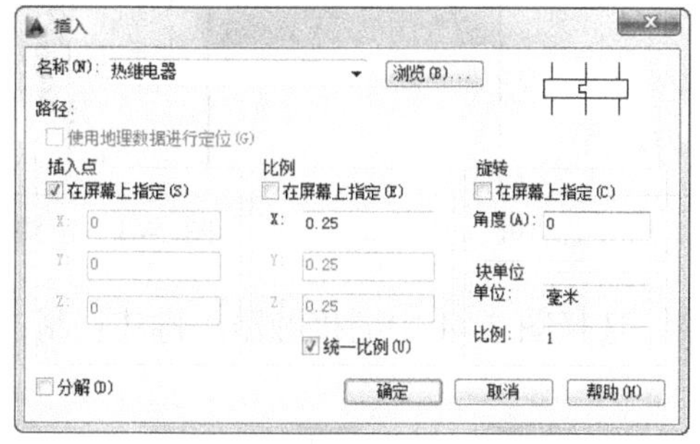

图 7-37 “插入”对话框

02 “热继电器”图块按照 0.25 的比例插入时，图线不一定与三相四线图吻合。这时用户需要使用“缩放”命令的参照功能对“热继电器”进行缩放，以适应三相四线图。

03 调用“平移”命令，捕捉图 7-36 中的 A 点为平移基点，捕捉图 7-38 中的 O 点为第二点，将保护测量部分平移到图 7-38 中，完成效果如图 7-39 所示。

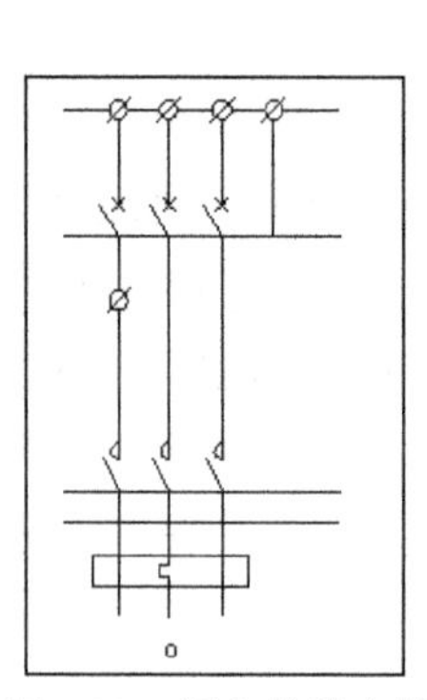

图 7-38　插入热继电器

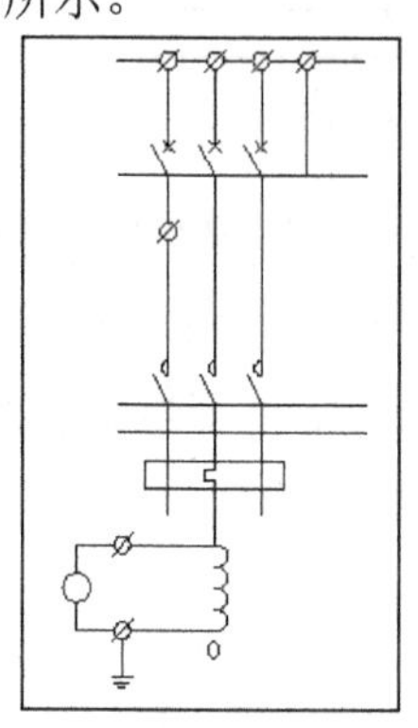

图 7-39　插入保护测量部分

04 选择主菜单中的“插入”|“块”命令，弹出 “插入”对话框。在“名称”列表中选择“电动机”图块，在“比例”选项组的 X 文本框中输入 0.4，单击“确定”按钮。然后根据系统提示，捕捉图 7-39 中的 O 点为基点，插入电动机图块，效果如图 7-40 所示。电动机图块插入后，仍然需要使用“缩放”命令对其进行调整。

05 调用“镜像”命令，分别捕捉图 7-40 中的 A、B 两点作为镜像线的第一点和第二点，对电动机图形符号中的几段直线段进行镜像，镜像结果如图 7-41 所示。

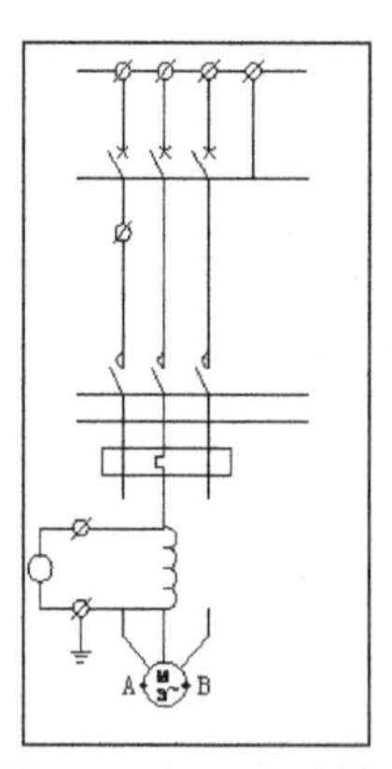

图 7-40　插入电动机

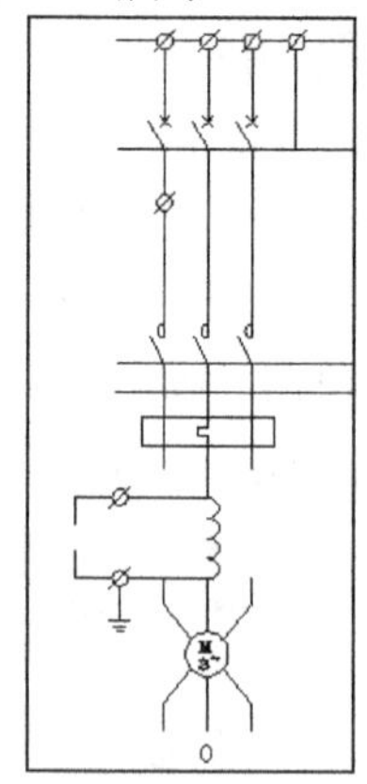

图 7-41　镜像结果

06 调用“复制”命令，选择图 7-41 中的接触器，将其复制 2 份并分别向下和向右平移 45 和 17，完成效果如图 7-42 所示。

07 调用“直线”命令，在图 7-42 中依次添加导线，完成效果如图 7-43 所示。

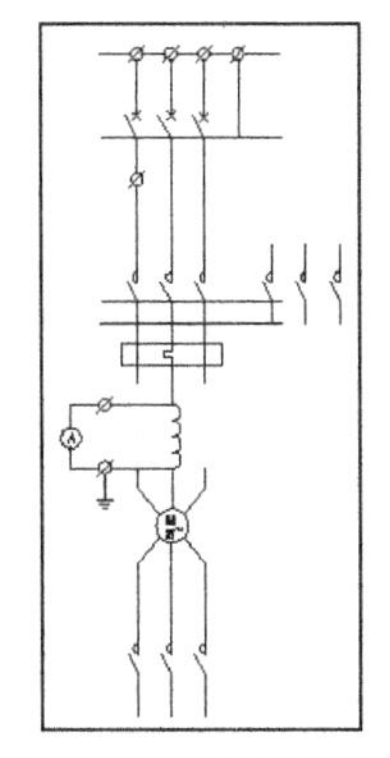
图 7-42　复制结果

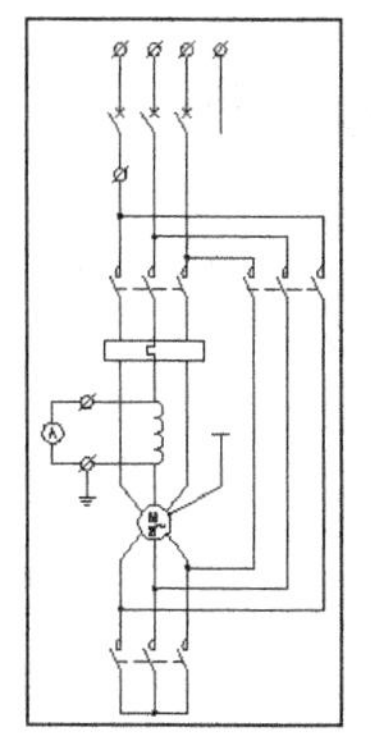
图 7-43　添加导线

7.1.5　添加注释文字

01 选择主菜单中的“格式”|“文字样式”命令，弹出“文字样式”对话框。

02 单击对话框右上角的“新建”按钮，弹出“新建文字样式”对话框。在“样式名”文本框中输入样式名“注释文字”，然后单击“确定”按钮，返回“文字样式”对话框。

03 在对话框中设置文字字体为“宋体”，高度为 3，其他选项按照系统默认设置即可。然后在左侧样式列表框中选中“注释文字”，并依次单击“置为当前”和“确定”按钮。

04 调用“多行文字”命令A，在图 7-43 中的各个位置添加相应的文字，并调用“平移”命令，将文字平移到如图 7-1 所示的位置，即完成整张图纸的绘制。

7.2　车床电气图绘制

如图 7-44 所示为 C616 车床电气原理图。该电路由 3 部分组成：其中，第 1 部分从电源到 3 台电动机的电路称为主回路；第 2 部分由继电器和接触器等组成的电路称为控制回路；第 3 部分是照明及指示回路供电，还包括指示灯和照明灯。本节将介绍其绘制方法。

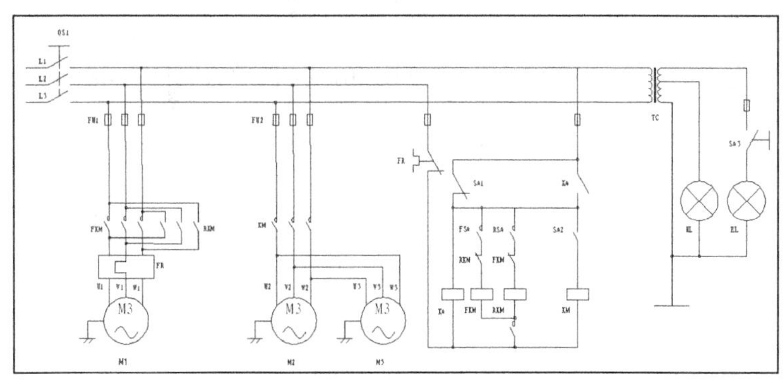

图 7-44　C616 车床电气原理图

7.2.1 配置绘图环境

01 打开 AutoCAD 2014 应用程序。以“A1.dwt”样板文件为模板，建立新文件。

02 将新文件命名为“C616 车床电气原理图.dwg”并保存。

03 在任意工具栏处右击，从打开的快捷菜单中选择“标准”、“图层”、“对象特性”、“绘图”、“修改”和“标注”6 个选项。调出这些选项的工具栏，并将它们移动到绘图窗口中的适当位置。

7.2.2 绘制主连接线

01 调用“直线”命令，绘制一条长度为 350 的水平直线 1，效果如图 7-45 所示。

图 7-45 绘制水平直线

02 调用“偏移”命令，以直线 1 为起始，依次向下绘制直线 2 和 3，偏移量分别为 15 和 30，偏移效果如图 7-46 所示。

图 7-46 偏移直线

03 调用“直线”命令，用鼠标分别捕捉直线 1 和 3 的左端点作为第一点和第二点绘制直线 4，效果如图 7-47 所示。

图 7-47 绘制竖直直线

04 调用“拉长”命令，将直线 4 向下拉长 30，拉长效果如图 7-48 所示。

图 7-48 拉长直线

05 调用“偏移”命令，以直线 4 为起始，依次向右绘制一组竖直直线，偏移量依次为 5、15、15、75、15、15、55、80、30、15 和 30，偏移效果如图 7-49 所示。

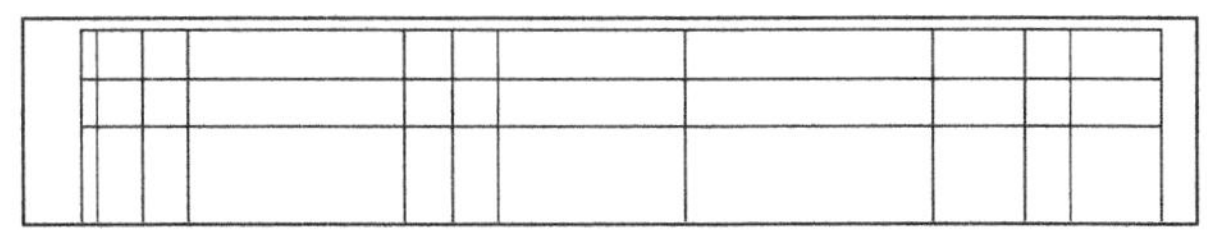

图 7-49　偏移直线

06 调用“修剪”和“删除”命令，对图形进行修剪，并删除掉直线 4，完成效果如图 7-50 所示。看图可知，一共有 14 个接口，可供接入电源和各种电气设备。在后面的几节中，绘制工作都将围绕这几根主连接线来完成。

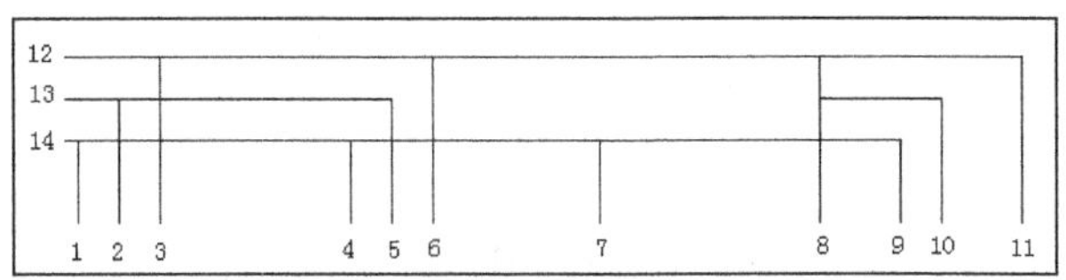

图 7-50　主连接线

7.2.3　绘制主回路

01 调用“直线”命令，绘制一条长度为 85 的水平直线 1，效果如图 7-51 所示。

图 7-51　水平直线

02 调用“偏移”命令，以水平直线为起始，分别向下绘制直线 2~8。每次偏移都以上一条直线为基准，偏移量依次为 12、12、10、25、10、15 和 15，偏移效果如图 7-52 所示。

03 调用“直线”命令，在“对象追踪”绘图方式下，用鼠标分别捕捉直线 1 和 8 的左端点，绘制一条竖直直线。

04 调用“偏移”命令，以步骤**03**绘制的竖直直线为起始，向右绘制一组竖直直线。每次偏移都以上一条直线为基准，偏移量依次为 15、15、25、15 和 15，偏移效果如图 7-53 所示。

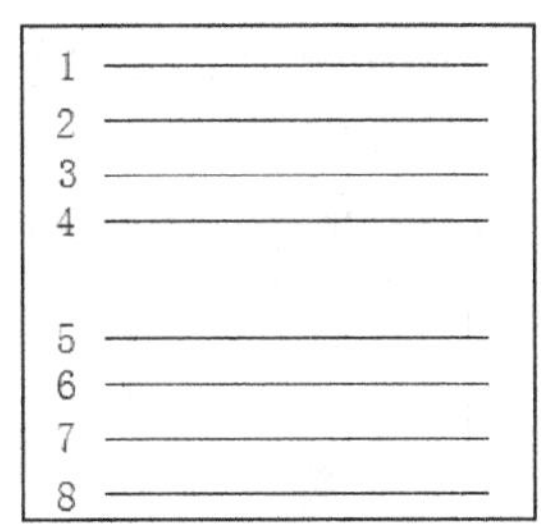

图 7-52　偏移水平直线

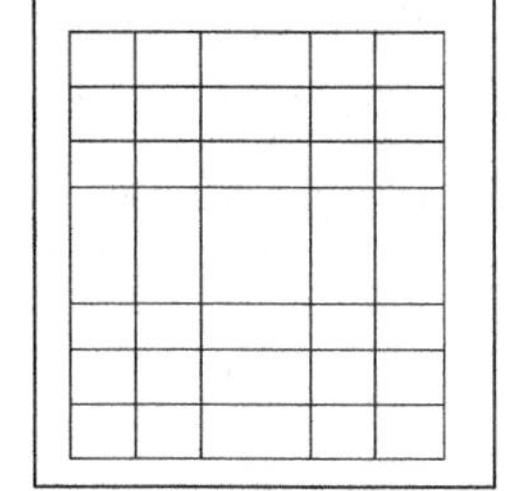

图 7-53　绘制并偏移竖直直线

05 调用“修剪”和“删除”命令，修剪图形，并删除掉多余的直线，修改后的图形如图 7-54 所示。

06 调用“拉长”命令，将图 7-55 中的直线 L1、L2 和 L3 分别向上拉长 10，L4、L5 和 L6 分别向下拉长 10，拉长效果如图 7-55 所示。

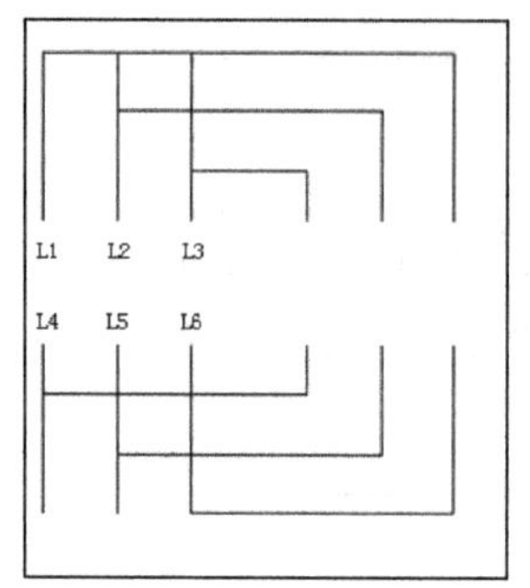

图 7-54 修剪结果

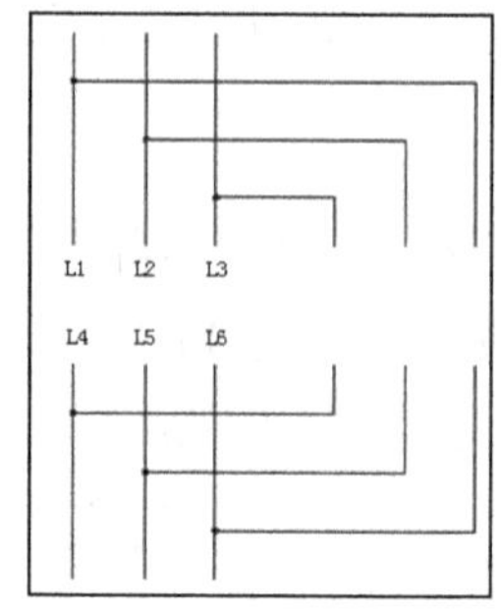

图 7-55 拉长直线

07 为了使图纸清晰明了，在图 7-54 中导线的连接点处需加上连接点标志，加连接点标志的效果如图 7-55 所示。添加连接点的方法如下。

- 调用“圆”命令，用鼠标捕捉导线的交叉点节点，如图 7-56 所示。绘制一个半径为 1 的圆，效果如图 7-57 所示。

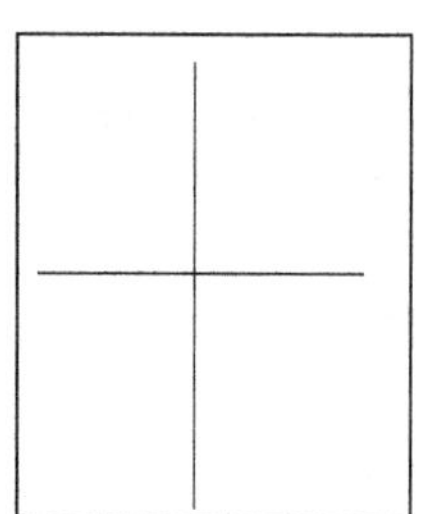
图 7-56 交叉导线

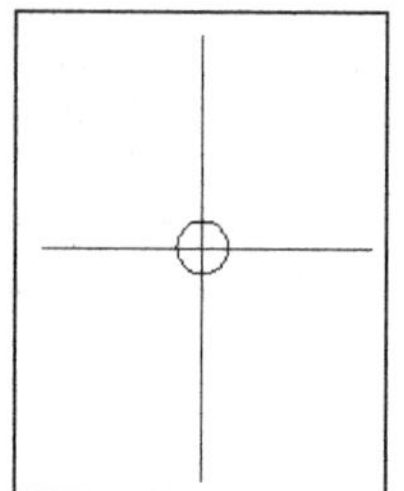
图 7-57 绘制圆

- 选择主菜单中的“绘图”|“图案填充”命令，或者单击“绘图”工具栏中的按钮，或者在命令行中输入 BHATCH 后按 Enter 键，都可以弹出“图案填充和渐变色”对话框。单击“图案”选项右侧的按钮，弹出“填充图案选项板”对话框。在“其他预定义”选项卡中选择 SOLID 图案，单击“确定”按钮，返回“图案填充和渐变色”对话框。将“角度”设置为 0，“比例”设置为 1，其他为默认值。单击“选择对象”按钮，暂时返回绘图窗口中进行选择。选择圆作为填充边界，如图 7-58 所示。按 Enter 键再次返回“图案填充和渐变色”对话框，单击“确定”按钮，完成圆的填充，效果如图 7-59 所示。

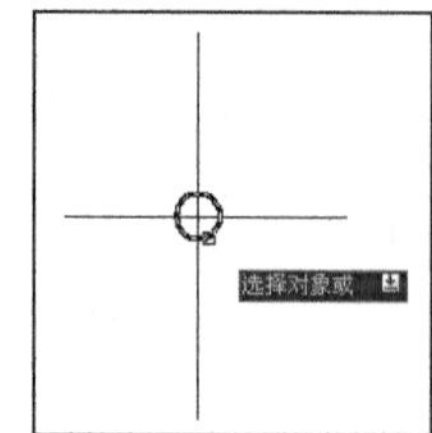

图 7-58 选择填充对象

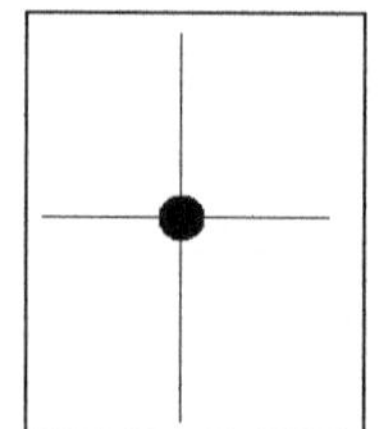
图 7-59 填充结果

- 用上述方法给图中的 6 个节点添加导线连接点。

08 调用“复制”命令，将 7.1.3 节中绘制好的接触器复制 1 份，并平移到主回路的连接线的附近，完成效果如图 7-60 所示。

09 调用“平移”命令，选择接触器为平移对象。用鼠标捕捉图 7-60 中的 A 点作为平移的基点，捕捉图 7-60 中的 B 点为第二点，对接触器进行平移操作。用同样的方法，复制 1 份接触器，并将其平移到图 7-60 主回路连接线的右边，完成效果如图 7-61 所示。

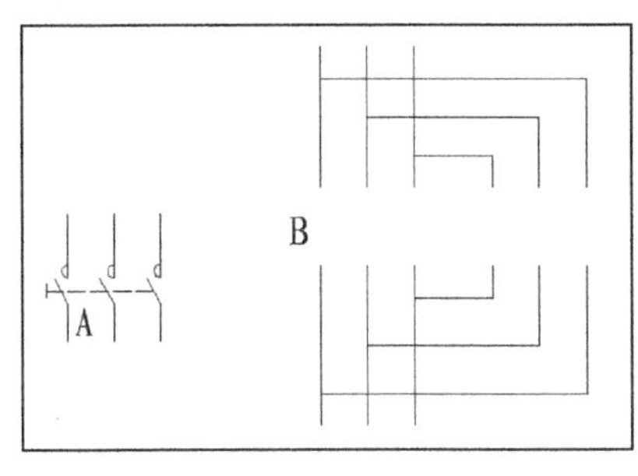

图 7-60　平移前

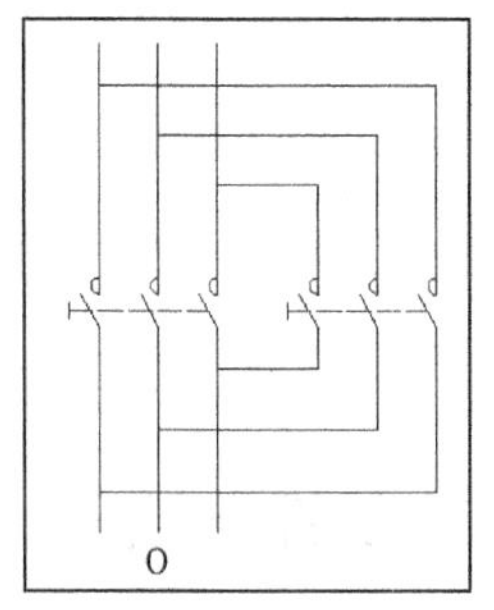

图 7-61　平移结果

10 选择主菜单中的“插入”|“块”命令，弹出 “插入”对话框。在“名称”列表中选择“电动机”图块，在“比例”选项组的 X 文本框中输入 0.4，单击“确定”按钮。向当前图形中插入电动机图块，插入效果如图 7-62 所示。

11 继续选择主菜单中的“插入”|“块”命令，弹出 “插入”对话框。在“名称”列表中选择“热继电器”图块，在“比例”选项组的 X 文本框中输入 0.4，然后单击“确定”按钮。向当前图形中插入热继电器图块，图块插入后，用户使用“缩放”命令的参照缩放功能对热继电器进行缩放，使得电动机与热继电器完全对应，完成效果如图 7-63 所示。

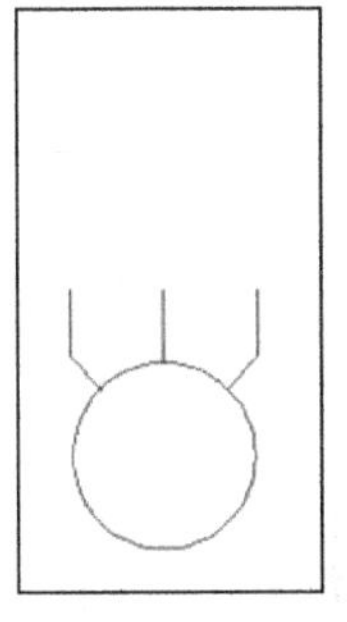
图 7-62　热继电器

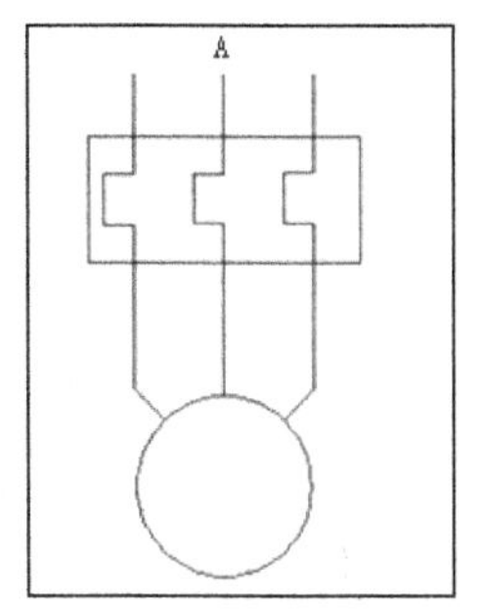

图 7-63　连接图

12 调用“平移”命令，选择图 7-63 中的图形为平移对象。捕捉 A 点为平移基点，捕捉图 7-61 中的 O 点为平移第二点进行平移，平移结果如图 7-64 所示。

13 选择主菜单中的“插入”|“块”命令，将第 4 章绘制的电阻图块插入到图 7-64 中，比例为 0.25、角度为 90，效果如图 7-65 所示，即完成主回路的绘制。

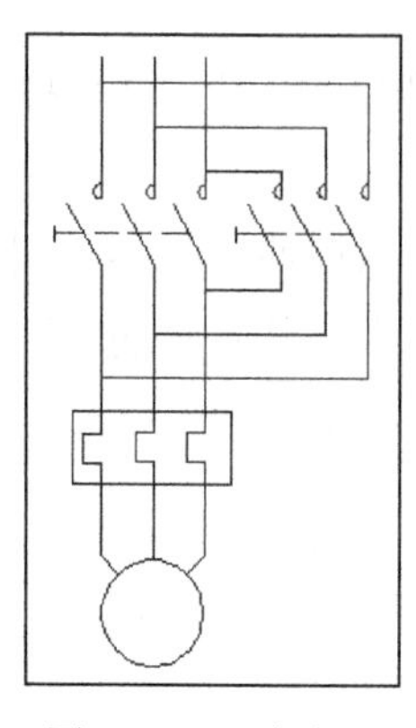

图 7-64 平移结果

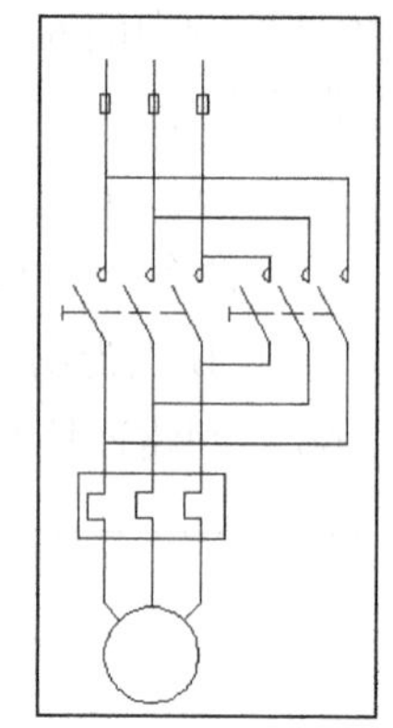

图 7-65 完成主回路

7.2.4 绘制控制回路

1. 绘制接线图

01 调用“直线”命令，绘制一条长度为 150 的竖直直线，效果如图 7-66 所示。

02 调用“偏移”命令，以直线 1 为起始，向右绘制 4 条竖直直线 2~5。每次偏移均以上一条直线为起始，偏移量依次为 15、15、20 和 20，完成效果如图 7-67 所示。

03 调用“直线”命令，用鼠标分别捕捉直线 1 和 5 的下端点，绘制一条水平直线。

04 调用“偏移”命令，以步骤 03 绘制的水平直线为起始，向上绘制一组水平直线。每次偏移均以上一条直线为起始，偏移量依次为 10、80、10 和 30，偏移效果如图 7-68 所示。

05 调用“修剪”和“删除”命令，框选整个图形为修剪对象。对图形进行修剪，并删除掉多余的直线，修改后的图形效果如图 7-69 所示。

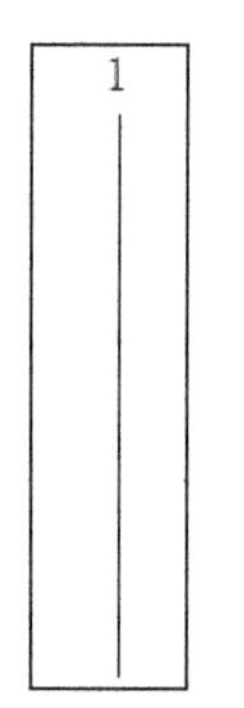

图 7-66 绘制直线

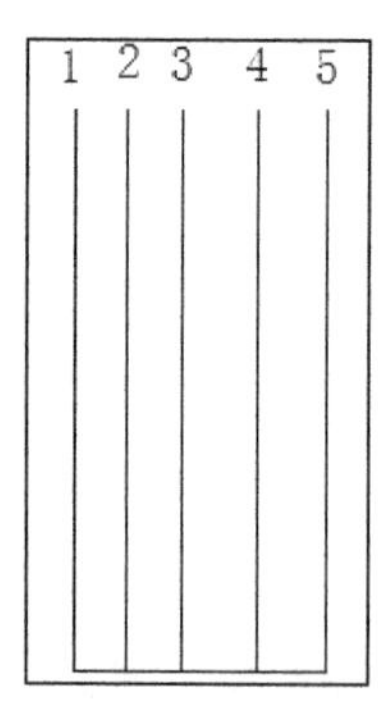

图 7-67 偏移结果

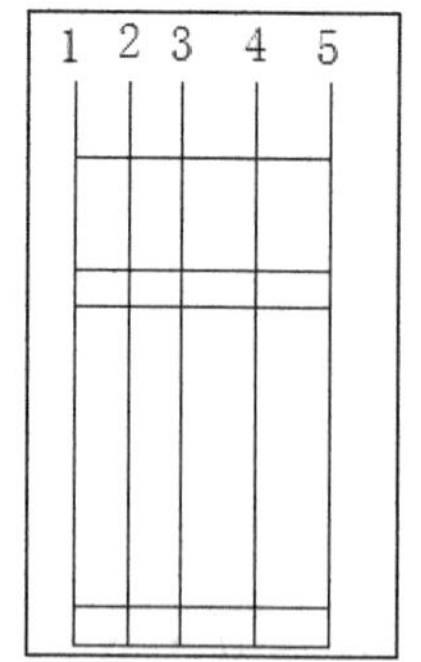

图 7-68 绘制并偏移水平直线

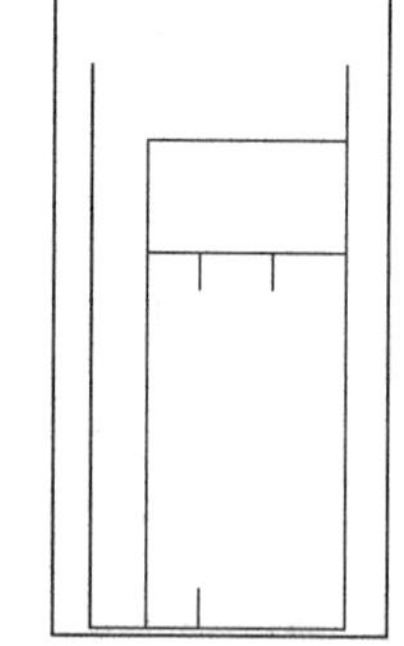

图 7-69 修剪结果

2. 绘制限流保护开关

01 调用“直线”命令，绘制一条长度为 43 的直线 1，效果如图 7-70(a)所示。

02 调用“直线”命令，用鼠标捕捉直线 1 的上端点，以其为起点，向右绘制一条长度为 9 的水平直线 2，效果如图 7-70(b)所示。

03 调用“平移”命令，将直线 2 向下平移 15，平移效果如图 7-70(c)所示。

04 单击状态栏中的“极轴”按钮。用鼠标捕捉直线 1 的下端点，以其为起点，绘制一条与 X 轴方向成 60° 角、长度为 16.5 的直线 3，效果如图 7-70(d)所示。

05 调用“平移”命令，将直线 3 竖直向上平移 15，平移效果如图 7-70(e)所示。

06 调用“修剪”命令，以直线 2 和直线 3 为剪切边，对直线 1 进行修剪，裁剪掉直线 1 在直线 2 和 3 之间的部分，修剪效果如图 7-70(f)所示。

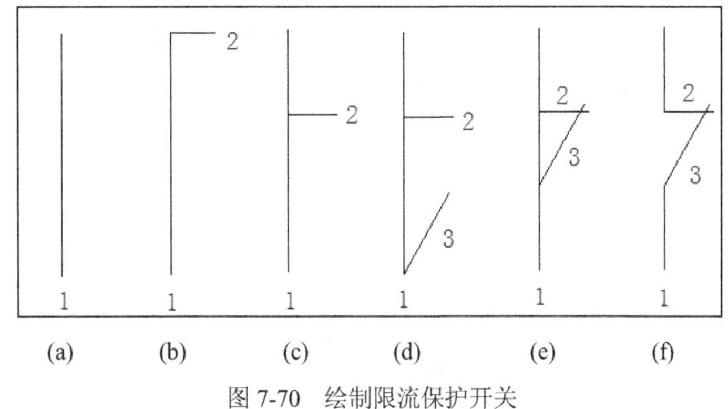

(a) (b) (c) (d) (e) (f)

图 7-70 绘制限流保护开关

07 调用“直线”命令，用鼠标捕捉直线 3 的下端点，以其为起点，向右绘制一条长度为 5.5 的水平直线 4，效果如图 7-71(a)所示。

08 调用“平移”命令，对直线 4 进行平移，位移为(4,7,0)，平移效果如图 7-71(b)所示。

09 调用“直线”命令，用鼠标捕捉直线 4 的右端点，以其为起点，向上绘制长度为 3.5 的竖直直线 5；用鼠标捕捉直线 5 的上端点，以其为起点，向右绘制长度为 4.5 的水平直线 6；用鼠标捕捉直线 6 的右端点，以其为起点，向上绘制长度为 4.5 的竖直直线 7，绘制效果如图 7-71(c)所示。

10 调用“镜像”命令，以直线 4 为镜像线，对直线 5、6 和 7 进行镜像，得到直线 8~10，镜像效果如图 7-71(d)所示。

11 选中直线 4，将其线型修改为虚线，效果如图 7-71(e)所示，即完成限流保护开关的绘制。

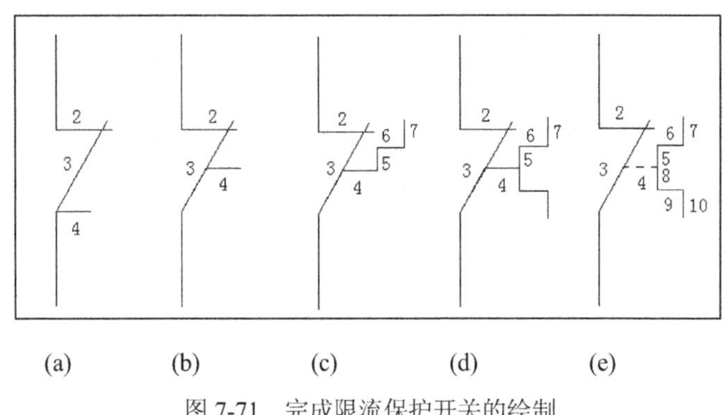

(a) (b) (c) (d) (e)

图 7-71 完成限流保护开关的绘制

3. 绘制接触器

01 调用“直线”命令，绘制一条长度为 40 的竖直直线 1，效果如图 7-72(a)所示。

02 调用“直线”命令，用鼠标捕捉直线 1 的上端点，以其为起点，向右绘制一条长度为 8 的水平直线 2，效果如图 7-72(b)所示。

03 调用“平移”命令，将直线 2 竖直向下平移 14，平移效果如图 7-72(c)所示。

04 调用“直线”命令，用鼠标捕捉直线 1 的下端点，以其为起点，绘制一条与 X 轴方向成 60°角、长度为 16 的直线 3，效果如图 7-72(d)所示。

05 调用“平移”命令，将直线 3 竖直向上平移 14，平移效果如图 7-72(e)所示。

06 调用“修剪”命令，以直线 2 和直线 3 为剪切边，对直线 1 进行修剪，裁剪掉直线 1 在直线 2 和 3 之间的部分，修剪效果如图 7-72(f)所示。

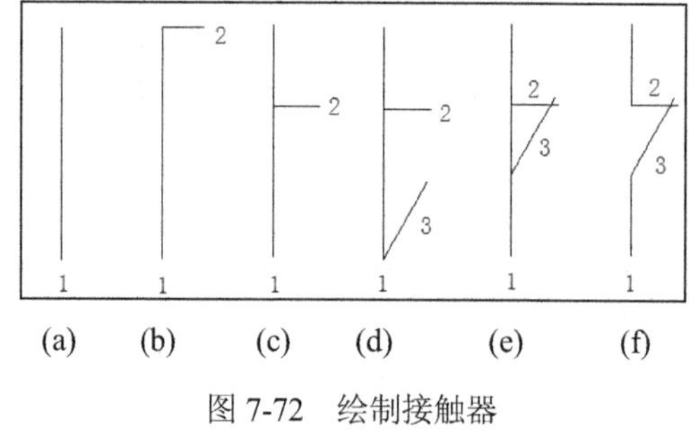

图 7-72　绘制接触器

07 调用“圆”命令，用鼠标捕捉直线 2 的左端点，以其为圆心，绘制一个半径为 2 的圆 O，效果如图 7-73(a)所示。

08 调用“平移”命令，将圆 O 竖直向上平移 2，使得圆 O 刚好和直线 2 相切，效果如图 7-73(b)所示。

09 调用“修剪”命令，以直线 1 为剪切边，对圆 O 进行修剪，得到圆 O 在直线 1 右侧的半圆弧，效果如图 7-73(c)所示，即完成接触器图形符号的绘制。

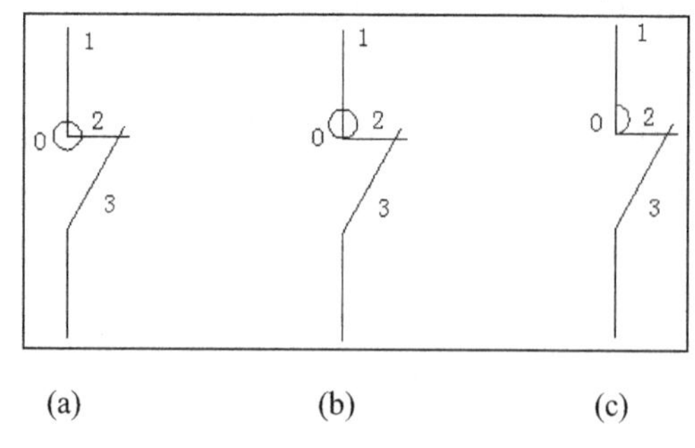

图 7-73　完成绘制

4. 完成控制回路

如图 7-74 所示为控制回路中的各种开关：其中，(a)为限流保护开关；(b)为电流接触器；(c)为普通开关；(d)为普通接触器。

01 调用“平移”命令，用鼠标捕捉图 7-74(a)中的 P1 点为平移基点，捕捉如图 7-75 所示的控制回路连接线图中 A 点作为第二点做平移操作，将限流保护开关平移到连接线图中。然后，继续调用“平移”命令，将限流保护开关向下平移 15。最后，调用“修剪”和“删除”命令，将限流保护开关附近多余的直线段删除。

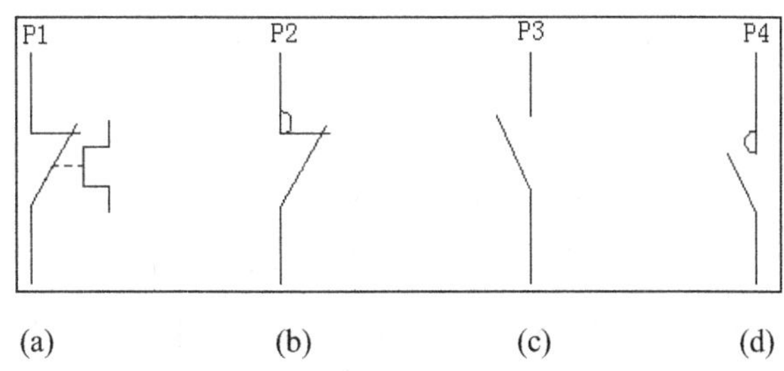

(a)　(b)　(c)　(d)

图 7-74　控制回路中的各种开关

02 调用“平移”命令，用鼠标捕捉图 7-74(b)中的 P2 点为平移基点，捕捉图 7-75 中 E 点作为第二点进行平移操作，将电流接触器平移到连接线图中。然后，继续调用“平移”命令，将电流接触器向上平移 25。最后，调用“修剪”和“删除”命令，将电流接触器附近多余的直线段删除。采用同样的方法在 F 点下端插入另一个电流接触器的图形符号。

03 调用“平移”命令，用鼠标捕捉图 7-74(c)中的 P3 点为平移基点，捕捉图 7-75 中的 D 点为第二点做平移操作，将普通开关平移到连接线图中。然后，继续调用“平移”命令，将普通开关向上平移 50。最后，调用“修剪”命令，将 B、D 之间多余的竖直直线段修剪掉。用同样的方法在 D 点的下端插入另一个普通开关。

04 调用“平移”命令，用鼠标捕捉图 7-74(d)中的 P4 点为平移基点，捕捉图 7-75 中的 G 点做平移操作，将普通接触器平移到连接线图中。然后，继续调用“平移”命令，将普通接触器向上平移 30。

用和步骤**01**至步骤**04**类似的方法，向连接线图中依次插入电阻以及其他电气元件，并进行适当的修剪，得到如图 7-76 所示的控制回路。

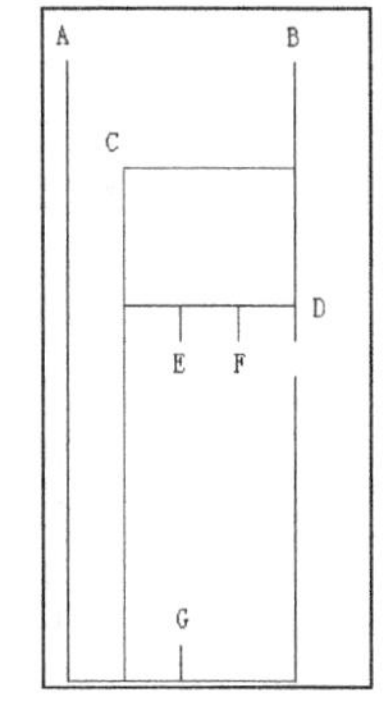

图 7-75　控制回路连接线

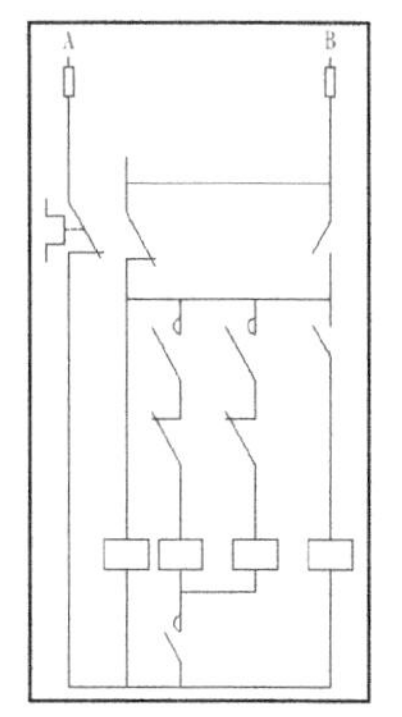

图 7-76　绘制完成的控制回路

7.2.5 绘制照明指示回路

1. 绘制回路连接线

01 调用“直线”命令，绘制长度为 130 的竖直直线 1，效果如图 7-77 所示。

02 调用“偏移”命令，以直线 1 为起始，向右绘制直线 2 和 3。每次偏移以上一条直线为起始，偏移量分别为 15 和 25，偏移结果如图 7-78 所示。

03 调用“直线”命令，用鼠标分别捕捉直线 1 和 3 的上端点，绘制一条水平直线。

04 调用“偏移”命令，以步骤**03**绘制的水平直线为起始，向下绘制一组水平直线。每次偏移以上一条直线为起始，偏移量依次为 15、15 和 100，偏移效果如图 7-79 所示。

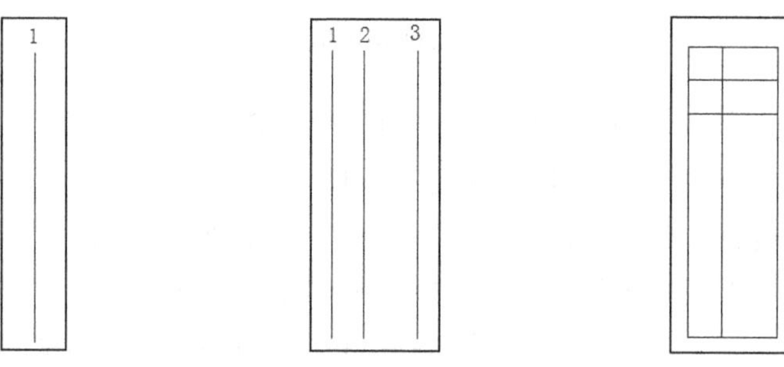

图 7-77　绘制直线　　图 7-78　偏移结果　　图 7-79　绘制并偏移水平直线

05 调用“修剪”和“删除”命令修剪图形，并删除掉多余的直线，完成效果如图 7-80 所示。

06 调用“直线”命令，用鼠标分别捕捉点 A、B 及 C，以其为起点，分别向左绘制 3 条水平直线，长度均为 10，绘制效果如图 7-81 所示。

07 调用“直线”命令，用鼠标捕捉点 D，以其为起点，向下绘制一条长度为 20 的直线，端点为 E。用鼠标捕捉点 E，以其为起点，分别向左和向右绘制长度均为 5 的直线。绘制效果如图 7-82 所示。

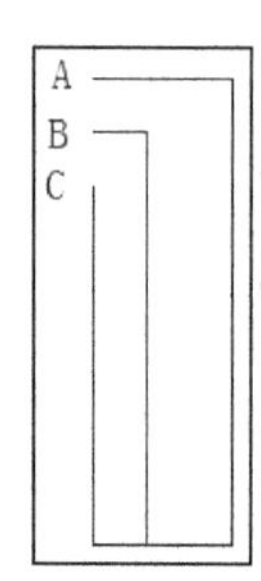

图 7-80　修剪结果

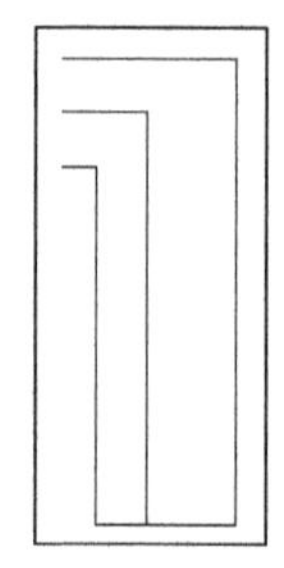

图 7-81　绘制直线

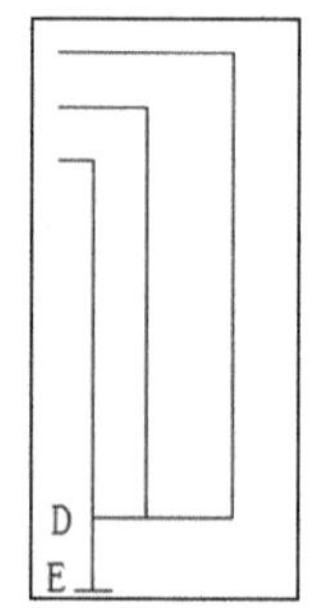

图 7-82　绘制直线

2. 绘制按钮开关

01 调用“直线”命令，绘制一条长度为 15 的竖直直线 1，效果如图 7-83 所示。

02 调用“直线”命令，用鼠标捕捉直线 1 的上端点，以其为起点，绘制一条长度为 16，与 X 轴方向成 120° 角的直线 2，效果如图 7-84 所示。

03 调用“多线段”命令，依次向右绘制长度为 8 的水平直线 3，向上绘制长度为 15 的直线 4。绘制效果如图 7-85 所示。

04 调用“直线”命令，用鼠标分别捕捉直线 4 的下端点和直线 1 的上端点作为第一点和第二点绘制竖直直线 5，效果如图 7-86 所示。

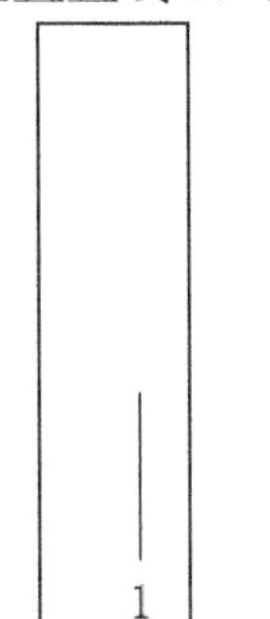

图 7-83　绘制直线 1

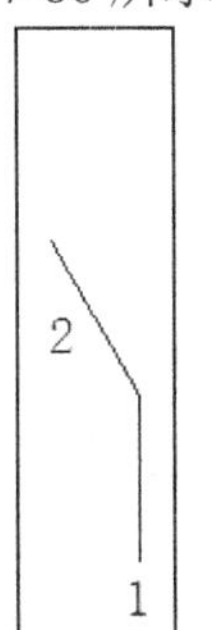

图 7-84　绘制直线 2

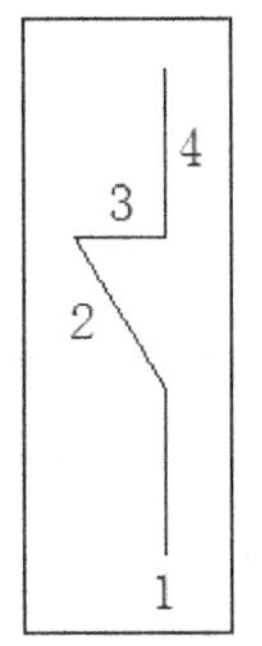

图 7-85　绘制多线段

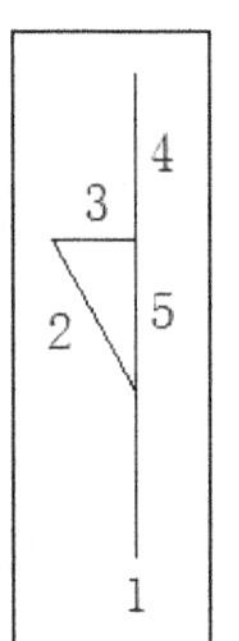

图 7-86　绘制直线 5

05 调用“平移”命令，将直线 5 向左平移 15，平移结果如图 7-87 所示。

06 调用“直线”命令，用鼠标捕捉直线 5 的下端点，以其为起点，向右绘制长度为 11 的水平直线 6，然后将其线型修改为虚线，效果如图 7-88 所示。

07 调用“平移”命令，将直线 6 向上平移 7，平移结果如图 7-89 所示，即完成按钮开关图形符号的绘制。

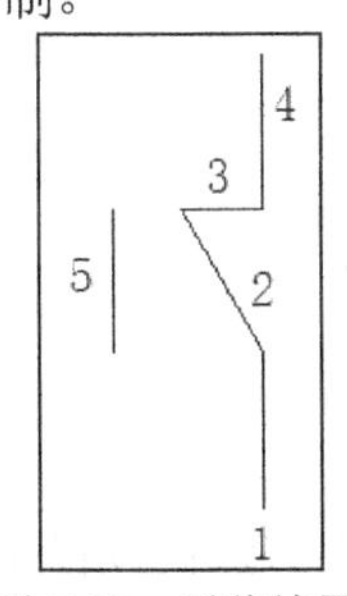

图 7-87　平移结果

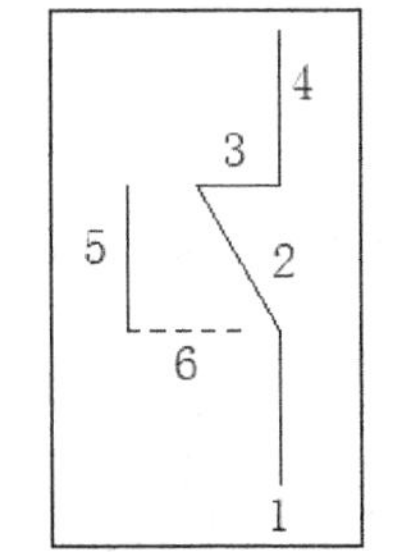

图 7-88　绘制直线 6

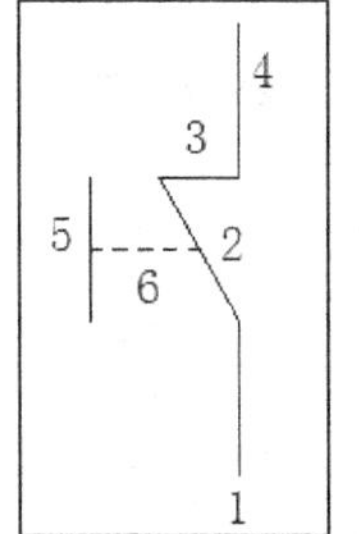

图 7-89　平移结果

3. 向连接线图添加电气元件

调用“平移”命令，参考前面介绍的方法依次向图 7-90(a)中添加指示灯(b)、按钮开关(c)和电阻等元件，即完成照明指示回路，效果如图 7-90(d)所示。

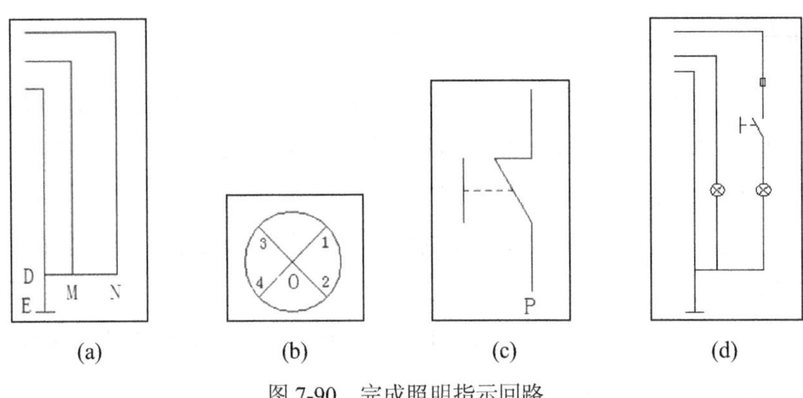

图 7-90　完成照明指示回路

7.2.6 组 合 图 形

将主回路、控制回路和指示及照明回路组合起来，即以各回路的接线头为平移的起点，把主连接线的各接线头作为平移的目标点，将各回路平移到主连接线的相应位置。此操作比较简单，在此不再细述。最终完成效果如图 7-91 所示。

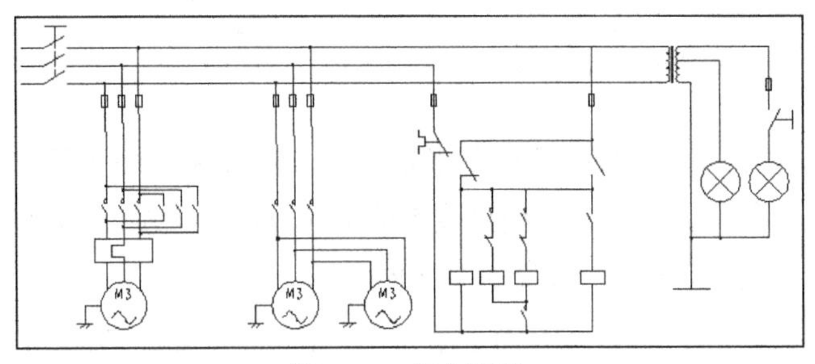

图 7-91　组合图形

7.2.7 添加注释文字

01 选择主菜单中的“格式”|“文字样式”命令，弹出“文字样式”对话框。单击对话框右上角的“新建”按钮，弹出“新建文字样式”对话框。在“样式名”文本框中输入“注释文字”并单击“确定”按钮。

02 在对话框中设置文字字体为“仿宋”，高度为 5，其他选项按照系统默认设置即可。然后在左侧样式列表框中选中“注释文字”，并依次单击“置为当前”和“确定”按钮。

03 调用“多行文字”命令 **A**，在图 7-91 中的各个位置添加相应的文字，并调用“平移”✥命令，将文字平移到如图 7-44 所示的位置，即完成整张图纸的绘制。

第8章　控制电气图绘制

控制电路作为电路中的一个重要单元，对电路的功能实现起到至关重要的作用。无论是在机械电气电路、汽车电路中，还是在变电工程电路中，控制电路都占据着核心位置。按照控制电路的终极功能，控制电路可以分为报警电路、自动控制、开关电路、灯光控制、定时控制、温控调速、保护电路、继电器开关控制电路和晶闸管控制电路等多种类型。本章将通过几个具体实例来介绍控制电气图的一般绘制方法。

通过本章的学习，读者应了解和掌握以下内容：

- 变频控制电路图的绘制
- 电机驱动控制电路图的绘制
- 液位控制器电路图的绘制

8.1 变频控制电路图的绘制

如图 8-1 所示为某变频控制电路，它由 3 个回路组成。本节将详细介绍此电路图的绘制方法。

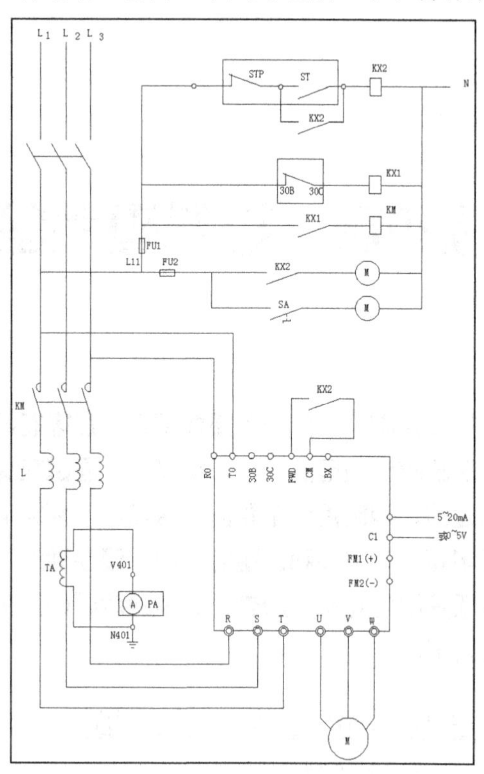

图 8-1　变频控制电路

8.1.1 配置绘图环境

01 打开 AutoCAD 2014 应用程序。以“A3.dwt”样板文件为模板，建立新文件。

02 将新文件命名为“变频器电路图.dwg”并保存。

03 在任意工具栏处右击，从打开的快捷菜单中选择“标准”、“图层”、“对象特性”、“绘图”、“修改”和“标注”6 个选项。调出这些选项的工具栏，并将它们移动到绘图窗口中的适当位置。

04 选择主菜单中的“格式”|“图层”命令，新建 “实体符号层”、“虚线层”和“连接线层”3 个图层，各图层的颜色、线型及线宽设置分别如图 8-2 所示。然后将“实体符号层”设置为当前图层。

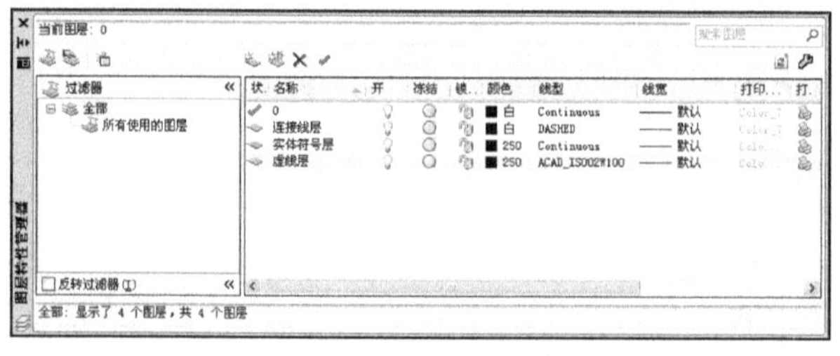

图 8-2　新建图层

8.1.2　绘制电气符号

1. 绘制动断触头开关

01 单击状态栏中的“正交”按钮。调用“直线”命令，绘制一条长度为 28 的水平直线 1，效果如图 8-3 所示。

02 调用“直线”命令，用鼠标捕捉直线 1 的左端点，以其为起点，向上绘制一条长度为 4 的竖直直线 2，效果如图 8-4 所示。

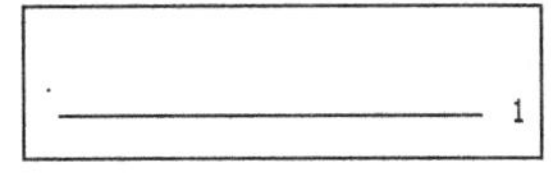

图 8-3　绘制水平直线

图 8-4　绘制竖直直线

03 调用“平移”命令，命令行提示如下。

```
命令: _move    //执行平移命令
选择对象: 找到 1 个 //拾取图 8-4 中的直线 2
选择对象:   //按 Enter 键结束拾取
指定基点或 [位移(D)] <位移>:   D  // 选择“位移”方式
指定位移 <0.0000, 0.0000, 0.0000>:   12,0,0   //指定位移
```

执行完毕后，平移结果如图 8-5 所示。

04 单击状态栏中的“极轴”按钮。用鼠标捕捉直线 1 的右端点，以其为起点，绘制一条与 X 轴方向成 160°角、长度为 11.5 的直线 3，效果如图 8-6 所示。

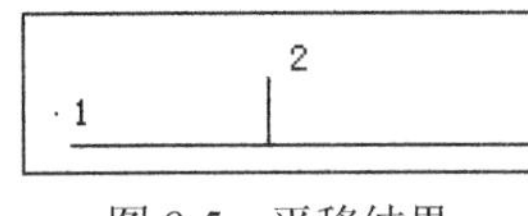

图 8-5　平移结果

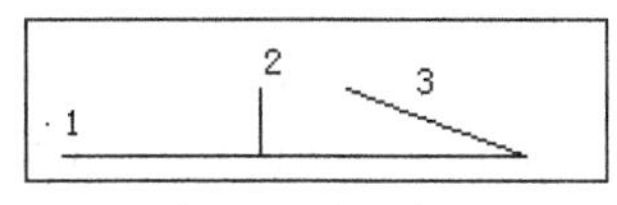

图 8-6　绘制直线

05 调用“平移”命令，将直线 3 向左平移 6，平移结果如图 8-7 所示。

06 调用“修剪”命令，以直线 2 和直线 3 为剪切边，对直线 1 进行修剪，裁剪掉直线 1 在直线 2 和 3 之间的部分，修剪结果如图 8-8 所示，即完成动断触头开关图形符号的绘制。

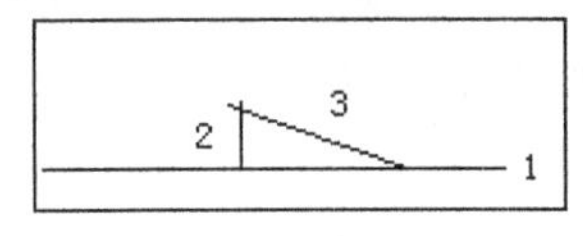

图 8-7　平移结果

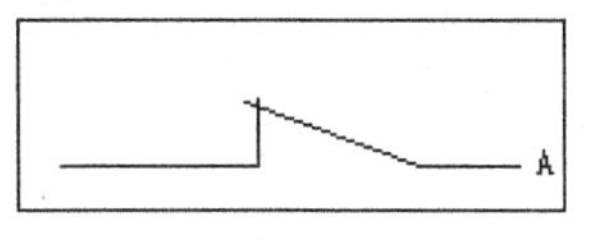

图 8-8　修剪结果

2. 绘制变频器

01 调用“矩形”命令，命令行提示如下。

```
命令: _rectang  //执行矩形命令
指定第一个角点或 [倒角(C)/标高(E)/圆角(F)/厚度(T)/宽度(W)]:  //在屏幕上指定一点为矩形第一个角点
指定另一个角点或 [面积(A)/尺寸(D)/旋转(R)]: D  //选择“尺寸”方式
指定矩形的长度 <10.0000>: 60  //依次指定长度和宽度
指定矩形的宽度 <10.0000>: 60
```

执行完毕后，绘制效果如图 8-9 所示。

02 调用“圆”命令，用鼠标捕捉图 8-9 中的 A 点，以其为圆心，绘制一个半径为 1 的圆 1，效果如图 8-10 所示。

03 调用“矩形阵列”命令，选择“计数”阵列方式，选择图 8-10 中的圆 1 为阵列对象，设置行数为 1，列数为 7，列偏移为 6.5，完成阵列效果如图 8-11 所示。

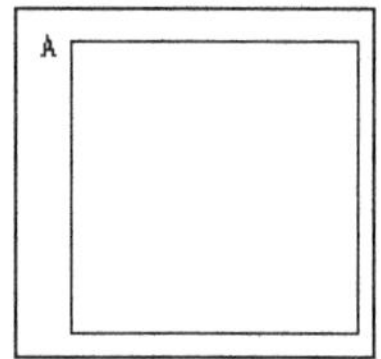

图 8-9　绘制矩形

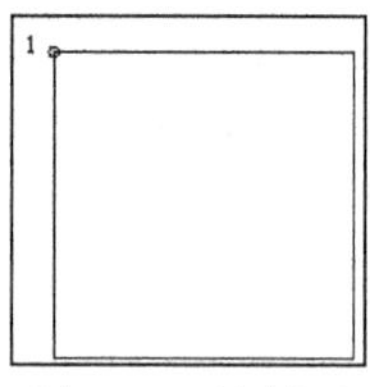

图 8-10　绘制圆

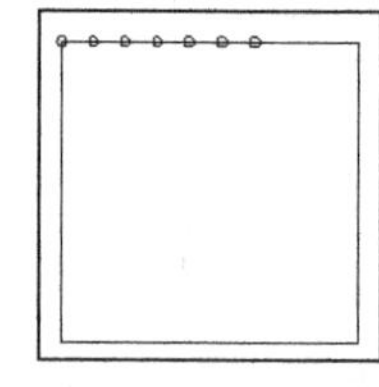
图 8-11　阵列效果

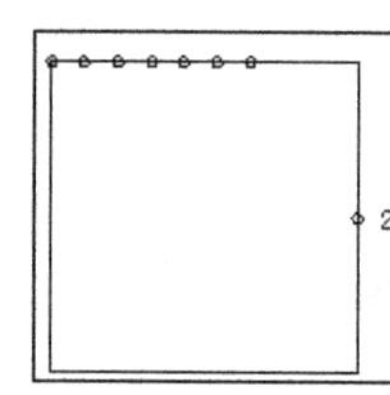

图 8-12　绘制圆

04 调用“圆”命令，用鼠标捕捉图 8-11 中右侧竖直直线的中点，以其为圆心，绘制半径为 1 的圆，效果如图 8-12 所示。

05 调用“复制”命令，命令行提示如下。

```
命令: _copy  //执行复制命令
选择对象: 指定对角点: 找到 1 个 //拾取图 8-12 中的圆 2
选择对象:  //按 Enter 键结束拾取
当前设置:  复制模式 = 多个
指定基点或 [位移(D)/模式(O)] <位移>: D  //选择“位移”方式
指定位移 <0.0000, 0.0000, 0.0000>:  0,7,0  //指定位移
```

执行完毕后，继续调用“复制”命令，复制图 8-12 中的圆 2 并分别向下平移 7 和 14，完成效果如图 8-13 所示。

06 调用“圆”命令，用鼠标捕捉图 8-13 中的 A 点。以其为圆心，依次绘制半径为 1 和 1.6 的圆 3 和圆 4，绘制效果如图 8-14 所示。

07 调用“复制”命令，将步骤**06**绘制的圆 3 和圆 4 依次复制 6 份并分别向左平移 4.5、14.5、24.5、36.5、46.5 和 56.5，然后删除圆 3 和圆 4，完成效果如图 8-15 所示。

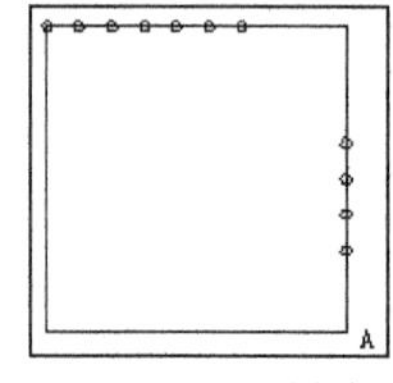

图 8-13　复制结果

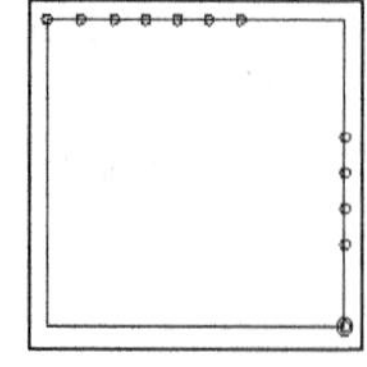
图 8-14　绘制圆

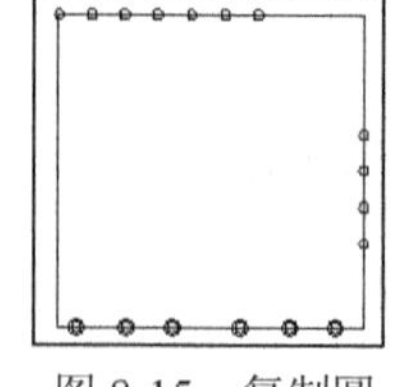
图 8-15　复制圆

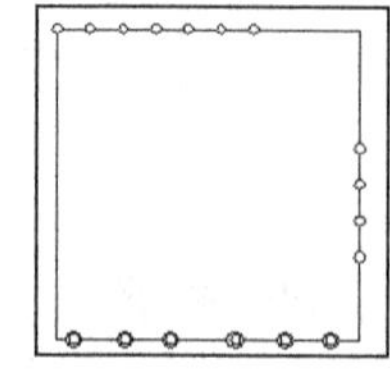
图 8-16　修剪结果

08 调用“修剪”命令，以步骤**02**至步骤**07**中绘制的各个圆为剪切边，对矩形的 3 条边进

行修剪，裁剪掉矩形边在圆内的部分，最终完成效果如图 8-16 所示。

3. 绘制按钮开关

01 调用“直线”命令，在“正交”方式下，绘制 3 条长度均为 10、首尾相连的水平直线，效果如图 8-17 所示。

02 调用“旋转”命令，以直线 2 的右端点为基点，将直线 2 旋转 30°，旋转效果如图 8-18 所示，即完成按钮开关的绘制。

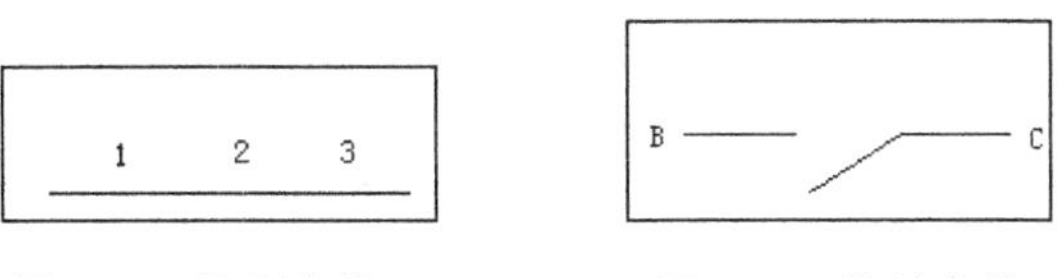

图 8-17 绘制直线　　图 8-18 旋转直线

8.1.3 绘制各个模块

观察图 8-1 可知，按照位置关系可以将整张图纸分解为 3 个模块。

01 图中左上角的 3 根导线和多极开关组成模块 1。

02 图中右上角的电阻、风机、动断触头开关、接触器和转换开关等电气元件组成模块 2。

03 图中下方的接触器、电感、电流表、接触器等电气元件和导线组成模块 3。

以下将依次介绍各个模块的绘制方法。

1. 绘制模块 1

01 调用“直线”命令，绘制一条长度为 20 的竖直直线，效果如图 8-19 所示。

02 调用“矩形阵列”命令，选择“计数”阵列方式。选择图 8-19 中竖直直线为阵列对象，设置行数为 1，列数为 3，列偏移为 10，阵列结果如图 8-20 所示。

03 选择主菜单中的“插入”|“块”命令，弹出如图 8-21 所示的“插入”对话框。在“名称”列表中选择“多极开关”图块，单击“确定”按钮。然后根据系统提示，捕捉图 8-20 中的 A 点为基点，插入多极开关图块，效果如图 8-22 所示，即完成模块 1 的绘制。

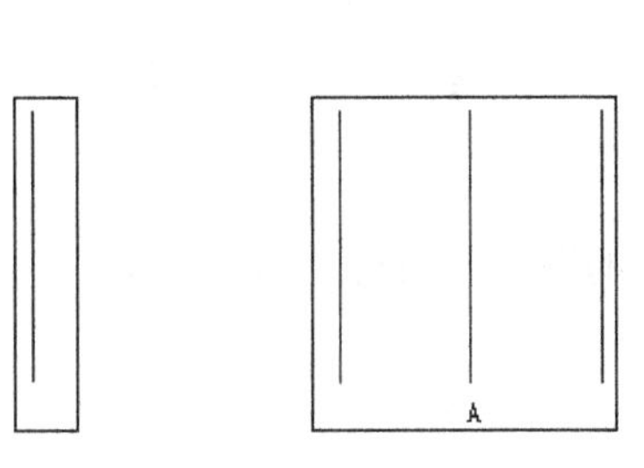

图 8-19 绘制竖直直线　　图 8-20 阵列结果

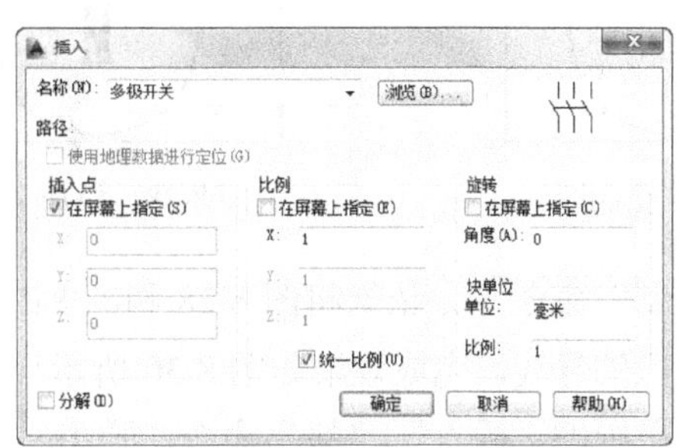

图 8-21 “插入”对话框

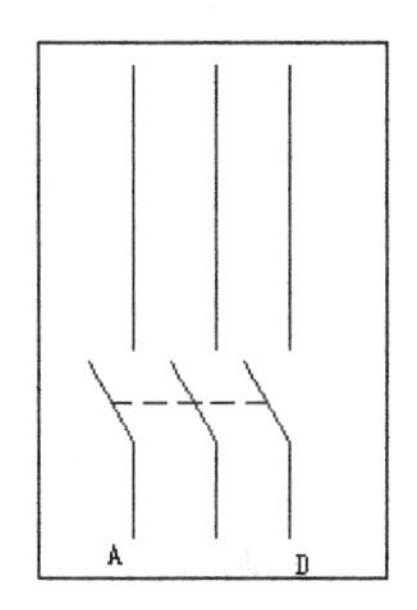

图 8-22 完成模块 1

2. 绘制模块 2

01 调用“平移”命令，选择如图 8-18 所示的按钮开关为平移对象。捕捉 B 点为基点，捕捉图 8-8 中的 A 点为第二点做平移操作，平移结果如图 8-23 所示。

02 调用“复制”命令，选择图 8-23 中的按钮开关，将其复制并向下平移 12，完成效果如图 8-24 所示。

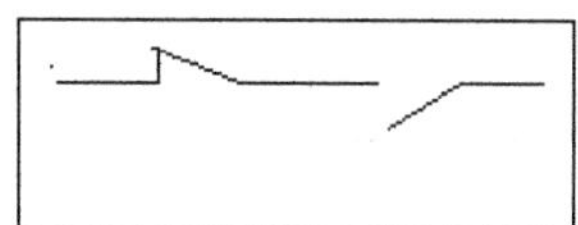

图 8-23　平移结果

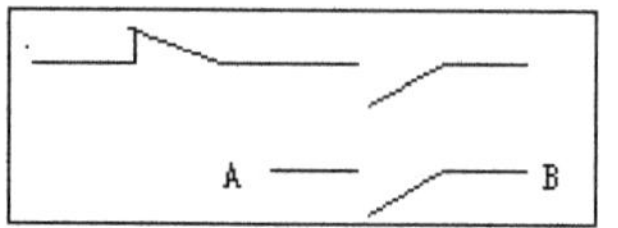

图 8-24　复制并平移图形

03 调用“直线”命令，依次绘制多条直线作为连接导线，尺寸与效果如图 8-25 所示。

04 调用“复制”命令，向图 8-25 中添加按钮开关和动断触头开关，添加效果如图 8-26 所示。

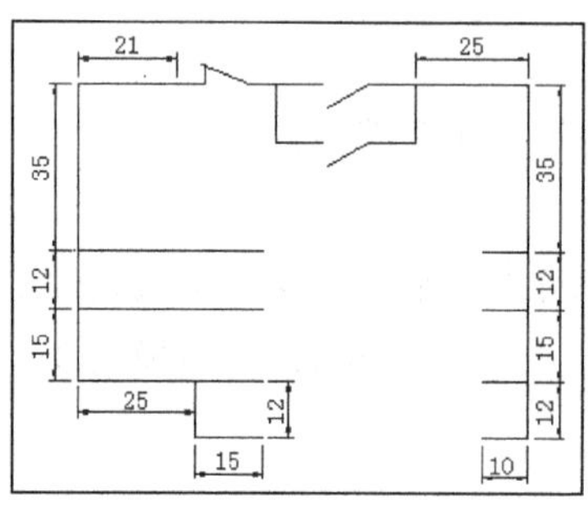

图 8-25　绘制连接导线

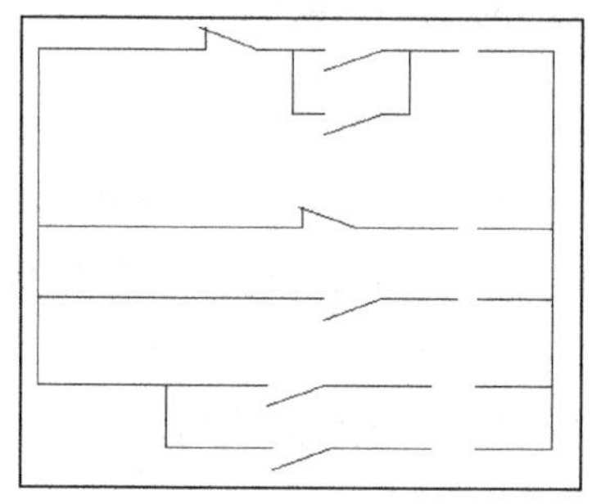

图 8-26　添加开关

05 调用“圆”命令，绘制一个半径为 4 的圆，效果如图 8-27 所示。

06 调用“多行文字”命令，设置字体为“宋体”，字高为 2.5，输入文字“M”。然后调用“平移”命令，将这两行文字调整至圆的中心位置，完成效果如图 8-28 所示。

07 调用“矩形”命令，绘制一个长为 4、宽为 6 的矩形，效果如图 8-29 所示。

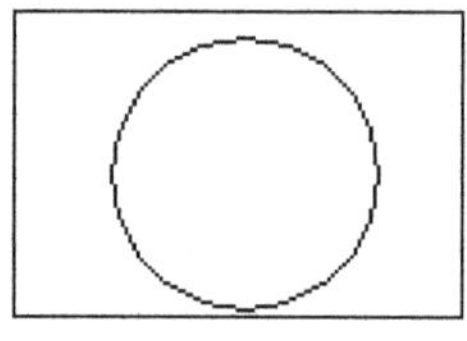

图 8-27　绘制圆

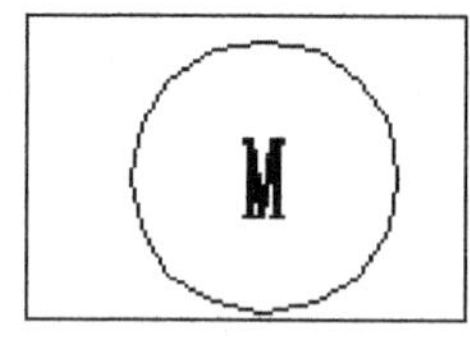

图 8-28　添加文字

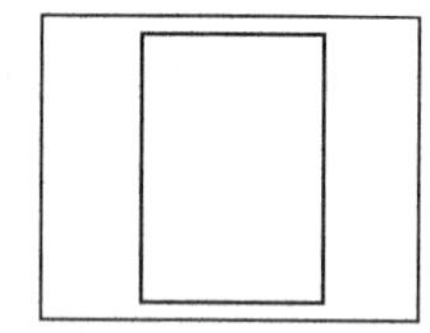

图 8-29　绘制图形

08 调用“复制”命令，依次将图 8-28 和图 8-29 中的图形添加到图 8-26 中去，并调用“直线”命令添加相应的导线，完成效果如图 8-30 所示。

09 选择主菜单中的“插入”|“块”命令，弹出“插入”对话框。在“名称”列表中选择“电阻”图块，向图 8-30 中添加电阻。图块插入比例为 0.2，两处电阻的旋转角度分别为 0° 和 90°，完成效果如图 8-31 所示。

10 调用“直线”命令，依次绘制长度为 35 的直线 1 和长度为 10 的直线 2，效果如图 8-32 所示，即完成模块 2 的绘制。

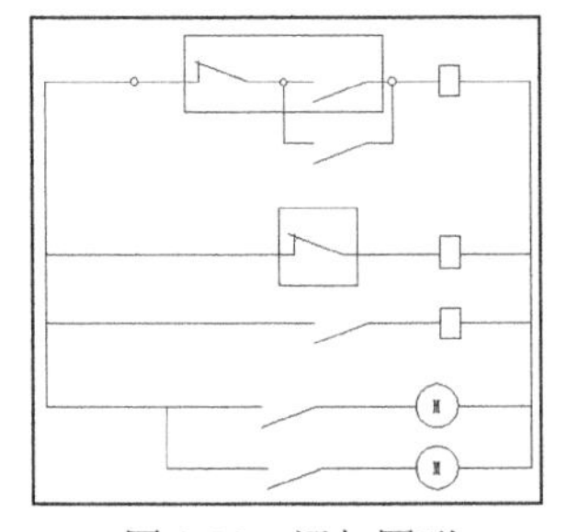
图 8-30　添加图形

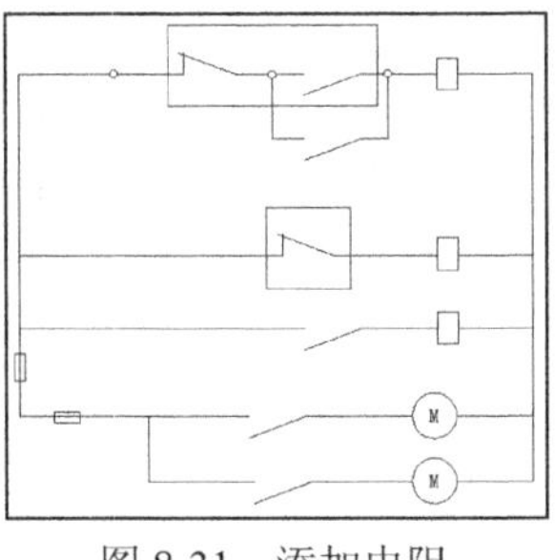
图 8-31　添加电阻

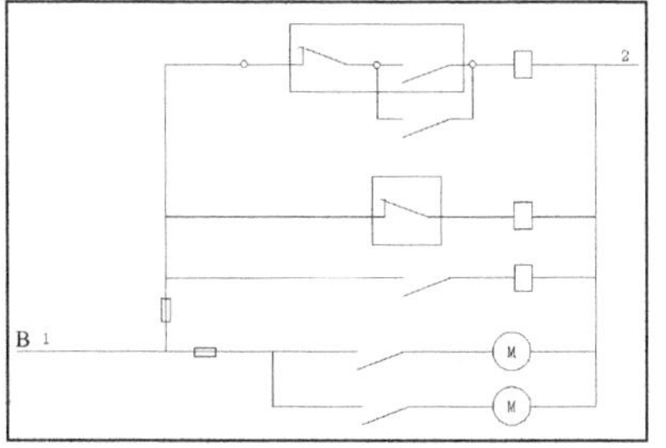

图 8-32　完成模块 2

3. 绘制模块 3

01 调用“直线”命令，以图 8-17 中对应圆的圆心为起点依次绘制各条直线，长度如图 8-33 所示。然后调用“修剪”命令，对绘制的各条直线进行修剪。裁剪掉直线在圆以内的部分，完成效果如图 8-33 所示。

02 选择主菜单中的“插入”|“块”命令，依次向图 8-33 中添加电动机、电感、按钮开关和接触器等。用户需要根据实际情况调整块的比例，完成效果如图 8-34 所示。

03 调用“直线”命令，依次绘制导线，尺寸如图 8-35 所示。

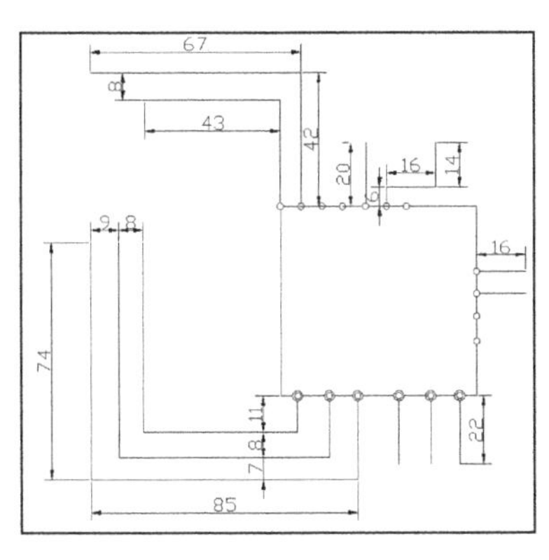

图 8-33　绘制导线

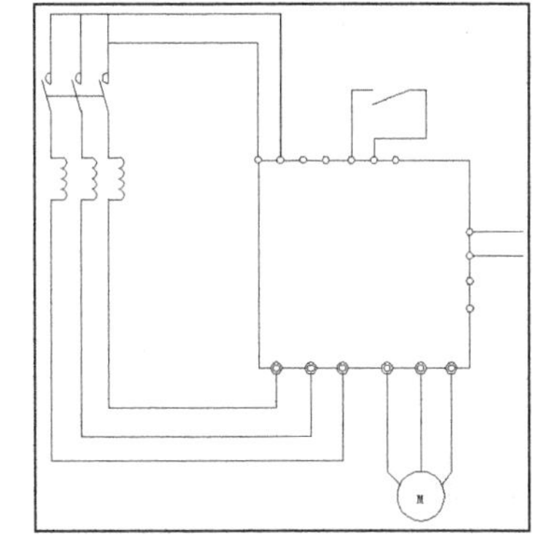
图 8-34　插入电气符号

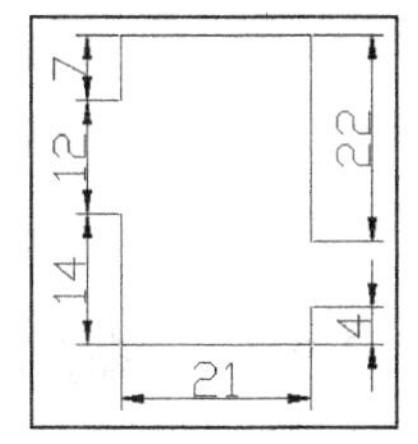

图 8-35　绘制导线

04 选择主菜单中的“插入”|“块”命令，依次向图 8-35 中添加电感和电流表。用户需要根据实际情况调整电感和电流表的比例，完成效果如图 8-36 所示。

05 调用“直线”命令，在图 8-36 中依次绘制一条长度为 5 的竖直直线，以及 3 条长度分别为 4、2 和 1 的水平直线作为接地线，绘制效果如图 8-37 所示。

06 调用“平移”命令，将如图 8-37 所示的图形平移到图 8-34 中，效果如图 8-38 所示，即完成模块 3 的绘制。

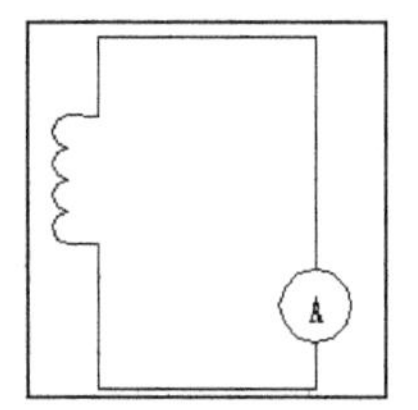
图 8-36　插入电感和电流表

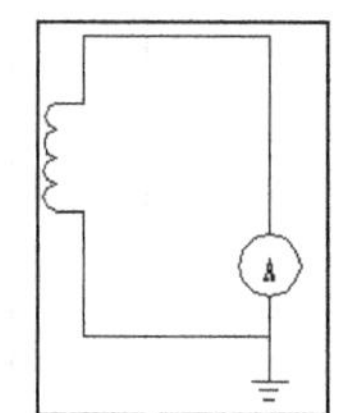
图 8-37　绘制接地线

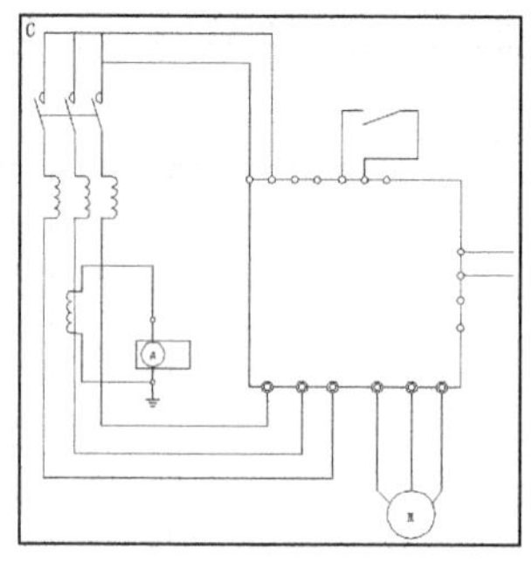
图 8-38　完成模块 3

8.1.4 组 合 图 形

调用“平移”命令，分别以图 8-22 中的 A 点和 D 点、图 8-32 中的 B 点以及图 8-38 中的 C 点作为平移的基点，将 3 个模块组合起来，完成效果如图 8-39 所示。

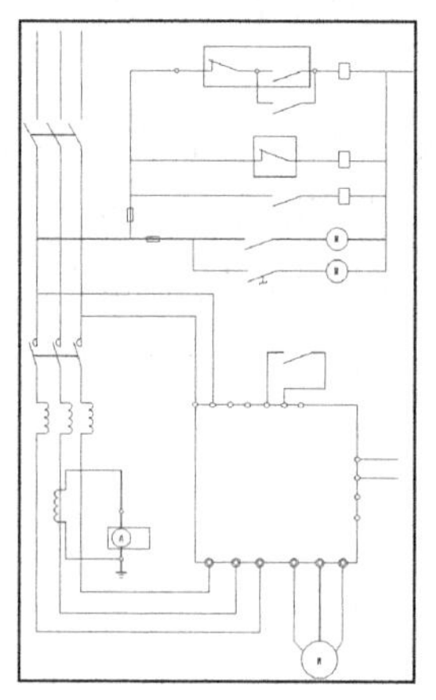
图 8-39　组合图形

8.1.5 添加注释文字

01 选择主菜单中的“格式”|“文字样式”命令，弹出“文字样式”对话框。

02 单击对话框右上角的“新建”按钮，弹出“新建文字样式”对话框。在“样式名”文本框中输入“注释文字”，然后单击“确定”按钮，返回“文字样式”对话框。

03 在对话框中设置文字字体为“宋体”，高度为 2.5，其他选项按照系统默认设置即可。然后在左侧样式列表框选中“注释文字”，并依次单击“置为当前”和“确定”按钮。

04 调用“多行文字”命令A，在图 8-39 中的各个位置添加相应的文字。并调用“平移”命令，将文字平移到如图 8-1 所示的位置，即完成整张图纸的绘制。

8.2 电机驱动控制电路图绘制

如图 8-40 所示为某型号电机驱动器的控制电路图。该电路图中包括手动开关、排气扇、接触器和电源等电气元件。本节将详细介绍其绘制方法。

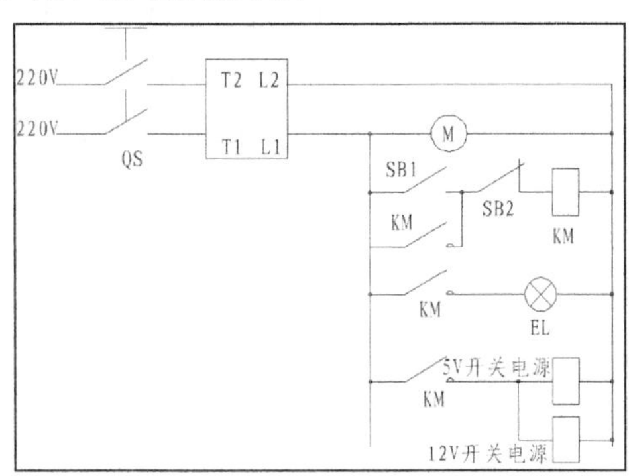

图 8-40　电机驱动控制电路图

8.2.1　配置绘图环境

01 打开 AutoCAD 2014 应用程序。以“A3.dwt”样板文件为模板，建立新文件。

02 将新文件命名为“电机驱动控制电路图.dwg”并保存。

03 在任意工具栏处右击，从打开的快捷菜单中选择“标准”、“图层”、“对象特性”、“绘图”、“修改”和“标注”6 个选项。调出这些选项的工具栏，并将它们移动到绘图窗口中的适当位置。

04 选择主菜单中的“格式”|“图层”命令，新建 “实体符号层”、“虚线层”和“连接线层”3 个图层。各图层的颜色、线型及线宽设置分别如图 8-41 所示。然后将“实体符号层”设置为当前图层。

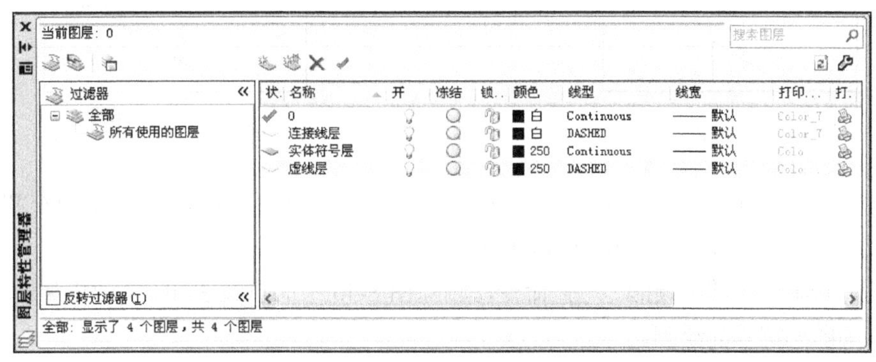

图 8-41　新建图层

8.2.2 绘制电气元件

1. 绘制手动开关

01 调用“直线”命令，依次绘制直线1~4。其中直线1和4的长度为30，直线3长度为15并与X轴成90°角，直线2的长度为30且与X轴成30°角，完成效果如图8-42所示。

02 调用“复制”命令，依次拾取直线1~4，将其复制并向上平移30，完成效果如图8-43所示。

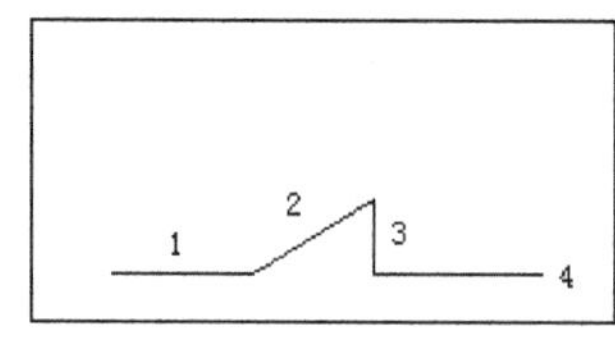

图8-42 绘制直线

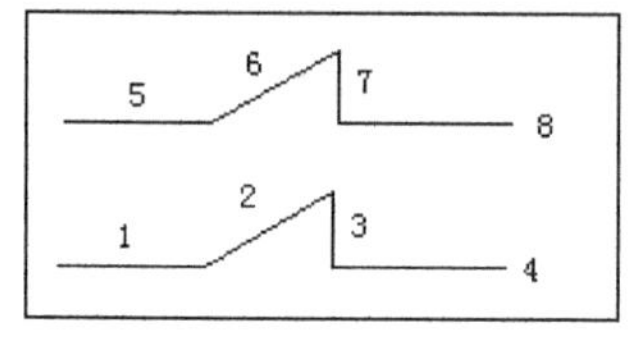

图8-43 复制结果

03 将“虚线层”设置为当前图层。调用“直线”命令，依次用鼠标捕捉图8-43中直线2和6的中点绘制一条竖直直线，效果如图8-44所示。

04 将“实体符号层”设置为当前图层。调用“拉长”命令，命令行提示如下。

```
命令: _lengthen  //执行拉长命令
选择对象或 [增量(DE)/百分数(P)/全部(T)/动态(DY)]: DE    //选择“增量”方式
输入长度增量或 [角度(A)] <0.0000>: 25     //指定增量
选择要修改的对象或 [放弃(U)]:    //在靠近上端点处拾取步骤03绘制的直线
```

执行完毕后，拉长效果如图8-45所示。

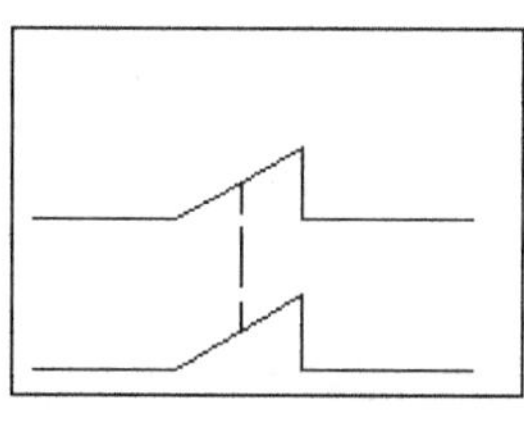

图8-44 绘制竖直直线

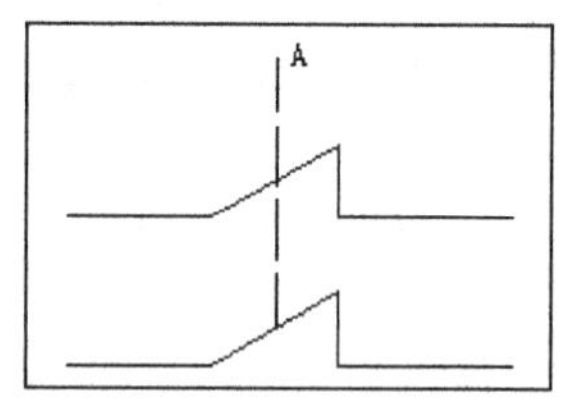

图8-45 拉长直线

05 调用“直线”命令，用鼠标捕捉图8-45中的点A，以其为起点，分别向左和向右绘制长度均为13的水平直线，绘制效果如图8-46所示。

06 调用“修剪”和“删除”命令，删除图8-46中的直线3和7，效果如图8-47所示，即完成手动开关图形符号的绘制。

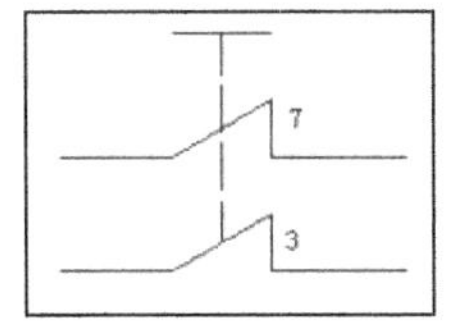

图 8-46　绘制水平直线

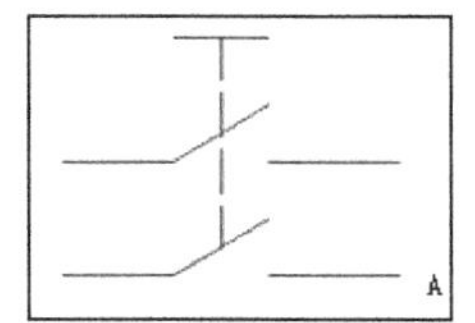

图 8-47　完成绘制

2. 绘制接触器

01 单击状态栏中的“正交”按钮，然后调用“直线”命令，绘制一条长度为 60 的水平直线 1，效果如图 8-48 所示。

02 单击状态栏中的“极轴”按钮，然后调用“直线”命令，用鼠标捕捉直线 1 的左端点，以其为起点，绘制一条与 X 轴方向成 30° 角且长度为 20 的直线 2，效果如图 8-49 所示。

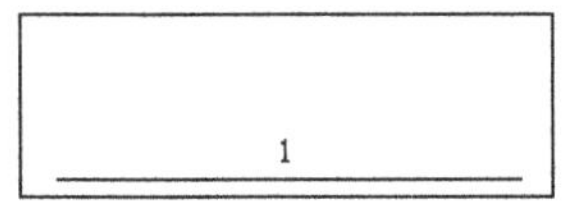

图 8-48　绘制水平直线

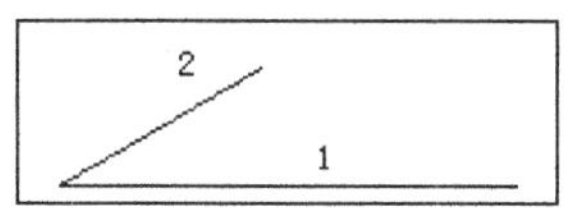

图 8-49　绘制直线

03 调用“平移”命令，将直线 2 向右平移 20，平移结果如图 8-50 所示。

04 调用“圆”命令，以直线 1 的右端点为圆心，绘制一个半径为 2 的圆，效果如图 8-51 所示。

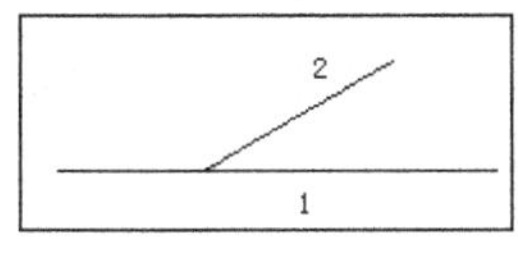

图 8-50　平移结果

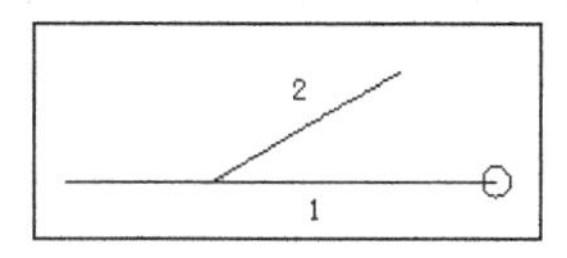

图 8-51　绘制圆

05 调用“平移”命令，将步骤**04**绘制的圆向左平移 20，平移结果如图 8-52 所示。

06 调用“修剪”命令，对图 8-52 中的图形进行修剪，修剪结果如图 8-53 所示，即完成接触器图形符号的绘制。

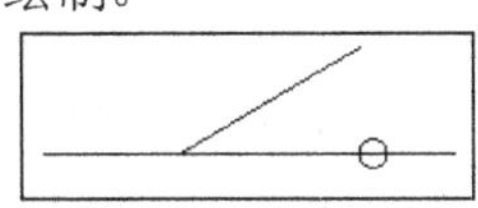

图 8-52　平移结果

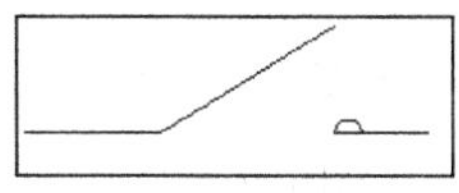

图 8-53　修剪结果

3. 绘制鼓风机

01 调用“圆”命令，绘制一个半径为 11 的圆，效果如图 8-54 所示。

02 调用“多行文字”命令A，在步骤**01**绘制的圆的内部指定文字输入区域。从弹出的“文字格式”对话框中指定字体为“宋体”，字高为 10，并在文字绘制区域输入字母“M”。然后调用“平移”命令将字母调整至圆的中心处，完成效果如图 8-55 所示。

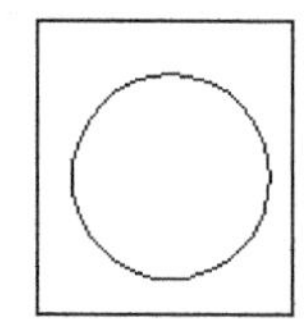

图 8-54　绘制圆

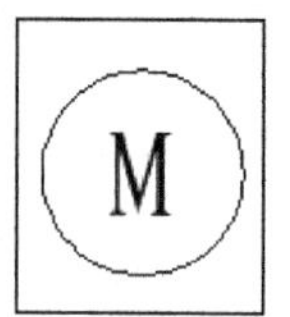

图 8-55　完成绘制

8.2.3 组合图形

01 调用“矩形”命令，绘制一个长为 50、宽为 60 的矩形，效果如图 8-56 所示。

02 调用“平移”命令，将如图 8-47 所示的手动开关平移至矩形中。以图 8-47 中的 A 点为基点，图 8-56 中的 B 点为第二点，将手动开关平移至矩形附近。然后将手动开关向上平移 15，完成效果如图 8-57 所示。

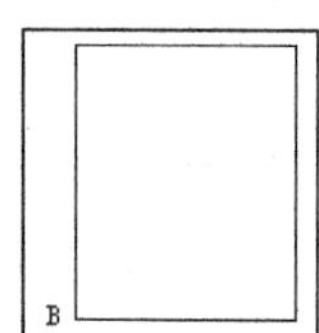

图 8-56　绘制矩形

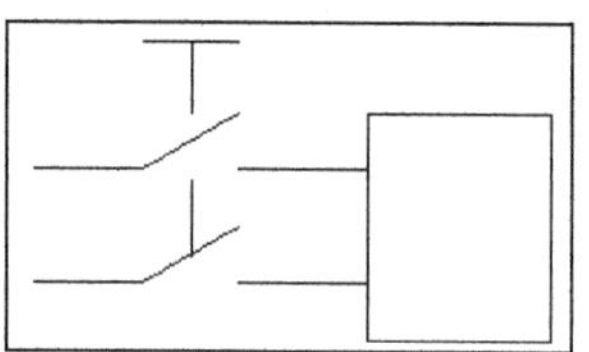

图 8-57　平移结果

03 调用“直线”命令，在图 8-57 中添加 4 条导线 1~4。其中直线 1~4 的长度依次为 200、30、89 和 89。然后调用“平移”命令，将图 8-55 中的风机符号添加到图形中，完成效果如图 8-58 所示。

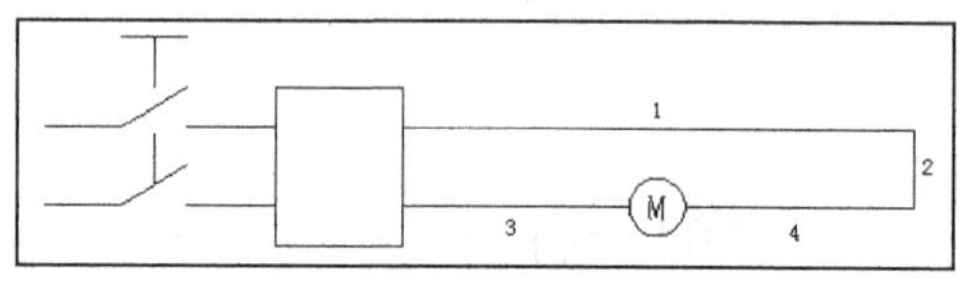

图 8-58　添加风机

04 调用“直线”命令，在图 8-58 中依次绘制各条导线。其中直线 1~4 的长度依次为 35、35、35 和 20；矩形 A 的长为 16，宽为 28。然后调用“平移”命令，将图 8-53 中的接触器，以及按钮开关、触头开关等电气元件添加到图形中。其中按钮开关和触头开关的绘制方法可参考 8.2.2 节的内容进行绘制。绘制完毕后，效果如图 8-59 所示。

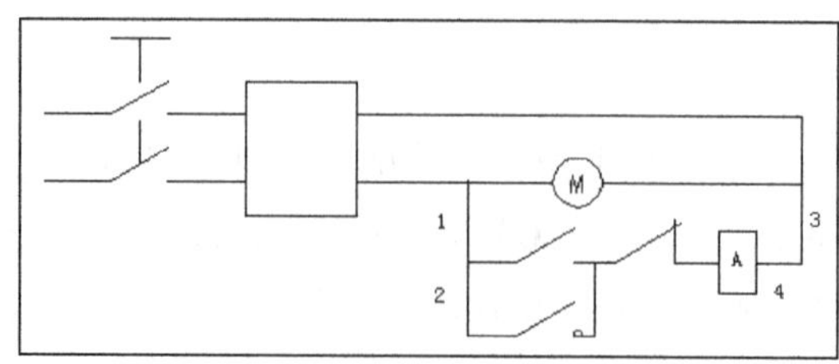

图 8-59　添加开关等电气元件

05 调用“直线”命令，在图 8-59 中依次绘制各条导线。其中直线 1~3 的长度依次为 30、65 和 35。并调用“平移”命令，将图 8-53 中的接触器添加到图形中。然后选择主菜单中的“插入”|“块”命令，弹出“插入”对话框。在“名称”列表中选择“信号灯”图块，指定插入比例为 0.5，单击“确定”按钮，将信号灯图块插入到图形中，完成效果如图 8-60 所示。

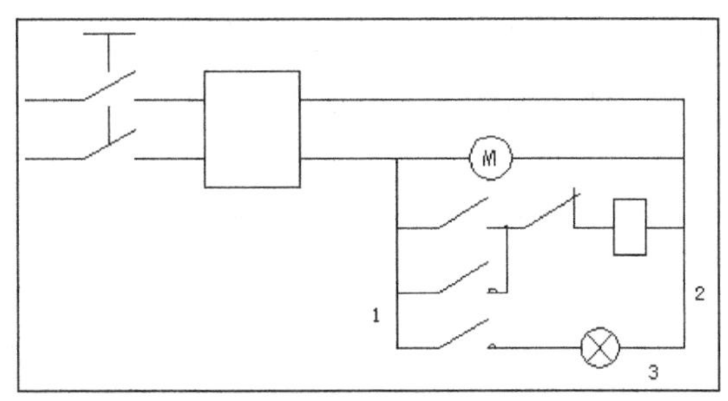

图 8-60　插入开关、信号灯

06 调用“直线”命令，在图 8-60 中依次绘制各条导线。其中直线 1~7 的长度依次为 40、40、20、20、35、20 和 20。绘制尺寸相同的矩形 A 和 B，矩形的长为 16，宽为 28。然后调用“平移”命令，将图 8-53 中的接触器添加到图形中，完成效果如图 8-61 所示。

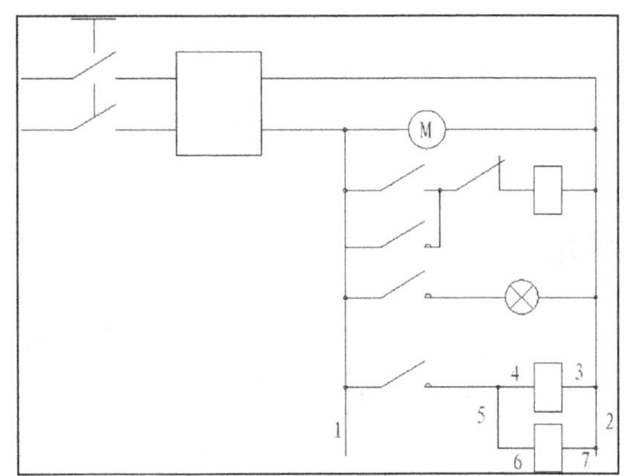

图 8-61　添加开关和电源

8.2.4 添加注释文字

01 选择主菜单中的“格式”|“文字样式”命令，弹出“文字样式”对话框。单击对话框右上角的“新建”按钮，弹出“新建文字样式”对话框。在“样式名”文本框输入样式名，然后单击“确定”按钮，返回“文字样式”对话框。

02 在对话框设置文字字体为“仿宋_GB2312”，高度为 10，其他选项按照系统默认设置即可。然后在左侧样式列表框中选中“注释文字”，并依次单击“置为当前”和“确定”按钮。

03 调用“多行文字”命令A，在图 8-61 中的各个位置添加相应的文字。并调用“平移”命令，将文字平移到如图 8-40 所示的位置，即完成整张图纸的绘制。

8.3 液位控制器电路图绘制

如图 8-62 所示为液位自动控制器的电路图，这是一种很常见的自动控制装置。观察可知，该电路图的结构比较简单，但图中包含了按钮开关、信号灯、钮子开关、电极探头和电源接线头等多种电气元件。本节将详细介绍其绘制方法。

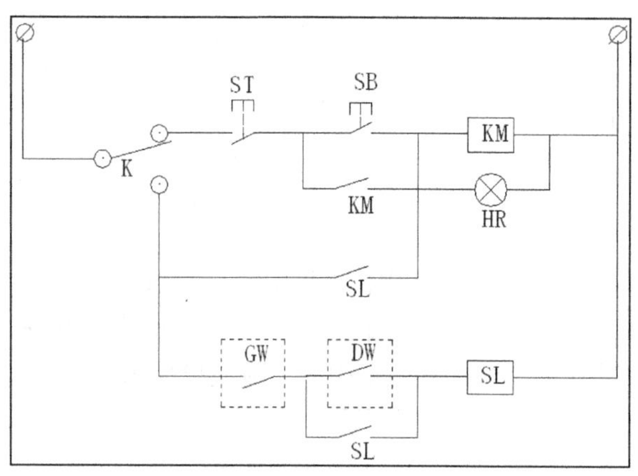

图 8-62　液位控制器电路图

8.3.1 配置绘图环境

01 打开 AutoCAD 2014 应用程序。以“A3.dwt”样板文件为模板，建立新文件。

02 将新文件命名为“液位控制器电路图.dwg”并保存。

03 在任意工具栏处右击，从打开的快捷菜单中选择“标准”、“图层”、“对象特性”、“绘图”、“修改”和“标注”6 个选项。调出这些选项的工具栏，并将它们移动到绘图窗口中的适当位置。

04 选择主菜单中的“格式”|“图层”命令，新建“实体符号层”、“虚线层”和“连接线层”3 个图层，各图层的颜色、线型及线宽设置分别如图 8-63 所示。然后将“实体符号层”设置为当前图层。

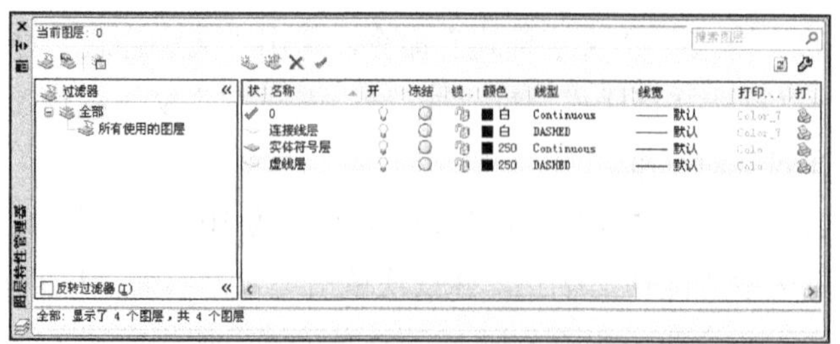

图 8-63　新建图层

8.3.2　绘制电气元件

1. 绘制按钮开关 1

01 单击状态栏中的“正交”按钮。调用“直线”命令，依次绘制直线 1~3，其长度分别为 15、7.5 和 11，绘制效果如图 8-64 所示。

02 单击状态栏中的“正交”按钮，用鼠标分别捕捉直线 1 和 3 的下端点绘制直线 4，效果如图 8-65 所示。

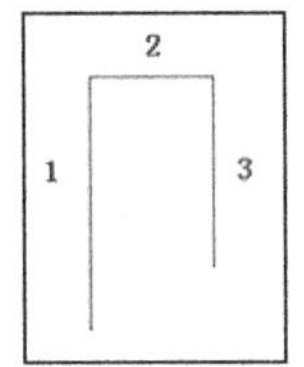

图 8-64　绘制直线

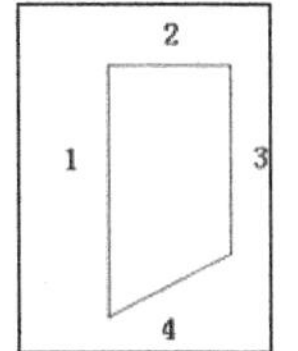

图 8-65　绘制直线

03 单击状态栏中的“正交”按钮，调用“直线”命令，用鼠标捕捉直线 3 的下端点，以其为起点，分别向左绘制长度为 15 的直线 5，向右绘制长度为 7 的直线 6，绘制效果如图 8-66 所示。

04 调用“直线”命令，用鼠标分别捕捉直线 2 和 4 的中点作为第一点和第二点绘制直线 7，效果如图 8-67 所示。

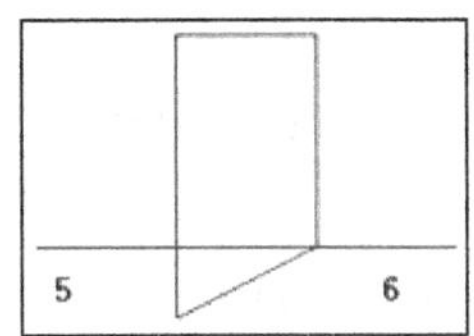

图 8-66　绘制水平直线

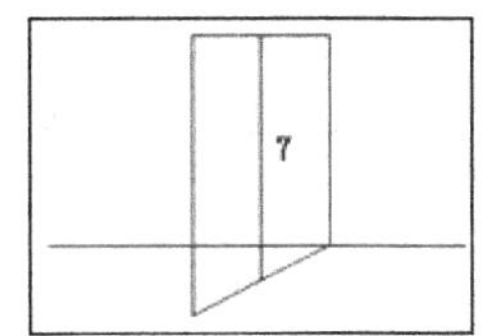

图 8-67　绘制竖直直线

05 调用“偏移”命令，将直线 2 复制并向下偏移 3.5，偏移结果如图 8-68 所示。

06 拾取直线 7，单击“图层”工具栏中的下拉按钮，弹出下拉菜单。单击选择“虚线层”，将其图层属性设置为“虚线层”，完成效果如图 8-69 所示。

07 调用“修剪”和“删除”命令，修剪并删除掉多余的直线，完成效果如图 8-70 所示，即完成按钮开关 1 的绘制。

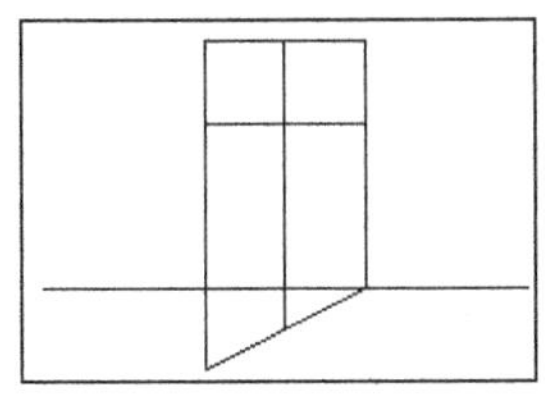
图 8-68　偏移结果

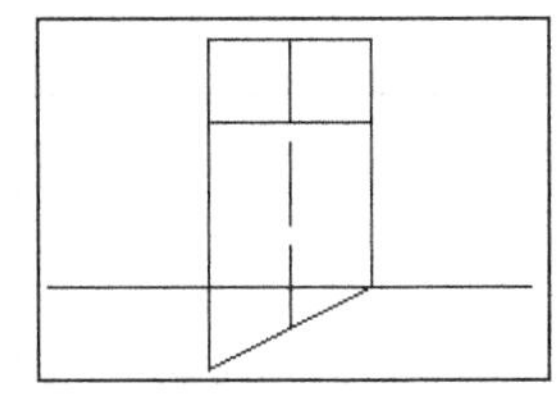
图 8-69　修改图线属性

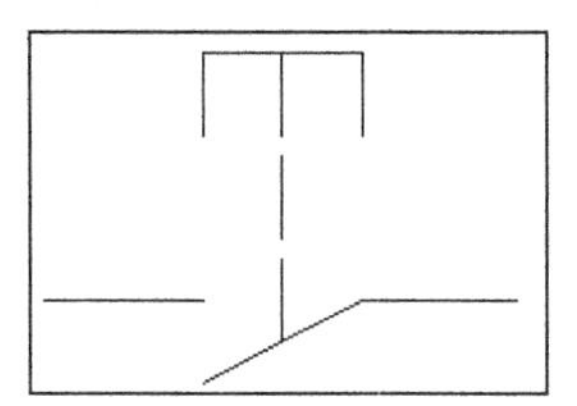
图 8-70　修剪结果

2. 绘制按钮开关 2

01 调用“矩形”命令，绘制一个长度为 7.5、宽为 10 的矩形，效果如图 8-71 所示。

02 调用“分解”命令，将矩形分解为直线 1~4。

03 调用“拉长”命令，将直线 2 分别向左和向右拉长 7.5 ，拉长结果如图 8-72 所示。

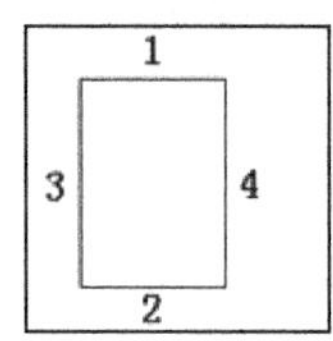

图 8-71 绘制矩形

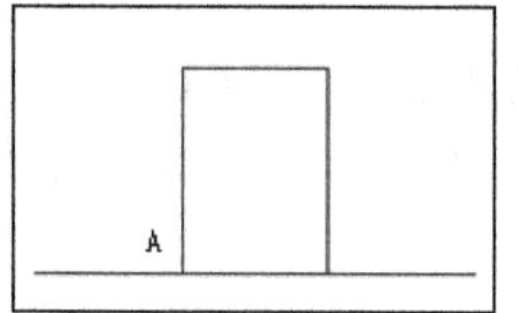

图 8-72 拉长结果

04 单击状态栏中的“极轴”按钮，用鼠标捕捉图 8-72 中的 A 点，以其为起点，绘制一条与 X 轴方向成 30° 角的直线，直线的终点在直线 4 上，效果如图 8-73 所示。

05 调用“直线”命令，用鼠标分别捕捉直线 1 和 2 的中点作为第一点和第二点绘制一条竖直直线，效果如图 8-74 所示。

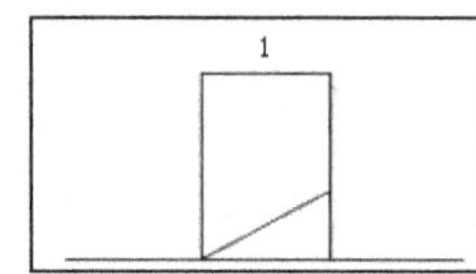

图 8-73 绘制直线

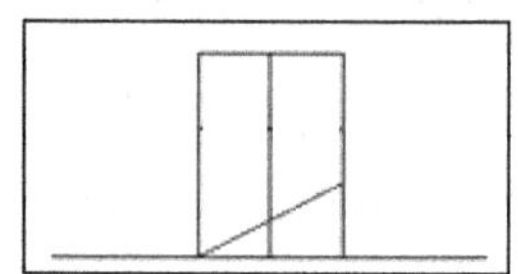

图 8-74 绘制竖直直线

06 调用“偏移”命令，以直线 1 为起始，向下绘制一条水平直线，偏移量为 3.5，完成结果如图 8-75 所示。

07 选中步骤05绘制的竖直直线，单击“图层”工具栏中的下拉按钮，弹出下拉菜单。单击鼠标选择“虚线层”，将其图层属性设置为“虚线层”，完成效果如图 8-76 所示。

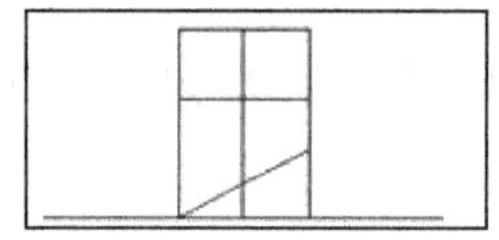

图 8-75 偏移结果

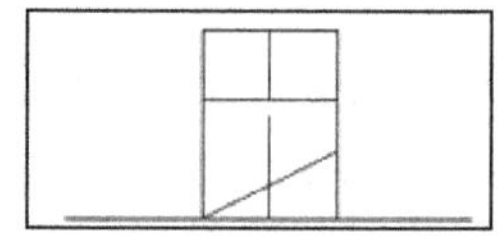

图 8-76 修改图线属性

08 调用“修剪”和“删除”命令，修剪并删除掉多余的直线，完成效果如图 8-77 所示，即完成按钮开关 2 图形符号的绘制。

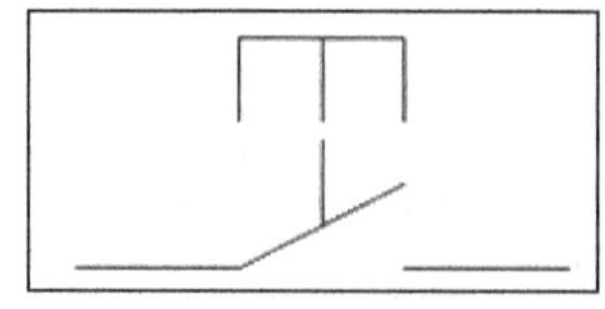

图 8-77 完成绘制

3. 绘制纽子开关

01 调用“直线”命令，依次绘制长度分别为 25、25、9 和 9 的直线 1~4，效果如图 8-78 所示。

02 调用“圆”命令，分别捕捉直线 1 的右端点、直线 3 的上端点和直线 4 的下端点为圆心，绘制 3 个半径均为 3 的圆，绘制效果如图 8-79 所示。

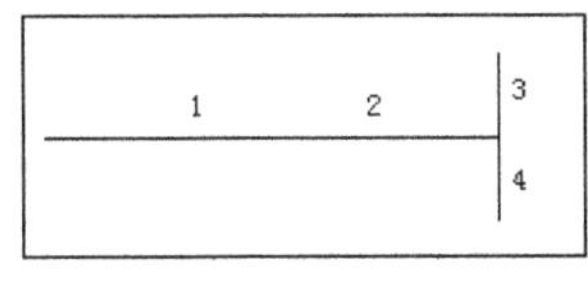

图 8-78　绘制直线

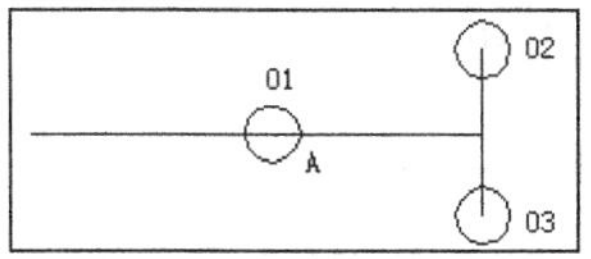

图 8-79　绘制圆

03 选择主菜单中的“工具”|“草图设置”命令，在弹出的“草图设置”对话框中，切换到“对象捕捉”选项卡，如图 8-80 所示。选中“切点”和“交点”模式，并单击“确定”按钮结束设置。这样在绘图时系统会自动捕捉切点。

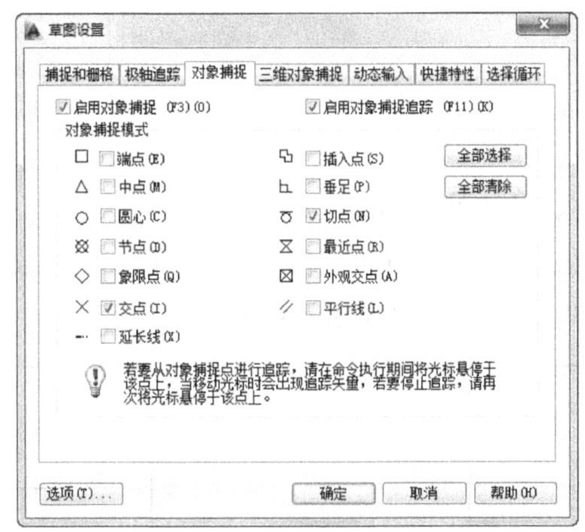

图 8-80　“草图设置”对话框

04 调用“直线”命令，用鼠标捕捉图 8-79 中的 A 点并单击鼠标。将光标点平移到圆 O2 附近，捕捉圆 O2 的切点，如图 8-81 所示。然后单击鼠标，绘制圆 O2 的切线，效果如图 8-82 所示。

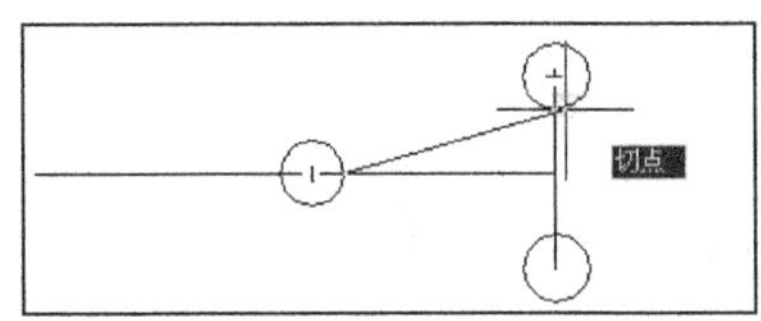

图 8-81　捕捉切点

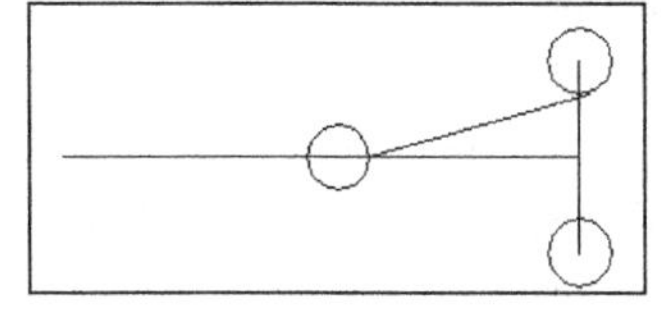
图 8-82　绘制切线

05 调用“拉长”命令，将步骤 04 绘制的直线拉长 4，拉长效果如图 8-83 所示。

06 调用“修剪”和“删除”命令，修剪并删除掉多余的直线，完成效果如图 8-84 所示，即完成钮子开关图形符号的绘制。

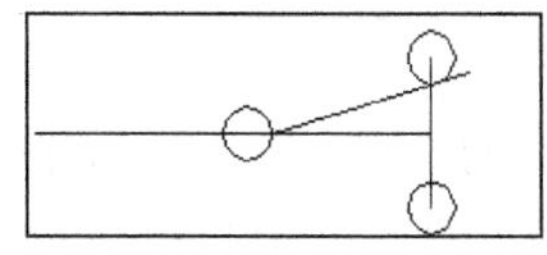

图 8-83　拉长直线

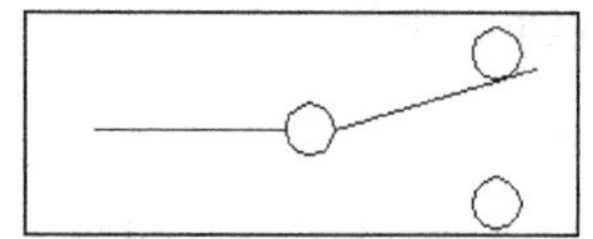

图 8-84　完成绘制

4. 绘制电极探头

01 调用“直线”命令，依次绘制直线 1~3。其中直线 1 为水平直线，长度为 11。直线 2 为竖直直线，长度为 4。这 3 条直线构成一个直角三角形，绘制效果如图 8-85 所示。

02 调用“拉长”命令，将直线 1 分别向左拉长 11，向右拉长 12，拉长效果如图 8-86 所示。

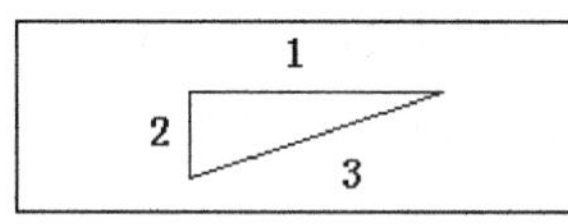

图 8-85　绘制直线

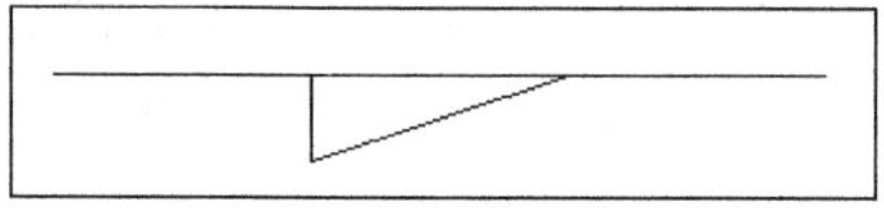

图 8-86　拉长直线

03 调用“直线”命令，用鼠标捕捉直线 1 的左端点，以其为起点，向上绘制长度为 12 的竖直直线 4，效果如图 8-87 所示。

04 调用“移动”命令，将直线 4 向右平移 3.5。

05 拾取直线 4，单击“图层”工具栏中的下拉按钮，弹出下拉菜单。单击鼠标选择“虚线层”，将其图层属性设置为“虚线层”，完成效果如图 8-88 所示。

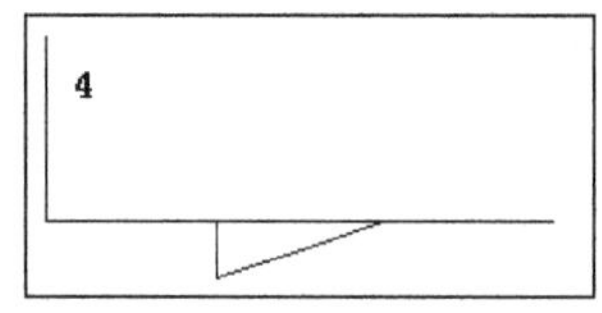

图 8-87　绘制竖直直线

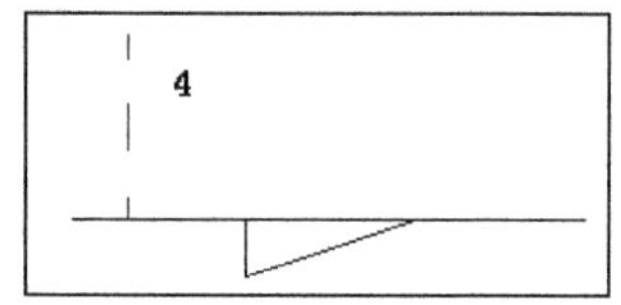

图 8-88　修改图线属性

06 调用“镜像”命令，命令行提示如下。

```
命令: _mirror  //执行镜像命令
选择对象: 找到 1 个  //拾取直线 4
选择对象:  //按 Enter 键结束拾取
指定镜像线的第一点:  //依次捕捉水平直线的左、右端点
指定镜像线的第二点:
要删除源对象吗? [是(Y)/否(N)] <N>:  //按 Enter 键
```

执行完毕后，镜像效果如图 8-89 所示。

07 调用“偏移”命令，分别以直线 4 和 5 为起始，向右绘制直线 6 和 7，偏移量均为 24，完成效果如图 8-90 所示。

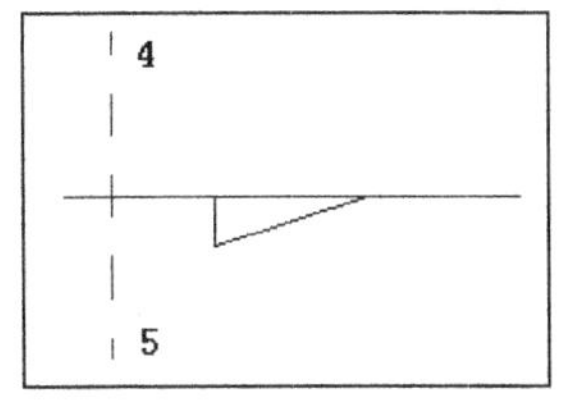

图 8-89　镜像结果

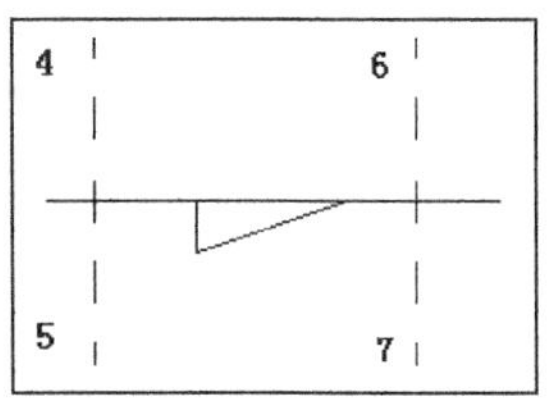

图 8-90　偏移直线

08 调用“直线”命令，用鼠标分别捕捉直线 4 和 6 的上端点，绘制直线 8。用鼠标分别捕捉直线 5 和 7 的下端点，绘制直线 9，得到两条水平直线。

09 选中直线 8 和 9，单击“图层”工具栏中的下拉按钮，弹出下拉菜单。单击鼠标选择“虚线层”，将其图层属性设置为“虚线层”，完成效果如图 8-91 所示。

10 调用“直线”命令，用鼠标捕捉直线 1 的右端点。以其为起点，向下绘制一条长度为 20 的竖直直线 10，效果如图 8-92 所示。

11 调用“旋转”命令，选择直线 10 以左的图形作为旋转对象，选择 O 点作为旋转的基点，做旋转操作，旋转角度为 180°，最终完成效果如图 8-93 所示，即完成电极探头的绘制。

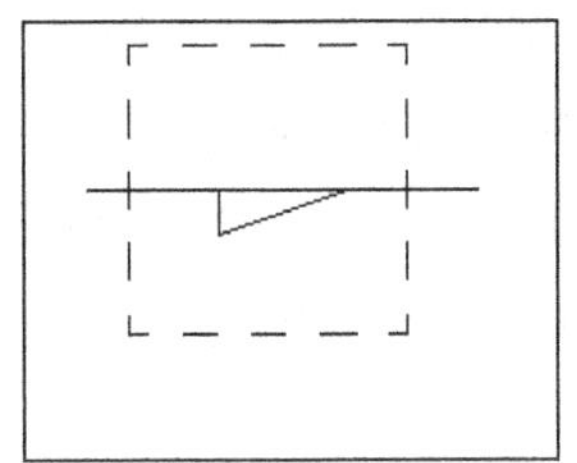

图 8-91　修改图线属性

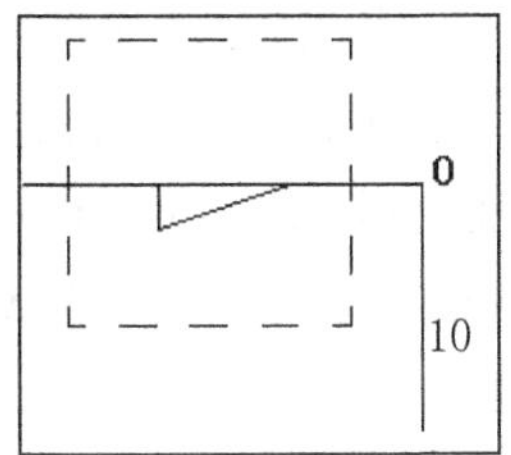

图 8-92　绘制竖直直线

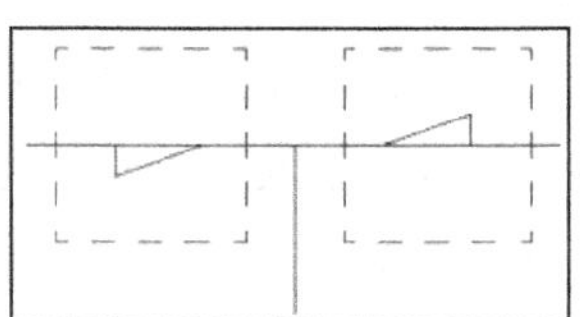

图 8-93　旋转结果

5. 绘制电源接线端

01 调用“圆”命令，绘制一个半径为 3 的圆，效果如图 8-94 所示。

02 调用“直线”命令，用鼠标捕捉圆心，以其为起点，向下绘制一条长度为 9 的竖直直线，效果如图 8-95 所示。

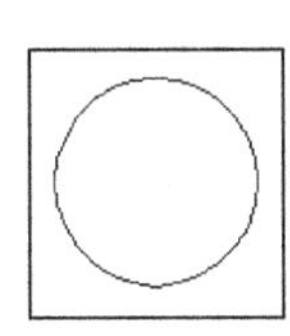

图 8-94　绘制圆

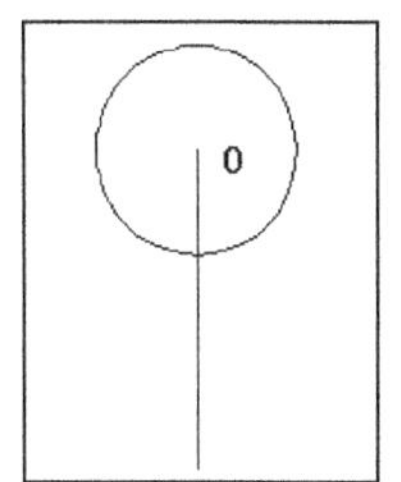

图 8-95　绘制直线

03 单击状态栏中的“极轴”按钮。调用“直线”命令，用鼠标捕捉圆心，以其为起点，绘制一条与 X 轴方向成 45°、长度为 4 的直线，如图 8-96 所示。

04 调用“旋转”命令，拾取步骤**03**绘制的倾斜直线，选择复制模式。将其绕圆心旋转 180°，旋转效果如图 8-97 所示，即完成电源接线端图形符号的绘制。

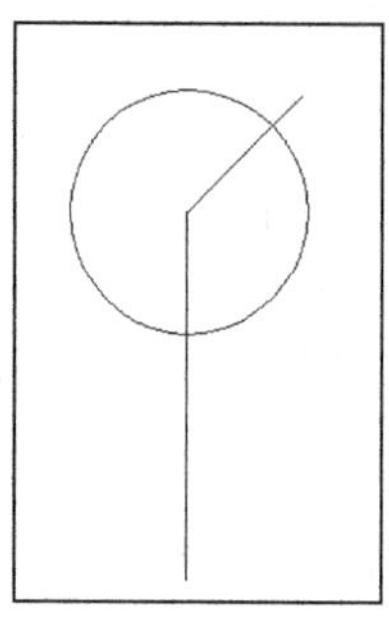

图 8-96 绘制直线

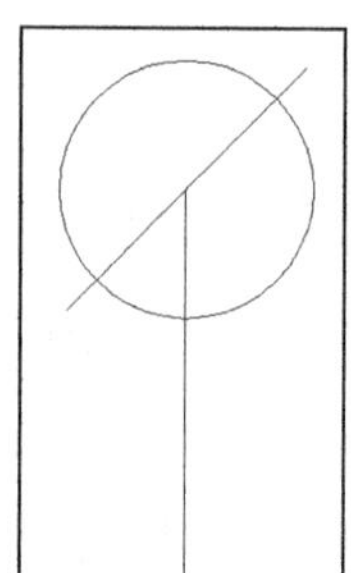

图 8-97 旋转直线

8.3.3 组合图形

本节将利用导线将前面绘制的各个电气元件连接起来，具体操作步骤如下。

01 调用“多线段”命令，依次绘制各条直线，得到如图 8-98 所示的导线连接图，图中各直线段的长度分别如下：AB = 40mm；BC =45 mm；CD = 9 mm；DE = 50 mm；EF=40 mm；FG =45 mm；GT=25 mm；CM=40 mm；MN=90 mm；EO= 20 mm；OP= 40 mm；FP= 20 mm；GQ=20 mm；PQ=45 mm；PN=29 mm；MK= 34 mm；LT= 31 mm；TJ= 83 mm；KW= 52 mm；WV= 40 mm；VJ= 68 mm；WR= 20 mm；RS=40 mm；VS= 20mm。

02 调用“平移”命令和“复制”命令，将前面绘制的各个电气元件依次添加到图 8-98 中，完成效果如图 8-99 所示。

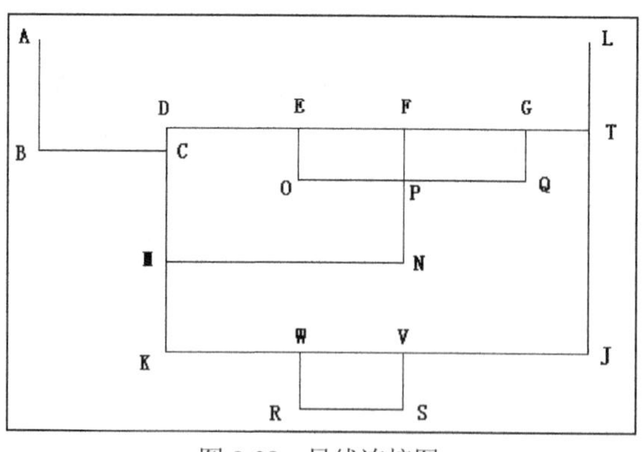

图 8-98 导线连接图

03 调用“修剪”和“删除”命令，对图 8-99 中的图形进行修剪，并删除多余图线，即可得到如图 8-100 所示的图形。

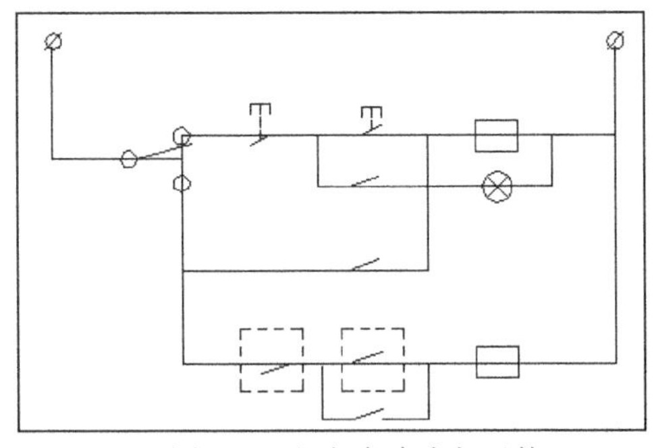

图 8-99　添加各个电气元件

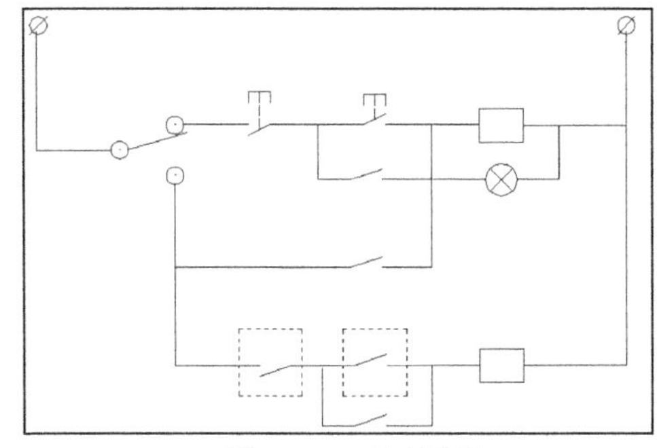

图 8-100　整理结果

8.3.4　添加注释文字

01 选择主菜单中的“格式”|“文字样式”命令，弹出“文字样式”对话框。单击对话框右上角的“新建”按钮，弹出“新建文字样式”对话框。在“样式名”文本框输入样式名，然后单击“确定”按钮，返回“文字样式”对话框。

02 在对话框设置文字字体为“宋体”，高度为 6，其他选项按照系统默认设置即可。然后在左侧样式列表框中选中“注释文字”，并依次单击“置为当前”和“确定”按钮。

03 调用“多行文字”命令**A**，在图 8-100 中的各个位置添加相应的文字，并调用“平移”命令。将文字平移到如图 8-62 所示的位置，即完成整张图纸的绘制。

第9章 工厂电气图

工厂电气是工厂所涉及的电气，包括工厂的供电、生产和安全保护等各个方面的电气。例如，工厂系统线路、接地线路以及工厂的大型设备涉及的一些电气。本节将结合几个实例介绍工厂电气工程图的基本绘制方法。

通过本章的学习，读者应了解和掌握以下内容：

- 制药车间动力控制系统图的绘制
- 烘烤车间电气控制图的绘制
- 工厂低压系统图的绘制

9.1 制药车间动力控制系统图绘制

如图 9-1 所示为某制药车间动力控制系统图，本节将详细介绍其绘制方法。

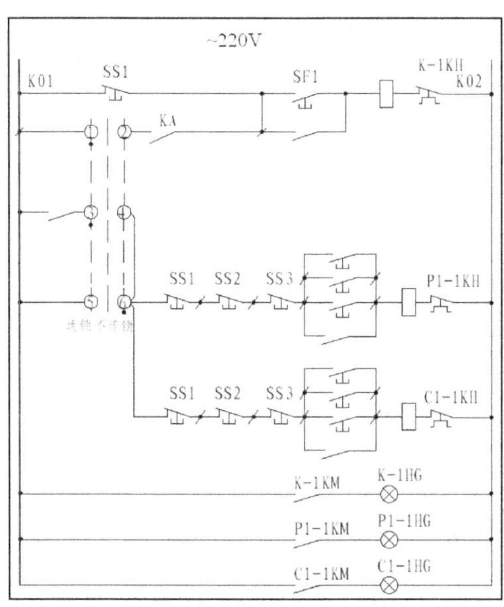

图 9-1　制药车间动力控制系统图

9.1.1　配置绘图环境

01 打开 AutoCAD 2014 应用程序。以“A4.dwt”样板文件为模板，建立新文件。

02 将新文件命名为“制药车间动力控制系统图.dwg”并保存。

03 在任意工具栏处右击，从打开的快捷菜单中选择“标准”、“图层”、“对象特性”、“绘图”、“修改”和“标注”6 个选项。调出这些选项的工具栏，并将它们移动到绘图窗口中的适当位置。

04 选择主菜单中的“格式”|“图层”命令，新建 “实体符号层”、“虚线层”和“连接线层”3 个图层。各图层的颜色、线型及线宽设置分别如图 9-2 所示。然后将“连接线层”设置为当前图层。

图 9-2　新建图层

9.1.2 绘制直线

单击状态栏中的“正交”按钮，进入正交绘图状态。调用“直线”命令，依次绘制如图 9-3 所示的直线，各条直线的长度如图 9-3 所示。

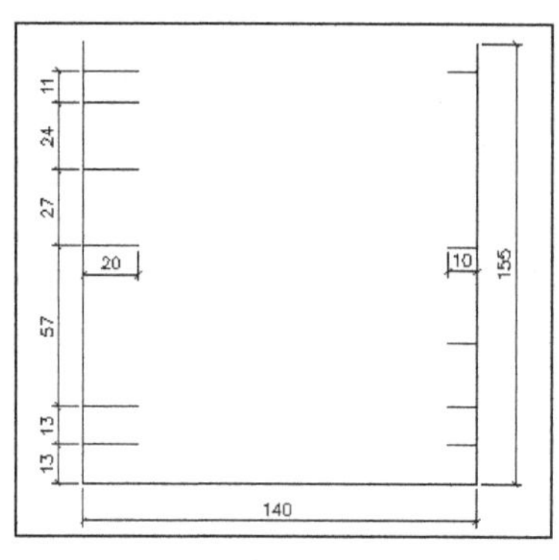

图 9-3 绘制结构框图

9.1.3 根据坐标绘制直线

1. 绘制停止按钮

01 切换“实体符号层”为当前图层。调用“多段线”命令，依次绘制如图 9-4 所示的直线 1~4，长度依次为 4、7、2 和 4。其中直线 1 和 4 为水平直线；直线 2 与 X 轴成 163° 角；直线 3 为竖直直线。

02 调用“拉长”命令，命令行提示如下。

```
命令: _lengthen  //执行拉长命令
选择对象或 [增量(DE)/百分数(P)/全部(T)/动态(DY)]: DE  //选择“增量”方式
输入长度增量或 [角度(A)] <0>: 1  //指定增量
选择要修改的对象或 [放弃(U)]:  //在靠近左端点处单击直线 2
```

执行完毕后，拉长效果如图 9-5 所示。

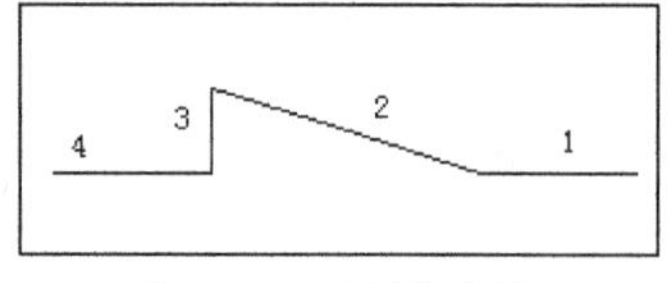

图 9-4 绘制多段线

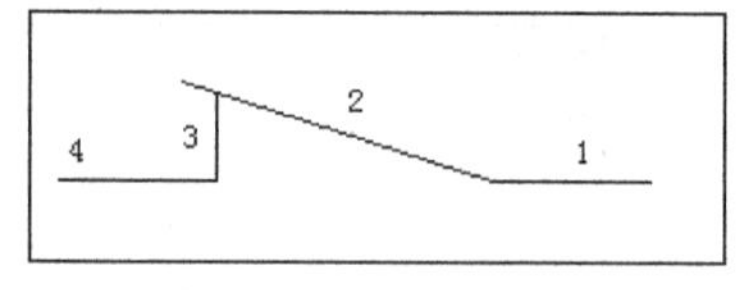

图 9-5 拉长结果

03 单击状态栏中的“正交”按钮，进入正交绘图状态。调用“直线”命令，用鼠标捕捉图 9-5 中的直线 2 的中点，以其为起点，向下绘制长度为 3 的竖直直线，效果如图 9-6 所示。

04 继续调用“直线”命令，用鼠标捕捉图 9-6 中的直线 5 的下端点，以其为起点，分别绘制 2 条长度为 2 的水平直线和 2 条长度为 1 的竖直直线，绘制效果如图 9-7 所示。

05 选中步骤**04**绘制的两条竖直直线，单击“图层”工具栏中的下拉按钮，弹出下拉菜单。单击鼠标选择“虚线层”，将其图层属性设置为“虚线层”。完成效果如图 9-8 所示，即完成停止按钮图形符号的绘制。

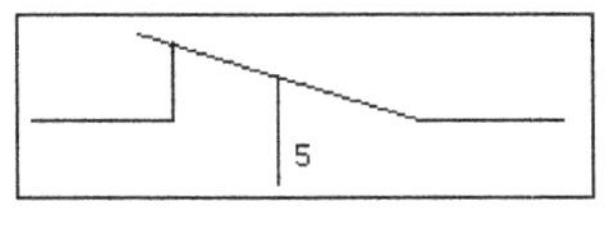

图 9-6　绘制直线

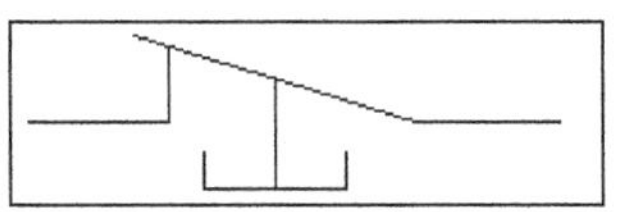

图 9-7　绘制直线

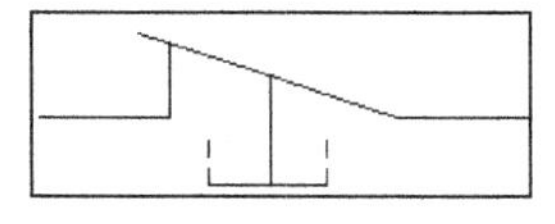

图 9-8　完成绘制

2. 绘制交流接触器

01 调用“多段线”命令，依次绘制如图 9-9 所示的直线 1~4，长度依次为 3、7、2 和 3。其中直线 1 和 4 为水平直线；直线 2 与 X 轴成 163° 角；直线 3 为竖直直线。

02 调用“直线”命令，用鼠标捕捉图 9-9 中直线 2 的中点，以其为起点，向下绘制长度为 2 的竖直直线 5，效果如图 9-10 所示。

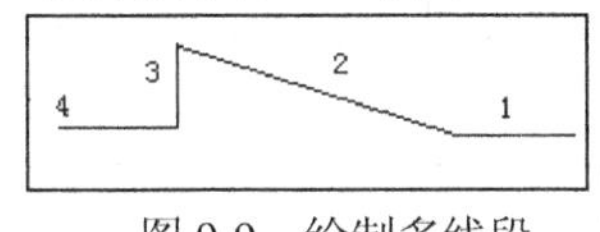

图 9-9　绘制多线段

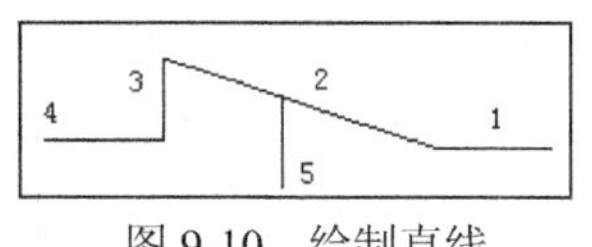

图 9-10　绘制直线

03 继续调用“直线”命令，用鼠标捕捉图 9-10 中的直线 5 的下端点，以其为起点，依次绘制如图 9-11 所示的直线 6~8，长度分别为 2、2 和 1，绘制效果如图 9-11 所示。

04 调用“镜像”命令，命令行提示如下。

```
命令: _mirror  //执行镜像命令
选择对象: 找到 1 个  //依次拾取图 9-11 中的直线 6～8
选择对象: 找到 1 个，总计 2 个
选择对象: 找到 1 个，总计 3 个
选择对象:  //按 Enter 键结束拾取
指定镜像线的第一点:  //分别捕捉直线 5 的上、下端点并单击鼠标
指定镜像线的第二点:
要删除源对象吗? [是(Y)/否(N)] <N>:  //按 Enter 键
```

执行完毕后，镜像结果如图 9-12 所示，即完成交流接触器图形符号的绘制。

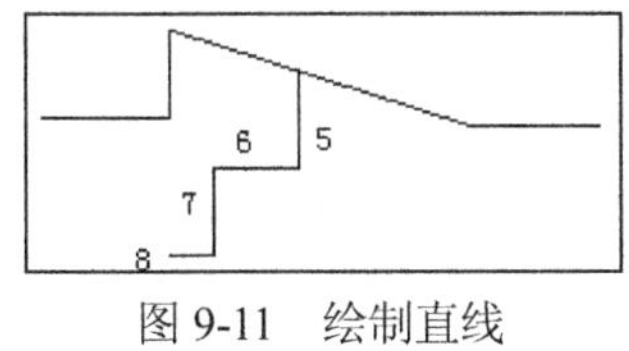

图 9-11　绘制直线

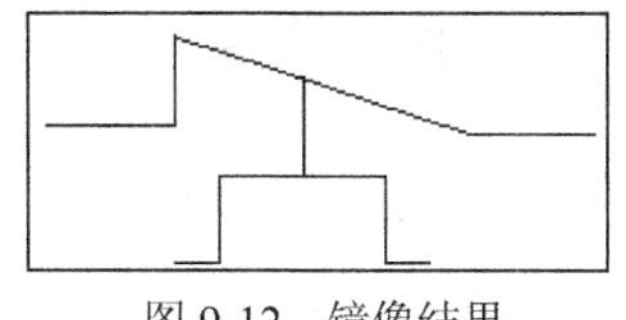

图 9-12　镜像结果

3. 绘制启动按钮

绘制启动按钮和绘制停止按钮类似，因此在这里通过对停止按钮进行修改将得到启动按钮，具体操作步骤如下。

01 调用“复制”命令，将图 9-8 中的停止按钮复制一份并平移到屏幕上空白的位置，复制结果如图 9-13 所示。

02 调用“平移”命令，命令行提示如下。

```
命令: _move  //执行平移命令
选择对象: 找到 1 个  //依次拾取图 9-13 中的直线 1~5
选择对象: 找到 1 个，总计 2 个
选择对象: 找到 1 个，总计 3 个
选择对象: 找到 1 个，总计 4 个
选择对象: 找到 1 个，总计 5 个
选择对象:  //按 Enter 键结束拾取
指定基点或 [位移(D)] <位移>:  D  //选择“位移”方式
指定位移 <0, 0, 0>:  0,-2,0  //指定位移
```

执行完毕后，平移结果如图 9-14 所示。

03 调用“镜像”命令，选择图 9-14 中的直线 1 为镜像对象，分别拾取直线 2 的左右端点作为镜像线的端点做镜像操作，镜像结果如图 9-15 所示。

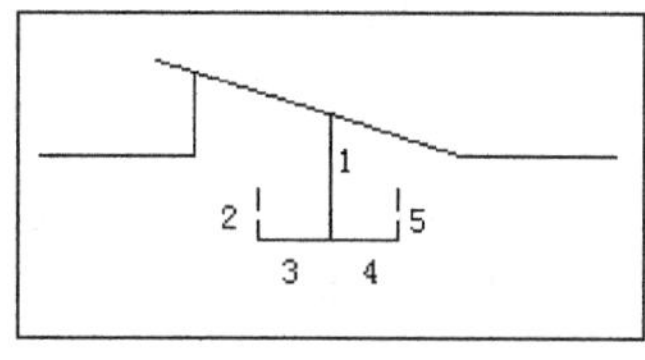

图 9-13 复制结果

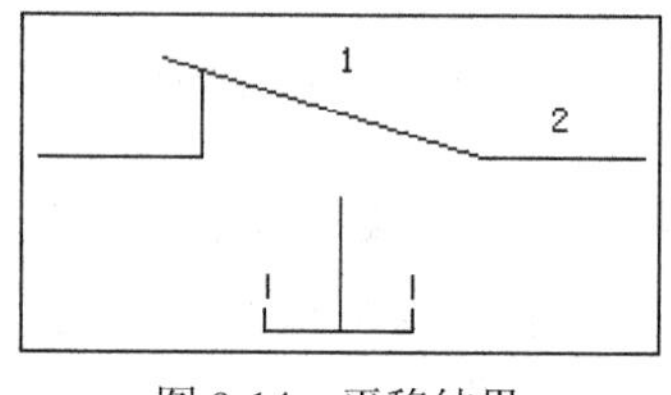

图 9-14 平移结果

04 调用 “删除”命令，删除图 9-15 中的直线 1 和 2，最终完成效果如图 9-16 所示，即完成启动按钮图形符号的绘制。

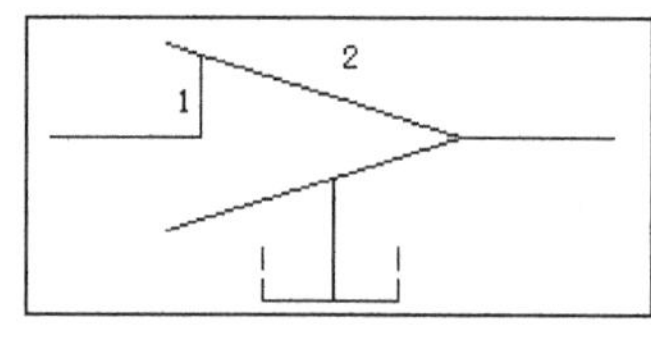

图 9-15 镜像结果

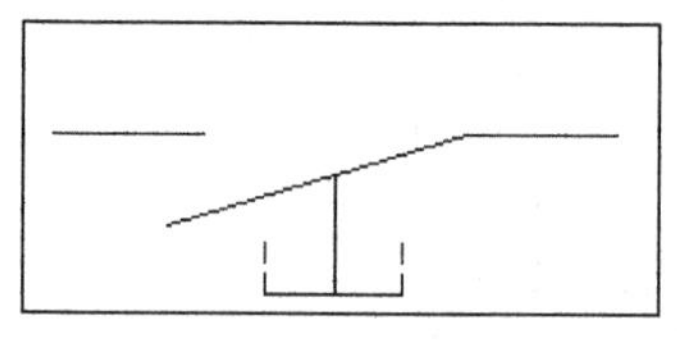
图 9-16 删除直线

9.1.4 插入电气符号

01 调用“平移”命令和“复制”命令，将前面绘制的停止按钮、启动按钮添加到图形中。并依次绘制长为 4、宽为 8 的矩形，半径为 2 的圆，单极开关，然后将其添加到图形中，尺寸及效果如图 9-17 所示。

02 调用“平移”命令和“复制”命令，将前面绘制的停止按钮、启动按钮添加到图形中。并依次使用“矩形”和圆命令绘制长为 4、宽为 8 的矩形，半径为 2 的圆，绘制出单极开关，然后将绘制出的单极开关添加到图形中，完成效果如图 9-18 所示。图 9-18 中标明了主要的尺寸。

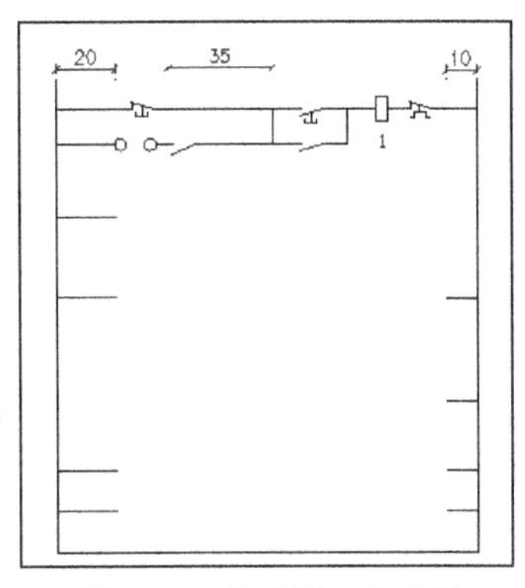

图 9-17　完成第一个支路

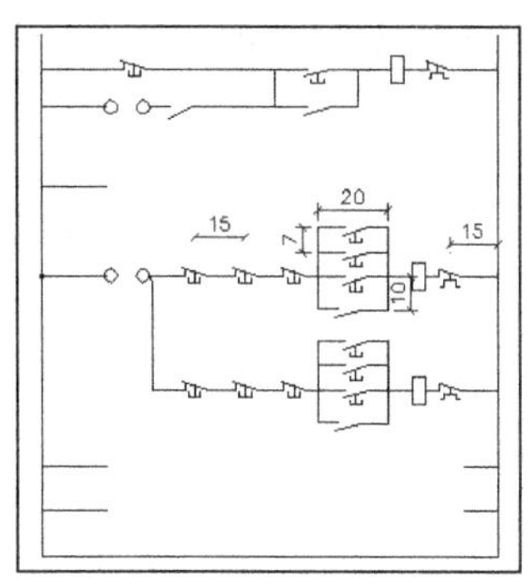

图 9-18　完成第二个支路

03 选择主菜单中的“插入”|“块”命令，弹出“插入”对话框。在“名称”列表中选择“信号灯”图块，指定插入比例为 0.15，单击“确定”按钮，将信号灯图块插入到图形中。然后绘制单极开关，并添加到图形中，完成效果如图 9-19 所示。

04 调用“直线”命令和“圆”命令，依次绘制直线和半径为 2 的圆，并使用“平移”命令将圆插入到图形中。然后调用“修剪”和“删除”命令对图形进行整理，最终完成效果如图 9-20 所示。

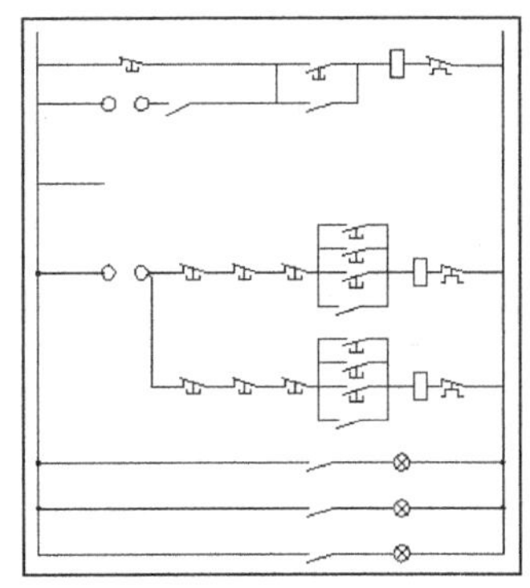

图 9-19　完成第三个支路

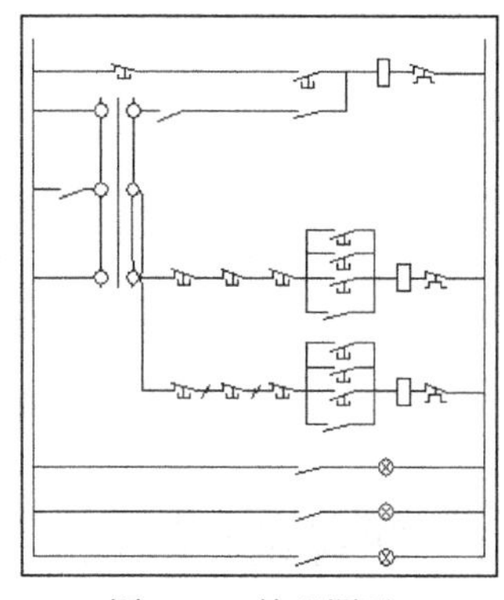

图 9-20　整理图形

9.1.5　添加注释文字

01 选择主菜单中的“格式”|“文字样式”命令，弹出 “文字样式”对话框。单击对话框右上角的“新建”按钮，弹出“新建文字样式”对话框。在“样式名”文本框中输入样式名，然后单击“确定”按钮，返回“文字样式”对话框。

02 在对话框中设置文字字体为“仿宋_GB2312”，高度为 4，其他选项按照系统默认设置即可。然后在左侧样式列表框选中“注释文字”，并依次单击“置为当前”和“确定”按钮。

03 调用“多行文字”命令A，在图 9-20 中的各个位置添加相应的文字，并调用“平移”命令。将文字平移到如图 9-1 所示的位置，即完成整张图纸的绘制。

9.2 烘烤车间电气控制图的绘制

如图 9-21 所示是烘烤车间的电气控制图。它主要由供电线路、加热区和风机这 3 部分组成。该图中包含的电气元件比较多，结构比较复杂。下面将详细介绍其绘制方法。

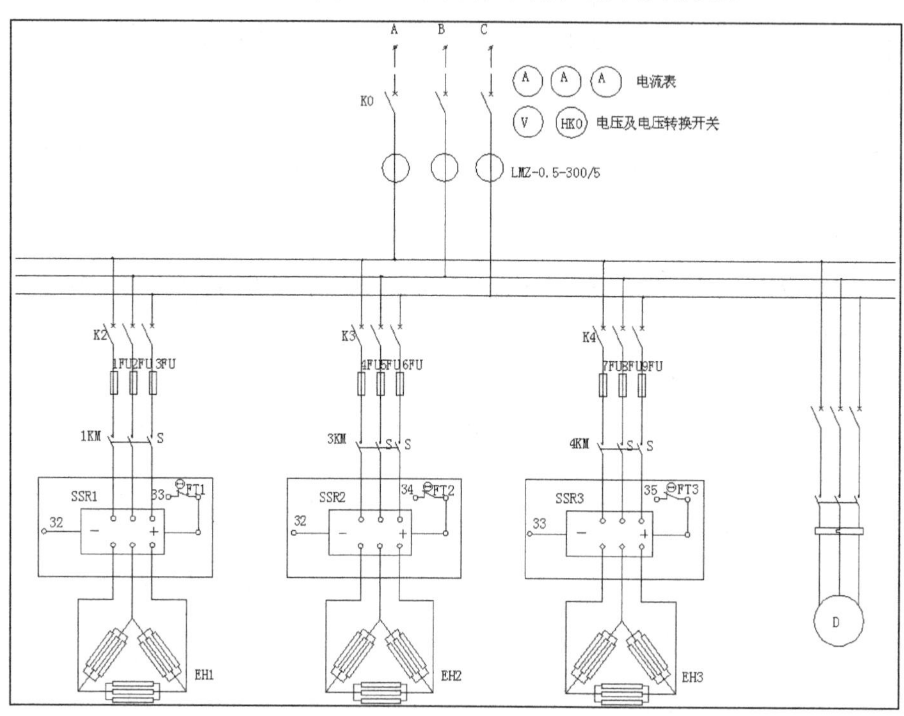

图 9-21　烘烤车间电气控制图

9.2.1 配置绘图环境

01 打开 AutoCAD 2014 应用程序。以“A3.dwt”样板文件为模板，建立新文件。

02 将新文件命名为“烘烤车间电气控制图.dwg”并保存。

03 在任意工具栏处单右击，从打开的快捷菜单中选择“标准”、“图层”、“对象特性”、“绘图”、“修改”和“标注”6 个选项。调出这些选项的工具栏，并将它们移动到绘图窗口中的适当位置。

04 选择主菜单中的“格式”|“编辑图形比例”命令，弹出如图 9-22 所示的“编辑图形比例”对话框。

05 单击对话框右侧的“添加”按钮，弹出如图 9-23 所示的“添加比例”对话框。按照如图 9-23 所示设置比例名称和参数，然后单击“确定”按钮，返回“编辑比例列表”对话框。继续单击“确定”按钮，完成绘图比例的设置。这样在绘制图形时，1 图纸单位=3 图形单位，可以保证在 A3 的图纸上打印出绘制的图形。

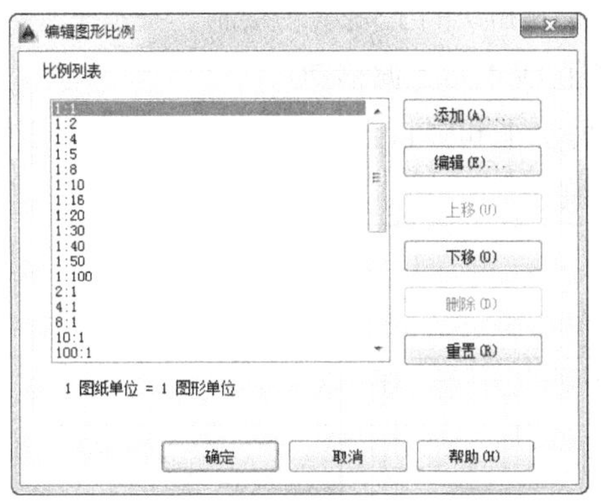

图 9-22　“编辑图形比例”对话框

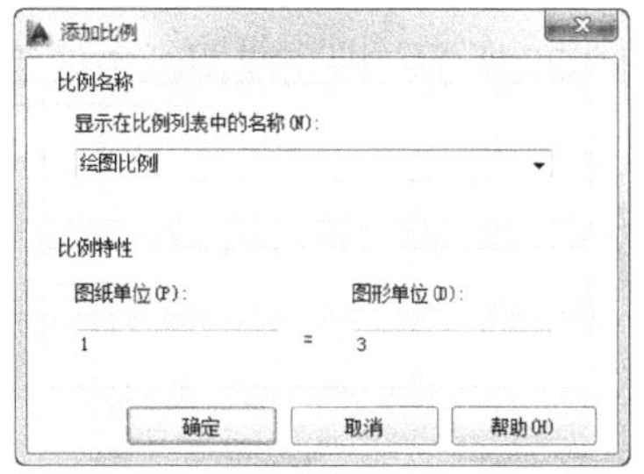

图 9-23　“添加比例”对话框

9.2.2　绘制主要连接线

01 调用“直线”命令，绘制一条长度为 366 的水平直线，效果如图 9-24 所示。

图 9-24　绘制水平直线

02 调用“偏移”命令，以直线 1 为起始，依次向下绘制 3 条水平直线 2~4。每次偏移均以上一条直线为起始，偏移量依次为 7、7 和 160。执行完毕后，效果如图 9-25 所示。

03 调用“直线”命令，用鼠标分别捕捉直线 1 和 4 的左端点，绘制一条竖直直线。

04 调用“偏移”命令，以步骤**03**绘制的直线为起始，向右绘制一组直线。每次偏移均以上一条直线为起始，偏移量依次为 40、8、8、88、8、8、83、8、8、77、8 和 8。然后调用“删除”命令，删除掉初始竖直直线，完成效果如图 9-26 所示。

图 9-25　偏移结果

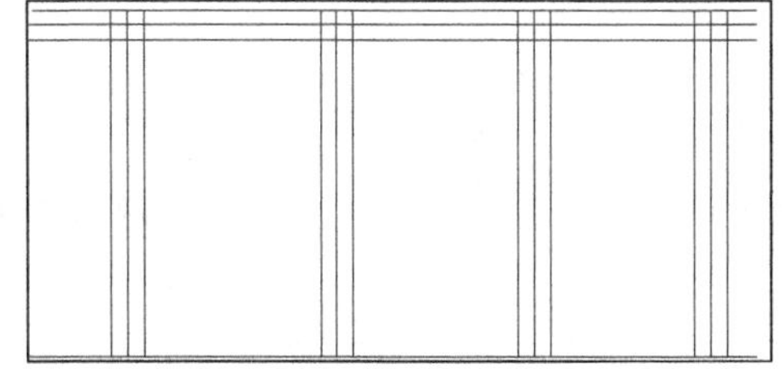

图 9-26　添加连接线

05 调用“直线”命令，用鼠标捕捉图 9-25 中所示直线 3 的左端点，向上绘制一条长度为 105 的竖直直线，标记为直线 5。

06 调用“移动”命令，将直线 5 向右平移 160。

07 调用“偏移”命令，将直线 5 向左、右分别偏移 20，得到直线 6 和直线 7。

08 调用“直线”命令，用鼠标分别捕捉直线 6 和 7 的上端点，绘制一条水平直线。

09 调用“偏移”命令，将如图 9-25 所示的直线 4 向上偏移 70。

10 调用“修剪”和“删除”命令，修剪水平和竖直直线，并删除多余的直线。最终完成效果如图 9-27 所示，即完成图纸主要连接线的绘制。

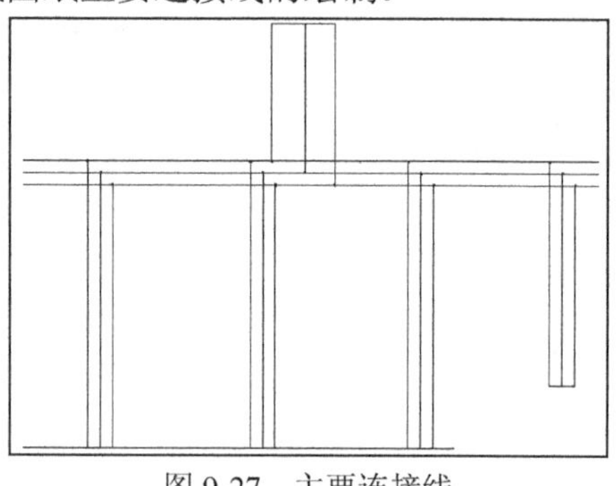

图 9-27 主要连接线

9.2.3 绘制电气元件

1. 绘制加热器

01 调用“矩形”命令，绘制一个长为 17、宽为 1.8 的矩形 1，效果如图 9-28 所示。

02 调用“矩形阵列”命令，选择“计数”阵列方式。选择图 9-28 中的矩形为阵列对象，设置行数为 3，列数为 1，行偏移为 3.2，阵列结果如图 9-29 所示。

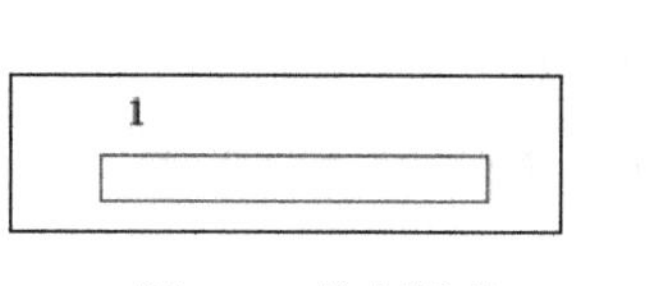

图 9-28 绘制矩形

图 9-29 阵列结果

03 调用“直线”命令，用鼠标分别捕捉矩形 1 左右两边的中点绘制一条水平直线，效果如图 9-30 所示。

04 调用“拉长”命令，将步骤03绘制的直线分别向两端拉长 2.5，拉长结果如图 9-31 所示。

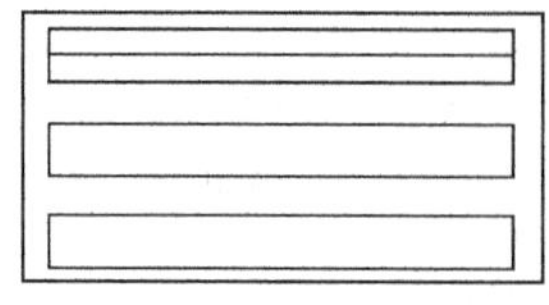

图 9-30 绘制直线

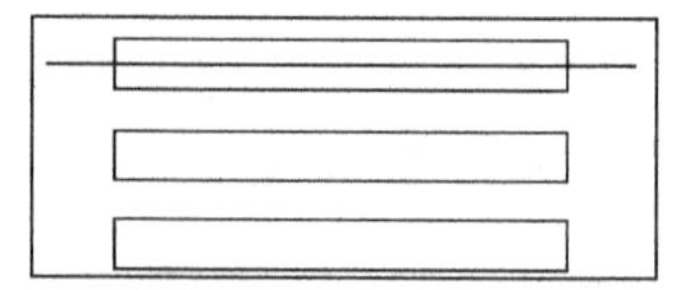

图 9-31 拉长结果

05 利用和步骤03、04类似的方法绘制另外两个矩形的中心线，绘制效果如图 9-32 所示。

06 调用“直线”命令，在“对象捕捉”绘图方式下，用鼠标分别捕捉直线 1 和 3 的左右端点，绘制两条竖直直线，效果如图 9-33 所示。

07 调用“修剪”命令，以矩形的各边为剪切边，对直线 1~3 进行剪切，剪切效果如图 9-34 所示。

图 9-32　绘制中心线

图 9-33　绘制直线

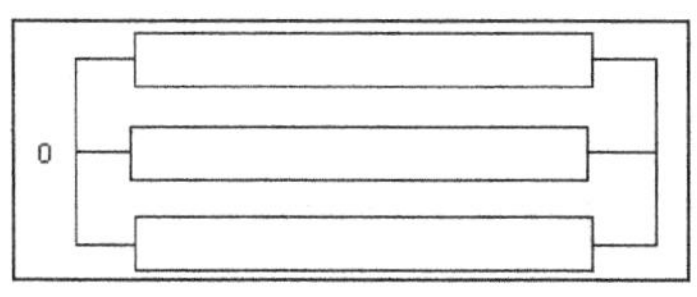

图 9-34　修剪图形

08 选择主菜单中的“绘图”|“块”|“创建”命令，或者在命令行中输入 BLOCK，都可以弹出如图 9-35 所示的“块定义”对话框。输入块名称“加热块”，指定图 9-34 中的 O 点为基点，选择图 9-34 中的图形为块定义对象，设置“块单位”为毫米，将其存储为图块。

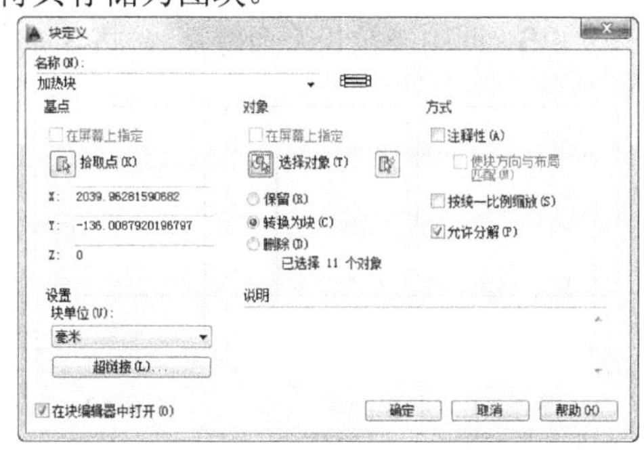

图 9-35　“块定义”对话框

09 调用“正多边形”命令，命令行提示如下。

```
命令: _polygon //执行正多边形命令
输入侧面数 <4>:3 //指定边数为 3
指定正多边形的中心点或 [边(E)]: //在屏幕上指定一点为中心点
输入选项 [内接于圆(I)/外切于圆(C)] <I>: I //选择“内接于圆”方式
指定圆的半径: 25 //指定半径为 25
```

执行完毕后，绘制效果如图 9-36 所示。

10 选择主菜单中的“插入”|“块”命令，将“加热块”图块插入到如图 9-36 所示的等边三角形中。其中左右两个“加热模块”在插入时分别旋转 60°和-60°，插入效果如图 9-37 所示。

11 调用“修剪”命令，修剪掉图中多余的图形，修剪结果如图 9-38 所示，即完成加热器图形符号的绘制。

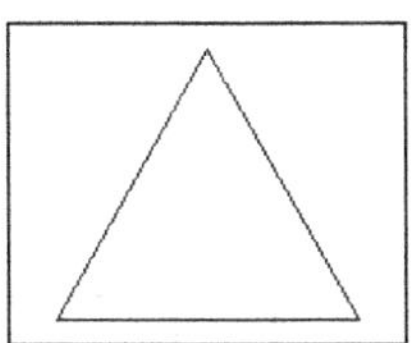

图 9-36　绘制正三角形

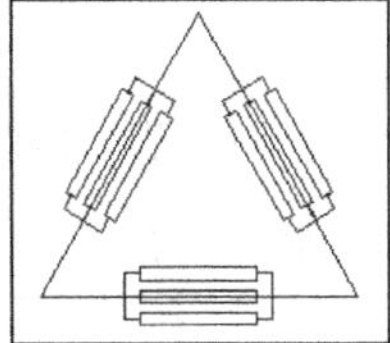

图 9-37　插入图块

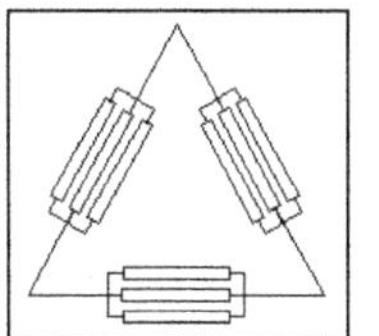

图 9-38　修剪结果

2. 绘制固态继电器

01 调用“矩形”命令，绘制一个长为 34、宽为 18 的矩形，效果如图 9-39 所示。

02 调用“圆”命令，用鼠标捕捉矩形的右上角作为圆心，绘制一个半径为 1 的圆，效果如图 9-40 所示。

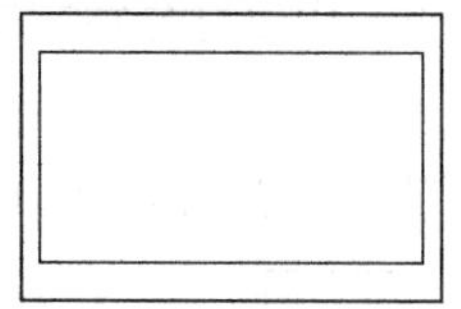

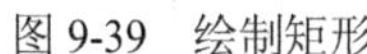
图 9-39　绘制矩形

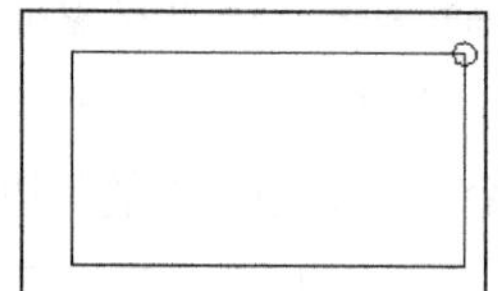
图 9-40　绘制圆

03 调用“平移”命令，选择“位移”方式。将步骤**02**绘制的圆向左平移 5，向下平移 4，平移结果如图 9-41 所示。

04 调用“矩形阵列”命令，选择“计数”阵列方式。选择步骤**03**平移的圆为阵列对象，设置行数为 2，列数为 3，行偏移为-10.5，列偏移为-8，阵列结果如图 9-42 所示。

05 调用“直线”命令，依次用鼠标捕捉在竖直方向的两个圆的圆心，绘制 3 条竖直直线，效果如图 9-43 所示。

06 调用“拉长”命令，将 3 条竖直直线向上和向下分别拉长 10，拉长结果如图 9-44 所示。

图 9-41　平移结果

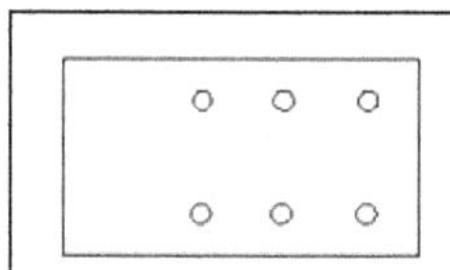
图 9-42　阵列结果

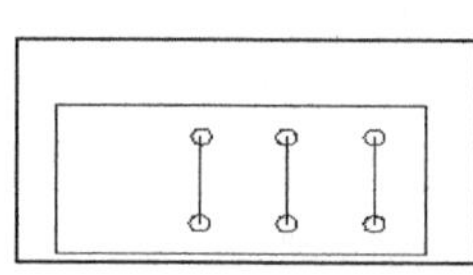
图 9-43　绘制直线

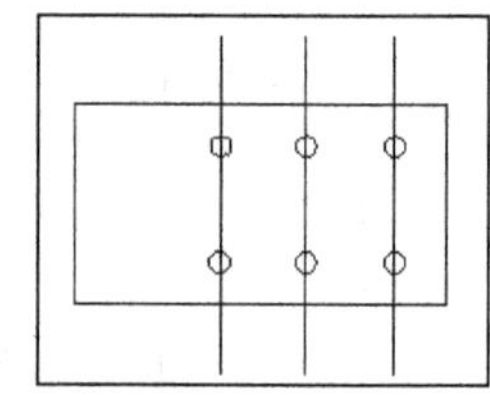
图 9-44　拉长直线

07 调用“直线”命令，用鼠标分别捕捉矩形左右两边的中点绘制一条水平直线，效果如图 9-45 所示。

08 调用“拉长”命令，将步骤**07**绘制的直线分别向两端方向拉长 15，拉长结果如图 9-46 所示。

09 调用“修剪”和“删除”命令，对图形进行修剪，删除多余图线，完成效果如图 9-47 所示。

10 调用“直线”命令，在矩形内的相应位置绘制直线作为“+”和“-”符号，直线长度为 2，绘制效果如图 9-48 所示，即完成固态继电器图形符号的绘制。

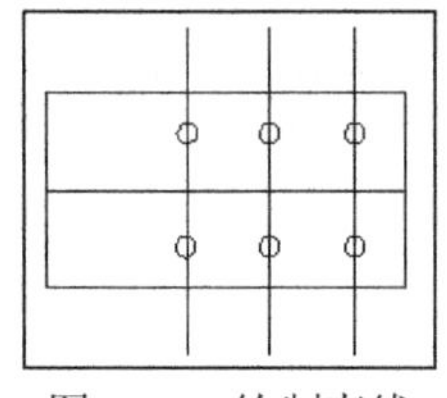
图 9-45　绘制直线

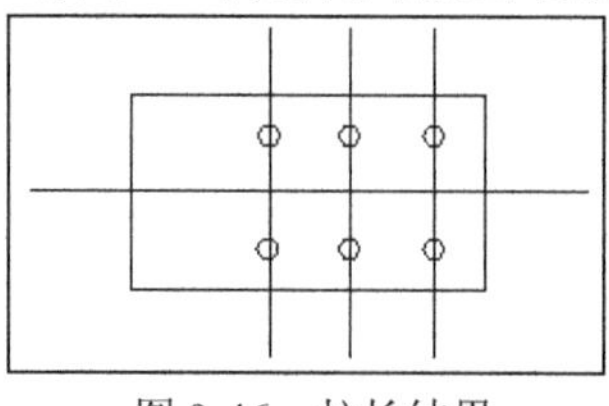
图 9-46　拉长结果

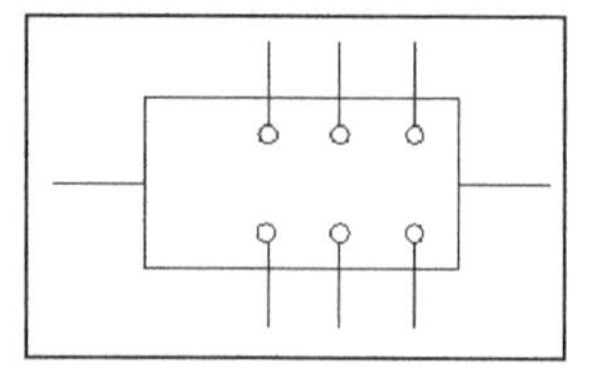
图 9-47　整理图形

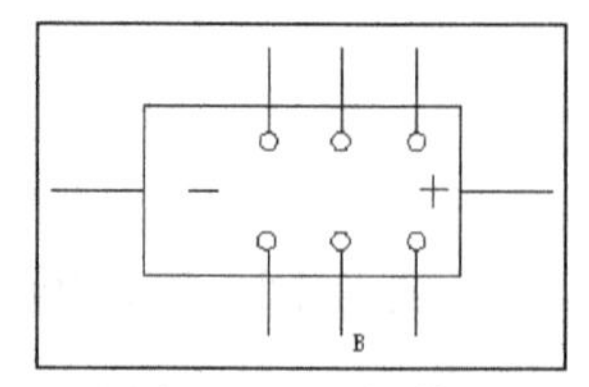

图 9-48　添加符号

3. 绘制接触器

01 单击状态栏中的“正交”按钮进入正交绘图状态，调用“直线”命令，绘制一条长度为

22 的竖直直线 1，效果如图 9-49 所示。

02 单击状态栏中的“极轴”按钮，然后调用“直线”命令，用鼠标捕捉直线 1 的下端点，以其为起点，绘制一条与 X 轴方向成 120° 角、长度为 5 的直线 2，效果如图 9-50 所示。

03 调用“平移”命令，将直线 2 向上平移 8，平移效果如图 9-51 所示。

04 调用“圆”命令，用鼠标捕捉图 9-51 中直线 1 的上端点，以其为圆心，绘制一个半径为 0.5 的圆，效果如图 9-52 所示。

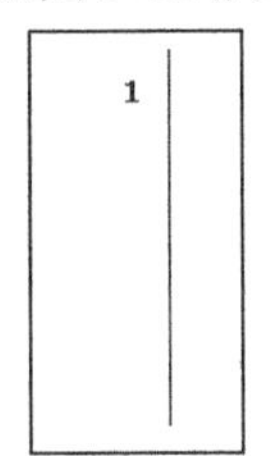

图 9-49　绘制竖直直线

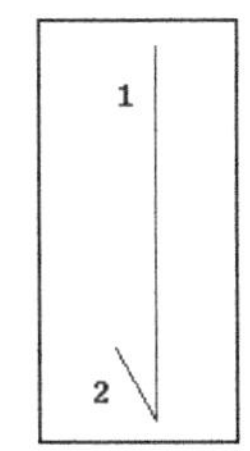

图 9-50　绘制倾斜直线

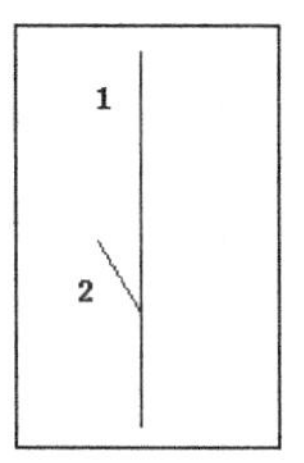

图 9-51　平移直线

05 调用“平移”命令，将步骤**04**绘制的圆向下平移 9，平移效果如图 9-53 所示。

06 调用“修剪”命令，修剪掉圆弧在竖直直线右侧的部分。然后调用“删除”命令，删除中间位置的竖直直线，完成效果如图 9-54 所示。

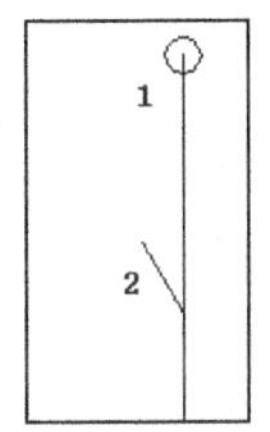

图 9-52　绘制圆

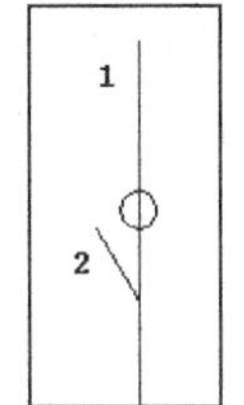

图 9-53　平移圆

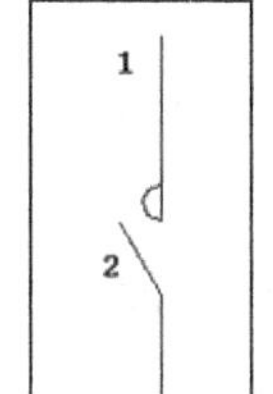

图 9-54　修剪图形

07 调用“矩形阵列”命令，选择“计数”阵列方式。选择如图 9-54 所示图形为阵列对象，设置行数为 1，列数为 3，列偏移为 8，阵列结果如图 9-55 所示。

08 调用“直线”命令，用鼠标分别捕捉图 9-55 中左侧和右侧两条倾斜直线的中点，绘制一条水平直线，效果如图 9-56 所示，即完成接触器图形符号的绘制。

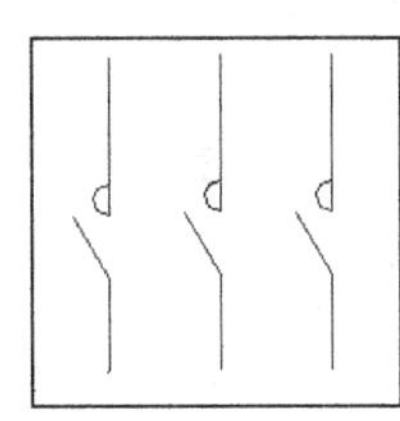

图 9-55　阵列结果

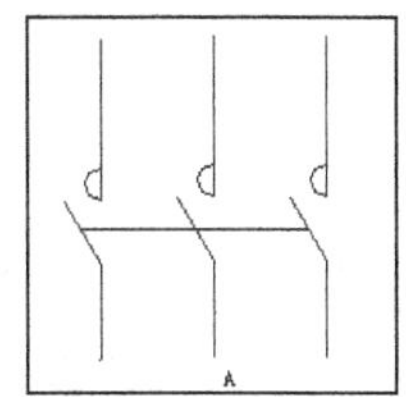

图 9-56　绘制直线

4. 绘制断路器

01 单击状态栏中的“正交”按钮。调用“直线”命令，绘制一条长度为 45 的竖直直线 1，效果如图 9-57 所示。

02 单击状态栏中的“极轴”按钮。然后调用“直线”命令，用鼠标捕捉直线 1 的下端点，以其为起点，绘制一条与 X 轴方向成 120° 角、长度为 10 的直线 2，效果如图 9-58 所示。

03 调用“平移”命令，将直线 2 向上平移 12，平移结果如图 9-59 所示。

04 单击状态栏中的“正交”按钮，进入正交绘图状态。调用“直线”命令，用鼠标捕捉直线 2 的上端点，以其为起点，向右绘制一条长度为 10 的水平直线 3，效果如图 9-60 所示。

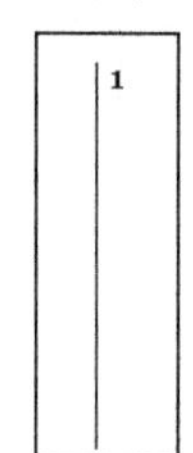

图 9-57 绘制直线 1

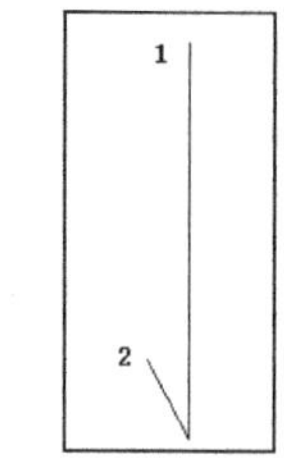

图 9-58 绘制直线 2

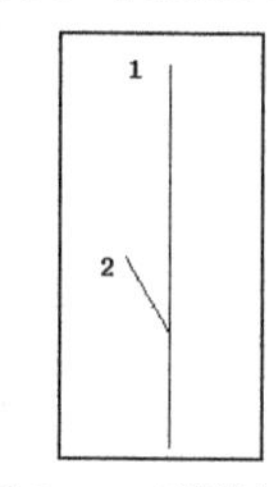

图 9-59 平移结果

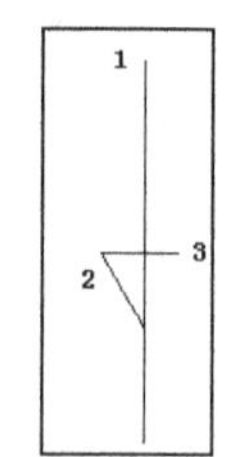

图 9-60 绘制直线 3

05 调用“修剪”命令，以直线 2 和 3 为剪切边，对直线 1 进行修剪，删除直线 3，修剪效果如图 9-61 所示。

06 单击状态栏中的“极轴”按钮。调用“直线”命令，用鼠标捕捉直线 1 的下端点，以其为起点，绘制一条与水平方向成 45° 角、长度为 1 的直线 4，效果如图 9-62 所示。

07 调用“环形阵列”命令，选择直线 4 为阵列对象，拾取图 9-62 中直线 1 的下端点为阵列中心点，“项目总数”设置为 4，填充角度设置为 360°，阵列效果如图 9-63 所示。

08 调用“矩形阵列”命令，选择“计数”阵列方式，选择如图 9-63 所示的图形为阵列对象，设置行数为 1，列数为 3，列偏移为 8，阵列完成效果如图 9-64 所示，即完成断路器图形符号的绘制。

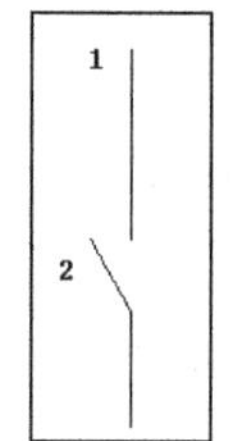

图 9-61 修剪直线

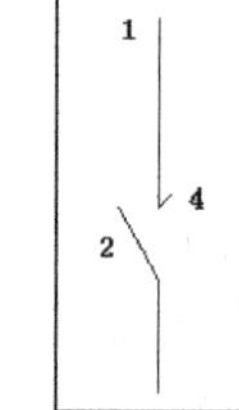

图 9-62 绘制直线 4

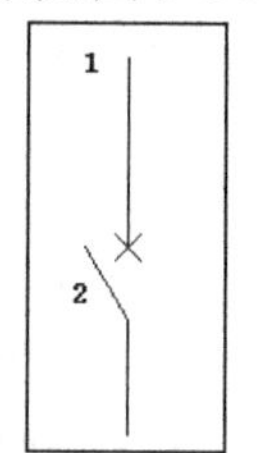

图 9-63 阵列直线

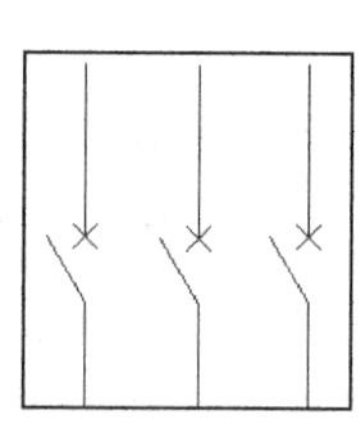
图 9-64 完成绘制

5. 绘制风机

01 调用“直线”命令，绘制一条长度为 25 的竖直直线 1。

02 调用“偏移”命令，以直线 1 为起始，向右依次绘制直线 2 和直线 3，偏移量分别为 8 和 16，偏移效果如图 9-65 所示。

03 调用“圆”命令，用鼠标捕捉图 9-66 中直线 2 的下端点，以其作为圆心，绘制一个半径为 10 的圆，效果如图 9-66 所示。

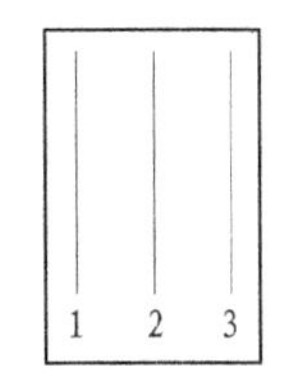

图 9-65　绘制、偏移直线

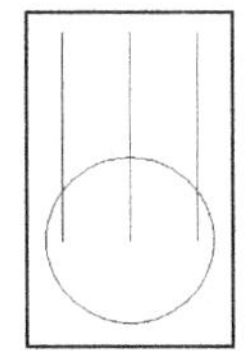
图 9-66　绘制圆

04 调用“修剪”命令，以圆为剪切边，对直线 1、2 和 3 进行修剪，修剪掉直线在圆内的部分，效果如图 9-67 所示。

05 选择主菜单中的“格式”|“文字样式”命令，弹出 “文字样式”对话框。单击对话框右上角的“新建”按钮，弹出“新建文字样式”对话框。在“样式名”文本框中输入“符号文字样式”，并单击“确定”按钮，返回“文字样式”对话框。

06 在对话框中设置文字字体为“仿宋_GB2312”，高度为 4，其他选项按照系统默认设置即可。然后在左侧样式列表框中选中“符号文字样式”，并依次单击“置为当前”和“确定”按钮。

07 调用“多行文字”命令**A**，在图 9-67 中圆的内部添加字母“D”，并调用“平移”命令，将文字平移到如图 9-68 所示的位置，即完成风机的绘制。

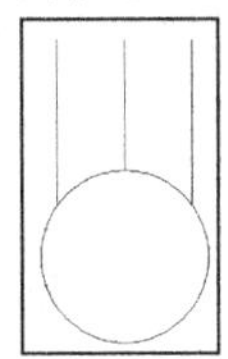
图 9-67　修剪结果

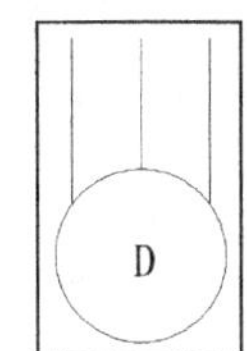

图 9-68　添加文字

9.2.4　绘制各个模块

1. 绘制加热模块

01 调用“平移”命令，将如图 9-38 所示的加热器平移到图中合适的位置，平移结果如图 9-69 所示。

02 调用“多线段”命令，在“正交”方式下，依次绘制直线 1~6。其中直线 1 和 4 的长度为 47；直线 2 和 5 的长度为 15；直线 3 和 6 的长度为 12。绘制效果如图 9-70 所示。

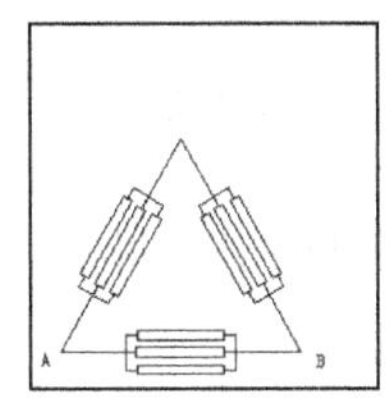

图 9-69　平移结果

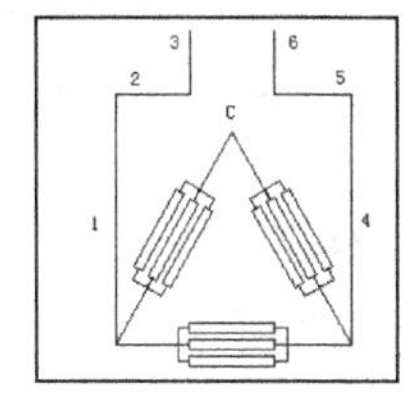

图 9-70　绘制多线段

03 同时开启“正交”和“对象捕捉”绘图功能。调用“直线”命令，用鼠标捕捉图 9-70 中的 C 点并单击鼠标，然后将鼠标平移到直线 6 的上端点附近。此时绘图屏幕上出现一条以点 C 为起点的竖直向上的实线，以及一条通过直线 6 的上端点的水平虚线，如图 9-71 所示。用鼠标捕捉这两条直线的交点，并单击，绘制一条竖直直线，效果如图 9-72 所示。

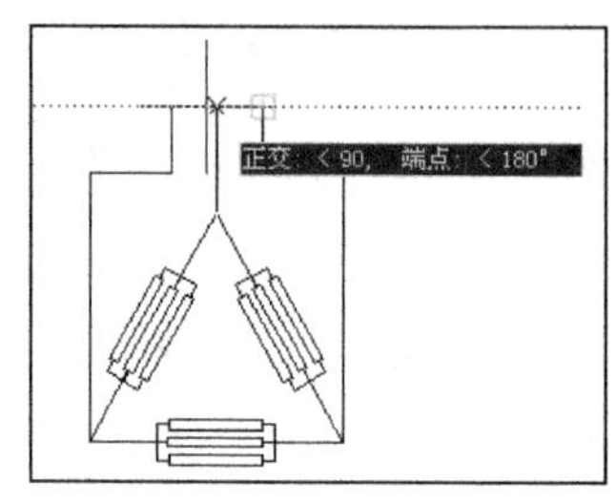

图 9-71　捕捉正交点

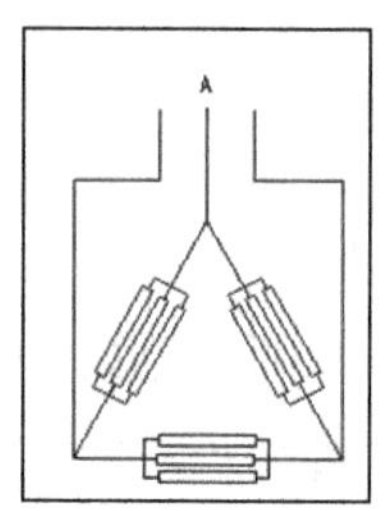

图 9-72　绘制直线

04 调用“平移”命令，选择图 9-48 中的固态继电器为平移对象。用鼠标捕捉图中 B 点为平移基点，捕捉图 9-72 中 A 点为平移第二点做平移操作。执行完毕后，需要使用“缩放”命令中的“参照缩放”功能对图形进行缩放，以使两个图形完全对应，完成效果如图 9-73 所示。

05 调用“拉长”命令，将图 9-73 中最上面 3 条竖直直线分别向上拉长 9。然后调用“平移”命令，将图 9-56 中的接触器平移到图形中，完成效果如图 9-74 所示。

06 选择主菜单中的“插入”|“块”命令，弹出“插入”对话框。在“名称”列表中选择“电阻”图块，设置插入比例为 0.4，然后单击“确定”按钮。在屏幕上捕捉图 9-74 中的 A 点为基点，插入电阻图块，效果如图 9-75 所示。

07 调用“平移”命令，将图 9-64 中的断路器符号插入到图 9-75 中，插入效果如图 9-76 所示。

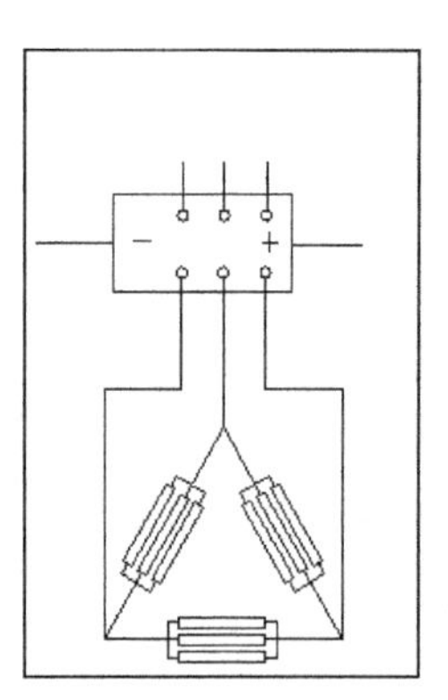

图 9-73　平移结果

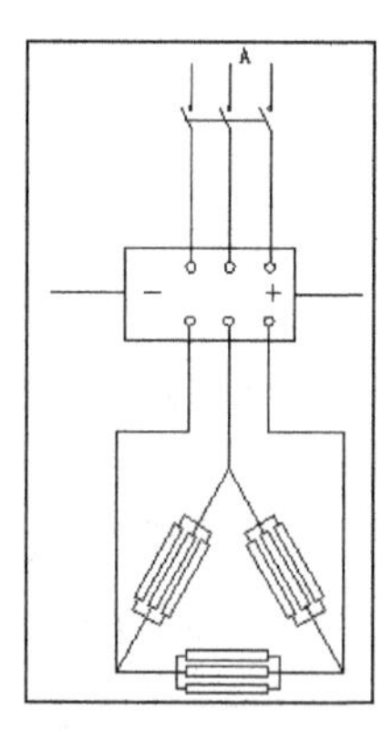

图 9-74　添加接触器

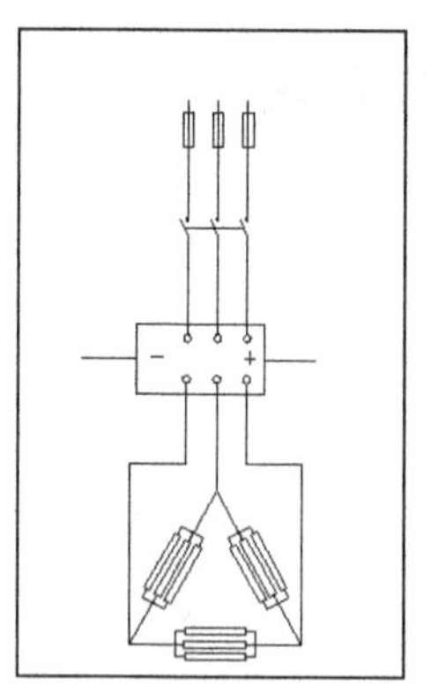

图 9-75　插入电阻

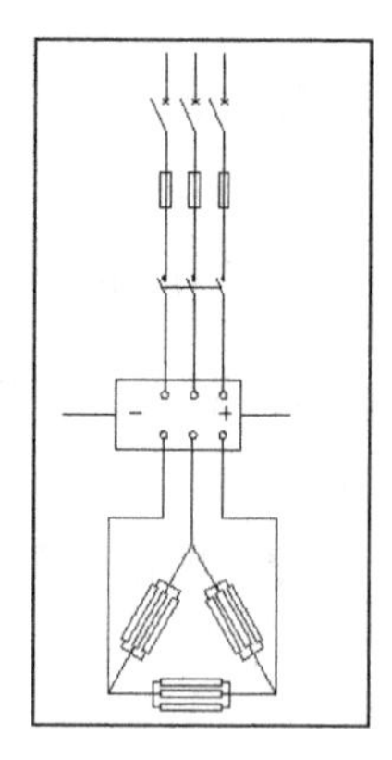

图 9-76　插入断路器

08 调用“矩形”命令，绘制一个长为 73、宽为 40 的矩形。然后按照前面的方法绘制一个触头开关，绘制效果如图 9-77 所示。

09 调用“平移”命令，将步骤**08**绘制的矩形和触头开关依次平移到图 9-76 中。然后绘制相应的导线和接点，完成效果如图 9-78 所示，即完成加热模块的绘制。

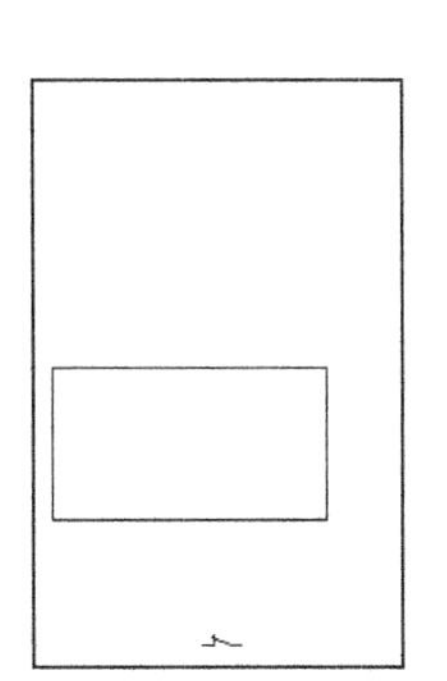

图 9-77　绘制矩形和触头开关

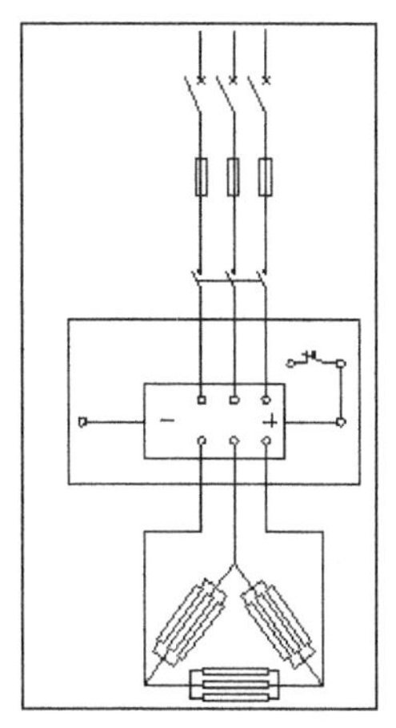

图 9-78　完成加热模块

2．绘制风机模块

01 选择主菜单中的“插入”|“块”命令，弹出“插入”对话框。在“名称”列表中选择“热继电器”图块，设置插入比例为 0.4，然后单击“确定”按钮。在屏幕上捕捉图 9-68 中竖直中心线的上端点为基点，插入风机图块，效果如图 9-79 所示。

02 调用“复制”命令，将图 9-56 中的接触器复制 1 份并添加到图形中，完成效果如图 9-80 所示。

03 调用“拉长”命令，将图 9-80 中最上面 3 条竖直直线分别向上拉长 10。然后调用“平移”命令，将图 9-64 中的断路器添加到图形中。

04 调用“拉长”命令，将接触器上端的 3 条导线分别向上拉长 30，拉长效果如图 9-81 所示，即完成风机模块的绘制。

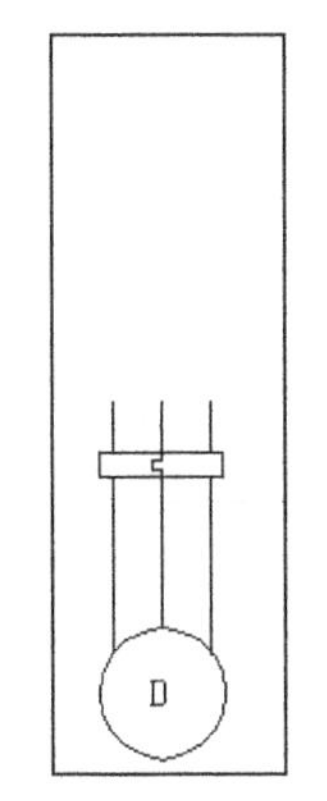

图 9-79　添加热继电器

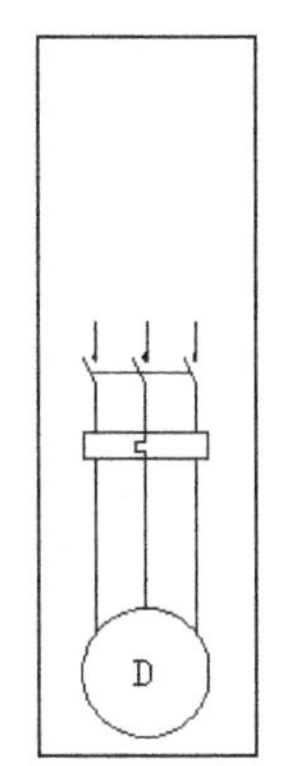

图 9-80　添加接触器

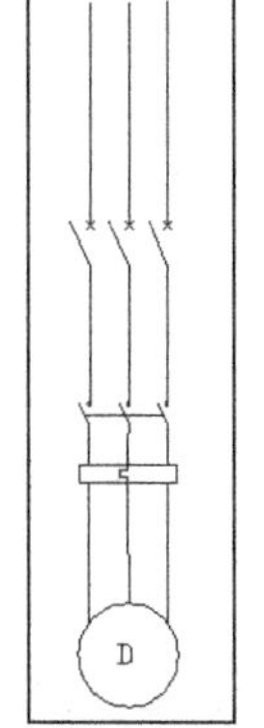

图 9-81　添加断路器

3．绘制供电线路模块

01 调用“复制”命令，将图 9-54 中的图形复制 1 份并平移到屏幕上空白位置，复制结果如图 9-82 所示。

02 调用“矩形阵列”命令，选择“计数”阵列方式。选择如图 9-82 所示的图形为阵列对象，设置行数为 1，列数为 3，列偏移为 20，阵列结果如图 9-83 所示。

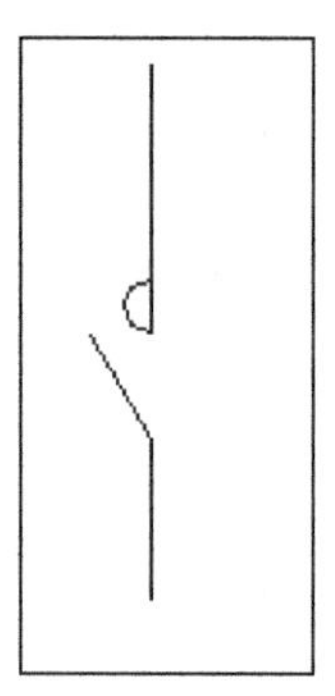

图 9-82　复制结果

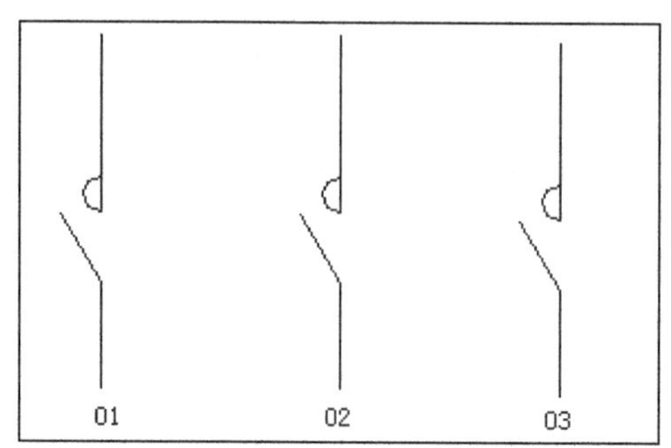

图 9-83　阵列结果

03 将图 9-83 中的半圆弧删除，在圆弧所在的直线的下端绘制一条长度为 1、角度为 45°的直线。调用“环形阵列”命令，选择步骤**03**绘制的直线为阵列对象。阵列中心点为圆弧所在直线的下端点，设置项目总数为 4，填充角度为 360°。

04 调用“圆”命令，分别以图 9-84 中的 O1、O2 和 O3 点为圆心绘制 3 个半径为 5 的圆，绘制效果如图 9-84 所示。

05 调用“拉长”命令，将图 9-85 中下面 3 条竖直直线分别向下拉长 35、42 和 49，拉长效果如图 9-85 所示，即完成供电线路模块的绘制。

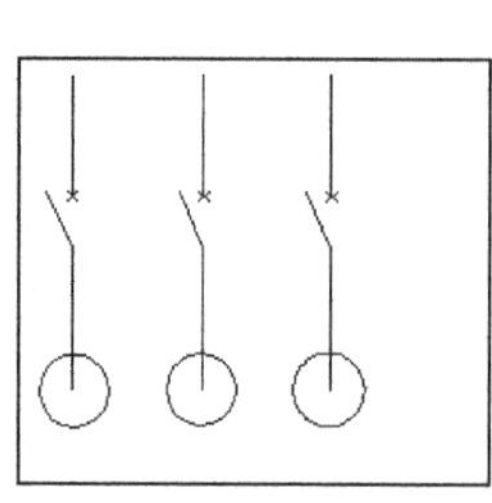

图 9-84　绘制圆

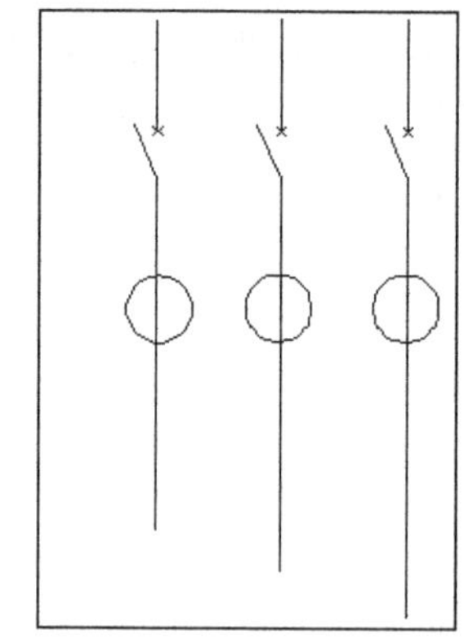

图 9-85　拉长直线

9.2.5 组合图形

01 调用“复制”命令和“平移”命令，将 9.2.4 节绘制的 3 个模块依次添加到如图 9-27 所示的线路图中。

02 调用“修剪”命令和“删除”命令，对图形进行修剪，删除掉多余的图线。

03 选择主菜单中的“插入”|“块”命令，弹出“插入”对话框。在“名称”列表中依次选择

“电流表”和“电压表”图块，然后单击“确定”按钮。在屏幕上指定相应点为基点插入各个图块，插入效果如图 9-86 所示。

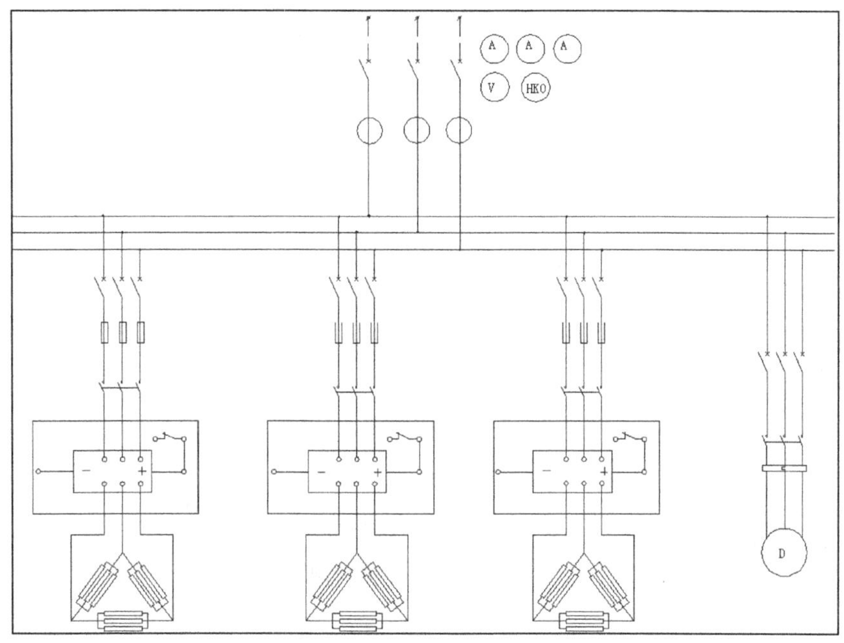

图 9-86　完成草图

9.2.6　添加文字注释

01 选择主菜单中的“格式”|“文字样式”命令，弹出“文字样式”对话框。单击对话框右上角的“新建”按钮，弹出“新建文字样式”对话框。在“样式名”文本框输入样式名，然后单击“确定”按钮，返回“文字样式”对话框。

02 在对话框中设置文字字体为“宋体”，高度为 7，其他选项按照系统默认设置即可。然后在左侧样式列表框中选中“注释文字”，并依次单击“置为当前”和“确定”按钮。

03 调用“多行文字”命令A，在图 9-86 中的各个位置添加相应的文字，并调用“平移”命令。将文字平移到如图 9-21 所示的位置，即完成整张图纸的绘制。

9.3　工厂低压系统图的绘制

如图 9-87 所示为工厂低压系统图。该图纸由多种电气符号和连接线组成。图纸下方的表格列出了图中各个电气元件的相关参数。

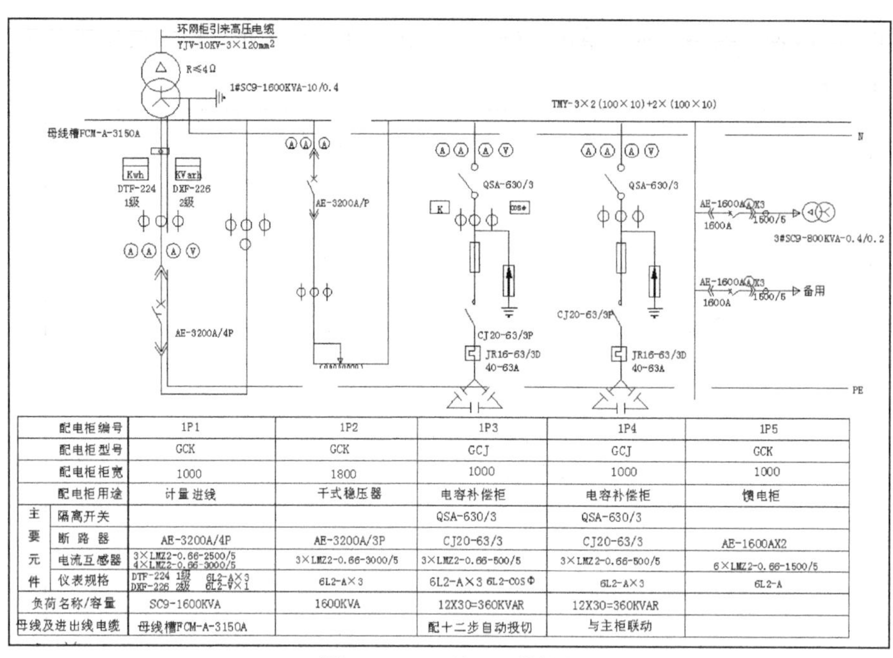

配电柜编号		1P1	1P2	1P3	1P4	1P5
配电柜型号		GCK	GCK	GCJ	GCJ	GCK
配电柜柜宽		1000	1800	1000	1000	1000
配电柜用途		计量进线	干式稳压器	电容补偿柜	电容补偿柜	馈电柜
主要元件	隔离开关			QSA-630/3	QSA-630/3	
	断路器	AE-3200A/4P	AE-3200A/3P	CJ20-63/3	CJ20-63/3	AE-1600AX2
	电流互感器	3×LMZ2-0.66-2500/5 4×LMZ2-0.66-3000/5	3×LMZ2-0.66-3000/5	3×LMZ2-0.66-500/5	3×LMZ2-0.66-500/5	6×LMZ2-0.66-1500/5
	仪表规格	DTF-224 1级 6L2-A×3 DXF-226 2级 6L2-V×1	6L2-A×3	6L2-A×3 6L2-COSΦ	6L2-A×3	6L2-A
负荷名称/容量		SC9-1600KVA	1600KVA	12X30=360KVAR	12X30=360KVAR	
母线及进出线电缆		母线槽FCM-A-3150A		配十二步自动投切	与主柜联动	

图 9-87 工厂低压系统图

9.3.1 配置绘图环境

01 打开 AutoCAD 2014 应用程序。以“A2.dwt”样板文件为模板，建立新文件。

02 将新文件命名为“工厂低压系统图.dwg”并保存。

03 在任意工具栏处右击，从打开的快捷菜单中选择“标准”、“图层”、“对象特性”、“绘图”、“修改”和“标注”6 个选项。调出这些选项的工具栏，并将它们移动到绘图窗口中的适当位置。

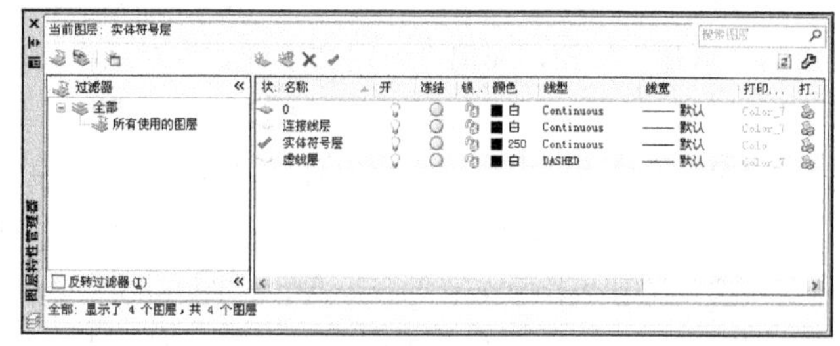

图 9-88 新建图层

04 选择主菜单中的“格式”|“图层”命令，新建“实体符号层”、“虚线层”和“连接线层”3 个图层。各图层的颜色、线型及线宽设置如图 9-88 所示。然后将“连接线层”设置为当前图层。

9.3.2 绘制电气元件

1. 绘制变压器

01 调用“圆”命令，绘制一个半径为 12 的圆，效果如图 9-89 所示。

02 调用“复制”命令，命令行提示如下。

```
命令: _copy　//调用复制命令
选择对象: 找到 1 个 //拾取图 9-89 中的圆
选择对象: //按 Enter 键结束拾取
当前设置: 复制模式 = 多个
指定基点或 [位移(D)/模式(O)] <位移>: D　//选择“位移”模式
指定位移 <0.0000, 0.0000, 0.0000>:　0,16,0　//指定位移
```

执行完毕后，复制结果如图 9-90 所示。

03 单击状态栏中的“正交”按钮，进入正交绘图状态。调用“直线”命令，捕捉图 9-90 中下面圆的圆心，以其为起点，向上绘制一条长度为 7 的竖直直线，效果如图 9-91 所示。

04 调用“环形阵列”命令，选择步骤**03**绘制的直线为阵列对象，捕捉圆心点为阵列中心点。设置项目总数为 3，其他参数按照系统默认值即可，阵列结果如图 9-92 所示。

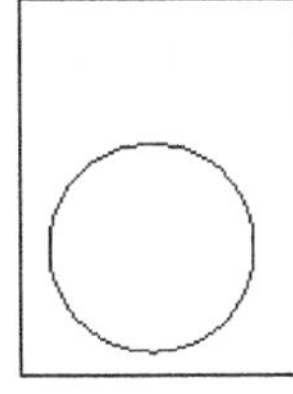

图 9-89　绘制圆

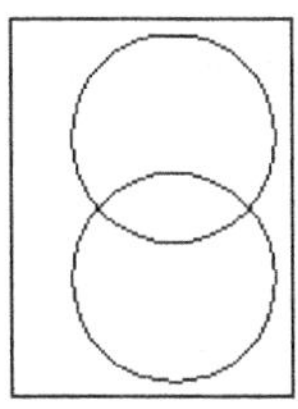

图 9-90　复制结果

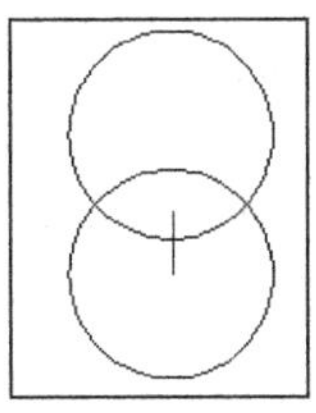

图 9-91　绘制直线

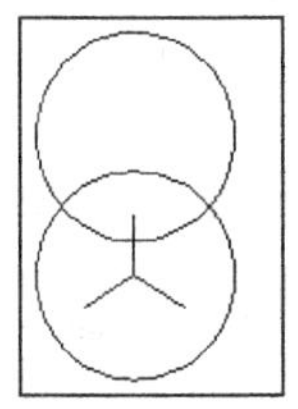

图 9-92　阵列结果

05 调用“正多边形”命令，命令行提示如下。

```
命令: _polygon 输入边的数目 <4>: 3　//指定边数
指定正多边形的中心点或 [边(E)]:　//用鼠标捕捉图 9-92 中上面圆的圆心作为中心点
输入选项 [内接于圆(I)/外切于圆(C)] <I>: I　//选择“内接于圆”方式
指定圆的半径: 4　//指定半径
```

执行完毕后，绘制效果如图 9-93 所示。

06 调用“平移”命令，将步骤**05**绘制的正三角形向上平移 2，效果如图 9-94 所示。

07 调用“直线”命令，捕捉图 9-94 中上面圆的圆心，向上绘制一条长度为 25 的竖直直线。捕捉图 9-95 中下面的圆的圆心，向下绘制一条长度为 25 的竖直直线，绘制效果如图 9-95 所示。

08 调用“修剪”命令，对步骤**07**绘制的两条竖直直线进行修剪操作，修剪掉直线在圆内的部分，修剪结果如图 9-96 所示，即完成变压器图形符号的绘制。

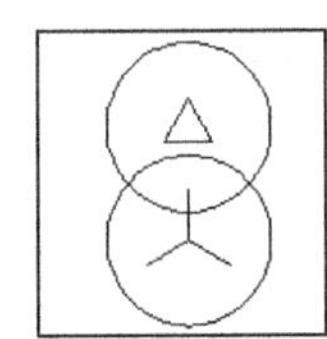

图 9-93　绘制正三角形

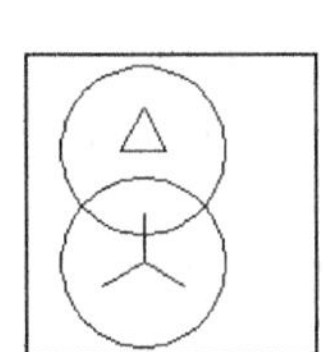

图 9-94　平移结果

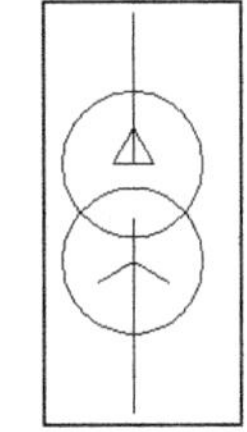

图 9-95　绘制直线

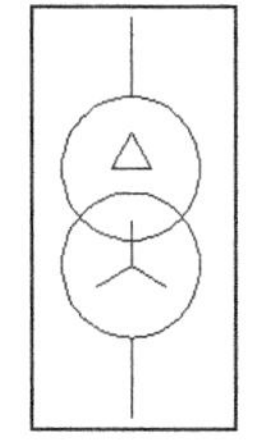

图 9-96　修剪结果

2. 绘制断路器 1

01 调用“直线”命令，绘制一条长度为 24 的水平直线 1，效果如图 9-97 所示。

02 单击状态栏中的“极轴”按钮。调用“直线”命令，用鼠标捕捉图 9-97 中直线 1 的左端点，以其为起点，绘制一条与 X 轴成 60° 角、长度为 9 的直线 2，效果如图 9-98 所示。

03 调用“复制”命令，将直线 2 复制 1 份并向右平移 4，得到直线 3，结果如图 9-99 所示。

04 调用“镜像”命令，选择直线 2 和 3 为镜像对象，以直线 1 为镜像线做镜像操作，得到直线 4 和 5，效果如图 9-100 所示。

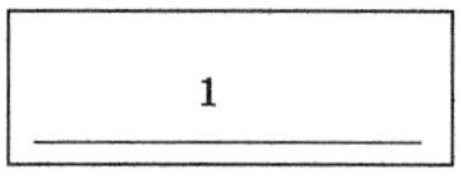

图 9-97　绘制水平直线

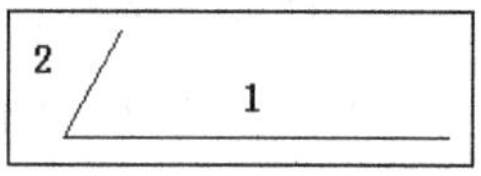

图 9-98　绘制直线

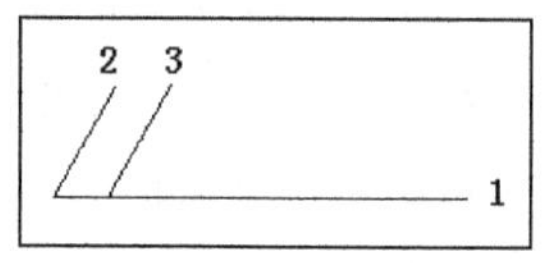

图 9-99　复制结果

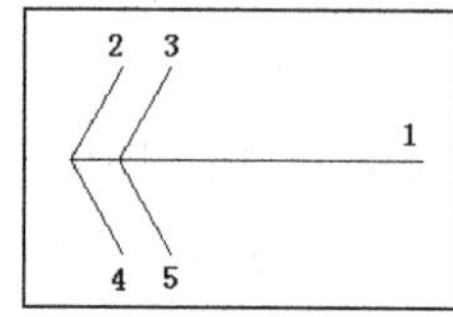

图 9-100　镜像图形

05 调用“旋转”命令，命令行提示如下。

```
命令: _rotate  //
UCS 当前的正角方向:  ANGDIR=逆时针  ANGBASE=0
选择对象: 找到 1 个 //用鼠标依次捕捉直线 2～5
选择对象: 找到 2 个
选择对象: 找到 3 个
选择对象: 找到 4 个
选择对象:  //按 Enter 键结束拾取
指定基点:  //用鼠标捕捉直线 1 的左端点并单击鼠标
指定旋转角度，或 [复制(C)/参照(R)] <0>:  C  //选择“复制”模式
旋转一组选定对象。
指定旋转角度，或 [复制(C)/参照(R)] <0>:  180  //指定旋转角度
```

执行完毕后，旋转结果如图 9-101 所示。

06 调用“直线”命令，用鼠标捕捉水平直线的中点，以其为起点，绘制 4 条长度均为 5 的直线，这 4 条直线与 X 轴直线的夹角分别为 60°、120°、240° 和 300°。

07 调用“平移”命令，将步骤**06**绘制的 4 条直线分别向左平移 5，平移效果如图 9-102 所示。

图 9-101　旋转结果

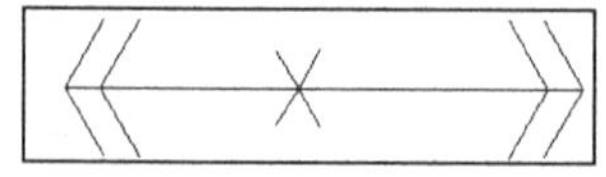

图 9-102　绘制直线并平移

08 调用“直线”命令，在“对象捕捉”和“极轴”绘图方式下，用鼠标捕捉水平直线最右侧端点，以其为起点，绘制一条与 X 轴方向成 150° 角、长度为 9 的直线。然后调用“平移”命令，将直线向左平移 17，完成效果如图 9-103 所示。

09 调用“修剪”命令-/--，以倾斜直线为剪切边，对水平直线进行修剪，修剪效果如图 9-104 所示，即完成断路器 1 图形符号的绘制。

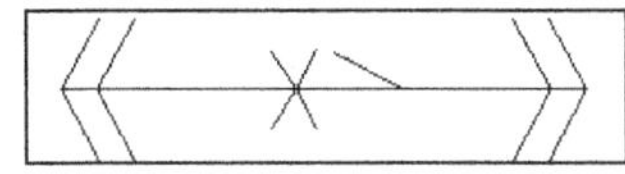

图 9-103　绘制、平移直线

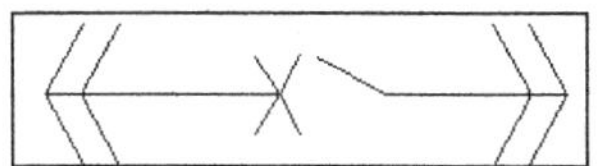

图 9-104　完成绘制

3. 绘制断路器 2

01 调用“矩形”命令，绘制一个长和宽均为 9 的矩形，效果如图 9-105 所示。

02 调用“分解”命令，将绘制的矩形分解为直线 1~4。

03 调用“偏移”命令，以直线 2 为起始，向右绘制直线 5 和 6，偏移量分别为 2 和 5.5。以直线 1 为起始，向下绘制直线 7 和 8，偏移量分别为 3 和 6，效果如图 9-106 所示。

04 调用“拉长”命令，将直线 6 分别向上和向下拉长 12，拉长效果如图 9-107 所示。

05 调用“修剪”和“删除”命令，对图形进行修剪，并删除多余的直线，效果如图 9-108 所示，即完成断路器 2 图形符号的绘制。

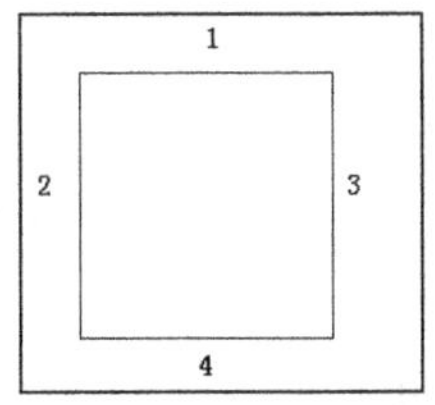

图 9-105　绘制矩形

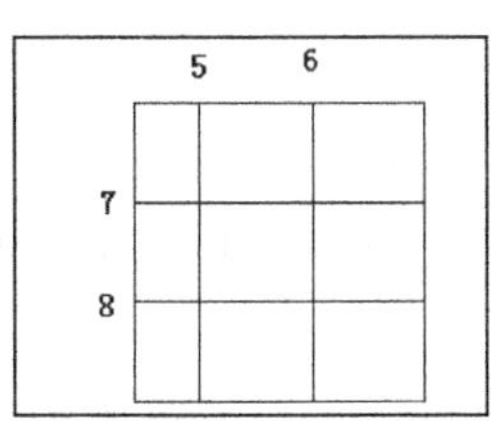

图 9-106　偏移直线

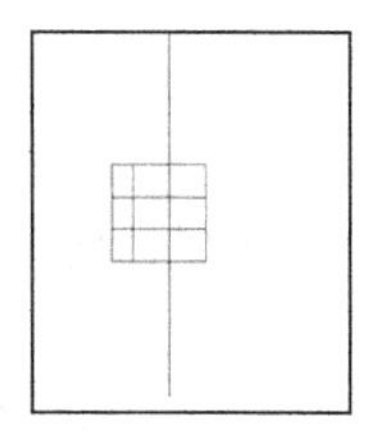

图 9-107　拉长直线

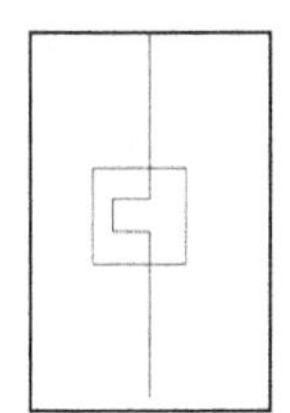

图 9-108　修剪结果

4. 绘制电流互感器

01 调用“圆”命令，在屏幕空白处指定一点为圆心，绘制一个半径为 3 的圆 1，效果如图 9-109 所示。

02 调用“矩形阵列”命令，选择“计数”阵列方式。选择圆 1 为阵列对象，设置“行数”为 1，“列数”为 9，“行偏移”为 1，“列偏移”为 4，阵列结果如图 9-110 所示。

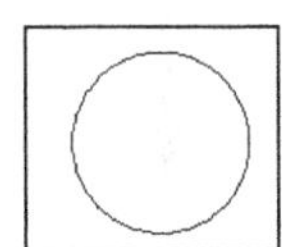

图 9-109　绘制圆

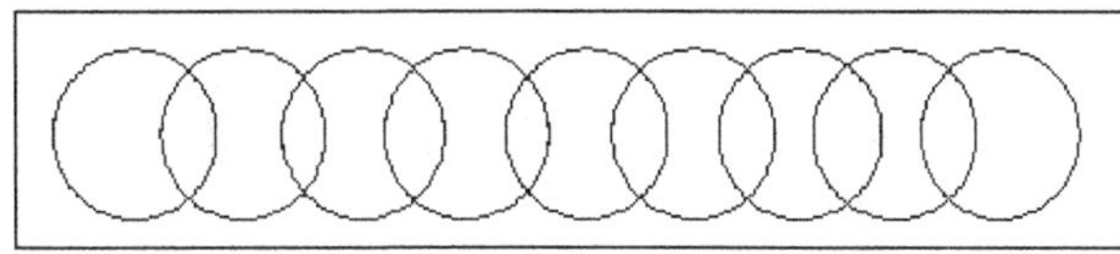

图 9-110　阵列结果

03 调用“直线”命令，在“对象捕捉”绘图方式下，用鼠标分别捕捉最左端和最右端的圆的圆心，绘制一条水平直线 1，效果如图 9-111 所示。

04 调用“拉长”命令，将直线 1 分别向左和向右拉长 3，拉长效果如图 9-112 所示。

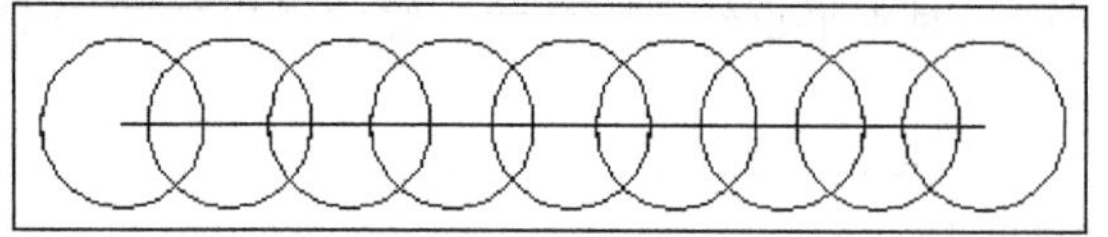

图 9-111 绘制直线

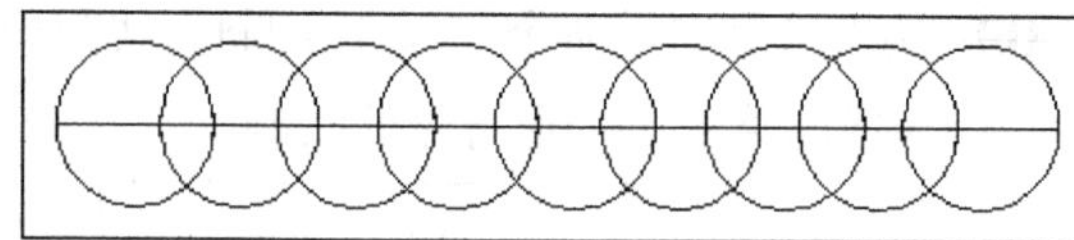

图 9-112 拉长直线

05 调用“偏移”命令，以直线 1 为起始，向上绘制水平直线 2，偏移量为 2，效果如图 9-113 所示。

06 调用“修剪”命令，选择直线 1 为剪切边，对所有的圆进行修剪，并删除直线 1，效果如图 9-114 所示，即完成电流互感器图形符号的绘制。

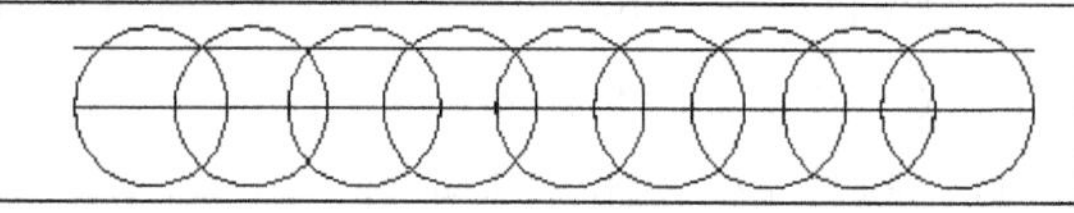

图 9-113 绘制、偏移直线

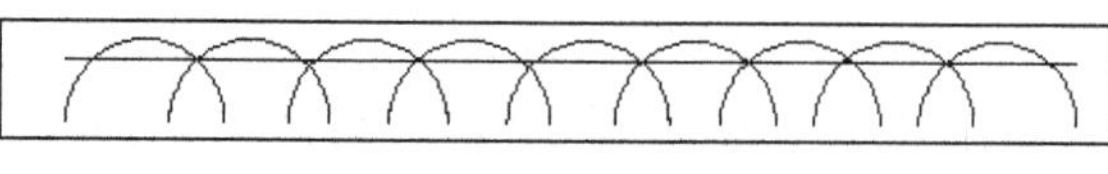

图 9-114 修剪图形

5. 绘制隔离开关

01 调用“直线”命令，绘制一条长度为 18 的竖直直线 1，效果如图 9-115 所示。

02 调用“圆”命令，用鼠标捕捉直线 1 的上端点，以其为圆心，绘制一个半径为 1.5 的圆 A，效果如图 9-116 所示。

03 调用“平移”命令，将步骤**02**绘制的圆 A 向下平移 3，平移效果如图 9-117 所示。

04 运用步骤**02**和步骤**03**的方法，以直线 1 的下端点为圆心绘制一个半径为 1.5 的圆，然后将其向上平移 3，效果如图 9-118 所示。

05 调用“直线”命令，用鼠标捕捉圆 B 的圆心，以其为起点，绘制一条与 X 轴方向成 130° 角、长度为 10 的直线，效果如图 9-119 所示。

06 调用“修剪”命令，分别以两个圆为剪切边，对竖直直线进行修剪，修剪效果如图 9-120 所示，即完成隔离开关图形符号的绘制。

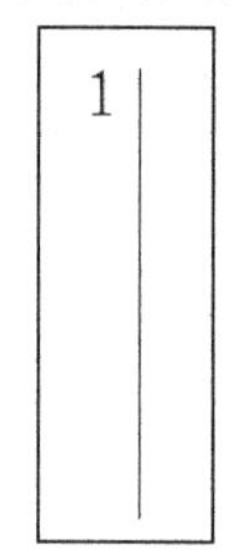

图 9-115 绘制直线

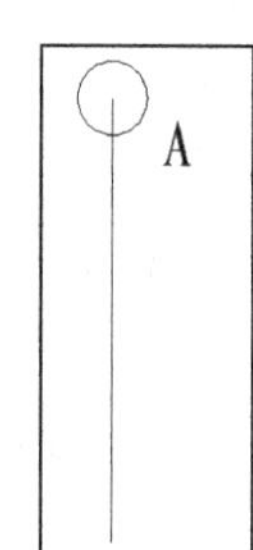

图 9-116 绘制圆

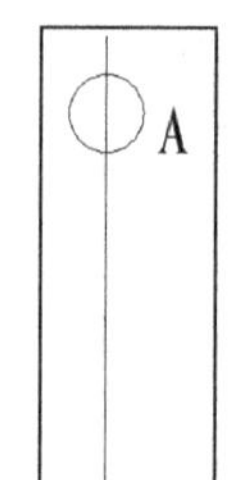

图 9-117 平移圆

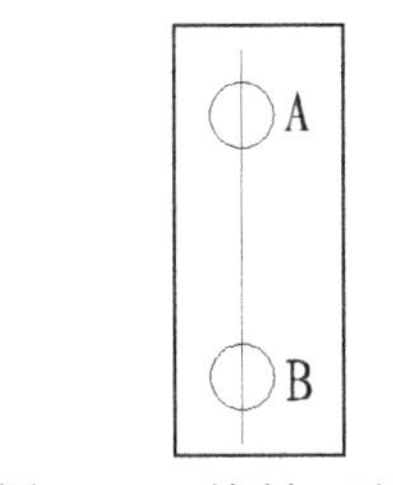

图 9-118　绘制、平移圆

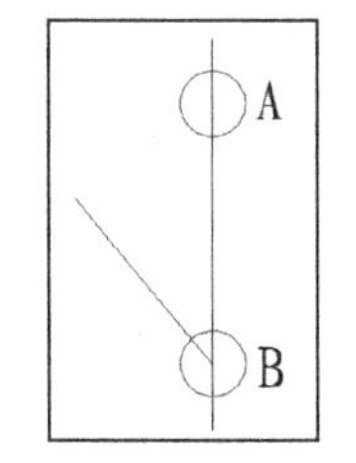

图 9-119　绘制直线

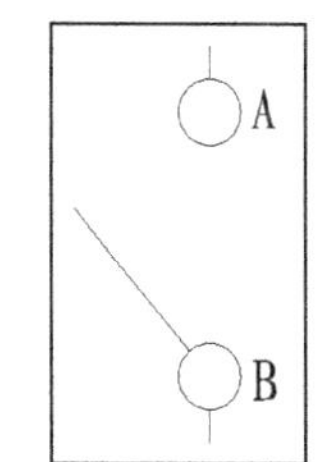

图 9-120　整理图形

6. 绘制电桥

01 调用“直线”命令，在“极轴”绘图方式下，依次绘制 3 条与 X 轴成 45° 角的直线，长度分别为 10、5 和 10，效果如图 9-121 所示。

02 调用“直线”命令，以图 9-121 中的 C 点为起点，依次绘制 3 条与 X 轴方向成-45° 角、长度分别为 10、5 和 10 的直线，效果如图 9-122 所示。

03 调用“直线”命令，用鼠标捕捉图 9-122 中的 D 点，以其为起点，向右绘制一条长度为 15 的水平直线。用鼠标捕捉图 9-123 中的 G 点，以其为起点，向左绘制一条长度为 15 的水平直线。然后删除直线 AB、EF，效果如图 9-123 所示。

04 调用“直线”命令，依次以相应点为起点，绘制与已有直线垂直的直线，长度均为 3，效果如图 9-124 所示，即完成电桥图形符号的绘制。

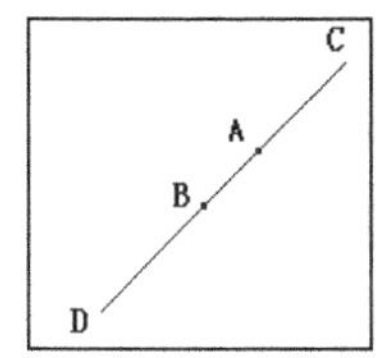

图 9-121　绘制直线

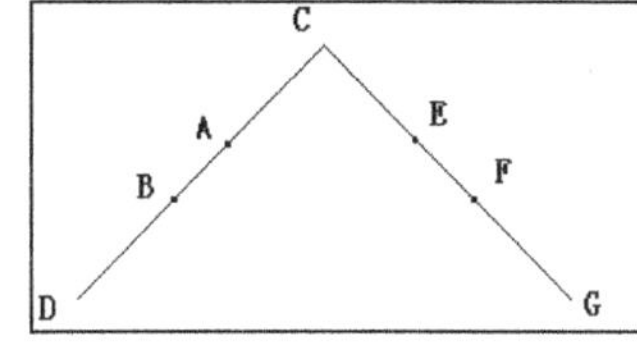

图 9-122　绘制直线

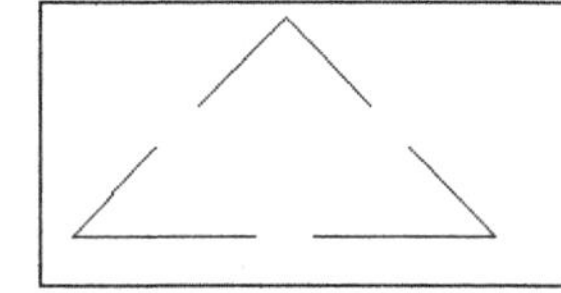
图 9-123　绘制直线

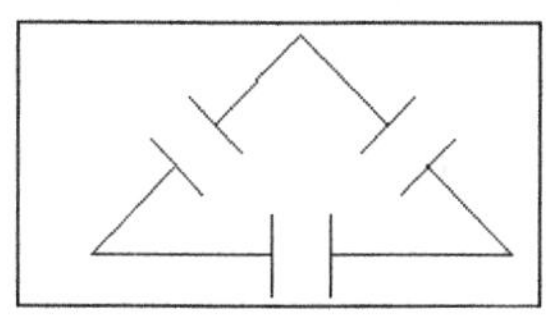
图 9-124　完成绘制

9.3.3　绘制模块

图 9-87 中一共有计量进线、干式稳压器、两个电容补偿柜和馈电柜 4 个模块。本节将依次介绍各个模块的绘制方法。

1. 绘制计量进线模块

01 调用“平移”命令，将如图 9-96 所示的变压器符号平移过来，平移效果如图 9-125 所示。

02 调用“直线”命令，用鼠标捕捉图 9-125 中的 A 点，以其为起点，分别向上和向右绘制长度分别为 6 和 75 的直线，绘制效果如图 9-126 所示。

03 调用“矩形”命令，绘制一个长为 12、宽为 4 的矩形。调用“圆”命令，以矩形的中心点为圆心绘制一个半径为 1 的圆。然后调用“平移”命令，以矩形上边中点为基点，图 9-126 中 B 点为第二点对矩形和圆做平移操作，效果如图 9-127 所示。

04 调用“直线”命令，以图 9-127 中矩形下边中点为起点，向下绘制长度为 70 的直线。然后调用“平移”命令，将如图 9-104 中所示的断路器符号平移过来，效果如图 9-128 所示。

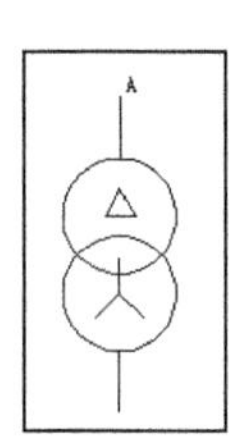

图 9-125　平移图形

图 9-126　绘制直线

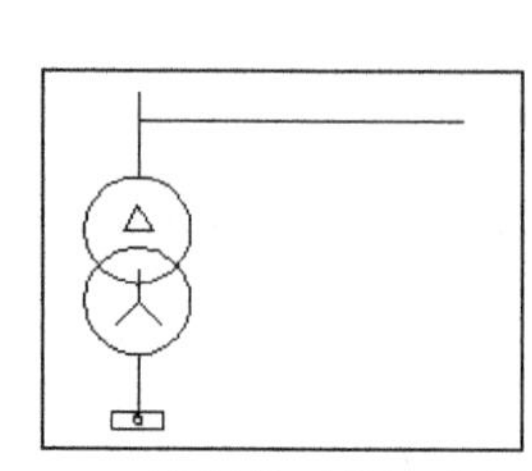

图 9-127　绘制并平移矩形和圆

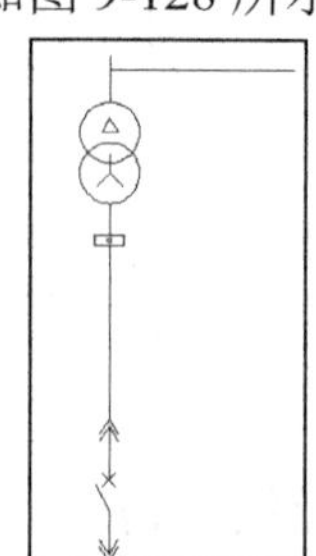

图 9-128　插入断路器

05 调用“直线”命令，以图 9-128 中下面的圆的圆心为起点绘制接地线。绘制的直线包括 1 条水平直线和 5 条竖直直线，长度分别为 40、20、10、6、4 和 2，间距为 2，绘制效果如图 9-129 所示。

06 调用“直线”命令，用鼠标捕捉图 9-129 中的 A 点，以其为起点，依次绘制直线 1~4，长度分别为 30、55、165 和 95，绘制效果如图 9-130 所示。

07 选择主菜单中的“插入”|“块”命令，弹出“插入”对话框。在“名称”列表中依次选择“电流表”和“电压表”等图块，指定插入比例为 0.34，然后单击“确定”按钮。在屏幕上指定相应点为基点，插入各个图块，效果如图 9-131 所示，即完成计量进线模块的绘制。

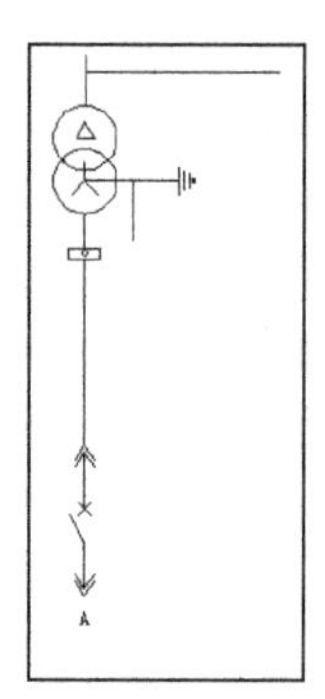

图 9-129　绘制接地线

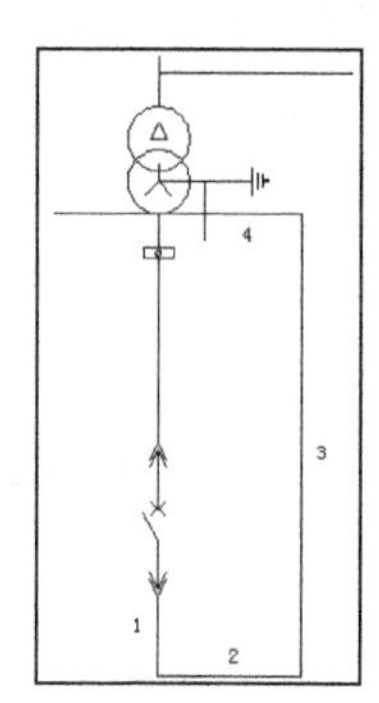

图 9-130　添加导线

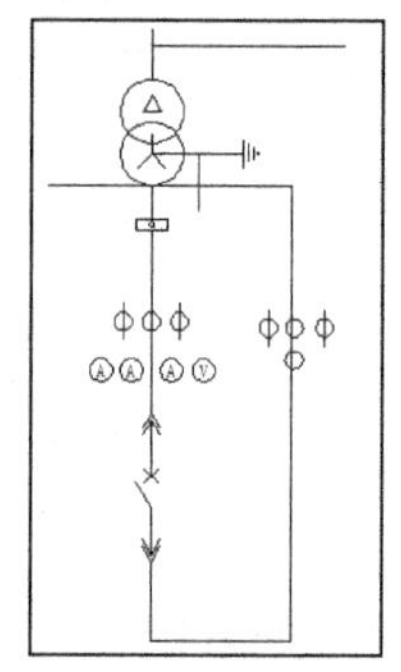

图 9-131　整理图形

2. 绘制干式稳压器模块

01 调用“平移”命令，将如图 9-104 所示的断路器符号平移过来并旋转 90°。然后调用“直线”命令，依次绘制直线 1~4，长度分别为 17.5、90、48.5 和 155.5，绘制效果如图 9-132 所示。

02 调用“直线”命令，依次绘制直线 5 和 6，长度分别为 17.5 和 12.5。然后调用“正多边形”命令，以直线 6 的下端点为一个顶点绘制一个边长为 3.5 的正三角形，效果如图 9-133 所示。

03 调用“平移”命令，将如图 9-114 所示的电流互感器平移到图形中来，效果如图 9-134 所示。

04 选择主菜单中的“插入”|“块”命令，向图中插入电压表等相关电气元件，插入效果如图 9-135 所示，即完成干式稳压器模块图形符号的绘制。

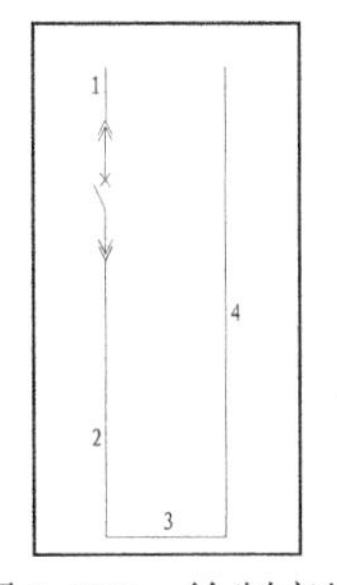

图 9-132　绘制直线

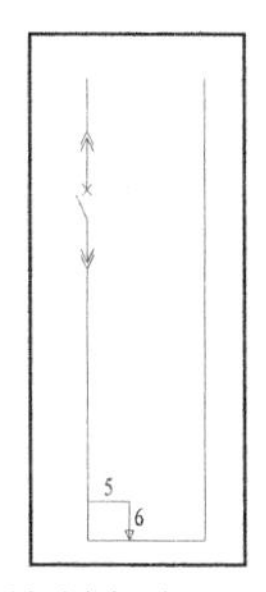

图 9-133　绘制直线和正三角形

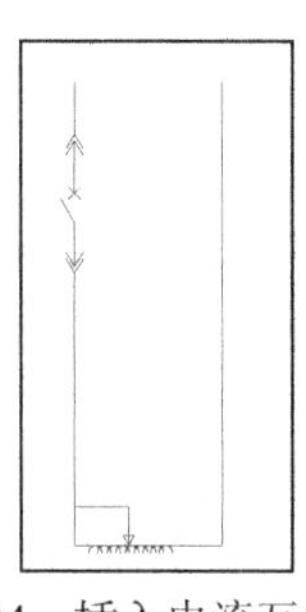
图 9-134　插入电流互感器

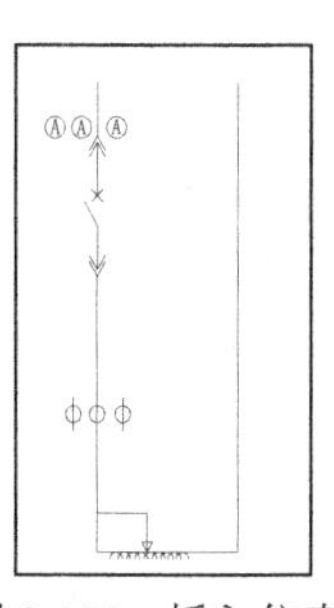
图 9-135　插入仪表

3. 绘制电容补偿柜

01 调用“复制”命令，按照从上往下的顺序，依次向图 9-120 中的隔离开关下方插入电阻、接触器、断路器和电桥，效果如图 9-136 所示。

02 调用“直线”和“矩形”命令绘制如图 9-137 中的图形。其中矩形的长为 7，宽为 20；直线 1~3 的长度分别为 20、20 和 7；最下面 4 条直线的长度依次为 10、6、4 和 2，间距为 2。然后调用“多线段”命令，在矩形内部绘制箭头。其中竖直直线的长度为 12，箭头的长为 8，两端的线宽分别为 3 和 0。

03 调用“平移”命令，将图 9-137 中的图形符号插入到图 9-136 中，效果如图 9-138 所示。

04 选择主菜单中的“插入”|“块”命令，向图中插入电压表等相关电气元件，插入效果如图 9-139 所示，即完成电容补偿柜图形符号的绘制。

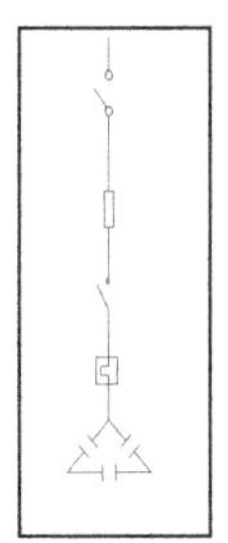
图 9-136　插入结果

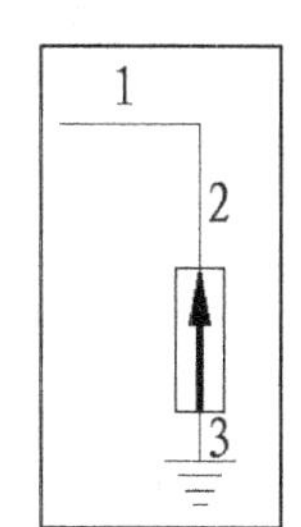

图 9-137　绘制接地线路

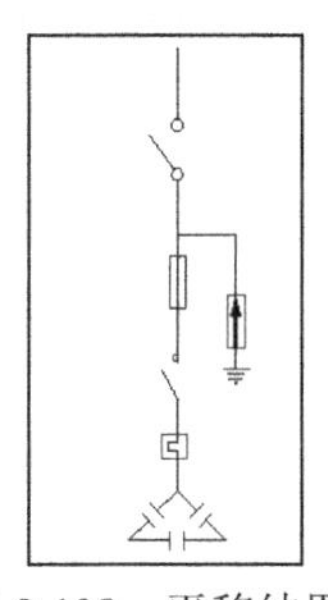
图 9-138　平移结果

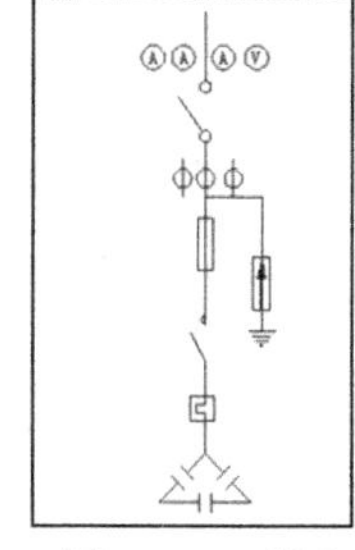
图 9-139　插入仪表

4. 绘制馈电柜模块

01 调用“复制”命令，将如图 9-104 所示的断路器复制 1 份并平移到屏幕空白处。然后调用“直线”命令，分别以断路器的左、右端点为起点，向左、右两个方向绘制长度均为 7 的水平直线，绘制效果如图 9-140 所示。

02 调用“圆”命令，用鼠标捕捉图 9-140 中直线的右端点，以其为圆心，绘制半径为 1.75 的圆，效果如图 9-141 所示。

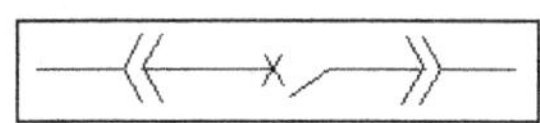
图 9-140　绘制直线

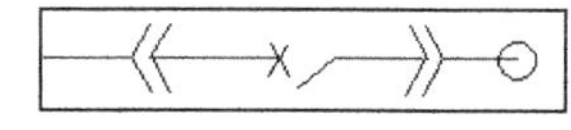
图 9-141　绘制圆

03 调用“拉长”命令，将图 9-141 中右侧水平直线向右拉长 20。然后调用“正多边形”命令，以直线右端点为一个顶点绘制边长为 5 的正三角形，完成效果如图 9-142 所示。

04 调用“复制”命令，将如图 9-94 所示的变压器符号复制 1 份，并旋转 90°，然后平移到图 9-142 中，效果如图 9-143 所示。

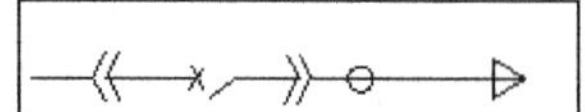

图 9-142　拉长直线并绘制正多边形

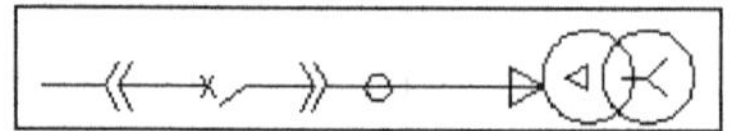

图 9-143　插入变压器

05 选择主菜单中的“插入”|“块”命令，向图中插入电流表等，效果如图 9-144 所示，即完成馈电柜模块的绘制。

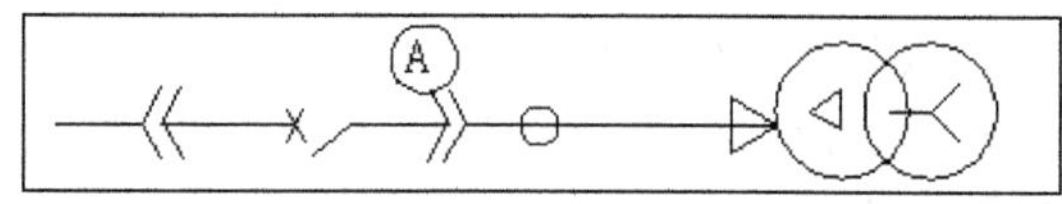

图 9-144　插入电流表

9.3.4 绘制直线

调用“平移”命令和“复制”命令，将 9.3.3 节绘制的各个模块平移至相应的位置。然后调用“直线”命令，绘制相应的导线将各个模块连接起来，并调整各个模块到如图 9-145 所示的位置。

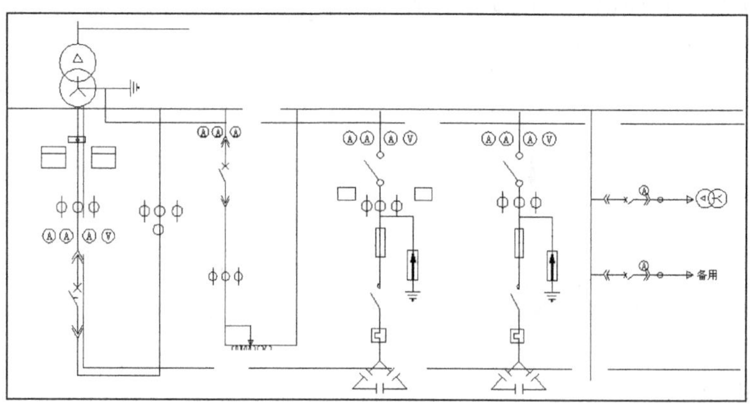

图 9-145　组合图形

9.3.5 绘制表格

01 调用“表格”命令，弹出如图 9-146 所示的“插入表格”对话框。

02 在对话框的“列和行设置”选项组中设置列数为 7，列宽为 80，数据行数为 8，行高为 2。在“设置单元样式”选项组中设置 3 个选项全部为“数据”，然后单击“确定”按钮。

03 在屏幕上指定一点为表格插入点，表格即被插入到当前绘图屏幕上，插入效果如图 9-147 所示。

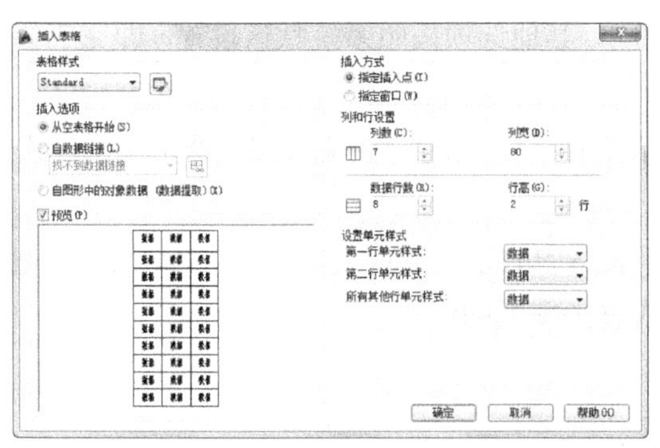

图 9-146　“插入表格”对话框

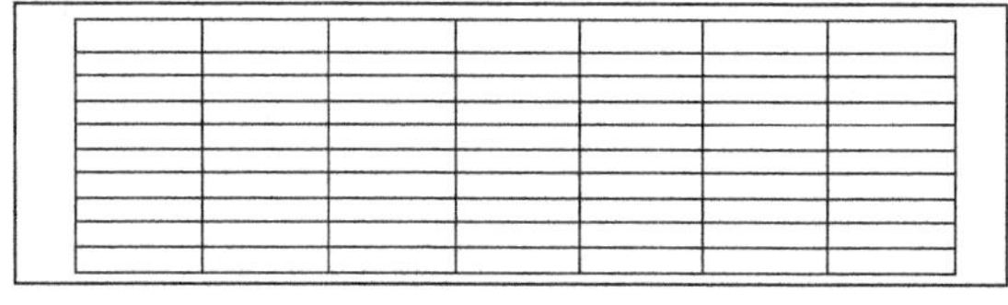

图 9-147　插入表格

04 在第一列中选中任意一个单元格，然后右击，弹出如图 9-148 所示的表格特性浮动面板。将“单元宽度”设置为 20，并按 Enter 键，表格的第一列的宽度即被调整为 20。用同样的方法将第二列的宽度调整为 50，其余各列的宽度都调整为 90，完成效果如图 9-149 所示。

图 9-148　表格特性浮动面板

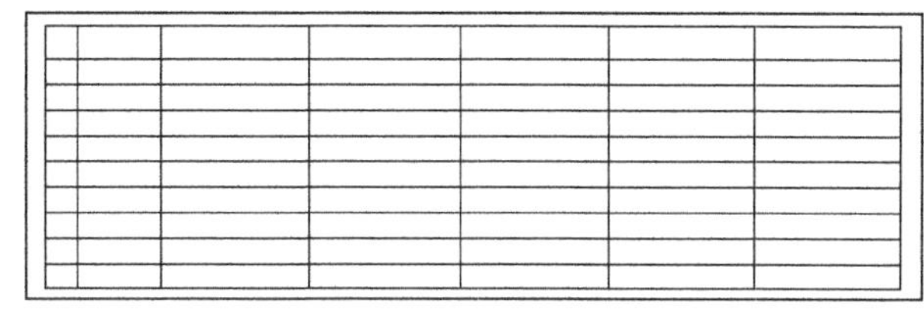

图 9-149　调整表格宽度

05 调用“分解”命令，将表格分解为多条直线。

06 调用“修剪”命令，对表格进行修剪，修剪结果如图 9-150 所示，即完成表格的绘制。

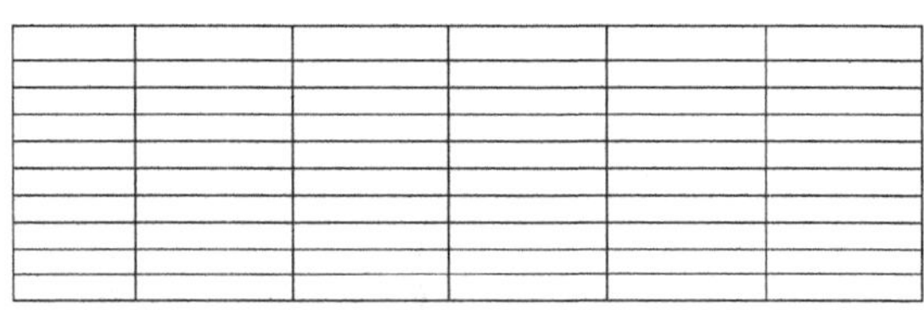

图 9-150　修剪结果

9.3.6 添加文字

01 选择主菜单中的“格式”|“文字样式”命令，弹出 “文字样式”对话框。单击对话框右上角的“新建”按钮，弹出“新建文字样式”对话框。在“样式名”文本框中输入“图形注释文字”，并单击“确定”按钮，返回“文字样式”对话框。

02 在对话框中设置文字字体为“宋体”，高度为 4，其他选项按照系统默认设置，即完成“图形注释文字”样式的创建。

03 重复步骤**01**和步骤**02**的操作，分别完成“表格样式 1”和“表格样式 2”两个文字样式的创建。文字字体都为“宋体”，高度分别为 6 和 3.5。

04 调用“多行文字”命令**A**，在如图 9-150 所示表格中的相应位置添加文字，并调用“平移”命令✥，将文字平移到如图 9-87 所示的位置，即完成整张图纸的绘制。

第10章 建筑电气平面图

随着电气技术的发展，建筑电气已经形成了一个独立的领域，并得到了广泛的运用。

建筑电气图的应用包括供电、用电和防雷等多种场合。本章将通过 3 个实例来介绍建筑电气图的一般绘制方法。

通过本章的学习，读者应了解和掌握以下内容：

- 住宅电气图的绘制
- 高层建筑可视对讲系统图的绘制
- 居民楼抄表系统图的绘制

10.1 设置绘图范围与绘图单位

与建筑平面图不同，建筑配电平面图除了包括建筑门窗、墙体、轴线、主要尺寸和房间名称之外，还包括配电箱、灯具、开关、插座和线路等平面布置，标明配电箱、编号、干线、分支线回路编号、相别、型号、规格和铺设方式等。一套完整的建筑电气图纸，必须由系统图与平面图配合来标示电气的布置。本节将通过一个住宅建筑的电气平面图和系统图的绘制讲解一般建筑电气图的绘制方法。

10.1.1 绘制电气平面图

在进行电气平面图绘制时，一般要考虑照明、插座和弱电等电气图的绘制。可以将这些内容绘制在一个平面图中，也可以分别绘制在不同的平面图中。分开绘制可以使图纸看起来整洁、统一、有序，有助于阅读，因此本节将照明和插座平面图分开绘制。

1. 一层照明平面图的绘制

如图 10-1 所示为绘制完成的一层照明平面图。

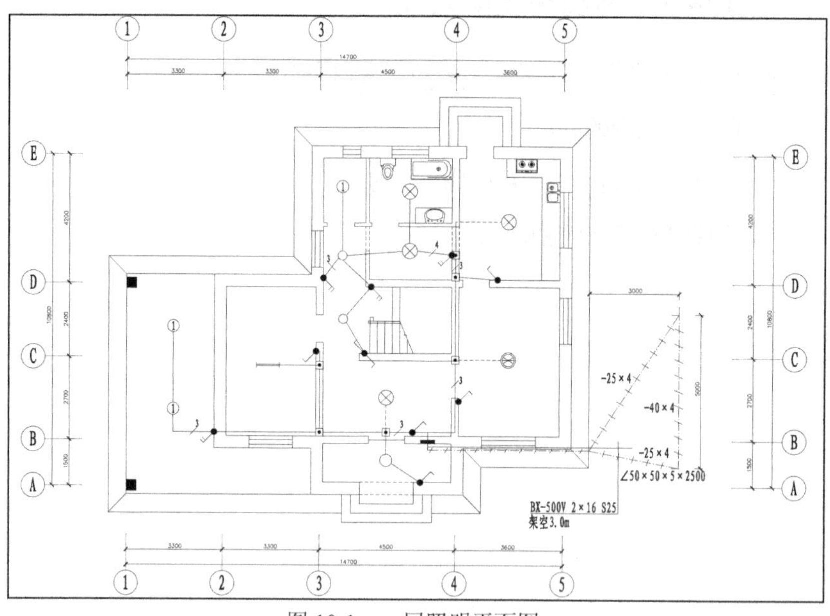

图 10-1　一层照明平面图

绘制步骤如下。

01 执行“图层”命令，打开“图层特性管理器”选项板，创建如图 10-2 所示的各个图层，并分别设置图层的颜色、线型和线宽。

02 切换到轴线图层，执行“构造线”命令，按照如图 10-3 所示的尺寸绘制轴线，选择所有轴线，设置线型比例为 100。

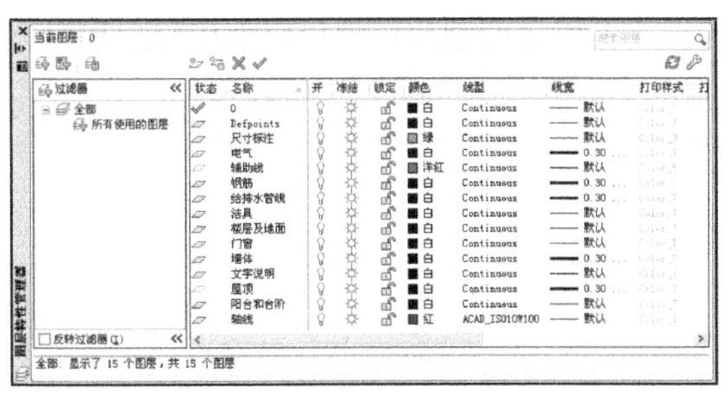

图 10-2　创建图层

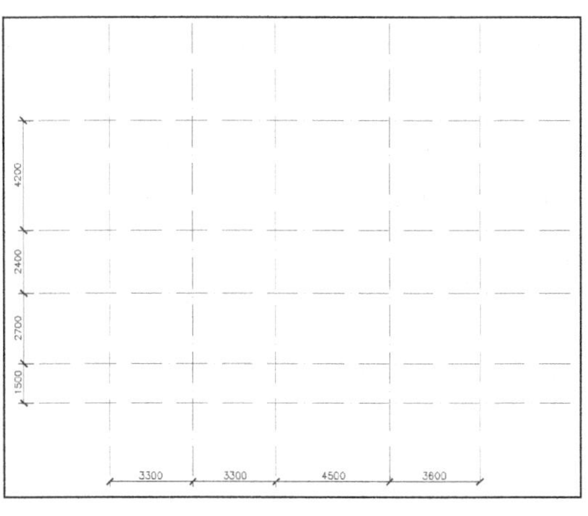

图 10-3　创建轴线

03 切换到墙体图层，创建多线样式 400，设置两个单元的偏移分别为 120 和-280。再创建一个多线样式 240，设置两个单元的偏移分别为 120 和-120。执行“多线”命令绘制墙体，其中外墙均使用 400 多线样式，绘制比例为 1，对正设置为 Z。内墙使用 240 多线样式，有一部分墙体厚度为 120。所以绘制时注意设置绘图比例为 0.5，对正设置为 Z，完成墙体的绘制。

04 执行“修改”|“对象”|“多线”命令，弹出“多线编辑工具”对话框。对墙体进行“T 形合并”和“十字合并”，完成多线编辑，效果如图 10-4(a)所示。图 10-4(b)提供了 120 墙体的布置尺寸。

05 执行“矩形”命令，绘制 300×300 的柱，并填充图案 SOLID，效果和布置尺寸如图 10-4(a)所示。

06 执行“修剪”命令，对墙体进行修剪，修剪出墙体上的门窗洞，尺寸和完成效果如图 10-5 所示。

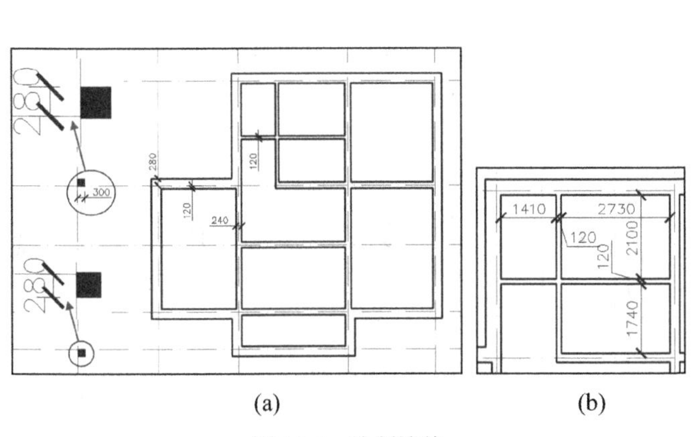

(a)　(b)

图 10-4　绘制墙体

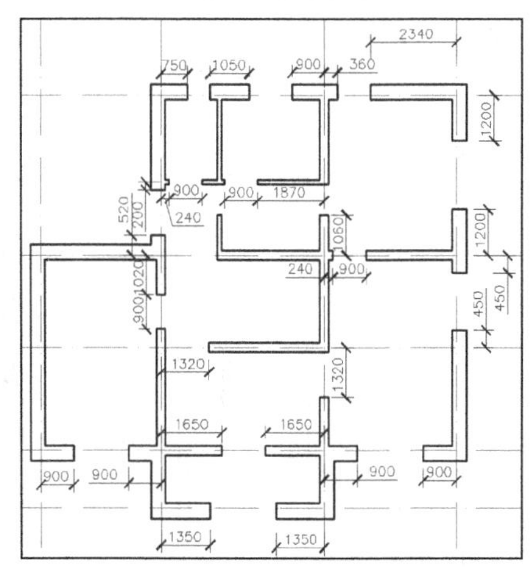

图 10-5　创建门窗洞

07 切换到门窗图层，执行“直线”和“圆弧”命令，分别绘制门和窗，其中门的开启角度为 45°。需要注意的是，图 10-6 中有 3 条虚线，线型为 DASHED，线型比例为 10。

08 用户可以在图例库中找到相应的厨具或者洁具图例，或者自己绘制相应的图例，在图中插入，完成效果如图 10-6 所示。对于操作台、洗脸台以及污水池，使用“直线”、“矩形”或“圆”等命令绘制即可，具体尺寸如图 10-7 所示。这里需要指出的是，对于各种厨具和洁具，本书已经定义成图块放到源文件中。在具体绘制时，可以直接使用本书提供的图块，也可以使用自己已有的相关图块，此处对于洁具和厨具并没有特别严格的规定。

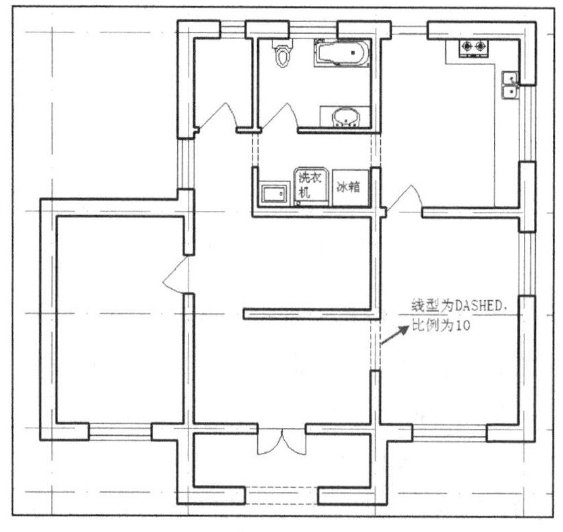

图 10-6　创建门窗、厨具和洁具

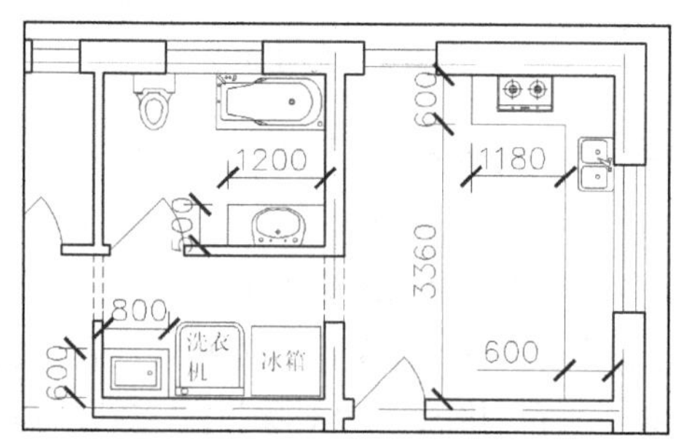

图 10-7　布置厨房和卫生间

09 在平面图的主体绘制完成之后，要进行相关楼梯、台阶和边界线的绘制，完成效果如图 10-8 所示。图 10-9 提供了一层平面图中台阶的尺寸，其中楼梯方向线使用“多段线”绘制，箭头的宽度为 100。图 10-10 和图 10-11 分别提供了北向和南向两个台阶的尺寸，按照尺寸使用“多段线”或者“直线”绘制均可。

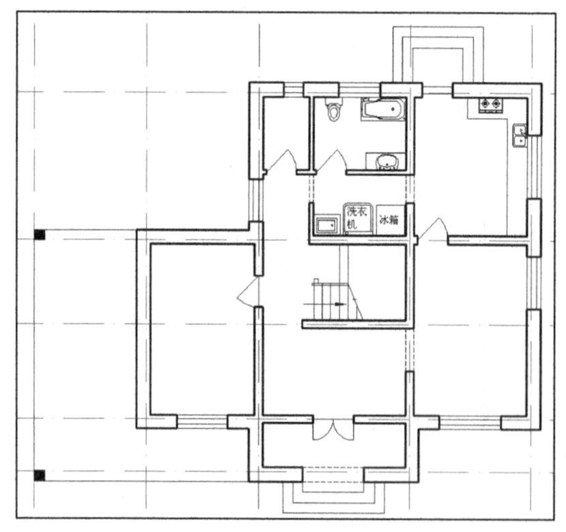

图 10-8　添加台阶和楼梯

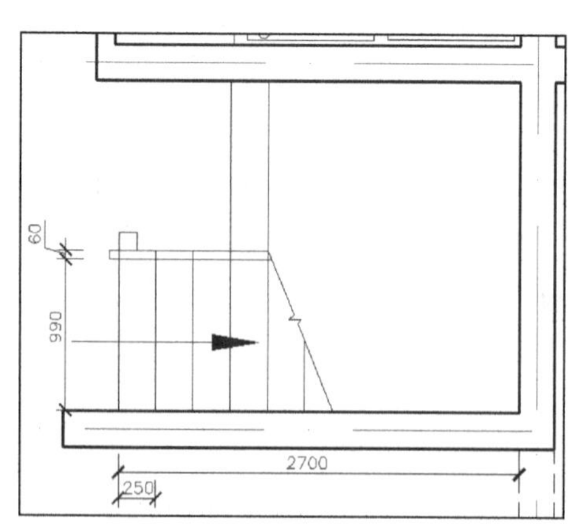

图 10-9　楼梯尺寸

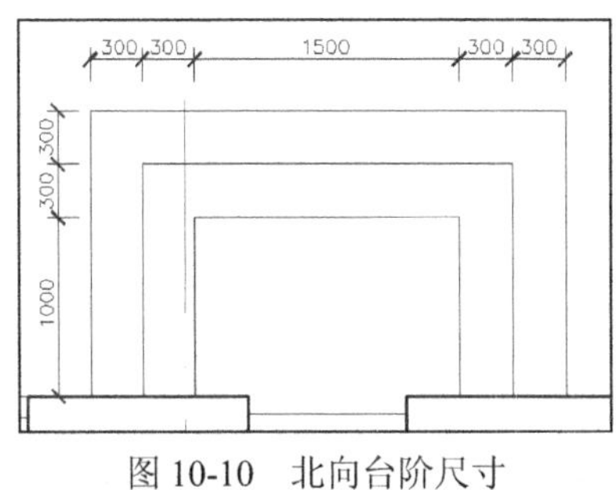

图 10-10　北向台阶尺寸

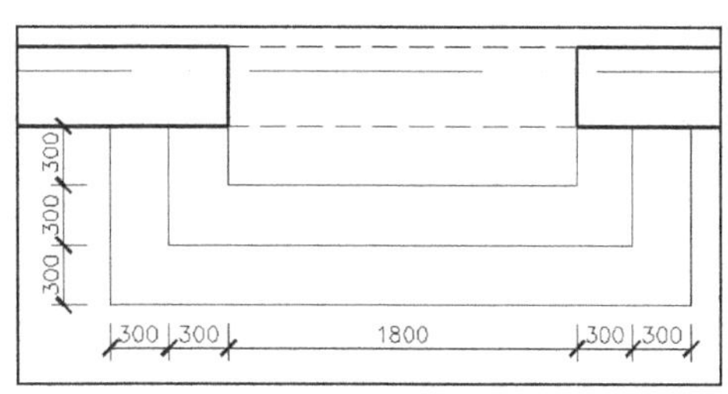

图 10-11　南向台阶尺寸

10 使用“直线”命令创建散水，散水距离墙体外沿 600，台阶处没有散水。

11 创建文字样式 GB250，字体为 simplex.shx；再创建文字样式 GB350，字体为仿宋 GB_2312，字高为 350，宽度因子为 0.7。在此基础上创建标注样式 GB100，设置“基线间距”为 375，“超出尺寸线”为 200，“起点偏移量”为 200，“固定长度的延伸线”长度为 400，箭头使用“建筑标记”，“文字样式”为 GB250，文字高度为 250，“从尺寸线偏移”为 100。使用 GB100 添加尺寸标注，使用 GB350 创建文字说明。

12 按照建筑制图标准创建轴线编号图块和标高图块，为平面图创建标高和轴线编号，最终完成效果如图 10-12 所示。

13 在绘制电气照明平面图前，需要对平面布置图进行适当的调整和修剪，删除一些不必要的门和厨具以及文字说明，并对轴线进行相应的修剪，以保证整体图形区域的整洁。调整和修剪的效果如图 10-13 所示。

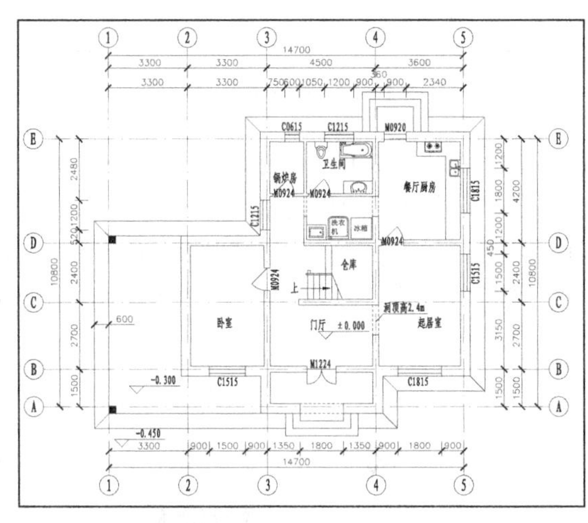

图 10-12　完成的一层平面布置图

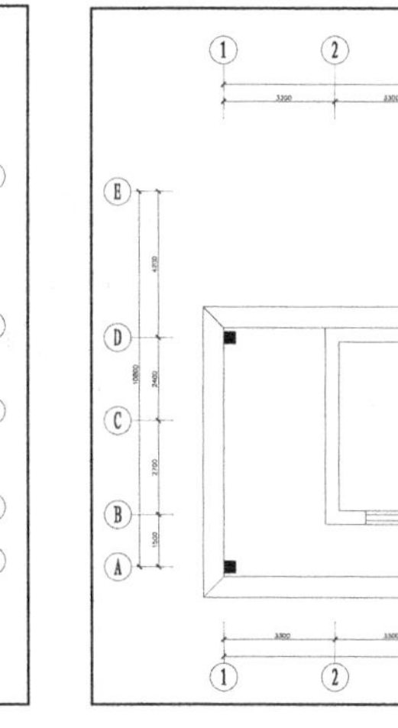

图 10-13　调整后的平面布置图

14 在 GB350 的基础上，创建文字样式 GB500 和 GB700，字体相同，文字高度不同。GB500 文字高度为 500；GB700 文字高度为 700。

15 执行“表格样式”命令，创建“电气图例表”表格样式，分别设置表格各单元的参数。其中“数据”单元的参数设置如图 10-14 所示；“表头”单元的参数设置如图 10-15 所示；“标题”单元采用的文字样式为GB700，其他与“表头”单元类似。

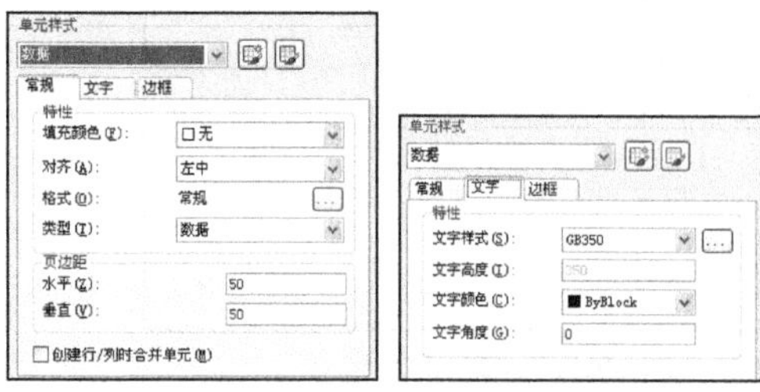

图 10-14　设置数据单元参数

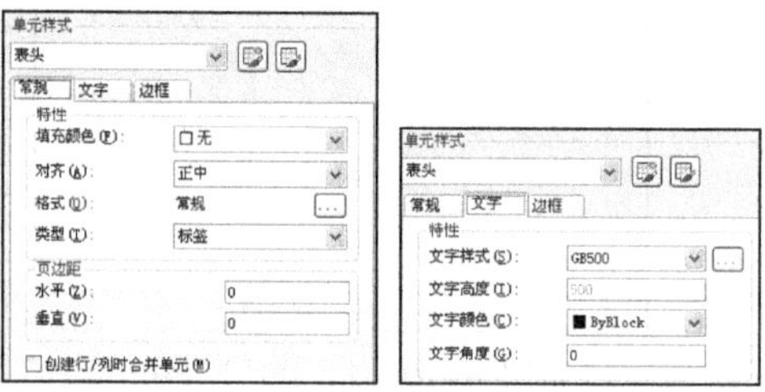

图 10-15　设置表头单元参数

16 执行“表格”命令，弹出如图 10-16 所示的“插入表格”对话框。以“电气图例表”为参考表格样式，设置“列数”为 5，“数据行数”为 14，单击“确定”按钮，进入表格的编辑状态，如图 10-17 所示。

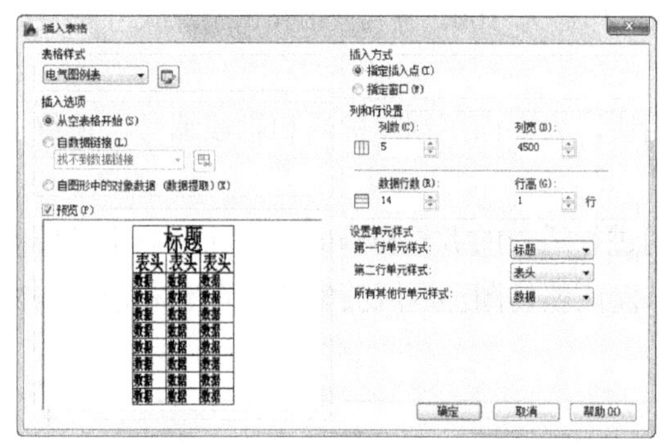

图 10-16　“插入表格”对话框

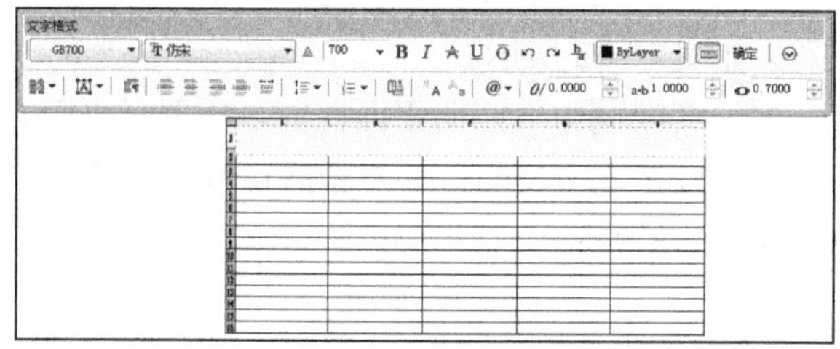

图 10-17　插入表格原始效果

17 在表格单元中输入相应的数据，在 C3 单元格右击，如图 10-18 所示执行右键快捷菜单中的“插入点”|“块”命令，弹出如图 10-19 所示的“在表格单元中插入块”对话框。选择“自动调整”复选框，使图例在表格单元中自动调整大小。需要注意的是，这些图例可以从图例库中寻找，也可以自行绘制，具体的绘制过程这里不再讲述。对于同一种电气元件，可以使用不同的图例，可以根据实际情况确定。

图 10-18　插入块快捷菜单

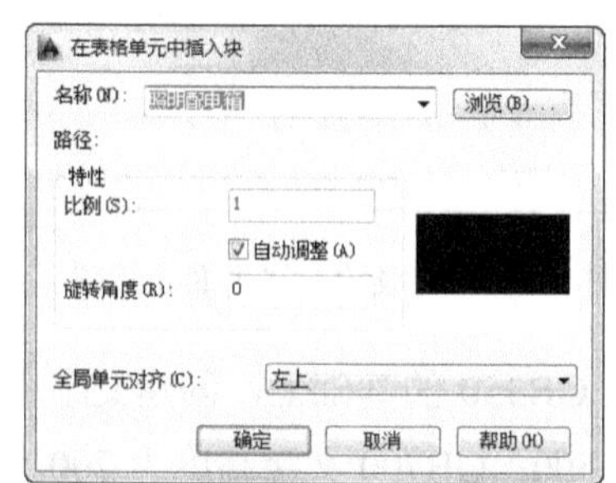

图 10-19　“在表格单元中插入块”对话框

18 在各种图例插入完成后，输入相应的文字，对表格的列宽和行高进行一定的设置，最终完成效果如图 10-20 所示。

19 在各种图例创建完成之后，执行“插入”|“块”命令，在平面图中插入各种照明图例。插入效果如图 10-21 所示。

电气图例

序号	图例	名称	型号及规格	备注
1		照明配电箱	见系统图	
2		日光灯	2×40W	
3		防水圆球吸顶灯	1×40W	
4		小花灯	4×40W	
5		大花灯	6×40W	
6		吸顶灯	1×40W	
7		暗装单相二、三极插座	250V　16A	安全型
8		暗装单相三极插座	250V　16A	排油烟机、卫生间插座（防水防溅安全型）
9		暗装单、双三极开关	250V　10A	
10		电话用户出线盒		
11		电视用户出线盒		
12		白炽灯	1×40W	
13		接线盒		
14		暗装单极双控开关	250V　10A	

图 10-20　完成后的图例表

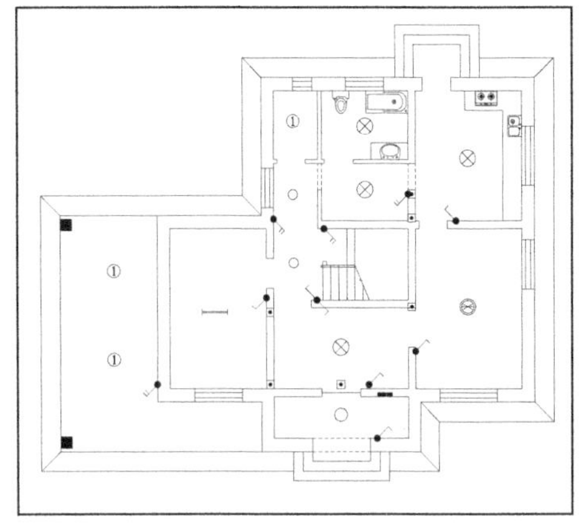

图 10-21　插入各种电气照明图例的平面图

20 使用“直线”命令，连接各个电气图例。连接完成后，需要对某些轴线和轴线编号的位置进行适当的调整。调整效果如图 10-22 所示。

2. 一层插座平面图的绘制

使用同样的方法，在一层平面图中插入各种插座图例，并使用“直线”连接，完成效果如图 10-23 所示。

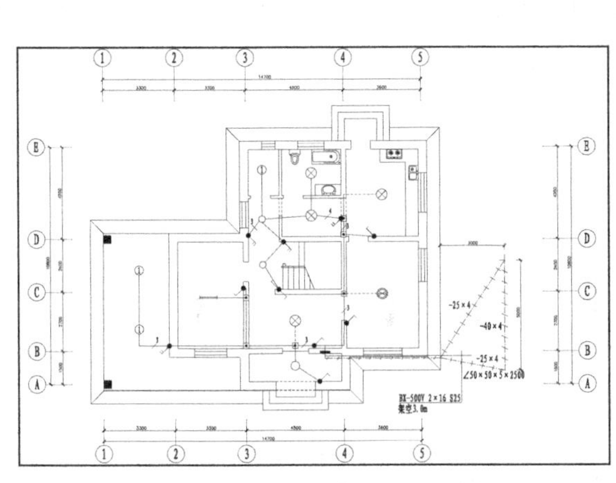

图 10-22　完成的照明平面图

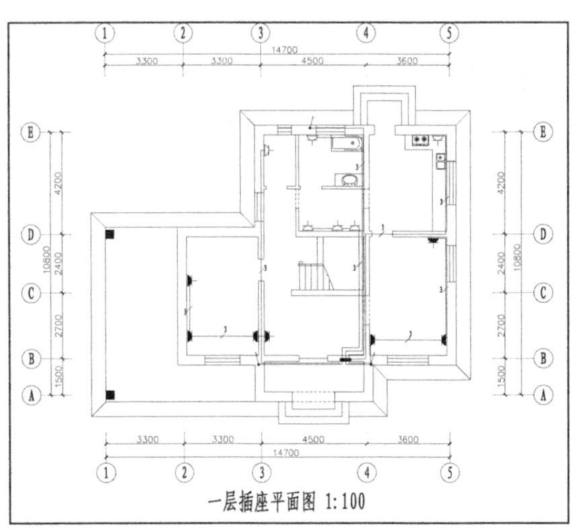

图 10-23　一层插座平面图

3. 二层照明、插座平面图的绘制

在一层平面图的基础上，绘制二层平面图，整体绘制比较简单，进行一些简单的修补，删除多余的部分即可，效果如图 10-24 所示。

按照绘制一层照明和插座平面图的方法，将二层的照明和插座放在一个图中表现。插入各种照明和插座图例，使用直线连接，完成效果如图 10-25 所示。

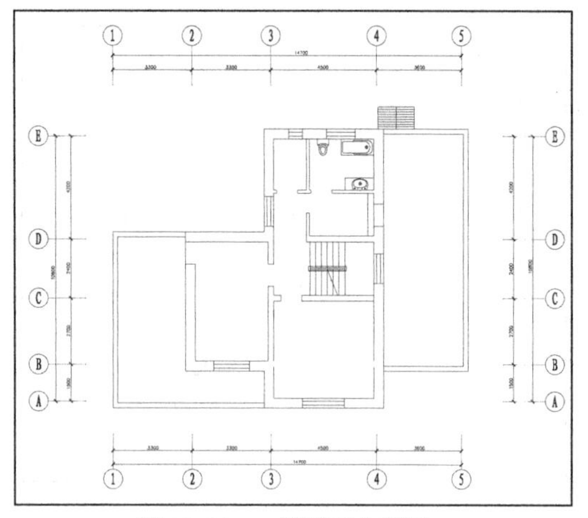

图 10-24　二层平面布置图

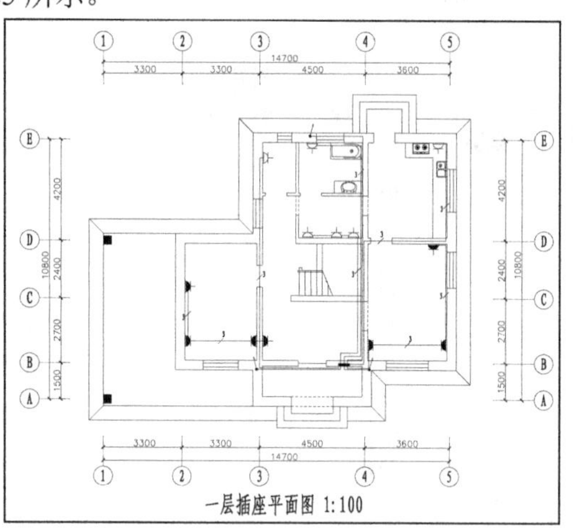

图 10-25　二层插座照明平面图

10.1.2　绘制配电系统图

配电系统图能够反映动力或者照明的安装容量、计算容量、计算电流、配电方式、导线或电缆的型号、规格、数量、敷设方式及穿管管径等。图 10-26 所示为 10.1 节中提到的电气图纸的配电系统图。

具体绘制步骤如下。

01 使用“直线”命令，按照如图 10-27 所示的尺寸绘制一个支路。文字使用“多行文字”命令创建，其中“二层卫生间插座”文字使用文字样式 GB250 创建，字高为 250。其他文字使用 GB350 文字样式，字高为 350。

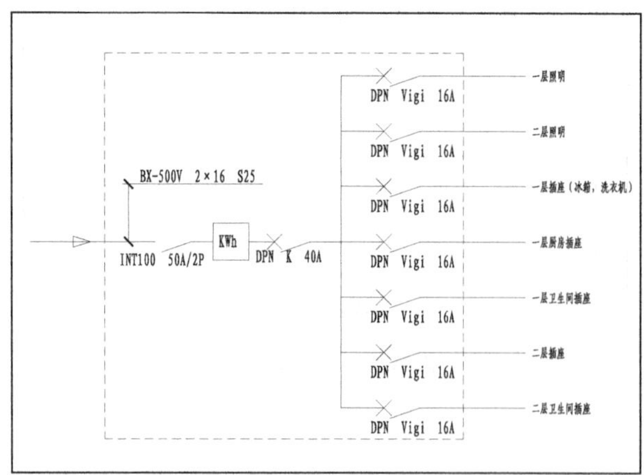

图 10-26　配电系统图

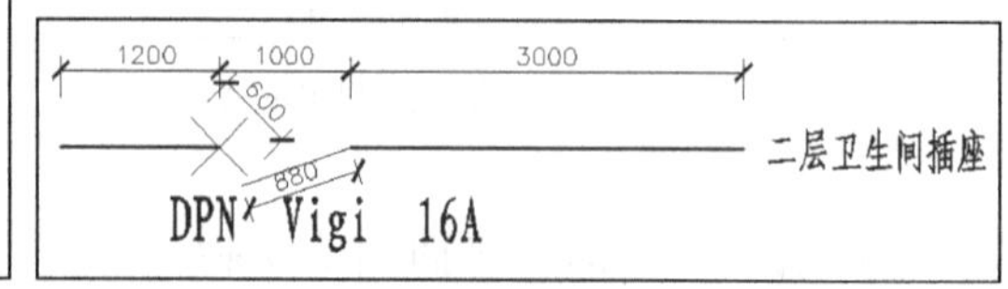

图 10-27　单支路绘制

02 执行“矩形阵列”命令⊞，使用“计数”阵列方式。选择步骤**01**绘制的图形进行阵列，设置行数为 7，列数为 1，行偏移为 1500，完成阵列后效果如图 10-28 所示。

03 7 个支路绘制完成后，进行进户线的绘制，尺寸没有具体的要求，与支路类似即可。文字使用文字样式 GB350，完成的效果如图 10-29 所示。图 10-30 所示提供了电表图例的尺寸。

04 执行“直线”命令，绘制器件的封装线。直线的线型为 DASHED，比例为 20，最终完成效果如图 10-26 所示。

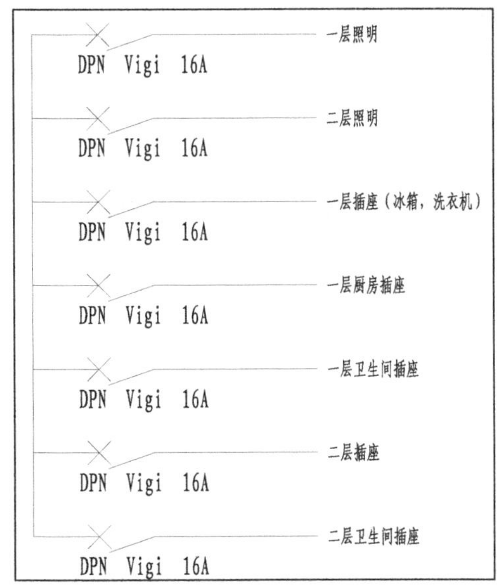

图 10-28 阵列图形并修改文字内容

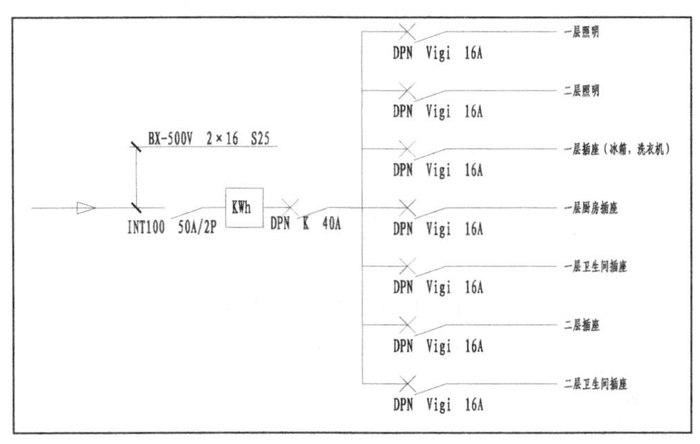

图 10-29 绘制进户线

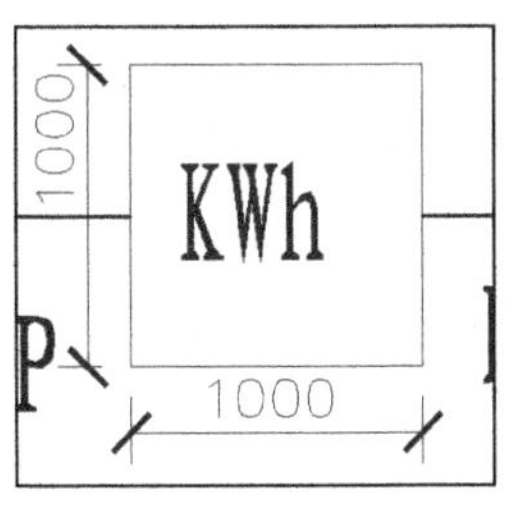

图 10-30 电表图例的尺寸

10.2 高层建筑可视对讲系统图绘制

可视对讲系统是一套现代化的小康住宅服务措施，提供访客与住户之间双向可视通话，有图像、语音双重识别功能，从而增加安全可靠性，同时节省大量的时间，提高了工作效率。如图 10-31 所示为某高层住宅的可视对讲系统图。本节将详细介绍其绘制方法。

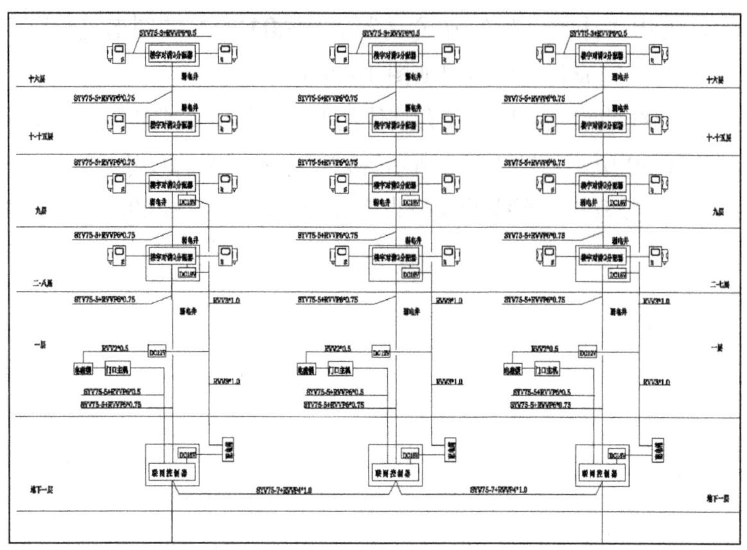

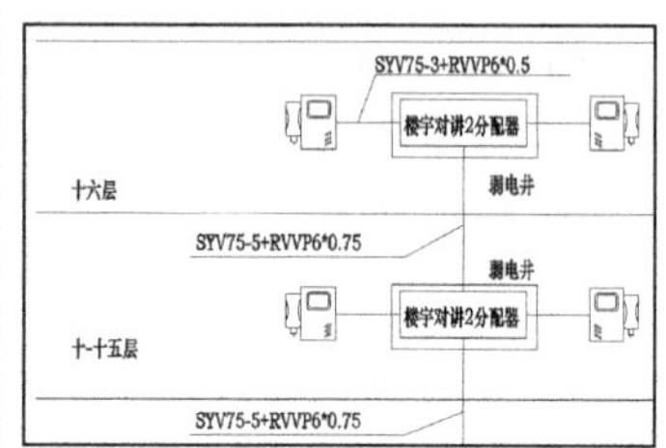

图 10-31　建筑可视对讲系统图

10.2.1　配置绘图环境

01 打开 AutoCAD 2014 应用程序。以“A2.dwt”样板文件为模板，建立新文件。

02 将新文件命名为“建筑可视对讲系统图.dwg”并保存。

03 在任意工具栏处右击，从打开的快捷菜单中选择“标准”、“图层”、“对象特性”、“绘图”、“修改”和“标注”6 个选项。调出这些选项的工具栏，并将它们移动到绘图窗口中的适当位置。

04 选择主菜单中的“格式”|“图层”命令，新建“设备”、“支线”和“总线”3 个图层。各图层的颜色、线型及线宽设置如图 10-32 所示。然后将“总线”层设置为当前图层。

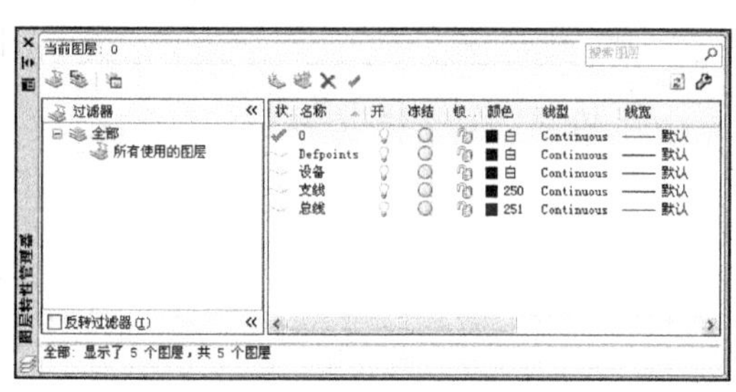

图 10-32　新建图层

10.2.2　绘制图纸布局

01 调用“直线”命令，绘制一条长度为 384 的水平直线 1，效果如图 10-33 所示。

图 10-33　绘制水平直线

02 调用“偏移”命令，以直线 1 为起始，依次向下绘制直线 2~7。每次平移均以上一条直线为起始，偏移量依次为 32、35、37、33、64 和 48，偏移结果如图 10-34 所示。

03 设置“总线”层为当前图层。调用“直线”命令，分别捕捉直线 1 和 7 的左端点绘制一条竖直直线 8，效果如图 10-35 所示。

图 10-34　偏移结果

图 10-35　绘制竖直直线

04 调用“拉长”命令，命令行提示如下。

```
命令: _lengthen  //调用拉长命令
选择对象或 [增量(DE)/百分数(P)/全部(T)/动态(DY)]: DE  //选择“增量”方式
输入长度增量或 [角度(A)] <0>: 31  //指定长度
选择要修改的对象或 [放弃(U)]:  //在靠近下端点处拾取直线 8
```

执行完毕后，拉长效果如图 10-36 所示。

05 调用“复制”命令，命令行提示如下。

```
命令: _copy  //调用复制命令
选择对象: 找到 1 个  //拾取直线 8
选择对象:  //按 Enter 键结束拾取
当前设置:  复制模式 = 多个
指定基点或 [位移(D)/模式(O)] <位移>: D  //选择“位移”模式
指定位移 <0, 0, 0>:  82,0,0  //指定位移
```

执行完毕后，得到一条竖直直线。继续调用“复制”命令，拾取直线 8 为对象，指定位移为(308,0,0)绘制另外一条竖直直线。然后删除直线 8，即可得到图纸布局，完成效果如图 10-37 所示。

图 10-36　拉长直线

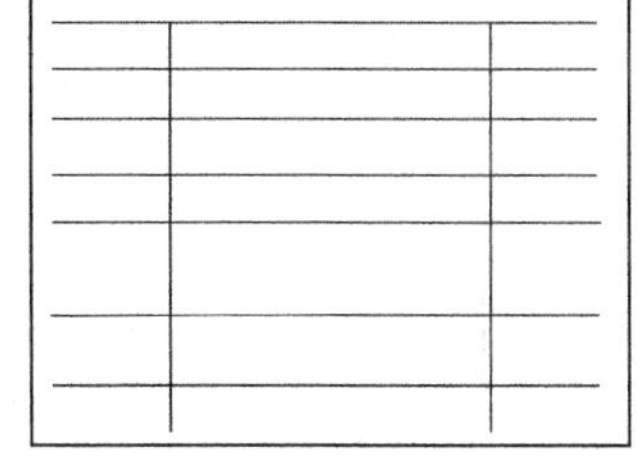

图 10-37　完成图纸布局

10.2.3　绘制用户终端

用户终端是指在每个用户处安装的用于可视对讲的终端。绘制步骤如下。

01 调用“矩形”命令，命令行提示如下。

```
命令: _rectang //执行矩形命令
指定第一个角点或 [倒角(C)/标高(E)/圆角(F)/厚度(T)/宽度(W)]: //在屏幕空白处单击鼠标指定第一个角点
指定另一个角点或 [面积(A)/尺寸(D)/旋转(R)]: D //选择“尺寸”方式
指定矩形的长度 <10>: 7 //指定长度
指定矩形的宽度 <10>: 10 //指定宽度
指定另一个角点或 [面积(A)/尺寸(D)/旋转(R)]: //在屏幕上指定另一个角点
```

执行完毕后，绘制效果如图 10-38 所示。

02 继续调用“矩形”命令，用鼠标捕捉图 10-38 中的 A 点为第一个角点绘制一个长为 3、宽为 6 的矩形 2，效果如图 10-39 所示。

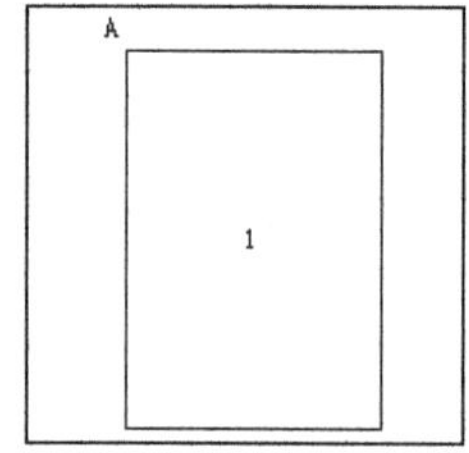

图 10-38 绘制矩形 1

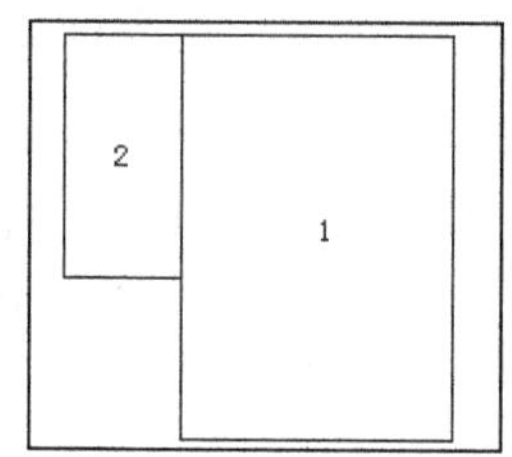

图 10-39 绘制矩形 2

03 调用“平移”命令，命令行提示如下。

```
命令: _move //执行平移命令
选择对象: 找到 1 个 //拾取矩形 2
选择对象: //按 Enter 键结束拾取
指定基点或 [位移(D)] <位移>: D //选择“位移”方式
指定位移 <0, 0, 0>: 0,-1.2,0 //指定位移
```

执行完毕后，平移效果如图 10-40 所示。

04 调用“矩形”命令，依次绘制矩形 3~5。其中矩形 3 长和宽均为 1；矩形 4 长为 4、宽为 2.5；矩形 5 长为 5，宽为 3.5。然后调用“平移”命令，将这 3 个矩形平移到如图 10-41 所示的位置。

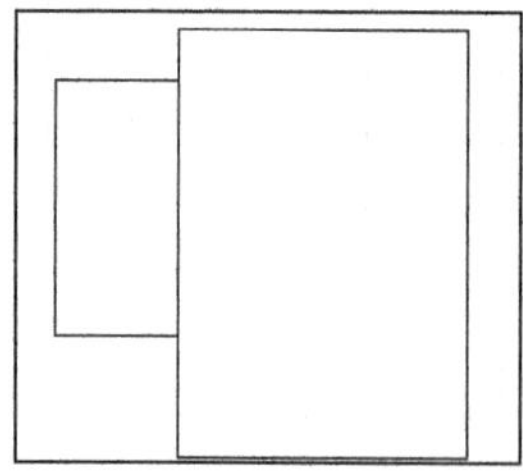

图 10-40 绘制矩形

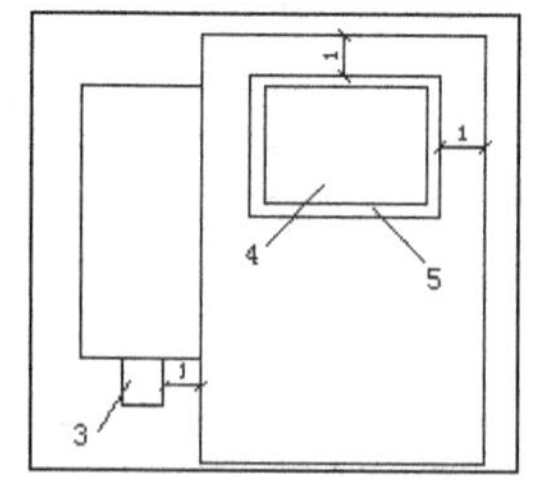

图 10-41 绘制、平移矩形

05 调用“圆角”命令，命令行提示如下。

```
命令: _fillet //执行圆角命令
当前设置: 模式 = 修剪，半径 = 0
选择第一个对象或 [放弃(U)/多段线(P)/半径(R)/修剪(T)/多个(M)]: R //选择“半径”方式
```

```
指定圆角半径 <0>:0.6    //指定圆角半径
选择第一个对象或 [放弃(U)/多段线(P)/半径(R)/修剪(T)/多个(M)]:    //拾取图 10-41 中矩形 5 的上边
选择第二个对象，或按住 Shift 键选择要应用角点的对象:    //拾取图 10-41 中矩形 5 的左侧边
```

执行完毕后，圆角效果如图 10-42 所示。

06 继续调用“圆角”命令。对矩形 5 的其他 3 个角进行倒圆角操作，半径也为 0.6。对矩形 2 和 4 进行倒圆角操作，半径分别为 0.4 和 0.6，完成效果如图 10-43 所示。

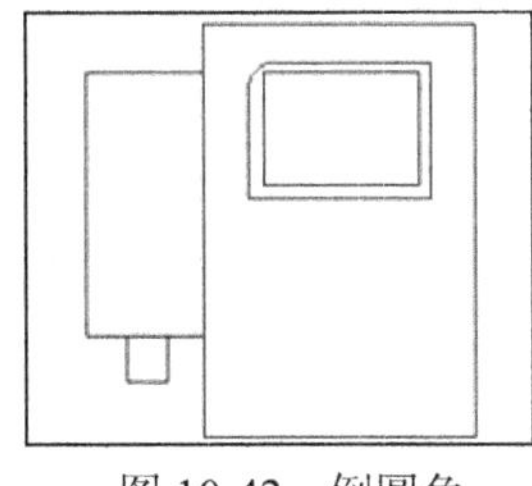
图 10-42　倒圆角

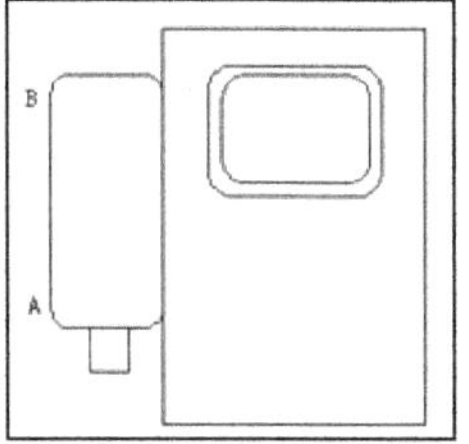

图 10-43　继续倒圆角

07 选择主菜单中的“绘图”|“圆弧”|“起点、端点、半径”命令，命令行提示如下。

```
命令: _arc    //执行圆弧命令
指定圆弧的起点或 [圆心(C)]:
指定圆弧的第二个点或 [圆心(C)/端点(E)]: _e    //用鼠标捕捉图 10-43 中的 A 点
指定圆弧的端点:    //用鼠标捕捉图 10-43 中的 B 点
指定圆弧的圆心或 [角度(A)/方向(D)/半径(R)]: _r    //指定圆弧的半径: 6
```

执行完毕后，绘制完成一段圆弧。用同样的方法在这个矩形的右侧绘制一段半径为 6 的圆弧，效果如图 10-44 所示。

08 调用“圆弧”命令，用鼠标捕捉矩形 3 下侧边的中点。以其为起点，绘制一段半径为 0.4、圆心角为 90° 的圆弧，效果如图 10-45 所示。

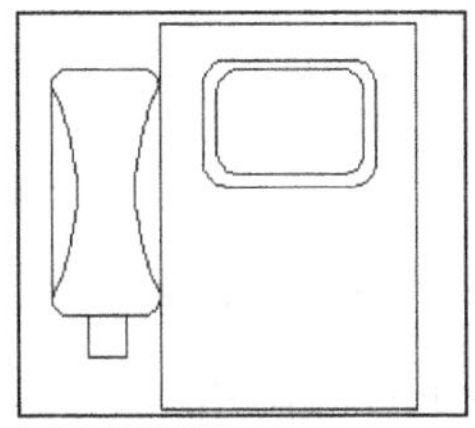
图 10-44　绘制圆弧

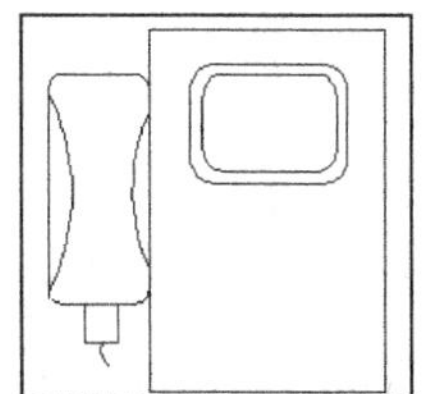
图 10-45　绘制圆弧

09 调用“矩形”命令，绘制一个长为 1.3、宽为 0.3 的矩形，效果如图 10-46 所示。

10 调用“旋转”命令，命令行提示如下。

```
命令: _rotate    //执行旋转命令
UCS 当前的正角方向:  ANGDIR=逆时针    ANGBASE=0
选择对象: 找到 1 个  //捕捉图 10-46 中的矩形
选择对象:  //按 Enter 键结束拾取
指定基点: //捕捉点图 10-46 中的 A 点并单击鼠标
```

指定旋转角度，或 [复制(C)/参照(R)] <0>： 30 //指定角度

执行完毕后，旋转效果如图 10-47 所示。

11 调用“平移”命令，以点 A 为基点将图 10-47 中的矩形平移到图 10-45 中，平移的位置如图 10-48 所示。

12 调用“矩形阵列”命令，选择“计数”阵列方式。选择图 10-48 中的倾斜矩形为阵列对象，设置行数为 3，列数为 1，行偏移为 0.9，其他参数按照系统默认值即可。阵列结果如图 10-49 所示，即完成用户终端图形符号的绘制。

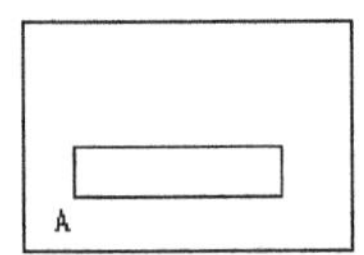

图 10-46 绘制矩形

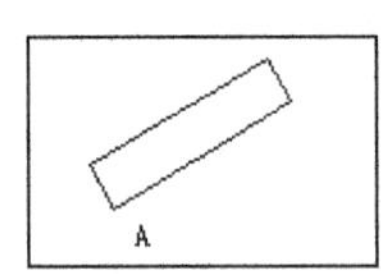

图 10-47 旋转矩形

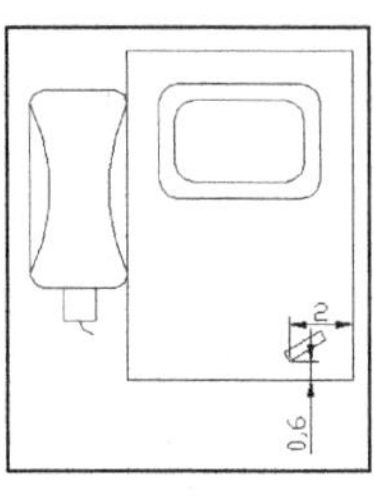

图 10-48 平移结果

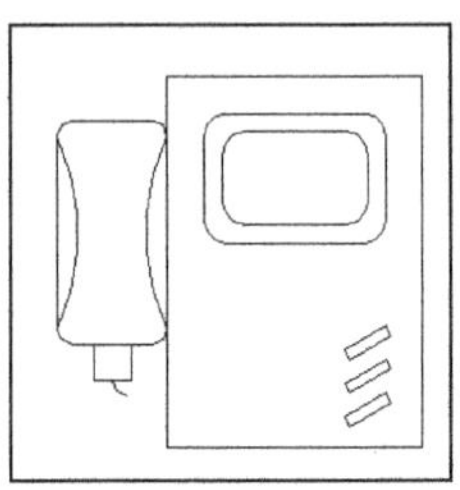

图 10-49 阵列结果

10.2.4 绘制联网控制器

联网控制器安装在地下一层，用于控制该单元各个楼层的可视系统，其图形如图 10-50 所示。在最终组合图形时，应使用“缩放”命令将该图形放大 10 倍。

具体绘制步骤如下。

01 调用“矩形”命令，依次绘制矩形 1~4，各个矩形的尺寸如下。

矩形 1：长为 2.5，宽为 0.8；

矩形 2：长为 1，宽为 0.5；

矩形 3：长为 3，宽为 2；

矩形 4：长为 0.6，宽为 1.2。

执行完毕后，调用“平移”命令，将这 4 个矩形平移到如图 10-51 所示的位置。由于电气系统图对尺寸没有严格的要求，因此只要大致平移至图中相应的位置即可。

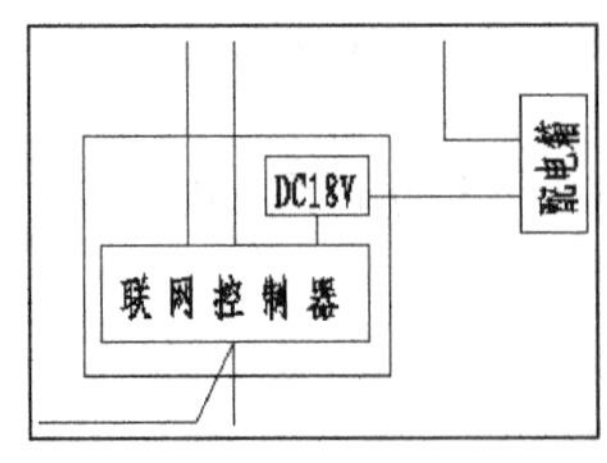

图 10-50 联网控制器

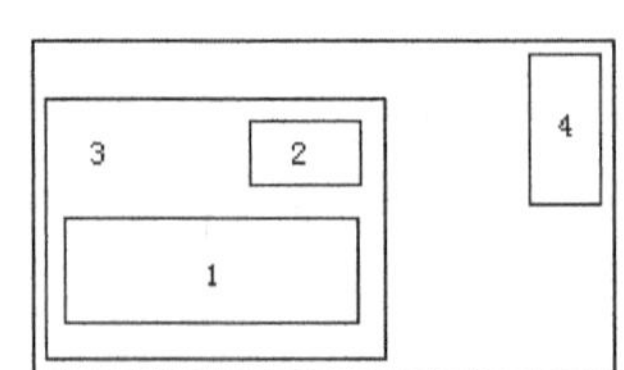

图 10-51 绘制矩形

02 切换“支线”为当前图层。单击状态栏中的“正交”按钮，进入正交绘图状态。调用“直

线”命令，依次绘制 7 条正交直线，效果如图 10-52 所示。

03 单击状态栏中的“极轴”按钮，进入极轴绘图状态。调用“直线”命令，以图 10-52 中 A 点为起点，绘制一条与 X 轴成-120° 的直线。然后以直线的末点为起点向左绘制一条水平直线。绘制效果如图 10-53 所示。

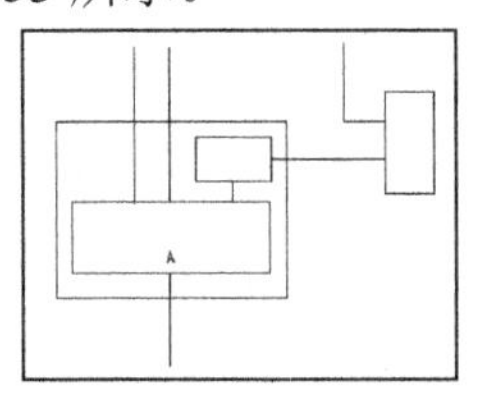

图 10-52　绘制导线

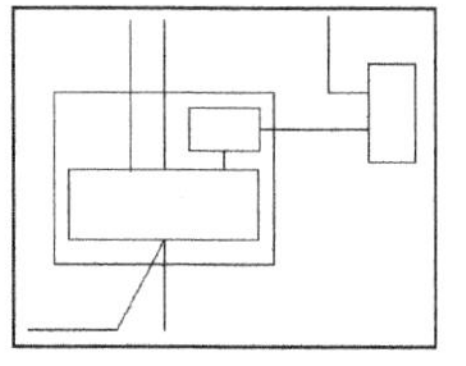

图 10-53　绘制导线

04 选择主菜单中的“格式”|“文字样式”命令，弹出“文字样式”对话框。

05 单击对话框右上角的“新建”按钮，弹出“新建文字样式”对话框。在“样式名”文本框中输入“样式 1”，然后单击“确定”按钮，返回“文字样式”对话框。

06 在对话框中设置文字字体为“仿宋_GB2312”，高度为 3，其他选项按照系统默认设置即可。然后在左侧样式列表框中选中“样式 1”，并依次单击“置为当前”和“确定”按钮。

07 调用“多行文字”命令，在图 10-53 中相应矩形内部添加相应的文字。调用“平移”命令将文字“联网控制器”和“DC18V”平移到矩形中心位置处。调用“旋转”命令将文字“配电箱”旋转 90°，完成效果如图 10-50 所示，即完成联网控制器的绘制。

10.2.5　绘制大门主机

大门主机安装在每个单元的一楼入口处，其图形如图 10-54 所示。应使用“缩放”命令将其放大 10 倍。

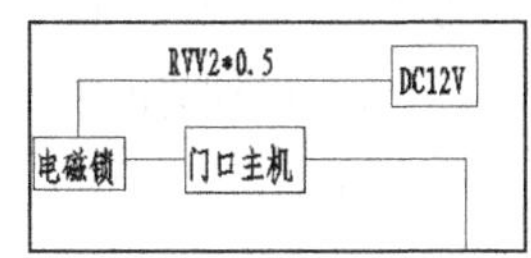

图 10-54　大门主机

具体绘制步骤如下。

01 调用“矩形”命令，依次绘制矩形 1~3，各个矩形的尺寸如下。

矩形 1：长为 1，宽为 0.5；

矩形 2：长为 1.3，宽为 0.7；

矩形 3：长为 0.9，宽为 0.7。

执行完毕后，调用“平移”命令，将这 3 个矩形平移到如图 10-55 所示的位置。由于电气系统图对尺寸没有严格的要求，因此只要大致平移至图中相应的位置即可。

02 单击状态栏中的“正交”按钮，进入正交绘图状态。调用“直线”命令，依次绘制 5 条正交直线，效果如图 10-56 所示。

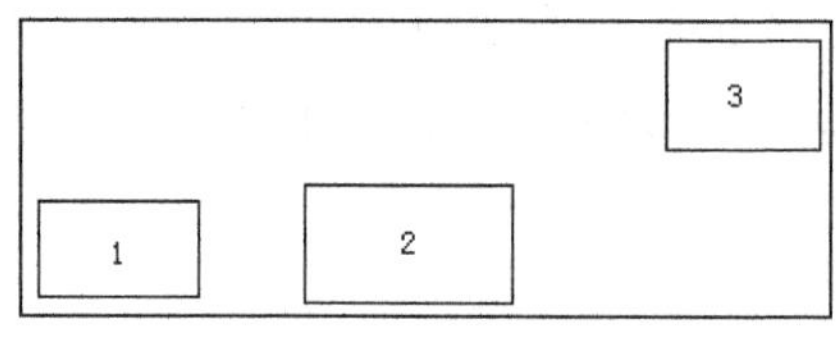

图 10-55 绘制矩形

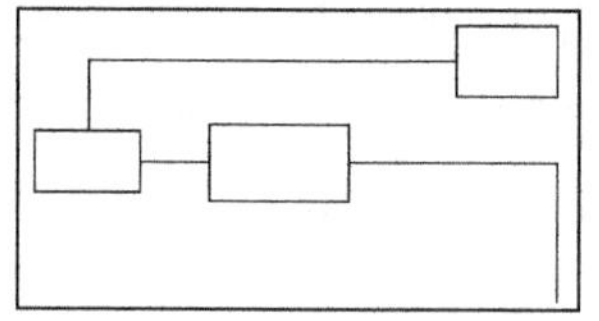

图 10-56 绘制直线

03 调用“多行文字”命令A，在图 10-56 中相应矩形内部添加相应的文字。然后调用“平移”命令✥，将文字平移至各矩形中心位置处，完成效果如图 10-54 所示，即完成大门主机的绘制。

10.2.6 绘制楼宇分配器

每层楼安装有一个楼宇分配器，通过楼宇分配器将每层的若干个用户终端连接起来，其图形如图 10-57 所示。

图 10-57 楼宇分配器

其具体绘制步骤如下。

01 调用“矩形”命令▭，绘制两个矩形，其中矩形 1 的长为 2.8、宽为 1.2；矩形 2 的长为 2.5、宽为 0.9。然后调用“平移”命令✥，将矩形 2 平移至矩形 1 内部的中心位置，完成效果如图 10-58 所示。

02 调用“直线”命令╱，分别用鼠标捕捉矩形 2 的 4 条边的中点，向不同的方向绘制 4 条直线。其中直线 1 和 3 为水平直线，长度均为 1.2；直线 2 和 4 为竖直直线，长度均为 1。绘制效果如图 10-59 所示。绘制完成后，将如图 10-59 所示的图形使用“缩放”命令放大 10 倍。

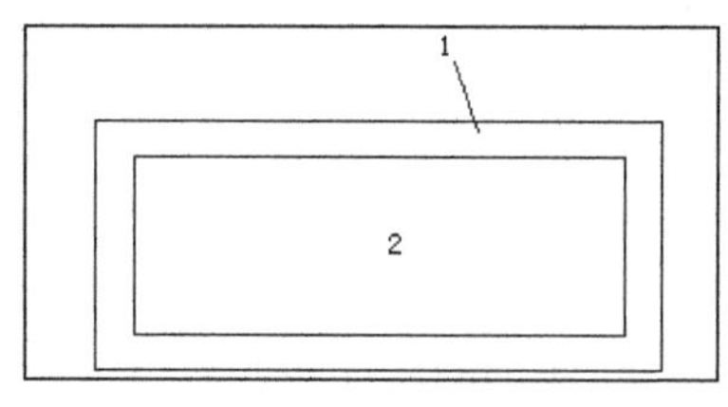

图 10-58 绘制并平移矩形

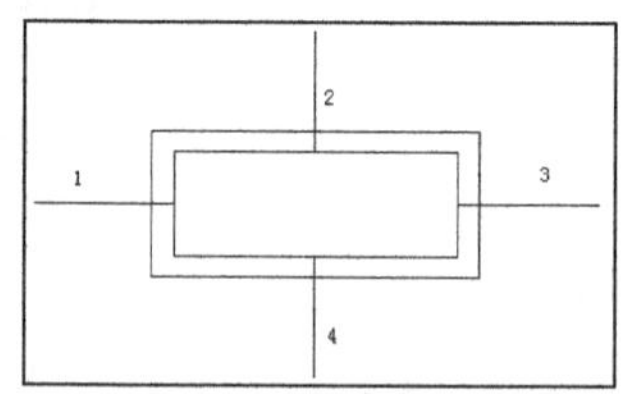

图 10-59 绘制直线

03 调用“平移”命令✥，将图 10-49 中的图形平移过来，平移基点为用户终端右侧竖直直线中点，平移第二点为图 10-59 中直线 1 左侧端点，完成效果如图 10-60 所示。

04 调用“镜像”命令⏃，命令行提示如下。

```
命令: _mirror //执行镜像命令
选择对象: 指定对角点: 找到 47 个 //用鼠标框选步骤03平移过来的图形
```

```
选择对象:   //按 Enter 键结束拾取
指定镜像线的第一点:   //依次用鼠标捕捉直线 2 的上、下端点
指定镜像线的第二点:
要删除源对象吗? [是(Y)/否(N)] <N>:  //按 Enter 键
```

执行完毕后，镜像结果如图 10-61 所示。

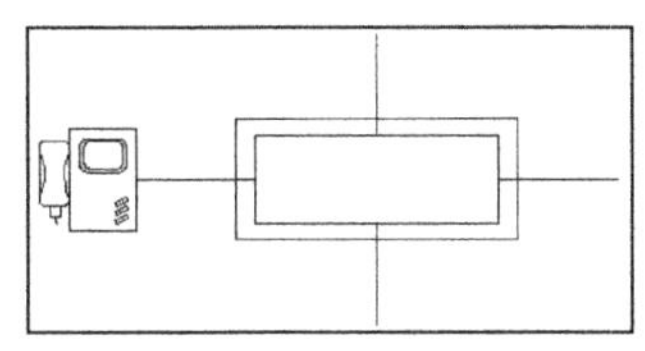

图 10-60　平移结果

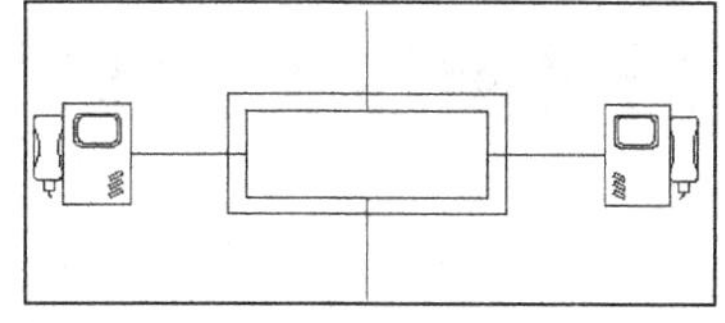

图 10-61　镜像结果

05 调用“多行文字”命令**A**，在图 10-61 中矩形 2 内部添加相应的文字。然后调用“平移”命令，将文字平移到矩形 2 的中心位置处，完成效果如图 10-57 所示，即完成楼宇分配器的绘制。

10.2.7 组合图形

01 调用“平移”命令，依次将楼宇分配器、联网控制器和大门主机等按照由上至下的顺序组合，并添加相应的导线将它们连接起来，完成效果如图 10-62 所示。

02 调用“矩形阵列”命令，选择“计数”阵列方式。选择步骤**01**平移过来的电气原件以及添加的导线为阵列对象，设置行数为 1，列数为 3，列偏移为 12，其他参数按照系统默认值即可，阵列效果如图 10-63 所示。

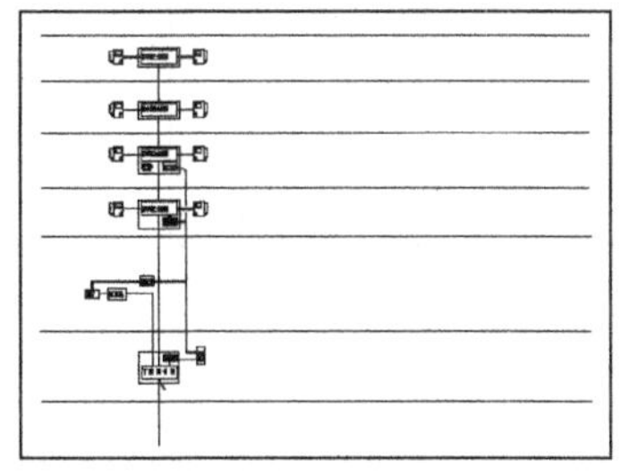

图 10-62　平移结果

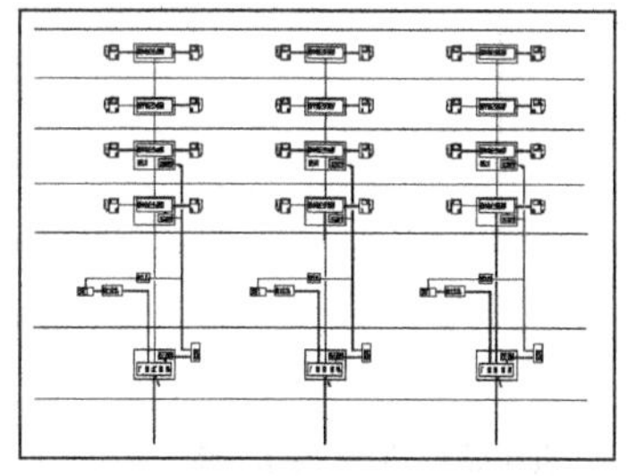

图 10-63　阵列结果

03 调用“直线”命令，在图 10-63 的下侧将相关接线头连接起来，完成效果如图 10-64 所示。

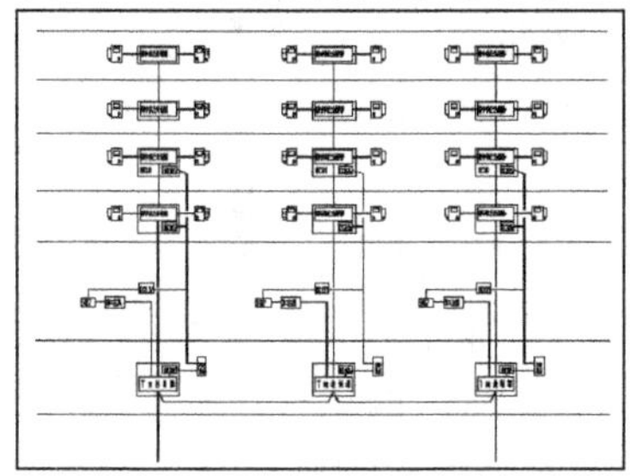

图 10-64　添加导线

10.2.8 添加文字注释

调用“多行文字”命令A，在图 10-64 中的各个位置添加相应的文字，并调用“平移”命令，将文字平移到如图 10-31 所示的位置，即完成整张图纸的绘制。

10.3 居民楼抄表系统图绘制

随着科学的发展，远程智能抄表系统已经越来越多地应用到建筑电气中。远程抄表系统结合传感技术、射频技术和微电子技术等，通过无线通信传输水量信号、气量信号，并利用现有广泛使用的电话网及计算机，将数据发送给管理端，以完成数据处理。

如图 10-65 所示为某居民楼的抄表系统图。本节将详细介绍其绘制方法。

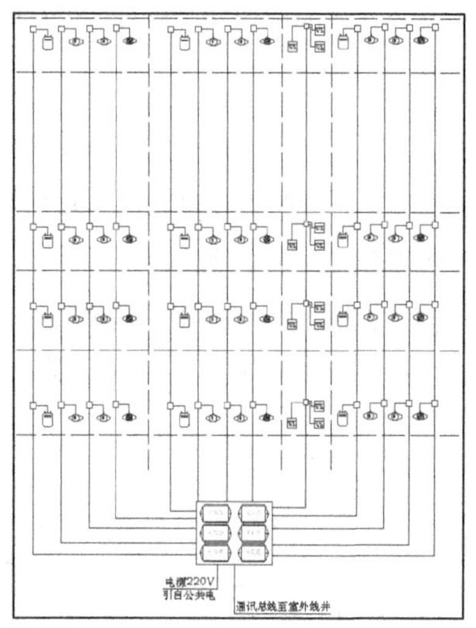

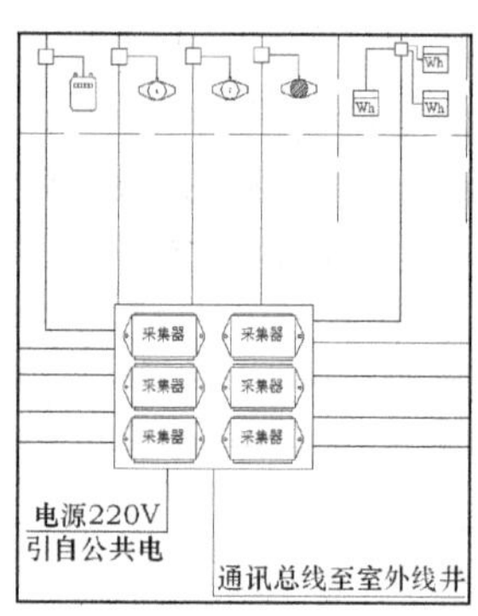

图 10-65 居民楼抄表系统图

10.3.1 配置绘图环境

01 打开 AutoCAD 2014 应用程序。以“A2.dwt”样板文件为模板，建立新文件。

02 新文件命名为“居民楼抄表系统图.dwg”并保存。

03 在任意工具栏处右击，从打开的快捷菜单中选择“标准”、“图层”、“对象特性”、“绘图”、“修改”和“标注”6 个选项。调出这些选项的工具栏，并将它们移动到绘图窗口中的适当位置。

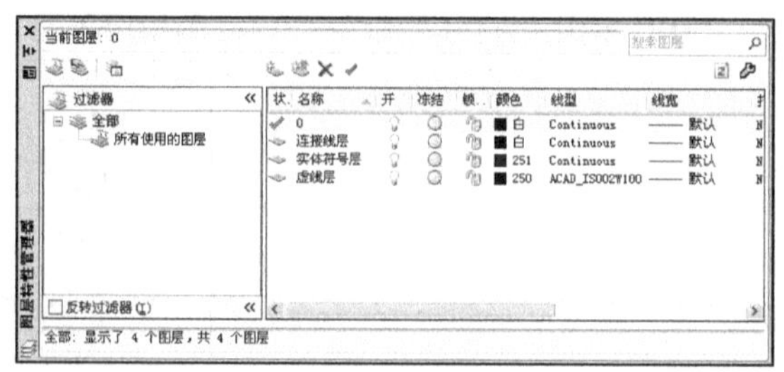

图 10-66 新建图层

04 选择主菜单中的“格式”|“图层”命令，新建 “实体符号层”、“虚线层”和“连接线层” 3 个图层。各图层的颜色，线型及线宽设置如图 10-66 所示。然后将“虚线层”设置为当前图层。

10.3.2　绘制图纸布局

01 调用“直线”命令，绘制一条长度为 233 的水平直线 1，效果如图 10-67 所示。

02 调用“偏移”命令，以直线 1 为起始，依次向下绘制直线 2~6。每次偏移均以上一条直线为起始，偏移量依次为 27.5、70、34、40 和 43，偏移结果如图 10-68 所示。

图 10-67　绘制水平直线

03 调用“直线”命令，分别捕捉直线 1 和 6 的左端点绘制竖直直线 7，效果如图 10-69 所示。

04 调用“拉长”命令，将直线 7 向上和向下分别拉长 5 和 17，拉长效果如图 10-70 所示。

05 调用“偏移”命令，以直线 7 为起始，向右绘制 3 条竖直直线。每次偏移均以上一条直线为起始，偏移量依次为 70、70 和 26。然后删除直线 7，完成效果如图 10-71 所示。

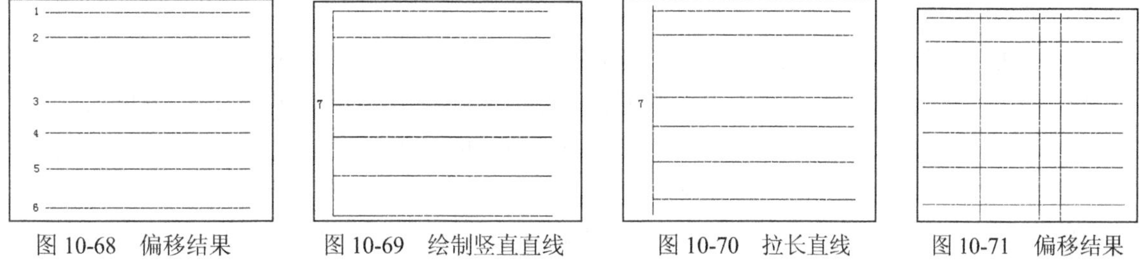

图 10-68　偏移结果　　图 10-69　绘制竖直直线　　图 10-70　拉长直线　　图 10-71　偏移结果

10.3.3　绘制电气元件

1. 绘制气表

01 调用“矩形”命令，绘制一个长为 5.1、宽为 6.5 的矩形，效果如图 10-72 所示。

02 调用“圆角”命令，对矩形的 4 个角进行倒圆角，指定半径为 0.8，倒圆角效果如图 10-73 所示。

03 调用“矩形”命令，绘制一个长和宽均为 0.7 的矩形，效果如图 10-74 所示。

04 调用“平移”命令，将步骤 03 绘制的矩形平移至图 10-73 中，平移位置如图 10-75 所示。

05 调用“矩形阵列”命令，选择“计数”阵列方式，选择步骤 04 平移过来的矩形为阵列对象，设置行数为 1，列数为 5，列偏移为 0.7，其他参数按照系统默认值即可。阵列结果如图 10-76 所示。

06 调用“矩形”命令，依次以图 10-76 中的 A、B 两点为角点，绘制两个长为 0.5、宽为 0.8 的矩形，绘制效果如图 10-77 所示，即完成气表图形符号的绘制。

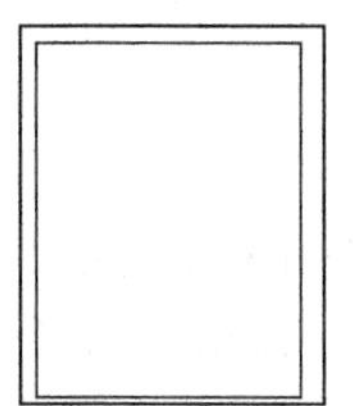

图 10-72　绘制矩形

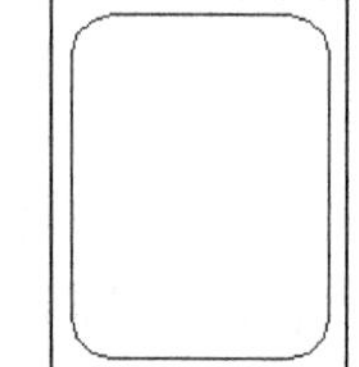

图 10-73　倒圆角效果

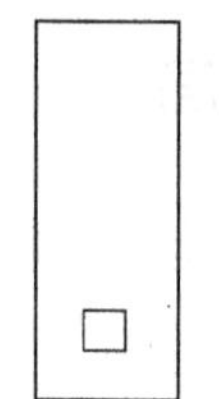

图 10-74　绘制矩形

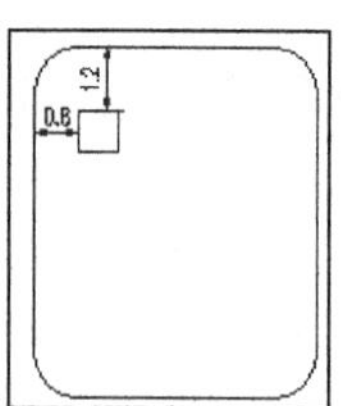

图 10-75　平移结果

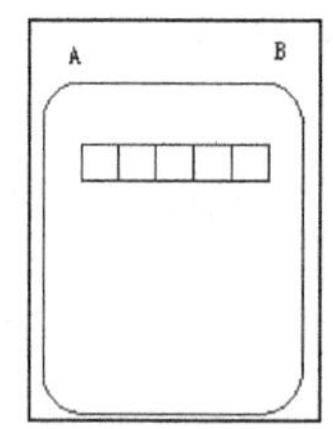

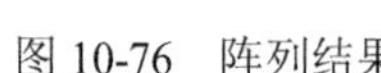

图 10-76　阵列结果

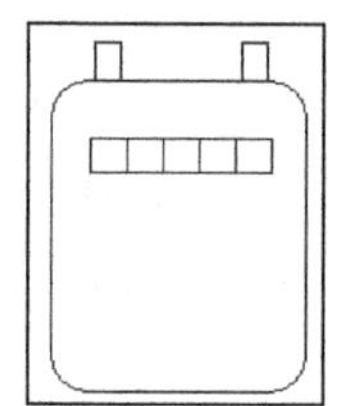

图 10-77　绘制矩形

2. 绘制冷水表

01 调用“圆”命令，绘制一个半径为 1.75 的圆，效果如图 10-78 所示。

02 调用“直线”命令，绘制圆的水平和竖直的两条直径直线，效果如图 10-79 所示。

03 调用“多线段”命令，依次绘制一条长度为 0.8 的水平直线，以及一条与 X 轴方向成 22°角、长度为 3 的直线，绘制效果如图 10-80 所示。

04 调用“镜像”命令，拾取步骤**03**绘制的两条直线为镜像对象。拾取直线 2 的左右端点为镜像线上两点绘制另外两条直线，镜像效果如图 10-81 所示。

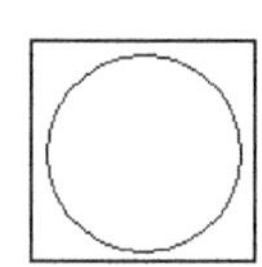

图 10-78　绘制圆

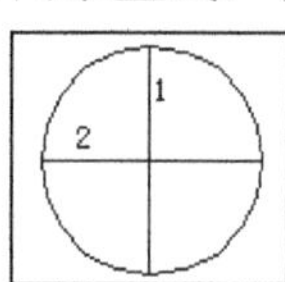

图 10-79　绘制直线

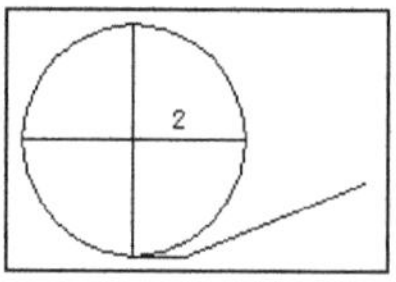

图 10-80　绘制直线

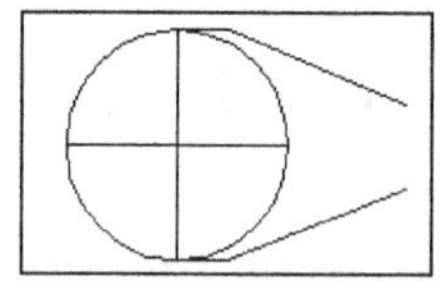

图 10-81　镜像效果

05 调用“直线”命令，用鼠标捕捉图 10-81 中两条斜线的右侧端点作为第一点和第二点绘制一条直线，效果如图 10-82 所示。

06 调用“镜像”命令，依次拾取步骤**03**至步骤**05**绘制的 5 条直线为镜像对象。拾取直线 1 的上下端点为镜像线上两点绘制另一侧的直线，镜像效果如图 10-83 所示。

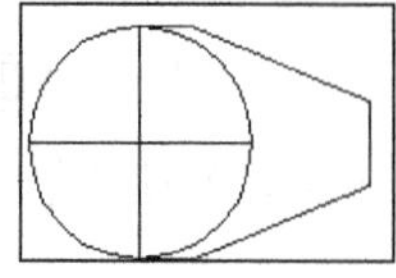

图 10-82　绘制直线

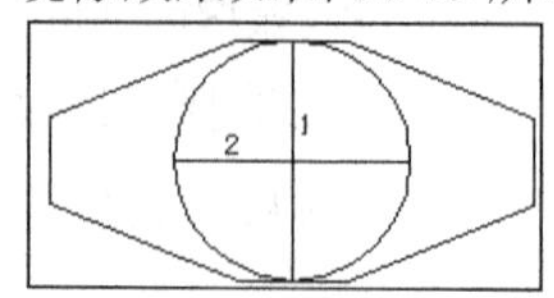

图 10-83　镜像直线

07 调用“删除”命令，删除图 10-83 中的直线 1 和 2，效果如图 10-84 所示。

08 调用“矩形”命令，绘制矩形 1 和 2。其中矩形 1 的长和宽均为 0.3；矩形 2 的长为 0.3，宽为 0.5。效果如图 10-85 所示。

09 选择主菜单栏中的“绘图”|“图案填充”命令，弹出“图案填充和渐变色”对话框。

10 单击“图案”选项右侧的按钮，弹出“填充图案选项板”对话框。在“其他预定义”选项卡中选择 SOLID 图案，单击“确定”按钮，返回“图案填充和渐变色”对话框。

11 单击“选择对象”按钮，暂时返回绘图窗口中进行选择。选择步骤**08**绘制的矩形 1，如图 10-86 所示。按 Enter 键再次返回“图案填充和渐变色”对话框，单击“确定”按钮，完成矩形的填充，效果如图 10-87 所示。

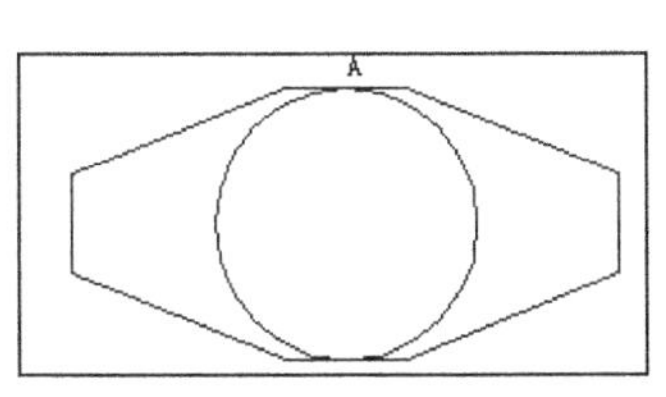

图 10-84　删除直线

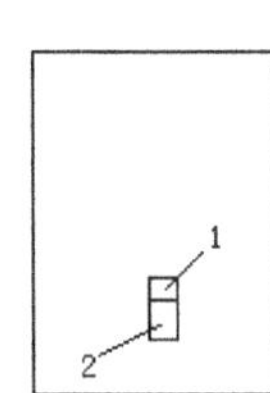

图 10-85　绘制矩形

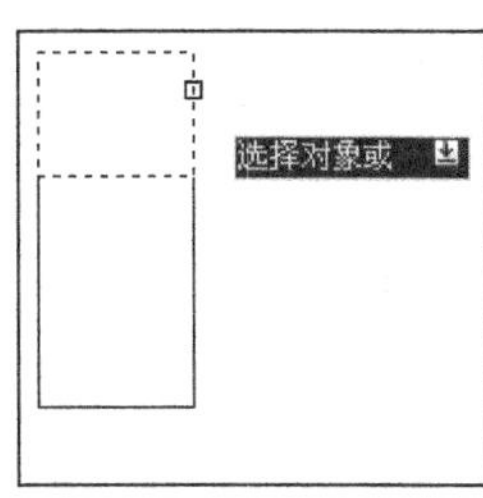

图 10-86　拾取矩形

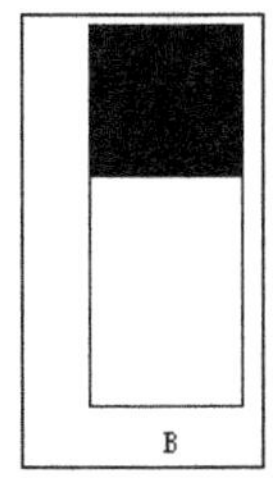

图 10-87　完成填充

12 调用“平移”命令，用鼠标拾取图 10-87 中的图形为平移对象，并捕捉图中 B 点为平移基点。捕捉图 10-84 中的 A 点为平移第二点做平移操作，平移结果如图 10-88 所示。

13 新建一个文字样式，样式名为“水表样式”，设置文字字体为“宋体”，高度为 2，其他选项按照系统默认设置即可，然后将其设置为当前字体。

14 调用“多行文字”命令**A**，在如图 10-88 所示图形的圆内添加文字“1”，并调用“平移”命令。将文字平移到如图 10-89 所示的位置，即完成冷水表 1 的绘制。

15 利用和步骤**12**至步骤**14**类似的方法绘制另外一个冷水表，完成效果如图 10-90 所示。

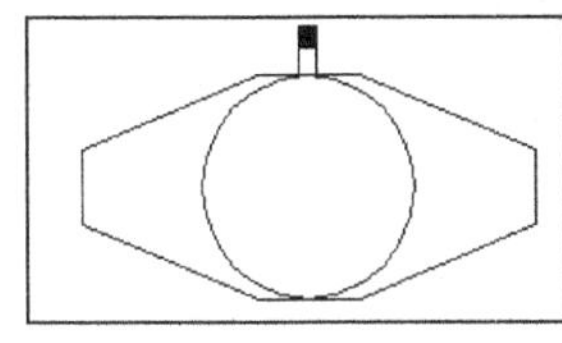

图 10-88　平移结果

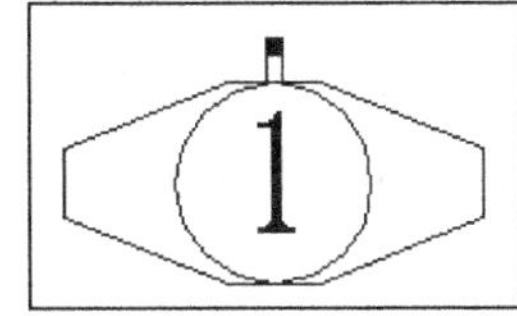

图 10-89　完成冷水表 1

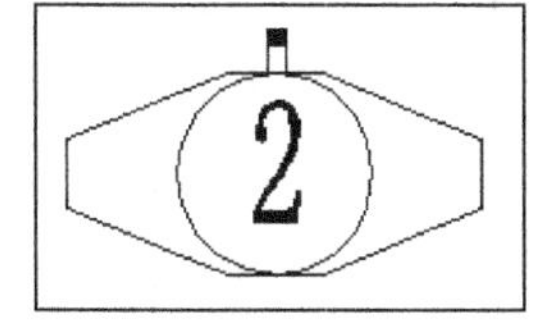

图 10-90　完成冷水表 2

3．绘制热水表

01 调用“复制”命令，将冷水表复制 1 份，并删除圆内的数字，完成效果如图 10-91 所示。

02 选择主菜单栏中的“绘图”|“图案填充”命令，或者单击“绘图”工具栏中的按钮，又或在命令行中输入 BHATCH 后按 Enter 键，弹出“图案填充和渐变色”对话框。

03 设置填充图案为 ANSI31，填充比例为 0.05，角度为 0。单击“选择对象”按钮，暂时返回绘图窗口中进行选择。选择图 10-91 中的圆，如图 10-92 所示。按 Enter 键再次返回“图案填充和渐变色”对话框，单击“确定”按钮，完成效果如图 10-93 所示，即完成热水表的绘制。

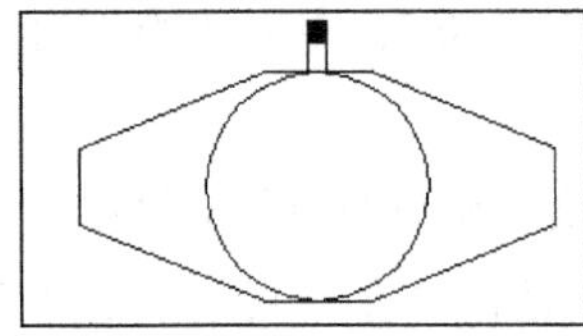

图 10-91　复制结果

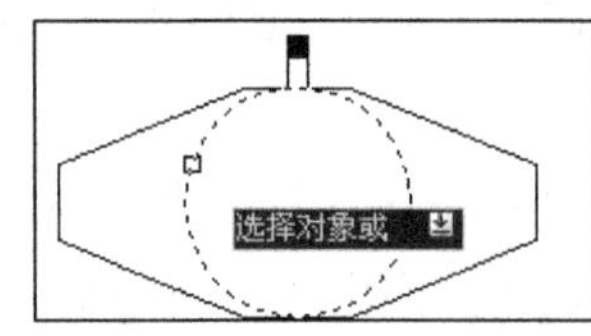

图 10-92　拾取圆

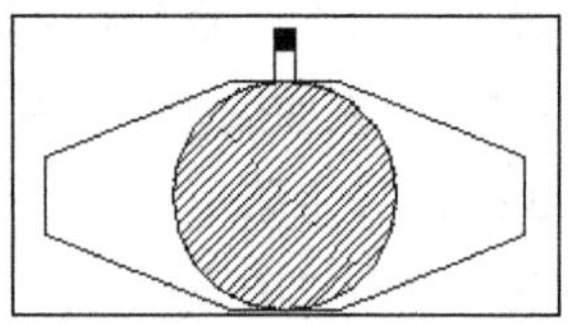

图 10-93　完成绘制

4. 绘制 25 路采集器

01 调用“矩形”命令，依次绘制矩形 1 和 2。其中矩形 1 的长为 12，宽为 9；矩形 2 的长为 13，宽为 8。绘制效果如图 10-94 所示。

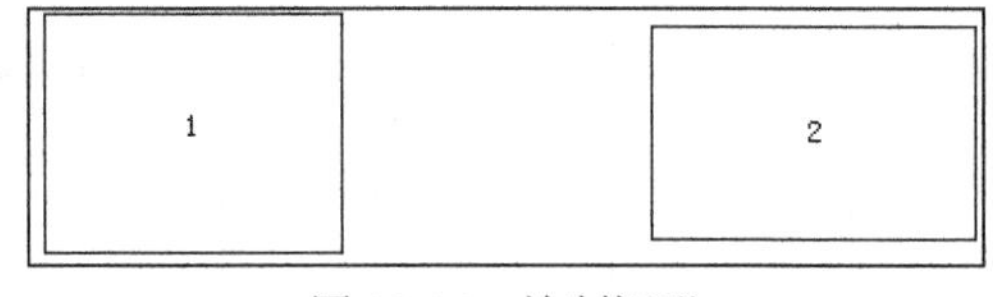

图 10-94　绘制矩形

02 调用“平移”命令，拾取矩形 2 为平移对象，拾取矩形 2 左侧边的中点为平移基点，拾取矩形 1 的左侧边中点为平移第二点做平移操作，平移效果如图 10-95 所示。

03 继续调用“平移”命令，拾取矩形 2 为平移对象，并指定平移位移为(-0.5,0,0)，平移效果如图 10-96 所示。

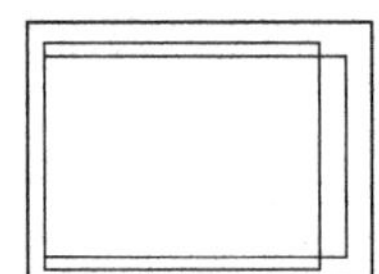

图 10-95　平移矩形

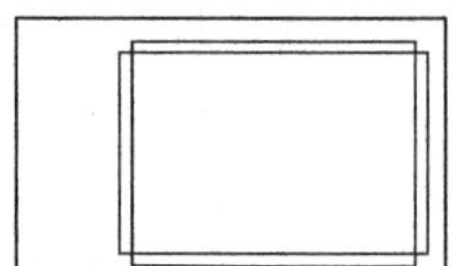

图 10-96　平移矩形

04 调用“修剪”命令，对矩形进行修剪，修剪结果如图 10-97 所示。

05 单击状态栏中的“极轴”按钮。分别以矩形 2 的 4 个角点为起点，绘制 4 段长度为 4，与矩形竖直边成 25° 角的直线，绘制效果如图 10-98 所示。

图 10-97　修剪结果

图 10-98　绘制直线

06 调用“直线”命令，分别捕捉步骤**05**绘制的直线的端点，绘制 2 条竖直直线，效果如图 10-99 所示。

07 调用“圆”命令，分别以矩形 2 的左右两侧竖直边中点为圆心，绘制两个半径均为 0.3

的圆，效果如图 10-100 所示。

08 调用“平移”命令，将圆 O1 向左平移 1，将圆 O2 向右平移 1，平移结果如图 10-101 所示。

图 10-99　绘制竖直直线

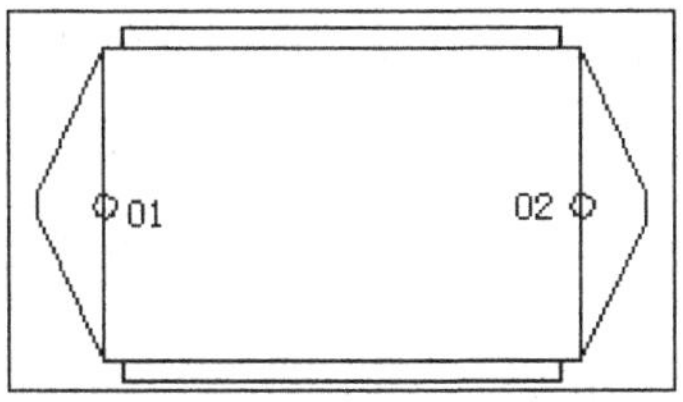

图 10-100　绘制圆

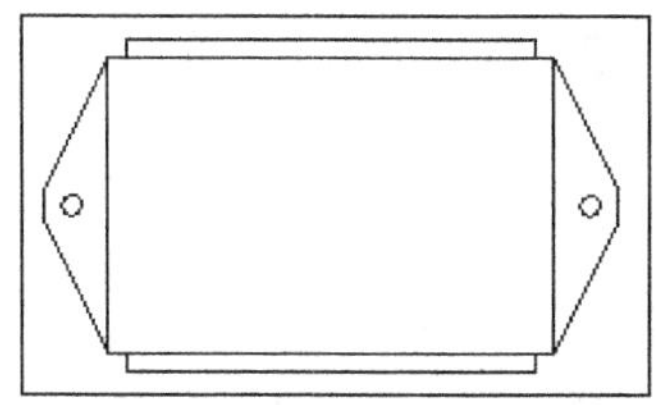

图 10-101　平移结果

09 新建一个文字样式，样式名为“采集器样式”。设置文字字体为“华文中宋”，高度为 3，其他选项按照系统默认设置即可，然后将其设置为当前字体。

10 调用“多行文字”命令A，在如图 10-101 所示的图形矩形内添加文字“采集器”，并调用“平移”命令，将文字平移到矩形中心位置，即完成 25 路采集器的绘制。

5. 绘制楼层采集器

01 调用“矩形”命令，绘制矩形 1~7，各个矩形的尺寸如下。

矩形 1、4、6：长为 5，宽为 1.5；

矩形 2、5、7：长为 5，宽为 3.5；

矩形 3：长为 2.5，宽为 2.5。

完成效果如图 10-102 所示。

02 调用“直线”命令，在正交方式下，依次绘制几条直线将图 10-102 中的矩形连接起来，完成效果如图 10-103 所示。

03 新建一个文字样式，设置文字字体为 Times New Roman，高度为 2，其他选项按照系统默认设置即可，然后将其设置为当前字体。

04 调用“多行文字”命令A，在图 10-104 中矩形 2、5 和 7 的内部添加相应的文字。并调用“平移”命令，将文字平移到矩形的中心位置，完成效果如图 10-104 所示，即完成楼层采集器的绘制。

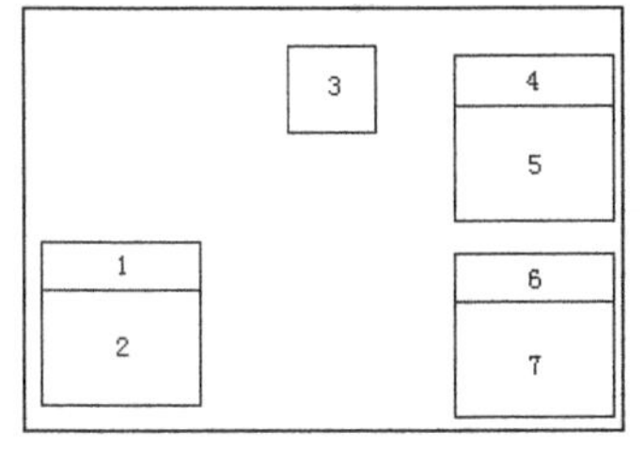

图 10-102　绘制矩形

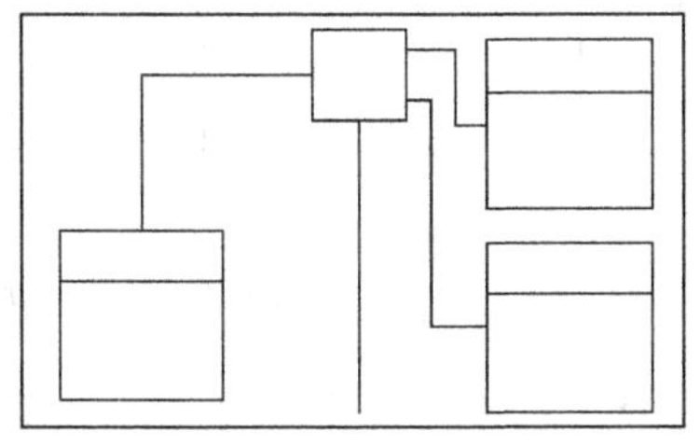

图 10-103　绘制连接线

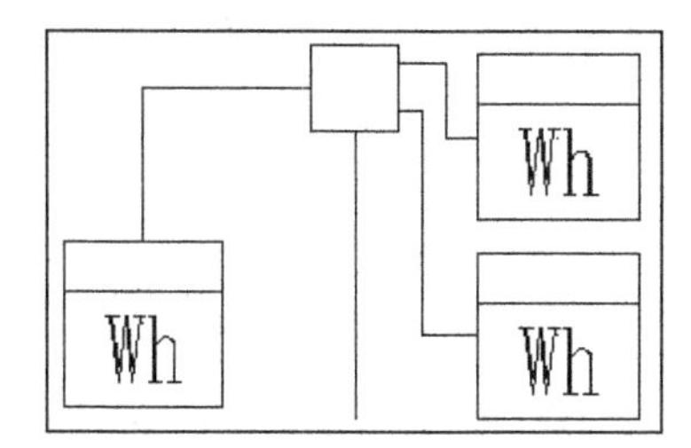

图 10-104　完成绘制

10.3.4 组合图形

01 调用“直线”命令，绘制一条长度为 225 的竖直直线，效果如图 10-105 所示。

02 调用“矩形”命令，绘制一个长和宽均为 3 的矩形。调用“平移”命令，选择矩形上侧边的中点为平移第一点，拾取竖直直线的上端点为平移第二点做平移操作，将矩形平移至直线上端点处。然后调用“复制”命令，将矩形复制 3 份，并分别向下平移 100、140 和 190，完成效果如图 10-106 所示。

03 调用“修剪”命令，对直线和矩形进行修剪，修剪结果如图 10-107 所示。

04 调用“直线”命令，依次以各矩形右侧边的中点为起点，向右和向下绘制长度分别为 6 和 4 的直线，绘制效果如图 10-108 所示。

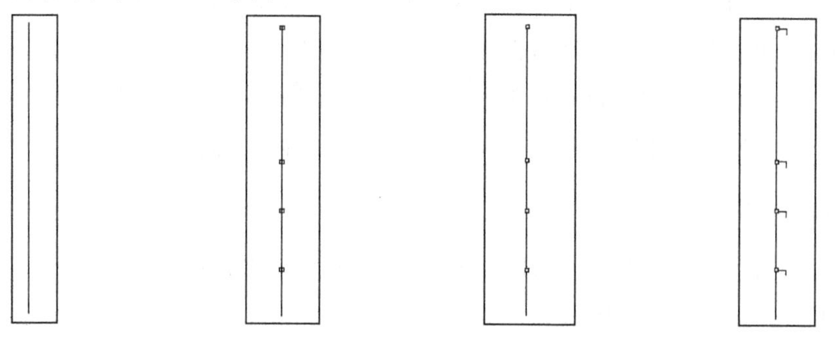

图 10-105 绘制竖直直线　图 10-106 添加矩形　图 10-107 修剪结果　图 10-108 绘制直线

05 调用“复制”命令，将图 10-77 中的气表复制 4 份并平移到图形中，完成效果如图 10-109 所示，即完成气表支路的绘制。

06 用和前面类似的方法依次绘制冷水表 1 支路、冷水表 2 支路和热水表支路，完成效果如图 10-110 所示。

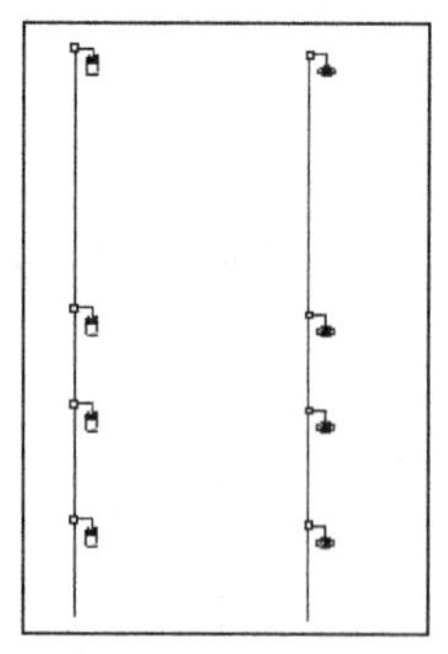

图 10-109 完成气表支路

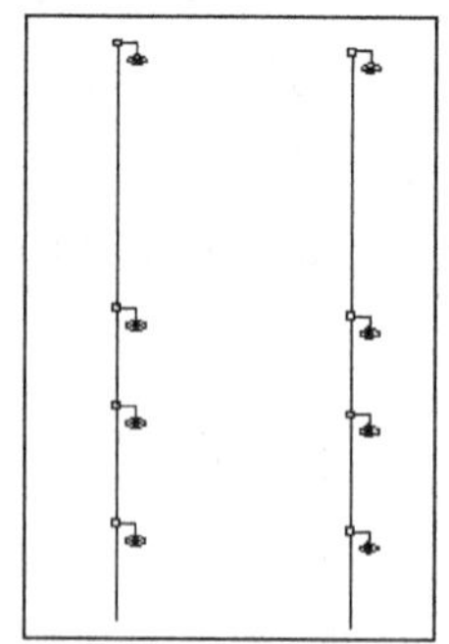

图 10-110 完成各个水表支路

07 调用“复制”命令和“平移”命令，将以上各个支路添加到如图 10-71 所示的图纸布局中，完成一个单元的仪表安装，效果如图 10-111 所示。

08 用和前面相同的方法绘制和安装另外 2 个单元仪表，完成效果如图 10-112 所示。

09 调用“复制”命令，将如图 10-104 所示的楼层采集器复制 4 份，并按照竖直方向排列。然后调用“直线”命令，绘制 3 条直线。3 条直线的长度分别为 90、23 和 30。将这 4 个楼层采集器连接起来，完成效果如图 10-113 所示。

10 调用“平移”命令，将采集器支路添加到图 10-112 中，完成效果如图 10-114 所示。

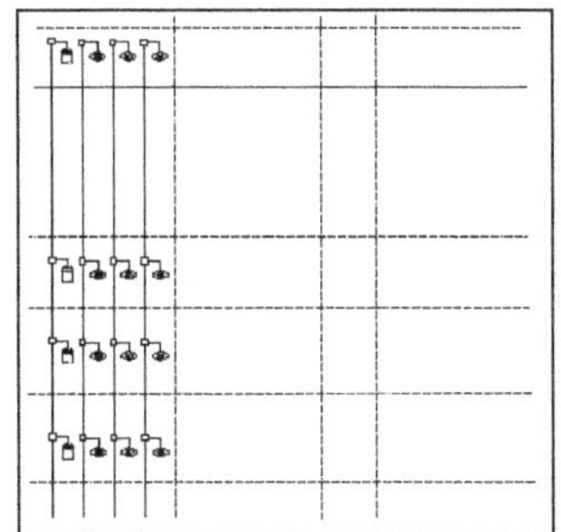

图 10-111　完成一个单元

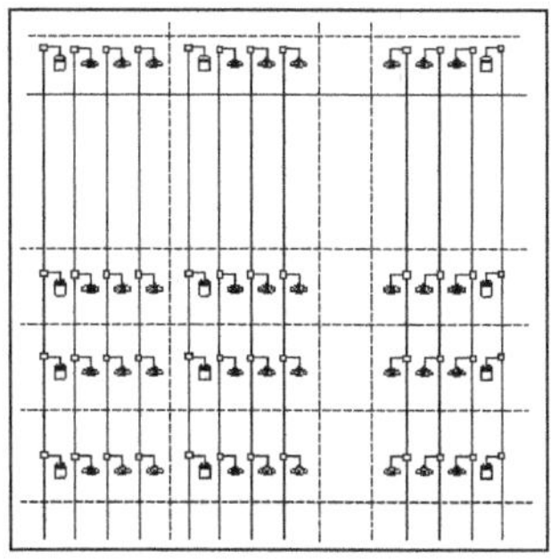

图 10-112　完成另外两个单元

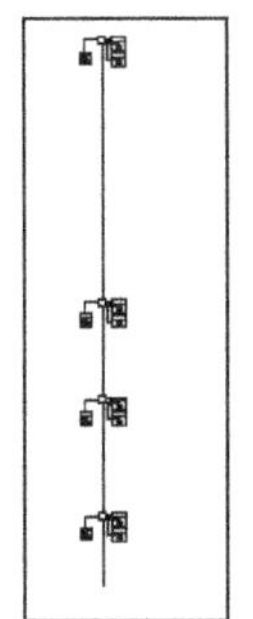

图 10-113　采集器支路

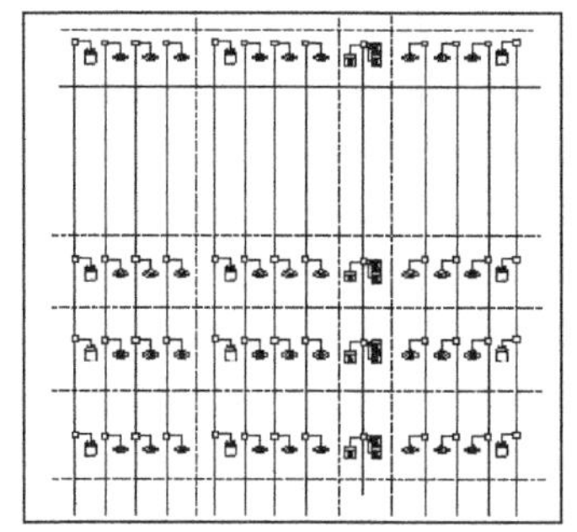

图 10-114　完成仪表绘制

11 调用“复制”命令，将如图 10-101 所示的 25 路采集器复制 1 份并平移到屏幕空白处，完成效果如图 10-115 所示。

12 调用“矩形阵列”命令，选择“计数”阵列方式。选择图 10-115 中的图形为阵列对象，设置行数为 3，列数为 2，行偏移为 10，列偏移为 20，其他参数按照系统默认值即可，阵列结果如图 10-116 所示。

13 调用“矩形”命令，绘制一个长为 40、宽为 32 的矩形。然后调用“平移”命令，将图 10-116 中的图形平移到矩形中，完成效果如图 10-117 所示。

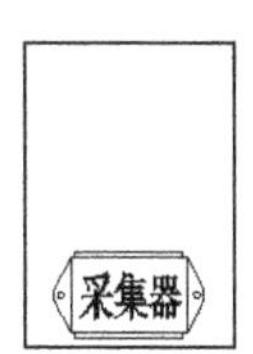

图 10-115　复制图形

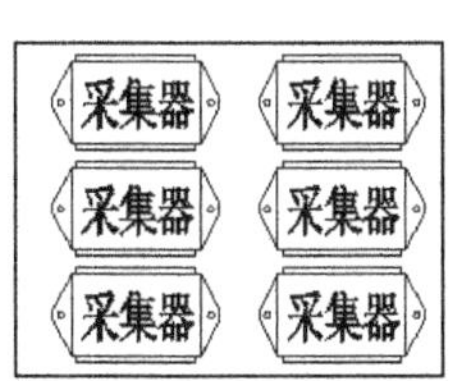

图 10-116　阵列结果

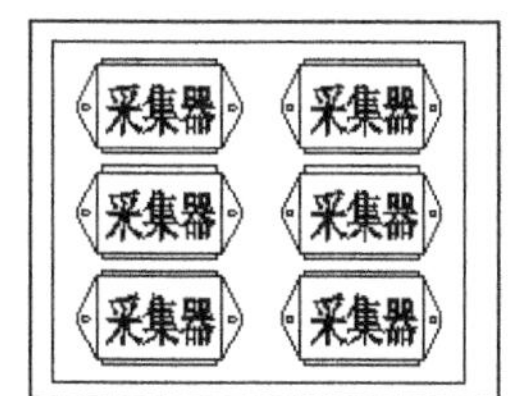

图 10-117　绘制矩形并平移图形

14 调用“平移”命令，将图 10-117 中的图形平移到图 10-114 的下方。

15 调用“直线”命令 ，在图中添加相应的导线将各个电气元件连接起来，完成效果如图 10-118 所示。

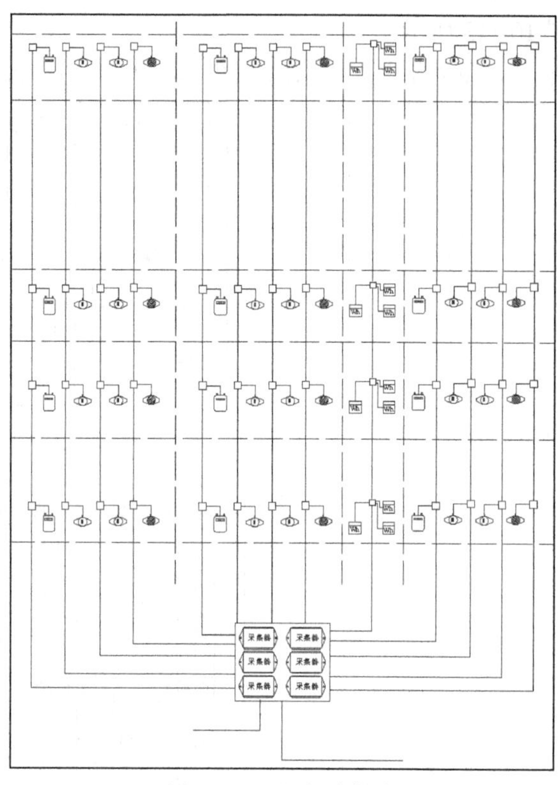

图 10-118　添加连接线

10.3.5　添加文字注释

01 新建两个文字样式：“说明文字样式”和“楼层文字样式”。其中“说明文字样式”字体为“华文中宋”，高度为 4；“楼层文字样式”字体为“宋体”，高度为 5。其他选项按照系统默认设置即可，然后将其设置为当前字体。

02 调用“多行文字”命令 A，在图 10-118 中的各个位置添加相应的文字，并调用“平移”命令 ，将文字平移到如图 10-65 所示的位置，即完成整张图纸的绘制。

附录 01　基本测试题

基础测试题 01：根据前视图和俯视图补画左视图。

素材：sample\附录 01\jccst001.dwg

多媒体：video\附录 01\jccst001.wmv

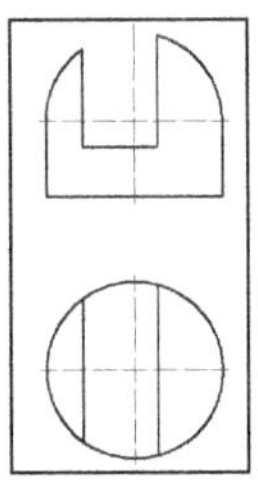

附 01-1　前视图与俯视图

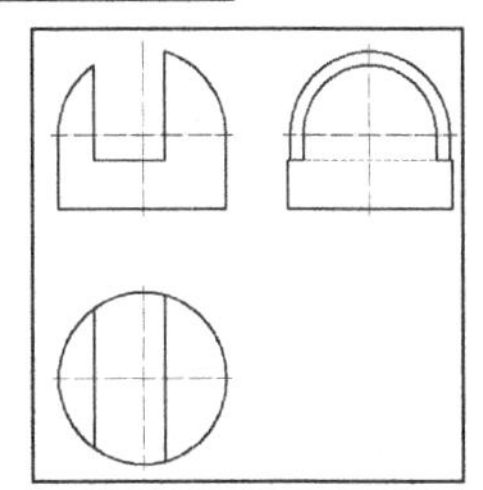

附 01-2　绘制完成的三视图

基础测试题 02：根据三视图绘制正等轴测图。

素材：sample\附录 01\jccst002.dwg

多媒体：video\附录 01\jccst002.wmv

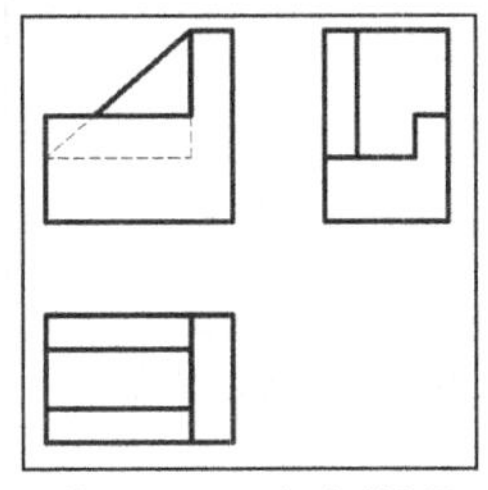

附 01-3　三视图效果

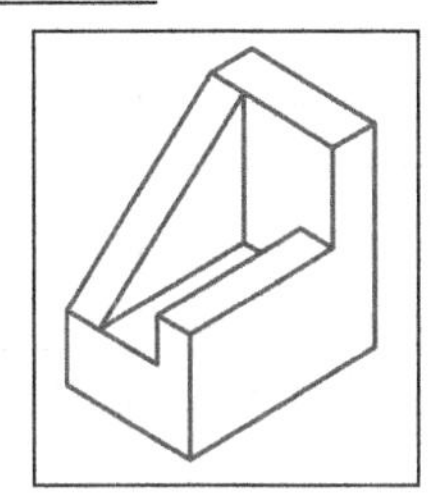

附 01-4　绘制完成的正等轴测图

基础测试题 03：根据已有的 a、c、d 点的投影完成 abcd 平面的投影。

素材：sample\附录 01\jccst003.dwg

多媒体：video\附录 01\jccst003.wmv

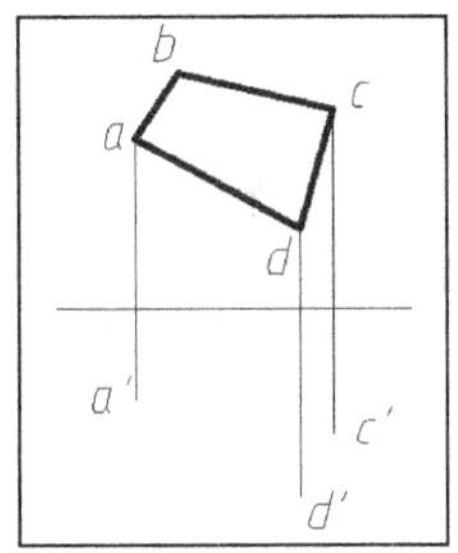

附 01-5　a、c、d 点的投影

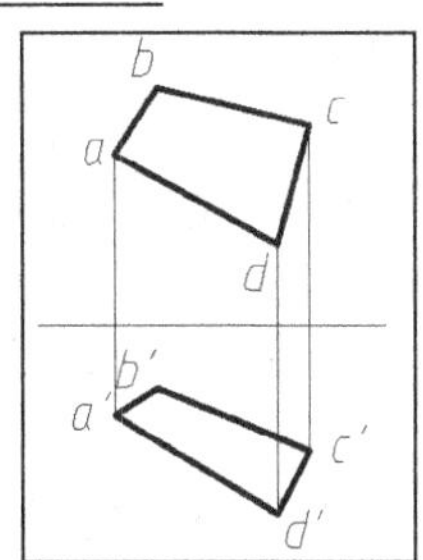

附 01-6　abcd 平面的投影

基础测试题 04：根据三视图绘制正等轴测图。

素材：sample\附录 01\jccst004.dwg

多媒体：video\附录 01\jccst004.wmv

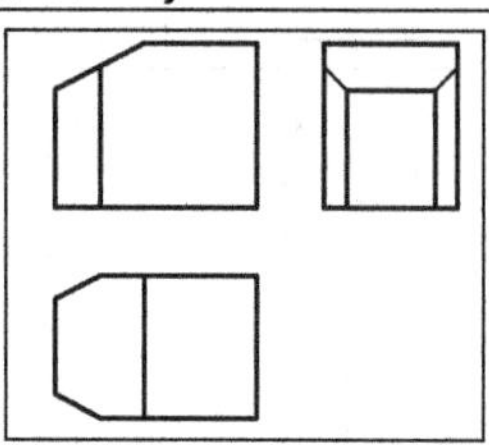

附 01-7　三视图效果

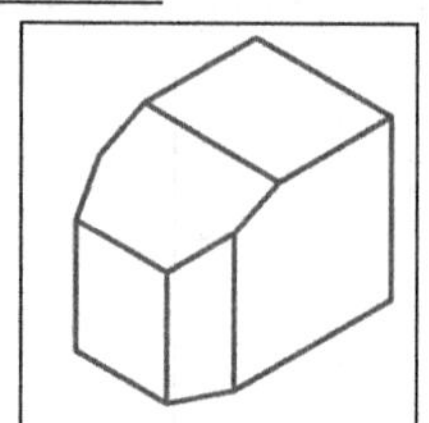

附 01-8　正等轴测图效果

基础测试题 05：指定平面上已知点的投影。

素材：sample\附录 01\jccst005.dwg

多媒体：video\附录 01\jccst005.wmv

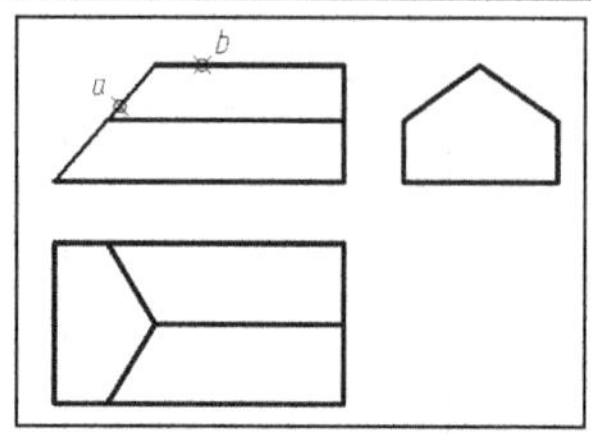

附 01-9　平面上的点

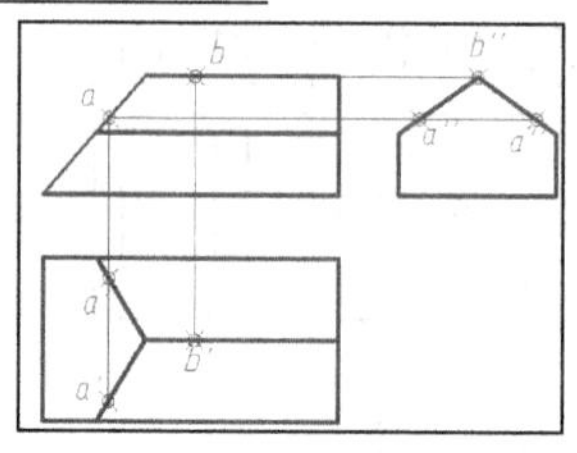

附 01-10　点的投影效果

基础测试题 06：根据前视图和俯视图补画左视图。

素材：sample\附录 01\jccst006.dwg

多媒体：video\附录 01\jccst006.wmv

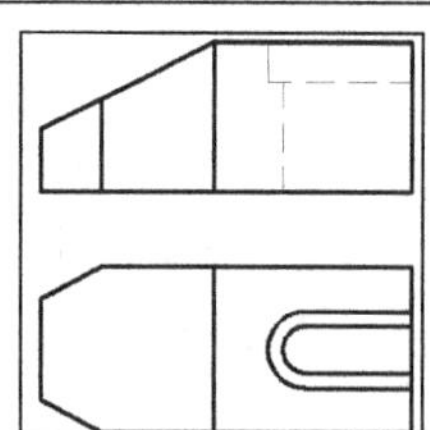

附 01-11　前视图和俯视图

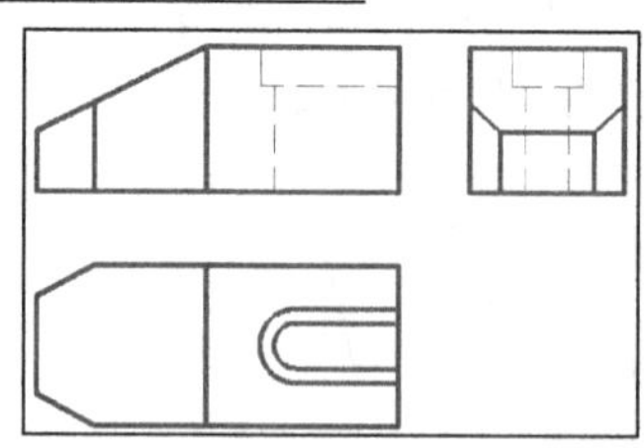

附 01-12　绘制完成的三视图

基础测试题 07：根据三视图绘制正等轴测图。

素材：sample\附录 01\jccst007.dwg

多媒体：video\附录 01\jccst007.wmv

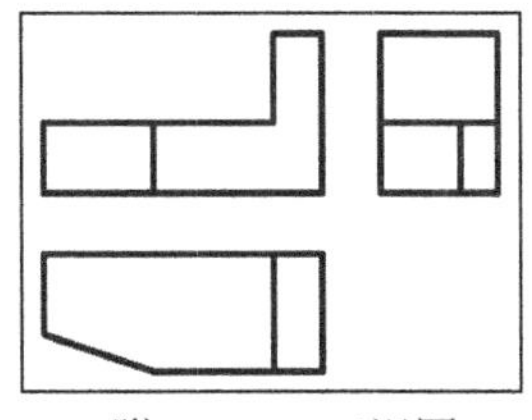

附 01-13　三视图

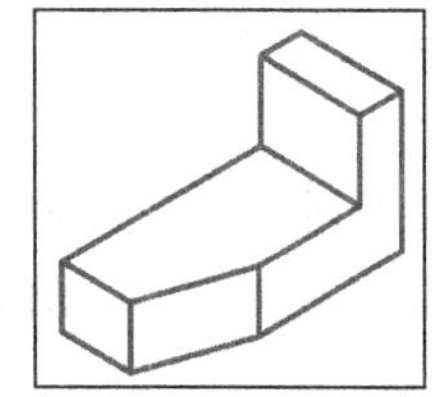

附 01-14　正等轴测图

基础测试题 08：根据现有图形绘制立体图形的相贯线。

素材：sample\附录 01\jccst008.dwg

多媒体：video\附录 01\jccst008.wmv

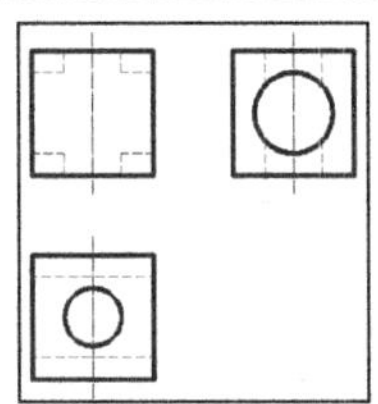

附 01-15　已完成的部分三视图

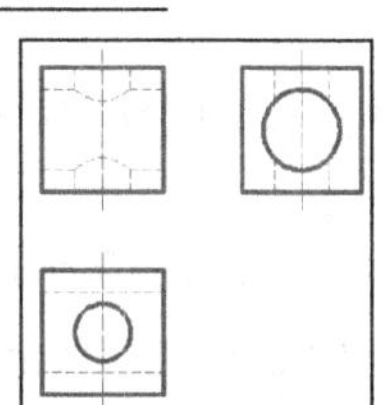

附 01-16　绘制完成的相贯线

基础测试题 09：参考已经绘制的视图绘制正等轴测图。

素材：sample\附录 01\jccst009.dwg

多媒体：video\附录 01\jccst009.wmv

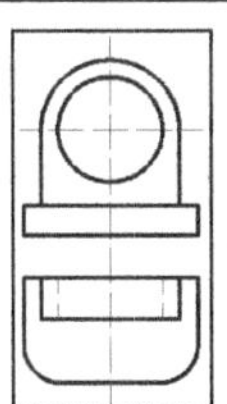

附 01-17　已绘制的两个视图

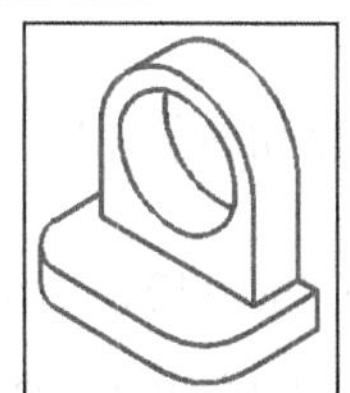

附 01-18　绘制完成的正等轴测图

基础测试题 10：根据俯视图和左视图补画主视图。

素材：sample\附录 01\jccst010.dwg

多媒体：video\附录 01\jccst010.wmv

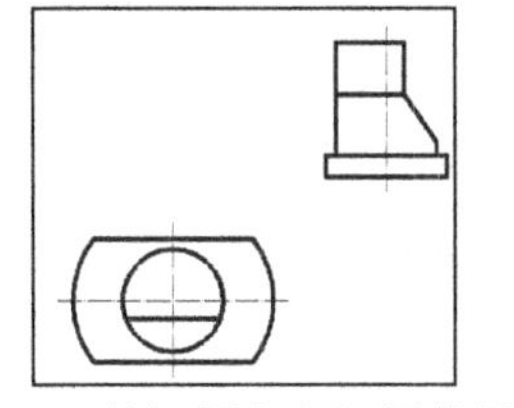

附 01-19　俯视图和左视图效果

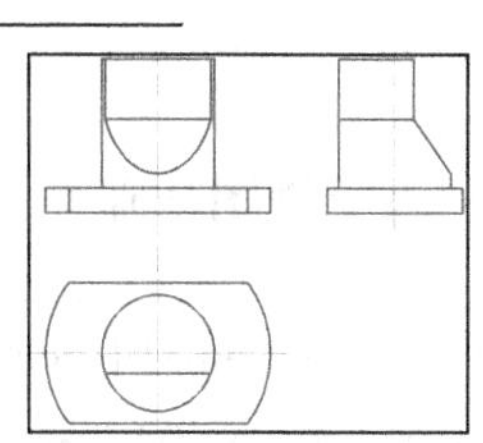

附 01-20　主视图效果

基础测试题 11：求球面上 A 点的 V、W 投影。

素材：sample\附录 01\jccst011.dwg

多媒体：video\附录 01\jccst011.wmv

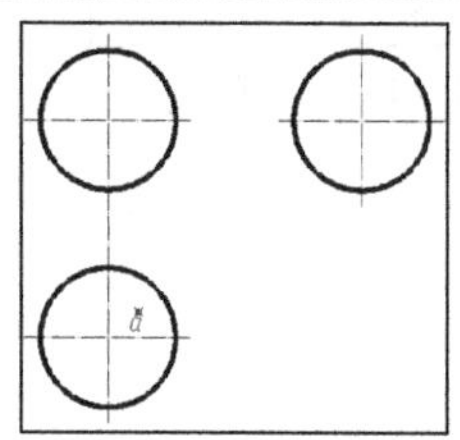

附 01-21　已知球面上的 a 点

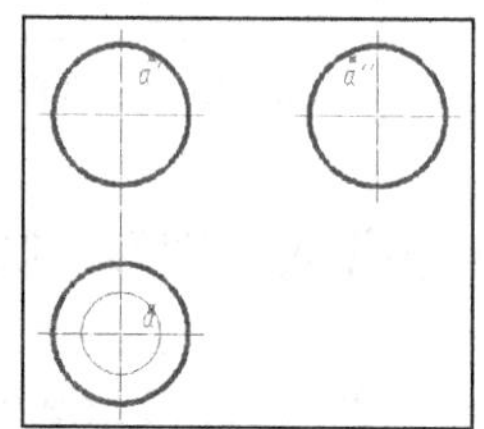

附 01-22　a 点的 V、W 投影效果

基础测试题 12：补画视图中所缺的图线。

素材：sample\附录 01\jccst012.dwg

多媒体：video\附录 01\jccst012.wmv

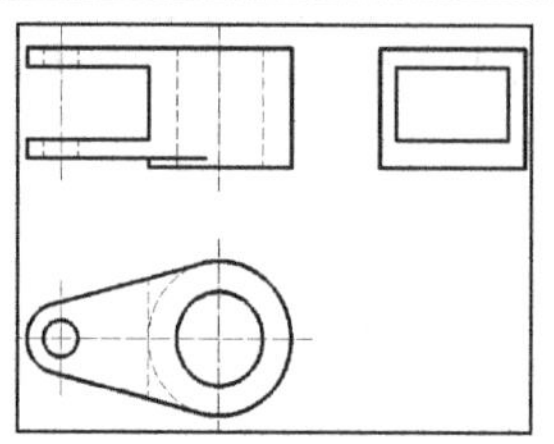

附 01-23　待补画线的三视图

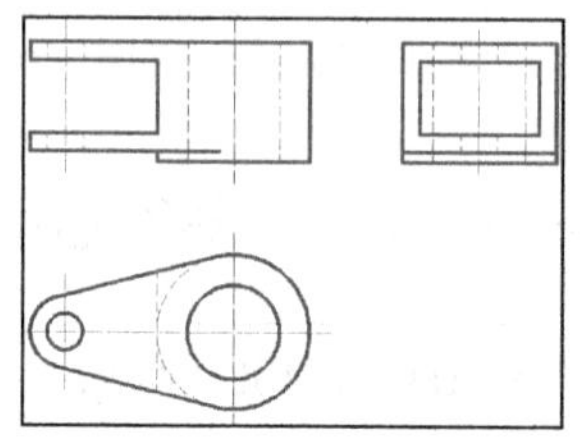

附 01-24　补画线完成的三视图

基础测试题 13：根据俯视图和左视图补画主视图。

素材：sample\附录 01\jccst013.dwg

多媒体：video\附录 01\jccst013.wmv

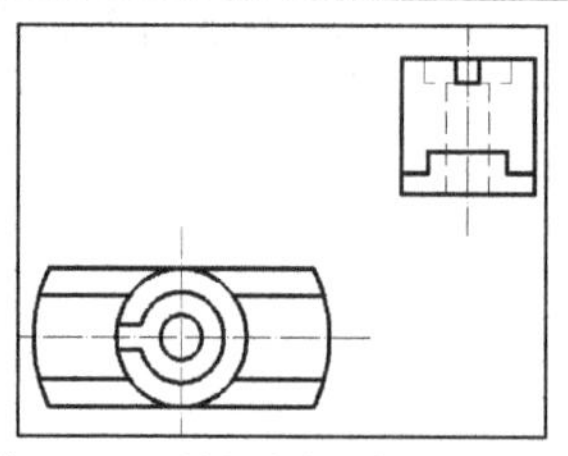

附 01-25　俯视图和左视图效果

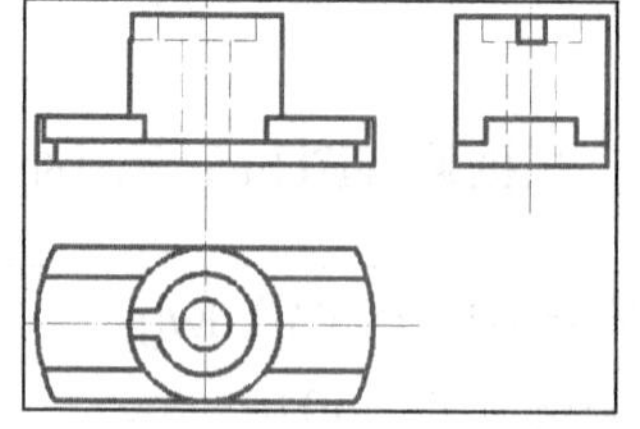

附 01-26　补画完成的主视图效果

基础测试题 14：在三视图基础上补漏线。

素材：sample\附录 01\jccst014.dwg

多媒体：video\附录 01\jccst014.wmv

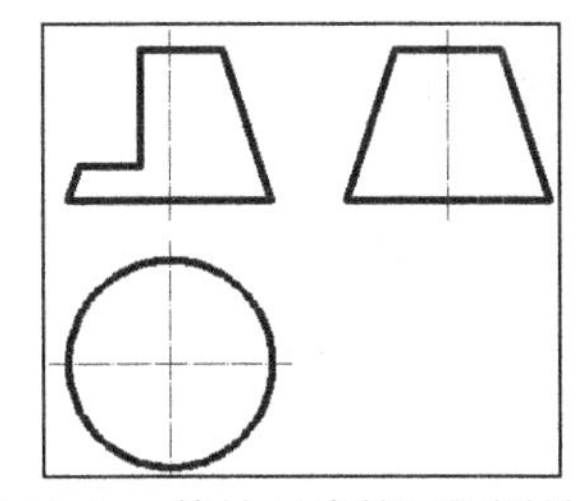
附 01-27　待补画线的三视图效果

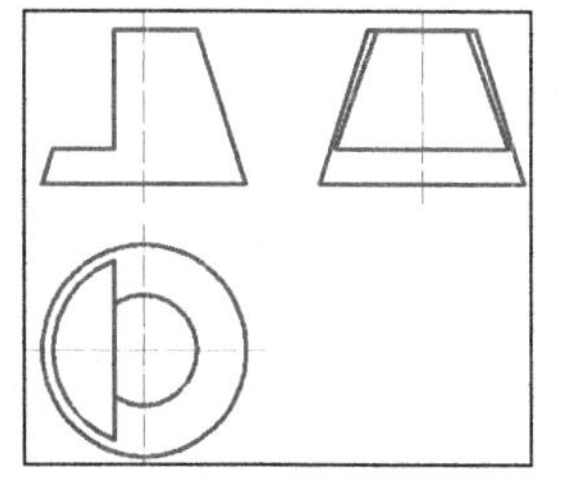
附 01-28　完善后的三视图效果

基础测试题 15：在三视图基础上补漏线。

素材：sample\附录 01\jccst015.dwg

多媒体：video\附录 01\jccst015.wmv

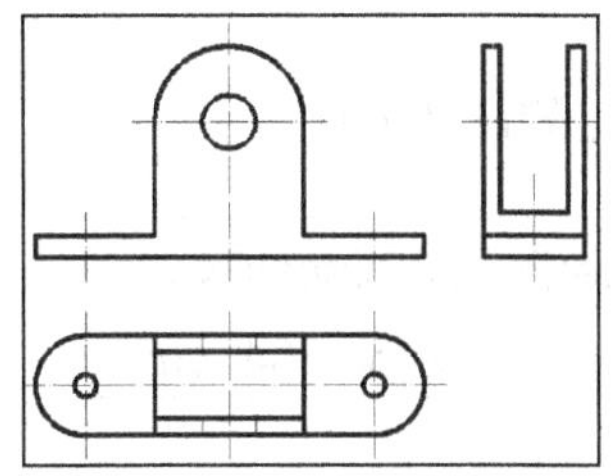
附 01-29　待补画线的三视图效果

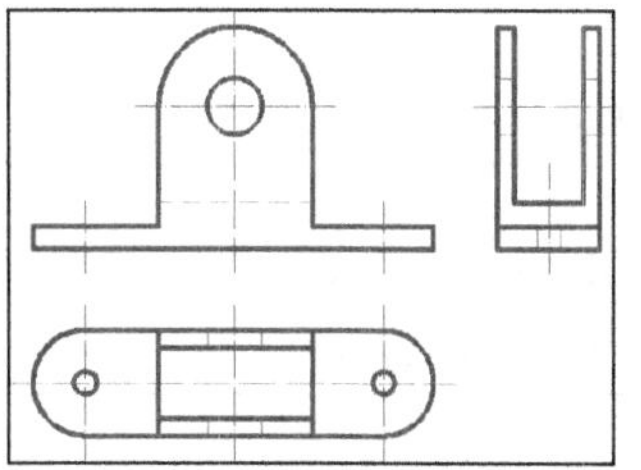
附 01-30　完善后的三视图效果

附录 02　技能测试题

技能测试题 01：

sample\附录 02\jncst01.dwg
video\附录 02\jncst01.wmv

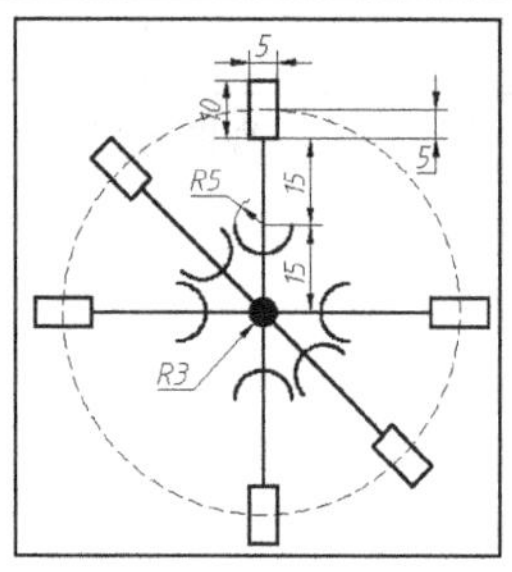

技能测试题 02：

sample\附录 02\jncst02.dwg
video\附录 02\jncst02.wmv

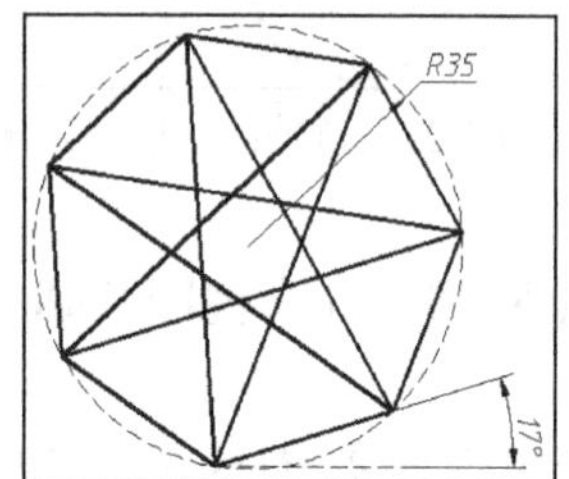

技能测试题 03：

sample\附录 02\jncst03.dwg
video\附录 02\jncst03.wmv

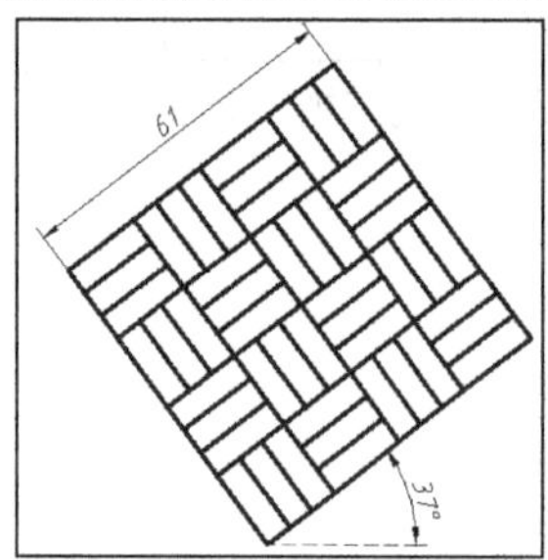

技能测试题 04：

sample\附录 02\jncst04.dwg
video\附录 02\jncst04.wmv

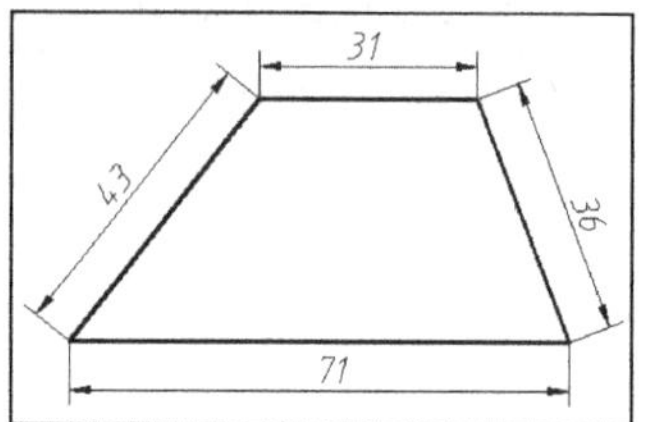

技能测试题 05：

sample\附录 02\jncst05.dwg
video\附录 02\jncst05.wmv

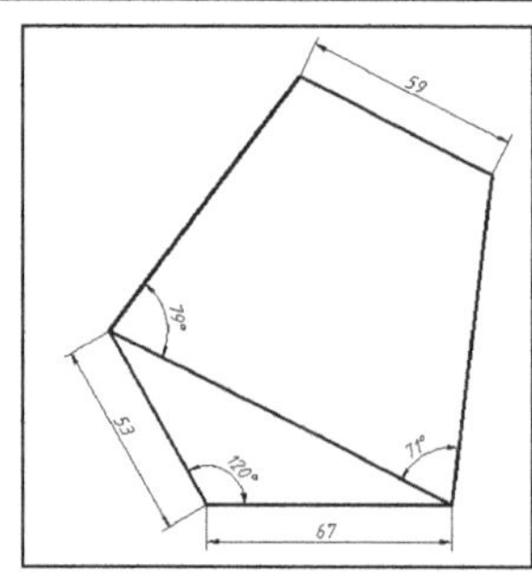

技能测试题 06：

sample\附录 02\jncst06.dwg
video\附录 02\jncst06.wmv

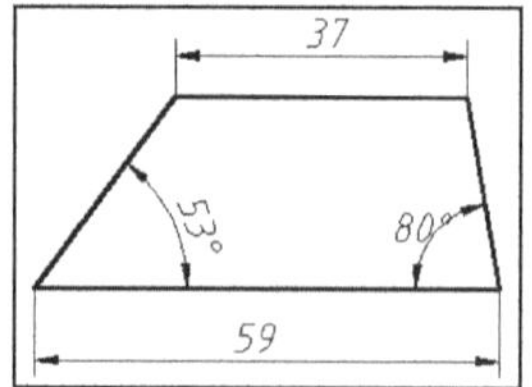

技能测试题 07:

sample\附录 02\jncst07.dwg
video\附录 02\jncst07.wmv

技能测试题 08:

sample\附录 02\jncst08.dwg
video\附录 02\jncst08.wmv

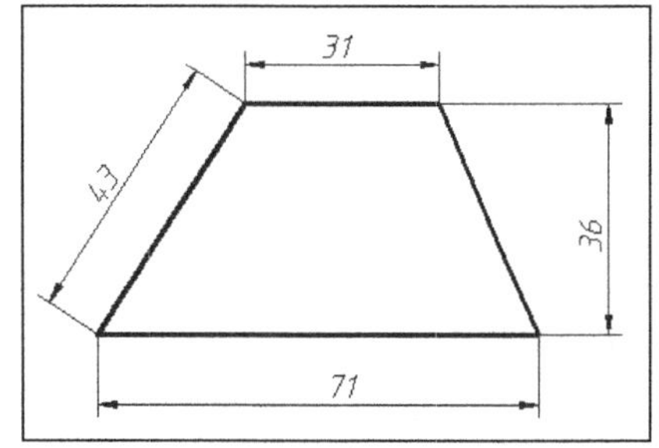

技能测试题 09:

sample\附录 02\jncst09.dwg
video\附录 02\jncst09.wmv

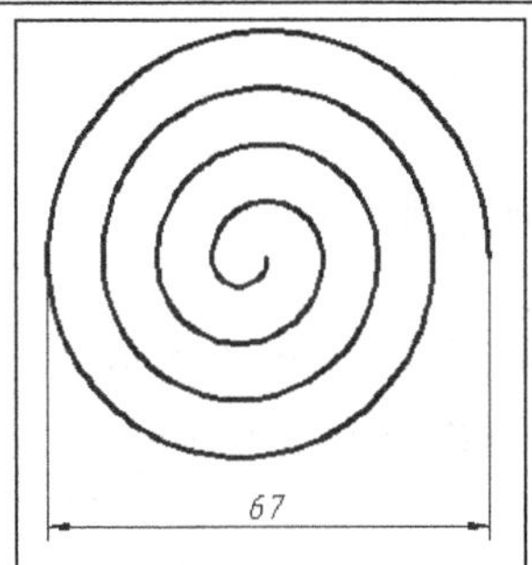

技能测试题 10:

sample\附录 02\jncst10.dwg
video\附录 02\jncst10.wmv

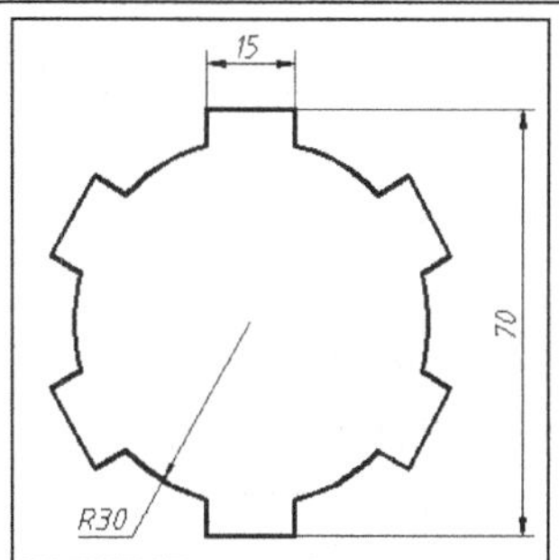

技能测试题 11:

sample\附录 02\jncst11.dwg
video\附录 02\jncst11.wmv

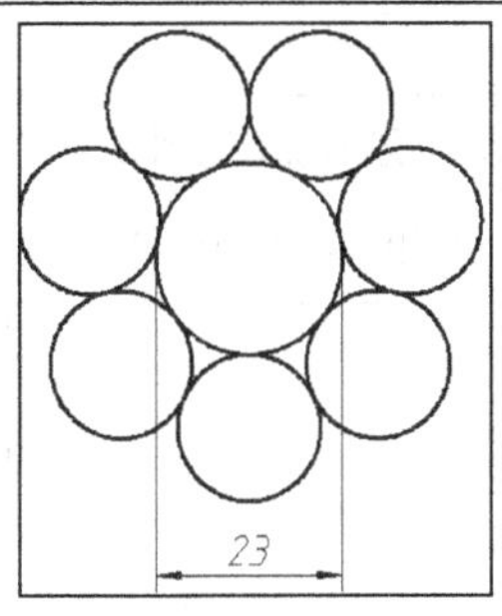

技能测试题 12:

sample\附录 02\jncst12.dwg
video\附录 02\jncst12.wmv

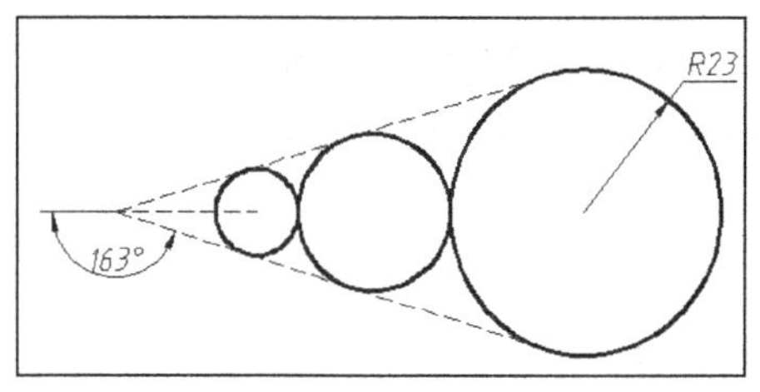

技能测试题 13：

sample\附录 02\jncst13.dwg

video\附录 02\jncst13.wmv

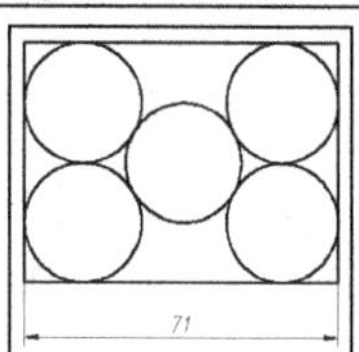

技能测试题 14：

sample\附录 02\jncst14.dwg

video\附录 02\jncst14.wmv

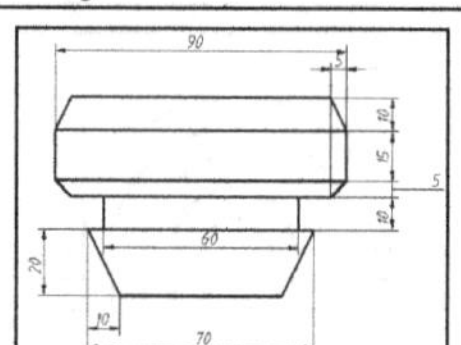

技能测试题 15：

sample\附录 02\jncst15.dwg

video\附录 02\jncst15.wmv

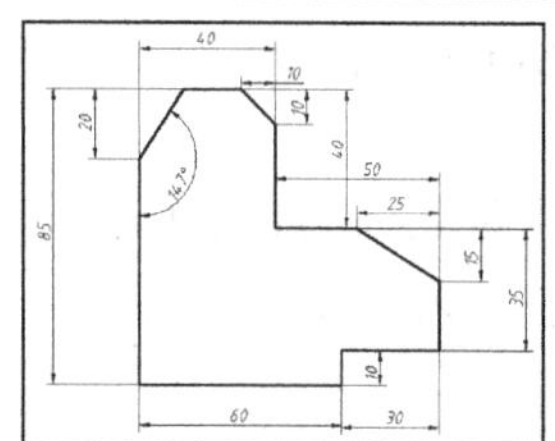

技能测试题 16：

sample\附录 02\jncst16.dwg

video\附录 02\jncst16.wmv

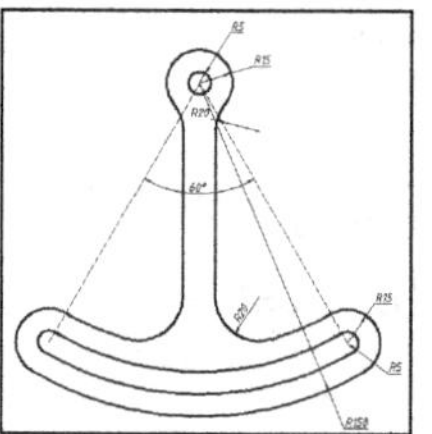

技能测试题 17：

sample\附录 02\jncst17.dwg

video\附录 02\jncst17.wmv

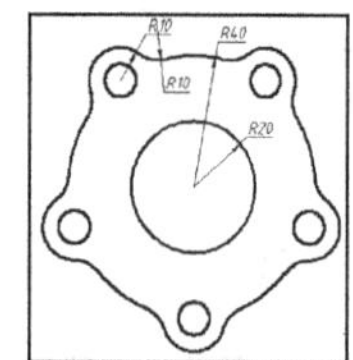

技能测试题 18：

sample\附录 02\jncst18.dwg

video\附录 02\jncst18.wmv

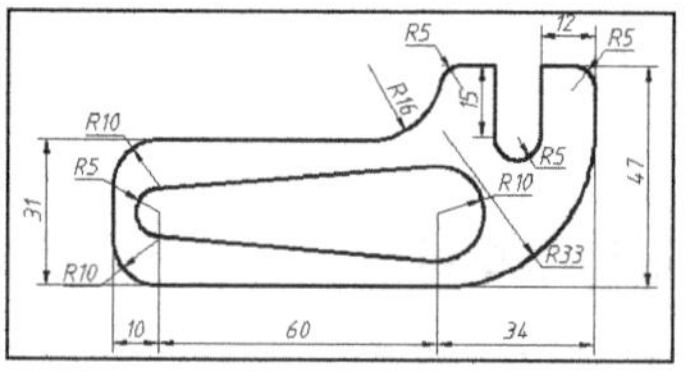

技能测试题 19：

sample\附录 02\jncst19.dwg

video\附录 02\jncst19.wmv

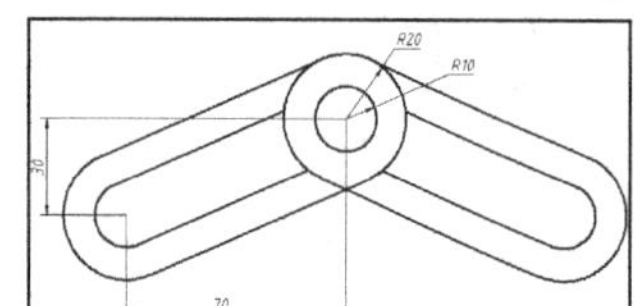

技能测试题 20：

sample\附录 02\jncst20.dwg

video\附录 02\jncst20.wmv

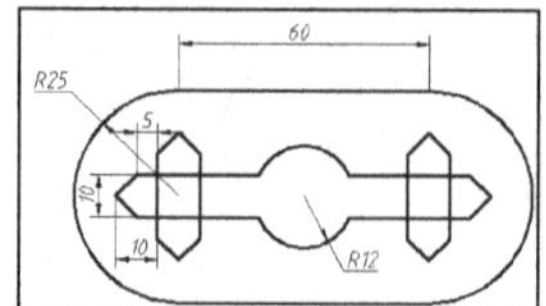

技能测试题 21:

sample\附录 02\jncst21.dwg
video\附录 02\jncst21.wmv

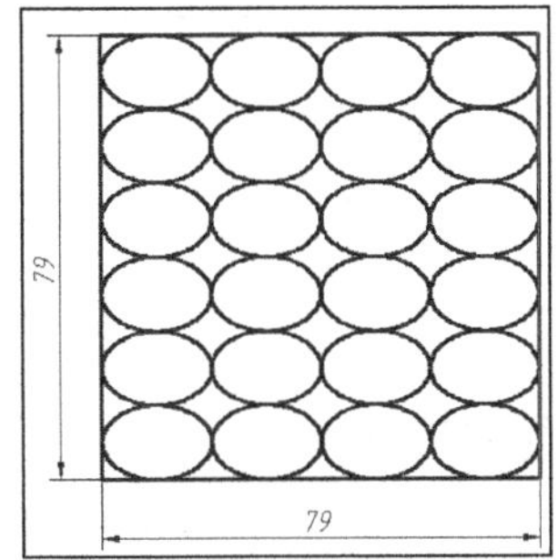

技能测试题 22:

sample\附录 02\jncst22.dwg
video\附录 02\jncst22.wmv

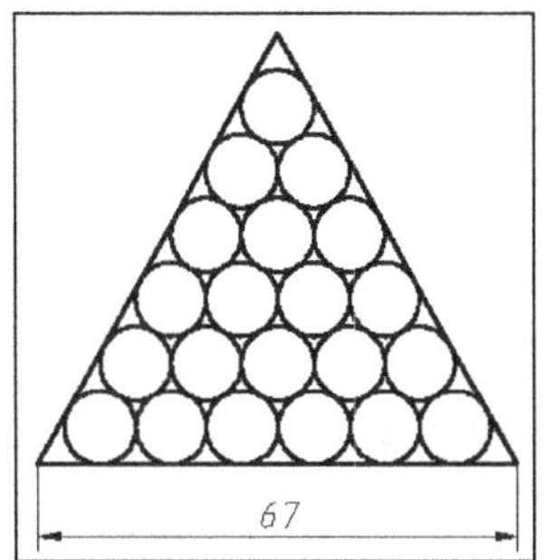

技能测试题 23:

sample\附录 02\jncst23.dwg
video\附录 02\jncst23.wmv

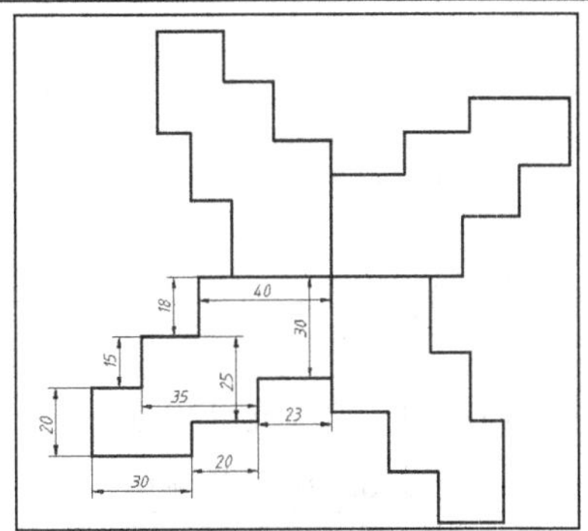

技能测试题 24:

sample\附录 02\jncst24.dwg
video\附录 02\jncst24.wmv

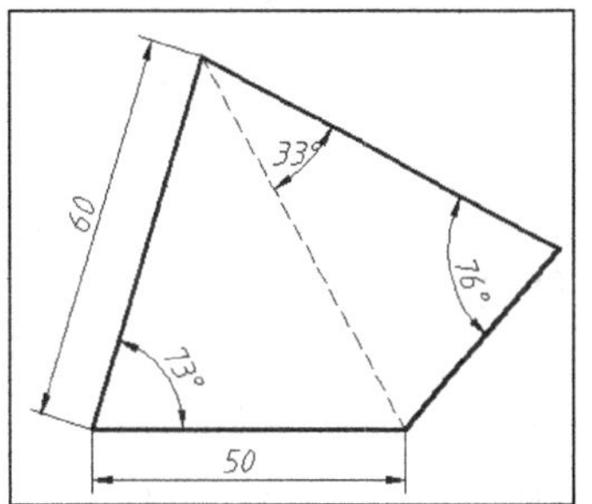

技能测试题 25:

sample\附录 02\jncst25.dwg
video\附录 02\jncst25.wmv

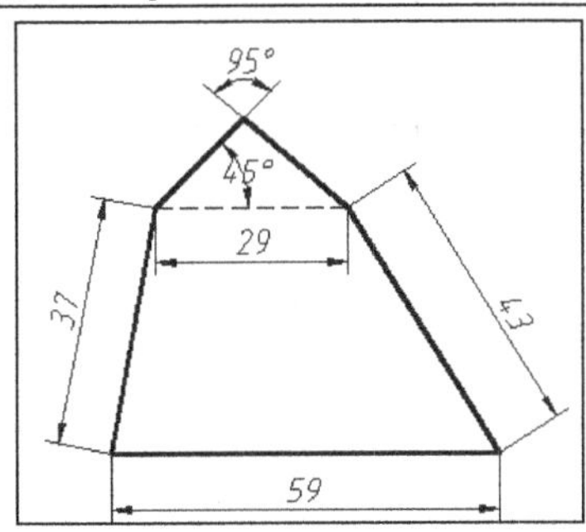

技能测试题 26:

sample\附录 02\jncst26.dwg
video\附录 02\jncst26.wmv

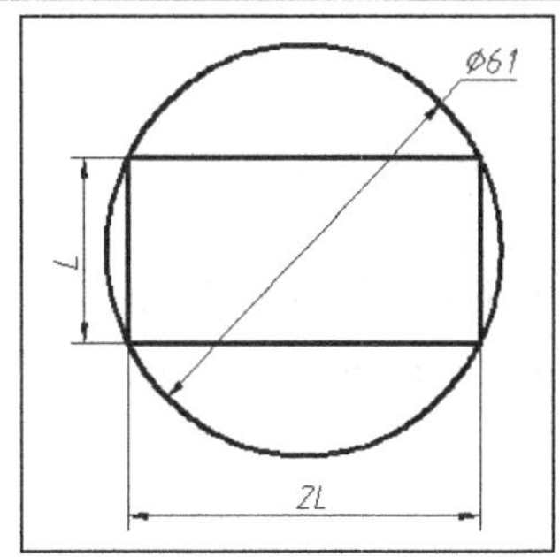

技能测试题 27：

sample\附录 02\jncst27.dwg

video\附录 02\jncst27.wmv

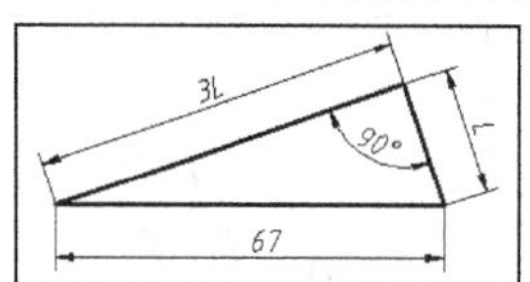

技能测试题 28：

sample\附录 02\jncst28.dwg

video\附录 02\jncst28.wmv

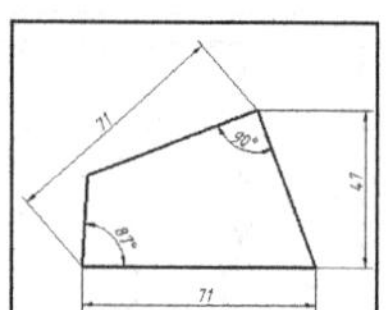

技能测试题 29：

sample\附录 02\jncst29.dwg

video\附录 02\jncst29.wmv

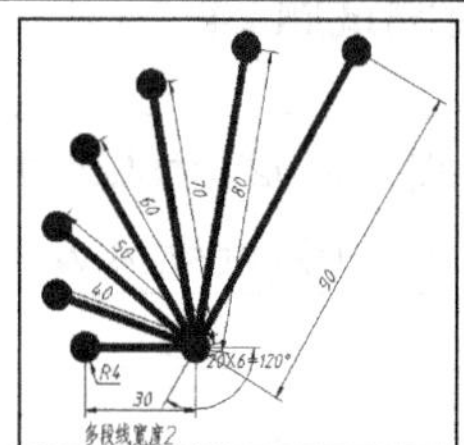

技能测试题 30：

sample\附录 02\jncst30.dwg

video\附录 02\jncst30.wmv

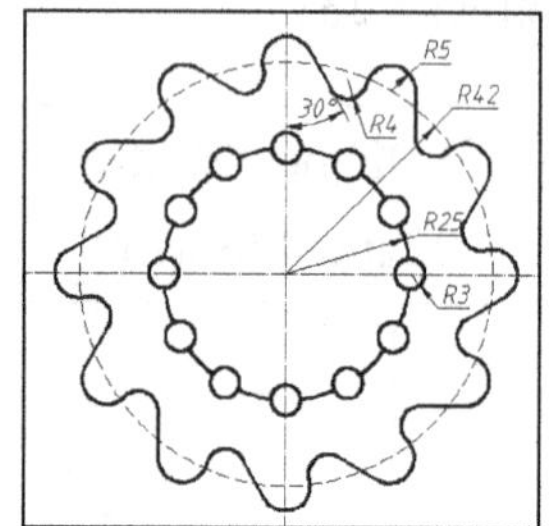

技能测试题 31：

sample\附录 02\jncst31.dwg

video\附录 02\jncst31.wmv

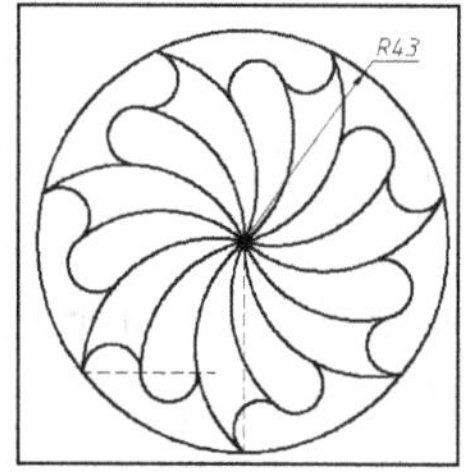

技能测试题 32：

sample\附录 02\jncst32.dwg

video\附录 02\jncst32.wmv

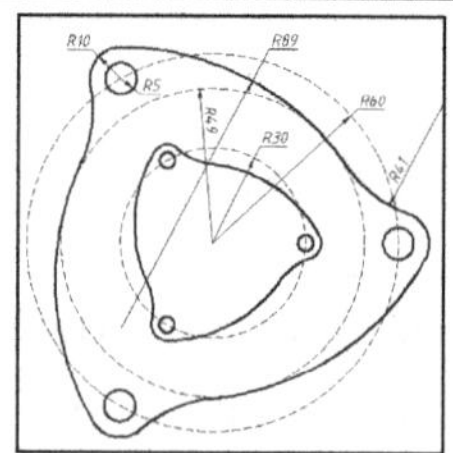

技能测试题 33：

sample\附录 02\jncst33.dwg

video\附录 02\jncst33.wmv

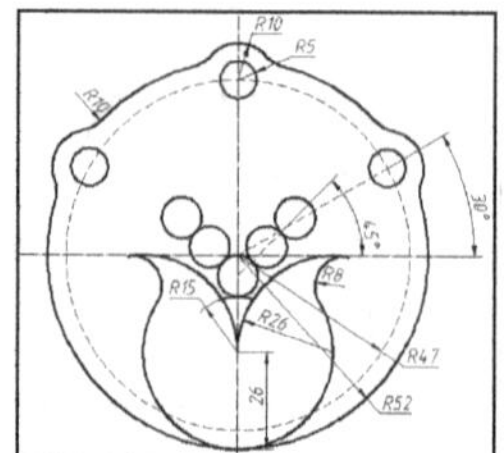

技能测试题 34：

sample\附录 02\jncst34.dwg　　video\附录 02\jncst34.wmv

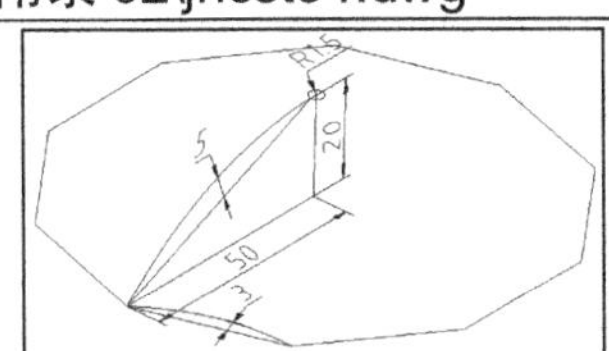

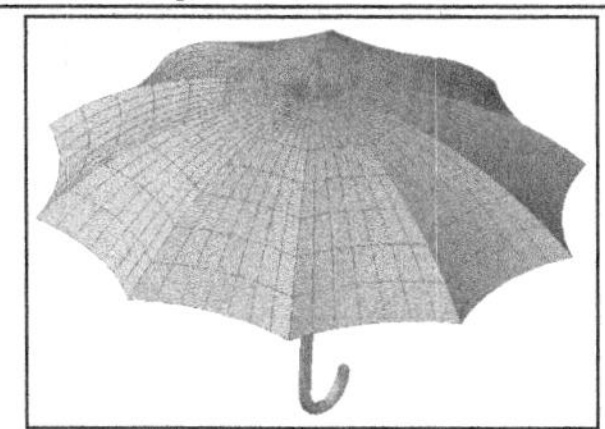

技能测试题 35：

sample\附录 02\jncst35.dwg　　video\附录 02\jncst35.wmv

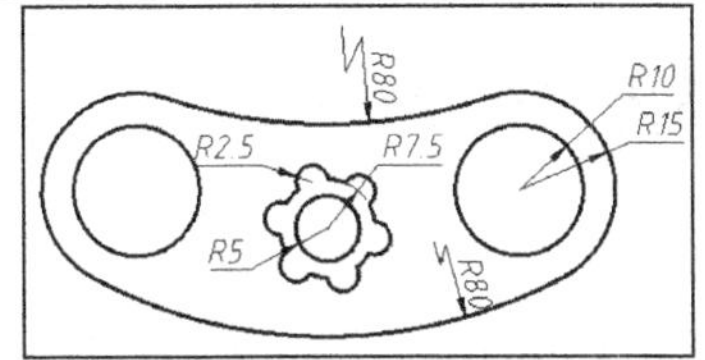

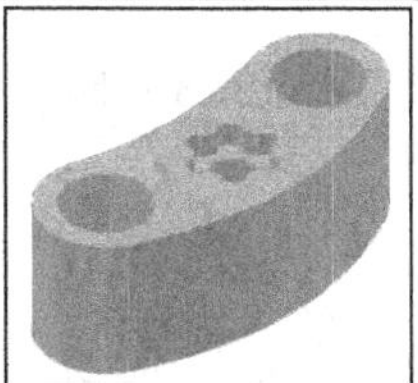

技能测试题 36：

sample\附录 02\jncst36.dwg　　video\附录 02\jncst36.wmv

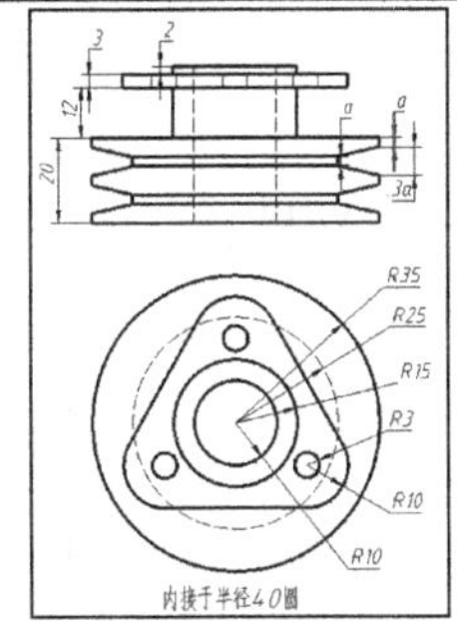

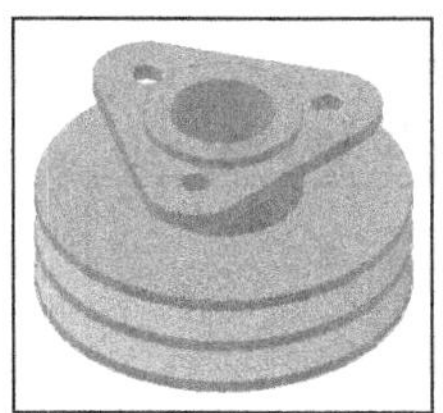

技能测试题 37：

sample\附录 02\jncst37.dwg　　video\附录 02\jncst37.wmv

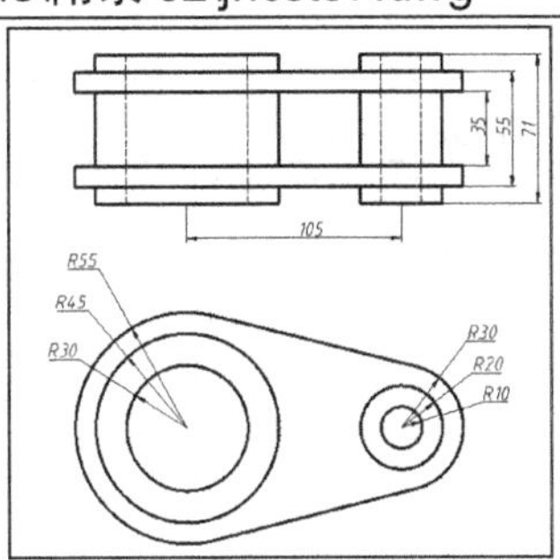

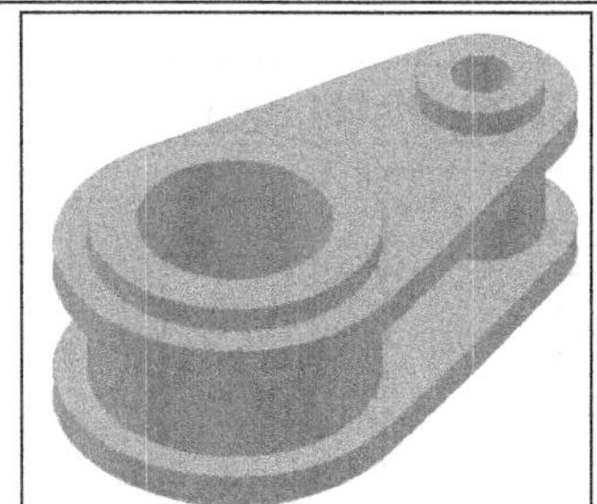

技能测试题 38：

sample\附录 02\jncst38.dwg	video\附录 02\jncst38.wmv

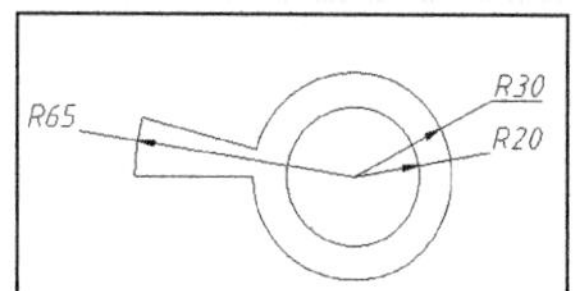

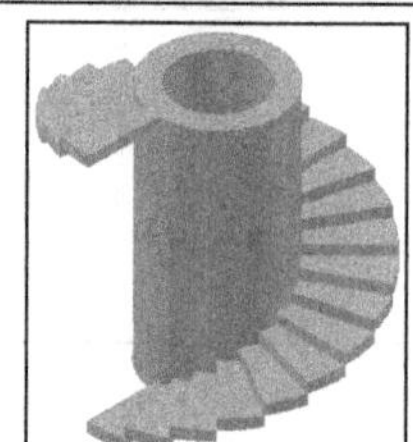

技能测试题 39：

sample\附录 02\jncst39.dwg	video\附录 02\jncst39.wmv

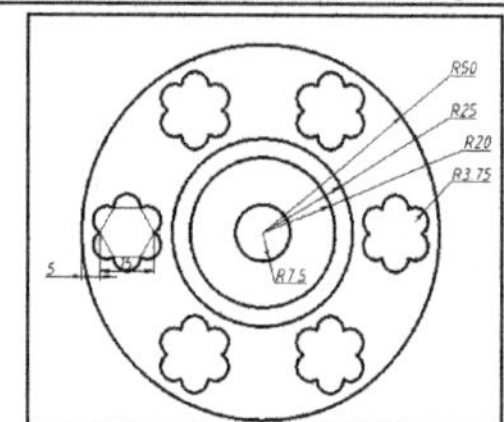

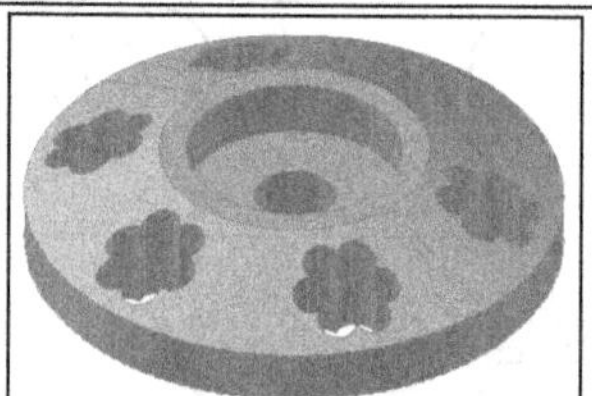

技能测试题 40：

sample\附录 02\jncst40.dwg	video\附录 02\jncst40.wmv

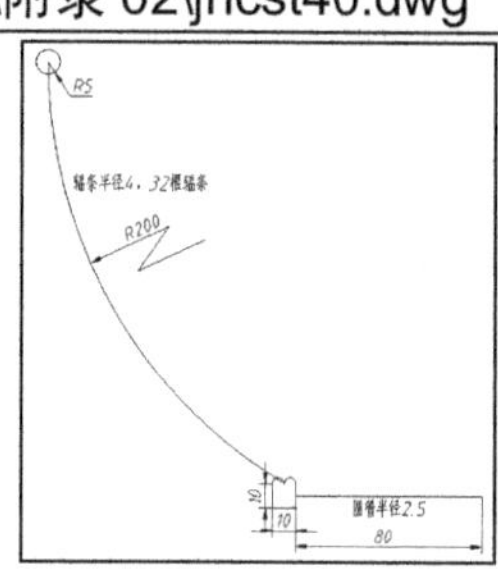

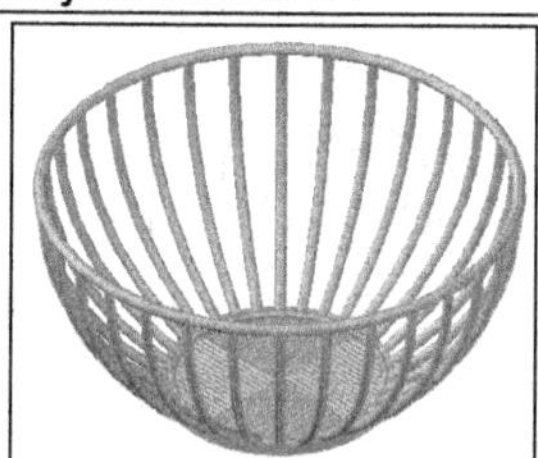

技能测试题 41：

sample\附录 02\jncst41.dwg	video\附录 02\jncst41.wmv

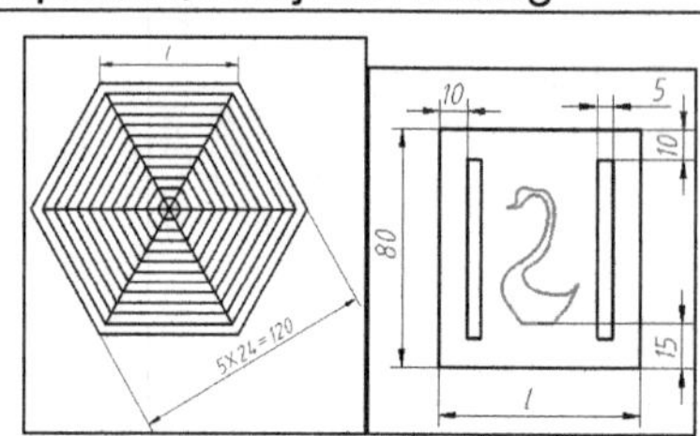

技能测试题 42：

sample\附录 02\jncst42.dwg	video\附录 02\jncst42.wmv

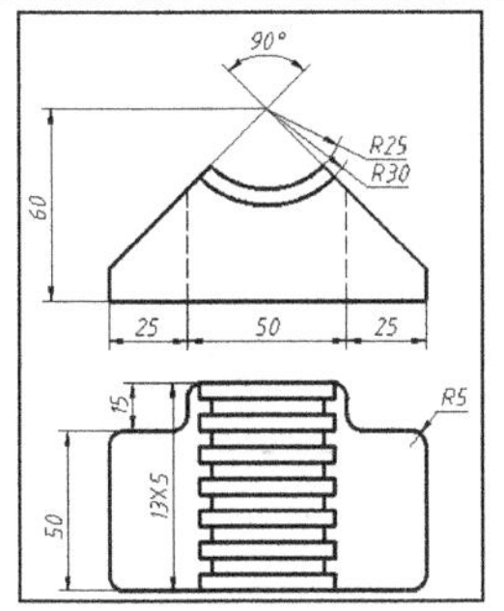

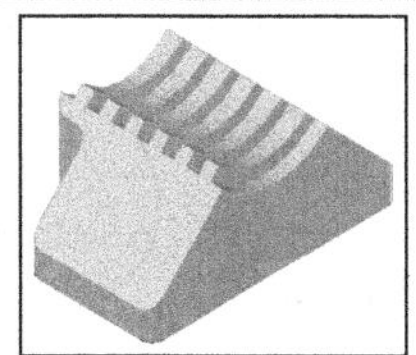

技能测试题 43：

sample\附录 02\jncst43.dwg	video\附录 02\jncst43.wmv

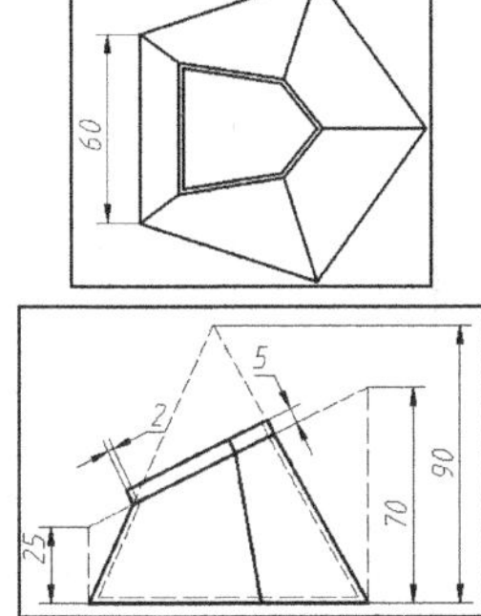

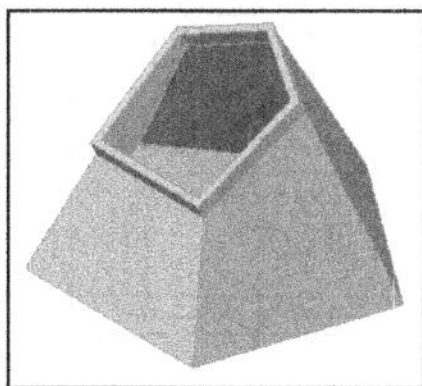

技能测试题 44：

sample\附录 02\jncst44.dwg	video\附录 02\jncst44.wmv

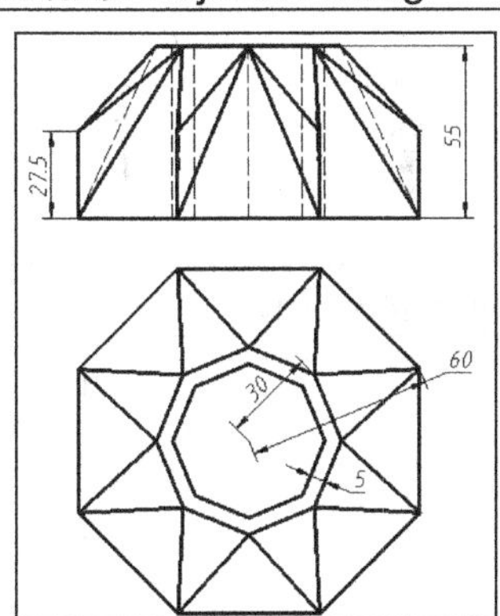

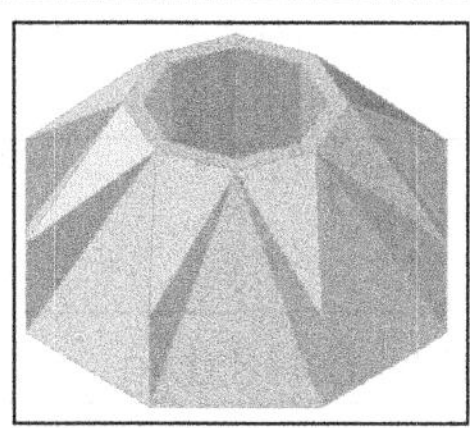

技能测试题 45：

sample\附录 02\jncst45.dwg　　video\附录 02\jncst45.wmv

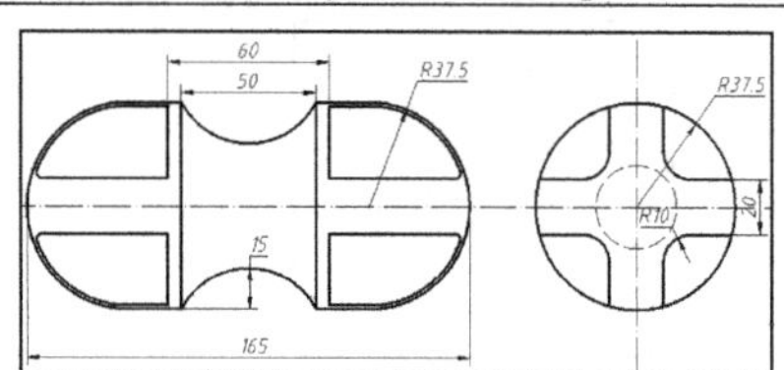

技能测试题 46：

sample\附录 02\jncst46.dwg　　video\附录 02\jncst46.wmv

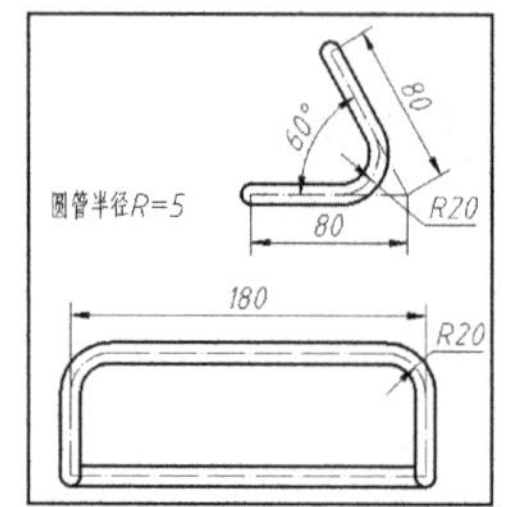

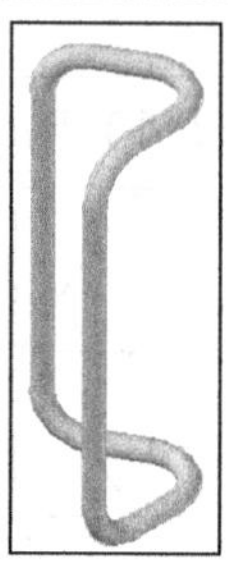

技能测试题 47：

sample\附录 02\jncst47.dwg　　video\附录 02\jncst47.wmv

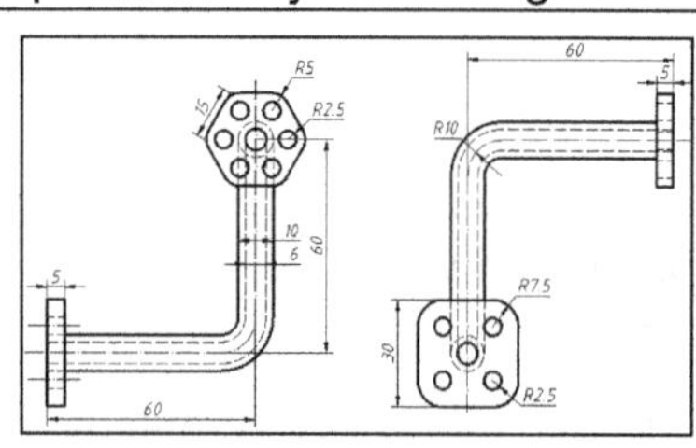

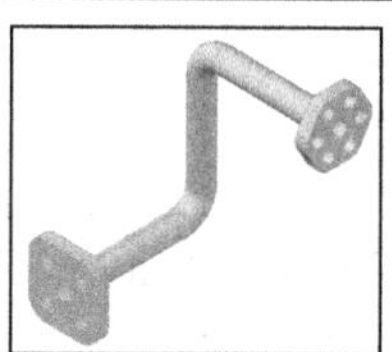

技能测试题 48：

sample\附录 02\jncst48.dwg　　video\附录 02\jncst48.wmv

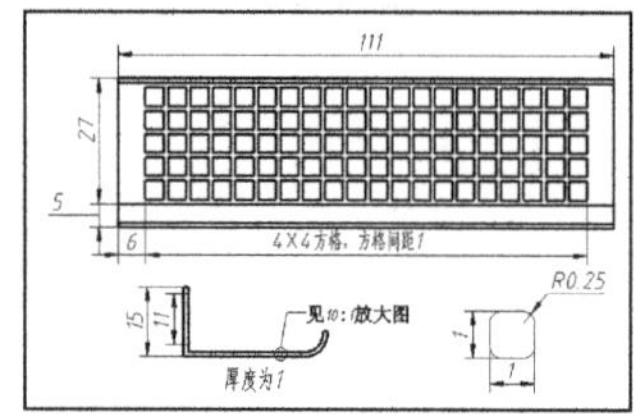

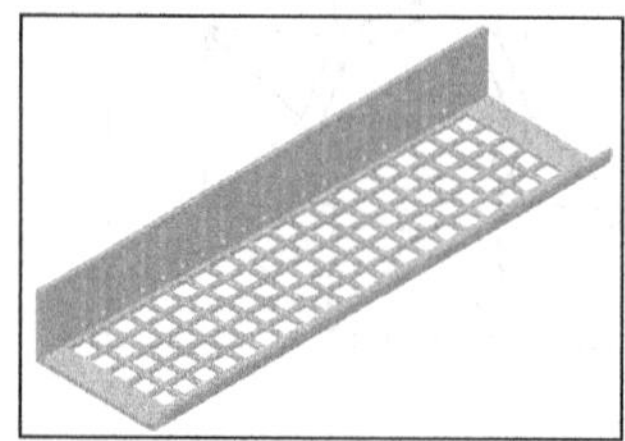

技能测试题 49:

sample\附录 02\jncst49.dwg	video\附录 02\jncst49.wmv

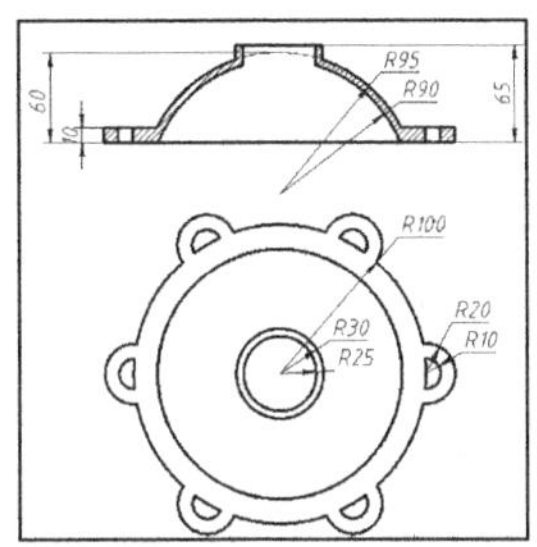

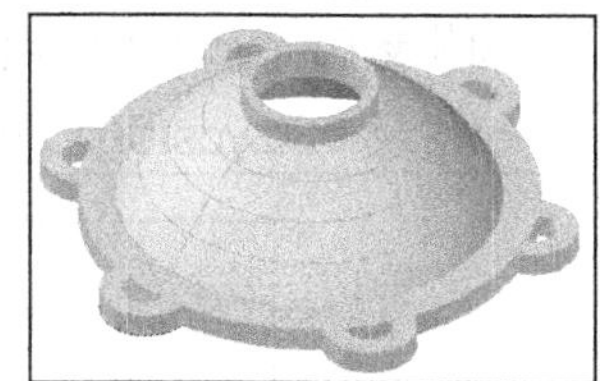

技能测试题 50:

sample\附录 02\jncst50.dwg	video\附录 02\jncst50.wmv

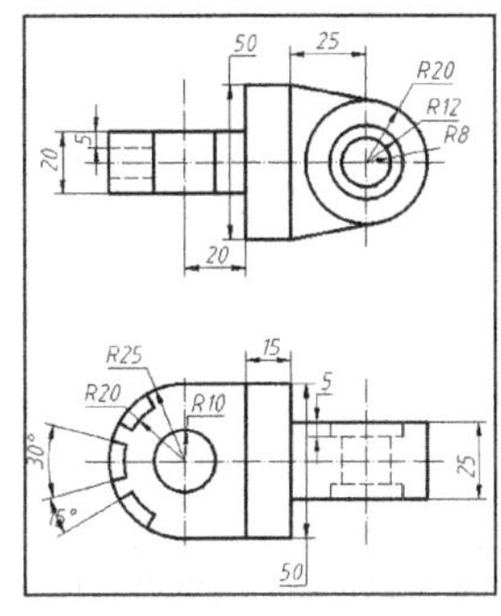

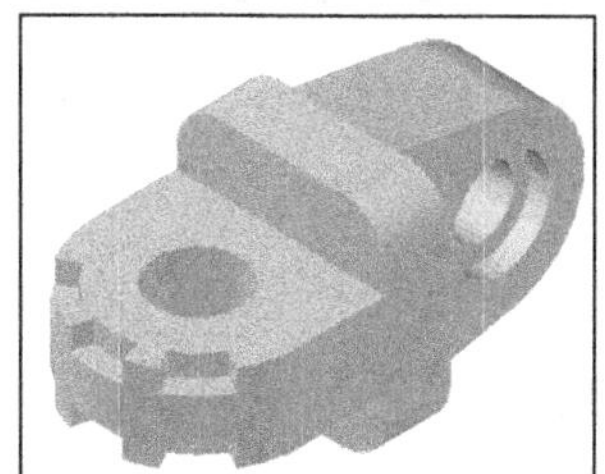

附录 03 专业测试题

专业测试题 01

绘制如图附 03-1、附 03-2 和附 03-3 所示的软启动线路图。

素材：sample\附录 03\zycs01-软启动线路图.dwg

多媒体：video\附录 03\zycst001.avi

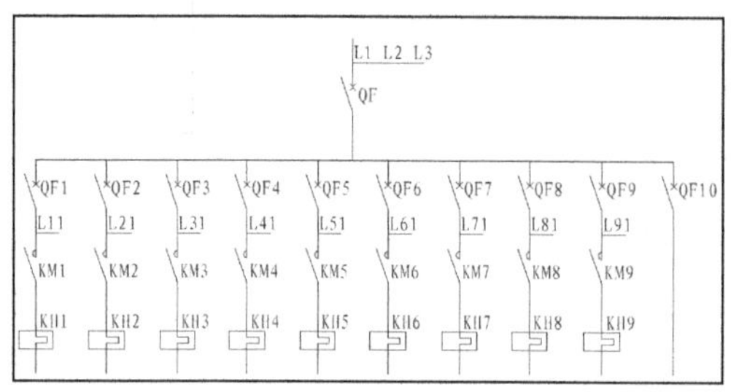

附 03-1 软启动线路图 01

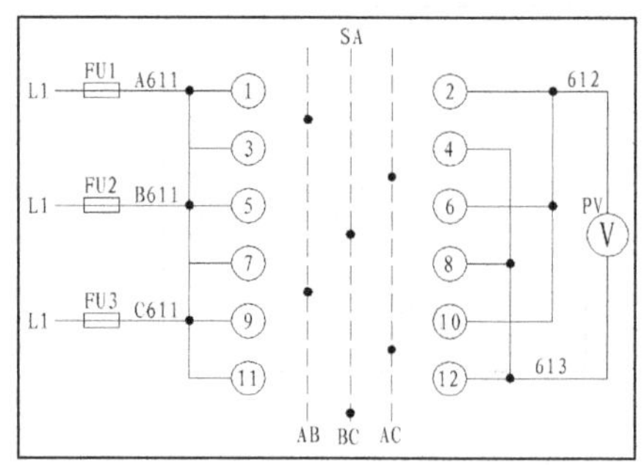

附 03-2 软启动线路图 02

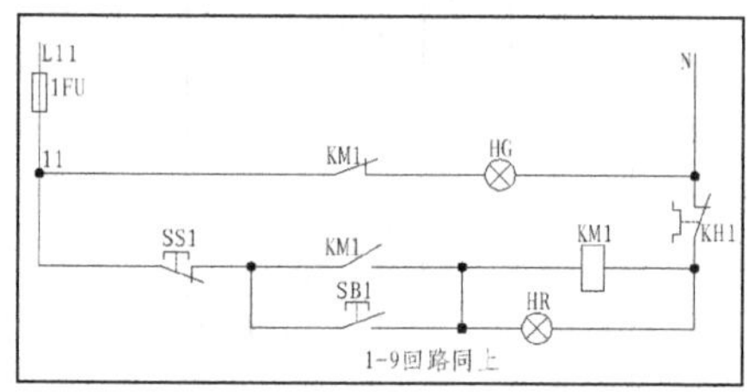

附 03-3 软启动线路图 03

专业测试题 02

绘制 185kW 电动机变频调速控制图，其中图附 03-4 为一次主接线图，图附 03-5 为电气控制原理图。

素材：sample\附录 03\zycs02-电动机变频调整控制图.dwg

多媒体：video\附录 03\zycst002.avi

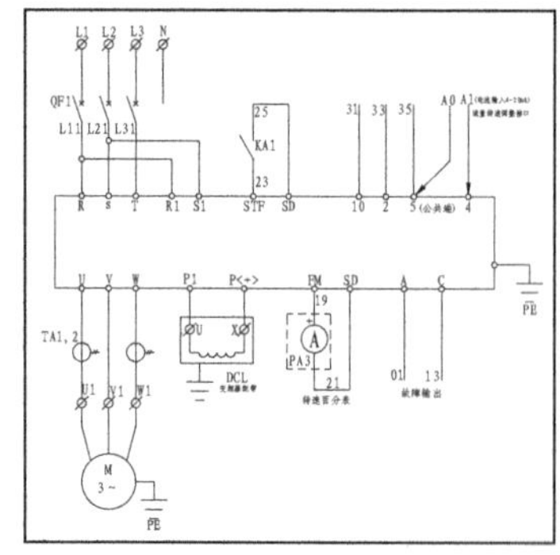

附 03-4 一次主接线图

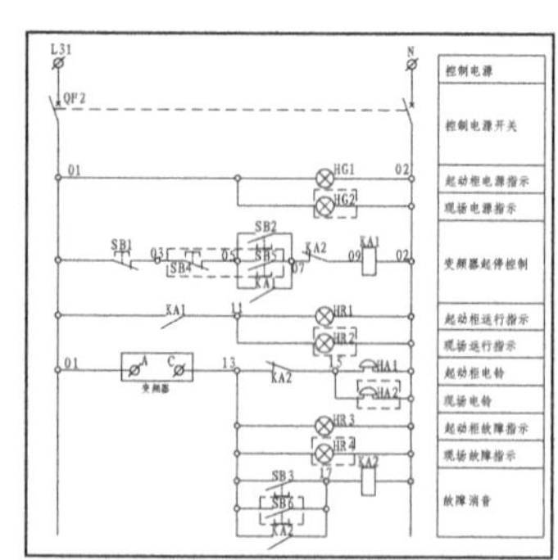

附 03-5 电气控制原理图

专业测试题 03

绘制普通风机电路图，其中图附 03-6 为外部接线图，图附 03-7 为主回路图。

素材：sample\附录 03\zycs03-普通风机电路图.dwg

多媒体：video\附录 03\zycst003.avi

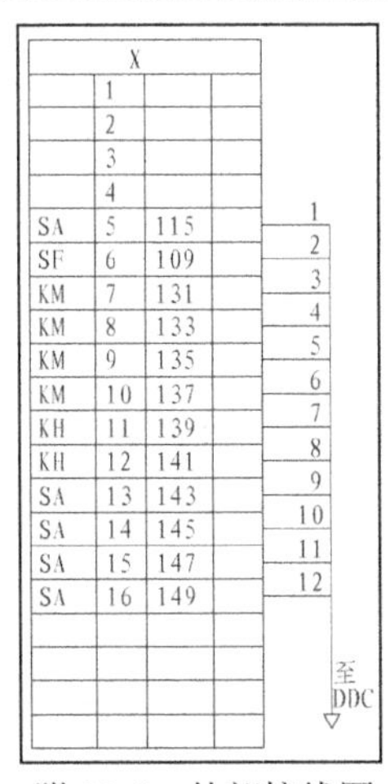

附 03-6　外部接线图

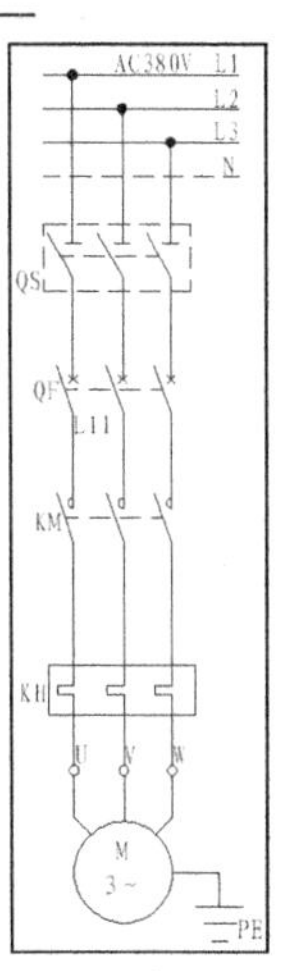

附 03-7　主回路图

专业测试题 04

绘制空调联动电气原理图中的冷却塔联动原理图，如图附 03-8 所示。

素材：sample\附录 03\zycst04-空调联动电气原理图.dwg

多媒体：video\附录 03\zycst004.avi

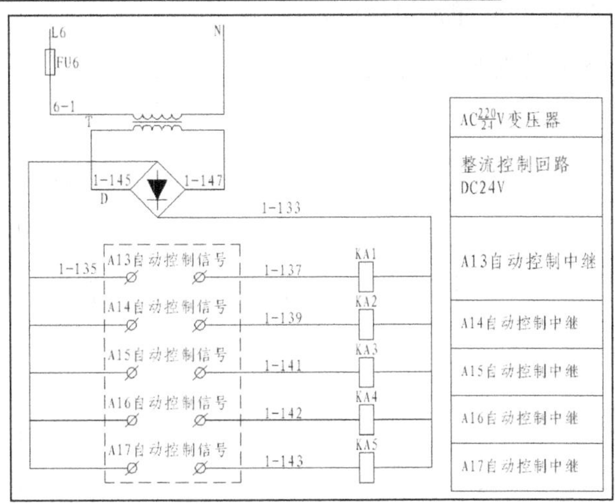

附 03-8　冷却塔联动原理图

专业测试题 05

绘制 185kW 电动机起动柜面板布置图纸，效果如图附 03-9 和附 03-10 所示。

素材：sample\附录 03\zycst05-电动机起动柜面板布置图.dwg

多媒体：video\附录 03\zycst005.avi

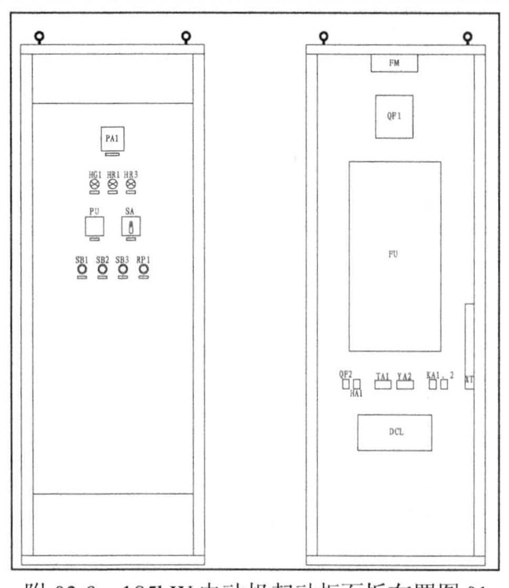

附 03-9　185kW 电动机起动柜面板布置图 01

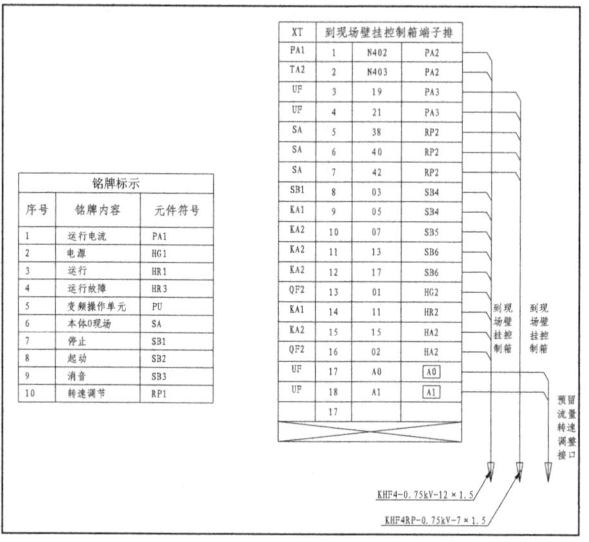

铭牌标示		
序号	铭牌内容	元件符号
1	运行电流	PA1
2	电源	HG1
3	运行	HR1
4	运行故障	HR3
5	变频操作单元	PU
6	本体0现场	SA
7	停止	SB1
8	起动	SB2
9	消音	SB3
10	转速调节	RP1

XT	到现场壁挂控制箱端子排		
PA1	1	N402	PA2
TA2	2	N403	PA2
UF	3	19	PA3
UF	4	21	PA3
SA	5	38	RP2
SA	6	40	RP2
SA	7	42	RP2
SB1	8	03	SB4
KA1	9	05	SB4
KA2	10	07	SB5
KA2	11	13	SB6
KA2	12	17	SB6
QF2	13	01	HG2
KA1	14	11	HR2
KA2	15	15	HA2
QF2	16	02	HA2
UF	17	A0	A0
UF	18	A1	A1
	17		

附 03-10　185kW 电动机起动柜面板布置图 02

专业测试题 06

绘制单片机线路图，效果如图附 03-11 所示。

素材：sample\附录 03\zycst06-单片机线路图.dwg

多媒体：video\附录 03\zycst006.avi

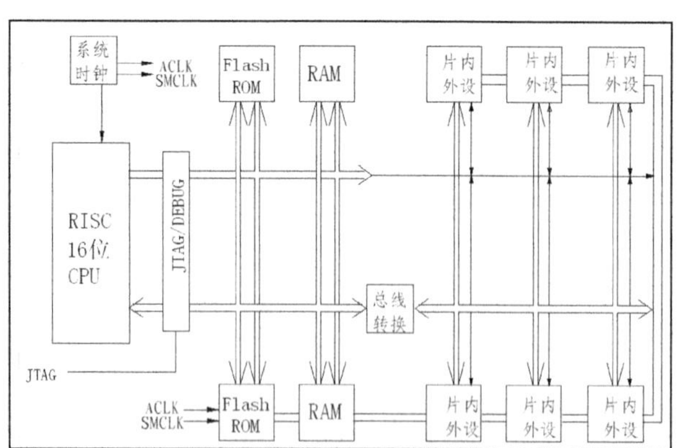

附 03-11　单片机线路图

专业测试题 07

绘制直流系统原理图，效果如图附 03-12 所示。

素材：sample\附录 03\zycst07-直流系统原理图.dwg

多媒体：video\附录 03\zycst007.avi

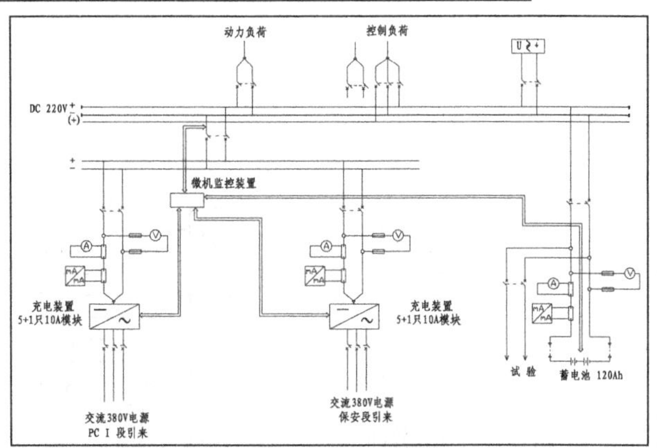

附 03-12　直流系统原理图

专业测试题 08

绘制各种单片机相关的图纸，效果如图附 03-13 至附 03-18 所示。

素材：sample\附录 03\zycst08-单片机相关图.dwg

多媒体：video\附录 03\zycst008.avi

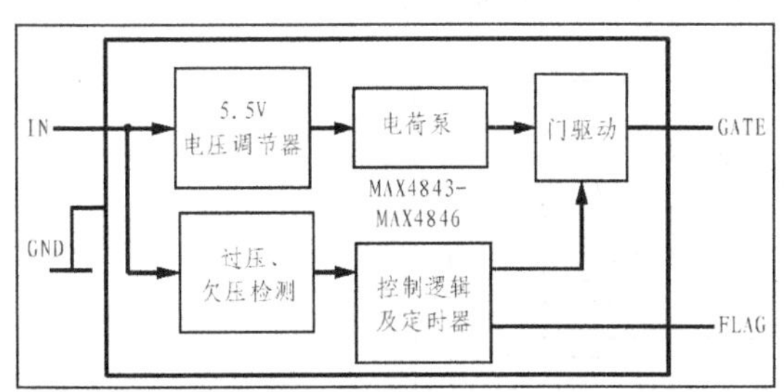

附 03-13　MAX484X 模块框图

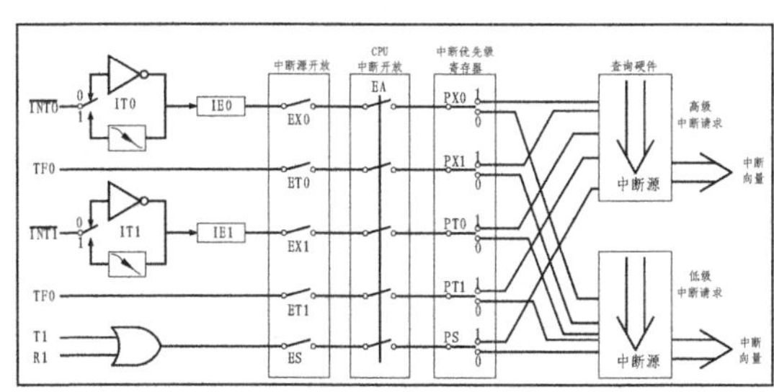

附 03-14　8051 单片机的中断系统结构图

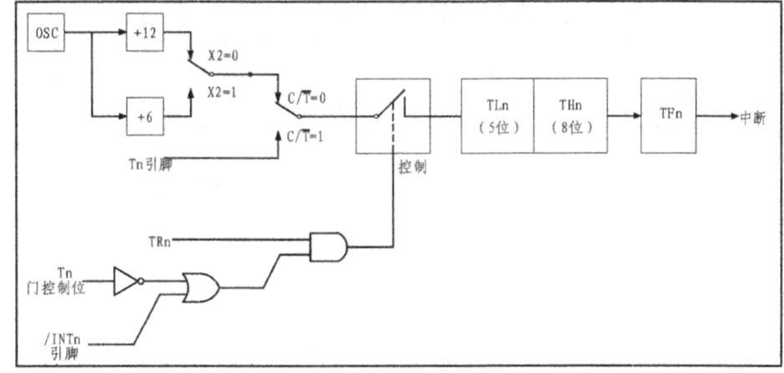

附 03-15　定时/计数器方式 0 原理图

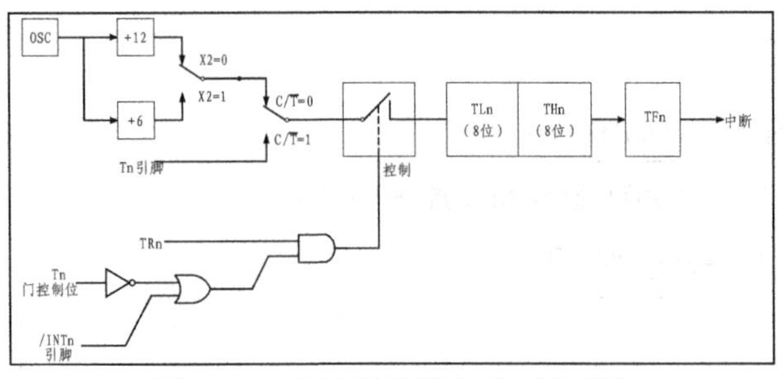

附 03-16　定时/计数器方式 1 原理图

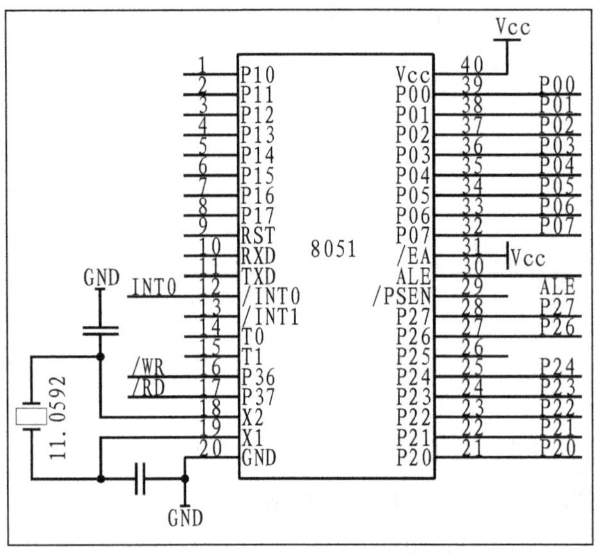

附 03-17　基于 6264 扩展片外 16KB RAM 电路 51 单片机部分电路图

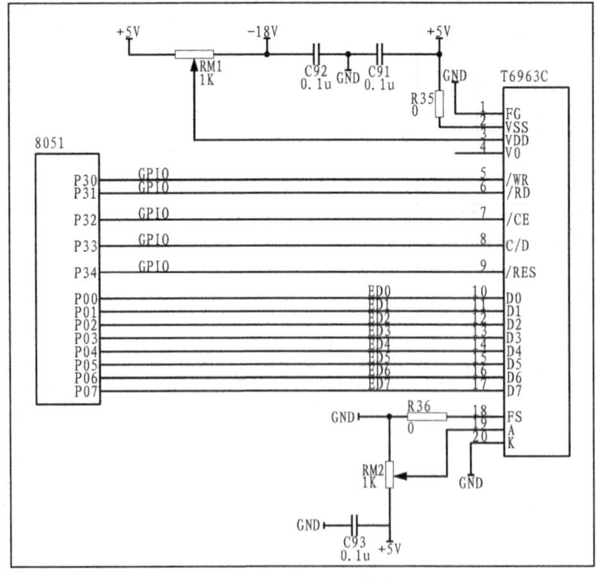

附 03-18　内藏 T6963C 液晶显示模块 GPIO 接口电路图

专业测试题 09

绘制住宅电气图纸，效果如图附 03-19 至附 03-23 所示。

素材：sample\附录 03\zycst09-住宅电气图.dwg

多媒体：video\附录 03\zycst009-01.avi,zycst009-02.avi

电气图例表				
序号	图例	名称	单位	备注
1		电表箱	台	下口距地1.3米
2		配电箱	台	下口距地1.6米
3		壁龛交接箱	台	下口距地1.6米
4		座灯头	盏	吸顶暗装
5		壁灯头	盏	安装高度为2.2米
6		带指示灯的延时开关	个	安装高度为1.5米
7		暗装单极开关	个	安装高度为1.5米
8		暗装双极开关	个	安装高度为1.5米
9		双控开关	个	安装高度为1.5米
10		双联二三极暗装插座	个	安装高度为0.3米
11		厨卫单相双联二极三极插座	个	安装高度为1.4米
12		厨房抽油烟机插座	个	安装高度为2.3米
13		客厅柜式空调插座	个	安装高度为0.3米
14		空调插座	个	安装高度为2.0米
15		洗衣机插座	个	安装高度为1.4米
16	VP	分支分配器箱	个	下口距地1.6米
17	TV	电视插座	个	安装高度为0.3米
18	TP	电话插座	个	安装高度为0.3米
19	MEB	等电位接地连接箱	个	安装高度为0.3米

附 03-19　电气图例表

六层 WL12 WL6
五层 WL11 WL5
四层 WL10 WL4
三层 WL9 WL3
二层 WL8 WL2
一层 WL7 WL1
ZM1-2 ZM2-2 ZM1-2 ZM2-2
VV-3×50+1×25-SC80-F

附 03-20　配电干线系统图

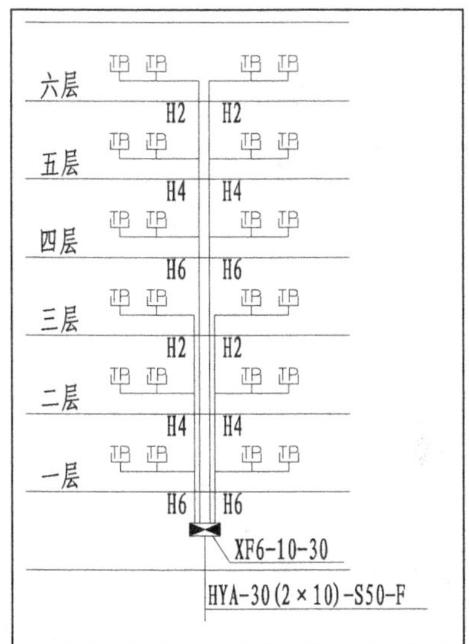

附 03-21　电话干线系统

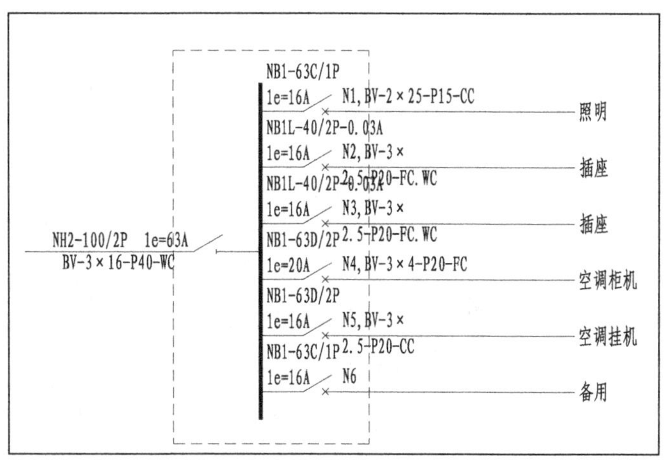

附 03-22　户内配电箱系统图

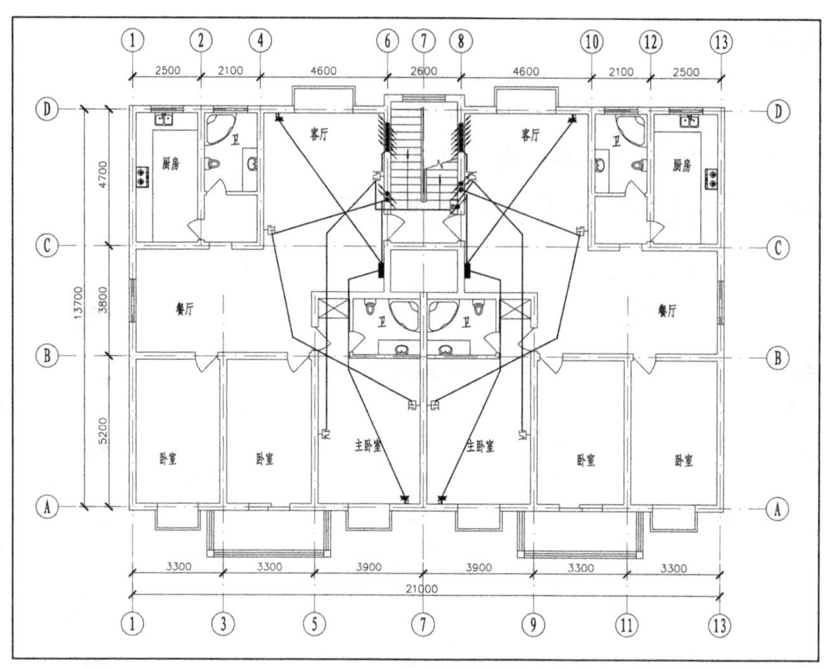

附 03-23　一层干线、空调和电视电话平面图

专业测试题 10

绘制工厂电气图，其中图附 03-24 为动力干线系统图，图附 03-25 为工厂电气平面图。

素材：sample\附录 03\zycst10-工厂电气图.dwg

多媒体：video\附录 03\zycst010.avi

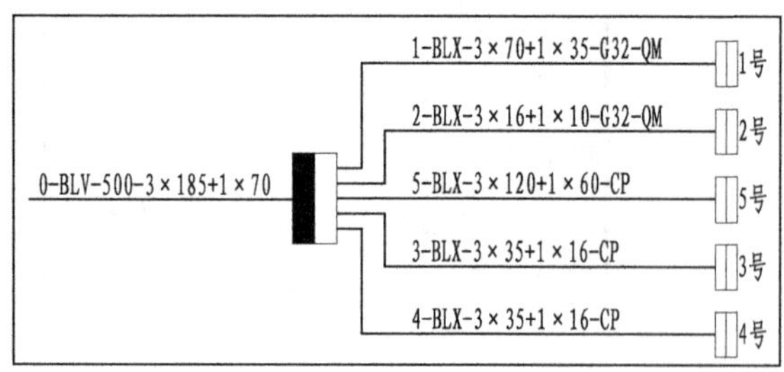

附 03-24　动力干线系统图

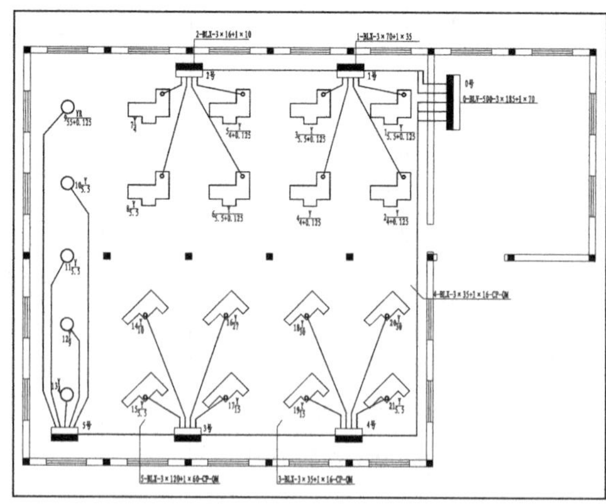

附 03-25　工厂电气平面图

专业测试题 11

绘制计算机机房电气图，效果如图附 03-26~附 03-31 所示。

素材：sample\附录 03\zycst11-计算机机房电气设计.dwg

多媒体：video\附录 03\zycst011.avi

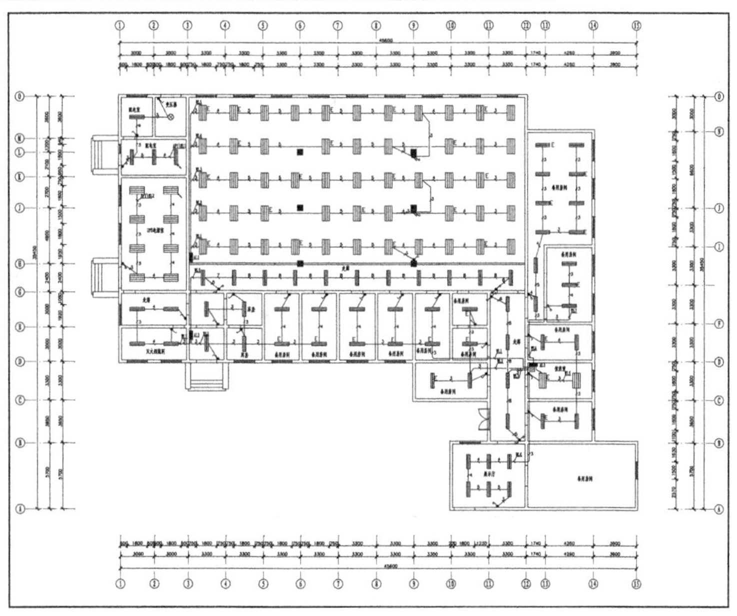

附 03-26　正常照明布线图

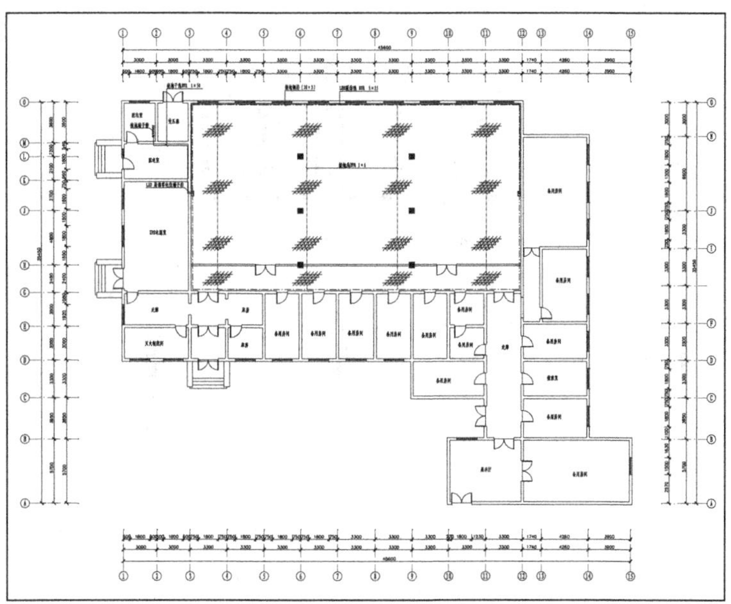

附 03-27　接地平面布置图

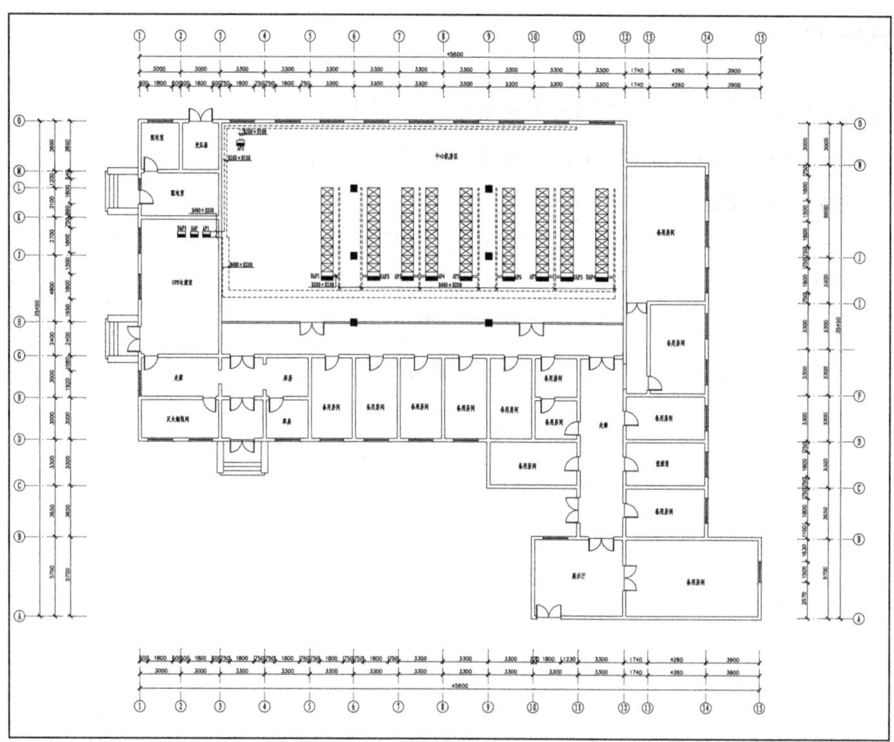

附 03-28　线槽平面布置图

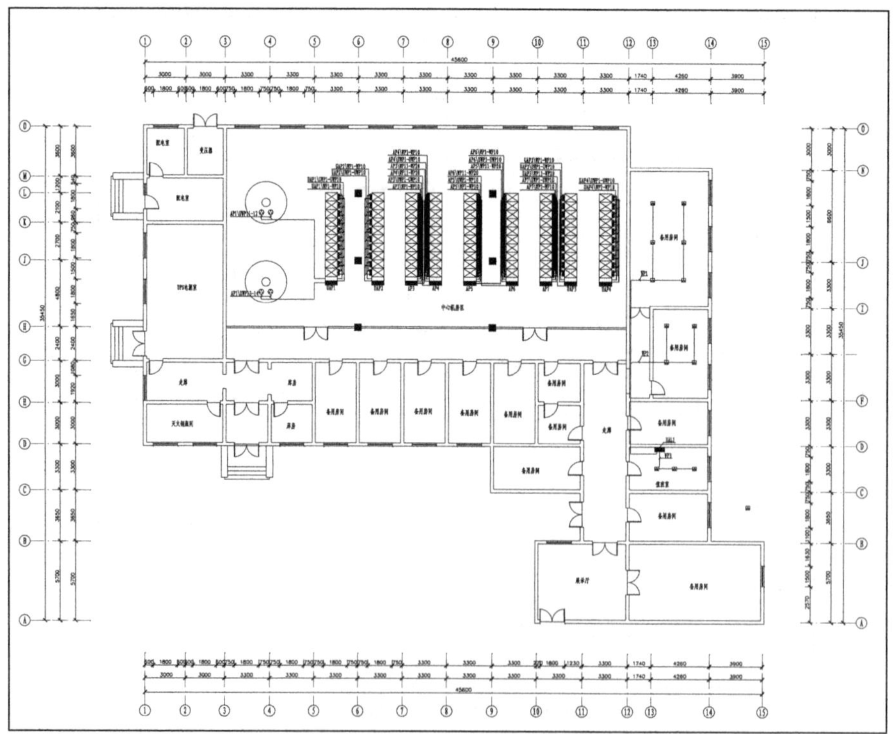

附 03-29　UPS 电源插座布线图

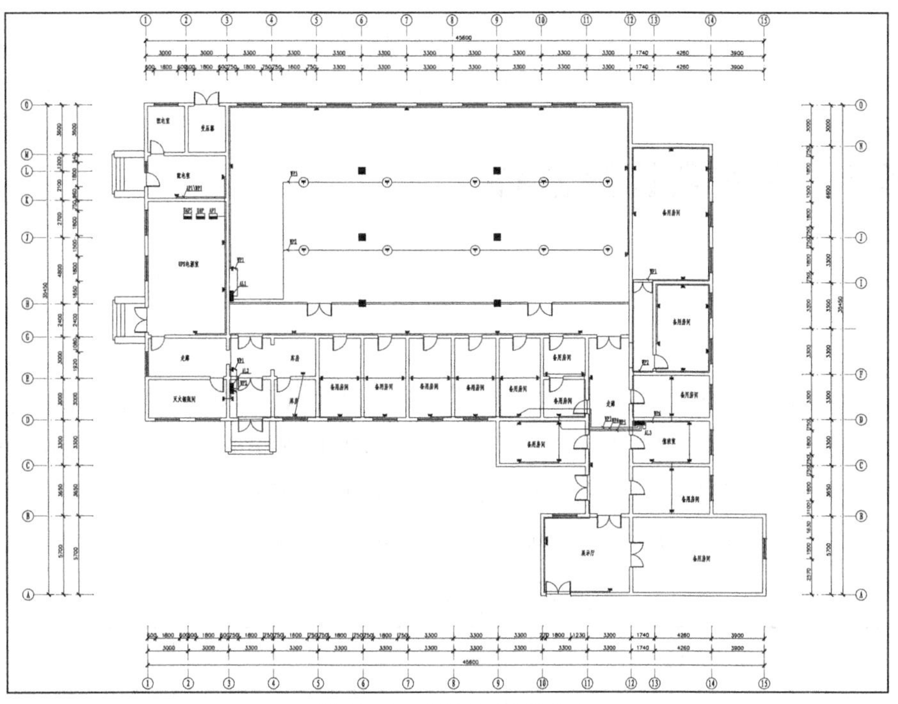

附 03-30　插座布线平面图

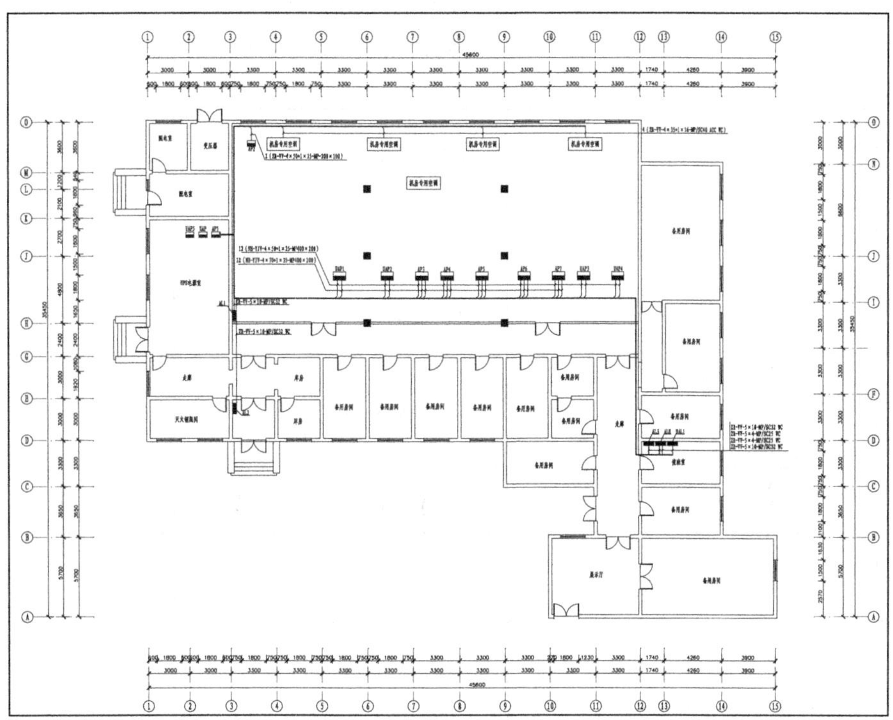

附 03-31　配电干线平面图

附录 04 常见电气符号

图形符号是用于电气图或其他文件中表示项目或概念的一种图形、记号或符号。它是电气技术领域中最基本的工程语言。电气图形符号包括电气图用图形符号和电气设备用图形符号。

附录 04.1 导线与连接器件

导线与连接器件主要包括导线、端子和导线的连接、连接器件以及电缆附件等。

1. 导线

附表 04-1 提供了部分导线的图形符号。这些图形符号都是 GB/T 4728 规定中的符号。为了便于读者的查阅和检索，附表 04-1 特别列出了图形符号在 GB/T 4728 中的序号。该序号由 3 段组成，采用两个阿拉伯数字形成一个段。第 1 段表示符号所在的 GB/T 4728 的部分；第 2 段表示所在该部分的节序；第 3 段表示所在该节的顺序号。同时这种序号的排列也能表达图形符号的分类。

附表 04-1 导线的部分图形符号

序 号	图 形 符 号	说 明	注
03-01-01		导线、导线组、电线、电缆、电路、传输通路(如微波技术)、线路、母线(总线)一般符号	导线特性标注在符号上方；导线材料特性标注在符号下方
03-01-02		3 根导线	斜线成 60°
03-01-03	3	3 根导线	
03-01-04	— 110V 2×120mm² A1	直流电路	
03-01-05	3N～50Hz 380V 3×120+1×50	三相交流电路	
03-01-06		柔软导线	
03-01-07		屏蔽导线	
03-01-08		绞合导线(两股绞合)	斜线成 45°
03-01-09		电缆中的导线(三股)	

(续表)

序　　号	图 形 符 号	说　　明	注
03-01-10	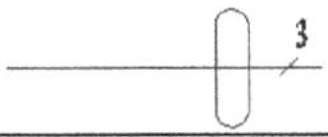	电缆中的导线(三股)	
03-01-11	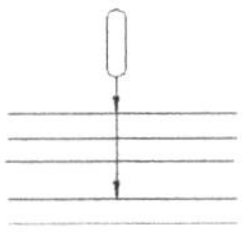	5 条导线中箭头所指的两根导线在同一条电缆中	
03-01-12		同轴对、同轴电缆	符号左边为同轴线
03-01-13	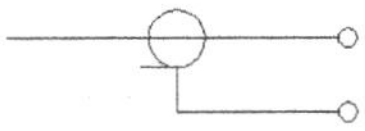	同轴对连接到端子	
03-01-14	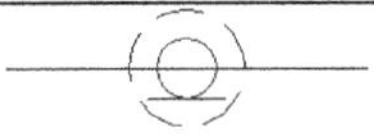	屏蔽同轴电缆、屏蔽同轴对	
03-01-15		未连接的导线和电缆	
03-01-16	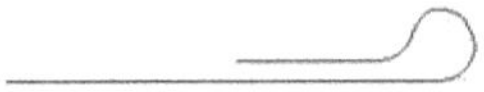	未连接的特殊绝缘的导线或电缆	

2. 端子和导线的连接

附表 04-2 提供了部分端子和导线连接的图形符号，包括端子和端子板、可拆卸端子的符号，并提供了不同连接类型的导线图形符号。

附表 04-2　端子和导线连接的部分图形符号

序　　号	图 形 符 号	说　　明	注
03-02-01		导线的连接	
03-02-02		端子	也可以画成实心原点
03-02-03	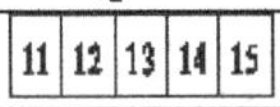 11 12 13 14 15	端子板	
03-02-10	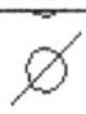	可拆卸的端子	斜线成 45°
03-02-15	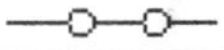	导线直接连接导线接头	
03-02-16	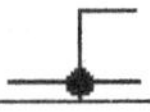	一组相同构件的公共连接	
03-02-17	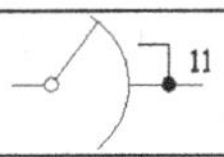 11	复接的单行程选线器	表示 11 个触点选线器
03-02-18		导线的交换(换位)相序的变更或极性的相反	

(续表)

序　号	图形符号	说　明	注
03-02-19	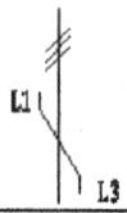 L1 L3	表示相序的变更	
03-02-20		多相系统的中性点	
03-02-21	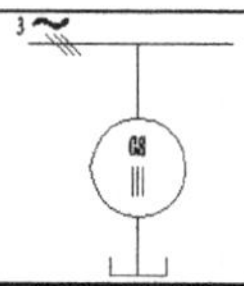 3~ GS	每相两端引出，表示外部中性点的三相同步发电机	

3. 连接器件

附表 04-3 给出了连接器件的部分图形符号。连接器件包括插头和插座以及电缆终端头等。

附表 04-3　连接器件的部分图形符号

序　号	图形符号	说　明	注
03-03-01	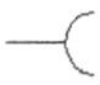	插座(内孔的)或插座的一个极	可作插孔，符号两线成 90°
03-03-02	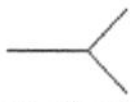		
03-03-03		插头(凸头的)或插头的一个极	也用作插塞
03-03-04	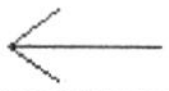		
03-03-05		插头和插座(凸头和内孔的)	
03-03-06			
03-03-07	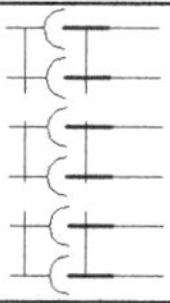	多极插头插座	表示 6 个极同时接插
03-03-08	 6		
03-03-09	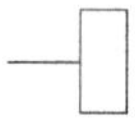	连接器的固定部分	亦用作插座
03-03-10	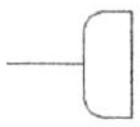	连接器的可动部分	亦可用作插头
03-03-11	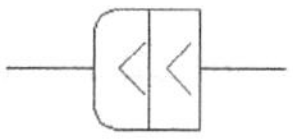	配套连接器	可动部分(插头)内为插孔，固定部分(插座)内为插塞

(续表)

序　号	图 形 符 号	说　明	注
03-03-13	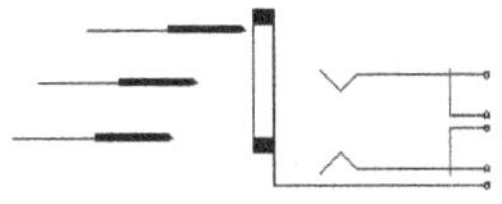	电话型两极插塞和插孔	
03-03-19		对接连接器	
03-03-23		插头-插头	插头插座式连接器
03-03-24		插头-插座	
03-03-25	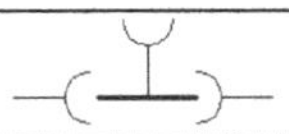	带插座通路的插头-插座	
03-03-26		滑动(滚动)连接器	

4. 电缆附件

电缆附件包括电缆终端头、中间直通接头和中间绝缘接头等，还包括各种电缆接线盒。附表 04-4 提供了这些连接器件的部分图形符号。

附表 04-4　电缆附件的图形符号

序　号	图 形 符 号	说　明	注
03-04-01	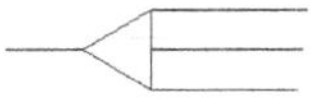	电缆密封终端头	等边三角形，下同
03-04-02			
03-04-03	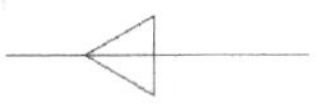	不需要表示电缆芯数的电缆终端头	
03-04-04	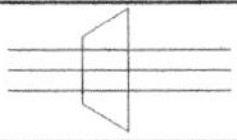	电缆密封终端头	
03-04-05	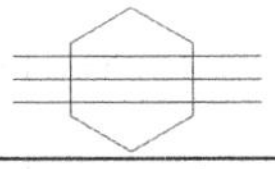	电缆直通接线盒	
03-04-06	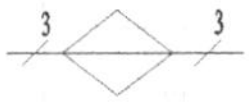		
03-04-07	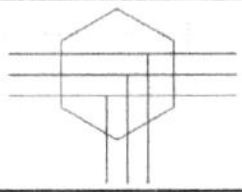	电缆接线盒、电缆分线盒	
03-04-08	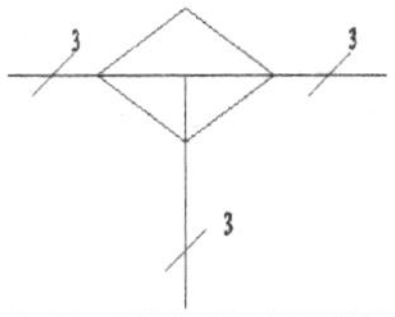		
03-04-09	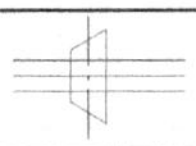	电缆气密套管	梯形底边端为高气压

附录 04.2　无源器件

无源器件包括：电阻器、电容器和电感器；铁氧体磁心和磁存储器矩阵；压电晶体、驻极体和延迟线等。本节仅给出最常用的电阻器、电容器和电感器的图形符号，其他相关符号请读者查阅相关电气手册。

1. 电阻器

电阻器作为耗能元件，包括常用的普通电阻器、热敏电阻器和压电电阻器等。附表 04-5 提供了几种常用类型电阻器的图形符号。

附表 04-5　电阻器的图形符号

序　号	图 形 符 号	说　明	注
04-01-01		电阻器(一般符号)	一般用于加热电阻
04-01-02			
04-01-03		可变电阻器	
04-01-04	U	压敏电阻器	
04-01-05	θ	热敏电阻器	
04-01-06		0.125w 电阻器	
04-01-07		0.25w 电阻器	
04-01-08		0.5w 电阻器	
04-01-09	1	1w 电阻器	
04-01-10		熔断电阻器	
04-01-11		滑线式变阻器	
04-01-12		带滑动触点和断开位置的电阻器	
04-01-13		两个固定抽头的电阻器	抽头数可用单线表示
04-01-14		两个固定抽头的可变电阻器	
04-01-15		分路器 带分流和分压接线头的电阻器	
04-01-16		炭堆电阻器	

(续表)

序　　号	图 形 符 号	说　　明	注
04-01-17	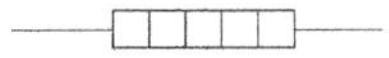	加热元件	用于电阻式加热
04-01-18	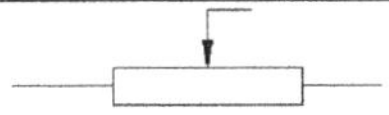	滑动触点电位器	
04-01-19	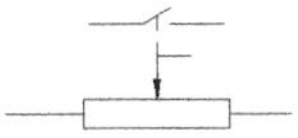	带开关的滑动触点电位器	
04-01-20	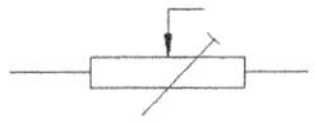	预调电位器	

2. 电容器

电容器是一种储能元件，可以分为普通电容器、可变电容器、电解电容器和压敏电容器等。附表 04-6 提供了常用的几种电容器的图形符号。

附表 04-6　电容器的图形符号

序　　号	图 形 符 号	说　　明	注
04-02-01		电容器(一般符号)	
04-02-02			
04-02-03	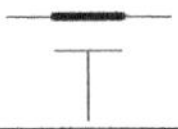	穿心电容器	
04-02-04	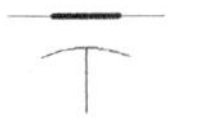		
04-02-05	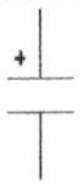	极性电容器	只需要表示出正极性
04-02-06	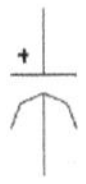	极性电容器	
04-02-07		可变电容器	
04-02-08			
04-02-09	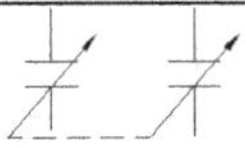	双联同调电容器	箭头和斜线成 45°
04-02-10	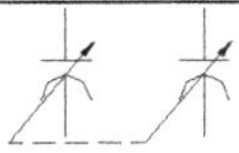		

(续表)

序　号	图形符号	说　明	注
04-02-11	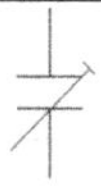	微调电容器	
04-02-12		可变电容器	
04-02-13	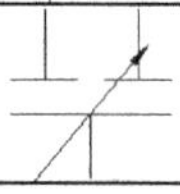	差动可变电容器	
04-02-14	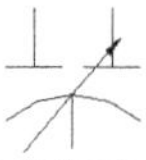		
04-02-15		分裂定片可变电容器	
04-02-16			
04-02-17	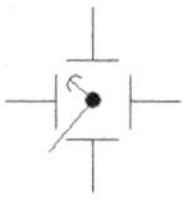	移相电容器	
04-02-18	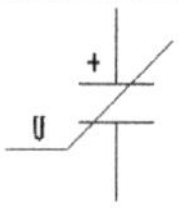	压敏极性电容器	
04-02-19	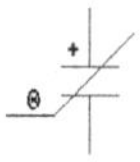	热敏极性电容器	

3. 电感器

电感器作为储能元件，能够把电能转化为磁能而存储起来。附表 04-7 提供了常用的几种类型的电感器的图形符号。

附表 04-7　电感器的图形符号

序　号	图形符号	说　明	注
04-03-01		电感器、线圈、绕组、扼流圈	
04-03-03	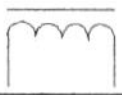	带磁心的电感器	
04-03-04	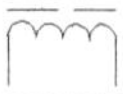	带有间隙磁心的电感器	
04-03-05	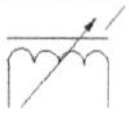	带磁心连续可调的电感器	

(续表)

序　　号	图形符号	说　　明	注
04-03-06		有两个抽头的电感器	
04-03-07		步进移动触点的可变电感器	
04-03-08		可变电感器	
04-03-09		带磁心的同轴扼流圈	
04-03-10		穿在导线上的磁珠	

附录 04.3　开关、控制和保护装置

开关有许多种类，包括单极开关、位置和限位开关、热敏开关、变速灵敏触点和水银液位开关等。开关可以当作控制装置使用，如用来控制电机的启动等。常用的控制装置还包括各种继电器。保护器件包括各种熔断器或者是熔断式开关和避雷器等。本节提供了常用的各种开关、控制和保护装置的图形符号。

1. 开关

附表 04-8 提供了部分接触点的图形符号和部分开关的图形符号。读者如果需要其他触点或开关的图形符号请参考相关手册。

附表 04-8　开关的图形符号(触点的限定符号)

序　　号	图形符号	说　　明	注
07-01-01		接触器功能	
07-01-02	×	断路器功能	
07-01-03	—	隔离开关功能	
07-01-04		负荷开关功能	
07-01-05	■	自动释放功能	
07-01-06		限制开关功能 位置开关功能	
07-01-07	◁	弹性返回功能 自动复位功能	
07-01-08	○	无弹性返回功能	

(续表)

序　号	图形符号	说　明	注
07-02-01		动合(常开)触点	可用作开关一般符号
07-02-02			
07-02-03		动断(常闭)触点	
07-02-04	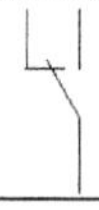	先断后合的转换触点	
07-02-05		中间断开的双向触点	
07-02-06		先合后断的转换触点(桥接)	
07-02-07		先断后合的转换触点(桥接)	
07-02-08		双动合触点	
07-02-09		双动断触点	
07-03-01		当操作件被吸合时，暂时闭合的过渡动合触点	
07-03-02		当操作件被释放时，暂时闭合的过渡动合触点	
07-03-03		当操作件被吸合或释放时，暂时闭合的过渡动合触点	
07-04-01		多触点中比其他触点提前吸合的动合触点	

(续表)

序　　号	图 形 符 号	说　　明	注
07-04-03		多触点中比其他触点滞后释放的动断触点	
07-04-04		多触点中比其他触点提前吸合的动断触点	
07-05-01	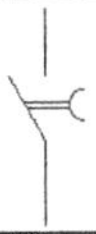	当操作件被吸合时，延时闭合的动合触点	
07-05-02			
07-05-03		当操作件被释放时，延时断开的动合触点	
07-05-04			
07-05-05		当操作件被释放时，延时闭合的动断触点	
07-05-06			
07-05-07		当操作件被吸合时，延时断开的动断触点	
07-05-08			
07-05-09		吸合时延时闭合和释放时延时断开的动合触点	
07-05-10	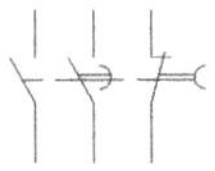	由一个不延时的动合触点、一个吸合时延时断开的动断触点和一个释放时延时断开的动合触点组成的触点组	
07-06-01		有弹性返回的动合触点	

(续表)

序　号	图形符号	说　明	注
07-06-02		无弹性返回的动合触点	
07-06-03		有弹性返回的动断触点	
07-06-04		左边为弹性返回、右边为无弹性返回的中间断开的双向触点	
07-07-01		手动开关(一般符号)	
07-07-02		按钮开关(不闭锁)	
07-07-03		拉拨开关(不闭锁)	
07-07-04		旋钮开关、旋转开关(闭锁)	
07-09-01		热敏开关(动合触点)	
07-09-02		热敏开关(动闭触点)	
07-09-03		热敏自动开关(动断触点)	
07-09-04	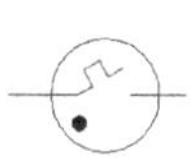	具有热元件的气体放电管 接触器 荧光灯启动器	

2. 控制

附表 04-9 提供了常用的继电器的图形符号。读者如果需要其他继电器或控制元器件的图形符号，请参考相关手册。

附表 04-9　继电器的图形符号

序　　号	图形符号	说　　明	注
07-15-01	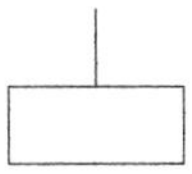	操作器件(一般符号)	具有几个绕组的操作器件，可以由适当数量的斜线或重复符号 07-15-01 或 07-15-02 来表示
07-15-02	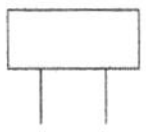	具有两个绕组的操作器件组合表示方法	
07-15-03	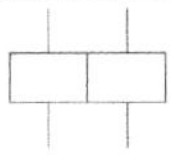	具有两个绕组的操作器件组合表示方法	
07-15-04	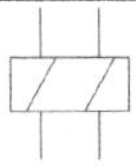	具有两个绕组的操作器件组合表示方法	斜线成 60°
07-15-05	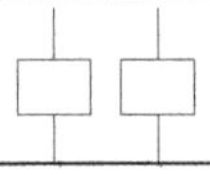	具有两个绕组的操作器件分离表示方法	
07-15-06	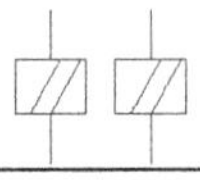		
07-15-07	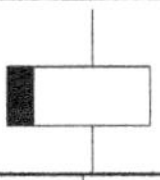	缓慢释放(缓放)继电器线圈	
07-15-08	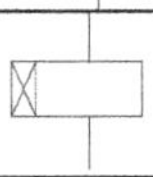	缓慢吸合(缓吸)继电器线圈	
07-15-09	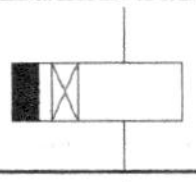	缓放和缓吸继电器线圈	
07-15-10	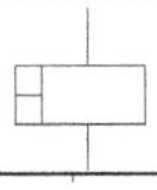	快速继电器(快吸和快放)的线圈	
07-15-11		对交流不敏感继电器的线圈	
07-15-12	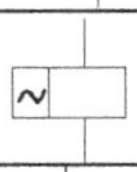	交流继电器的线圈	
07-15-13	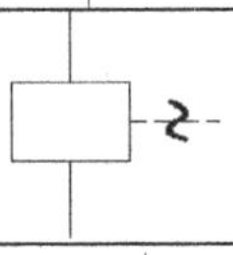	机械谐振继电器的线圈	
07-15-14	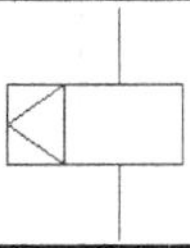	机械保持继电器的线圈	

(续表)

序　号	图形符号	说　明	注
07-15-15		极化继电器线圈	黑圈点表示通过极化继电器绕组的电流方向和动触点运动之间的关系
07-15-16		绕组中只有一个方向的电流起作用，并能自动复位的极化继电器	
07-15-17		绕组中任一方向的电流均可以起作用的具有中间位置并能自动复位的极化继电器	
07-15-18		具有两个稳定位置的极化继电器	
07-15-19		剩磁继电器线圈	
07-15-20			
07-15-21		热继电器的驱动器件	

3. 保护器件

熔断器作为保护器件被广泛使用，附表 04-10 提供了熔断器的标准图形符号。读者如果需要其他保护器件的图形符号，请参考相关的手册。

附表 04-10　熔断器和熔断器式开关的图形符号

序　号	图形符号	说　明	注
07-21-01		熔断器(一般符号)	
07-21-02		供电端粗线表示的熔断器	

(续表)

序　　号	图形符号	说　　明	注
07-21-03	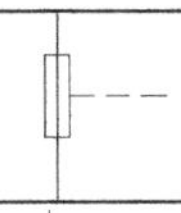	带机械连杆的熔断器(撞击式熔断器)	
07-21-04	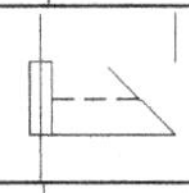	具有报警触点的三端熔断器	
07-21-05	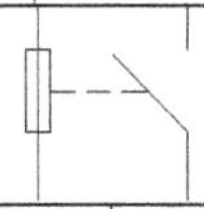	具有独立报警电路的熔断器	
07-21-06	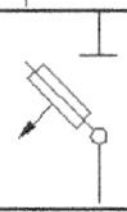	跌开式熔断器	
07-21-07		熔断式开关	
07-21-08	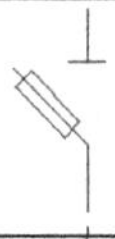	熔断式隔离开关	
07-21-09	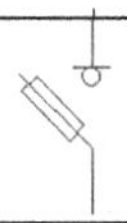	熔断式负荷开关	
07-21-10	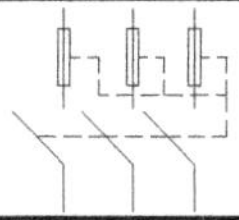	任何一个撞击式熔断器熔断而自动释放的三端粗开关	

附录 04.4　信号器件

信号器件包括各种灯、蜂鸣器和电铃等。附表 04-11 提供了部分这种信号器件的图形符号。读者如果需要更多的信号器件的图形符号，请参考 GB4728 提供的标准。

附表 04-11　灯和信号器件的图形符号

序　　号	图形符号	说　　明	注
08-10-01		灯(一般符号) 信号灯(一般符号)	指示颜色及类型可用代号标注说明
08-10-02	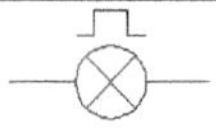	闪光型信号灯	
08-10-03		机电型指示器 信号元件	

(续表)

序　号	图形符号	说　明	注
08-10-04		带有一个去激(励)位置(示出)和两个工作位置的机电型位置指示器	
08-10-05		电喇叭	
08-10-06		电铃(优选型)	
08-10-07		电铃(其他型)	
08-10-08		单打电铃	
08-10-09		电警笛(报警器)	
08-10-10		蜂鸣器(优选型)	
08-10-11		蜂鸣器(其他型)	
08-10-12		电动汽笛	

附录 04.5　电能发生和转换

附表 04-12 提供了常用电机的图形符号，主要包括各种交直流电机、交直流伺服电机和交直流测速电机等，同时也提供了一些常用的各种同步器图形符号，以供读者参考。

附表 04-12　电机的类型

序　号	图形符号	说　明	注
06-04-01	*	电机(一般符号)	符号内的星号用电机类型的有关符号替代
06-04-02	G	直流发电机	

(续表)

序　　号	图形符号	说　　明	注
06-04-03	M	直流电动机	
06-04-04	G	交流发电机	
06-04-05	M	交流电动机	
06-04-06	C	交直流变流机	
06-04-07	SM	交流伺服电动机	
06-04-08	SM	直流伺服电动机	
06-04-09	TG	交流测速发电机	
06-04-10	TG	直流测速发电机	
06-04-11	TM	交流力矩电动机	
06-04-12	TM	直流力矩电动机	
06-04-13	IS	互感应同步器	
06-04-14	IS	直线感应同步器	
06-04-15	M	直线电动机(一般符号)	
06-04-16	M	步进电动机(一般符号)	
06-04-17	*	自整角机、旋转变压器(一般符号)	
06-04-18	G	手摇电动机	

电能发生器是利用其他能源转换电能的装置。附表 04-13 提供了常用的电能发生器的图形符号，包括各种热源转换电能的发生器和光电转换发生器等。

附表 04-13　电能发生器

序　号	图形符号	说　明	注
06-27-01	 G	电能发生器(一般符号)	
06-28-01		热源(一般符号)	
06-28-02	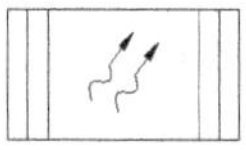	放射性同位素热源	
06-28-03	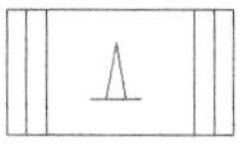	燃烧热源	
06-29-01	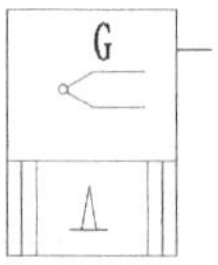 G	用燃烧热源的热电发生器	
06-29-02	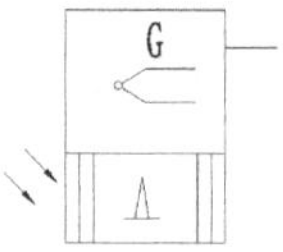 G	用非电离辐射热源的热电发生器	
06-29-03	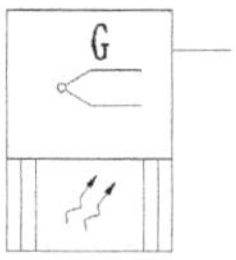 G	用放射性同位素热源的热电发生器	
06-29-04	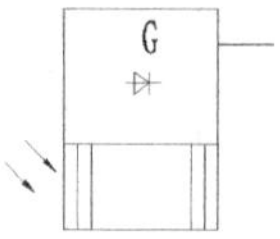 G	用非电离辐射热源的热离子二极管发生器	
06-29-05	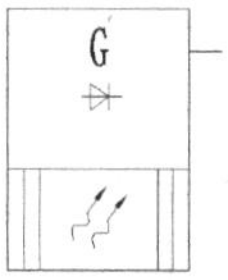 G	用放射性同位素热源的热离子二极管发生器	
06-29-06	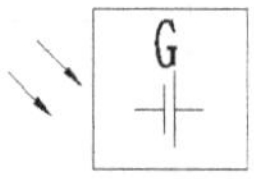 G	光电发生器	

参考文献

[1] 电气制图国家标准汇编[S]．北京：中国标准出版社，2001．

[2] 王希波．机械制图与电气制图[M].3 版．北京：中国劳动社会保障出版社，2003．

[3] 李显民．电气制图与识图[M]．北京：中国电力出版社，2006．

[4] 谢宏威．精通 AutoCAD 电气设计——典型实例[M]．专业精讲．北京：电子工业出版社，2007．

[5] 王建华．AutoCAD 2012 标准培训教程[M]．北京：电子工业出版社，2012．

[6] 施教芳．AUTOCAD 2012 中文版从入门到精通[M]．北京：中国青年出版社，2011．

[7] 徐江华．AUTO CAD 2014 中文版基础教程．北京：中国青年出版社，2013